C. STARR・C. A. EVERS・L. STARR

スター 生物学
第6版

八 杉 貞 雄 監訳

佐藤賢一・澤 進一郎・鈴木準一郎
浜 千尋・藤田敏彦 訳

JN081320

東京化学同人

BIOLOGY: Today and Tomorrow
With Physiology
Sixth Edition

Cecie Starr, Christine A. Evers, Lisa Starr

表紙写真：写真家　井上浩輝　Hiroki INOUE

序

　地球規模で情報が急速に拡散することは，生物科学の教育の助けとなるとともに複雑なものにもしている．生物学のような広大な領域では，毎日のように新しい発見がなされ，気候変動，ゲノム編集，病気のパンデミックなどの生物学に関連したニュースが流れる．そして，その中から確固たる事実と単なる意見とを区別することが，これまで以上に重要になっている．

　この教科書では，やさしい言葉と理解しやすい写真や図で生物学の正確で最新の内容をわかりやすく伝えるように努めている．また，能動的学習（アクティブラーニング）を重視して，日々の生活と生物学との関係を示すことに重きを置いている．

第6版の特徴

　第6版では，これまでの版と同様に，生物学の新たな発見や進行中の研究をもとに，記述を最新のものにするように努めた．重要な概念を強調して，分子，細胞，個体，群集などのあらゆる観点からの学習を容易にするように配慮した．

　各章の冒頭の節は，その章の内容と関連した興味深い現代的な問題を取上げている．たとえば，4章の大学における飲酒の問題は，体内でのアルコール分解にかかわる酵素の機能を，二日酔いや肝硬変と関連付けている．そして，この章頭の内容は，本文の内容や章末の"試してみよう"でも取上げられ，それによって学生は学ぶべき内容をよりよく理解できるようになっている．

各章の主要な変更点

1章：自然科学と生物学の基本に関する記述に大きな変更はないが，内容を充実させた．

2章：導入部では部分水素添加油脂に関する話題を取入れた．化学結合の極性，タンパク質の二次構造，プリオンの構造変化に関する新しい図を加えた．

3章：生体システムに関する新しい内容を新たに加えた．真核細胞の細胞小器官と生命システムの特性の新しい表，核膜孔や基底膜の新しい写真も掲載した．

4章：酒の飲みすぎと脂肪肝の関係や体液のバランスに関する事項を加え，活性化エネルギーとホタルの発光に関する新しい図を取入れた．

5章：旧版では1章に収められていた光合成と呼吸を，第6版では2章に分けた．5章で光合成を扱い，自立栄養生物と従属栄養生物も5章に含めた．一対の特別なクロロフィル a 分子に関する内容を追加した．空気中の二酸化炭素量，光合成が生命を維持するしくみ，光の波長とエネルギー，紅藻類についての新たな図版を加えた．

6章：導入部はミトコンドリア病で，なぜこの小さい細胞小器官が重大な病気に関わるかを，解説した．細胞における呼吸については，旧版より詳しく解説した．解糖，アルコール発酵，乳酸発酵についての新しい図を採用した．

7章：PCR，電離放射線によるDNA損傷，食物中のがんの原因物質について，新たな内容を追加した．ヌクレオチドの構成要素やDNAパッケージングの図を新たに加えた．

8章：新しい内容としては，DNAのコード鎖と非コード鎖の概念，ヘモグロビンの有益な変異，エピジェネティクスに関する新しい考え方がある．転写に関するいくつかの図を新しくした．

転写調節領域の突然変異の影響，メチル化した DNA の複製に関する図も新たに加えた．DNA と RNA の比較の表を加えた．

9章：細胞質分裂や *BRCA1* に関する新しい記述を加えた．ヒト胚の細胞分裂，紡錘体極の顕微鏡写真，チェックポイントタンパク質の蛍光顕微鏡写真，種によって異なる生殖方法，減数分裂と受精に関する新たな図を掲載した．無性生殖と有性生殖の比較の表を新たに加えた．

10章：嚢胞性繊維症，ハンチントン病などの遺伝性疾患，植物の表現型の柔軟性に関する新しい知見が盛り込まれた．植物の季節的変化，体外受精操作の写真などを更新した．

11章：ゲノム編集にかかわる項目が追加された．DNA の PCR による増幅の図が新しくなり，遺伝子組換えによるビタミンを多く含むコメの図も掲載された．ヒトゲノムの特性を表す表を新たに掲載した．

12章：鯨類の進化について新しい知見を取入れた．いくつかの新しい化石の写真や大陸移動の新しい図を掲載した．

13章：抗生物質の過剰な使用による耐性菌の出現，ST131 スーパーバグの系統に関する事項が新たに加わった．みみたぶの形，遺伝的浮動や創始者効果，ST131 の図を新たに加え，*HbS* 対立遺伝子頻度とマラリアの関係などについての図も変更した．

14章：ヒトの健康における微生物相の役割と初期の生命の化石記録の項目を更新した．二分裂とバクテリオファージの新しい図を入れた．真菌類の生活史の新しい図を掲載した．原生生物に関する議論をおもに生態に基づいて論じた．

15章：動物の最古の化石の写真やヒトデの解剖図を新たに加えた．ヒトの移動に関する議論を書き改めた．

16章：カブトガニの過剰採集の生態学的な影響を新たに加えた．国別人口の図を改変した．

17章：種間相互作用に関する記述を改訂した．生物的防除，環境中の毒素の生物濃縮，海洋の酸性化などを新たな内容として追加した．大気中の二酸化炭素濃度の上昇と化石燃料の利用の関係についても記述を新しくした．

18章：新しい導入部としてオオカバマダラの個体数減少を取上げた．森林伐採や砂漠化をそれぞれのバイオームとの関連で論じた．酸性雨，オゾン層の減少，ホットスポットに関する記述も改めた．

19章：がん腫，熱中症と低体温症に関する内容が新たに付加された．体温調節の図を改訂した．

20章：免疫関係の記述のうち，リンパ球の成熟，集団免疫などが更新された．新たな図として，肥満細胞，補体による細胞膜の小孔，HIV の伝達，MHC 分子による抗原提示などがある．抗体依存性および細胞依存性免疫応答の比較表を新たに加えた．

21章：導入部はスポーツ選手の脳震盪に関する記述とした．交感神経と副交感神経の作用を表にまとめた．活動電位や視覚に関する図が改訂された．

22章：女性の性周期におけるホルモンの変化の図を改訂した．最終節で，避妊，不妊，および性感染症について取上げた．

23章：単子葉植物，双子葉植物の茎の外部構造の図，ハエトリソウの写真を新たに加えた．植物の生活環の図もより正確なものに置き換えた．

謝　辞

　フルタイムの仕事をもっているわれわれ二人にとって，生物学の教科書を執筆し改訂し，図版を作成することは，厳しい作業である．しかしわれわれの努力は，この教科書を作製し，出版するのに必要な労力のごく一部にすぎない．このすばらしい科学の教科書の制作と出版に献身的に関わってくれた有能なチームの一員であったことは，本当に幸運であった．

　生物学は凝り固まった教えではなく，研究が進めば新たなパラダイムシフトが生じることは当たり前のことである．教える材料についてのアイデアやそれを教える最善の方法は，時間とともに変化する．新たな情報やモデルを統合し，それらを指導者と学生の要求に常に合致させることは，以下に特記した多くの助言者や査読者の方々のご意見なしには達成できなかった．われわれは，これらの方々から，ひき続き学び，鼓舞されるであろう．

　制作チームの中で Lori Hazzard はあふれるばかりの多数のファイル，写真，図を整理し，スケジュールを調整し，種々の問題を解決してくれた．Lori の忍耐と貢献に深く感謝する．Ragav Seshadri，Kelli Besse，Christine Myaskovsky には多くの写真の検索について感謝する．コピーエディターの Heather McElwain と校正者の Heather Mann には，文章の明晰さと簡潔さを保つ貴重なご意見について，深謝する．

　センゲージ社の Katherine Caudill-Rios (Product Manager)，Brendan Killion (Content Manager)，Katherine Scheibel (In-House Subject Matter Expert) に感謝申し上げる．

Lisa Starr, Christine Evers

　センゲージ社は，この第 6 版における 300 以上の図版について，Lisa Starr の貢献に感謝する．

科 学 助 言 者

本書の内容の選択にあたってご協力いただいた以下の助言委員会の方々に深く感謝申し上げる．

Andrew Baldwin, *Mesa Community College*
Gregory A. Dahlem, *Northern Kentucky University*
Terry Richardson, *University of North Alabama*

以前の版の助言委員会

Charlotte Borgeson, *University of Nevada, Reno*
Gregory Forbes, *Grand Rapids Community College*
Hinrich Kaiser, *Victor Valley Community College*
Lyn Koller, *Embry-Riddle Aeronautical University*

以下の査読者にも感謝する．

Idris Abdi, *Lane College*
Susan L. Bower, *Pasadena City College*
James R. Bray Jr., *Blackburn College*
Randy Brewton, *University of Tennessee*
Steven G. Brumbaugh, *Green River Community College*
Jean DeSaix, *University of North Carolina*

Brian Dingmann, *University of Minnesota, Crookston*
Hartmut Doebel, *The George Washington University*
Johnny El-Rady, *University of South Florida*
Patrick James Enderle, *Georgia State University*
Ruhul H. Kuddus, *Utah Valley State College*
Dr. Kim Lackey, *University of Alabama*
Catarina Mata, *Borough of Manhattan Community College*
Timothy Metz, *Campbell University*
Alexander E. Olvido, *University of North Georgia*
Michael Plotkin, *Mt. San Jacinto College*
Nathan S. Reyna, *Oachita Baptist University*
Laura H. Ritt, *Burlington County College*
Erik P. Scully, *Towson University*
Jennifer J. Skillen, *Sierra College*

以前の版の査読者

Meghan Andrikanich, *Lorain County Community College*
Lena Ballard, *Rock Valley College*
Barbara D. Boss, *Keiser University, Sarasota*

訳　者　序

　本書は, Cecie Starr, Christine A. Evers, Lisa Starr 著『Biology, Today and Tomorrow』第 6 版 (2021) の訳である. われわれは 2013 年に, 同著の第 4 版 (2013) を翻訳, 刊行した. 原著改訂版があまり年を経ずして出版されていることは, 原著が世界的に高い評価を得ていることを示している.

　本書の基本的な編集方針としては, 原著序文にあるように,

・わかりやすい記述と魅力的な図版
・人間の生活や健康に密接に関係したテーマの選択
・科学する心を育む記述

の 3 点をあげることができるだろう. どれも大学生物学の教科書としては重要なポイントであり, 本書はこれらの点で数多くの生物学教科書のなかでも優れていると思う. 図や写真は, 旧版とはかなり変更されており, 多くのものはより明確になっている. これについても, 原著者の序文を参照されたい. また, 各章の冒頭には, その章の内容が人間の生活といかに関連しているかを示す短い事例があり, これは授業の導入としても有用であろう. さらに, 重要な生物学上の業績については, 研究した生物学者の氏名を明記し, 発見に至る過程を簡潔に記述することで, 生物学が生物学者の活動によって築かれていることを示している.

　近年生物学は急速に発展し, 新しい事実や考え方が次つぎと登場してきて, すべての市民がそれを理解することは困難になりつつある. 教科書は, これから生物学を修め, やがては市民の意見の形成に貢献する若い人たちにこの新時代の生物学を伝える使命をもっている. この『スター生物学 第 6 版』はまさしくそのような使命に応えることのできる教科書であると確信している.

　人々が, 健康, 環境, 生命倫理など, むずかしい課題のなかに生きている現在, それらの根底にある生物・生命に関する正しい事実を認識し理解することは, 社会の健全な進歩にとって不可欠なことである. 本書が, 多くの学生, 専門家, 社会人にそのような基盤を提供できれば, 訳者としてこれに過ぎる喜びはない.

　翻訳にあたっては, 旧版と同様に, 原著刊行以後の新たな進展について付記し, 若干の内容と, 日本人になじみの薄い図や記述を割愛した. また, 第 4 版の図をあえて採用したところもある. いずれも, 読者の理解をより深めるためである.

　訳者と翻訳分担章は以下の通りである (分担章順).

八 杉 貞 雄	1, 19〜22 章	藤 田 敏 彦	12, 13, 15 章
佐 藤 賢 一	2〜6 章	澤 進 一 郎	14, 23 章
浜 　 千 尋	7〜11 章	鈴 木 準 一 郎	16〜18 章

　旧版の翻訳に続いて, 東京化学同人編集部の方々, とりわけ橋本純子さんと岩沢康宏さんには, 大変にお世話になった. 記して心からの感謝を申し上げる.

　2023 年 10 月

訳者を代表して　　八 杉 貞 雄

要 約 目 次

目　　　次

1 生物学への招待

1・1　地球上に隠された生命

地球上には，まだ探検できていない場所がありうるだろうか．実は，足を踏み入れることが困難なために，調べられていない場所がまだたくさんある．たとえば，インドネシア ニューギニアの高度 1500 m を超えるフォジャ山の 8000 km² 以上の森林は，きわめて急峻で，人を近づけない．近年になって，辛抱強い探検によってヘリコプターが下りられる空き地が見つかり，それ以後 40 を超える新種，つまり初めて発見された生物が見つかった．そのなかには，巨大な花をつけるツツジや，ネコほどの大きさのラット，そして鼻が伸びるカエルもいた（図 1・1）．

図 1・1　新たに探検された地域での新種の発見．キャンプ地で見つかった新種のアマガエル．オスのカエルは興奮すると鼻を膨らませて上に向けるので，"ピノキオカエル"というあだ名がついた．

新種は思いがけない場所も含めて，絶えず発見されている．ある生物が新種であると，どのようにしてわかるのだろうか．そもそも種（species）とはなんだろう，そして，なぜ新種を発見することが科学者以外の人々にも重要なのだろうか．本書の中にこの質問に対する解答がある．その答こそ，人間が周囲の世界を理解しようとする多くの方法の一つである生物学（biology）という，生命の科学的な研究の一部なのである．

地球上における生物のとてつもない多様性を理解して初めて自然界における人間の位置を知ることができる．そして，自然世界について知れば知るほど，まだ知るべきことが残っている，ということを認識する．人は気づかないうちに，周囲の世界と密接に関係しているのである．人間の活動は，地球上の生命の，あらゆる側面を根本的に変えつつある．そのような変化が，われわれにも影響しているのであるが，どのように影響しているかということは，ようやく理解し始めたところである．

1・2　生命系の階層

生物学者は生物（organism）のすべての側面を研究する．それではわれわれが"生物"とよぶものは，正確にはなんだろう．生物はあまりにも多様で，しかも非生物と共通の構成要素からできているので，完全に定義することはむずかしい．それでも生物を非生物から区別する性質を定義しようとすると，生物と非生物を区別する多くの性質に行き着く．これらの性質は，多くの場合，基本的要素の相互作用によって生じる（図 1・2）．

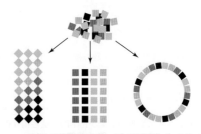

図 1・2　物質の要素と性質．同じ要素からできている物質でも，集合のしかたによって性質が異なる．

ミツバチの分封という複雑な現象を考えてみよう．分封は，ミツバチが新しい場所に巣をつくるために群れで飛翔することである．個々のハチは自律性をもっているが，新しい巣の場所はその巣の多くの個体から発せられるシグナルに依存している．集団全体としての意志は，集団の構成要素（個々のハチ）には現れない性質である．

生命の組織化

生物学者は，生物，あるいは**生命**（life）を，しだいに包括的になる組織化の階層としてとらえる．ある階層の要素が相互作用して，次の階層の，より複雑な構造と体系を構成する．相互作用が，次の階層に出現する新しい性質を生み出す．図1・3でそれを簡単にみていくことにしよう．それぞれの詳細は後に述べることにする．

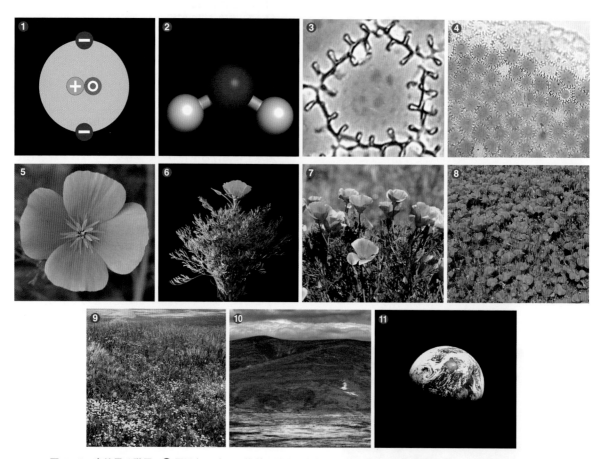

図 1・3　**自然界の階層．❶原子**（atom）は，物質の最小の単位である．すべての物質は原子とその構成粒子からなる．生物のみに特異的な原子は存在しない．❷**分子**（molecule）は原子が結合したものである．いくつかの分子は生物に特異的であり，ここに示している水分子よりはるかに複雑である．❸**細胞**（cell）は分子の複雑な組織化によって形成される．細胞は"生物"とよぶことのできる最小単位である．この図の植物細胞は，多細胞生物の一部として生存し，自己複製できる．単独で生存し，自己複製する細胞もある．❹**組織**（tissue）は，類似の細胞が集まって，固有の配列を構成するものである．構成細胞は特異的な機能を果たす．図は，花弁の外側の下皮という組織である．❺**器官**（organ）は，組織から構成される構造で，特定の機能を遂行する．花は植物の生殖器官として働く．❻**器官系**（organ system）は相互に関係した器官の集合体であり，体の複数の機能を遂行する．葉，茎，花，果実は，植物のシュートを形成する．植物体は，シュートと根という二つの器官系からなる．❼**生物個体**（individual）は，1個または複数の細胞からなる．ヒトも図のカリフォルニア・ポピー（ハナビシソウ）も多くの細胞からなる．❽**個体群**（population）は，ある地域に生息する生殖可能な同じ種の個体の集まりである．図は，米国カリフォルニア州，アンテロープ・バレーのカリフォルニア・ポピー保護区のポピーの個体群である．❾**群集**（community）はある地域で相互作用するすべての個体群を含む．この図には，アンテロープ・バレーに生息する植物，動物，微生物などのすべての個体群が含まれる．❿**生態系**（ecosystem，エコシステムともいう）は，エネルギーや物質の交換によって物理的および化学的環境と相互作用する群集のことである．アンテロープ・バレーでは，太陽光や水が群集を支えている．⓫**生物圏**（biosphere，バイオスフェアともいう）は生物の階層の最上位に位置し，地球上で生物が存在するすべての領域の地殻，水，大気にまたがっている．

1・3 生物の共通性

すべての生物は非生物にはない性質をもっている。その一つについてはすでに述べた。細胞は生物の最小の単位であって、すべての生物は1個または複数の細胞をもっている。ここでは、さらに三つの性質を導入しよう。すべての生物はエネルギーと栄養分を必要とし、また生物は周囲の変化を感じ、それに反応する。そして、遺伝情報を担うためのDNAをもっている（表1・1）。

表 1・1 生物の基本的性質

細 胞	すべての生物は1個または複数の細胞からなる
エネルギーと栄養分の必要性	生命は、恒常的なエネルギーと栄養分の取込みによって維持される
ホメオスタシス	生物は変化を感じ、応答する
DNAが遺伝物質である	DNAにたくわえられている遺伝情報が子孫に伝わる

エネルギーと栄養分

すべての生物が食べるわけではないが、継続的に原材料（栄養分）とエネルギーを必要とする。**栄養分**（nutrient）は生物の成長と生存に必要ではあるが、自分ではつくれない物質である。

栄養分とエネルギーは生命の維持に必須であり、すべての生物はエネルギーと栄養分を獲得するのに多くの時間を費やすが、種によって異なる源からそれらを得ている。その違いによって、生物を生産者と消費者という大きなカテゴリーに分けることができる（図1・4）。**生産者**（producer）はエネルギーと、環境から直接に得ることのできる単純な栄養分から自分の食物をつくる。植物は生産者であり、**光合成**（photosynthesis）という過程によって、水と空気中の二酸化炭素から糖質をつくる。一方、**消費者**（consumer）は自分で有機物をつくれない。他の生物を摂食することで間接的にエネルギーと栄養分を得ている。動物は消費者である。他の生物の老廃物や遺骸を摂食する分解者も消費者である。消費者から放出される分解物は環境に還元され、生産者の栄養分として役立つ。いいかえれば、栄養分は生産者と消費者の間を循環している。

一方、エネルギーは循環しない。それは生物の世界を一方向に流れている。つまり環境から生物へ、そして生物から環境に向かうのである。この流れが、個々の生物の複雑さを維持している。これはまた、生物の他の生物や環境との相互作用の基礎になっている。流れが一方向なのは、伝わるごとになにがしかのエネルギーが熱として失われるからである。細胞は熱を仕事に使わない。こ

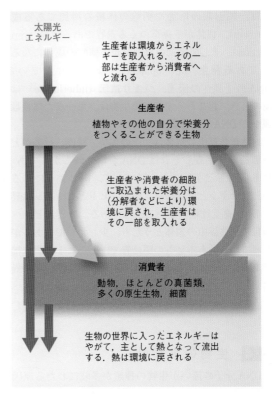

図 1・4 生物界におけるエネルギーの一方通行の流れと物質循環

うして、生物の世界に入ったエネルギーは、やがてそこから離れる。この点については4章で考えよう。

生物は変化を感じ、応答する

生物は、受容体（受容器）を用いて、体内や体外の変化を感じて応答する。たとえばヒトやある動物は、体内温度がある値より高くなると、発汗する。汗の湿度が皮膚を冷やして、体の温度を下げるのである。

細胞を浸している体内の液体は内部環境とよばれる。内部環境の組成、温度、その他の条件がある範囲内に保たれない限り、細胞は死滅する。すべての生物は、変化を感じて調節することで、内部環境の諸条件を、細胞の生存に適した範囲内に保っている。これは**ホメオスタシス**（homeostasis、**恒常性維持**ともいう）とよばれ、生物の重要な特性である。

DNAは遺伝物質である

どの生物でも、同じ分子は、多少の差はあるとしても、同じ基本的機能を果たしている。たとえば、**デオキシリボ核酸**（deoxyribonucleic acid：**DNA**）は、生涯を通じて個体の活動を支える代謝活動を支配する。この活

動は，細胞数の増加や細胞の体積の増加である**成長**（growth），個体が子孫をつくる過程である**生殖**（reproduction），そして最初の単細胞が多細胞の成体になる過程である**発生**（development），などを含んでいる．DNAの子孫への伝達，つまり**遺伝**（inheritance）は生殖のときに起こる．すべての生物は，単一または複数の親からDNAを受け継ぐ．

自然個体群中の個体は，その体型，機能，行動がどこか似通っている．それはDNAが似ているからである．ヒトはヒトどうし，よく似ていて，同じようにふるまい，ヒナゲシとは異なっている．ヒトとヒナゲシは異なるDNAを受け継いでいるからである．ほとんどすべての自然個体群中の個体どうしも，少しずつではあるが異なっている．あるヒトの眼は青で，あるヒトの眼は褐色である．このような変異はDNA分子のわずかな差異に由来し，この差異が，多様性の源である．後章で述べるように，このような違いが進化過程の材料となる．

1・4 生物の多様性

DNA分子の違いが生物の種類が多岐にわたる原因であることを，もっと後の章で学ぶ．種々の分類体系が，地球の**生物多様性**（biodiversity）とよばれるこのような差異の全体像を理解するのに役立つ．

原核生物

生物は，細胞のDNAを取囲んで保護する二重の膜からなる袋である**核**（nucleus, *pl.* nuclei）をもつかどうかによって分類することができる．**細菌**（bacterium, *pl.* bacteria，バクテリアともいう）と**アーキア**（archaeon, *pl.* archaea，**古細菌**ともいう）はDNAが核に収められていない2種類の生物である（図1・5）．すべての細菌とアーキアは個体が1個の細胞からできている単細胞生物である．これらの生物は全体として最も多様な生物である．地球上のほとんどあらゆる生物圏で，これら

の生物は生産者または消費者である．あるものは砂漠の凍った岩や沸騰する硫酸を含む湖，さらには核施設の廃液中など，きわめて極端な環境中にも生息する．地球の最初の生物も似たような過酷な環境に直面したかもしれない．

伝統的に，核のない生物は**原核生物**（prokaryote）とよばれてきた．しかし，この名称は非公式のものである．細菌とアーキアは，外見は似ているが，かつて考えられていたほど近縁ではない．実はアーキアは，DNAが核に含まれる生物である**真核生物**（eukaryote）により近縁である．真核生物のあるものは単細胞性で，他のものは多細胞性である．典型的な真核細胞は細菌やアーキアより大型で複雑である．

真核生物

真核生物は原生生物，真菌類，植物，動物の四つのグループに分けられる（図1・6）．

原生生物（protist）は真核生物のうち，真菌類，植物，動物を除いたグループである．このグループのなかには単細胞の消費者から大型で多細胞の生産者まで多様な生物がいる．

真菌類（fungus, *pl.* fungi，真菌，菌類ともいう）は真核生物の消費者で，食物を体外で消化するための物質を分泌し，分解物から栄養分を吸収する．多くの真菌類は分解者である．キノコを形成するものなど，多くの種類は多細胞であるが，酵母のような単細胞のものもある．

植物（plant）は主として陸上に生息する多細胞の真核生物である．ほとんどすべてが光合成をする生産者である．植物などの光合成生産者は，自分に栄養分を供給するだけでなく，生物圏の他の生物の食物にもなる．

動物（animal）は多細胞の消費者で，他の生物の組織や体液を消化する．真菌類とは異なり，動物は体内で食物を分解する．また動物は，いくつかの段階を経て成体になり，ほとんどの種類は少なくともその生涯の一時期には活発に運動する．

(a)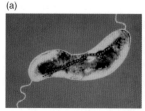

(b)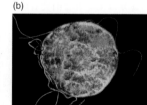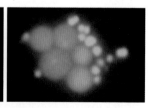

図1・5　代表的な原核生物．(a) 細菌は地上で最も数の多い生物である．左：微小磁石として機能する鉄の結晶をもつ細菌，右：光合成細菌．(b) アーキアは細菌と似ているが，むしろ真核生物に近縁である．左：硫化水素の熱泉に生息するアーキア，右：海底の熱水噴出孔に生息する2種類のアーキア．

原生生物はきわめて多様な真核生物のグループであり，巨大な多細胞の海藻から，顕微鏡的な単細胞生物まで多岐にわたる．

植物は多細胞の真核生物である．多くの植物は根，茎，葉をもち，光合成を行う生産者である．

真菌類は真核生物の消費者であり，食物を体外で消化するための物質を分泌する．多くは多細胞(左)であるが，単細胞(右)のものもいる．

動物は他の生物あるいはその一部を摂食する多細胞の真核生物である．その生涯の一部あるいはすべてで，活発に運動する．

図 1・6　代表的な真核生物

1・5 "種" とは何か

種 名 の 変 遷

種は，他の生物群とは異なる，独自性をもつ生物群である．新しい種が見つかると名前がつけられる．種に名前をつけて分類する科学である**分類学**（taxonomy）は，数千年も前に始まった．しかし，一貫した方法で種に名前をつけることが確立されたのは 18 世紀であった．その当時，ヨーロッパの探検家らは生物の多様性の範囲がどこまで広がっているのかを明らかにしようとしていたが，種にはしばしば複数の名前がつけられていたため，種について議論するのが困難であった．たとえば，イヌバラという植物は，英語の名前だけでも，dog rose, briar rose, witch's briar, herb patience など，たくさんの名前でよばれていた．さらに，ラテン語の学名として，*Rosa sylvestris inodora seu canina*（無臭の森のイヌバラ）と *Rosa sylvestris alba cum rubore, folio glabro*（滑らかな葉がついたピンクがかった白い森のバラ）などがあった．

18 世紀の博物学者であるリンネ（Carl von Linné）ははるかに単純な命名システムを考案し，それが現在も使われている．リンネ式命名システムでは，すべての種に二つの部分からなる独自の学名が与えられる．最初の部分は**属**（genus, *pl.* genera）の名称であり，それに種を明示する第二の部分（種小名）が付随している．このようにして，イヌバラには現在，*Rosa canina* という唯一の公式な学名が与えられていて，それが世界的に通用する．

タ ク ソ ン

種を命名し，記載し，分類することは，分類学とよばれ，分類学は遺伝する性質，すなわち**形質**（trait）に基づいている．同じ種の個体は固有の遺伝的形質を共有し，それはその種に特異的である．たとえば，キリンはふつう，長い首をもち，白い毛皮に茶色の斑点をもつ．これらは形態的（構造的）形質である．同種の個体はまた，同じ生化学的形質（同じ分子を産生し利用する）や行動的形質（飢えたキリンが木の葉を食べるように，ある刺激に対して同じように反応する）を示す．

種は他の種と共有するいくつかの形質に基づいてより上位の分類階級にまとめることができる．それぞれの分類階級は**タクソン**（taxon, *pl.* taxa）とよばれ，固有の形質を共有する生物のグループである．種は，主要なタクソンとしては一番下に位置し，種の上のタクソンは属，科，目，綱，門，界，およびドメインであり，それぞれが下位のグループから構成される．たとえば，イヌバラ *Rosa canina* はバラ属 *Rosa* の種の一つであり，バラ属

は，バラ科 *Rosaceae* に属する（図1・7）．この体系を用いてわれわれはすべての生物をいくつかの大きい分類群に分けることができる（図1・8）．

類縁関係の決定

ヒトとイヌバラは，まるで異なっているので，それが異なる種であることは容易にわかる．より近縁の種を区別するのはもっとやっかいである（図1・9）．さらに，ある種の個体が共有する形質には，ヒトの眼の色などのように，しばしば変異がある．よく似た生物が同じ種に属することはどうしたら決定できるだろうか．昔の博物学者は，当時利用可能であった唯一の方法である解剖と分布を研究し，その外見と生息場所から種に名前をつけて分類した．現在の生物学者は，DNA の塩基配列のような，昔の博物学者には知られてさえいなかった生化学的な形質を比較することができる．

DNA 分子中の情報は親から子に伝わるたびにわずかに変異する．これは生命の起原以来続いていることである．きわめて長い時間を経て，このわずかな変化は，ヒ

トという種とイヌバラという種のように，大きな変異となった．したがって，DNA の違いは，相対的な近縁度を測る一つの方法である．種間の差異が小さければ，類縁が近いことになる．たとえば，ヒトの DNA はバラよりチンパンジーの DNA に近いことがわかっているので，ヒトはバラよりチンパンジーに近い，と考えることができる．現生の種の DNA は類似しているので，すべての現生生物は，多かれ少なかれ類縁関係をもっているということができる．これらの関係を明らかにすることは，生物学の主要な目標となっている．

進化生物学者マイア（Ernst Mayr）は，種を，潜在的に生殖して稔性のある子孫を残すことができ，他のグループの個体とは交雑しない個体のグループであると定義した．この "生物学的種" 概念は多くの場合に有用であるが，常に適用できるというわけではない．たとえば，絶滅した生物や原核生物の分類にも有用とはいえない．種分化とそのしくみについては13章で再び取上げるが，ここでは "種" が，人間が考えた便利な概念であることを記憶しておこう．

ドメイン	真核生物ドメイン	真核生物ドメイン	真核生物ドメイン	真核生物ドメイン	真核生物ドメイン
界	植物界	植物界	植物界	植物界	植物界
門	被子植物門	被子植物門	被子植物門	被子植物門	被子植物門
綱	双子葉植物綱	双子葉植物綱	双子葉植物綱	双子葉植物綱	双子葉植物綱
目	セリ目	バラ目	バラ目	バラ目	バラ目
科	セリ科	アサ科	バラ科	バラ科	バラ科
属	*Daucus*	*Cannabis*	*Malus*	*Rosa*	*Rosa*
種	*carota*	*sativa*	*domestica*	*acicularis*	*canina*
一般名	ニンジン	アサ	リンゴ	オオタカネバラ	イヌバラ

図 1・7　異なる分類階級で類縁性を示す5種の植物のリンネ式分類．それぞれの種はより包括的な分類階級である属からドメインまでのタクソンに含まれる．

図 1・8　生物全体の分類．この図は，すべての生物が共通の祖先からどのようにつながっているかという仮説の一つを示している．破線はドメイン間の進化的関係を表す．

図 1・9　よく似た2種のチョウの4個体. 上の列は *Heliconius melpomene* という種の二つの型. 下の列は *H. erato* という種の二つの型. これら2種は決して互いに交雑しない. これらのチョウがひどい味であることを捕食者に警告する共有のシグナルとして, 似たような色彩パターンが進化した.

1・6　自然の科学

考えるとはどのようなことか

われわれはだれでも, 自分でものを考えている, と思いがちである. でも本当だろうか. 洪水のような情報のなかでは, 疑問なしに情報を受容してしまうと, だれかがあなたの代わりに考えるようになってしまう.

批判的思考（critical thinking）は, 情報を受け入れる前にそれを判断する, という意味である. 批判的思考を採用すると, 情報の意味するところの先までいって, 情報を支えている証拠, 情報の偏り（**バイアス** bias）, そして別の可能性を考えることができる. たとえば, 何か新しいことを学ぶときには, 次のような質問を考えてみよう.

• 問われているのはどのようなメッセージだろうか.
• そのメッセージは事実に基づくのか意見に基づくのか.
• その事実の説明には別のやり方はないか.
• 説明している人にはバイアスはかかっていないか.
• 学ぼうとしていることに, 自分自身のバイアスは影響していないか.

これらの質問をすることによって, 学ぶことにより意識を集中できる. これにより, 新しい情報があなたの信条や行動を導くかどうかを決定できる.

科学における批判的思考

批判的思考は**科学**（science）の重要な一部である. 科学というのは, 観察可能な世界についての体系立った研究である. 科学研究は多くの場合, ある特定の地域における鳥類の目立った減少などといった観察できることについての好奇心から出発する. ふつう科学者は, **仮説**

（hypothesis）を立てる前に, ほかの科学者がすでに発見したことを参照する. 仮説というのは, 自然現象に関する検証可能な説明である. "この地域で鳥類の個体数が減少したのはネコの数が増えたためである"というのは仮説の一例である.

仮説が正しいとすれば存在するはずの条件を表すのは**予言**（prediction）である. 予言を立てることは, "もし（if）……それなら（then）"プロセスとよばれる. "もし"は仮説で, "それなら"は予言である. "もし"鳥類の個体数が減少したのがネコの増加によるのであれば, "それなら"その地域からネコを排除すれば鳥類の減少は止まるだろう.

実　　験

次に科学者は, 系統的な観察あるいは**実験**（experiment）によって予言を検証する. 実験は予言が正しいか誤っているかを示すための手続きであり, 多くの場合にデータ（datum, *pl.* data）を得る. データは, 測定値などの具体的な情報である. 予言を証明する実験データは関連する仮説を支持する証拠となる.

上の仮定の例では, ある地域のネコをすべて駆除して, 鳥類数をある期間記録する. もし鳥類の個体群が増加すれば, この実験データは仮説を支持する証拠となる.

ネコと鳥類の実験は, 他の多くの実験と同様に, **変数**（variable）を用いて原因と結果の関係を調べるものである. 変数は個体ごとに, あるいは時間とともに変化する性質または事象である. この例では, 一つの変数（ネコの数）を変化させて, もう一つの変数（鳥類の数）を調べている.

重要な実験の中には倫理的あるいは技術的な制約をもつものがある. その場合には, よく似たシステム, つまり**モデル**（model）について実験が行われる. たとえば, ヒトの健康を損なうような実験は非倫理的で不法であるので, ヒトの病気に関する多くの実験は動物モデルについて行われる.

生物系は複雑で, 独立に研究することが困難な変数を含んでいて, 一つの変数を他の変数から切り離して研究することは, 困難であったり, 不可能であったりする. それで生物学の研究者は, しばしば二つの群（グループ）を並べて同時に検証する. **実験群**（experimental group）はある形質をもった, あるいは処置を受けた群である. この群は**対照群**（control group）と比較される. 対照群は, 検証すべき形質や処置といった一つの変数を除いては実験群と同一のものである. 二つの群間の実験結果の違いは, 変数を変えたことの効果であるにち

がいない.

科 学 的 方 法

　観察に基づいて仮説を立て, 予言の評価によって仮説を検証し, 結果についての結論を出すことは, **科学的方法**(scientific method) とよばれる (表1・2). しかし, 科学的研究は, 特に生物学の分野では, 表1・2に示したように直線的に進行することはまれで, しばしば非直線的なものになる. 実験結果が予想通りでないことも多く, 予言が間違っていることもある. 研究による解答より多くの疑問が生じるので, 研究の方向は常に変化し, 最終ポイントというものもない. 思いがけない結果を残念に思うこともあるが, 研究者は研究が驚くほど変化することを楽しんでいるものである.

表 1・2　科学的方法
1. 自然のいくつかの側面を観察する
2. 仮説を立てる(観察に関する検証可能な説明を考える)
3. 仮説を検証する
a. 仮説に基づいて予言をする(もし…それなら)
b. 系統的な観察またはデータを得られる実験を行うことで, 予言を検証する
4. 結論を導く(データが予言を証明して仮説を支持するかどうか, 決定する)
5. 科学界に結果を報告する

実 験 の 具 体 例

　生物学は過去と現在における生物に関する科学の分野であり, 何百という専門に分かれている. 生物学の実験がどのように行われるかを実感するために, ある実験を要約してみよう.

　その実験は以下のようなものである. 翅にある大きくて派手なスポットのせいでクジャクチョウとよばれる昆虫がいる (図1・10). 2005年に研究者は, クジャクチョウが昆虫食の鳥類から身を守ることに役立つ要因を同定する研究を報告した. まず二つの観察を行った. 第一に, クジャクチョウは止まっているときは翅をたたむので, 暗い裏側しか見えない (図1・10a). 第二に, このチョウは捕食者が近づくと, 前翅と後翅を繰返しぱたぱたと広げたり閉じたりする. 同時に前翅を後翅の上をスライドさせて, シーッという音やカチカチいう音をさせる (図1・10b). 一般に目立つ色彩をもち, 音を立てる昆虫は捕食者の鳥の注意をひくので, 研究者はクジャクチョウがどうして派手な色彩をして音をたてるのか, 疑問に思った. 研究者は, 以前の研究を調べて, 翅をカチカチいわせる行動を説明する, 二つの仮説にたどりついた.

1. 翅を広げると, フクロウの眼と似た目立つスポットを見せることになる. フクロウの眼に似たものはチョ

(a) 　(b) 　(c)

(d)

実験処置	捕食されたチョウの数 / 実験数 (%)
スポット塗りつぶし	5 / 10 (50%)
翅の音なし	0 / 8 (0%)
スポット塗りつぶし, 翅の音なし	8 / 10 (80%)
処置なし	0 / 9 (0%)

図 1・10　クジャクチョウの防御. 研究者はクジャクチョウの防御におけるスポットとカチカチいう音の効果を調べた. 研究者は, スポットを塗りつぶしたり, 音が出ないようにしたり, あるいはその両方をチョウに施した. その後, チョウを腹を空かせたアオガラと同居させた. (a) 翅を閉じているとクジャクチョウは枯葉のように見え, 捕食鳥からカモフラージュされている. (b) 鳥が近づくとクジャクチョウは翅を開いたり閉じたりする. これによって目立つスポットがあらわになり, 同時にカチカチいう音が鳴る. (c) 研究者はこの行動がアオガラを怖がらせるかどうか調べた. (d) この実験結果は, チョウのスポットが捕食鳥を牽制するという仮説のみを支持する.

ウを捕食する小型の鳥類を驚かせることが知られているので，翅のスポットを見せることは捕食者を恐れさせるだろう．
2.　クジャクチョウが翅をすりあわせるときのシーッという音やカチカチいう音は，捕食鳥をひるませるだろう．

科学者はこれらの仮説から以下の予言を行った．

1.　"もし"クジャクチョウの翅の目立つスポットが捕食鳥をひるませるなら，"それなら"スポットのない個体はある個体より捕食鳥に食われやすいであろう．
2.　"もし"クジャクチョウが出す音が捕食鳥をひるませるなら，"それなら"音を出さない個体は音を出す個体より捕食鳥に食われやすいであろう．

そこで実験が行われた．研究者は何匹かのチョウの翅のスポットを黒く塗り，別のチョウの後翅の音を出す部分を切取り，第三のグループではその両方を施した．それぞれのチョウを，腹を空かせたアオガラ（図1・10c）とともに大きなケージに入れ，30分間観察した．

実験結果は図1・10dにある．スポットを変更しなかったチョウは，音を出しても出さなくても，全部が生き残った．これは，第一の仮説と一致する．翅をパタパタさせて目立つスポットを見せると，捕食される個体が少なくなる．

対照的に，音は出せても出せなくても，スポットを黒く塗られたチョウのかなりの個体が捕食された．この結果は第二の仮説とは必ずしも一致しない．これらの結果から，別の疑問が生じ，それによって研究はさらに進展する．アオガラ以外の鳥は音に対して異なる反応をするだろうか．もしそうでなければ，音はクジャクチョウを捕食する他の動物（ネズミなど）による捕食を軽減するだろうか．音が捕食と関係がないとすれば，別の機能をもっているだろうか．これらの疑問に答えるにはさらなる実験が必要である．

1・7　実験結果の解析

サンプリングエラー（sampling error）やバイアスといった落とし穴は研究の信頼性を損なう．結果の評価を正しく行うことは，結果から確実で信頼性の高い結論を得るために必要である．

サンプリングエラー

サンプリングエラーは，一部から得られる結果と全体の結果に差異があることである．サンプリングエラーは避けがたいこともあるが，その原因を知ることは，サンプリングエラーを最小限にする実験を計画するのに役立つ．たとえば，サンプリングエラーは実験例が少ないときに実質的に問題になるので，実験者は比較的大きなサンプル数で実験を行う．サンプルの大きさは確率にとって重要である．その理由を知るために，コイン投げを考えてみよう．結果は二通り，表か裏か，である．1回ごとに表が出るチャンスは二分の一，50％である．しかし実際にコインを投げてみると，しばしば表が何回も続いたり裏が続いたりする．10回投げると，表が出る率は50％から大きく外れるかもしれない．1000回投げると，率は50％に近づくだろう．

統 計 的 有 意

確率（probability）は，特定の結果が生じる割合を表す．割合は可能な結果の全数に依存する．ふつうは確率をパーセントで表す．たとえば，もし1千万人がくじ引きに参加すると，1本の当たりくじを引く確率は同じである．つまり，1千万に1回，0.00001％である．

実験データの解析はしばしば確率の計算を含む．たとえば，コインを4回投げて表が3回出たとしよう．これは75％であり，期待される50％からはかなり外れているので，サンプリングエラーによってゆがめられた結果である．もし100回投げて表が52回出た（52％）とすると，かなり期待値に近づいたことになる．

偶然に起こったと思われない差をもつ実験結果は**統計的有意**（statistically significant）といわれる．ここで，"有意"とは結果の重要性を意味しない．これは，結果が厳密な統計解析にかけられて，サンプリングエラーによってゆがめられている確率がきわめて低い（通常5％以下）ことを意味している．

バ イ ア ス

科学者にも主観的な側面があるので，期待したような結果が出るように実験を行う危険性がある．たとえば，食品の安全性に関する実験では，食品の販売会社が資金を提供していないかどうか，選ばれた被験者の性別，年齢，体重，病歴などが考慮されているか，などを慎重に考慮する必要がある．これらの変数が，研究結果に影響する可能性もある．

1・8　科学の本質

理論とはなにか

"理論"という用語を，推測的な考えに適用することを耳にしたことがあるかもしれない．"それは単なる理

論にすぎないよ"というぐあいである．理論という用語の日常的な用法は，科学の世界での用法とは異なっている．ある仮定が何年もの検証に耐えたとしよう．その仮説は，それまでに収集されたすべてのデータと矛盾がなく，他の現象についても有効な予言を立てるのに貢献する．仮説がこれらの基準に合致すると，それは**科学的理論**（scientific theory，表1・3）と考えられる．科学的理論は自然界に関する最も客観的な記述である．

表 1・3　科学的理論の例	
原子理論	すべての物質は原子および素粒子から構成されている
ビッグバン理論	最初の宇宙は極度に高温で高密度の状態から急速に膨張することで生じた
細胞理論	すべての生物は1個または複数の細胞からなり，細胞は生物の基本要素であり，すべての細胞は細胞から生じる
自然選択による進化理論	環境の圧力が個体群の遺伝形質の変化をもたらす
プレートテクトニクス理論	地球の岩石圏（地殻と上部マントル）が断片に分かれていて，互いに位置を変えていること

たとえば，すべての物質が原子およびさらに小さい要素（素粒子）から構成されているという仮説を考えよう．科学者は，200年に及ぶ研究でも原子以外のものから構成されている物質は決して見つけていないので，もはやこの仮説を検証することはない．こうしてこの仮説は現在，原子理論とよばれていて，物質に関するわれわれの理解に組込まれている．そのような理解は，生物学を含む多くの分野の研究の土台となっている．

科学的理論が十分に評価され，精査されても，科学者は"証明された"という用語を用いるのを避けようとする．理論が受容されても，それとは相容れない新しいデータが発見される可能性——それがどれほどありえないことであるにしても——は残っているのである．理論はあらゆる状況下で完全に証明されるなどということはありえない．たとえば原子理論を証明するには，宇宙の全物質の構成要素を検査しなければならず，それは決して達成できることではない．

理論と合致しない観察や結果が得られたときには，何が起こるだろう．理論は，もともと厳しくそして繰返し検証されてきたものである．新たな結果は以前の結果を無効にするのではなく，それらの結果の解釈を変更する．理論と一致しない新しいデータは理論の改訂をもたらす．たとえば，原子理論は何百年も前に最初に提唱されて以来，何回も改訂されてきた．もしだれかが原子や素粒子からできていない物質を発見すれば，原子理論は

"すべての物質は原子と素粒子からなる，ただし…は例外である"などと，例外規定を含むように改訂されるだろう．例外が多くなってくれば，理論はより実際に即したものに書き換えられるだろう．

環境の圧力が個体群の遺伝的形質の変化をもたらすという自然選択による進化理論は，1世紀にも及ぶ検証と調査を経て，依然として成り立っている．自然選択のみが進化をもたらすしくみではないが，自然選択は最もよく研究されているしくみであり，これほど精査されている理論は他にはない．

科学的理論は，**自然の法則**（law of nature）とも異なっている．自然の法則は，どのような状況でも必ず起こることが観察されているが，現在のところ完全な科学的説明がなされていない現象をさす．エネルギーを記載するための熱力学の法則がその例である．われわれはエネルギーがどのようにふるまうかは知っているが，なぜそのようにふるまうかは知らないのである（4章参照）．

科学の範囲と限界

科学は，われわれが自然を観察するにあたって客観的であることを保証してくれるが，それは科学には限界があるからである．たとえば，科学は，"なぜ自分は存在するか"といったような質問には答えない．このような質問へのほとんどの解答は主観的である．主観的な解答に価値がない，という意味ではない．人間社会の個人が，たとえ主観的なものであっても，判断を下すための基準を共有しない限り，人間社会は長期にわたって機能できないからである．モラルや美学，そして哲学的基準は社会ごとに異なるが，どれも何が重要で善であるかを決定することを助けている．どれもわれわれの人生に意味を与えている．

科学はまた，"自然を超えた"ことがらについても解答を与えない．科学は超自然的な現象が起こることを肯定も否定もしない．ただ，科学者は，超自然的と考えられることがらについて自然的な説明を見いだすときには，議論をするだろう．社会のモラルの基準が自然の理解と混ざり合う場合には，そのような議論がしばしば起こる．たとえば，コペルニクス（Nicolaus Copernicus）は，1500年代の初めに，天体を観測して，地球は太陽を周回すると結論した．今日では彼の結論は自明であるが，当時はそれは異端であった．当時広く認められていた信条では，地球が宇宙の中心にあった．天文学者 ガリレオ（Galileo Galilei）は，1610年にコペルニクスの太陽系に関するモデルの証拠を見いだし，その発見を著した．ガリレオは投獄され，その著書を公衆の面前で撤回することを余儀なくされ，一生自宅に軟禁された．

　ガリレオの例からもわかるように，科学的見地から自然界についての伝統的な見方を研究することは，モラルにも疑問をもっていると誤解されるかもしれない．科学者の集団は，決して非モラルではない．しかし，科学者の仕事は全く別の基準に従っている．

　科学は偏りなしに経験を伝えることができるので，共通の言語をもつこととときわめて近い．たとえば，重力の法則は宇宙のどこでも成り立つことを，われわれは確信している．遠く離れた惑星の知的存在も重力の概念を同じように理解するだろう．われわれは重力などの科学的概念を使って，どこのだれとも対話することができるだろう．しかし，科学の重要な点は，宇宙人と対話することではない．この地球上で，共通の基盤を見いだすことである．

ま　と　め

　1・1　生物学は生命を体系的に研究する学問である．われわれは地球上に生息する生物のごく一部しか知らない．それは生物の生息地域のごく一部しか探検してこなかったからでもある．新しい種を同定することは，生物の科学的研究を行う生物学の一部である．生命の範囲を理解することは，自然界におけるわれわれの位置を知ることを助けてくれる．

　1・2　生物学者は，生命が種々の階層から構成されていると考える．上位の階層では新しい性質が生じる．生命は細胞という階層から始まる．すべての物質は原子から成り立ち，原子は分子を形成する．生物は1個あるいは多数の，生命の最小単位である細胞でできている．個体は1個あるいは複数の細胞からなる．個体群は，ある地域のある種の個体の集合体である．群集はある地域のすべての種の個体群である．生態系（エコシステム）はその環境と相互作用する群集のことである．生物圏（バイオスフェア）は生命が存在する地球上のすべての地域を含んでいる．

　1・3　生命は，すべての生物が類似の性質をもっているという意味で，基礎的な統一性を有している．1) すべての生物は自分を維持するためにエネルギーと栄養分を必要とする．植物のような生産者は光合成によって自分の栄養分を産生する．動物などの消費者は他の生物やその老廃物，あるいは遺骸を食べる．2) 生物は内部環境の条件を細胞の許容範囲に保っている．これはホメオスタシス（恒常性維持）とよばれる．3) DNAは生物の形態と機能，発生，成長，生殖を制御する情報を含んでいる．DNAが親から子へ伝わることは遺伝とよばれる．

　1・4　現在地球上に生息する多くの生物種は，形態や機能の細部で大きく異なっている．生物多様性は，生物間の差異の総体を意味する．細菌とアーキアは原核生物で，DNAが核に含まれない単細胞生物である．単細胞あるいは多細胞の真核生物（原生生物，植物，真菌，動物）のDNAは核の中に存在する．

　1・5　それぞれの種は，属名と種小名という二つの部分からなる学名をもっている．分類学では，種は共有する形質によって，しだいに大きくなる分類階級，つまりタクソンに位置づけられる．

　1・6　批判的思考は，情報の質を判断する行為で，科学の重要な一部である．一般的に科学者は，自然界におけるある現象を観察し，仮説（検証可能な説明）を立て，仮説が正しいとすれば起こるであろうことを予言する．予言は観察，実験，あるいはその両方によって検証される．ふつう実験は実験群を対照群と比較することで行われる．

　1・7　実験結果，あるいはデータに基づいて結論が導かれる．データに合致しない仮説は修正されるか，排除される．研究者は変数を変化させてその効果を観察する．これによって科学者は，複雑な自然の体系における原因と結果の関係を研究することができる．研究者は，サンプリングエラーとバイアスを最小限にするように注意深く実験を計画する．また，結果の統計的有意性をチェックするために確率を用いる．科学者は互いにその研究をチェックして検証する．

　1・8　科学は自然の観察可能な側面のみに関与する．意見や信条は人間の文化では価値をもつが，科学の対象とはならない．科学的理論は長い間確立されてきた仮説で，他の現象についての予言をする際に有用なものである．自然の法則は，必ず起こることを記述するものであるが，なぜそれが起こるかについての科学的説明は不完全である．

試してみよう （解答は巻末）

1. 種は ＿＿ 生物である．
　a. 独自性をもつ　　b. 新しい
　c. 多細胞の　　　　d. 未発見の
2. 生物の最小単位は ＿＿
　a. 原子　　b. 分子　　c. 細胞　　d. 個体
3. 生物は自分を維持し，成長し，生殖するには ＿＿ と ＿＿ を必要とする．
　a. 太陽光，エネルギー　　b. 細胞，栄養分
　c. 栄養分，エネルギー　　d. DNA，細胞
4. DNAが子孫に伝わるのは ＿＿
　a. 生殖　　b. 発生　　c. ホメオスタシス　　d. 遺伝
5. 生物は変化を感じ，それに反応して内部環境を細胞の許容範囲に保っている．この過程は
　a. 生殖　　b. 発生　　c. ホメオスタシス　　d. 遺伝
6. その生涯のうち少なくともある時期に運動するのは ＿＿
　a. 生物　　b. 植物　　c. 動物　　d. 原核生物

7. チョウは ____（正しいものをすべて選べ）

   a. 生物である   b. 界である

   c. 種である   d. 真核生物である

   e. 消費者である   f. 生産者である

   g. 原核生物である   h. 形質である

8. 細菌は ____（正しいものをすべて選べ）

   a. 生物である   b. 単細胞である

   c. 動物である   d. 真核生物である

9. 細菌，アーキア，真核生物は三つの ____ である．

   a. 生物   b. ドメイン   c. 消費者   d. 生産者

10. 対照群とは ____

   a. ある形質をもつ，あるいはある処置を受けた個体群

   b. 実験群を比較すべき，標準群

   c. 結論的な結果を与える実験

11. ランダムに選んだ 15 人の学生は身長が 170 cm 以上であった．研究者は学生の平均身長は 170 cm 以上であると結論した．これは ____ の一例である．

   a. 実験の誤り   b. サンプリングエラー

   c. 主観的な意見   d. 実験のバイアス

12. 左側の用語の説明として最も適当なものを a〜g から選び，記号で答えよ．

   ____ 生命   a. 仮説から考えられる記述

   ____ 確率   b. 生物のタイプ

   ____ 種   c. 細胞の階層で生じる性質

   ____ 科学的理論   d. 長く検証されてきた仮説

   ____ 仮説   e. 検証可能な説明

   ____ 予言   f. 機会（チャンス）の割合

   ____ 生産者   g. 自らの栄養分をつくる

2 生命の分子

2・1　深刻なアブラの問題

　人間の体が健康を維持するために必要な脂肪は1日に大さじ1杯程度である．しかし，先進国のほとんどの人はそれをはるかに上回る量を食べている．それによる肥満は，多くの慢性疾患のリスクを高める．しかし，食事に含まれる脂肪の総量よりは，脂肪の種類の方が健康に与える影響は大きいかもしれない．

　油脂を構成する分子には，三つの脂肪酸の尾部があり，それぞれは炭素原子の長い鎖で，その構造は少しずつ異なっている．この炭素鎖のまわりにある水素原子が特定の配列になっている脂肪を**トランス脂肪酸**（trans fatty acid）とよぶ．トランス脂肪酸は，赤身の肉や乳製品にも少量含まれているが，米国の食生活では，部分水素添加油脂（PHO）とよばれる人工的な食品がおもな供給源になってきた．水素添加とは，油に水素原子を付加して固形の油脂に変化させる製造方法であり，トランス脂肪酸を多く発生させる．

　長年，トランス脂肪酸は植物からつくられるため，動物性脂肪よりも健康的であると考えられていたが，近年，そうではないことがわかってきた．トランス脂肪酸は，他のどの脂肪よりも，血中コレステロール値や動脈・静脈の機能に悪影響を及ぼす．米国食品医薬品局（FDA）の規制により，現在，米国ではレストランや食品メーカーが製品にPHOを使用することは禁止されている．

　すべての生物は同じ種類の分子で構成されているが，その分子の組合わせのわずかな違いが大きな影響を及ぼす．本章ではこの考えのもと，生命の化学を紹介しよう．

2・2　原　子
原子の構造

　1章では，原子が物質を構成する最小単位であること

を学んだ．この意味を理解するためには，原子を構成する陽子，中性子，電子について知っておく必要がある（図2・1）．**陽子**（proton）p^+は正の電荷をもっている．反対の電荷は引き合い，同じ電荷は反発する．すべての原子の**核**（nucleus，**原子核**ともいう）には，1個以上の陽子が存在する．ほとんどの原子は，核の中に電荷をもたない**中性子**（neutron）ももっている．負の電荷をもつ**電子**（electron）e^-は，核のまわりを高速で移動する．

　　　⊕ 陽子
　　　◉ 中性子
　　　⊖ 電子

図 2・1　**原子**．原子は，陽子と中性子からなる核と，そのまわりを動く電子で構成されている．このような模型では，原子の本当の姿はみえない．電子は，核の約1万倍の大きさの，決められた三次元の空間を移動している．

　原子によって陽子，中性子，電子の数は異なるが，ほとんどの場合，電子は陽子とほぼ同じ数だけある．電子の負の電荷は陽子の正の電荷と同じ大きさなので，この二つの電荷は互いに打消し合う．したがって，電子と陽子の数が全く同じ原子は電荷をもたない．

元　素

　すべての原子は陽子をもつ．原子の核に含まれる陽子の数を**原子番号**（atomic number）といい，この原子番号によってその原子が何の元素か特定できる．**元素**（element）は，核に含まれる陽子の数が同じである原子だけで構成される純物質である．たとえば，炭素の原子番

号は6である（図2・2）．原子核に6個の陽子をもつ原子は，電子や中性子の数に関係なく，すべて炭素原子である．元素としての炭素（物質）は炭素原子のみからなり，その炭素原子はすべて陽子が6個である．元素は118種類あり，それぞれ元素名の略称である記号で表されている．

質量数 ⟶	12
元素記号 ⟶	C
原子番号 ⟶	6
元素名 ⟶	炭素

単体

図2・2　元素の例：炭素原子

同位体

　元素の原子はすべて同じ数の陽子をもつが，中性子や電子の数は異なることがある．たとえば，ある炭素原子は6個の中性子をもち，別の炭素原子は7個の中性子をもつことがある．このような二つの炭素原子を**同位体**（isotope）とよぶ．同位体の核に含まれる中性子と陽子の総数がその元素の**質量数**（mass number）である．質量数は元素記号の左側に上付数字で表記される．最も一般的な炭素の同位体は，陽子6個，中性子6個なので，^{12}Cとなり，炭素12と表記される．天然に存在する他の炭素同位体は，^{13}C（陽子6個，中性子7個）と^{14}C（陽子6個，中性子8個）である（図2・3）．

　^{14}Cは，**放射性同位体**（radioisotope）の一種である．放射性同位体の原子は，不安定な核をもっており，自発的に分裂する．核が壊変すると，放射線（亜原子粒子，エネルギー，またはその両方）を放出する．この過程は**放射壊変**（radioactive decay）とよばれる．放射壊変は

温度，圧力，原子が分子の一部であるかどうかなどの外的要因に影響されない．

　それぞれの放射性同位体は予測できる速度で壊変し，予測できる生成物になる．たとえば，^{14}Cが壊変するとき，その6個の中性子のうちの1個が陽子と電子に分裂することがわかっている（図2・3c, d）．陽子は核に残り，電子は放射線として放出される．核は中性子を1個失い，陽子を1個得たので，それぞれを7個もつことになる．陽子が7個ある原子はすべて窒素原子である．したがって，^{14}Cの原子は，^{14}N（陽子7個，中性子7個）の原子に壊変する．この壊変の速度が測定されていて，^{14}Cの試料の原子の約半分は5730年後に^{14}Nの原子になることがわかっている．放射性同位体の壊変は一定の速度で起こるので，研究者は同位体の含有量を測定することによって岩石や化石の年代を推定することができる（§12・4）．

　原子の化学的性質は，その原子がもつ陽子と電子の数によって決まる．中性子は化学的性質にほとんど影響を与えないため，ある元素のすべての同位体は一般に同じ化学的性質をもち，生物系ではすべて機能的な互換性がある．研究者は，生物学的過程を研究するために放射性の**トレーサー**（tracer）を使用する際に，この互換性を利用している（図2・4）．

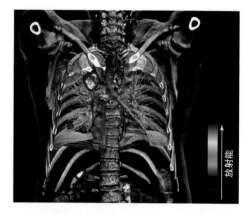

放射能

図2・4　放射性同位元素の医療応用． PET（陽電子放射断層撮影法，positron emission tomography の略）とよばれる方法で，生体内の細胞活動を"見る"ことができる．この肺がん患者に，放射性トレーサーを注入した．患者の体内では，がん細胞が正常細胞よりも多くのトレーサーを取込む．PETスキャナーは放射性物質の壊変を検出し，そのデータをデジタル画像に変換する．肺に大きな腫瘍といくつかの小さな腫瘍が見える．

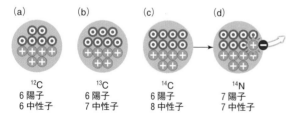

(a)	(b)	(c)	(d)
^{12}C	^{13}C	^{14}C	^{14}N
6 陽子	6 陽子	6 陽子	7 陽子
6 中性子	7 中性子	8 中性子	7 中性子

図2・3　炭素の同位体．（a）〜（c）は天然に存在する三つの炭素同位体，炭素12（^{12}C），炭素13（^{13}C），炭素14（^{14}C）の原子核の陽子と中性子を示している．^{14}Cは放射性同位体であり，その中性子の一つが陽子と電子に自発的に分裂して窒素14（^{14}N）になる（d）．電子は放射線として放出される．

電子はなぜ重要なのか

　電子は，不思議なものである．電子は，質量はあるが大きさがなく，空間における位置は，点というよりはあ

る広がりとして表現される．電子はエネルギーを運ぶが，その量は微々たるものである．同様に，電子がエネルギーを失うのは，二つのエネルギー準位の差を放出するときだけである．

　原子を，核が地下にある何階建かのマンションのビルだと想像してみよう．この建物の各階は，あるエネルギー準位に対応しており，それぞれに一定の数の"部屋"がある．一つの部屋には最大で2個の電子が入る．電子対は，1階から上へ，順に部屋を占有する．電子は，地下の核から遠いほどエネルギーが高くなる．電子にエネルギーを与えると高い階の部屋に移動することができるが，すぐに余分なエネルギーを放出し，下に戻ってしまう．

　殻模型（shell model）とは，電子が原子にどのように入っているかを示す概念図であり，連続する"殻"は順次高いエネルギー準位に対応する（図2・5）．各殻には，原子のマンションの一つの階（一つのエネルギー準位）にあるすべての部屋が含まれている．

　原子の殻模型を描き，一番内側の殻から順に電子（赤丸）で埋めていき，原子の陽子の数と同じ数だけ電子がある状態にする．1階には一つだけ部屋があり，それは最も低いエネルギー準位であり，最初に満杯になる．最も単純な元素である水素の場合，1個の電子がその部屋を占めている（図2・5a）．陽子が2個あるヘリウムでは，2個の電子がその部屋と1番目の殻を埋めている．より大きな原子では，より多くの電子が2階の部屋を占めている（図2・5b）．2階が埋まると，さらに多くの電子が3階の部屋を占めるようになり（図2・5c），これが繰返される．

　原子の最外殻が電子で満たされている状態を"空きがない"という．空きのない原子は，最も安定な状態である．一方，原子の最外殻に電子を入れる余地がある場合は"空きがある"という．空きのある原子は，空きをなくす性質をもつ，つまり化学的に活性な状態にある．

　ネオンNeという元素を考えてみよう．ネオンは陽子10個，電子10個で外殻（2番目の殻）は満杯であり，空きはない．この元素の原子は，他の原子と相互作用することはない．一方，ナトリウムNaは陽子数11，電子

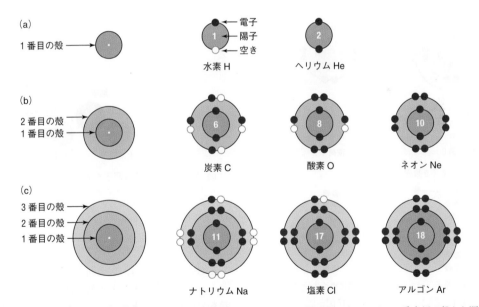

図2・5　殻模型．各円，つまり殻は一つのエネルギー準位を表す．この模型をつくるには，一番内側の殻から順に，陽子の数と同じ数の電子で殻を埋めていく．各模型には，陽子の数が表示されている．（a）1番目の殻は，1番目のエネルギー準位に相当し，最大2個の電子を保持することができる．水素は陽子が1個なので，電子が1個と空きが1個ある．ヘリウム原子は陽子2個，電子2個をもち，空きはない．（b）2番目の殻は，2番目のエネルギー準位に相当し，最大で8個の電子を保持することができる．炭素は6個の電子をもっているので，1番目の殻は満杯である．2番目の殻には4個の電子と4個の空きがある．酸素は8個の電子と2個の空きをもつ．ネオンは10個の電子をもち，空きはない．（c）3番目の殻は3番目のエネルギー準位に相当し，最大8個の電子を保持することができる．ナトリウム は11個の電子をもっているので，最初の二つの殻は満杯で，3番目の殻には1個の電子がある．したがって，ナトリウムには7個の空きがある．塩素は17個の電子と1個の空きがある．アルゴンは18個の電子をもち，空きはない．

数11で，外殻（3番目の殻）には電子が1個と空きが7個ある．この原子は化学的に活性であることが予想される．

11個の電子をもつナトリウム原子は，きわめて活性が高い．この原子は外殻に1個の電子をもっているが，電子は原子の中で対になる傾向が強いからである．不対電子をもつ原子は，**ラジカル**（radical，**フリーラジカル**ともいう）とよばれる．一部の例外を除き，ラジカルは非常に不安定で，他の原子に電子を押し付けたり，他の原子から電子を獲得したりしやすい．このような相互作用は，DNA などの有機分子を損傷するため，ラジカルは生命にとって危険である．

ナトリウム原子は，すぐに不対電子を失う．このとき，電子で満たされている2番目の殻が最外殻となり，空きは残らない．これがナトリウム原子の最も安定した状態であり，地球上のナトリウム原子の大半が陽子11個，電子10個である．このように，陽子と電子の数が釣り合わない原子が**イオン**（ion）である．ナトリウムイオンは，電子よりも陽子の数が多いので，正の電荷を

もっている（図2・6a）．イオンの電荷は，元素記号の右側の上付文字で示される．たとえば，ナトリウムイオンは Na^+ と表す．

逆に電子を受取り，負に荷電するものもある．塩素がその例である．塩素原子は17個の陽子と17個の電子をもち，外殻には7個の電子と1個の空きがある．この原子は不対電子を1個もっているので，ラジカルとなる．電荷をもたない塩素原子は，他の原子から電子を引き離すことで容易に空きを埋めることができる．そうすると，塩素原子は陽子よりも電子の方が多くなり，負に荷電する（図2・6b）．このイオンは塩化物イオン Cl^- とよばれる．

2・3 化学結合

化学結合（chemical bond）とは，二つの原子の間に生じる強い引力のことで，この相互作用によって原子は一つの**分子**（molecule）になる．各分子は，化学結合によって特定の数と配列で結合された原子から構成されている．水の分子を考えてみよう．水の分子は二つの水素原子が一つの酸素原子と結合している（図2・7）．すべての水の分子は，どこにあっても同じ配置になっている．水分子は，二つ以上の元素からなる**化合物**（compound）の一例である．1種類の元素からなる分子もある．

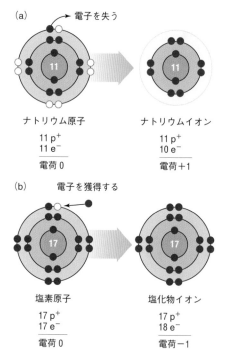

図2・6 **イオン形成**．上付文字は電荷を表す．陽子 p^+ は正の電荷を，電子 e^- は負の電荷をもつ．(a) ナトリウム原子 Na は，3番目の殻の電子を1個失うと正の電荷のナトリウムイオン Na^+ になる．このとき，満杯の2番目の殻が最外殻となり，空きはない．(b) 塩素原子 Cl は，電子を獲得して3番目の最外殻の空きを満たすと，負に荷電した塩化物イオン Cl^- となる．

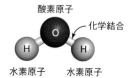

図2・7 **化学結合は原子を分子にする**．化学結合は，原子を特定の構造でつなぎ合わせ，分子の種類を決定する．これは水分子の模型である．すべての水分子は，一つの酸素原子に結合した二つの水素原子から構成されている．

結合という用語は，広範囲の原子間相互作用に適用される．しかし，ほとんどの結合は，その性質から明確な種類に分類することができる．本書では，イオン結合と共有結合という2種類の化学結合を取上げる．

イオン結合

イオン結合（ionic bond）は，反対の電荷をもつイオン間の強い静電引力で形成される結合である．たとえば，食塩である塩化ナトリウム NaCl は，イオン結合によって結合されたナトリウムイオンと塩化物イオンから

構成されている（図2・8a）．NaClの結晶では，ナトリウムイオンと塩化物イオンが格子状に配列している（図2・8b）．

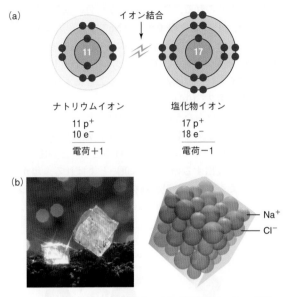

(a)

イオン結合

ナトリウムイオン
11 p+
10 e−
───────
電荷＋1

塩化物イオン
17 p+
18 e−
───────
電荷−1

(b)

Na+
Cl−

図2・8　NaClのイオン結合．（a）反対電荷の強い静電引力によってナトリウムイオンと塩化物イオンはイオン結合している．（b）塩化ナトリウム（左）の小さな結晶が食塩を構成している．結晶は多数のナトリウムイオンと塩化物イオンがイオン結合によって立方格子状に固定されている（右）．

表 2・1　分子の共有結合の表し方		
表現方法	説　明	表現例
一般名	身近な用語	水
化学名	元素組成を表す	一酸化二水素
化学式	元素の比率が一定であることを示す．下付数字は1分子当たりの原子数を示す．数字がない場合は1原子を意味する	H_2O
構造式	共有結合を原子間の1本の線として表す	H—O—H
分子模型	原子の相対的な大きさと位置を三次元的に表す	
殻模型	共有結合の中で電子対の共有状態を示す	

共有結合で結ばれている．

　構造式は，元素記号を線でつないだものである．これに対し，分子模型は原子と結合を三次元で表現したものである．分子模型では，二重結合や三重結合は単結合と区別されない．共有結合はすべて，原子を表す二つの球を1本の棒でつないだ形で表示される．ここでは原子を区別するために異なる色で表している．

炭素　　水素　　酸素　　窒素　　リン

共 有 結 合

　原子の中には，他の原子と電子を共有することで最外殻の空きを埋めることができるものがある．このような相互作用を**共有結合**（covalent bond）という（左図）．共有結合はイオン結合よりも強い場合があるが，必ずしもそうとは限らない．

　表2・1に，共有結合を表す方法のいくつかを示す．構造式では，二つの原子の間の線が一つの共有結合を表す．たとえば，水素分子では1本の共有結合が二つの原子を結んでいるので，この分子の構造式はH−Hとなる．二つの原子が複数の電子を共有している場合，複数の共有結合が形成されることがある．たとえば，2組の電子対を共有する2個の原子は，2本の共有結合で結ばれ，原子の間に二重線が描かれる．酸素分子 O=O では，二つの酸素原子が二重結合で結ばれている．3本の線は，二つの原子が3組の電子対を共有する三重結合を表している．窒素分子 N≡N の二つの窒素原子は三重

結 合 の 極 性

　塩化ナトリウムにおいて，ナトリウムイオンと塩化物イオンがそれぞれの電荷を保持していて，分子の一方の端は正の電荷を，もう一方の端は負の電荷をもっている．このように，電荷が正と負に分かれることを**極性**（polarity）とよぶ．

　イオン結合に含まれるイオンは電子を共有しない．したがって，イオン結合は完全に極性である（図2・9a）．共有結合の中にも極性をもつものがあるが，結合にかかわる原子が電子を共有しているため，イオン結合ほど極性は強くない．極性共有結合では，原子が不均等に電子を共有する（図2・9b）．水分子は二つの極性共有結合をもっている．それぞれの結合において，酸素原子は水素原子と電子を共有する．酸素原子は電子を少し自分の側に引き寄せるので，わずかに負に荷電し，水素はわずかに正に荷電したままとなる．共有結合には極性をもたないものもある．水素分子 H_2 のような非極性共有結合では，原子は電子を均等に共有する（図2・9c）．

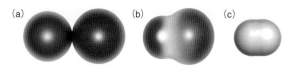

図2・9　結合の極性の比較．ここでは，極性を色で表している．赤は負の電荷，青は正の電荷を表す．荷電していない部分は白で表示されている．(a) **イオン結合**．イオン結合では，各原子がそれぞれの電荷を完全に保持するため，結合は完全な極性をもつ．(b) **極性共有結合**．極性共有結合では，一方の原子が共有電子をより多く引き寄せるので，わずかに負の電荷をもつ．もう一方の原子はわずかに正の電荷をもつ．この結合は極性をもつものの，イオン結合ほどではない．(c) **非極性共有結合**．非極性共有結合に含まれる原子は，電子を等しく共有し，どちらも電荷をもたない．この結合は完全に非極性である．

2・4　水の特別な性質

　生命は水中で進化してきた．生物の体のほとんどは水であり，その多くは今も水中で生活し，生命の化学反応はすべて水を基本とした液体の中で行われている．水が生命にとって根本的に重要である理由を考えよう．

　水の分子全体は電荷をもたないが，酸素原子はわずかに負，二つの水素原子はそれぞれわずかに正の電荷をもっている．つまり，分子そのものが極性をもっている（図2・10a）．この極性が，水を生命維持に不可欠なものとする特別な性質を生み出している．

水素結合

　個々の水分子の極性によって，水分子は互いに引き寄せられる．ある水分子の水素原子がもつわずかな正の電荷は，別の水分子の酸素原子がもつわずかな負の電荷に引き寄せられる．このような相互作用を**水素結合**（hydrogen bond）とよぶ．水素結合は，共有結合している水素原子と，別の極性共有結合にかかわる原子が引き合うことである（図2・10b）．

　水素結合は，原子間相互作用の中では弱い方に属し，共有結合やイオン結合よりも簡単に形成または切断される．それでも，水素結合は数多く形成され，全体として非常に強い結合となる．水素結合は，水分子の間で非常に多くの結合を形成し（図2・10c），DNAのような生体分子の特徴的な構造を安定化させる働きももっている．

溶媒としての水

　水の分子は極性をもつため，優れた**溶媒**（solvent）となり，他の多くの物質が水に溶けることができる．水に溶けやすい物質は**親水性**（hydrophilic，水になじみやすい性質）である．

　イオン結合で結ばれたイオン性の固体は親水性である．塩化ナトリウムNaClはその一例である．イオン結合しているイオンは，それぞれの電荷を保持していることに注意してほしい．水分子の極性は，それぞれのイオンに引き寄せられる．酸素はわずかに負の電荷を帯びているので，正の電荷のイオン（Na^+など）のまわりに集まる．水分子の水素はわずかに正の電荷をもつので，負の電荷をもつイオン（Cl^-など）のまわりに集まる．水分子がイオンを取囲んで分離することにより，固体は溶解する（図2・10d）．

　塩化ナトリウムなどの物質が溶けると，その構成イオンが溶媒の分子の中に一様に分散し，**溶質**（solute）となる．塩化ナトリウムは水に溶けるとH^+とOH^-以外のイオンを放出するので**塩**（salt）とよばれる．塩が水に溶けたような均一な混合物を**溶液**（solution）とよぶ．

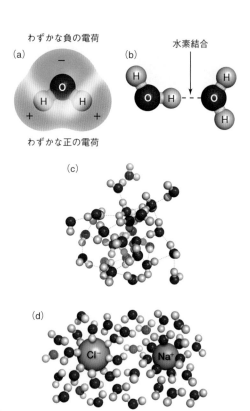

わずかな負の電荷

水素結合

わずかな正の電荷

図2・10　水素結合と水．(a) 水分子の極性．水分子の水素原子1個1個がわずかに正の電荷をもち（紫），酸素原子はわずかに負の電荷をもっている（赤）．(b) 水素結合は，水素原子と極性のある共有結合にかかわっている離れた原子の間に起こる引力的相互作用である．(c) 水の分子間に形成される多くの水素結合は，液体の水に特別な性質を与える．(d) 水分子は極性をもっているので，塩化ナトリウムNaClなどのイオン性固体を構成するイオンに引き寄せられる．水分子がイオンを取囲んで分離することで，固体は溶解する．

溶質と溶媒の分子間には化学結合が形成されないので，溶液中の二つの物質の比率は変化する．ある体積の液体に溶けている溶質の量がその**濃度**（concentration）である．

水は油のような**疎水性**（hydrophobic，水となじまない）物質とは相互作用しない．油は非極性分子で構成されており，非極性分子と水との間に水素結合は形成されない．激しく揺さぶると油中の水は分散するが，水は水素結合によって凝集する．このとき，水は油の分子を排除して混合液の表面に浮上させる．

水は温度を安定に保つ

すべての原子は絶え間なく揺れ動き，それを構成する分子もまた揺れ動く．この運動のエネルギーは**温度**（temperature）として測定することができる．熱などのエネルギーを加えると動きが速くなり，温度が上がる．水の分子は水素結合が多いため，他の液体よりも温度が上がりにくい．生命のほとんどの分子は，ある一定の温度範囲内でしか正しく機能しないため，水の温度変化に対する抵抗力は，ホメオスタシスに重要な役割を担っている．

0℃以下では，水分子は水素結合が切れるほどには動けず，格子状の結合パターンに固定されて硬い氷となる（図2・11）．個々の水分子の密度が水中よりも低くなるため，氷は浮く．それによって形成される"氷の毛布"が水面の断熱材となり，水を凍結から守り，その下に生息する生物も凍死から逃れる．

図2・11　氷．氷の中では，水分子が水素結合によってきっちりとした格子構造の中に固定されている．この格子構造中の水分子は，液体の水よりも密度が低いため，氷は浮く．氷は，その下にある水を断熱し，寒くて長い冬に水生生物が凍らないようにすることができる．

凝 集 性

物質には，分子どうしが離れにくい性質，つまり**凝集性**（cohesion）がある．水では，水素結合が個々の分子を絶えず引っ張り，結合を維持している．この凝集性は表面張力としてみることができる．つまり，液体の水の表面は，少し弾力のあるシートのようにふるまう．

水の凝集性は，多細胞体を維持するための多くの過程で役割を果たしている．たとえば，汗をかくと体を冷やすことができるのは，汗の約99％が水で，**蒸発**（evaporation）するときに汗の表面から分子が抜けて水蒸気になるためである．水の蒸発は，水分子の水素結合による抵抗を受ける．つまり，結合に打ち勝つにはエネルギーが必要である．蒸発は水からエネルギー（熱）を奪い，水温を下げる．

凝集性は，生体内でも働いている．たとえば，植物が土から水を吸収して成長する過程を考えてみよう．葉から水分子が蒸発し，代わりに根から上へ引っ張られる．このとき，根から葉に至るまで，細いパイプ状の維管束の中に水の柱ができるのは，凝集性のおかげである．樹木によっては，この道管が土の上数百メートルにまで伸びているものもある．

2・5　酸 と 塩 基

水素イオン

水素原子は，電子と陽子（プロトン）各1個で構成されている．水分子のいくつかは，自発的に水素イオンH^+と水酸化物イオンOH^-とに分かれる．二つのイオンは再び結合して別の水分子を形成することができる．

水溶液中のH^+とOH^-の相対数は変化することがあり，H^+の量を表す指標として水素イオン指数**pH**という単位を用いる．水素イオン濃度が高いほど，pHは低くなる．液体に含まれるH^+とOH^-が同数であれば，そのpHは7（または中性）である．純水はこのような状態である．H^+がOH^-より多い場合，pHは7以下（酸性）である．逆に，H^+がOH^-より少なければ，pHは7以上（塩基性）である．pHの1単位の差は，水素イオン濃度の10倍の差に相当する（図2・12）．このpHの幅の感覚をつかむ一つの方法は，重曹水（pH 9），純水（pH 7），レモン汁（pH 2）の味を確かめることである．

酸，塩基，緩衝液

酸（acid）は，水中でH^+を放出する物質である．溶液に酸を加えると，pHが下がる．一方，**塩基**（base）はH^+を受け入れるので，pHを上げる．代謝の過程で，細胞や体液中に酸や塩基が絶えず放出されるが，これらの液体のpHは通常，あまり変動しない．それは**緩衝液**（buffer）が体液のpHを安定させるからである．緩衝液は，pHに影響を与えるイオンを交互に供与したり受容したりすることで，pHを安定に保つことができる化学

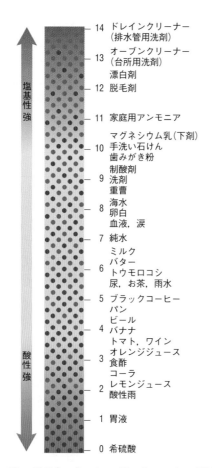

14 ドレインクリーナー
（排水管用洗剤）
13 オーブンクリーナー
（台所用洗剤）
漂白剤
12 脱毛剤

11 家庭用アンモニア
マグネシウム乳（下剤）
10 手洗い石けん
歯みがき粉
制酸剤
9 洗剤
重曹
海水
8 卵白
血液，涙
7 純水
ミルク
6 バター
トウモロコシ
尿，お茶，雨水
5 ブラックコーヒー
パン
ビール
4 バナナ
トマト，ワイン
オレンジジュース
3 食酢
コーラ
2 レモンジュース
酸性雨

1 胃液

0 希硫酸

塩基性強

酸性強

図 2・12 pH スケール. この pH スケールは，0（最も酸性）から14（最も塩基性）までの範囲である．スケールの1単位の変化は，水素イオン濃度の 10 倍の変化に相当する．赤い点は水素イオン H^+，灰色の点は水酸化物イオン OH^- を表している．また，なじみのある溶液のおおよその pH 値も示している．

物質の集合体である．

　血液中の液体部分に存在する炭酸と炭酸水素イオンという二つの化学物質について考えてみよう．これらの化学物質は，通常，血液の pH を 7.35 から 7.45 の間に保つための緩衝液を構成している．塩基性物質が血液に入ると，水素イオンが取除かれる．炭酸は，失われた H^+ を補うためにすぐに H^+ を放出する．H^+ を放出した炭酸は炭酸水素イオンになる．

$$H_2CO_3 \longrightarrow H^+ + HCO_3^-$$
炭酸　　　　水素　　炭酸水素
　　　　　　イオン　　イオン

　酸性の物質が血液に入ると，H^+ が放出される．炭酸水素イオンは塩基なので，余分な H^+ をすぐに受け入れる．H^+ を受け入れた炭酸水素イオンは，炭酸分子になる．

$$H^+ + HCO_3^- \longrightarrow H_2CO_3$$
水素　　　炭酸水素　　　　炭酸
イオン　　イオン

　炭酸は，失われた H^+ を補うことで，塩基が入ったときに血液の pH が上昇しないようにする．炭酸水素イオンは過剰な H^+ と結合することで，酸が血液に入ったときに血液の pH が下がるのを防いでいる．どちらの場合も，炭酸と炭酸水素イオンの分子の比率は変化するが，pH は安定したままである．ほとんどの生体分子は狭い範囲の pH でしか正常に機能しないため，このような安定性はホメオスタシス（恒常性維持）の重要な部分である．

2・6　生物の化学

有機化合物

　生体を構成する元素は，非生物にも存在するが，その比率は異なる．たとえば，砂や海水に比べて，人間の体では炭素原子の割合が非常に多い．その理由は，砂や海水とは異なり，人体には複雑な糖質や脂質，タンパク質，核酸など，生命を構成する分子が多く含まれており，これらの分子では炭素原子の割合が多いからである．

　炭素原子と水素原子を主成分とする化合物を**有機化合物**（organic compound）とよぶ．有機化合物は生物だけがつくる分子と考えられていたが，現在では生命が誕生するずっと以前から地球上に存在していたことがわかっている．有機化合物は宇宙空間でも生成される．

　炭素原子は他の多くの元素と共有結合をつくることができる．また，最外殻に空きが四つあるため，他の炭素原子を含む四つの原子と結合することができる．最も単純なものを除くすべての有機化合物の基本構造は炭素骨格であり，共有結合した炭素原子の鎖が，分岐していたり環を形成していたりする（図 2・13）．

図 2・13　炭素環. 炭素原子は多彩な結合様式を示し，環を含むさまざまな構造を形成することができる．炭素環は多くの糖質，デンプン，脂肪の骨格を形成する．

　有機化合物の構造は非常に複雑であるため（図 2・14a），通常，単純化して示される．たとえば，元素記号や炭素骨格に結合した水素原子などが省略されることがある（図 2・14b）．炭素環は多角形として単純化されることがある（図 2・14c）．

球棒模型は，有機分子の原子の三次元的な配置を表現（図2・14d）し，空間充塡模型は，全体の形状を明らかにする（図2・14e）．タンパク質や核酸は，しばしばリボン構造で表され，分子がどのように三次元的に折りたたまれたり，ねじれたりするかが示される．

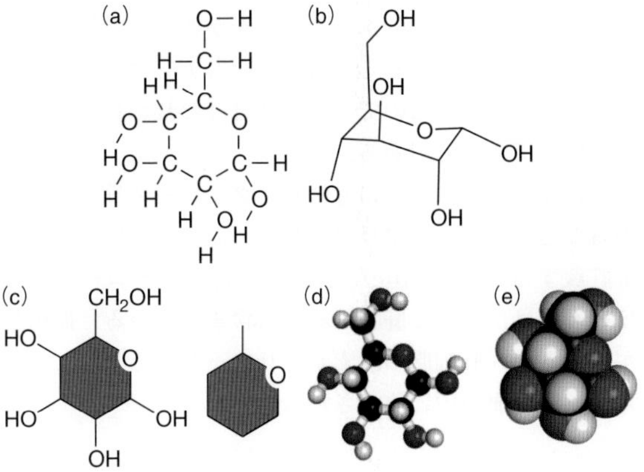

(a)

(b)

(c) CH₂OH

(d)

(e)

図 2・14　小さな有機化合物のモデル化．これらの模型はすべて同じ分子，グルコース（糖質）を表している．（a）すべての結合と原子を示す構造式は，単純な分子であっても非常に複雑になることがある．全体の構造の細部はかえって不明瞭になる．（b）わかりやすくするために，構造式のいくつかの特徴は示されているが，描かれていない場合もある．この三次元表現では，骨格を形成する炭素原子は表示されていない．また，炭素に結合している水素原子も表示されていない．（c）多角形を環の記号として使用すると，構造式をさらに簡略化することができる．一部の結合と元素の表記は省略されている．（d）原子や結合の配置を三次元で表すには，球棒模型がよく使われる．（e）空間充塡模型は，分子の全体的な形状を示すために使用することができる．この模型では，個々の原子を見ることができる．

細胞と有機化合物

すべての生命系は，同じ有機分子に基づいている．この共通点は，生命の起原から受け継がれてきた多くの遺産の一つである．しかし，その分子の細部は生物によって異なる．原子が異なる数と配置で結合して異なる分子を形成するように，単純な有機構成要素が異なる数と配置で結合して異なる生命分子を形成しているのである．糖，脂肪酸，アミノ酸，ヌクレオチドなどの構成要素は，より大きな分子のサブユニットとして使われる場合，**単量体**（monomer，モノマーともいう）とよばれる．複数の単量体からなる分子は**重合体**（polymer，ポリマーともいう）とよばれる．

細胞は，単量体を結合して重合体を形成し，重合体を分解して単量体を遊離させている．このような分子の変

化の過程を**反応**（reaction）という．細胞が，生命維持，成長，生殖のためにエネルギーを獲得し使用する反応を総称して**代謝**（metabolism）とよぶ．代謝は**酵素**（enzyme）を必要とする．酵素は有機分子（通常はタンパク質）であり，自身は変化することなく反応を促進させることができる．酵素の中には，**加水分解**（hydrolysis）とよばれる一般的な代謝反応によって，重合体から単量体を取除くものがある（図2・15a）．加水分解の逆は**縮合**（condensation）とよばれる反応で，酵素がある単量体を別の単量体に結合させる（図2・15b）．

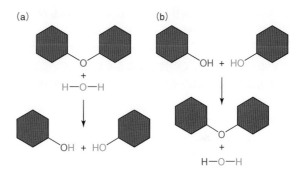

図 2・15　代謝反応の例．細胞が有機分子の分解と構築を行う一般的な二つの反応を示す．（a）加水分解．細胞は，水を必要とするこの反応を利用して，重合体を単量体に分割する．酵素がヒドロキシ基と水素原子（どちらも水に由来する）を分割する部位に結合させる．（b）縮合．細胞はこの反応を利用して，単量体から重合体をつくる．酵素が，ある分子からヒドロキシ基を，別の分子から水素原子を取除く．二つの分子の間に共有結合が形成され，水も形成される．

2・7　糖　　質

糖質（carbohydrate，炭水化物ともいう）は，炭素，水素，酸素がおよそ1：2：1の割合で存在する有機化合物である．細胞内では，糖質はエネルギー源や生体構成物質として利用されている．糖質には単糖とその重合体である多糖が含まれる．

単　　糖

単糖（monosaccharide）は最も単純な糖質であり，5〜6個の炭素原子からなる骨格をもつ．単糖は2個以上のヒドロキシ基をもつため水溶性があり，すべての生物の体液中を容易に移動することができる．

単糖は生物学的に非常に重要な役割を担っている．細胞はグルコース（図2・14参照）の結合を切断してエネルギーを放出し，それを他の反応に利用する（6章参照）．リボースとデオキシリボースは，それぞれRNAとDNAのヌクレオチド単量体の構成成分である．細胞はまた，

単糖をより大きな分子をつくるための材料として，あるいは他の分子に変換する前駆体として利用する．

オリゴ糖と多糖

　単糖が共有結合した短い糖質はオリゴ糖とよばれる（オリゴは数個の意）．二糖は二つの糖の単量体からなる．牛乳に含まれる乳糖はグルコースとガラクトースからなる二糖である．砂糖であるスクロースは，グルコースとフルクトースの単量体から構成されている．

　われわれが“複合糖質”とよぶ食品は，おもに**多糖**（polysaccharide）から構成されている．多糖は，数百または数千の単糖（単量体）が結合して連なったものである．最も一般的な多糖であるセルロース，デンプン，グリコーゲンは，いずれもグルコース単量体から構成されているが，物質としての性質は大きく異なっている．その理由は，それぞれの単量体をつなぐ共有結合の結合様式の違いにある．

　セルロース（cellulose）では，共有結合したグルコース単量体が，水素結合によって長くまっすぐな鎖状に架橋している（図2・16a）．セルロースは，植物の主要な構造材料であるため，地球上で最も多く存在する有機分子である．セルロースは水に溶けず，簡単には分解されない．細菌や菌類には，セルロースを単糖に分解する酵素をもつものがあるが，人間や他の哺乳類はそうではない．食物繊維は，通常，植物性食品に含まれる難消化性のセルロースのことをさす．

　植物は，グルコース単量体間の結合がらせん状に巻き上がった鎖をつくる多糖である**デンプン**（starch）を産生する（図2・16b）．デンプンは水に溶けにくいが，セルロースよりも分解しやすい．このような性質があるため，植物細胞の，水分が多く，酵素が豊富な内部に糖として貯蔵するのに適している．人間もデンプンを分解する酵素をもっているので，この糖質はわれわれの食べ物の重要な構成成分である．

　動物や菌類は，高度に分岐したグルコース単量体の鎖からなる多糖である**グリコーゲン**（glycogen）の形で糖を貯蔵する（図2・16c）．動物の体内のグリコーゲンのほとんどは，筋肉と肝臓の細胞に含まれている．血糖値が下がると，肝細胞の酵素がグリコーゲンを分解し，グルコースが血液中に放出される．

2・8　脂　　質

脂　肪　酸

　脂質（lipid）は，脂肪，油，あるいはワックス（ろう）のような性質をもつ有機化合物である．脂質の一種であ

(a) セルロース

(b) デンプン

(c) グリコーゲン

図 2・16　三つの代表的な多糖．各多糖はグルコースサブユニット（オレンジ色）だけで構成されているが，サブユニットをつなぐ結合パターンが異なるため，非常に異なる特性をもつ物質となる．(a) セルロース．セルロースは，植物の主要な構造成分である．セルロースでは，グルコース単量体の長くまっすぐな鎖を水素結合で安定化させている．架橋された鎖は，長くて丈夫な繊維を形成しているが，これを消化できる生物は少ない．(b) デンプン．デンプンは植物のおもなエネルギー源であり，根や茎，葉，種子，果実などにたくわえられる．デンプンはグルコース単量体の長いコイル状の鎖で構成されている．(c) グリコーゲン．グリコーゲンはヒトなどの動物では特に肝臓や筋肉に多く含まれ，貯蔵エネルギーとして機能している．グリコーゲンは高度に分枝したグルコース単量体の高分岐鎖からなる．

る**脂肪酸**（fatty acid）は，長い炭化水素の"尾部"とカルボキシ基の"頭部"からなる小さな有機分子である（図2・17）．尾部は疎水性（脂肪性）であり，頭部はカルボキシ基があるので親水性（および酸性）である．

飽和脂肪酸（saturated fatty acid）は，尾部に単結合しかない．つまり，その炭素鎖は水素原子で完全に飽和している（図2・17a）．**不飽和脂肪酸**（unsaturated fatty acid）は，尾部を構成する炭素の間に少なくとも一つの二重結合をもつ（図2・17b, c）．これらの二重結合は，その形状によってシス形またはトランス形となる（図2・17d, e）．

トリアシルグリセロール

脂肪酸のカルボキシ基の頭部は，他の分子と容易に共有結合を形成することができる．グリセロール（アルコールの一種）と結合すると，脂肪酸は親水性を失う．三つの脂肪酸が同じグリセロールに結合した**トリアシルグリセロール**（triacylglycerol，**トリグリセリド**ともいう，右上図）は，全体が疎水性であるため，水に溶けない脂質となる．トリアシルグリセロールは，脊椎動物の

体内で最も多く，豊富なエネルギー源であり，グラム当たりでは，糖質よりも多くのエネルギーをたくわえている．

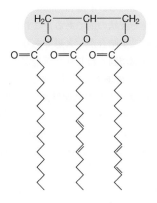

トリアシルグリセロール分子は，**脂肪**（fat）ともよばれる．飽和脂肪は，三つの飽和脂肪酸の尾をもつトリアシルグリセロールである．飽和脂肪酸の尾部は柔軟で，自由にくねらせることができるため，非常に密に詰込むことができる．そのため，飽和脂肪酸の割合が多い

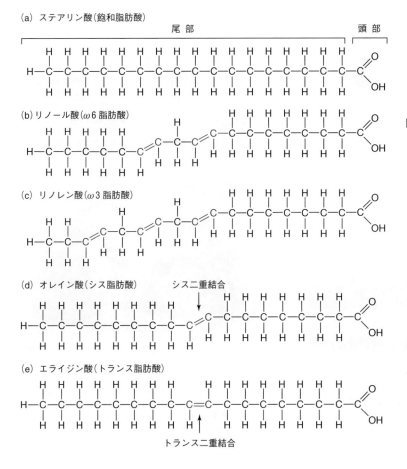

(a) ステアリン酸（飽和脂肪酸）

(b) リノール酸（ω6 脂肪酸）

(c) リノレン酸（ω3 脂肪酸）

(d) オレイン酸（シス脂肪酸）

(e) エライジン酸（トランス脂肪酸）

図2・17　脂肪酸．各脂肪酸分子は，親水性のカルボキシ基と，疎水性の長い炭化水素の尾部をもつ．尾部にある二重結合は赤色で表示されている．(a) ステアリン酸の尾部は水素原子で完全に飽和している．(b) リノール酸は，二重結合が二つあるため不飽和である．最初の二重結合は尾部末端から6番目の炭素にあるので，リノール酸はω6(オメガ6)脂肪酸とよばれる．(c) リノレン酸も不飽和である．最初の二重結合は尾部末端から3番目の炭素にあるため，リノレン酸はω3(オメガ3)脂肪酸とよばれる．ω6脂肪酸とω3脂肪酸は体内でつくることができない必須脂肪酸であり，食べ物から摂取する必要がある．(d) オレイン酸の二重結合の両側の水素原子は尾部の軸に対して同じ側にある．ほとんどの他の自然界に存在する不飽和脂肪酸は，このようなシス結合をもっている．(e) トランス結合では，水素原子は尾部の軸に対して反対側にある．

物質は，室温でも固体である．バターやラードなど，動物由来の食品は飽和脂肪酸の割合が高い．

不飽和脂肪は，不飽和脂肪酸を一つ以上もつトリアシルグリセロールである．不飽和脂肪酸の割合が高い物質の多くは，室温で液状の油である．これは，ほとんどの不飽和脂肪酸の二重結合がシス形であり，シス形結合により脂肪酸の尾部が固くねじれた構造がつくられ，密にまとまらないからである．一方，§2・1で紹介した部分水素添加油脂は，トランス脂肪酸の割合が高いため，室温でも固体である．トランス形結合は脂肪酸の尾部をまっすぐにするので，トランス脂肪酸の比率が高い物質も，飽和脂肪酸と同じように密な構造をとる．

リン脂質

リン脂質（phospholipid）は脂質の一種であり，二つの長い炭化水素の尾部（ほとんどの生物では脂肪酸に由来する）と，リン酸基をもつ頭部からなる（図2・18a）．尾部は疎水性であり，極性をもつリン酸基によって頭部は親水性になる．この相反する性質が，すべての細胞膜の基本構造である**脂質二重層**（lipid bilayer）を生み出している（図2・18b）．一方の層の頭部は細胞内の液体に面し，もう一方の層の頭部は細胞外の水分に面している．すべてのリン脂質の尾部は頭部の間に挟まれているため，脂質二重層の内部は非常に疎水的である．

ステロイド

ステロイド（steroid）は，脂肪酸の尾部をもたない脂質で，四つの炭素環を主構造にもっている．環に結合した小さな分子群がステロイドの種類を決定している．これらの分子は，植物や動物においてさまざまな重要な

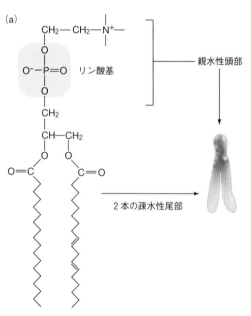
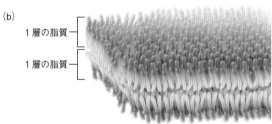

図 2・18 リン脂質は細胞膜を構成する．（a）リン脂質．リン酸基をもつ頭部（黄）に二つの脂肪酸の尾部が結合している．リン酸基があるため頭部は強い親水性で，尾部は疎水性である．（b）脂質二重層．リン脂質分子の親水性と疎水性の相反する性質が，この二層構造をつくり出し，すべての細胞膜の基礎となっている．

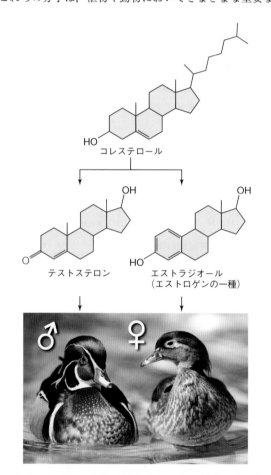

図 2・19 ステロイド．細胞はコレステロールを，生殖と二次性徴を司る二つのステロイドホルモンであるエストラジオールやテストステロンなど，さまざまな化合物に変化させる（上）．この二つのホルモンは，その構造上のわずかな違いにもかかわらず，体内で非常に異なった作用を発揮する．この二つのホルモンは，アメリカオシドリ（下）をはじめとする多くの種で，性特異的な形質を生み出す源となっている．

生理的機能をもっている．動物組織で最も一般的なステロイドであるコレステロールは，ビタミンD（歯や骨を丈夫に保つのに必要）やステロイドホルモンなどの他の分子につくり替えられる（図2・19）．

2・9　タンパク質

タンパク質の構造

タンパク質（protein）は，1本以上のアミノ酸の鎖が特定の形に折りたたまれた有機分子である．**アミノ酸**（amino acid）は，アミノ基（$-NH_2$），カルボキシ基（$-COOH$，酸），およびアミノ酸の種類を示す"R基"をもつ小さな有機化合物である．三つの基はすべて同じ炭素原子に結合している（図2・20）．細胞は，たった20種類のアミノ酸から，必要な何千種類ものタンパク質をつくっている．

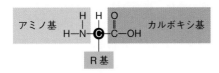

図2・20　アミノ酸の一般的な構造．アミノ酸は，同じ炭素原子に結合したアミノ基，カルボキシ基，およびR基から構成されている．R基によって，アミノ酸の種類が決まる．

アミノ酸間の結合を**ペプチド結合**（peptide bond）という．タンパク質合成の際，1番目のアミノ酸のカルボキシ基と2番目のアミノ酸のアミノ基の間にペプチド結合が形成される（p.26，図2・21❶）．別のペプチド結合が2番目と3番目のアミノ酸を結びつけ，以下同様である．アミノ酸の短い鎖はペプチドとよばれ，長いものは**ポリペプチド**（polypeptide）とよばれる．

タンパク質の構造は，タンパク質合成時にポリペプチドに結合する一連のアミノ酸から始まる❷．一連のアミノ酸配列は**一次構造**（primary structure）とよばれ，タンパク質の種類を決定づける．

ポリペプチドは，アミノ酸間に形成される水素結合により三次元的にねじれたり回転したりして高次構造を生じる．水素結合は，ポリペプチドの各部に，柔軟なループときつい回転でつながったヘリックス（コイル）やシートといった特徴的な構造を形成する（図2・22）．これが**二次構造**（secondary structure）のパターンである❸．タンパク質の種類によって一次構造は異なるが，ほとんどすべてのタンパク質は，ヘリックス，シート，またはその両方を備えている．

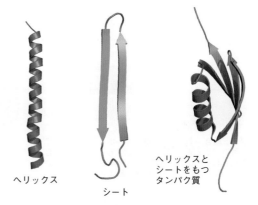

ヘリックス　　シート　　ヘリックスとシートをもつタンパク質

図2・22　タンパク質の二次構造．ほとんどすべてのタンパク質の構造には，ヘリックス，シート，またはその両方が含まれる．右のタンパク質には，一つのヘリックスと一つのシートがある．鋭い折返しはポリペプチドの方向を反転させ，シートを形成する．柔軟なループがシートとヘリックスをつなぐ．

水素結合とその他のポリペプチド間の相互作用により，ヘリックスやシートは小さな機能構造の単位（ドメイン）に折りたたまれる❹．このドメインがタンパク質の**三次構造**（tertiary structure）である．ドメインはしばしば複雑な立体構造をとっていて，それぞれがタンパク質の中で特定の役割を担っている．たとえば，モーターのように回転する樽状のドメインや，細胞膜を貫通するトンネルを形成してイオンの通過を可能にするドメインなどがある．

酵素など多くのタンパク質は**四次構造**（quaternary structure），つまり，2本以上のポリペプチド鎖が密接に集合，もしくは，共有結合した構造をもっている❺．繊維状タンパク質も同様で，数千から数百万本単位で集合して，より大きな構造体を形成している．毛髪を構成するケラチンは，繊維状タンパク質の一例である．

構造と機能の関係

タンパク質は，生命を維持するためのあらゆる過程に関与している．構造タンパク質は，細胞の各部分をつくり，組織の一部として多細胞体を支えている．代謝反応を行う酵素のほとんどはタンパク質である．さらにタンパク質は，物質を動かし，細胞のシグナル伝達を助け，体を守る．

細胞内には何千種類ものタンパク質が存在する．ほとんどの場合，生物学的活性は分子の三次元的形状に依存する．以下に，この構造と機能の関係の例をいくつかあげる．

新しく合成されたタンパク質の多くは，酵素によってリン酸基，糖質，脂質などが付加され，はじめて十分な

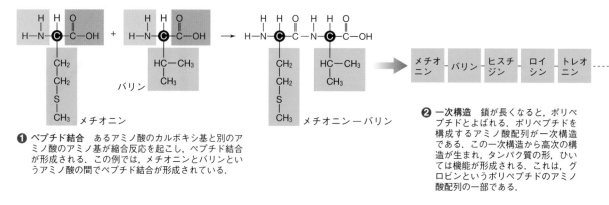

❶ ペプチド結合　あるアミノ酸のカルボキシ基と別のアミノ酸のアミノ基が縮合反応を起こし，ペプチド結合が形成される．この例では，メチオニンとバリンというアミノ酸の間でペプチド結合が形成されている．

❷ 一次構造　鎖が長くなると，ポリペプチドとよばれる．ポリペプチドを構成するアミノ酸配列が一次構造である．この一次構造から高次の構造が生まれ，タンパク質の形，ひいては機能が形成される．これは，グロビンというポリペプチドのアミノ酸配列の一部である．

図 2・21　タンパク質の構造

機能を発揮するようになる．糖が付加されたタンパク質は糖タンパク質とよばれる．脂質を血流に乗せて運ぶアポリポタンパク質も糖タンパク質である．

　アポリポタンパク質はリン脂質，脂肪，コレステロール分子に巻きついて，**リポタンパク質**（lipoprotein）という粒子を形成する（図2・23）．リポタンパク質は密度や大きさなどの性質が異なり，その種類ごとに，それを構成するアポリポタンパク質によって固有の代謝機能が決定される．アポリポタンパク質Aは高密度リポタンパク質（HDL）を形成する．HDLは，コレステロールを組織から運び出し体外に排出することから，しばしば"善玉コレステロール"とよばれる．アポリポタンパク質Bは，低密度リポタンパク質（LDL）を形成する．LDLは，コレステロールを体内組織に運び，細胞膜やステロイドホルモンをつくるために使われる．LDLは，心血管疾患に関連する沈殿物を形成する可能性があるため，しばしば"悪玉コレステロール"とよばれる．

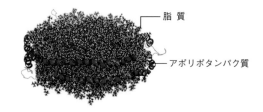

脂 質

アポリポタンパク質

図 2・23　リポタンパク質：血液中で脂質を運ぶ粒子．リポタンパク質は何千ものリン脂質から構成されている．リポタンパク質は，リン脂質，脂肪，コレステロールの分子が，アポリポタンパク質とよばれるタンパク質によって塊にされている．二つのアポリポタンパク質はらせん状になっている．らせんの脂質に向いている側は疎水性である．らせんの外側，つまり血液の水性部分に向いている側は親水性である．

タンパク質の変性

　タンパク質の立体的な形を維持している水素結合は，pHや温度の変化，界面活性剤や塩類にさらされることで破壊されることがある．これを**変性**（denaturation）といい，タンパク質が二次構造，三次構造，四次構造を失うことを意味する．タンパク質の形が変わると，その機能も低下する．たとえば，卵を焼くとどうなるか．卵白は，おもにアルブミンというタンパク質で構成されている．調理してもアルブミンの一次構造の共有結合は壊れないが，タンパク質の形を維持するための水素結合は破壊される．アルブミンが変性すると，透明な卵白が白濁する．ごく一部のタンパク質は，条件がもとに戻ると変性が解除されるが，アルブミンはそのようなタンパク質ではない．卵料理をもとに戻す方法はない．細胞内のほとんどのタンパク質は，アルブミンと同じように，pH，温度，塩濃度の狭い範囲内でしか機能しない．この範囲を超えると，タンパク質は変性し，細胞は死んでしまう．

　ウシの狂牛病（ウシ海綿状脳症，BSE），ヒトの変異型クロイツフェルト・ヤコブ病（vCJD），ヒツジのスクレイピーはどれも，PrPとよばれる糖タンパク質が形を変えることによって起こる悲惨な病気である．PrPは動物体の細胞膜に存在し，特に脳細胞に多いが，その正常な働きについてはまだほとんどわかっていない．

　PrPタンパク質は，時どき，折りたたみが異常になることがある．特定の折りたたみ異常のタンパク質が，感染性の**プリオン**（prion）とよばれるものになることがある．プリオンは，正常のタンパク質を折りたたみが異常なタンパク質にする（図2・24a）．異常タンパク質はそれぞれプリオンとなるため，プリオンの数は指数関数的に増加する．異常タンパク質が蓄積されると，長い繊

❸ **二次構造**　二次構造とは，ヘリックスやシートといった特徴的な構造のことである．アミノ酸間の水素結合により，ポリペプチドがねじれたり回転したりすることで，このような構造が発生する．

❹ **三次構造**　ポリペプチドの異なる部分の相互作用により，ヘリックスやシートが折り重なって機能的なドメインを形成している．このドメインが三次構造である．この例では，グロビン鎖のヘリックスがヘム(赤)という小分子のためのポケットを形成している．

❺ **四次構造**　多くのタンパク質は複数のポリペプチドが結合した四次構造をもっている．ここに示すヘモグロビンのサブユニットは，4本のグロビン鎖(緑と青)からなり，それぞれがヘムをもつ．

維状に集合する．この繊維は，通常，異常タンパク質を除去する細胞の働きにも抵抗する．

vCJD で形成されるプリオン繊維はアミロイド繊維とよばれ，アミロイド斑とよばれる脳内の特徴的な斑点としてみることができる（図2・24b）．異常な PrP タンパク質は脳細胞に対して毒性があり，脳細胞が死滅して脳に穴が開く．そして，混乱，記憶喪失，協調性の欠如などの症状が進行し，死に至る．

2・10　核　　酸

ヌクレオチド

ヌクレオチド（nucleotide）は，酵素の補酵素，化学伝達物質，および DNA と RNA のサブユニットとして機能する小さな有機分子である．ヌクレオチドは，窒素を含む塩基と1〜3個のリン酸基と結合した単糖から構成されている（図2・25a）．単糖は炭素数5の**リボース**

（ribose）または**デオキシリボース**（deoxyribose）であり，塩基は平たんな環状構造をもつ五つの化合物のうちの一つである．ヌクレオチドから他の分子にリン酸基が転移するとき，エネルギーも一緒に転移する．ヌクレオチドである **ATP**（アデノシン三リン酸 adenosine triphosphate）は，細胞内のエネルギー運搬体として特に重要な役割を担っている．

RNA と DNA

核酸（nucleic acid）は，ヌクレオチドの糖と次のヌクレオチドのリン酸基が結合した鎖の重合体である（図2・25b）．

RNA（リボ核酸 ribonucleic acid）は，リボースを含む核酸である．ほとんどの RNA 分子は一本鎖であり，種類によってタンパク質合成など，細胞内でさまざまな役割を担っている．

DNA（デオキシリボ核酸 deoxyribonucleic acid）は，

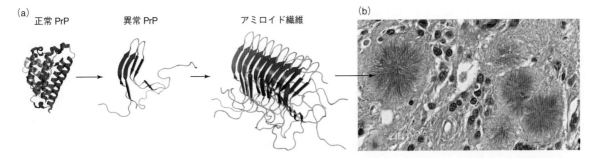

図 2・24　プリオン．(a) PrP タンパク質の折りたたみ異常は，他の PrP タンパク質の異常をひき起こす．異常なタンパク質が蓄積されると，アミロイド繊維とよばれる細長い構造体に集合する．(b) 変異型クロイツフェルト・ヤコブ病(vCJD)の患者の脳組織の薄片で，いくつかのアミロイド斑から放射状に伸びるアミロイド繊維が見える．

28   2. 生命の分子

デオキシリボースを含む核酸である．DNA分子は，2
本のヌクレオチドがねじれて二重らせん構造をしている
（図2・25c）．ヌクレオチド鎖を構成するヌクレオチド
の順序は，生物学的情報であり，7章から11章で詳細
に解説される．各細胞は，親細胞から受け継いだDNA
をもって生命活動を開始する．そのDNAには，新しい
細胞，多細胞生物の場合には個体全体を構築するために
必要なすべての情報が含まれている．

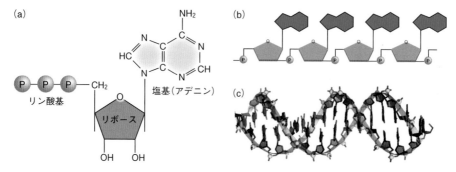

図2・25 **核酸の構造**．（a）ヌクレオチドの例．ATP（アデノシン三リン酸）．ATPはRNAの単量体であり，また多
くの代謝反応に関与している．（b）ヌクレオチドが連なったものが核酸である．あるヌクレオチドの糖と次のヌ
クレオチドのリン酸基が共有結合し，糖-リン酸骨格を形成している．（c）核酸であるDNAは，2本のヌクレオチ
ドが二重らせん状にねじれたものである．

まとめ

2・1 すべての生物は同じ種類の分子から構成されてい
る．これらの分子がどのように組合わされているかという一
見小さな違いが，生体内で大きな影響を与えることがある．

2・2 原子は，正の電荷をもつ陽子と電荷をもたない中性
子からなる核と，そのまわりを移動する負の電荷をもつ電子
から構成されている．原子ごとに陽子，中性子，電子の数は
異なり，陽子の数（原子番号）が元素を決定する．

同位体は，互いに中性子の数が異なる．原子の核にある陽
子と中性子の数の合計が質量数である．

原子の殻模型は，電子のエネルギー準位を同心円状に表し
ている．原子の最外殻に空きがあると，化学的に活性であ
る．原子のなかには，電子を得たり失うことで空きをなく
し，電荷をもつようになるものがある．電荷をもつ原子や分
子はイオンとよばれる．不対電子をもつ原子は，ラジカルと
よばれ，ほとんどのラジカルは生命にとって危険である．

2・3 分子は，化学結合によって特定の数と配列で結合さ
れた原子から構成されている．化学結合にはイオン結合また
は共有結合がある．二種以上の元素の原子からなる分子は，
化合物とよばれる．

イオン結合は，二つの反対の電荷をもつイオンが強く結合
したものである．イオン結合は完全な極性をもつ．二つの原
子は共有結合で電子を共有することによって最外殻の空きを
埋めることができ，均等に共有される場合は非極性，そうで
ない場合は極性である．

2・4 水分子は極性をもつ二つの共有結合により，全体と
して極性をもち，これが水特有の生命維持能力の源となって
いる．また，水分子どうしが膨大な数の水素結合を形成する
ことで，水に凝集性を与え，温度を安定させる．また，水は
塩をはじめとする多くの極性溶質を溶かす溶媒としての能力
ももっている．溶液の一定量に含まれる溶質の量が濃度であ
る．蒸発とは，液体が蒸気に変化することである．

2・5 pHとは，液体中の水素イオンH⁺の量を示す指標
である．中性のpH7では，H⁺とOH⁻の数は等しくなって
いる．H⁺がOH⁻より多い溶液は酸性（pHは7未満），OH⁻
がH⁺より多い溶液は塩基性（pHは7以上）である．酸は
水中で水素イオンを放出し，塩基は水素イオンを受け入れ
る．緩衝液は，溶液に酸または塩基を加えたときにpHを安
定化させることができる．生命のほとんどの分子は狭い範囲
のpHでしか働かないため，ほとんどの細胞や体液が緩衝さ
れている．

2・6 おもに炭素原子と水素原子からなる分子は，有機化
合物である．ほとんどの場合，炭素原子の鎖（骨格）があ
り，化合物によっては環を形成しているものもある．骨格に
結合している小さな分子団が，分子にさまざまな化学的特性
を与える．

多糖，脂質，タンパク質，核酸などの生命分子は，より小さ
な単量体（糖，脂肪酸，アミノ酸，ヌクレオチド）の重合体で
ある．酵素反応は，細胞の代謝を構成する反応の総称である．

2・7 細胞は糖質をエネルギーとして利用し，また他の分
子をつくるのに利用する．酵素は単糖を組立ててより大きな

糖質にする．グルコースは，異なるパターンで結合し，セルロース，デンプン，グリコーゲンなどの多糖を形成する．

　2・8　生体系中の脂質は，部分的または全体的に非極性である．脂肪酸は，(親水性の) ヒドロキシ基の頭部と (疎水性の) 炭化水素の尾部からなる脂質である．飽和脂肪酸の尾部の炭素は単結合のみで，不飽和脂肪酸の尾部は一つ以上の二重結合をもつ．

　脂肪はトリアシルグリセロールであり，脂肪酸に由来する三つの尾部をもつ完全に疎水性の脂質である．三つの尾部がすべて飽和であれば，トリアシルグリセロールは飽和脂肪であり，一つ以上の尾部が不飽和であれば不飽和脂肪である．

　ステロイドは，生理的に重要な役割を担っている．コレステロールはその一例である．

　2・9　ペプチドとポリペプチドはアミノ酸がペプチド結合で結ばれた鎖である．タンパク質は，一つまたは複数のポリペプチドから構成されている．ポリペプチドを構成するアミノ酸の配列 (一次構造) により，タンパク質の種類とその形状が決まる．

　ほとんどのタンパク質は，形状が機能の源となっている．タンパク質の種類によって一次構造は異なるが，ほぼすべてのタンパク質は類似したパターンの二次構造 (ヘリックス，シート，またはその両方) をもっている．ヘリックスとシートは，さらに折り重なって機能的なドメイン (三次構造) になることもある．多くのタンパク質は二つ以上のポリペプチドから構成されており (四次構造)，たとえば繊維状のタンパク質は凝集してより大きな構造体となっている．糖鎖が結合したタンパク質は糖タンパク質とよばれる．リポタンパク質は，脂質とアポリポタンパク質のさまざまな混合物からなる粒子であり，コレステロールや脂肪を血液中に運ぶ．

　水素結合が破壊されると変性が起こり，タンパク質はその形状と機能を失う．プリオン病は，異常な折りたたまれ方をしたタンパク質がひき起こす致命的な病気である．

　2・10　ヌクレオチドは，炭素数5の糖，窒素を含む塩基，および1〜3個のリン酸基からなる小さな有機分子である．ヌクレオチドは，核酸であるDNAやRNAの単量体である．ヌクレオチドの中には，さらに別の役割をもつものがある．たとえば，ATPは細胞内で重要なエネルギー運搬体である．DNAは遺伝情報をコード化し，RNAは細胞内でさまざまな役割を担っている．

試してみよう （解答は巻末）

1. 次の記述のうち，誤っているものはどれか．
   a. 放射性同位体どうしは，原子番号が同じで質量数が異なる．
   b. すべての分子は原子で構成されている．
   c. ラジカルはエネルギーを放出するため危険である．

2. 陽子が一つしかない元素はどれか．
   a. 水素　　b. 同位体　　c. ヘリウム　　d. ラジカル

3. 原子が____ 結合により分子として結びつくのは，反対の電荷どうしが互いに引き合うからである．
   a. イオン　　　b. 水素
   c. 極性共有　　d. 無極性共有

4. 塩が水中で ____ を放出することはない．
   a. イオン　　b. H$^+$

5. 水に溶けたとき，____ はH$^+$を放出し，____ はH$^+$を受容する．
   a. 酸，塩基　　　　b. 塩基，酸
   c. 緩衝液，溶質　　d. 塩基，緩衝液

6. 有機分子はおもに ____ 原子で構成されている．
   a. 炭素　　　　　b. 炭素と酸素
   c. 炭素と水素　　d. 炭素と窒素

7. ____ は，単糖 (単量体) である．
   a. リボース　　b. スクロース
   c. デンプン　　d. a〜cのすべて

8. 飽和脂肪酸と異なり，不飽和脂肪酸の尾部には一つ以上の ____ がある．

9. 次のうち，他のすべてを含む総称はどれか．
   a. トリアシルグリセロール　　b. 脂肪酸
   c. ワックス　　　　　　　　　d. ステロイド
   e. 脂質　　　　　　　　　　　f. リン脂質

10. ____ はタンパク質に，____ は核酸に存在する．
   a. 糖類，脂質　　　　　b. 糖類，タンパク質
   c. アミノ酸，水素結合　d. アミノ酸，ヌクレオチド

11. 用語の説明として最も適切なものを選べ．
   ____ 親水性　　　　a. 陽子数＞電子数
   ____ 原子番号　　　b. 原子核の中の陽子の数
   ____ 水素結合　　　c. 極性をもつ，水に溶けやすい
   ____ 正の電荷　　　d. 総体として強い結合
   ____ 負の電荷　　　e. 陽子＜電子
   ____ 温度　　　　　f. 分子運動の尺度
   ____ pH　　　　　　g. 壊変
   ____ 共有結合　　　h. 電子を共有する
   ____ 放射性同位体　i. H$^+$の濃度を反映する

12. 分子に関する最も適切な記述を選べ．
   ____ ワックス　　　　　　　　a. タンパク質一次構造
   ____ デンプン　　　　　　　　b. エネルギー運搬体
   ____ トリアシルグリセロール　c. 水をはじく分泌物
   ____ DNA　　　　　　　　　　d. 最も豊富なエネルギー源
   ____ ポリペプチド　　　　　　e. 植物における糖の貯蔵
   ____ ATP　　　　　　　　　　f. 動物や菌類における糖の貯蔵
   ____ グリコーゲン　　　　　　g. 遺伝情報を担う

3 細胞の構造

3・1 大腸菌と健康

人間の体内には，体細胞数をはるかに超える数の単細胞生物が生息している．そのほとんどが消化管内の細菌で，健康維持に重要な役割を担っている．消化を助け，人間が合成することのできないビタミンをつくり，危険な細菌の繁殖を防ぎ，免疫系を形成している．

最も一般的な腸内細菌の一つが大腸菌である．大腸菌は何百種類もあり，そのほとんどは有益だが，中には腸の粘膜に深刻なダメージを与える有毒なタンパク質をつくるものもある．有毒な菌株の細胞を 10 個でも摂取すると，激しいけいれんと血の混じった下痢が 10 日間ほど続き，体調を崩すことがある．人に有毒な大腸菌は，牛やその他の動物の腸内に生息しているが，牛を病気にすることはない．大腸菌で汚染されたひき肉を食べるなどすると，人はその菌にさらされることになる．

食品生産者と加工業者は，食品を媒介とする病気の発生を減らすことを目的とした措置をとっている．肉や野菜は販売前にいくつかの細菌検査が行われ，品質管理の改善により，汚染源をより迅速に特定できるようになった．

3・2 細胞とは何か

§1・2で，われわれが生命とよぶ性質は，分子が**細胞**（cell）へと組織化されることで出現することを学んだ．最も大きく複雑な生物も，細胞という微小な単位から構成されている．細菌のような単細胞と体細胞は，どのように違うのだろうか．また，何兆個もの細胞はどのようにして集合体として機能し，体を形成しているのだろうか．これらの疑問に対する答を理解するためには，細胞がどのようなもので構成され，どのように機能しているのかについて知る必要がある．本章では，細胞の構成要素に焦点を当て，すべての細胞に共通する構造や，細胞ごとに異なる構造に注目する．

細胞の基本的構成要素

細胞の形状や機能はさまざまであるが，すべての細胞に共通する構造的特徴がある．すべての細胞は，基本的に**細胞膜**（cell membrane, plasma membrane，形質膜ともいう），DNA，および**細胞質**（cytoplasm）からなる（図3・1）．

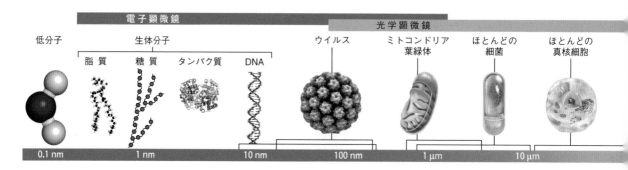

図 3・3　**相対的な大きさ**．ほとんどの細胞の直径は 1～100 μm である．

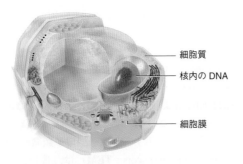

図 3・1　細胞の基本的構成．細胞の大きさや形はさまざまだが，基本的に細胞膜，細胞質，DNA を備えている．図は植物の細胞．

細胞膜は，細胞の内容物と外部環境を隔てている．細胞膜（およびその他の細胞内の膜）の基本構造は，多少の違いはあるにせよ，脂質二重層である（§2・8）．脂質二重層に埋め込まれた，あるいはその表面に結合した多くの異なるタンパク質が，特定の機能を担っている．細胞膜を通過できる物質は限られていて，細胞膜は細胞内外の物質交換を制御している．

すべての細胞にとって，DNA は生命活動の基本である．真核細胞の DNA は，**核**（nucleus, *pl.* nuclei）とよばれる小器官に含まれている．原核生物（細菌，アーキア）では，DNA は細胞質内の特定の領域に浮遊している．

細胞膜の内部が細胞質である．細胞質には，水，イオン，糖，タンパク質などがゼリー状に混ざった**サイトゾル**（cytosol，細胞質基質ともいう）と，核やミトコンドリアなどの種々の**細胞小器官**（organelle）が含まれる．細胞の代謝の大部分はサイトゾルで行われ，細胞小器官は細胞内での固有の働きを担う構造体である．ほとんどの細胞小器官は，脂質二重層の膜をもっている．タンパク質合成を行う**リボソーム**（ribosome）には膜がないので，細胞小器官に含めないとする考えもある．

表面積と体積の比率

生きている細胞は，環境と物質を交換しなければならない．栄養分は代謝を維持するのに十分な速さで細胞に入ってこなければならず，また，老廃物は毒性レベルに達する前に細胞から排出されなければならない．これらの交換は，細胞膜を経由して行われる．細胞膜を介した物質交換の速度は，その表面積に依存する．面積が大きければ大きいほど，一定時間内に通過できる物質の量は多くなる．つまり，細胞の大きさは，**表面積と体積の比率**（surface-to-volume ratio）という物理的な関係によって制限されている．この比率は，物体の体積は直径の3乗に比例して大きくなるが，表面積は2乗に比例して大きくなることを意味する．

球形の細胞に表面積と体積の比を適用してみよう．図3・2が示すように，細胞の直径が大きくなると，その体積は表面積よりも速く増加する．細胞が元の直径の4倍になるまで膨張したとする．このとき，細胞の体積は64（4^3）倍になっているが，表面積は16（4^2）倍にしかなっていない．細胞が大きくなりすぎると，栄養が内側に流れ，老廃物が外側に流れる速度が遅くなり，細胞の生命維持に支障をきたすことになる．したがって，どんな細胞でもある制限以上には大きくなれない（図3・3，表3・1）．

直径（cm）	2	3	6
表面積（cm^2）	12.6	28.2	113
体積（cm^3）	4.2	14.1	113
表面積と体積の比率	3:1	2:1	1:1

図 3・2　表面積と体積の比率．表面積と体積の物理的な関係によって，細胞の大きさや形が制約される．ここでは，三つの球形の細胞の表面積と体積を比較している．

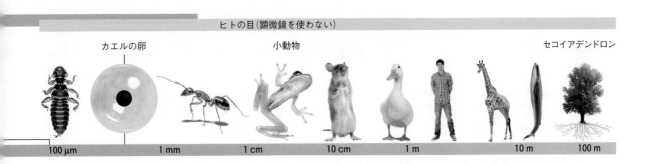

ヒトの目（顕微鏡を使わない）

カエルの卵　　　小動物　　　セコイアデンドロン

100 µm　　　1 mm　　　1 cm　　　10 cm　　　1 m　　　10 m　　　100 m

表 3・1　長さを表す一般的な単位		
単　　位		換　　算
センチメートル	cm	1/100 m
ミリメートル	mm	1/1000 m
マイクロメートル	µm	1/1,000,000 m
ナノメートル	nm	1/1,000,000,000 m
メートル	m	100 cm
		1,000 mm
		1,000,000 µm
		1,000,000,000 nm

顕　微　鏡

　顕微鏡（microscope）が発明される以前は，ほとんどすべての細胞が肉眼で見えないため，誰も細胞の存在を知らなかった．現在では，さまざまな顕微鏡や技術によって，細胞の構造をさまざまな角度から見ることができるようになった．

　光学顕微鏡（light microscope）では，可視光線を試料に当てる．顕微鏡の内部にはレンズがあり，試料を通過した光や試料に当たって跳ね返ってきた光を集光して，拡大した像を得ることができる（図3・4a）．**偏光顕微鏡**（polarization microscope）では，構造物の縁が立体的に浮き出るような像を得ることができる（図3・4b）．

　ほとんどの細胞はほぼ透明なので，染色しないと内部の詳細が見えないことが多い．染色とは，細胞の一部だけを染める色素などを細胞に付着させることである．色素が最も多く付着した部分が最も濃く見える．染色することでコントラスト（明暗差）が増し，より細かい部分まで見えるようになる．

　蛍光色素は，特定の色の光を吸収し，別の色の光を放出する分子で構成されている．これらの色素は，細胞内の特定の分子や構造の位置を知るためのトレーサーとして，**蛍光顕微鏡**（fluorescence microscope）観察でよく使用される（図3・4c）．

　直径約200 nmより小さな構造物は，光学顕微鏡ではぼやけて見える．このサイズの物体を鮮明に観察するには，電子顕微鏡を使用する．**透過型電子顕微鏡**（transmission electron microscope: **TEM**）は，薄い試料に電子線を照射し，試料内部の細部を影として映し出す（図3・4d）．**走査型電子顕微鏡**（scanning electron microscope: **SEM**）は，金属薄膜で覆われた試料の表面に電子ビームを照射する．金属は放射線を発し，その放射線を画像化することができる（図3・5e）．TEMやSEMの像は常に白黒で，特定の細部を強調するためにデジタル処理で着色することができる．

細　胞　理　論

　何百年にもわたる観察により，"細胞とは何か"という問いに答えることができるようになった．今日，われわれは，細胞が代謝とホメオスタシス（恒常性）を維持し，単独またはより大きな生物の一部として増殖することを知っている．この定義によれば，たとえ多細胞体の一部であっても，それぞれの細胞は生きており，すべての生物は一つ以上の細胞から構成されている．また，細胞は分裂することによって増殖するので，現存するすべての細胞は，他の細胞の分裂によって生じたものでなければならない．これらの原則が現代生物学の基礎となる**細胞理論**（cell theory）である（表1・3参照）．

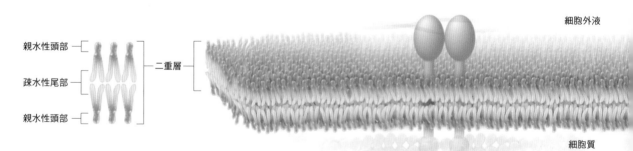

細胞外液

親水性頭部　　　　　　二重層

疎水性尾部

親水性頭部

細胞質

　（a）脂質二重層は，典型的な細胞膜の骨格を形成している．水溶液中では，リン脂質の疎水性の尾部どうしが自発的に集合し，親水性の頭部が外側に向いた二層に分かれて組織化される

　（b）接着タンパク質は，細胞どうし，あるいは外部のタンパク質に接着する．図では，動物細胞内のフィラメントと細胞外のタンパク質をつないでいる

　図 3・5　細胞膜の構造．（a）細胞膜のリン脂質の構成．（b）～（e）一般的な膜タンパク質の例．それぞれの種類は，膜に特定の機能を付加する．非常に複雑な構造をもつものが多いので，わかりやすくするために，簡単な図や幾何学的な形で表してある．

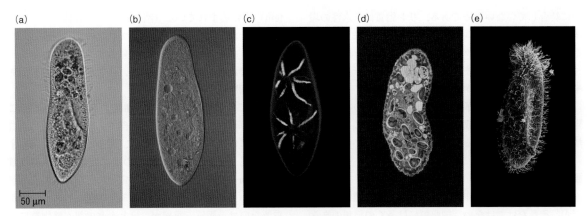

(a)　(b)　(c)　(d)　(e)

50 μm

図 3・4　顕微鏡の違いで見えるものが異なる. これらの顕微鏡像はすべて, 体長約 250 μm のゾウリムシという原生生物のものである. (a) この光学顕微鏡像に見える緑色の塊は, 摂取された藻類である. 細胞表面にある毛状の構造物は繊毛で, ゾウリムシが水中を進むのを推進する. (b) 偏光顕微鏡像では, 物体の縁が浮き彫りになって見える. (a)では見えない, 摂取した藻類や内部構造も確認できる. (c) 蛍光顕微鏡像では, 収縮胞とよばれる小器官の膜にある特定のタンパク質の位置が黄色ではっきり見える. これらの小器官は(b)でも見えるが, それほどはっきりしてはいない. (d) 透過型電子顕微鏡像では, 一平面上にある数種類の構造の内部のつくりがわかる. 摂取した藻類はファゴソーム内で分解されている. (e) 走査型電子顕微鏡像では, 繊毛の厚い被膜など, 細胞表面の詳細が見える. 細胞は内部への陥入構造によって食物を摂取している(aでも見える).

3・3　細胞膜の構造

脂 質 二 重 層

ほとんどすべての細胞膜の基本構造は, おもにリン脂質からなる脂質二重層である (図3・5a). リン脂質の頭部は極性で親水性であるため, 水分子と相互作用することを思い出してほしい (§2・8). 一方, 2本の長い炭化水素の尾部は無極性で疎水性であるため, 水分子と相互作用しない. この相反する性質の結果, 水中でのリン脂質は, 尾部どうしを合わせた脂質二重層シートや泡を自発的に形成し, 頭部が周囲の水層に向くようになる. このように脂質が二層構造になっているため, 膜の両表面は親水性で, 中心部は疎水性になっている.

流動モザイクモデル

細胞膜の脂質二重層には, コレステロールやタンパク質など多くの分子が埋込まれたり, 付着したりしているが, その多くは膜の中を多少なりとも自由に動きまわっている. 細胞膜を, 組成の異なる二次元の流体として表現したのが, **流動モザイクモデル** (fluid mosaic model) である. 名前の"モザイク"は, 膜が多くの異なる種類の分子によって構成されているという事実に由来している. 細胞膜が流動性をもつのは, リン脂質が互いに化学

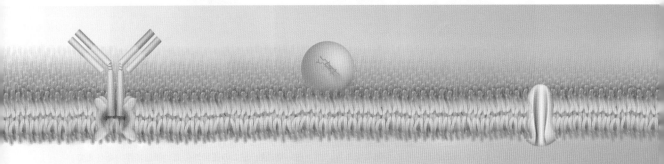

(c) 受容体タンパク質は, 特定の物質と結合するなどの刺激に反応して, 細胞の活動を変化させるきっかけとなる. この図にある受容体は, 免疫系の細胞に存在する

(d) 酵素は, 膜の近くで起こる反応を促進する. この図は薬物やその他の毒素を分解する分子集合体の一部である

(e) 輸送タンパク質は, 膜の一方の側で分子と結合し反対側でそれを放出する. 図のタンパク質はグルコースを輸送している

的に結合していないためである．リン脂質は，水性の環境において，疎水性と親水性の相互作用の結果として構造を維持している．個々のリン脂質は膜の中を横方向に移動することができ，また，長軸の周りを回転し，尾部を動かしたりすることができる．

細胞膜を構成する分子の種類と割合が，その特性を決定する．細胞は膜の組成を動的に変化させることで，環境条件の変化に対抗することができる．

膜 タ ン パ ク 質

細胞膜は，外部環境と内部環境を物理的に分離するものだが，それだけではない．細胞膜には多くの種類のタンパク質が含まれており，それぞれのタンパク質が特定の機能を担っている．細胞膜は，内部の細胞膜とは異なるタンパク質が組込まれているため，機能も異なっている．たとえば，動物の組織では，細胞膜に含まれる**接着タンパク質**（adhesion protein）が細胞どうしを結びつけるため，細胞が秩序ある状態を保つことができる（図3・5b）．

細胞膜と一部の内膜には，刺激に反応して細胞の活動を変化させるための**受容体タンパク質**（receptor pro-tein）が組込まれている（図3・5c）．受容体タンパク質はそれぞれ，固有の刺激に対して特定の反応をする．刺激とは，多くの場合，受容体に結合するホルモンのような分子であり，細胞の反応には，代謝，運動，分裂，あるいは細胞死が含まれる．

すべての細胞膜には酵素が存在する（図3・5d）．これらの酵素のなかには，膜の一部である他のタンパク質や脂質に作用するものもあれば，膜を足場として利用するものもある．また，すべての膜には**輸送タンパク質**（transport protein）があり，特定の物質を，脂質二重層を横切って移動させる（図3・5e）．輸送タンパク質が重要なのは，脂質二重層が，ほとんどの親水性物質に対して透過性がないためである．そのような物質のなかには，細胞が定期的に取込んだり排出したりしなければならないイオンや極性分子も含まれている．

3・4　原 核 細 胞

細菌（bacterium, *pl.* bacteria，真正細菌ともいう）と**アーキア**（archaea，古細菌ともいう）は，最も小さく

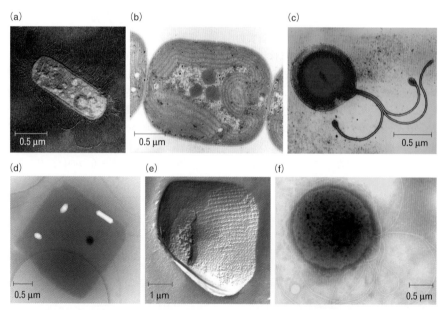

(a)　0.5 μm　(b)　0.5 μm　(c)　0.5 μm
(d)　0.5 μm　(e)　1 μm　(f)　0.5 μm

図 3・6　代表的な原核生物．（a）大腸菌 *Escherichia coli* は，ヒトの腸内に生息する一般的な細菌である．毛のような短いものが線毛，長いものが鞭毛である．（b）*Pseudanabaena* は光合成を行う細菌であるシアノバクテリアの一種である．光合成は，この写真の縞模様のような内膜で行われる．黒い構造物はカルボキシソームとよばれる光合成を補助する細胞小器官である．（c）ピロリ菌 *Helicobacter pylori* は，胃の粘膜に感染すると，胃潰瘍の原因となる細菌である．ピロリ菌は，ボール状の形態をとることで，抗生物質などの環境から身を守ることができる．（d）正方形のアーキア *Haloquadratum walsbyi* は，醤油よりも塩分の高い塩水プールを好む．気体で満たされた細胞小器官（白い構造物）がこの運動性の高い細胞に浮力を与えている．集合してタイルのような平らなシート状になる．（e）アーキア *Ferroglobus placidus* は海底から噴出する超高温の水に生息する．耐久性のある膜（格子状の構造に注目）は極端な高温，高 pH 環境にも耐えられる．（f）アーキア *Thermococcus gammatolerans* は，高塩分，高温，極端な pH などの極限環境下で生息する．放射線に対する抵抗性がきわめて高い．

最も代謝の多様な生命体である．すべて単細胞だが，多くの種で個々の細胞がフィラメントやコロニーを形成して集まっている（図3・6）．この二つのグループの細胞は外見上非常によく似ているため，アーキアはかつて細菌の一種であると考えられていた．両者とも核をもたないため，"核ができる前" という意味の**原核生物**（prokaryote）と名づけられた．1977年に，アーキアは細菌よりも真核生物に近いことが明らかになり，アーキアには独立したドメインが与えられた．原核生物という言葉は，現在では非公式な呼称にすぎない．14章では，これらについてより詳しく解説する．ここでは，両グループに共通する構造の概要を紹介する．

原核細胞の構造

原核細胞（図3・7）の細胞質 ❶ には多くのリボソームが存在し，種によっては何種類かの細胞小器官が存在する．細胞質には**プラスミド**（plasmid, ❷）が含まれることがある．プラスミドは小さい環状のDNAで，数個の遺伝子をもっている．しかし，典型的な原核細胞の本質的な遺伝情報は，**核様体**（nucleoid）とよばれる細胞質の不規則な形をした領域にある，環状のDNA分子上に存在する ❸．

すべての細胞と同様に，細菌とアーキアにも細胞膜がある ❹．ほとんどの場合，細胞膜の周囲には硬い**細胞壁**（cell wall, ❺）がある．細胞壁は，細胞を保護し，その形を支えている．細胞壁は細胞膜とは異なり，脂質から構成されているわけではない．アーキアの細胞壁と細菌の細胞壁の組成は異なるが，水と溶質はどちらのタイプでも容易に移動できる．多くの細菌（と少数のアーキア）の細胞壁は，第二の膜に囲まれている．この外膜は，細胞膜と同様に，タンパク質が埋込まれた脂質二重層からなる．

多くの細菌では，厚く粘着性のある莢膜が細胞壁（第二膜がある種では第二膜）を包んでいる ❻．この莢膜は，細胞がさまざまな種類の表面に付着するのを助け，捕食者や毒素から細胞を保護する役割を果たす．アーキアのなかには，細菌の莢膜と同じようなコーティングをもつものがある．

線毛（pilus, *pl.* pili）とよばれるタンパク質の繊維 ❼ が，いくつかの細菌やアーキアの表面から突き出している．線毛は，これらの細胞がある面を移動したり，面に接着したりするのを助ける．ある種の線毛は，他の細胞に付着した後，短くなり，付着した細胞を巻取る．二つの細胞が接触すると，DNAが一方から他方へ移動する．

また，多くの原核生物では，表面から1本以上の**鞭毛**（flagellum, *pl.* flagella）が突き出している．鞭毛は細長い細胞構造で，運動するために用いられる ❽．原核生物の鞭毛は，プロペラのように回転して，流体中の細胞を動かす．

3・5　真核細胞の細胞小器官

典型的な真核生物細胞は典型的な原核細胞より大きく，構成要素も多い（表3・2）．細胞小器官には脂質二重層の膜で囲まれているものがあり，それによって出入

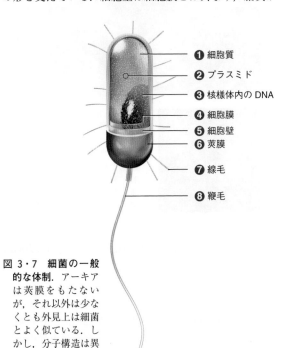

❶ 細胞質
❷ プラスミド
❸ 核様体内のDNA
❹ 細胞膜
❺ 細胞壁
❻ 莢膜
❼ 線毛
❽ 鞭毛

図 3・7　細菌の一般的な体制．アーキアは莢膜をもたないが，それ以外は少なくとも外見上は細菌とよく似ている．しかし，分子構造は異なっている．

表 3・2　真核細胞のいくつかの構成要素	
膜をもつ細胞小器官	
核	DNAの保護とDNAへの種々の分子の接近の制御
小胞体	新しい脂質やポリペプチドの生成と修飾
ゴルジ体	ポリペプチドや脂質の修飾・選別
小　胞	物質の輸送，貯蔵，分解
ミトコンドリア	好気呼吸
葉緑体	光合成
リソソーム	細胞内消化
ペルオキシソーム	有機分子，毒素の分解
液　胞	物質の貯蔵・分解
膜のない細胞小器官	
リボソーム	ポリペプチドの組立て
その他の構成要素	
細胞骨格	細胞の形状，内部組織，運動

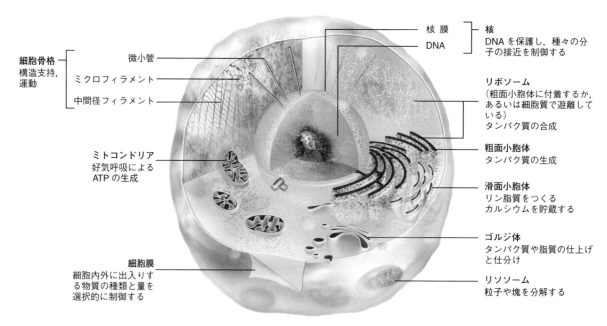

細胞骨格 構造支持, 運動
微小管
ミクロフィラメント
中間径フィラメント

核膜
DNA

核
DNAを保護し, 種々の分子の接近を制御する

リボソーム
(粗面小胞体に付着するか, あるいは細胞質で遊離している)
タンパク質の合成

ミトコンドリア 好気呼吸による ATPの生成

粗面小胞体
タンパク質の生成

滑面小胞体
リン脂質をつくる カルシウムを貯蔵する

ゴルジ体
タンパク質や脂質の仕上げと仕分け

細胞膜
細胞内外に出入りする物質の種類と量を選択的に制御する

リソソーム
粒子や塊を分解する

図 3・8　真核細胞(動物細胞)の構成要素

りする物質の種類や量を調節して, 細胞の代謝効率を最大化することができる. 核, 小胞体, ゴルジ体, 葉緑体, ミトコンドリアは真核生物にのみ存在する (図3・8).

核

　細胞の核には二つの重要な役割がある. まず, 細胞のDNAを, 損傷を与える可能性のある代謝過程から遠ざけておくことである. DNAは独自の区画に隔離され, 細胞質の活発な活動から切り離されている. 第二に, 核はその膜を通過する特定の分子を制御している. **核膜** (nuclear envelope) という特殊な膜がこの機能を担っている (図3・9a).

　核膜は, 2枚の脂質二重層が狭い膜間腔を取囲むようにサンドイッチ状に重なった構造をしている. 外側の二重層にはリボソームがびっしりと詰まっており, 内側の二重層は **核ラミナ** (nuclear lamina) とよばれる繊維状タンパク質が密集した網目構造で支えられている (図3・9b). 数千の核膜孔が両方の二重層にまたがっており, それぞれが数百のタンパク質からなる複雑な集合体である. 核膜孔はRNAやタンパク質の通過を選択的に制御する. 細胞質で行われるタンパク質合成について考えてみよう. この過程に必要なRNAは, DNAが存在する核の中でつくられ, RNA分子は核から細胞質へと移動する. 一方, RNAの合成は核内で行われるので, それに関与するタンパク質は反対方向に移動しなければな

(a)

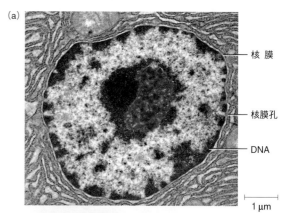

核 膜

核膜孔

DNA

1 μm

(b)

1 μm

図 3・9　核の構造. (a) マウスの膵臓細胞の核. 核膜, DNA, 核膜孔が見える. (b) この顕微鏡写真はマウスの細胞から採取した核の縁を示す. 緑色蛍光は, 核膜(見えていない)の下にある核ラミナを示す. 赤は核膜孔, 青はDNAを示す.

らない. どちらの場合も, 核膜孔が分子を適切な方向に輸送する.

ミトコンドリア

　ATPは反応過程間のエネルギーを運ぶ, 一種の細胞通貨と考えられている (4章参照). 細胞は大量のATPを必要とする (4章参照). 真核生物では, 好気呼吸は

ミトコンドリア（mitochondrion, *pl.* mitochondria）とよばれる小器官の中で行われる．ミトコンドリアには二つの膜があり，内膜は高度に折りたたまれて，ATP 合成装置を形成している（図3・10）．

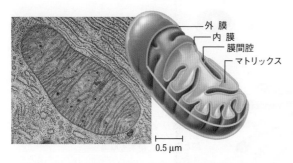

図 3・10　ミトコンドリア．真核生物の小器官であるミトコンドリアは，2枚の膜の一方が内側に折れ込み，ATP 産生構造を形成している．透過型電子顕微鏡写真はコウモリの膵臓細胞のミトコンドリアを示す．

ミトコンドリアは独自の環状 DNA をもち，細胞から独立して分裂し，独自のリボソームをもっている．これらの細菌と似た性質から，ミトコンドリアは宿主細胞内に共生した細菌から進化したという説が生まれた（§14・5 参照）．

葉 緑 体

植物や多くの原生生物の光合成細胞には，光合成に特化した小器官である**葉緑体**（chloroplast）が存在する．植物の葉緑体はだ円形か円盤状をしている（図3・11）．2枚の外膜で囲まれた内部はストロマとよばれる半流動体で，その中には酵素や葉緑体自身の DNA が含まれて

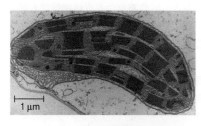

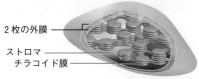

図 3・11　葉緑体．植物の葉緑体には2枚の外膜がある．光合成は，チラコイド膜とよばれる三つ目の内膜で行われる．透過型電子顕微鏡写真はトウモロコシの葉の細胞から採取した葉緑体．

いる．ストロマでは，高度に折りたたまれた第三の膜が，連続した一つの区画を形成している．光合成は，このチラコイド膜とよばれる内膜で行われる（5章参照）．葉緑体は，光合成細菌から進化したと考えられていて，それと多くの点で似ている．

細胞内膜系

細胞内膜系（endomembrane system）は，細胞質全体に存在する膜で覆われた小器官の多機能ネットワークである．おもな機能は，細胞膜の脂質とタンパク質，および外部環境へ分泌するタンパク質の生成，修飾，および輸送である．また，毒素の除去や老廃物の再生など，特殊な機能ももっている．ここではその主要な構成要素である小胞，小胞体，ゴルジ体について紹介する（図3・12）．

小胞（vesicle）は，内膜系の他の細胞小器官からの出芽や，細胞膜の小領域が細胞質内に落ち込むことによって形成される袋である．細胞小器官どうしや，細胞小器官と細胞膜の間で物質を運搬する．また，廃棄物，不要物，毒素などを回収・処理する機能もある．**リソソーム**（lysosome）とよばれる小胞に含まれる酵素は，細胞の残骸や廃棄物のかけらなどの粒子を分解する❶．**ペルオキシソーム**（peroxisome）とよばれる小胞には，有機分子や，その反応によって生じる有毒な過酸化水素やアンモニアを分解する酵素が含まれている．液体に満たされた大きな**液胞**（vacuole）は，老廃物，不要物，毒素，食物などを貯蔵したり，分解したりする．余分な水分を排出する**収縮胞**（contractile vacuole）をもつ細胞もある（図3・4c に収縮胞が見える）．

核膜はしばしば内膜系の一部とみなされる．これは，小胞体が核膜の外側の脂質二重層と連続しているためである．**小胞体**（endoplasmic reticulum: ER）は，一つの連続した区画を取囲む袋と管からなる大きな構造物である．小胞体は，細胞膜に必要な脂質やタンパク質，分泌に必要なタンパク質をつくっている．

小胞体には**粗面小胞体**（rough ER）と**滑面小胞体**（smooth ER）があり，電子顕微鏡写真での外観からこの名前がつけられた．粗面小胞体の膜には何千ものリボソームが付着しているため"粗い"外観をしている❷．これらのリボソームは，ポリペプチドをつくり，ポリペプチドは合成されると小胞体の内部に入る．粗面小胞体の内部にある酵素が，ポリペプチドを切断したり，オリゴ糖を結合させたりして，ポリペプチドを折りたたみ，修飾する．

粗面小胞体でつくられたタンパク質の一部は，小胞体区画を通り，滑面小胞体に移動する❸．滑面小胞体の

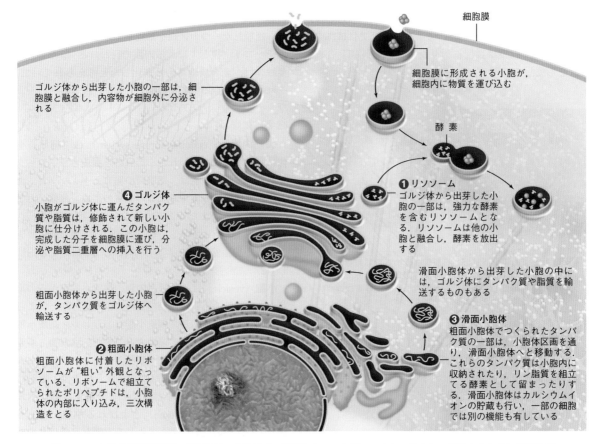

ゴルジ体から出芽した小胞の一部は，細胞膜と融合し，内容物が細胞外に分泌される

細胞膜

細胞膜に形成される小胞が，細胞内に物質を運び込む

酵 素

④ ゴルジ体
小胞がゴルジ体に運んだタンパク質や脂質は，修飾されて新しい小胞に仕分けされる．この小胞は，完成した分子を細胞膜に運び，分泌や脂質二重層への挿入を行う

① リソソーム
ゴルジ体から出芽した小胞の一部は，強力な酵素を含むリソソームとなる．リソソームは他の小胞と融合し，酵素を放出する

滑面小胞体から出芽した小胞の中には，ゴルジ体にタンパク質や脂質を輸送するものもある

粗面小胞体から出芽した小胞が，タンパク質をゴルジ体へ輸送する

② 粗面小胞体
粗面小胞体に付着したリボソームが"粗い"外観となっている．リボソームで組立てられたポリペプチドは，小胞体の内部に入り込み，三次構造をとる

③ 滑面小胞体
粗面小胞体でつくられたタンパク質の一部は，小胞体区画を通り，滑面小胞体へと移動する．これらのタンパク質は小胞内に収納されたり，リン脂質を組立てる酵素として留まったりする．滑面小胞体はカルシウムイオンの貯蔵も行い，一部の細胞では別の機能も有している

図 3・12　細胞内膜系要素間の相互作用．内膜系は，脂質とタンパク質をつくり，修飾し，輸送するために相互作用する一連の小器官(粗面小胞体および滑面小胞体，ゴルジ体，小胞)である．一部の構成要素にはその他の機能がある．ここでは，動物細胞を例にとって説明する．

おもな機能はリン脂質をつくることであるが，細胞によってはステロイドホルモンの生産など他の機能ももっている．

　ゴルジ体（Golgi body）の折りたたまれた膜は，パンケーキを積み重ねたような形をしている ❹．小胞体から出芽した小胞は，ゴルジ体に融合し，新しいタンパク質や脂質を送り込む．ゴルジ体の内部にある酵素がこれらの分子の最終的な修飾を行い，完成品は選別され，新しい小胞に入る．これらの小胞のなかには，膜タンパク質，分泌タンパク質，脂質を細胞膜に送り出すものもある．また，ゴルジ体から出芽した小胞の一部はリソソームとなる．

3・6 細胞骨格と細胞接着
細 胞 骨 格
　すべての細胞の細胞質には，**細胞骨格**（cytoskeleton）と総称されるタンパク質繊維系が存在する．細胞

骨格の構成要素は，細胞構造，そしてしばしば細胞全体を補強し，組織化し，移動させる．細胞骨格の構成要素には，恒久的なものもあれば，ある時期にだけ形成されるものもある．原核細胞にも真核細胞にも細胞骨格が存在する．ここでは，真核細胞に存在する三つの種類，すなわち微小管，ミクロフィラメント，中間径フィラメントについて説明する．

　微小管（microtubule）とよばれる長くて中空の円柱は，運動する際に機能する細胞骨格要素である（図3・13a）．チューブリンというタンパク質のサブユニットから構成され，必要なときにすばやく集合し，不要なときには分解することができる．たとえば，細胞分裂の過程では，微小管が集合し，細胞の染色体を分離し，そして分解する（§9・3参照）．

　ミクロフィラメント（microfilament）とよばれる細い繊維は，おもにアクチンというタンパク質のサブユニットで構成されている（図3・13b）．多くの細胞において，ミクロフィラメントの網目は，細胞膜のすぐ内側

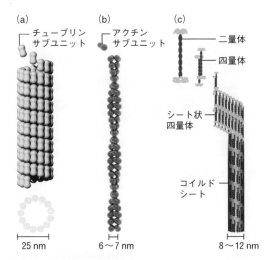

(a) チューブリンサブユニット

(b) アクチンサブユニット

(c) 二量体／四量体

シート状四量体

コイルドシート

25 nm 6～7 nm 8～12 nm

図 3・13 **細胞骨格要素**. (a) 微小管. 細胞の一部や細胞全体の移動に関与する. (b) ミクロフィラメント. 細胞膜を補強する. 筋収縮に関与する. (c) 中間径フィラメント. 細胞膜や組織を構造的に支える最も安定な要素.

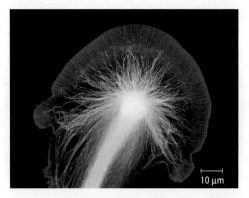

10 μm

図 3・14 **神経細胞内の細胞骨格要素**. この蛍光顕微鏡写真には, 神経細胞の成長端にある微小管(黄)とミクロフィラメント(青)が写っている. これらの細胞骨格要素は, 細胞が特定の方向に伸長するのを支え, 誘導する.

にある細胞質領域である細胞皮質の一部となっている. この網目は, 細胞膜に接続し, それを支えることで, 細胞の運動, 収縮, 形状変化, 移動に機能するタンパク質の足場を形成している (図 3・14).

　動物細胞と一部の原生生物細胞には, 第三のタイプの細胞骨格要素である**中間径フィラメント** (intermediate filament) がある (図 3・13c). 中間径フィラメントは, 細胞や組織に構造と弾力性を与える安定した骨格を形成している. 中間径フィラメントには, 異なる繊維状タンパク質から構成されるものがある. たとえば, ラミンからなる中間径フィラメントは, 動物細胞の核膜を形成し, また, DNA 複製など核内の過程を制御するのに役立つ. 毛根の細胞は, ケラチンを中間径フィラメントに組立て, 髪を構成している.

　細胞骨格に結合する**モータータンパク質** (motor protein) は, ATP のリン酸基転移によってエネルギーを得て, 細胞の一部を動かす. モータータンパク質は, 貨物列車のようなもので, 微小管やミクロフィラメントの線路に沿って, 細胞内の荷物を積んで移動する (図 3・15).

　真核生物の鞭毛が動くのは, その中を縦に走る微小管がダイニンというモータータンパク質と相互作用するためである. 精子などの運動性細胞は, 鞭毛を前後に鞭打ちながら液中を前進する (下図左). ダイニンと微小管の相互作用は, いくつかの真核細胞の細胞膜から突き出ている短い毛状の**繊毛** (cilium, *pl.* cilia) のリズミカルな波打つ運動も生み出している. 繊毛は, 多くの場合, ひとかたまりになって, 一糸乱れぬ運動をする. 繊毛の協調運動は, 細胞を液体中で進めたり, 静止している細胞のまわりの液体をかき回したりすることができる. 気道に並ぶ数千の細胞上の繊毛は, 吸い込んだ粒子を肺から掃き出す.

　アメーバを含む一部の真核細胞は, **仮足** (pseudopodium, *pl.* pseudopodia, 偽足ともいう, 下図右) を形成する. この一時的に不規則な形で出現する仮足が外側に膨らむと, 細胞全体を動かしたり, 獲物などの標的を巻込んだりすることができる. 細胞皮質のミクロフィラメントが伸長することで, 仮足は一定の方向に進むことができる. ミクロフィラメントに付着したモータータンパク質は, 細胞膜を引きずりながら進む.

精子

仮足

図 3・15 **モータータンパク質**. ここでは, キネシン(黄褐色)が小胞(ピンク)を微小管に沿って運んでいる.

細 胞 外 基 質

　多くの細胞は，その表面に**細胞外基質**（extracellular matrix，細胞外マトリックスともいう，略称ECM）を分泌している．細胞外基質は，分泌細胞を構造的に支え，物理的に保護する複雑な混合物である．細胞壁はECMの一例である．原核生物に細胞壁があることはすでに学んだが，植物，菌類や一部の原生生物にもある．細胞壁の構成は，これらのグループ間で異なっている．原核生物の細胞壁と同様に，真核生物の細胞壁も多孔質である．水や溶質は細胞膜との間で容易に行き来することができる．

　動物細胞には細胞壁がないが，**基底膜**（basement membrane，basal lamina）とよばれる細胞外基質を分泌する細胞もある（図3・16）．基底膜は，脂質二重層で構成されている膜ではなく，組織を構造的に支持する繊維状層である．骨細胞は，繊維状タンパク質であるコラーゲンが，カルシウム，マグネシウム，リン酸イオンと結合してミネラル状に固まったECMを分泌している．

　体表面の細胞が分泌するECMの一種に**クチクラ**（cuticle）とよばれる被覆がある．植物では，ワックスとタンパク質からなるクチクラが，茎や葉の保水や虫除けに役立っている．カニやクモなどの節足動物のクチクラは，キチンという多糖類からなる．

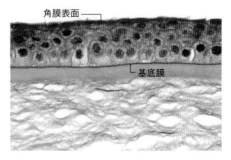

図 3・16　**基底膜**．このヒトの角膜（眼球の一部）の断面図では，基底膜はその下の暗い線として見える．

細 胞 間 結 合

　多細胞の真核生物では，細胞は**細胞間結合**（cell junction）によって互いに，また周囲の環境と相互作用することができる．細胞間結合は，細胞を他の細胞やECMに接着する分子集合体からなる．細胞は，細胞間結合を通して物質やシグナルを送受信する．

　体表や体腔内の組織では，隣接する細胞の細胞膜にある接着タンパク質が列をなしてつながり，ジッパー状の**密着結合**（tight junction，タイトジャンクション）を形成している（図3・17a）．細胞膜どうしを接着することで，密着結合は体液が細胞間にしみ込むのを防いでい

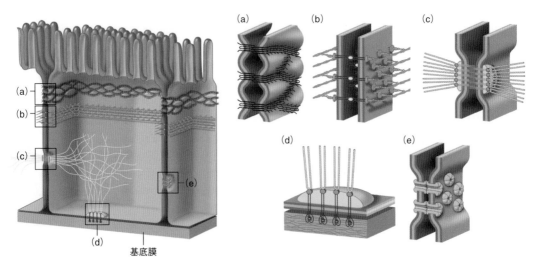

図 3・17　**動物組織における細胞間結合**．細胞接合は，動物組織において，細胞と他の細胞，および細胞外基質をつないでいる．異なる種類のタンパク質から組立てられている．密着結合(a)，3種類の接着結合(b, c, d)，ギャップ結合(e)が示されている．(a) 密着結合は，隣接する細胞膜の間に防水構造を形成する．(b) この接着結合は，隣接する細胞の細胞膜を，細胞内のミクロフィラメントと結合している．(c) この接着結合は，隣接する細胞の細胞膜を，細胞内の中間径フィラメントと結合している．(d) この接着結合は，細胞膜を基底膜に接着させ，細胞内の中間径フィラメントと結合している．(e) ギャップ結合は，隣接する細胞の細胞質どうしをつなぐ開閉可能なチャネルである．

る. たとえば, 胃の粘膜は, 密着結合が細胞どうしを密閉していて, 胃液が胃の組織に侵入して傷つけることを防止している.

接着タンパク質は, さまざまなタイプの**接着結合** (adherens junction, アドヘレンスジャンクション) にも集合する (図3・17b~d). 接着結合は, 細胞どうしや細胞と基底膜を固定する留め具のようなものである. これらの接着結合は, 各細胞の内部にある細胞骨格要素に接続して, 組織を強化する. 収縮性の組織 (心筋など) や, 摩耗や伸展を受ける組織 (皮膚など) の細胞には接着結合が多くみられる.

ギャップ結合 (gap junction, ギャップジャンクション) は, 隣接する動物細胞の細胞質をつなぐ開閉可能なチャネルである (図3・17e). ギャップ結合が開いているときは, 水, イオン, 小分子が, ある細胞の細胞質から隣の細胞の細胞質へと直接通過することができる. このようなチャネルによって, 細胞の全領域が単一の刺激に応答することができる. 心筋など, 細胞が協調して活動する組織には, ギャップ結合が多く存在する.

3・7　生命の本質

本章では, 細胞の構造について学んだ. 細胞には, 少なくとも細胞膜, 細胞質, DNAが備わっている. また, 特定の細胞小器官の有無など, 細胞の構成要素の違いによって, 多様な生物が分類される.

では, 生命に共通するものは何であろうか. 細胞は生命の基本単位であるが, 細胞の構成要素が適切な量と比率で混ざり合えば生命が誕生するわけではない. 細胞, あるいは細胞からなる生物を生かしているのは一体何なのだろうか. 表3・3に, これまでに学んだ, あるいはこれから学ぶ生物の特性をまとめた. しかし, これだけで, 生命・生物を完全に理解したことにはならない.

それでも, この表は, 役に立たないというわけではない. 重要なことは, 生物系を, 個々の構成要素の単なる集まりではなく, 複雑な関係のネットワークの一部と見なすことであり, 以降の章では, これらの点についてより深く学ぶことになる.

表 3・3　生命システムの特性
・一つまたは複数の細胞からなる
・環境から物質とエネルギーを獲得する
・水を必要とする
・複雑な炭素を含む分子をつくり, 利用する
・ホメオスタシスや代謝など, 体を維持するのに必要な過程を実行する
・内外の刺激に反応する能力がある
・成長する能力がある
・成熟や老化など, 一生の間に変化がある
・遺伝物質 (DNA) を子孫に残すことができる
・連続した世代にわたって環境圧力に適応する能力がある

ま と め

3・1　人間の体内には, 膨大な数の細菌が生息している. そのほとんどは有益なものであり, 病気をひき起こす可能性のあるものはごくわずかである. 食品に病原性細菌が混入すると, 命にかかわることもある.

3・2　すべての細胞は, いくつかの構造的・機能的特徴を共有している. すべての細胞は, 基本的に細胞膜, DNA, および細胞質をもっている. 細胞膜は, 細胞を環境から分離し, 細胞内に出入りする物質を制御している. 細胞膜に囲まれた細胞質中には, 細胞の他の構成要素 (核, 細胞小器官, サイトゾル) がある. 原核細胞では, DNAはサイトゾル中に浮遊している.

細胞の表面積と体積の比率は, 細胞の大きさを制限し, 形状にも影響を与える. ほとんどの細胞は肉眼では見えないので, われわれは顕微鏡を使って観察する.

細胞理論によれば, 細胞は生命の基本単位で, すべての生物は一つ以上の細胞から構成され, すべての細胞は既存の細胞の分裂によって生じる. すべての細胞は分裂するときに子孫に遺伝物質 (DNA) を受渡す.

3・3　ほとんどすべての細胞膜の基本構造は, リン脂質二重層であり, その中に他の多くの分子が付着または埋込まれている. 細胞膜は, 脂質, タンパク質, およびその他の分子の流動的なモザイクとみなすことができる. 細胞膜に含まれるタンパク質は, それぞれ特定の機能をもっている. すべての細胞膜には酵素や, 物質が膜を通過することを助ける輸送タンパク質がある. また, 細胞膜と一部の内膜には, 特定の刺激に反応して細胞の活動を変化させるための受容体タンパク質が存在する. 動物の細胞膜には, 組織内で細胞を固定する接着タンパク質も組込まれている.

3・4　細菌とアーキアは, 核をもたない単細胞の原核生物である. 一般に, 環状のDNA分子が細胞の重要な遺伝情報を運び, 核様体とよばれる細胞質の領域に存在する. 多くの原核生物は, 遺伝情報を運ぶプラスミドをもち, 線毛や鞭毛をもつものもある.

ほとんどすべての原核生物は, 細胞膜を取囲む硬い細胞壁によって保護されている.

3・5　真核細胞の細胞小器官は, 細胞内の他の代謝過程に

影響を与えたり，影響を受けたりする可能性のある過程や物質を区分けすることによって，細胞の効率を最大化する.

すべての真核細胞は基本的に，細胞の DNA を保護する核をもっている. 核膜の二層の脂質二重層には，核に出入りする RNA やタンパク質の分子を通す特殊な孔があいている.

ミトコンドリアは，好気呼吸によって ATP を生産するための構造を有している. 真核生物では，光合成は葉緑体の内膜（チラコイド）で行われる.

内膜系は，小胞体，ゴルジ体，小胞などの膜に囲まれた小器官が相互作用して，細胞膜の脂質やタンパク質，分泌物のタンパク質を生産している系である. 小胞体は，核膜と連続した系である. リボソームでつくられたポリペプチドは，粗面小胞体の内部で折りたたまれ，修飾される. 滑面小胞体は，リン脂質をつくったり，カルシウムイオンを貯蔵したりする.

小胞体から出芽した小胞は，タンパク質や脂質をゴルジ体に送る. ゴルジ体から出芽した小胞のなかには，タンパク質や脂質を細胞膜に送るものや，酵素を含むリソソームとなり，細胞の残骸やその他の粒子を分解するものもある. ペルオキシソームは，有機分子や毒素を分解する小胞である.

3・6 繊維状タンパク質の細胞骨格は，細胞の形状，内部構造，運動の基礎となる. 真核生物では，ATP 駆動のモータータンパク質がミクロフィラメントや微小管と相互作用して，仮足，繊毛，真核生物の鞭毛などの運動をもたらす. ミクロフィラメントは，細胞膜を支える細胞皮質を形成している. 安定な中間径フィラメントは，動物の細胞膜や組織を補強している.

多くの細胞は，その表面に細胞外基質（ECM）を分泌している. ECM の組成や機能は，細胞の種類によって異なる. 動物では，基底膜とよばれる ECM が，細胞を支え，組織化している. また，細胞壁も ECM の一種である. 植物や菌類，一部の原生生物の細胞には細胞壁があるが，動物の細胞にはない.

細胞間結合は，組織内の細胞を構造的および機能的に結合する. 密着結合は，細胞間の防水構造を形成する. 接着結合は，細胞骨格要素に接続し，動物細胞を互いに，また基底膜に固定する. ギャップ結合は隣接する細胞をつなぐ開閉可能なチャネルである.

3・7 "生命"の最もよい定義は，生き物の特性を表わす一連の性質の総体，という定義である.

試してみよう （解答は巻末）

1. すべての細胞に共通するものはどれか.
　　a. 細胞膜，DNA，および核
　　b. 細胞質，DNA，および細胞膜
　　c. 細胞壁，細胞質，および DNA

2. 細胞理論の原則でないものはどれか.
　　a. すべての細胞は，他の細胞の分裂によって生じる.

　　b. 細胞は，多細胞体の一部であっても生きている.
　　c. 真核細胞には核があり，原核細胞にはない.
　　d. 細胞は生命の基本単位である.

3. 真核細胞とは異なり，原核細胞は ＿＿＿＿
　　a. 細胞膜がない
　　b. RNA はもっているが，DNA はもっていない
　　c. 核がない

4. 細胞膜はおもに ＿＿＿＿ と ＿＿＿＿ で構成されている.
　　a. 脂質，糖質　　　　b. リン脂質，タンパク質
　　c. 脂質，ECM　　　　d. リン脂質，ECM

5. 次の記述のうち，正しいものはどれか.
　　a. 動物細胞のなかには，原核細胞であるものがある.
　　b. ミトコンドリアをもつ細胞は真核細胞のみである.
　　c. 細胞膜は，すべての細胞の一番外側の境界である.

6. 脂質二重層では，すべての脂質分子の ＿＿＿＿ が，すべての ＿＿＿＿ に挟まれている.
　　a. 親水性の尾部，疎水性の頭部
　　b. 親水性の頭部，親水性の尾部
　　c. 疎水性の尾部，親水性の頭部
　　d. 疎水性の頭部，親水性の尾部

7. 細胞内膜系のおもな機能は ＿＿＿＿ である.
　　a. タンパク質と脂質の生成と修飾
　　b. 有害物質から DNA を分離する
　　c. 細胞外基質を細胞表面に分泌する
　　d. 好気呼吸による ATP の生産

8. 核への分子の出入りを制御しているものは何か.
　　a. 核の延長線上にある小胞体
　　b. 多くのタンパク質で構成される核膜孔
　　c. 動的に組合わされた微小管
　　d. 密着結合

9. 分泌タンパク質の経路にしたがって，次の構造を順番に並べよ.
　　a. 細胞膜　　　b. ゴルジ体
　　c. 小胞体　　　d. ゴルジ体から出芽した小胞

10. ＿＿＿＿ は，動物細胞を，互いに，また基底膜に固定している.
　　a. 接着接合　　　b. 密着結合　　　c. ギャップ結合

11. 次のうち，DNA を含まない細胞小器官はどれか.
　　a. 核　　　　　　　　　　b. ゴルジ体
　　c. ミトコンドリア　　　d. 葉緑体

12. 真核細胞の構成要素とそのおもな機能を組合わせよ.
　　＿＿＿＿ ミトコンドリア　　a. 細胞の連結
　　＿＿＿＿ 葉緑体　　　　　　b. 表面の保護
　　＿＿＿＿ リボソーム　　　　c. ATP の生成
　　＿＿＿＿ 核　　　　　　　　d. DNA の保護
　　＿＿＿＿ 細胞間結合　　　　e. タンパク質合成
　　＿＿＿＿ 鞭毛　　　　　　　f. 光合成
　　＿＿＿＿ クチクラ　　　　　g. 移動

4 エネルギーと代謝

4・1 アルコールデヒドロゲナーゼの恩恵

過度の飲酒は，ヒトの健康に大きな影響を与える．それはなぜだろうか．

ビールやワイン，ウイスキーなど，すべてのアルコール飲料には，エタノールが含まれている．エタノールは，体中の細胞の働きを阻害する物質で，脳細胞間の信号を乱すことで精神作用が生じる．アルコールを飲み過ぎると，これらの信号が乱れ，脳が体の重要な機能を制御できなくなり，致命的な影響を及ぼす可能性がある．

肝臓の細胞は，アルコールデヒドロゲナーゼ（alcohol dehydrogenase: ADH）という酵素をつくる．ADH はエタノールをアセトアルデヒドに変換する．アセトアルデヒドはエタノールよりもさらに毒性が強く，心拍数や呼吸数の増加，血圧の低下，吐き気，嘔吐，頭痛，肺の気道狭窄（きょうさく）などの生理作用がある．第二の酵素であるアルデヒドデヒドロゲナーゼ（aldehyde dehydrogenase: ALDH）は，アセトアルデヒドを無毒な酢酸に変換するが，過剰のアルコールを摂取するとその作用が追いつかない．

長期にわたる飲酒は肝細胞を傷つけるので，飲めば飲むほど，分解を行う肝細胞が少なくなっていく．アルコール乱用は肝硬変（肝臓が傷だらけになって硬くなり，機能を失う状態）のおもな原因となっている．肝硬変になると，血液中の薬物や毒素を取除くことができなくなるため，それらの物質が脳内に蓄積され，精神機能や人格が損なわれることがある．肝硬変と診断されると，10 年以内に約 50% の確率で死亡するといわれている．

4・2 生命はエネルギーで動いている

エネルギー（energy）の正式な定義は"仕事をする能力"である．ただし，この定義は十分なものとはいえない．われわれは，エネルギーが光，熱，電気，運動などさまざまな形をとること，そしてある形のエネルギーが別の形に変換されることを知っている．電球は電気を光に，電気オーブンは電気を熱に，扇風機は電気を羽根の運動エネルギーに，変えている．

熱やその他のエネルギーに関する研究は，**熱力学**（thermodynamics, ギリシャ語で therm は "熱"，dynam は "力"を意味する）とよばれる．熱力学の研究者は，ある系において，変換前と変換後のエネルギーの総量が常に同じであることを発見した．これは，**熱力学第一法則**（first law of thermodynamics）である．また，エネルギーには拡散する性質があり，ある系内の熱の総量は変わらないまま，系全体に均一に分散する性質がある（図 4・1）．これは**熱力学第二法則**（second law of thermodynamics）である．

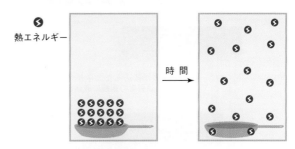

図 4・1　エネルギーは自発的に拡散する． 熱したフライパンからキッチンの冷たい空気に熱が自発的に流れる．これは両者の温度が同じになるまで続く．このとき，系内の熱エネルギーの総量は変化しない．

化学結合がエネルギーを保持する

生物学において，化学結合はエネルギーの転移という考え方で捉えられている．なぜなら，生物におけるエネルギーの流れは，おもに化学結合をつくったり壊したり

することで生じるからである．たとえば，結合していない二つの原子は，あらゆる方向に振動し，回転することができる．原子が共有結合していると，その動きが制限されるため，結合前よりも動ける範囲が狭くなる．つまり，結合すると原子の運動エネルギーが減少する．エネルギーは壊すことができないので，余分な運動エネルギーはそのまま消えるわけではない．この場合，結合の中に**ポテンシャルエネルギー**（potential energy，位置エネルギーともいう）としてたくわえられることになる．ポテンシャルエネルギーとは，系内の物体の配置に依存するエネルギーのことである．結合を壊して二つの原子を自由にすれば，ポテンシャルエネルギーは再び運動エネルギーに変換される．

　仕事には，エネルギーの転移が伴う．たとえば，植物細胞は光エネルギーを獲得し，そのエネルギーを使って，二酸化炭素と水から糖質をつくる．このように，光エネルギーが化学エネルギーに変換されることで，エネルギー転移が行われる．他のほとんどの細胞内活動も，一つの分子から別の分子への化学エネルギーの転移によって行われる．

　どのようなエネルギー転移も100％の効率ではない．少なくとも一部のエネルギーは熱として放出される．生物においても，分子が集まり，細胞として組織化され，新しい生物が生まれるたびにエネルギーは濃縮され，成

長，移動，栄養獲得，生殖など，常にエネルギーを使っている．これらのすべての過程でエネルギーの転移が起こり，転移のたびに一部のエネルギーが散逸する．その損失分を別のエネルギー源から補充しない限り，生命の複雑な体制は死を迎える．

　地球上のほとんどの生命の動力源となるエネルギーは，太陽からもたらされている．そのエネルギーは，生産者，消費者を経由して流れる（図4・2）．その過程で，エネルギーは何度も転移される．そのたびに，一部のエネルギーは熱として放出され，最終的にはすべてのエネルギーが永久に放出される．しかし，熱力学第二法則では，どの程度の速さで分散するかは明らかでない．エネルギーの自然放散は，化学結合によって抵抗を受ける．たとえば，あなたの体の一部を構成する無数の分子は，少なくとも当分の間は，あなた自身の成り立ちそのものである．

4・3　生体分子の中のエネルギー

化学反応とエネルギー

　すべての細胞は，生体分子の化学結合にエネルギーを貯蔵し，利用しているが，この活動は化学反応によって行われる．

　化学反応では，一つまたは複数の**反応物**（reactant，反応によって変化する分子）が，一つまたは複数の**生成物**（product，反応によって生成される分子）になる．反応物と生成物の間に中間産物ができることもある．化学反応は次のような反応式で表される．

$$2H_2 + O_2 \longrightarrow 2H_2O$$
　　水素　酸素　　　　　　水

　分子の前の数字は分子数を示し，下付数字は1分子当たりのその元素の数を示す．原子は反応中に移動するが，決して消えることはなく，原子数は，反応の前後で同じである（図4・3）．

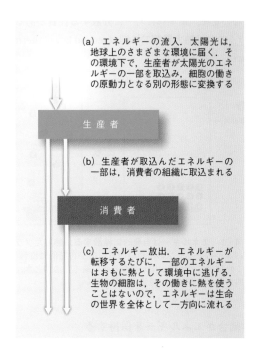

(a) エネルギーの流入．太陽光は，地球上のさまざまな環境に届く．その環境下で，生産者が太陽光のエネルギーの一部を取込み，細胞の働きの原動力となる別の形態に変換する

生産者

(b) 生産者が取込んだエネルギーの一部は，消費者の組織に取込まれる

消費者

(c) エネルギー放出．エネルギーが転移するたびに，一部のエネルギーはおもに熱として環境中に逃げる．生物の細胞は，その働きに熱を使うことはないので，エネルギーは生命の世界を全体として一方向に流れる

図4・2　生物界におけるエネルギーの流れ．エネルギー（黄色の矢印）は環境から生物に流れ込み，そして環境へと流れる．

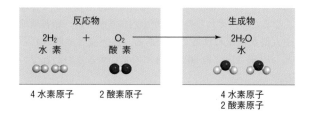

反応物　　　　　　　　　　　　　　生成物
2H₂　＋　O₂　　　　　　　　　2H₂O
水素　　　酸素　　　　　　　　　水

4水素原子　2酸素原子　　　　　　4水素原子
　　　　　　　　　　　　　　　　2酸素原子

図4・3　化学反応における原子の収支．化学反応式では，矢印の左側に反応物，右側に生成物が書かれている．化学式の前にある数字は分子の数を表している．原子が入れ替わっても，反応の終わりには同じ数の原子が残る．

すべての化学結合は，ある量のエネルギーをもっている．結合がもつエネルギー量は，結合する元素によって異なる．たとえば，水素原子と酸素原子の結合 H–O と，二つの水素原子の結合 H–H はどちらもエネルギーをもつが，その量は異なる．

ここで，反応における結合エネルギーを考えてみよう．反応物の結合エネルギーをすべて足し合わせれば，反応物がもつエネルギーの総量が計算でき，生成物についても同じように計算できる．反応物の結合エネルギーが生成物のエネルギーよりも小さいときは，正味のエネルギー投入がなければ反応は進行しない（図4・4）．一方，反応物の結合エネルギーが生成物のエネルギーよりも大きければ，エネルギーが放出される．

生体分子は，酸素と結合することでエネルギーを放出する．たき火の火花が薪に引火するのを思い浮かべてみよう．木の主成分はセルロースである（§2・7）．セルロースのような有機分子が燃える（燃焼する）とき，酸素と反応して結合が切れ，結合エネルギーが一挙に放出される．この爆発的なエネルギーは，他の分子にも同じ反応を呼び起こすことができるため，木は火をつけた後，燃え続ける．

地球には酸素や有機分子が豊富にあるのになぜ燃え上がらないのであろうか．幸いなことに，ほとんどの反応は，少なくともわずかなエネルギーが投入されなければ始まらない．この投入エネルギーを**活性化エネルギー**（activation energy）とよぶ．活性化エネルギーとは，化学反応を開始させるために必要な最小限のエネルギーのことで，反応物が生成物になる前に，登らなければならないエネルギーの丘のようなものである（図4・5）．エネルギーを放出する反応にも，エネルギーを必要とする（吸収する）反応にも，活性化エネルギーがある．

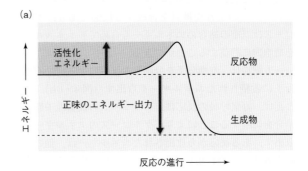

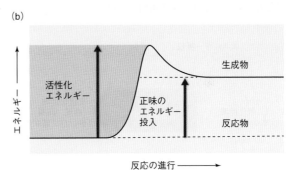

図 4・5　**活性化エネルギー**．反応中のエネルギー変化を示すグラフ．活性化エネルギーは，エネルギーの丘となり，反応が自発的に始まるのを防げる．（a）エネルギー放出反応における活性化エネルギー．（b）エネルギー吸収反応における活性化エネルギー．

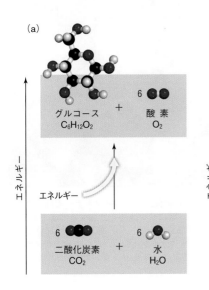

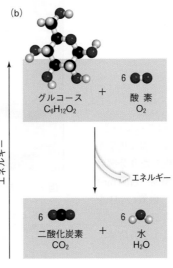

図 4・4　**化学反応におけるエネルギーの収支**．（a）より低いエネルギーの分子をより高いエネルギーの分子に変換する場合は，エネルギーを要する．（b）より高いエネルギーをもつ分子をより低いエネルギーの分子に変換する場合は，エネルギーが放出される．

有機分子にエネルギーをたくわえ，回収する

　細胞は，有機分子を合成する反応を行うことでエネルギーを蓄積している（図4・6a）．合成反応にはエネルギーが必要であり，その一部は分子の結合にたくわえられる．たとえば，光合成は，光エネルギーを利用して，グルコースのような糖質を合成する反応であり，グルコースは（その結合のエネルギーも含めて）エネルギーを細胞内に貯蔵することができる．

　一方細胞は，有機分子を分解する反応によって，有機分子に蓄積されたエネルギーを取出す（図4・6b）．たとえば，好気呼吸の反応は，グルコースの炭素原子間の結合を切断することにより，グルコースのエネルギーを取出す．ある反応から放出されたエネルギーは，他の反応を進めるために用いられる．（5章と6章では，光合成と好気呼吸の反応を再び取上げる）

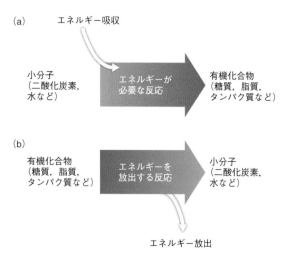

（a）エネルギー吸収

小分子
（二酸化炭素，
水など）

エネルギーが
必要な反応

有機化合物
（糖質，脂質，
タンパク質など）

（b）

有機化合物
（糖質，脂質，
タンパク質など）

エネルギーを
放出する反応

小分子
（二酸化炭素，
水など）

エネルギー放出

図 4・6　有機分子の化学結合へのエネルギー蓄積．（a）細胞はエネルギーを吸収する反応によって有機化合物を生成する．これらの化合物の結合にエネルギーがたくわえられる．（b）細胞は有機分子の結合を切断して，その結合にたくわえられたエネルギーを取出す．

4・4　酵素と代謝経路

反応速度の重要性

　生きている細胞内では，多くの反応が起こっている．その反応が継続したり，細胞分裂のような特別な現象が起こるには，必要に応じて有機分子を合成したり分解したりする必要がある．これらの反応は，**酵素**（enzyme）の働きによって驚異的な速さで進行する．血液のpHを安定に保つ炭酸水素塩は，水と二酸化炭素が結合した反応の産物だが，酵素があると，この反応は1千万倍速く進行する．

活 性 部 位

　ほとんどの酵素はタンパク質であり，それぞれが反応によって変化することなく，特定の反応を促進する（§2・6）．酵素は，**基質**（substrate）とよばれる特定の反応物に対してのみ作用する．酵素を構成するポリペプチドが折りたたまれて**活性部位**（active site）が形成され，そこに基質が結合して反応が起こる（図4・7）．反応後，活性部位は生成物を放出し，新しい基質が結合できるようになる．基質は，構造，大きさ，極性，電荷が，活性部位と相補的である（図4・8）．この相補性が，各酵素が特定の基質に対して特異的である理由である．

　酵素は，反応の活性化エネルギーを低下させることで，反応を速める（図4・9）．活性化エネルギーという場合，実際には，反応物を生成物にまでもっていくのに必要なエネルギーのことである．

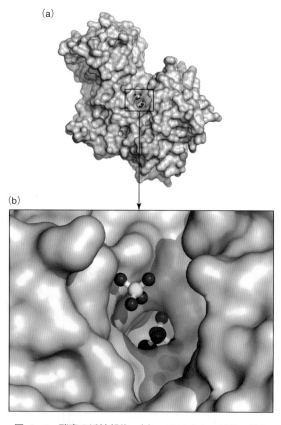

（a）

（b）

図 4・7　酵素の活性部位．（a）ヘキソキナーゼは，グルコースなどの六炭糖にリン酸基を付加する酵素である．枠内はその活性部位を示す．（b）酵素の活性部位でリン酸基とグルコース分子が出会う．二つの分子が反応した後，生成物（グルコース6-リン酸）は活性部位から離脱する．

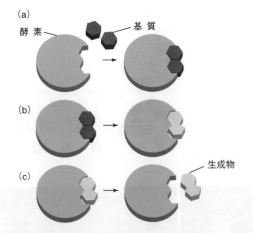

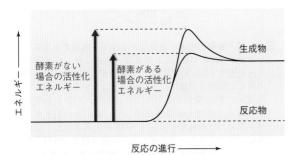

図 4・8　活性部位. 活性部位とは，基質が結合して反応が起こる酵素のくぼみのことである．わかりやすくするために，酵素とその活性部位はしばしば小さい塊や幾何学的な形で描かれる．(a) 酵素は，その活性部位に"適合"する分子にのみ作用することができる．そのような分子を，酵素の基質とよばれる．(b) 活性部位には基質どうしを結合したり，基質の結合を伸ばしたり，あるいは，反応を進行させるように活性化エネルギーを低下させる働きがある．(c) 反応終了後，生成物は活性部位から離れる．その際に酵素は変化せず，再び働くことができる．

図 4・9　酵素は活性化エネルギーを低下させる. 酵素は活性化エネルギーを低下させることにより，反応速度を増加させる．

酵素活性に影響する要因

　酵素は，特定の条件下で最もよく働く．温度，pH，塩濃度などの要因は，酵素が関係する反応の速度に影響を与えることがある．

　反応物のエネルギーが大きいほど，反応を開始するのに必要な活性化エネルギーは小さくなる．系に熱を加えるとエネルギーが増加するため，酵素を介する反応の速度は温度によって促進されるが，それはある時点までである．他のタンパク質と同様に，酵素もある温度を超えると変性し，同時に機能も失われる（§2・9）．酵素が働かなくなると，反応速度は急激に低下する（図4・10a）．

　ほとんどの酵素は特定の pH 範囲で機能するが，その範囲は酵素によって異なる．ヒトの2種類の消化酵素を考えてみよう（図4・10b）．ペプシンという酵素は，低い pH で最もよく働き，胃の中の酸性環境（pH 2）でタンパク質の分解を開始する．消化の過程で胃の内容物は小腸に移行し，そこで pH は約 7.5 まで上昇する．ペプシンは pH 5.5 以上で変性するため，この酵素は小腸では働かない．小腸でのタンパク質分解は，高い pH でよく機能する酵素であるトリプシンによって続行される．

　塩類は水に溶けると H^+ 以外のイオンを放出し（§2・4），液体中のこれらのイオンの種類と量は，多くの酵素の活性に影響を与える．塩が少なすぎると，酵素の極性部分が互いに強く引き合うため，構造が変わってしまう．また，塩濃度が高すぎると，酵素は機能を失う．これは，塩が多すぎると，酵素の特徴的な構造を保つための水素結合や，酵素を水に溶かすための水素結合が破壊されるからである．

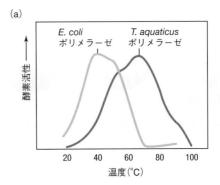

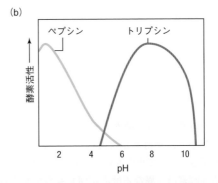

図 4・10　酵素と温度と pH. 各酵素は，特異的な条件下で最もよく機能する．(a) 2種の細菌の DNA 合成酵素の温度依存性活性．ヒトの腸内（通常 37 ℃）に生息する大腸菌 *Escherichia coli* と，70 ℃ 前後の温泉に生息する *Thermus aquaticus*. (b) 二つの消化酵素の pH 依存性．ペプシンは正常な pH が2である胃で作用する．トリプシンは通常 pH 7.5 前後の小腸で作用する．

酵素活性の分子効果

　細胞は，そのときどきに必要なものだけをつくり，エネルギーと資源を節約している．いくつかの機構によって，何千種類もの物質の生産量を維持したり，増やしたり，減らしたりする．化学反応は反応物から生成物へという流れだけではない．多くの場合，同時に逆方向にも進行し，一部の生成物は再び反応物に変換される．

$$反応物 \rightleftharpoons 生成物$$

　正反応と逆反応の速度は，反応物と生成物の相対的な濃度に依存することが多い．反応物の濃度が高いほど正反応に有利であり，生成物の濃度が高いほど逆反応が有利である．

　その他にも，酵素の働きに積極的に影響を与える要因がある．たとえば，多くの酵素は，特定のイオンや分子が結合することで活性が変化する．（図4・11）．また，酵素のなかには，リン酸基が結合しているときだけ活性化するものがある．

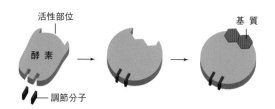

図4・11　酵素に結合する調節分子．酵素に結合した特定のイオンや分子は，酵素の活性を高めたり抑制したりするようにその形状を変化させる．

補因子と補酵素

　多くの酵素は，金属イオンや低分子有機化合物など，**補因子**（cofactor）とよばれる分子の助けがなければ正しく機能しない．多くのヒトの酵素の補因子は，食事に含まれるビタミンやミネラルである（あるいはそれに由来する）．

　有機分子の補因子は**補酵素**（coenzyme）とよばれる．酵素とは異なり，補酵素は反応にかかわることで変化し，別の反応によって再生される．酵素と一時的に結合している補酵素は，異なる酵素が同じものを使うので，細胞内の共通通貨のようなものである．これらの補酵素は，化学基，原子，電子をある反応から別の反応へと運び，しばしば細胞小器官の内外へと移動させる．

　NAD$^+$（ニコチンアミドアデニンジヌクレオチド）という補酵素が，何百種類もの酵素に利用されていること

(a)
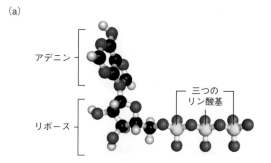

(b)

(c)
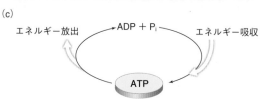

図4・12　細胞の代謝に重要なエネルギー通貨であるヌクレオチド ATP．（a）リン酸基間の結合は多くのエネルギーを保持する．ATPには，この結合が二つある．（b）他の多くの動物と同様に，ホタル（左）はつがう相手を呼び寄せるために発光する（右）．ホタルは，ATPから提供されるエネルギーにより発光している．（c）ATPからリン酸基（P$_i$）を取除く反応でADPが生成される．この反応で放出されたエネルギーは，細胞の働きの材料となる他の反応を駆動する．ATPは，ADPをリン酸化する，エネルギーを必要とする反応で再び形成される．

を考えよう．ある反応では，電子と水素原子がNAD$^+$に移動し，NADHになる．他の反応では，NADHから電子と水素原子が取除かれ，NAD$^+$が再び生成される．

$$NAD^+ + 電子 + H^+ \longrightarrow \boxed{NADH}$$
$$\longrightarrow NAD^+ + 電子 + H^+$$

　補酵素の中には，多機能な分子がある．ヌクレオチドである**ATP**（アデノシン三リン酸，§2・10）はRNAの構成要素であり，またリン酸基を供与したり受容したりして多くの反応において補酵素として機能する．リン酸基どうしの結合は他の結合に比べて多くのエネルギーを保持しており，ATPは三つのリン酸基の二つの結合に

エネルギーを保持している（図4・12a）．リン酸基が転移するとき，この結合エネルギーも一緒に転移する．したがって，ヌクレオチドは，エネルギーを放出する反応からエネルギーを受取ることができ，またエネルギーを必要とする反応にエネルギーを提供することができる．

　酵素が有機分子にリン酸を付加する反応を**リン酸化**（phosphorylation）という．酵素がリン酸化を行い，ATPからリン酸基を別の分子に移すと，**ADP**（アデノシン二リン酸）ができる．細胞は，エネルギーを必要とする反応を駆動するために，この反応を常に実行している（図4・12b）．したがって，細胞は常にATPの備蓄を補給しなければならない．これは，ADPをリン酸化するための，エネルギーを必要とする反応を実行することによって行われる（図4・12c）．このATPの使用と補給のサイクルは，エネルギーを必要とする反応とエネルギーを放出する反応とを結びつけている．ATPは非常に多くの反応に関与しているので，細胞のエネルギー経済の主要な部分であり，その働きはよく通貨になぞらえられる．

代 謝 経 路

　有機分子の生成，再構成，分解は，多くの場合，**代謝経路**（metabolic pathway）とよばれる一連の酵素反応の中で段階的に行われる．代謝経路には，反応が反応物から生成物まで直線的に進むもの（図4・13a）と，環状のものがある．環状経路では，最後の段階で，最初の段階の反応物が再生される（図4・13b）．

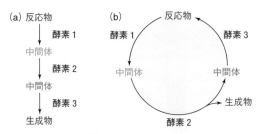

図 4・13　**直線的代謝経路と環状代謝経路**．(a) 直線的経路．反応物から生成物まで一直線に進行する．(b) 環状経路の最後の段階では最初の段階のための反応物が生成される．

　一つの酵素の活性が変化すると，代謝経路全体に影響を及ぼすことがある．場合によっては，一連の酵素反応の生成物が，一連の酵素のうちの一つの酵素の活性を抑制することもある（図4・14）．このように，ある活性から生じる変化が活性を低下させたり停止させたりする

調節機構を，**フィードバック阻害**（feedback inhibition）という．

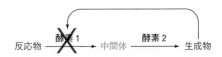

図 4・14　**フィードバック阻害**．この例では，二つの酵素が順に作用して反応物を生成物に変換している．生成物は最初の酵素の活性を阻害する．

電 子 伝 達 系

　エネルギーの獲得は，細胞にとって危険な場合がある．たとえば，グルコースは，燃焼反応が起これば細胞に害を与えるほどのエネルギーを保持している（図4・15a）．ほとんどの細胞は，酸素を使って有機分子の結合を切断するが，その際には有機分子の結合を一つ一つ切断し，エネルギーを少量ずつ放出する段階を踏む．この段階のほとんどは，ある分子が別の分子から電子を受取る電子伝達である．

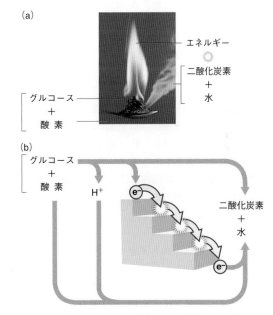

図 4・15　**エネルギー放出を制御しない場合 (a) と制御する場合 (b) の比較**　全体の反応はどちらも同じである．

$$C_6H_{12}O_6 + O_2 \longrightarrow CO_2 + H_2O + ⊙$$
グルコース　酸素　　二酸化炭素　水　エネルギー

(a) グルコースは酸素と反応して燃焼する．グルコースから酸素に直接電子が移動することで，両分子の結合が切れる．エネルギーは光と熱の形で一度に放出される．
(b) グルコースは一連の電子移動で酸素と反応する．電子はグルコースから酸素に段階的に移動する（ここでは階段状に表現）．電子は移動するたびに，細胞の働きに利用できるエネルギー（⊙）を少しずつ失っていく．

電子伝達系（electron transfer chain）とは，膜に結合した酵素やその他の分子が，順番に電子を渡したり受取ったりする一連の反応である．電子は移動の際にエネルギーを失い，低いエネルギー準位に落ちるときに放出するエネルギーが，電子伝達系の分子によって回収され，細胞の仕事に使われる（図4・15b）．5章と6章では，光合成と好気呼吸のエネルギー獲得段階における電子伝達系について取上げる．

4・5　膜を介した拡散

溶質の拡散

　代謝経路に関与する分子やイオンは，ときには膜を越えて，あるいは細胞を越えて移動しなければならない．**拡散**（diffusion）とは，原子や分子が自発的に広がることである．原子や分子は常に揺れ動いており，その内部運動によって他の原子や分子など近くの物体と衝突してランダムに跳ね返される．それによって，溶質は液体中を移動し，徐々に完全に混合される．拡散の方向や速度は温度，濃度，電荷の影響を受ける．

　温　度　原子や分子は温度が高いほど速く揺れ動くので，衝突する頻度が高くなる．したがって，拡散は温度が高いほど速く起こる．

　濃　度　溶液中の隣接する領域間の溶質濃度の差は，**濃度勾配**（concentration gradient）とよばれる．溶質は，濃度の高い領域から低い領域へ拡散する傾向がある．なぜなら，移動する分子は，濃度が高いほど頻繁に衝突して，ある一定時間内には，その領域からはじき出される分子のほうが，その領域に飛び込む分子より多くなるからである．

　電　荷　流体中の各イオンまたは荷電した分子は，流体全体の電荷に寄与している．流体中の二つの領域間の電荷の差は，その領域間の溶質の拡散に影響を与えることがある．たとえば，ナトリウムイオンのような正の電荷をもつ物質は，全体として負の電荷をもつ領域に向かって拡散する傾向がある．

　細胞膜の脂質二重層は選択的な透過性をもち，ある物質だけがその中を拡散することができる（図4・16）．リン脂質の長い非極性の尾部は，脂質二重層の中心部を疎水性にする．気体や疎水性分子（脂肪やステロイドなど）は脂質二重層を通って自由に拡散するが，イオンや大きな極性分子（糖質やタンパク質など）は拡散するこ

とができない．水やその他の小さな極性分子は，脂質の尾部の間にしみ込んで，脂質二重層中をゆっくりと拡散する．

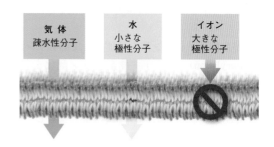

図4・16　**脂質二重層の選択的な透過性**．水やその他の小さい極性分子は脂質二重層を通過できるが，疎水性分子や気体ほどには自由に拡散できない．イオンや大きな極性分子は脂質二重層を透過できない．

張性と浸透性

　脂質二重層が溶質濃度の異なる二つの液体を分離するとき，水は二重層を通過して拡散する．この拡散の方向と速度は，二つの液体の相対的な溶質濃度に依存し，これは**張性**（tonicity）という言葉で表される．二つの液体の溶質濃度が異なる場合，溶質の濃度が低い方の液体は**低張**（hypotonic），溶質濃度が高い方は**高張**（hypertonic）とよばれる．水は低張液から高張液に拡散する．この拡散は，二つの液体が**等張**（isotonic）になるまで続く．膜を介した水の拡散は，生物学において非常に重要であるため，**浸透**（osmosis）という特別な名称が与えられている（図4・17）．

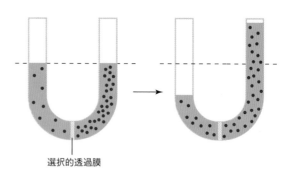

選択的な透過膜

図4・17　**浸透**．選択的な透過膜が，溶質濃度の異なる二つの液体を分離している．水は膜を通過できるが，溶質（赤点）は通過できない．水が膜を通過して低張液から高張液に拡散し，二つの区画の液量が変化する．

　細胞質が，外側の液体に対して高張になると，水は細胞内に拡散する．細胞質が低張になると，水は外に拡散

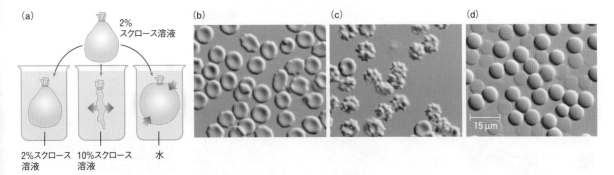

図 4・18 張性の効果. 濃度の異なるスクロース液と水を選択的透過性をもつの袋に入れたとき(a)と同様に, 赤血球には浸透を調節するしくみ(働き)がない(b～d). (a) 選択的透過性をもつ袋にスクロースの溶液を入れ, 張性の異なる溶液に浸すとどうなるだろうか. (b) 等張液(血液の血漿)中の赤血球は, 凹んだ円盤状をしている. (c) 高張液に浸された赤血球は, 水分が赤血球から拡散するためしぼむ. (d) 低張液に浸された赤血球は, 水分が赤血球内部に拡散して膨らむ.

する. どちらの場合でも, 細胞質の溶質濃度は変化する. 変化が大きければ, 細胞の酵素は働かなくなり, 致命的な結果を招く. ほとんどの細胞は, 浸透圧を補正するホメオスタシス機構をもっている. このような機構をもたない細胞では, 水が細胞内または細胞外に拡散すると, 細胞質体積と溶質濃度が変化する (図4・18).

膨　圧

　低張環境下でも, 細胞壁は浸透による細胞質体積の増加に抵抗する. 植物細胞の場合, 細胞質は通常, 土壌水よりも多くの溶質を含んでいる. そのため, 通常, 水は土壌から植物へと拡散していくが, それはある一定の範囲までである. 植物細胞の細胞壁は硬くてあまり広がらないため, 水が入ると細胞内に圧力がかかる. このとき, 流体が構造体に及ぼす圧力を**膨圧** (turgor pressure) という. 植物細胞内に十分な膨圧がかかると, 水の細胞内への拡散は停止する. 浸透を止めるのに十分な圧力は**浸透圧** (osmotic pressure) とよばれる.

　浸透圧によって細胞壁のある細胞は膨らむ. 若い陸上植物が重力に逆らって直立していられるのは, 細胞内の膨圧が高いからである (図4・19a). 植物が十分な水分を得られない場合, 細胞の細胞質は収縮する (図4・19b). 細胞内の膨圧が低下すると, 植物はしおれる.

　浸透圧は体内のホメオスタシス機構の一部でもある. 通常, 血液中には肝臓で産生されるアルブミンが多く含まれ, 組織液に対して高張な状態になっている. 血管壁は水には浸透性であるが, タンパク質は浸透しないので, 血管内で浸透圧が高まるまで組織から血液に水が拡散していく. したがって, 血液中のアルブミン含量が, 血液と体組織の間の体液のバランスを決定している.

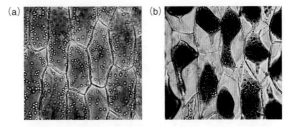

図 4・19 浸透圧が植物の各部分を直立した状態に保つ. (a) アヤメの花弁の細胞では, 膨圧が高く, 細胞質が膨潤している. (b) しおれたアヤメの花弁細胞では, 膨圧が低くなっている. 細胞質は収縮し, 細胞膜が細胞壁から引きはがされている.

4・6 　膜 輸 送 機 構

輸送タンパク質

　イオンや大きな極性分子は脂質二重膜を直接通過して拡散することはできないが, 膜に埋込まれた**輸送タンパク質** (transport protein) を介して細胞膜を通過できる (§3・3). ほとんどの場合, 輸送タンパク質は溶質と結合し, 膜の反対側に溶質を放出するように形状を変化させる.

　輸送タンパク質の種類によって, 特定の物質が膜を通過することができる. カルシウムポンプはカルシウムイオンのみを輸送し, グルコース輸送体 (トランスポーター) はグルコースのみを輸送する. このような特異性は, ホメオスタシスの維持に重要な役割を担っている. グルコースはほとんどの細胞にとって重要なエネルギー源であるため, 通常, 細胞外液からできるだけ多くのグルコースを取込む. グルコース分子は細胞質に入るとすぐに, ヘキソキナーゼ (図4・7参照) によってリン酸化される. 輸送体はリン酸化されたグルコースには特異

❶ 促進拡散：グルコース輸送体

グルコース輸送体は，細胞外液中のグルコース1分子に結合する．この結合により輸送体の形状が変化し，グルコースが細胞質内に放出される

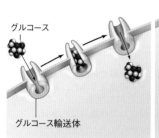

グルコース

グルコース輸送体

❷ 能動輸送：カルシウムポンプ

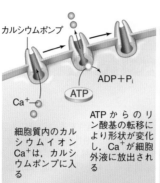

カルシウムポンプ

Ca$^+$

ATP

ADP+P$_i$

ATPからのリン酸基の転移により形状が変化し，Ca$^+$が細胞外液に放出される

細胞質内のカルシウムイオンCa$^+$は，カルシウムポンプに入る

❸ 能動輸送：ナトリウム-カリウムポンプ

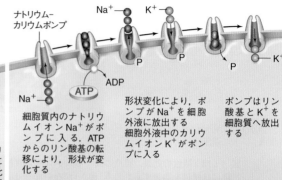

ナトリウム-カリウムポンプ

Na$^+$

K$^+$

Na$^+$

ATP

ADP

P

P

K$^+$

細胞質内のナトリウムイオンNa$^+$がポンプに入る．ATPからのリン酸基の転移により，形状が変化する

形状変化により，ポンプがNa$^+$を細胞外液に放出する細胞外液中のカリウムイオンK$^+$がポンプに入る

ポンプはリン酸基とK$^+$を細胞質へ放出する

このタンパク質は，ナトリウムイオンを細胞質から細胞外液へ，カリウムイオンをその反対方向へ運搬する．両イオンを濃度勾配に逆らって輸送するために必要なエネルギーはATPから供給される

図 4・20　膜輸送のいくつかの例

的ではないため，リン酸化された分子は細胞内に捕捉され，細胞外に戻ることが抑制される．

受 動 輸 送

　浸透はエネルギーを必要としない**受動輸送**（passive transport）の一例である．もう一つの例は，輸送タンパク質を介して拡散することによって溶質が膜を通過する，**促進拡散**（facilitated diffusion）である．促進拡散にもエネルギー投入の必要がない．拡散を促進するほとんどの輸送タンパク質は，溶質が結合することで形状が変化し，膜の反対側へ溶質を運ぶ．グルコース輸送体はこのようなしくみになっている（図4・20❶）．つまり，電荷の変化やシグナル伝達分子との結合などの刺激に反応して，開閉する．さらに，特定の分子が通り抜けられるような内部構造をもつ孔（膜を貫通する常に開いたチャネル）を形成するものもある．

能 動 輸 送

　多くの細胞内過程にかかわる溶質は，濃度勾配に逆らって膜を通過する必要があり，これにはエネルギーを必要とする．**能動輸送**（active transport）では，輸送タンパク質がエネルギーを使って溶質を細胞膜の反対側に送り出す．多くの輸送タンパク質は，ATPからのリン酸基の移動によって形状を変化させることで機能を発揮する．

　カルシウムイオンは，細胞内のさまざまな反応の引き金となる強力なメッセンジャーとして働いている．そのため，細胞質内のカルシウムイオンの濃度は，細胞外液に比べて数千倍も低く保たれる必要がある．この濃度勾配を維持するのが**カルシウムポンプ**（calcium pump）である．カルシウムポンプは能動輸送によってカルシウムイオンを細胞外に排出する❷．

　能動輸送のもう一つの例として，**ナトリウム-カリウムポンプ**（sodium-potassium pump）がある．体内のほぼすべての細胞にこの輸送タンパク質があり，ナトリウムイオンを細胞質から細胞外液へ，カリウムイオンを細胞外液から細胞質へと，膜を隔てて反対方向に二つの物質を送り出す❸．

小胞を利用した輸送

　小胞（vesicle）は細胞膜に向けて物質を運び，また細胞膜から細胞内部へと物質を運ぶ．細胞は小胞を使って，物質を大量に取込んだり，排出したりする（輸送タンパク質を介して一度に一つの分子やイオンを取込むのとは対照的である）．小胞は，外部または内部の刺激によって膜の一部が細胞質内に膨らんで形成される．

　細胞内に物質を取込む**エンドサイトーシス**（endocytosis）にはいくつかの経路がある．一つの経路では，細胞膜の小領域が細胞質内に落ち込み❹，膜から離れて，細胞外液の溶質や粒子も取込んだ小胞となる．

　細胞は**エキソサイトーシス**（exocytosis）により，物質をまとめて排出する．細胞質内の小胞が細胞表面まで移動し，小胞膜が細胞膜と融合する．この融合に伴い，小胞の内容物は周囲の液体に放出される❺．

　食作用（phagocytosis，ファゴサイトーシス，貪食作用ともいう）はエンドサイトーシスの一種で，細胞が微

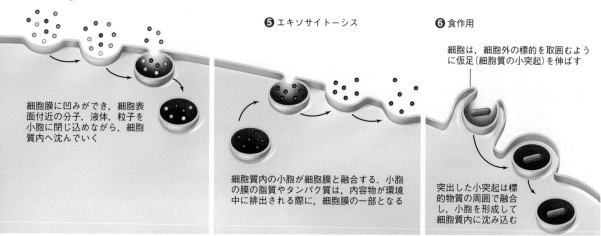

❹ エンドサイトーシス

細胞膜に凹みができ，細胞表面付近の分子，液体，粒子を小胞に閉じ込めながら，細胞質内へ沈んでいく

❺ エキソサイトーシス

細胞質内の小胞が細胞膜と融合する．小胞の膜の脂質やタンパク質は，内容物が環境中に排出される際に，細胞膜の一部となる

❻ 食作用

細胞は，細胞外の標的を取囲むように仮足（細胞質の小突起）を伸ばす

突出した小突起は標的物質の周囲で融合し，小胞を形成して細胞質内に沈み込む

生物や細胞片あるいはその他の粒子を飲込む作用である．白血球の中には，ウイルスや細菌，がん細胞など，健康を脅かすものを取込むために食作用を利用するものがある．食作用では，細胞が粒子と接触し，その細胞膜にある受容体が粒子表面の分子と結合することで始まる．この結合が引き金となって，細胞膜から仮足が伸びて，粒子を取囲み，粒子を小胞内に閉じ込めて，細胞質に取込む❻.

ま と め

4・1　体内のアルコールデヒドロゲナーゼが分解できる量以上のアルコールを飲むと，体にダメージを与え，短期的にも長期的にも致命的なダメージを与える可能性がある．

4・2　エネルギーはつくり出すことも壊すこともできず（熱力学第一法則），また，自発的に拡散する傾向がある（熱力学第二法則）．エネルギーは系間で移動したり，ある形態から別の形態に転移したりすることができるが，転移のたびに，一部は多くの場合，熱として放出される．エネルギーが転移した結果，仕事が発生する．

生命を維持するためには，継続的なエネルギーの投入が必要である．エネルギーは太陽から始まり，生物圏を一方向に流れ，そして生態系から外へ流れていく．

4・3　化学反応では，反応物が生成物に変換される．反応には，進行するために正味のエネルギー投入を必要とするものと，正味のエネルギーを放出するものがある．どちらのタイプの反応にも活性化エネルギーがある．細胞は，有機化合物を合成することによって化学結合にエネルギーをたくわえ，あるいは化合物を分解することによってたくわえたエネルギーを回収する．

4・4　酵素は，反応速度を大幅に向上させる．各酵素は，基質と相補的な構造，大きさ，極性，電荷をもつ活性部位を

もち，特定の温度，塩濃度，pH などの条件下で最もよく機能する．

補酵素は，酵素に結合してその働きを助ける．多くの補酵素は，化学基，原子，電子をある反応から別の反応に運ぶ．ヌクレオチドである ATP は，さまざまな反応において補酵素として機能する．ATP へのリン酸基の移動（リン酸化）により，エネルギーを放出する反応とエネルギーを必要とする反応が組合わされる．

代謝経路は，有機分子を生成，再構成，または分解する，酵素を介した段階的な一連の反応である．代謝経路のなかには，生成物が自身の生成を抑制するものもあり，これはフィードバック阻害とよばれる調節機構である．いくつかの代謝経路には電子伝達系があり，細胞がエネルギーを少量ずつ利用できるようになる．

4・5　拡散の速度と方向は，領域間の温度と濃度および電荷の差に影響される．脂質二重層は選択的透過性をもつ．気体および非極性分子はその中を自由に動き，水および他のいくつかの小さな極性分子はゆっくりと拡散することができる．イオンや大きな極性分子は脂質二重層内を拡散できない．

脂質二重層が溶質濃度の異なる二つの液体を隔てていると

き，水は膜を横切って低張液から高張液へと拡散する．膜を通過する水の動きを示す浸透圧は，膨圧に対抗するものである．

4・6　輸送タンパク質は，特定のイオンや分子を膜を越えて移動させる．促進拡散では，溶質は輸送タンパク質に結合して，膜の反対側に放出される．この移動は受動輸送の一種である．能動輸送では，輸送タンパク質はエネルギーを使って，濃度勾配に逆らって膜を越えて溶質を送り出す．

エンドサイトーシスとエキソサイトーシスは，小胞による輸送機構で，細胞膜を越えて物質を大量に移動させる．また，細胞によっては，他の細胞などの大きな粒子を取込むために食作用を行うものもある．

試してみよう（解答は巻末）

1.　____ は生命のおもなエネルギー源である．
　　a. 食物　　b. 水　　c. 太陽光　　d. ATP

2.　次の記述のうち，誤っているものはどれか．
　　a. エネルギーはつくることも壊すこともできない．
　　b. エネルギーはある状態から別の状態に変化することはできない．
　　c. エネルギーは自発的に拡散する傾向がある．

3.　エネルギーを必要とする反応では，活性化エネルギーは ____ のようなものである．
　　a. 反応の頂点でのすばやい加速
　　b. 反応曲線の坂道を下る生成物
　　c. 反応物が登らなければならない坂道

4.　____ は反応にかかわることによって常に変化する．
　　a. 酵素　　b. リン酸基　　c. 反応物

5.　酵素の働きに影響を与える環境因子をあげよ．

6.　代謝経路は ____
　　a. 分子を生成することも分解することもある
　　b. 熱を発生させる
　　c. 電子伝達系を含むことがある
　　d. a〜cすべて

7.　次の記述のうち，誤っているものはどれか．
　　a. 代謝経路の中には環状のものがある．
　　b. グルコースは脂質二重層を自由に通過できる．
　　c. 補酵素はすべて補因子である．
　　d. 浸透は拡散の一例である．

8.　____ は，脂質二重層を自由に通過できない．
　　a. 水　　　　b. 気体
　　c. イオン　　d. 非極性分子

9.　ヒトの赤血球を低張液に浸すと，水が ____
　　a. 細胞内に拡散する
　　b. 細胞外に拡散する
　　c. 正味の移動を示さない
　　d. エンドサイトーシスによって移動する

10.　細胞壁や細胞膜に対する内圧は，____ とよばれる．
　　a. 浸透　　b. 膨圧
　　c. 拡散　　d. 浸透圧

11.　小胞は ____ で形成される．
　　a. エンドサイトーシス
　　b. エキソサイトーシス
　　c. 食作用
　　d. a〜cすべて

12.　各用語を最も適切な説明と一致させよ．
　　____ 反応物　　　　　a. 酵素の働きを助ける
　　____ 食作用　　　　　b. 反応終了時に生成する
　　____ 熱力学第一法則　c. 反応の出発物質
　　____ 生成物　　　　　d. 細胞内のエネルギー経済における通貨
　　____ 補因子
　　____ 濃度勾配　　　　e. ある細胞が別の細胞を飲み込む
　　____ 受動輸送
　　____ 環状経路　　　　f. エネルギーはつくれないし，壊せない
　　____ ATP
　　　　　　　　　　　　　g. 拡散の原動力となる
　　　　　　　　　　　　　h. エネルギー投入の必要がない
　　　　　　　　　　　　　i. 経路の最後に元に戻る

5 光 合 成

5・1 二酸化炭素の切実な問題

ヒトの体の重量の約 9.5% が炭素である．これらの炭素原子はどこから来たのだろうか．炭素原子は，もともとは生産者の構成要素であった．生産者の多くは，空気中に含まれる二酸化炭素 CO_2 を炭素源としている．つまり，われわれが食べている炭素原子は，地球の大気の一部だったのである．

植物は**光合成**（photosynthesis）によって自らの栄養分をつくっている．光合成は，光エネルギーを使って，CO_2 と水から糖質をつくり出す代謝経路である．光合成は，大気中の CO_2 を除去し，その炭素原子を生物を構成する有機化合物中に固定する．植物やその他の生物が有機化合物を分解してエネルギーを得るとき，炭素原子は CO_2 として放出され，再び大気中に放出される．CO_2 の固定と放出は，数十億年の間，ほぼバランスがとれていた．つまり，光合成によって大気から取除かれる CO_2 の量は，生物によって大気中に戻される量とほぼ同じであった．

8000 年前に人類は，農地を確保するために森林を燃やしはじめた．木や植物が燃えると，その組織内にある炭素のほとんどが CO_2 として大気中に放出される．しかし，現在われわれは，祖先が行ってきたことに比べ，はるかに多くのものを燃やしている．木だけでなく，化石燃料（石炭，石油，天然ガス）も燃やして，増え続ける人口のエネルギー需要を満たしている．化石燃料は，太古の生物の有機物である．化石燃料が燃焼すると，数億年前から有機物の中に閉じ込められていた炭素が，CO_2 として大気中に放出される．

われわれは，光合成生物が大気から取除く量よりもはるかに多くの CO_2 を大気中に放出している．その結果，大気中の CO_2 濃度は急激に上昇し，現在では，CO_2 濃度は，少なくとも 80 万年前よりも高くなっている（図 5・1）．このようなことは，南極大陸の氷の中に残された大気の泡の組成を分析して明らかにされた．研究者は氷を垂直に掘り，アイスコアとよばれる長い円筒を取出す．氷が深ければ深いほど，その層は古くなる．これま

 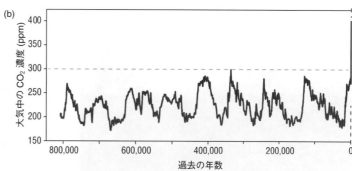

図 5・1　アイスコアのデータからわかる過去 80 万年間の大気中の二酸化炭素 CO_2 濃度．（a）南極のアイスコアサンプル．気泡は，氷が形成されたときに閉じ込められた空気で，地球の大気の小さなサンプルである．氷が深いほど，気泡中の空気は古い．（b）CO_2 の濃度は過去 80 万年間変動してきたが，1900 年代初頭までは 300 ppm（百万分率）以上になることはなかった．過去 150 年間で，われわれは大気中の濃度を 400 ppm 以上にするのに十分な量の CO_2 を放出した．化石燃料の使用は，これらの排出の最大の原因である．アイスコアのデータほど直接的ではないものの，大気中の CO_2 濃度が 400 ppm になったのは，およそ 300 万年前であることが示されている．

でに発見された最も深い層は 80 万年前のものである.

　CO$_2$ は大気中の熱を閉じ込めるので，CO$_2$ 濃度の上昇は地球の気温上昇をひき起こしている．その結果，世界中の気候が変化し，われわれや地球上の生物にますます深刻な影響を及ぼしている．17 章では，再び気候変動の話題に戻る．

5・2　光合成の概要

糖質にエネルギーをたくわえる

　すべての生命はエネルギーを必要とするが，すべてのエネルギーが生命を維持できるわけではない．太陽光は地球上に豊富にあるが，生物が必要なエネルギーを直接供給することはできない．そのため，太陽光エネルギーを化学結合のエネルギーに変換する必要がある（§4・3）．光とは異なり，化学エネルギーは生命が必要とするエネルギーを供給することができ，また，後で使用するためにたくわえておくことができる．

　地球上の生態系におけるエネルギーの流れは，**生産者**（producer）である**独立栄養生物**（autotroph）から始まる（§1・3）．植物をはじめとするほとんどすべての独立栄養生物は，光合成によってエネルギーを得る．光合成は，太陽光エネルギーを利用して，CO$_2$ と水から糖質を合成する．糖質は，後で使うために多糖として貯蔵されたり，他の有機化合物につくり変えられたり，分解して結合に含まれるエネルギーを放出したりする（6章）．

　消費者（consumer）である**従属栄養生物**（heterotroph）は，CO$_2$ を炭素源として利用することができず，有機分子から炭素を得る．ほとんどの従属栄養生物は，エネルギーもこれらの分子から得ている．このように光合成は，直接的または間接的に，地球上のほとんどの生命を養っている（図 5・2）．

反応の段階

　光合成のおもな経路は，ふつう，次式で表される.

$$CO_2 + H_2O \xrightarrow{\text{光エネルギー}} 糖質 + O_2$$

　しかし，光合成は単一の反応ではなく，多くの反応が 2 段階に分かれて起こる代謝経路である．第一段階の反応は光を必要とするため，**光依存性反応**（light-dependent reaction，**明反応** light reaction ともいう）と総称される．光合成の“光”は，この段階で光エネルギーを化学エネルギーに変換することをさしている．光依存性反応のおもな経路では，酸素 O$_2$ と補酵素の ATP と **NADPH**（ニコチンアミドアデニンジヌクレオチドリン酸の還元型）が生成される．

　光合成の“合成”の部分は，第二段階の糖質を合成する反応のことを指す．光エネルギーを動力源としていないため，**光非依存性反応**（light-independent reaction，**暗反応** dark reaction ともいう）と総称され第一段階で生成した補酵素をエネルギー源として行われる．第二段階の終了後，補酵素は再利用され，再び光依存性反応に使われる．

光合成の場

　植物や，光合成を行う原生生物であるシアノバクテリアでは，**チラコイド膜**（thylakoid membrane）に埋込まれた分子によって光依存性反応が行われる．真核生物では，この膜は葉緑体に存在し，連続した内部区画を取囲んでいる．植物の**葉緑体**（chloroplast）は，2 枚の外膜が 1 枚のチラコイド膜を取囲み，互いにつながった円盤状の積み重ねに折りたたまれている（図 5・3）．チラコイド膜は，葉緑体自身の DNA やリボソームと同様に，**ストロマ**（stroma）とよばれるサイトゾルのような液体中に浮遊している．光非依存性反応はストロマで行われる．

　葉緑体は太古のシアノバクテリアの子孫であり，真核生物の光合成がシアノバクテリアの光合成と似ているの

図 5・2　光合成が生命を維持する．ほとんどの独立栄養生物は，光合成を行うことで生命を維持している．光合成は，太陽光エネルギーと CO$_2$ の炭素を利用して，有機分子をつくる経路である．従属栄養生物の多くは，他の生物が生成した有機物からエネルギーと炭素を得る．

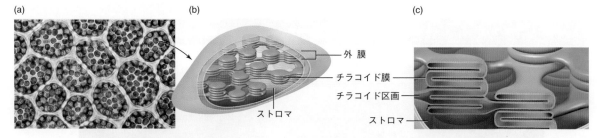

図 5・3 葉緑体の構造の拡大像. 植物をはじめとする真核生物では，光合成は葉緑体の中で行われる．光依存性反応はチラコイド膜で行われ，光非依存性反応はストロマで行われる．(a) コケの葉の細胞内の葉緑体．(b) 植物の葉緑体には三つの膜がある．(c) チラコイド膜の一部，断面図．

はこのためである．現生のシアノバクテリアは，細胞質内に複数のチラコイド膜を浮遊させている．

気 孔

　陸上植物の多くは，地上部からの蒸発による水分損失を抑えるために，クチクラという薄い防水性の構造をもっている（§3・6）．気体はクチクラを通り抜けて拡散することはできないが，光依存性反応に必要な CO_2 は植物体内に入り，光非依存性反応によって生じた O_2 は植物体外に出る必要がある．そのため，葉や茎の表面には，**気孔**（stoma, *pl.* stomata，図5・4）とよばれる開閉できる小さな孔が点在している．高温で乾燥した日には，気孔が閉じて水を節約する．一方，気孔が開くと，空気中の CO_2 が植物体内へ拡散し，O_2 が植物体内

図 5・4 葉の表面にある気孔. この小さな孔が閉じると，水をたくわえることができる．開いているときは，光合成に必要なガス交換，すなわち植物体内の組織と空気とのガス交換を行う．

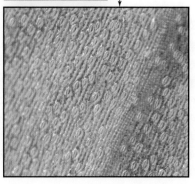

から空気中へ拡散する．このように気孔は，植物が必要とするガス交換の速度と水分の保持を調節している．

5・3 光エネルギー

光 と 波 長

　光合成のしくみを理解するためには，光について理解する必要がある．光は電磁波の一種であり，波が海を渡るように空間を移動するエネルギーの一種である．連続する二つの波の頂上間の距離を**波長**（wavelength）といい，ナノメートル（nm）単位で測定される．光はさまざまな波長で伝わる．波長が短いほど，エネルギーは高い．同じ波長の光はすべて同じエネルギーをもっている．

　人間の目に見える光は，太陽から放射される電磁波のスペクトルのごく一部である（図5・5）．可視光は380〜750 nm の波長で，光合成の主要なエネルギー源となっている．ヒトの眼は，このうちの特定の波長をさまざまな色として知覚しており，すべての波長を組合わせたものが白に見える．白色光がプリズムや雨粒を通過すると，プリズムは長い波長を短い波長より鋭角に曲げるため，プリズムを通過した光は虹色に見える．

光 合 成 色 素

　光合成には，可視光のエネルギーを取込む色素が必要である．**色素**（pigment）は，特定の波長の光を選択的に吸収する有機分子で，光を受取ることに特化したアンテナのようなものである．色素分子は，光を閉じ込める部分が特殊な構造になっており，原子間で電子が自由に行き来できるようになっている．電子をより高いエネルギー準位に押し上げるのに十分なエネルギーをもつ光だけが吸収されるので，ある色素は特定の波長の光だけを吸収する．

　吸収されない光の波長が，各色素の特徴的な色となる．真核生物やシアノバクテリアのおもな光合成色素は

(a)

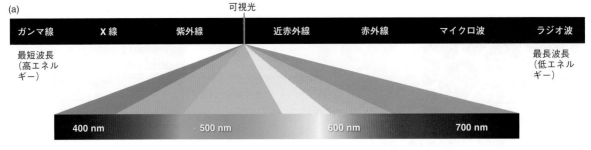

(b)

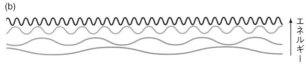

図 5・5　光の性質．(a) 電磁波は，ナノメートル(nm)単位で測定される波で空間を移動する．可視光は，このエネルギーのごく一部を構成している．雨粒やプリズムで可視光の波長を分離すると，さまざまな色として見ることができる．(b) 光の波長とエネルギーには関係がある．波長が短いほどエネルギーは大きくなる．したがって，紫色の光は青色の光よりもエネルギーが大きい．

クロロフィル *a*（chlorophyll *a*）である．クロロフィル *a* は緑色以外の可視光の波長をすべて吸収するため，私たちには緑色に見える．

　ほとんどの光合成生物は，クロロフィル *a* 以外に他のクロロフィルなどの補助色素を使用している．補助色素を使うことで，光合成に利用できる波長域が広がる（図5・6）．

　種によって，光合成に用いる色素の組合わせは異なる．他の生物と同様に，光合成生物もその生息する特定の環境に適応しており，異なる環境に到達する光は，その波長の割合が異なっている．海水は他の色に比べて，緑色や青緑色の光の吸収効率が低い．したがって，より深い海水では，緑色や青緑色の光が透過しやすい．深海に生息する藻類は，緑色や青緑色の光を吸収する色素を

豊富に含んでいることが多いため，ヒトの眼には赤く見える（図5・7）．

図 5・7　生物の光合成色素は特定の環境下での生活に適応する．紅藻類のイトグサ類 *Polysiphonia* は，深海で生息可能である．この藻類はフィコエリトリンやフィコシアニンなど，可視光のうち，水中を最も効率よく透過する波長である緑色や青緑色の光を吸収する色素を多く含んでいる．

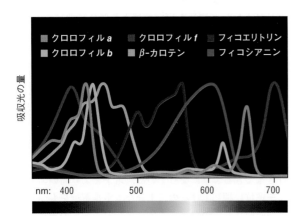

図 5・6　光合成色素．このグラフの曲線は，いくつかの光合成色素が異なる波長を吸収する効率を示している．色素を組合わせて使うことで，光合成に利用できる波長域を最大化することができる．

5・4　光依存性反応

　色素が光を吸収すると，電子の一つがより高いエネルギー準位に励起する．その電子は，余分なエネルギーを放出することで，すぐに低い準位に下がる．チラコイド膜では，色素の電子が放出するエネルギーは，周囲に失われない．この特殊な膜の中では，光合成色素がタンパク質でつながれたクラスター（集団）を形成していて，バレーボール選手のボールの受渡しのように，光合成のエネルギーを保持することができる．

光化学系

チラコイド膜には，色素クラスターに加えて，色素，タンパク質，補酵素からなる非常に大きな複合体である **光化学系**（photosystem）が数千個存在している．光化学系の中心にある一対の特別なクロロフィル a 分子は，特殊な配置で密着しており，チラコイド膜を通過するエネルギーを取込むユニットとして機能する．これらのクロロフィル a がエネルギーを吸収すると，その電子の一つはより高いエネルギー準位に励起するが，余分なエネルギーは放出されない．その代わりに，励起された電子はユニットから飛び出して，近くの **電子伝達系**（electron transfer system）に，エネルギーと負の電荷をもって移動する．その結果，ユニットには不対電子が残り，正の電荷をもつことになる．電子は化学結合の基本であり，この電荷の分離は光エネルギーが化学エネルギーに変換されることを意味する．

線状経路

光化学系は，光に依存する反応として，線状経路と環状経路という二つの経路で作動しており，どちらもATPを生成する．**線状経路**（linear pathway）では，ATPに加えて，酸素とNADPHが生成される．多くの細菌は **環状経路**（cyclic pathway）のみを使用するため，光合成中に酸素を放出することはない．植物，光合成を行う原生生物（藻類など），シアノバクテリアは，両方の経路を利用する．ここでは，線状経路に注目する．

線状経路には，Ⅰ型とⅡ型（発見順に命名）の2種類の光化学系が存在する．光化学系Ⅱは，光エネルギーを吸収して電子を放出し，その電子が電子伝達系を経由して光化学系Ⅰに至る反応（図5・8）である．電子は最終的に NADPH に収まる．

線状経路の反応は，光化学系Ⅱのユニットがエネルギーを吸収して励起電子を放出するところ❶から始まる．この電子はすぐに近くのチラコイド膜の電子伝達系に入る．

電子を失ったユニットは，他の分子から電子を補充しなければならない．光化学系Ⅱは，チラコイド区画内の水分子から補充用の電子を引き出す．電子を失った水分子は，水素イオン H^+ と酸素原子に分解される❷．H^+ はチラコイド内に留まり，酸素原子は結合して酸素ガス O_2 となり，細胞外に拡散する．

一方，光化学系Ⅱから放出された励起電子は，電子伝達系の中を移動する❸．電子は，電子伝達系のある分子から次の分子へと移動する際に，余分なエネルギーを放出する．電子伝達系の分子は，このエネルギーを使って，H^+ を，膜を越えてストロマからチラコイド区画に能動輸送する❹．このように，電子伝達系を介した電子の移動は，チラコイド膜を横切る H^+ 濃度勾配をつくり，維持する．

光化学系Ⅰは，電子伝達系の終点で電子を受取り，この電子がこの光化学系のユニットで失われた電子を補う．光化学系Ⅰのユニットが光エネルギーを吸収して励起電子❺を放出すると，線状経路が続く．この電子はすぐに第二の電子伝達系に入る．この伝達系の終点で

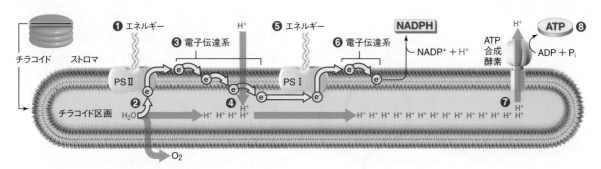

図 5・8　光依存性反応の線状経路．この経路では，ATP と O_2 ガスが生成される．電子 e^- は，2種類の電子伝達系を経由して NADPH に行き着く．P_i はリン酸基の略称．
❶ 光化学系Ⅱ（PSⅡ）が光エネルギーを吸収し，電子を放出する．
❷ 光化学系Ⅱが水分子から補充用の電子を引き抜き，水分子は酸素原子と水素イオン H^+ に分解される．酸素原子は結合して O_2 となり，細胞外に拡散する．
❸ PSⅡから放出された電子はチラコイド膜にある電子伝達系に入る．
❹ 電子が電子伝達系を移動する際に放出するエネルギーは，H^+ をストロマからチラコイド膜に能動輸送する．チラコイド膜を横切る H^+ 濃度勾配が形成される．
❺ 光化学系Ⅰ（PSⅠ）が光エネルギーを吸収し，電子を放出する．
❻ PSⅠからの電子は，電子伝達系を経由して $NADP^+$，H^+ と結合し，NADPH が生成される．
❼ チラコイド区画内の H^+ は，チラコイド膜を横切る濃度勾配に従って ATP 合成酵素を通過する．
❽ H^+ の流れによって ATP 合成酵素が ADP をリン酸化し，ストロマで ATP が生成される．

は，補酵素 NADP$^+$ が H$^+$ とともに電子を受取り，NADPH となる ❻：

$$NADP^+ + 電子 + H^+ \longrightarrow \boxed{\textbf{NADPH}}$$

チラコイド膜に形成される H$^+$ 濃度勾配は，ポテンシャルエネルギーの一種であり，これを利用して ATP を生成することができる．H$^+$ はその濃度勾配に従ってストロマに戻ろうとするが，脂質二重層を通過して拡散することはできない（§4・5）．H$^+$ は，チラコイド膜に埋込まれた ATP 合成酵素を通過してのみ，チラコイド区画から出ることができる ❼．ATP 合成酵素は輸送タンパク質と酵素の両方の機能をもつ．ATP 合成酵素を H$^+$ が通過すると，ADP がリン酸化され，ストロマで ATP が生成される ❽．電子伝達系を介した電子の流れによって ATP が生成される過程はすべて**酸化的リン酸化**（oxidative phosphorylation）とよばれる．光合成のこの時点で，光エネルギーは ATP の化学結合エネルギーに変換されたことになり，細胞内で糖質の合成やその他の過程を駆動するために利用できる．

5・5 光非依存性反応

前述のように，光合成の第二段階の反応は，光エネルギーを動力源としない，光非依存性反応である．光合成は昼夜を問わず行われる．これらの反応を駆動するエネルギーは，ATP からのリン酸基の移動と，NADPH からの電子によって供給される．この二つの分子は，光依存性反応の産物である（図5・9）．

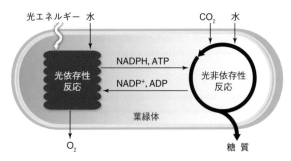

図 5・9　光合成の第一段階と第二段階の反応をつなぐ補酵素．光エネルギーによって，光依存性反応で ATP が生成される．この段階で生成された補酵素は，光非依存性反応での糖質の生成を促進する．

カルビン-ベンソン回路

光非依存性反応を総称して，**カルビン-ベンソン回路**（Calvin-Benson cycle，カルビン回路ともいう）とよぶ

（図5・10）．この環状経路は，CO$_2$ から炭素原子を取出し，糖分子の炭素骨格をつくる．無機物（CO$_2$ など）から炭素原子を取出して有機分子に組込むことを**炭素固定**（carbon fixation）という．

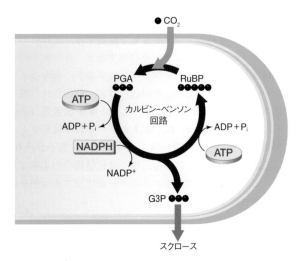

図 5・10　カルビン-ベンソン回路．この図は，葉緑体の断面を示しており，ストロマでカルビン-ベンソン回路が循環している．この反応が3回繰返され，一つの三炭糖（G3P）を生成する．黒球は炭素原子を表す．水はいくつかの反応で基質となるが，わかりやすくするために図示していない．

葉緑体では，ストロマでカルビン-ベンソン回路が進行する．**ルビスコ**（rubisco，リブロース-ビスリン酸カルボキシラーゼ）という酵素が RuBP（リブロース 1,5-ビスリン酸）という炭素数5の有機化合物に CO$_2$ を結合させるところから反応が始まる．この炭素固定化反応により，不安定な炭素数6の分子が生成され，すぐに PGA（3-ホスホグリセリン酸）という炭素数3の二つの分子に分解される．NADPH と ATP は，PGA 分子を炭素数3の糖である G3P（グリセルアルデヒド 3-リン酸）に変換するのに使われる．G3P の大部分は，カルビン-ベンソン回路の出発物質である RuBP を再生するために使われる．残りの G3P は，葉緑体から細胞の細胞質へと輸送される．

G3P はカルビン-ベンソン回路の正式な生成物であり，グルコースを含む他のさまざまな糖質になりえる．植物細胞は，G3P からおもな糖質であるスクロースをつくる．植物の光合成部分（葉など）の細胞は，非光合成部分（根など）へ輸送するためにスクロースを排出する．スクロースの生産量が需要を上回ったとき，たとえば晴天で光合成が高速で行われているときには，葉緑体から一部の G3P 分子が排出されず，デンプンが合成さ

れる．デンプンは夜間に分解され，その単量体はスクロースの生産に使われる．スクロースが途切れることなく供給されることで，暗所でも植物の代謝を維持することができる．

糖質の生産効率

　植物の気孔が開いているとき，光合成組織は空気とガス交換をすることができる．カルビン–ベンソン回路に必要なCO_2は光合成組織内に拡散し，光に依存する反応によって生成されたO_2は植物の外に拡散することができる．暑くて乾燥した日には，水を節約するために気孔が閉じられ，このガス交換は止まってしまう．

　日中は光合成の両段階が進行している．気孔が閉じると，植物体内のO_2濃度が上昇し，CO_2が低下する．O_2もCO_2もルビスコの基質であり，ルビスコの活性部位を奪い合うため，糖質の生産効率が低下する（§4・4）．ルビスコは，RuBP に CO_2 を結合させることでカルビン–ベンソン回路を開始する．また，RuBP に O_2 を結合させて**光呼吸**（photorespiration）とよばれる経路を開始する．光呼吸経路の残りの部分は，この反応の生成物である 2-ホスホグリコール酸とよばれる分子をカルビン–ベンソン回路の基質に変換する．この過程では ATP が必要であり，中間体は三つの細胞小器官の間を輸送されなければならない．また，光呼吸は CO_2 を発生させ（つまり，炭素は固定されずに失われる），さらにアンモニアを無害化するために ATP を必要とする．このように，光呼吸は糖質の生産にはきわめて効率の悪い方法である．植物はルビスコを大量につくることで，この非効率性を補っている．ルビスコは，地球上で最も多く存在するタンパク質である．

ま と め

　5・1　光合成の経路で，植物は光エネルギーを使って水とCO_2から糖質をつくる．光合成によって大気中のCO_2が取除かれ，多くの生物の代謝活動によって再び大気中にCO_2が戻される．しかし，人類は化石燃料を燃やすことで，光合成で除去できる量よりもはるかに多くのCO_2を大気中に排出している．

　5・2　植物やその他の独立栄養生物は，環境からのエネルギーとCO_2由来の炭素を使って自分自身の食物をつくる．ほとんどの独立栄養生物は，太陽光エネルギーを利用して光合成を行う．ヒトをはじめとする従属栄養生物は，有機分子からエネルギーと炭素を得る．

　光合成は二つの段階を経て行われる．光依存性反応では，光のエネルギーをまとめて取込み，そのエネルギーを使ってATP，NADPHとO_2が生産される．光依存性反応で生成された補酵素は，光非依存性反応にエネルギーを供給し，そこでCO_2と水から糖質を合成される．

　光依存性反応は，チラコイド膜に存在する分子によって行われる．光合成を行う真核生物では，チラコイド膜は葉緑体中にある．葉緑体のチラコイド膜は，光非依存性反応の場であるストロマに浮遊している．陸上植物では，光合成に必要なガス交換は，開いた気孔を通して行われる．

　5・3　光のエネルギーは波動で伝わり，波長が短いほどエネルギーは高い．可視光線は，光合成を促進する波長である．色素は特定の波長の光だけを吸収し，吸収されない波長はその色素の特徴的な色となる．光合成の主要色素であるクロロフィル*a*は，紫と赤の光を吸収するため，緑色に見える．補助色素を使うことで，光合成に利用できる波長域が広がる．

　5・4　チラコイド膜にある光合成色素のクラスターは，光エネルギーを吸収して光化学系に渡す．光エネルギーを吸収すると，光化学系の特殊なユニットから電子が放出される．線状経路では，光化学系 II から放出された電子が，電子伝達系を経由して流れる．光化学系 II は，失われた電子を水から引き出して補充し，水は H^+ と O_2 に分解される．電子伝達系を流れる電子は，H^+ 濃度勾配を形成し，酸化的リン酸化とよばれるプロセスで ATP の生成を促進する．電子が電子伝達系を通過する際に放出するエネルギーは，チラコイド区画への H^+ の能動輸送を促進する．H^+ はその勾配に従って ATP 合成酵素を通って膜を通過し，ATP が生成される．

　光化学系 I は，電子伝達系の終点で電子を受取る．光化学系 I から放出された電子は，2 番目の電子伝達系を通過する．$NADP^+$ はこの電子伝達系の終点で電子を受取り，NADPH が生成される．

　5・5　光依存性反応で生成された NADPH と ATP は，水と CO_2 から糖質をつくるカルビン–ベンソン回路の光非依存性反応の動力源となる．この反応は，ルビスコという酵素が CO_2 を有機分子に結合させ，炭素固定を行うところから始まる．カルビン–ベンソン回路の生成物は G3P という炭素数 3 の糖質で，植物細胞はこれを他の糖質に変換することができる．気孔が閉じると，光非依存性反応に使う CO_2 が植物体内に入ってこられなくなり，光依存性反応でつくられた酸素も出ていけなくなる．このような場合，光呼吸によって糖質の生産効率が落ちる．

試してみよう（解答は巻末）

1. 植物は，＿＿＿をエネルギー源として光合成を行う．
　　a. 太陽光　　b. 糖質　　c. O_2　　d. CO_2
2. 陸上植物が光合成に使用する炭素は，＿＿＿に由来する．
　　a. グルコース　　　b. 大気
　　c. 水　　　　　　　d. 土壌
3. シアノバクテリアや光合成を行う真核生物では，光依存

性反応は ＿＿＿ で進行する.

a. チラコイド膜

b. 細胞膜

c. ストロマ

d. 細胞質

4. 閉じた気孔は ＿＿＿

a. ガス交換を制限する

b. 水分が失われる

c. 光合成を妨げる

d. 光呼吸を最小にする

5. 次の記述のうち，誤っているものはどれか.

a. 色素は特定の波長の光だけを吸収する

b. 補助色素により光合成に利用可能な波長域が広がる

c. クロロフィル a が緑色なのは，緑色の光を吸収するためである

6. 光依存性反応では ＿＿＿

a. CO_2 が固定される

b. 電子は電子伝達系を流れる

c. CO_2 が電子を受取る

7. 光化学系が光を吸収すると ＿＿＿

a. 水が生成され，細胞外に出る

b. 電子は ATP に転送される

c. その一対の特別なクロロフィル a 分子が電子を放出する

d. ルビスコは炭素を固定する

8. 光合成で放出される酸素分子に含まれる原子は ＿＿＿ に由来する.

a. 糖質　　b. CO_2　　c. 水　　d. O_2

9. 光依存性反応において，葉緑体のチラコイド区画に蓄積されるものは何か.

a. 糖質　　b. H^+　　c. O_2　　d. CO_2

10. 光非依存性反応では ＿＿＿

a. 炭素が固定される

b. 電子は電子伝達系を流れる

c. ATP が生成される

11. カルビン-ベンソン回路は ＿＿＿ から始まる.

a. 光エネルギーの吸収

b. 炭素固定

c. 光化学系 II からの電子の放出

d. $NADP^+$ の生成

12. 用語の説明として最も適切なものを選べ.

＿＿＿ G3P	a. 自分で食物を生産する
＿＿＿ 独立栄養生物	b. 光化学系が存在する場所
＿＿＿ 従属栄養生物	c. カルビン-ベンソン回路の
＿＿＿ 色素	生成物
＿＿＿ CO_2	d. 消費者
＿＿＿ ルビスコ	e. 炭素固定酵素
＿＿＿ チラコイド膜	f. アンテナのように働く
＿＿＿ 波長	g. 大気中に多く存在
＿＿＿ 一対の特別なクロロ	h. 光化学系の一部
フィル a 分子	i. エネルギーに関係するもの

6 | 化学エネルギーの放出

6・1　ミトコンドリアと健康

　ミトコンドリア病は，**ミトコンドリア**（mitochondrion, *pl.* mitochondria）の欠陥によってひき起こされる遺伝性疾患で，症状は軽度なものから重篤な進行性の神経・筋機能の低下，失明，難聴，糖尿病，脳卒中，発作，消化器機能不全など多岐にわたっている．ミトコンドリアのような小さな細胞小器官が，なぜこれほどまでに大きな影響を身体に及ぼすのだろうか．ヒトの細胞，特にニューロン（神経細胞）や筋細胞は，大量のATPを必要とするが，ミトコンドリアはそのATPを非常に効率よく産生する（図6・1）．ミトコンドリアは独自のDNAをもち，細胞とは独立に分裂する．ミトコンドリアDNAの変異は，ATPをつくる能力に影響を与えるが，分裂する能力には影響を与えない場合がある．ミトコンドリアは細胞の子孫に受け継がれるが，欠陥のあるミトコンドリアを多く受け継いだ細胞は，正常に機能するための十分なATPを得られない可能性がある．

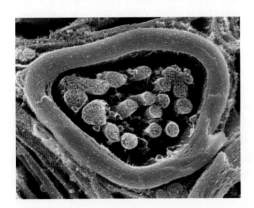

図 6・1　ニューロンのミトコンドリア．ニューロンの断面の写真から，この細胞がミトコンドリア（金色）で満たされていることがわかる．ニューロンや筋細胞は多くのATPを必要とするため，特にミトコンドリアの機能不全の影響を受けやすい．

　ミトコンドリアでは，内膜にある**電子伝達系**（electron transfer system）が水素イオン H^+ の濃度勾配をつくり，ATPを合成している．**細胞呼吸**（cellular respiration）とは，電子伝達系を使って有機分子（おもにグルコース）からエネルギーを回収し，ATPをつくる経路をさす．酸素分子 O_2 は，ミトコンドリアの電子伝達系の終点で電子を受取る．酸素を必要とする過程を**好気的**（aerobic）といい，酸素を必要とする細胞呼吸を**好気呼吸**（aerobic respiration）とよぶ．

　好気呼吸はATPを効率よく産生する方法である一方で，リスクもある．電子がミトコンドリアの電子伝達系を抜け出して O_2 と結合し，反応性のラジカルを形成することがある．ラジカルは細胞を構成する要素を破壊し，ミトコンドリア病や，がん，心血管疾患，アルツハイマー病，パーキンソン病，筋ジストロフィー，自閉症など，多くの疾患をひき起こす．

6・2　糖質の分解経路

経路の概要

　植物や藻類などの独立栄養生物は，環境から直接エネルギーを受取り，糖質の化学結合エネルギーに変換する（§5・2）．すべての生物は，糖質の結合エネルギーを利用して，生命を維持するためのさまざまな反応を行う（§4・3）．しかし，糖質にたくわえられたエネルギーを利用するためには，細胞は，まずこれらの反応に直接かかわる分子，特にATPにそのエネルギーを移さなければならない．

　細胞は，グルコースの炭素結合を一度に一つずつ切断することによって，グルコースからエネルギーを回収する．これにより，分子のエネルギーが段階的に解放され，細胞の働きに適した小さな単位で捕捉される．このようにグルコースの結合を切断してATPを合成する経

図 6・2　好気呼吸の概要. 好気呼吸は, 解糖, アセチル CoA 生成, クエン酸回路, 酸化的リン酸化の四つの段階をもつ. 真核生物では, 最後の3段階がミトコンドリアで行われる.

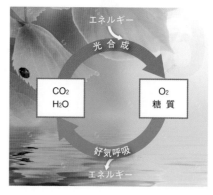

図 6・3　光合成と好気呼吸をつなぐ基質と生成物

路は, 数多く存在する. これらの経路には, 電子伝達系が関与しているものとそうでないものがあるが, いずれも古くから存在するものである.

　細胞呼吸は電子伝達系を使って ATP を産生するが, 現生の多くの生物はこの反応を酸素存在下で行っている. 好気呼吸では, グルコースの炭素の骨格が完全に分解され, 6個の炭素原子はすべて二酸化炭素 CO_2 として細胞外に放出される.

$$C_6H_{12}O_6 + O_2 \longrightarrow CO_2 + H_2O + \text{ATP}$$
グルコース　酸素　　　　　　　　二酸化炭素　水

　この式は, グルコースと O_2 が CO_2 と水に変換され, ATP が得られることを意味する. しかし, 好気呼吸は単一の反応ではない. 解糖 (glycolysis), アセチル CoA (acetyl-CoA) 生成, クエン酸回路 (citric acid cycle), 酸化的リン酸化 (oxidative phosphorylation) の四つの段階で起こる多くの反応からなる経路である (図 6・2).

　なお, CO_2 と水は光合成の原料であり, 光合成は糖質を生産し, ほとんどの光合成生物は O_2 を放出する (§5・2). 一方, 好気呼吸は糖質と O_2 を使い, CO_2 と水を生成する. このように, 生物圏の大部分では, 基質と生成物が二つの経路を結んでいる (図 6・3).

　酸素がない状態で起こる現象は, 嫌気的 (anaerobic) といわれる. 発酵 (fermentation) は, 有機分子 (おもにグルコース) を分解し, 電子伝達系を使わずに ATP をつくる嫌気的経路である.

　多くの生物は好気呼吸を発酵で補っており, 発酵のみを利用する細菌も少なくない. 発酵はグルコース分子の炭素-炭素結合をすべて切断するわけではないので, 好気呼吸ほど多くの ATP を生産しない. 好気呼吸は発酵

より効率的であり, ほとんどの大型多細胞生物の生存は好気呼吸によって高効率でつくられる ATP に依存している.

解糖: 糖質の分解

　好気呼吸と発酵は, 細胞質における解糖から始まる. 解糖 (glycolysis) は, 1分子のグルコースを2分子のピルビン酸 (炭素原子三つの骨格をもつ有機化合物) に変換して, ATP を生産する一連の反応である.

　細胞は解糖を開始するエネルギーを必要とする反応に2分子の ATP を投入する. これらの反応は1分子のグルコース (炭素数6) を2分子の炭素数3の糖 G3P (グリセルアルデヒド 3-リン酸) に変換する. まず, ATP からグルコースにリン酸基が転移し, グルコース 6-リン酸が生成される (図 6・4 ❶). 2番目の ATP からリン酸基が転移する ❷ と, 中間体が生成され, それが分裂して2分子の G3P が生成される ❸.

　解糖の残りの反応では, 二つの G3P 分子からエネルギーが回収される. 各 G3P に第二のリン酸基が付加され, この反応中に NAD^+ に電子と H^+ が付加され NADH (ニコチンアミドアデニンジヌクレオチドの還元型) になる ❹. 中間体から4個のリン酸基が ADP に移動して4分子の ATP が生成する ❺. 最終反応の生成物はピルビン酸である ❻. これらの反応では2分子の G3P が酸化するので, 最終的に2分子のピルビン酸が生成される.

　解糖により, グルコース分子の炭素-炭素結合が一つ切断される. その結合を切断して放出されたエネルギーは, NADH が運ぶ電子と, ATP の高エネルギー結合に取込まれる. 解糖では2分子の ATP が使われ, 4分子の ATP が生成されるため, 最終的に2分子の ATP が得られる. 解糖で生成された2分子の NADH と2分子のピルビン酸は, 後の好気呼吸と発酵に必要である.

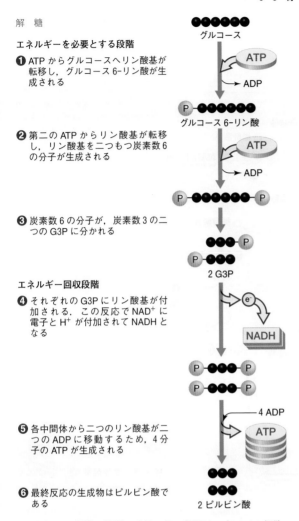

解 糖

エネルギーを必要とする段階

❶ ATP からグルコースへリン酸基が転移し, グルコース 6-リン酸が生成される

❷ 第二の ATP からリン酸基が転移し, リン酸基を二つもつ炭素数 6 の分子が生成される

❸ 炭素数 6 の分子が, 炭素数 3 の二つの G3P に分かれる

エネルギー回収段階

❹ それぞれの G3P にリン酸基が付加される. この反応で NAD$^+$ に電子と H$^+$ が付加されて NADH となる

❺ 各中間体から二つのリン酸基が二つの ADP に移動するため, 4 分子の ATP が生成される

❻ 最終反応の生成物はピルビン酸である

図 6・4 **解糖**. 糖質の分解の第一段階は, すべての細胞の細胞質で起こる.

6・3 好 気 呼 吸

　解糖に入るグルコース 1 分子から, 細胞質でピルビン酸 2 分子が生成される. ピルビン酸は好気呼吸でさらに分解され, アセチル CoA 生成, クエン酸回路, 酸化的リン酸化と続く. 原核生物では, これらの段階は細胞質で行われるが, 真核生物ではミトコンドリアで行われる (図 6・5).

　ミトコンドリアには二つの膜がある. 折りたたまれた内膜は, この細胞小器官の内部を二つの区画に分割している. 二つの膜の間の区画は **膜間腔** (intermembrane space) とよばれ, 内側の区画は **ミトコンドリアマトリックス** (mitochondrial matrix) とよばれる ❶.

好気呼吸の継続

　ピルビン酸分子には炭素−炭素結合が 2 箇所ある. 好気呼吸の次の二つの段階, アセチル CoA 生成とクエン酸回路で, この 2 箇所の結合が切断される. 結合が切れるときに放出されるエネルギーは, ATP と, NADH ともう一つの補酵素である FADH$_2$ (フラビンアデニンジヌクレオチド) によって運ばれる電子に取込まれる. グルコースの一部であった炭素原子はすべて CO$_2$ になり, 細胞外に拡散していく.

　真核生物では, 解糖で生成された二つのピルビン酸分子がミトコンドリアに入ることで好気呼吸が継続される. ピルビン酸はミトコンドリアの 2 枚の膜を越えてマトリックスへ運ばれる ❷. そこで, ピルビン酸の炭素−炭素結合が 1 箇所切断され, 1 分子の CO$_2$ が放出される ❸. ピルビン酸の残りの炭素 2 個の断片は補酵素である補酵素 A (CoA) と結合し, アセチル CoA 分子を生成する. 電子と H$^+$ は NAD$^+$ と結合して NADH が生成される. 解糖からの 2 個のピルビン酸がこの反応を受けるので, 2 分子のアセチル CoA が生成される. このとき, それぞれ 2 個の炭素原子がクエン酸回路に運ばれる.

クエン酸回路

　クエン酸回路 (citric acid cycle, **クレブス回路** Krebs cycle ともよばれる) は, アセチル CoA を分解してエネルギーを放出する環状経路である. エネルギーは補酵素によって運ばれた電子と, ATP の形で取込まれる. この回路は, 最初の中間体であるクエン酸にちなんで命名され, 最初の反応の基質であるオキサロ酢酸という分子が, 最後の反応の生成物となるため, 環状になる.

　クエン酸回路は, アセチル CoA がオキサロ酢酸と反応してクエン酸を生成するところから始まる. さらに反応が進むと, 二つの中間体から CO$_2$ が分離され, 電子と H$^+$ が 2 分子の NAD$^+$ と結合して, NADH を生成する ❹. 残りの反応で ATP, FADH$_2$, NADH が生成し ❺, これもオキサロ酢酸を再生させる.

　2 分子のピルビン酸の分解で 2 分子のアセチル CoA 分子が生成し, どちらもクエン酸回路で分解されている. 好気呼吸のこの時点で, グルコース分子の 6 個の炭素が反応に入り, 6 個の炭素が 6 分子の CO$_2$ として細胞外に出ている.

　解糖とクエン酸回路ではそれぞれ 2 分子の ATP しか得られない. しかし, この過程で多くの補酵素が電子を受け入れている. アセチル CoA 生成では 2 分子の NADH, クエン酸回路では 6 分子の NADH と 2 分子の FADH$_2$ である. さらに解糖による二つの NADH を加えると, 各グルコース分子を完全に分解することで, 大き

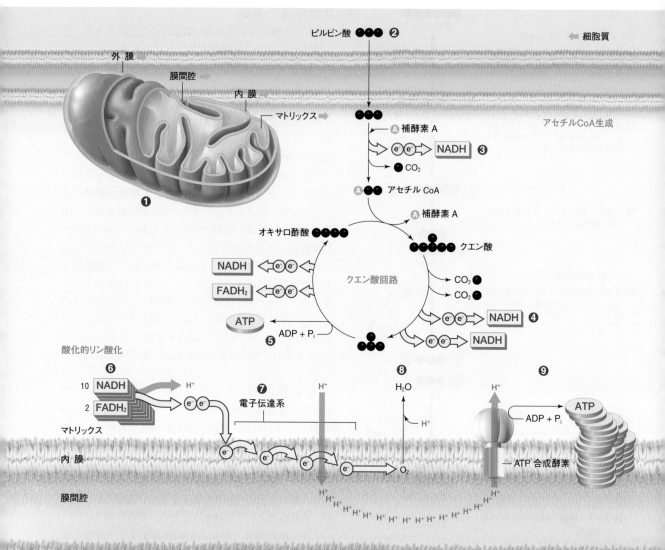

図 6・5　ミトコンドリアにおける好気呼吸の過程
❶ 内膜によってミトコンドリア内部が二つの区画に分かれている．外側の区画は膜間腔，内側の区画はマトリックスとよばれる．
❷ 解糖により生成されたピルビン酸は，ミトコンドリア内に輸送される．
❸ ピルビン酸の炭素-炭素結合を切断する反応により1分子の CO_2 分子と，もう一つの生成物であるアセチル CoA が生成され，クエン酸回路に入る．電子と H^+ が NADH に取込まれる．
❹ さらに反応が進むと2分子の CO_2 が発生し，電子と H^+ がさらに二つの NADH に付加される．炭素数3のピルビン酸が反応に入る．そして，三つの炭素が CO_2 として細胞から排出される．
❺ 無機リン酸基 P_i が ADP に付加され ATP が生成される．電子と H^+ が NADH と $FADH_2$ に付加される．
❻ 前段で生成された NADH と $FADH_2$ が電子と H^+ をミトコンドリア内膜にある電子伝達系に送り込む．
❼ 電子が電子伝達系を移動することで放出されるエネルギーが H^+ の膜間輸送を活発にし，H^+ の濃度勾配が内膜を横切って形成される．
❽ 電子伝達系の終点で，O_2 は電子を受取り，H^+ と結合し，水が生成される．
❾ H^+ は ATP 合成酵素を経由して，マトリックスに戻る．酸化的リン酸化でおよそ34個の ATP が合成される．

な報酬を得られる可能性がある．12分子の補酵素が電子とそのエネルギーを好気呼吸の最終段階である酸化的リン酸化反応に供給する．

酸化的リン酸化

好気呼吸の最後の段階は，酸化的リン酸化である（§5・4）．真核生物では，この経路はミトコンドリアの内膜で行われる．

酸化的リン酸化の反応は，前の過程で生成されたNADHとFADH₂が起点となる．これらの補酵素は，電子とH⁺をミトコンドリア内膜にある電子伝達系に輸送する❻．電子は電子伝達系を通過する際に，エネルギーを放出する．電子伝達系の分子は，そのエネルギーを利用して，H⁺をミトコンドリア内膜のマトリックスから膜間腔へと能動輸送する❼．このように，電子伝達系を介した電子の移動は，内膜にH⁺濃度勾配をつくり，それを維持する．

O_2 は，ミトコンドリアの電子伝達系の終点で電子を受取り，H⁺と結合して水を生成する❽．

酸化的リン酸化で形成されるH⁺の濃度勾配は，ATPをつくるために利用できるポテンシャルエネルギーの一種である．この勾配はH⁺をマトリックスに戻す原動力となるが，イオンは脂質二重層を拡散することができない（§4・5）．イオンはミトコンドリア内膜にあるATP合成酵素を通過してのみマトリックスに戻る．この流れによって，ATP合成酵素のタンパク質はADPにリン酸基を結合させ，ATPが生成される❾．

好気呼吸全体のATP収量

解糖，アセチルCoA生成，クエン酸回路は，好気呼吸に入るグルコース1分子に対して4分子のATPを生成する．また，これらの反応では12分子の補酵素に電子が供給され，この電子が酸化的リン酸化でさらに約34分子のATPを合成するのに十分なエネルギーを供給する（図6・6）．したがって，好気呼吸によるグルコース1分子の分解からは，38ATPが得られることになる

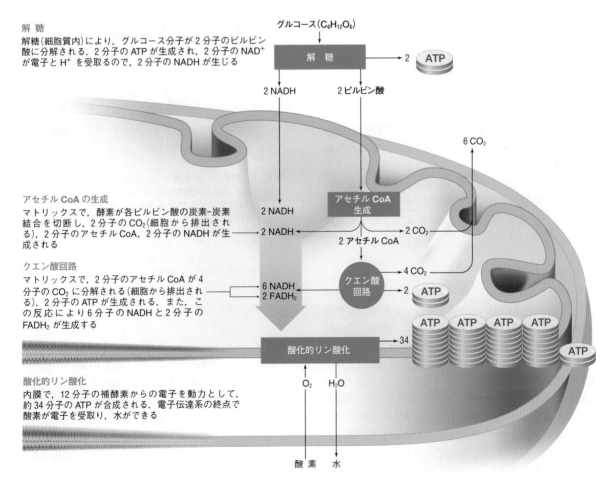

解糖
解糖（細胞質内）により，グルコース分子が2分子のピルビン酸に分解される．2分子のATPが生成され，2分子のNAD⁺が電子とH⁺を受取るので，2分子のNADHが生じる

アセチルCoAの生成
マトリックスで，酵素が各ピルビン酸の炭素-炭素結合を切断し，2分子のCO_2（細胞から排出される），2分子のアセチルCoA，2分子のNADHが生成される

クエン酸回路
マトリックスで，2分子のアセチルCoAが4分子のCO_2に分解される（細胞から排出される）．2分子のATPが生成される．また，この反応により6分子のNADHと2分子のFADH₂が生成する

酸化的リン酸化
内膜で，12分子の補酵素からの電子を動力として，約34分子のATPが合成される．電子伝達系の終点で酸素が電子を受取り，水ができる

グルコース（$C_6H_{12}O_6$）

解糖 → 2 ATP

2 NADH　　2ピルビン酸

6 CO_2

アセチルCoA生成

2 NADH
2 NADH ← → 2 CO_2

2アセチルCoA

4 CO_2

クエン酸回路 → 2 ATP

6 NADH
2 FADH₂

酸化的リン酸化 → 34　ATP ATP ATP ATP　ATP

O_2　H₂O

酸素　水

図 6・6　真核生物における好気呼吸の概要

が，この数字はあくまで理論上の最大値である．実際の収量は，この経路に関連する間接的な代謝コストがあるため，もっと低くなる．たとえば，ピルビン酸とNADHはミトコンドリア膜を越えて能動輸送されなければならないし，この過程を遂行する多くの酵素の合成も必要である．

6・4 発 酵

ほとんどすべての細胞は発酵を行うことができる．発酵は嫌気的であるが，好気呼吸をする細胞は酸素があるときでも発酵を行う．好気呼吸の方がはるかに多くのATPが得られるのに，なぜ細胞は発酵を行うのだろうか．好気呼吸は複雑で，細胞のタンパク質合成系の働きを独占してしまう傾向がある．発酵はもっと単純である．必要なタンパク質が比較的少ないため，反応速度が速く，細胞がもつ資源の使用量も少なくてすむ．発酵の高速で低コストのATP産生は，ある状況下では有利に働く．たとえば，急速に成長する細胞は，好気呼吸よりも発酵を優先させることで，成長を支えるタンパク質の産生に，より多くの資源を割くことができる．

発酵経路では，酸素ではなく有機分子が電子の最終的な受け皿となる．これらの経路はすべて細胞質で起こり，その最終生成物の名前がつけられている．ここでは，エタノールを産生する**アルコール発酵**（alcoholic fermentation）と，乳酸を産生する**乳酸発酵**（lactate fermentation）の二つについて説明する．どちらも解糖から始まる．残りの反応は，NADHから電子とH$^+$を取除くだけで，NAD$^+$が生成される．NAD$^+$が再生されることで，解糖とそれによるATPの産生が継続される．したがって，発酵の純収量は解糖による2分子のATPである．

アルコール発酵

アルコール発酵の第一段階である解糖は，2分子のATP，2分子のNADH，2分子のピルビン酸を生成する（図6・7a）．経路の第二段階は，ピルビン酸の炭素－炭素結合を1箇所切断する反応から始まる．この反応により，1分子のCO$_2$（これは細胞外に拡散する）と炭素2個の中間体が生成される．最終反応では，電子とH$^+$がNADHから中間体に移動し，NAD$^+$が再生され，（炭素数2の）エタノールが生成される．解糖からのピルビン酸はいずれもアルコール発酵の第二段階に入るので，この段階では2分子のCO$_2$，2分子のNAD$^+$，2分子のエタノールが生成される．この経路の収量である2分子のATPは解糖から得られる．

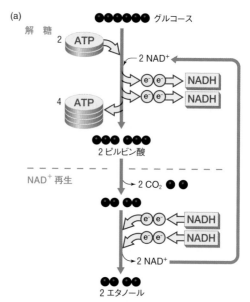

図 6・7 アルコール発酵. （a）アルコール発酵は解糖から始まり，最後の段階で2分子のCO$_2$，2分子のNAD$^+$，2分子のエタノールが生成される．正味のATPの収量は解糖による2分子である．（b）酵母 *Saccharomyces cerevisiae* の細胞（上）．この酵母によるアルコール発酵の産物の一つ（エタノール）がビールのアルコール度を高め，もう一つの産物（CO$_2$）が泡立ちをよくする（左下）．パンの穴は，発酵した酵母が放出したCO$_2$がたまっていたポケット（右下）である．

酵母 *Saccharomyces* による発酵（図6・7b）はビールなどのアルコール飲料やパンなど，多くの食品の生産に役立っている．ビールの生産には，ふつう，大麦が使われ，酵母（ビール酵母）は大麦をグルコース源として発酵を行い，アルコールとCO$_2$をつくる．パンの製造には小麦粉が用いられ，パン酵母（イースト菌）はデンプンをグルコースに分解してアルコール発酵に利用する．CO$_2$は気泡を形成してパン生地を膨らませる．発生したエタノールは焼成中に蒸発する．

乳 酸 発 酵

　乳酸発酵の第一段階である解糖も2分子のATP，2分子のNADH，2分子のピルビン酸を生成する（図6・8a）．経路の第二段階は，NADHからピルビン酸に電子とH⁺を移動させる一つの反応からなる．この反応によりNAD⁺が再生され，またピルビン酸が炭素数3の乳酸に変換される．炭素–炭素結合は切断されないので，乳酸発酵はCO_2を発生しない．

　解糖からのピルビン酸はいずれも乳酸発酵の第二段階に入るので，この段階ではNAD⁺2分子と乳酸2分子が生成される．この経路の収量である2分子のATPは解糖に由来する．

　乳酸発酵を利用した食品も多い．たとえばヨーグルトは，*Lactobacillus bulgaricus* や *Streptococcus thermophilus* などの細菌を牛乳中で増殖させることでつくられる（図6・8b）．牛乳には二糖（ラクトース）とタンパク質（カゼイン）が含まれている．細菌は，まずラクトースを単糖に分解し，その糖を乳酸発酵に利用する．乳酸は乳のpHを下げ，酸味を与え，カゼインをゲル化させる．

　動物の骨格筋細胞は，好気呼吸と乳酸発酵の両方を行うことができる．ほとんどの場合，効率のよい好気呼吸が優勢である．しかし，激しい運動によって筋肉内の酸素が枯渇した場合など，発酵が必要な場合がある．その結果，嫌気的条件下で，筋細胞はおもに乳酸発酵によってATPを生成する．この経路はATPをすばやくつくるので，激しい運動には有効だが，ATPの生産量が少ないため，長時間の運動には向かない．

6・5 エネルギー源としての食品

食品中の酸化分子

　細胞は，グルコース以外にも，有機化合物を酸化することでエネルギーを得ている．食品中の脂質，多糖，タンパク質は，さまざまな段階で好気呼吸に入る分子に変換される（図6・9）．グルコースの分解と同様に，これらの化合物を酸化すると，炭素–炭素結合が切断される．この過程で補酵素が還元され，補酵素が運ぶ電子のエネルギーによって，最終的に酸化的リン酸化でATPが合成される．

脂　　質

　トリアシルグリセロール分子は，グリセロールの頭部に三つの脂肪酸の尾部が結合している（§2・8）．細胞は尾部と頭部とをつなぐ結合を切断することによってトリアシルグリセロールを，分解する❶．さらに，体内のほぼすべての細胞は，放出された脂肪酸を酸化し，その長い骨格を炭素数2の断片に分割することができる．この断片はアセチルCoAに変換され，クエン酸回路に入ることができる❷．肝細胞の酵素はグリセロールを解糖の中間体であるG3Pに変換する❸．

　脂肪を完全に分解するにはより多くの反応が必要であるため，炭素当たりでは，脂肪は糖質よりも豊富なエネルギー源となる．補酵素はこれらの酸化反応において電子を受取る．還元される補酵素が多いほど，酸化的リン酸化のATP合成機構に多くの電子を供給することができる．

糖　　質

　ヒトをはじめとする哺乳類の消化器官は，多くのオリゴ糖や多糖を単糖の単量体に分解する❹．グルコースは好気呼吸で分解されるが，フルクトースのような他の六炭糖も分解される❺．スクロースは，グルコースとフルクトースの単量体からなる二糖である．消化酵素が二つの単量体の結合を切断し，単糖を放出する．解糖の最初の反応は，ヘキソキナーゼとよばれる酵素によって

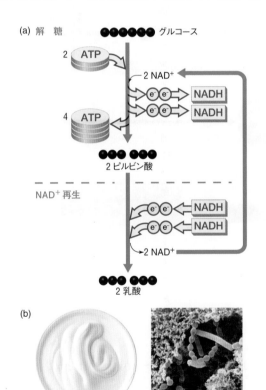

図 6・8　**乳酸発酵**．(a) 乳酸発酵は，解糖から始まり，最後の段階では，2分子のNAD⁺と2分子の乳酸が生成される．正味のATPの収量は解糖による2分子である．(b) ヨーグルトは，牛乳中の細菌による乳酸発酵の産物である．右の顕微鏡写真は，ヨーグルト中の *Lactobacillus bulgaricus*（赤）と *Streptococcus thermophilus*（紫）．

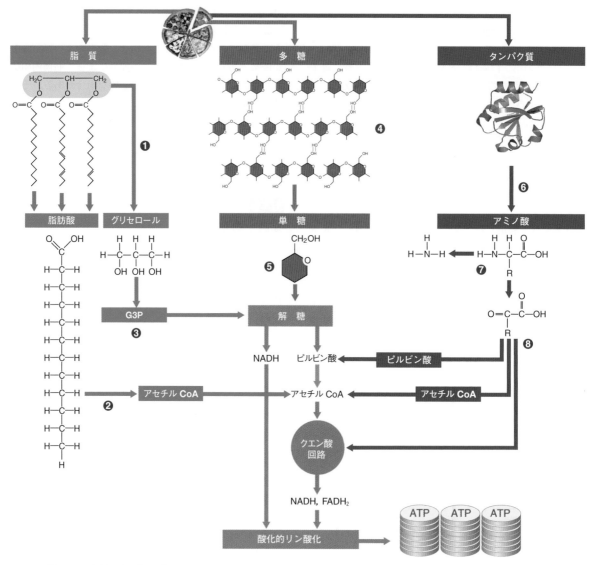

図 6・9 食品からエネルギーへ
❶ 三つの脂肪酸の尾部がグリセロールの頭部から切離される.
❷ 脂肪酸の炭化水素尾部は,炭素数2の断片に分解される.この断片が CoA に結合してアセチル CoA となり,クエン酸回路に入る.
❸ グリセロールは解糖の中間体である G3P に変換される.
❹ 多糖から単糖の単量体が放出される.
❺ グルコースのような六炭糖は,解糖の基質となる.
❻ タンパク質はアミノ酸単量体に分解される.
❼ アミノ酸からアミノ基が分離し,老廃物となる.
❽ アミノ酸の R 基の種類によって,アミノ酸の有機化合物部分は,ピルビン酸,アセチル CoA,またはクエン酸回路の中間体に変換される.

行われる.ヘキソキナーゼはグルコースをリン酸化し,グルコース 6-リン酸を生成して反応を継続させる.また,ヘキソキナーゼはフルクトースをリン酸化し,フルクトース 6-リン酸を生成する.フルクトース 6-リン酸は解糖の第三反応の基質なので,こちらも反応を継続できる.

糖質を食べると,血中の単糖の濃度が上がる.細胞がエネルギーとして必要な量以上の単糖を取込むと,グルコースとフルクトースは解糖からグリコーゲンをつくる経路に流される.食間には,血糖値が下がる.そして,貯蔵されたグリコーゲンはグルコースに分解され,基礎

血糖値が維持される．糖質を食べ過ぎると，グルコースとフルクトースが中性脂肪をつくる経路に入り，アセチル CoA がクエン酸回路から脂肪酸をつくる経路に流されることになる．このため，食事由来の余分な糖質は脂肪として蓄積される．

タンパク質

消化器官の酵素は，食事で摂ったタンパク質をアミノ酸のサブユニットに分割し，アミノ酸は血液中に吸収される ❻．細胞はこの遊離アミノ酸を利用して，タンパク質やその他の分子を構築する．そのため体が必要とする以上のタンパク質を摂取すると，アミノ酸が分解される．アミノ基 $-NH_2$ が取除かれ ❼，炭素骨格は断片に分割される．除去されたアミノ基は，尿素という老廃物に変換され，尿に溶解して排出される．炭素を含む断片は，ピルビン酸，アセチル CoA，またはクエン酸回路の中間体に変換される ❽．これらの分子は，アセチル CoA 生成段階またはクエン酸回路で好気呼吸に入る．

ま と め

6・1 細胞呼吸経路は，電子伝達系を利用して有機分子からエネルギーを取出し，ATP をつくる．好気呼吸は，酸素を必要とする細胞呼吸である．

ミトコンドリアは，好気呼吸によって ATP をつくる．ミトコンドリア DNA に変異があると，細胞の ATP 産生が減少する．ミトコンドリア病は，ミトコンドリア DNA に変異があるために起こる遺伝的疾患である．

6・2 独立栄養生物は，環境からエネルギーを採取し，それを糖質の化学結合エネルギーに変換する．すべての生物は，糖質にたくわえられたエネルギーを利用する．好気呼吸は，グルコースと O_2 を水と CO_2 に変換することで ATP をつくる．この反応は，解糖，アセチル CoA 生成，クエン酸回路，酸化的リン酸化の 4 段階で進行する．発酵の経路は嫌気的（酸素を必要としない）であり，好気呼吸より少ない ATP しか得られない．

好気呼吸と発酵経路の第一段階である解糖は，細胞質で起こる．この過程では，1 分子のグルコース（炭素数 6）が 2 分子のピルビン酸（炭素数 3）に変換され，2 分子の ATP が得られる．反応によって放出された電子と H^+ は，最終的に 2 分子の NADH となる．

6・3 真核生物では，解糖で生成したピルビン酸がミトコンドリアに運ばれると，好気呼吸が継続される．ミトコンドリアマトリックスでは，各ピルビン酸は CO_2 と NADH を生成する反応でアセチル CoA に変換される．二つのアセチル CoA 分子は次にクエン酸回路に入り，CO_2，NADH，$FADH_2$，ATP を生成する．

好気呼吸のこの時点で，解糖からの二つのピルビン酸は CO_2 に分解されている．4 分子の ATP が生成され，反応中に放出された電子と H^+ は 12 分子の補酵素によって運ばれている．

補酵素は電子と H^+ をミトコンドリア内膜の電子伝達系に送り込む．酸化的リン酸化では，電子伝達系の分子が電子のエネルギーを利用して，H^+ をミトコンドリアの膜間腔に能動輸送する．その結果，内膜を横切る H^+ の濃度勾配によって，H^+ は ATP 合成酵素を通過し，ATP が生成される．電子伝達系の終点では，O_2 が電子を受取り，H^+ と結合し，水ができる．好気呼吸の理論上の最大収量は，グルコース 1 分子当たり 38ATP である．

6・4 発酵は，好気呼吸より少ない ATP しか得られないが，より速く，より少ない細胞がもつ資源で行うことができる．酸素は不要であり，有機分子が最終的な電子受容体である．発酵経路はいくつかあり，すべて細胞質で行われる．アルコール発酵では，CO_2 とエタノールが生成される．乳酸発酵の最終生成物は乳酸である．これらの経路はいずれも解糖から始まる．最後の反応では，解糖の継続に必要な NAD^+ は再生されるが，ATP は生成されない．したがって，発酵全体で得られる，グルコース当たり 2 分子の ATP は，すべて解糖からもたらされる．われわれは，微生物の発酵を利用して，多くの食品を生産している．

6・5 有機分子を酸化させると，その炭素骨格が分解される．好気呼吸の最初の 3 段階はグルコースを完全に酸化し，この過程で放出された電子が最終段階での ATP 生成を促進する．好気呼吸では，グルコース以外の有機分子も酸化されることがある．ヒトをはじめとする哺乳類では，まず消化器系で，次に個々の細胞で，食物中の脂質，タンパク質，糖質が，解糖や他の好気呼吸経路の中間体である分子に変換される．

試してみよう（解答は巻末）

1. ミトコンドリアの欠陥が遺伝するのは，＿＿ からである．
   a. ミトコンドリアは，すべての真核細胞で ATP を生産する
   b. ミトコンドリアは独自の DNA をもち，細胞とは独立して分裂する
   c. DNA の変異はミトコンドリアの電子伝達系に影響を与えることがある

2. 解糖は，すべての細胞の ＿＿ で起こる．
   a. 核　　　　b. ミトコンドリア
   c. 細胞膜　　d. 細胞質

3. 解糖中に生成されない分子は ＿＿
   a. NADH　　b. ピルビン酸　　c. $FADH_2$　　d. ATP

4. 真核生物では，クエン酸回路はミトコンドリアの ____ で行われる．

    a. 外膜　　b. 膜間腔　　c. 内膜　　d. マトリックス

5. ピルビン酸の ____ の分子が分解された後，6個の炭素が CO_2 として細胞外に出る．

    a. 1個　　b. 2個　　c. 3個　　d. 6個

6. ____ は，好気呼吸の電子伝達系の終点で電子を受容する．

    a. 水　　b. H^+　　c. O_2　　d. NADH

7. グルコースの供給が乏しいとき，われわれの体は ____ をエネルギー源として利用することができる．

    a. 脂肪酸　　　b. グリセロール

    c. アミノ酸　　d. a〜cのすべて

8. 次の経路を好気呼吸で起こる順に並べよ．

    a. 酸化的リン酸化　　b. アセチル CoA 生成

    c. クエン酸回路　　d. 解糖

9. 真核生物では，発酵の最終反応は，____ で完了する．

    a. 核　　　　b. ミトコンドリア

    c. 細胞膜　　d. 細胞質

10. 二酸化炭素は ____ 発酵の際に発生する．

    a. 乳酸　　　b. アルコール

    c. 好気的　　d. 真核性

11. 好気呼吸と発酵のおもな違いの一つは，____ である．

    a. 発酵は原核細胞でのみ起こること

    b. ATP は好気呼吸においてのみ生成されること

    c. 発酵は電子伝達系を使用しないこと

    d. 好気呼吸は酸素を必要としないこと

12. 用語の説明として最も適切なものを選べ．

    ____ ミトコンドリアマトリックス　　　　a. 解糖に必要

    ____ 解糖の生成物　　　　　　　　　　　b. 内部空間

    ____ NAD^+　　　　　　　　　　　　　　c. CO_2 の生成

    ____ アルコール発酵　　　　　　　　　　d. ピルビン酸

    ____ 嫌気的　　　　　　　　　　　　　　e. 酸素を必要としない

    ____ NADH　　　　　　　　　　　　　　f. 還元型補酵素

    ____ ミトコンドリアでの　　　　　　　　g. 酸素を必要とする

         酸化的リン酸化　　　　　　　　　　h. 脂肪酸分解の中間体

    ____ アセチル CoA

7 | DNAの構造と機能

7・1 救助犬のクローン

2001年9月11日, 米国ニューヨークの世界貿易セン
タービルがテロリストの攻撃により崩れ落ちた. その知
らせを受けて, 被災者の救助のために警察犬のトラッ
カーは現地に出動した. トラッカーは生き埋めとなった
生存者のいる場所に救助隊を先導し, 数時間のうちに,
ビルのがれきの下で動けずにいた女性を助けた. その
後, トラッカーは休まずに仕事を続けたが, 煙と化学物
質の吸引, 火傷, 疲労により動けなくなってしまった.

トラッカーは2009年に死んだが, そのDNAは遺伝
的コピーであるクローン (clone) の中で受け継がれる
ことになった. なぜなら, トラッカーの救助犬としての
優れた性質や能力が評価され, 世界でクローン化に最も
ふさわしい犬を選ぶコンテストで賞を得たからである.
死ぬ前に採取されたDNAは別のイヌの卵に入れられ,
その卵は代理の母となる犬に移植された. こうして, ト
ラッカーのクローンである数匹の子犬が産まれた.

クローン化は各細胞が親細胞からDNAを受け継ぐこ
とにより成立する. DNAとは, すべての元になる計画
書のようなものである. それは, 細胞を構築する, ある
いは動物のような多細胞生物の場合には個体を形成する
ために必要なすべての情報をもつ. DNAがもつ情報と
は何か, 細胞がその情報をどのように使うのか, そして
世代間で情報がどのように受け渡されるのかを学んでい
こう.

7・2 DNAの機能

DNA (デオキシリボ核酸 deoxyribonucleic acid) が発
見されてから, それがすべての生命に共通した遺伝物質
であることが理解されるまでには数十年の研究が必要
だった. DNAを物質として初めて記述したのは化学者
のミーシャー (Johannes Miescher) で, 1869年に細胞
核からDNAを抽出した. ミーシャーはDNAがタンパ
ク質でないことと, 窒素とリンを豊富に含むことを見い
だしたが, その機能を知ることはなかった.

致死性細菌と形質転換因子の正体

ミーシャーがDNAを発見してから約60年後に, グ
リフィス (Frederick Griffith) はDNAの機能について
予想もしなかった手がかりを見つけた. グリフィスは肺
炎の原因となる細菌に対するワクチンの作製を目指して
研究を進めていた. 彼は, この致死性細菌のもつ物質
が, 無害の細菌を致死性に転換することを発見した. こ
の形質転換 (transformation) は永続的で遺伝するもの
であった.

無害な細菌を致死性に転換した物質とは何だったのだ
ろうか. 1940年にエイブリー (Oswald Avery), マクラウ
ド (Colin MacLeod), マッカーティ (Maclyn McCarty)
は, その物質を"形質転換因子"とよび同定することに
した. 彼らは, 肺炎を起こす細菌を熱で殺し, そこから
得た抽出物を脂質やタンパク質を分解する酵素で処理し
ても形質転換が起こったことから, 形質転換因子は脂質
やタンパク質でないことを示した. 一方, DNA分解酵
素を抽出物に作用させると形質転換能力はなくなった
が, RNA分解酵素を作用させても影響はなかった. こ
れらの結果はDNAが形質転換因子であることを示して
いた.

遺伝物質の性質

エイブリー, マクラウド, マッカーティが得た驚くべ
き結果により, 他の多くの科学者がDNA研究に殺到す
ることになり, その結果, DNAが遺伝物質として働く
ことを示す多数の発見があった. ある物質が遺伝物質と
して機能するためには, 以下の四つの性質をもつ必要が
ある.

1. 完全な遺伝情報がその物質とともに，ある世代から次の世代に受け継がれる.
2. 一つの種のどの個体の体細胞も同じ量の物質をもつ.
3. 代謝過程において多くの物質は変化するが，細胞内の遺伝物質の量は時間が経過しても変動しない.
4. 新しい個体をつくるために必要な膨大な量の情報をたくわえることができる.

　1950 年代のはじめに，ハーシー（Alfred Hershey）とチェイス（Martha Chase）はタンパク質ではなく DNA が遺伝物質の第一の性質をみたすことを発見した. すなわち，その物質が世代間で遺伝情報の全体を伝達するということである. ハーシーとチェイスが研究に用いていたのは細菌に感染するウイルスであるバクテリオファージである（図 7・1a）. ウイルスが細胞に遺伝物質を注入すると，細胞は新しいウイルス粒子をつくり始める. ハーシーとチェイスが行った実験の結果は，バクテリオファージがタンパク質ではなく DNA を細菌に注入することを明らかにした（図 7・1b, c）.

　1948 年に，DNA が遺伝物質の第二の性質をもつことが発見された. 多くの生物種から得た細胞核における DNA の量を注意深く測定することにより，ボアヴァン（André Boivin）とヴェンドレリ（Roger Vendrely）は同じ種のどの個体の体細胞も正確に同じ量の DNA をもつことを明らかにした. DNA がもつ遺伝物質の第三の性質として，DNA は代謝変化をしないことが示された.

メイジア（Daniel Mazia）らは，細胞内のタンパク質と RNA の量は変化するが，DNA 量は変化しないことを発見した. 遺伝物質が膨大な情報量をもつという第四の性質は，次節で示すように，DNA 構造の発見によって明らかにされることになる.

クローン生物と DNA

　生物が世代を超えて生き続けられるのは，DNA からの情報があるからである. 細胞が増殖するとき，DNA のコピーが娘細胞に渡される. DNA に含まれる情報は細胞の形態と機能の基礎であり，多細胞動物の場合には，体全体の発生と機能発現についての指令を出す. このように，DNA が受け渡されることにより，何世代にもわたり子孫が親と似ていることを説明できる.

　顔がそっくりの**双子**（twin）がどのようにして同一の DNA をもち，体が同じように発生するのか考えてみよう. 一卵性双生児は胚分割とよばれる過程により生じる. 受精卵の最初の数回の分裂により生じた細胞集団が自然に二つに分かれることがある. 両細胞集団が独立に発生すると，同じ DNA をもつ双子が生まれる.

　胚の分割により生じた双子は互いに遺伝的に同一であるが，両親とは異なっている. なぜなら，ヒトを含むほとんどの動物において，子は両親をもち，両親の DNA の塩基配列が互いに少し異なるからである（9 章参照）.

　個体の正確な遺伝的コピー，つまりクローンは，**体細胞核移植**（somatic cell nuclear transfer）という，未受

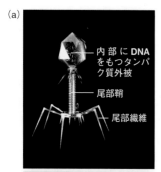
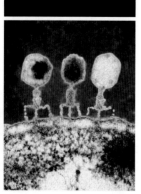
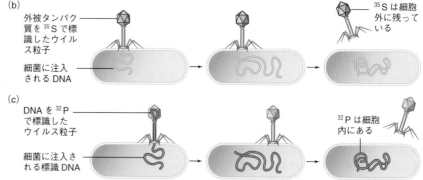

図 7・1　ハーシー・チェイスの実験. ハーシーとチェイスは細菌に注入されたバクテリオファージ（ファージ）の遺伝物質の組成を決定する実験を行った. 実験は，タンパク質はリン（P）より多くの硫黄（S）を含み，DNA は硫黄よりリンを多く含むという知識に基づいていた.（a）上：ファージの模式図. 下：細菌に DNA を注入しているファージの顕微鏡写真.（b）一つの実験では，ファージを硫黄の放射性同位元素（^{35}S）で標識し，タンパク質に放射能をもたせた. 標識されたファージを細菌と十分長く混合して感染させ，混合物をミキサーにかけた. 攪拌によって細胞外についていたファージは外れる. ^{35}S の放射活性は細菌細胞外に検出された. すなわちファージは細菌にタンパク質を注入したのではなかった.（c）もう一つの実験では，ファージをリンの放射性同位元素（^{32}P）で標識し，DNA に放射能をもたせ，上と同様の実験を行った. ^{32}P の放射活性は細菌細胞内に検出された. これは DNA がファージの遺伝物質だという証拠である.

（b）
外被タンパク質を ^{35}S で標識したウイルス粒子
細菌に注入される DNA
^{35}S は細胞外に残っている

（c）
DNA を ^{32}P で標識したウイルス粒子
細菌に注入される標識 DNA
^{32}P は細胞内にある

（a）
内部に DNA をもつタンパク質外被
尾部鞘
尾部繊維

精卵の核をドナー（提供者）の体細胞の核で置き換える方法によりつくることができる（図7・2a）．体細胞とは体のほとんどを構成する細胞であり，卵や精子の生殖細胞と区別される．もしすべての操作が順調に行われれば，移植された核の DNA は胚の発生を進め，その胚は代理母に移植される．そして，生まれた動物は DNA ドナーのクローンとなる．救助犬トラッカーのクローンもこのようにして生まれた．

　動物のブリーダーは，クローン化された動物が DNA のドナーと同じ望ましい性質をもつことからこの技術を用いる（図7・2b）．さらに別の利点は，去勢された，あるいは死んだドナーから子孫をつくることさえ可能なことである．

(a)

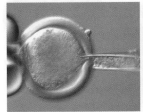

(b)

図7・2　ウシの体細胞核移植によるクローン作成.
(a) （左）マイクロピペットを卵に挿入し核を吸い出す．卵の細胞膜の内側に存在しているのは細胞質である．（右）別のマイクロピペットを使って，ドナー動物から皮膚の細胞を卵に注入する．電気を流すことにより細胞から核が卵の細胞質に放出される．卵が分裂すると胚が形成される．(b) 乳牛チャンピオン（右）と体細胞核移植によって生まれたそのクローン（左）．クローン牛も若くしてチャンピオンになった．

細胞分化と DNA

　多細胞の体を構成する細胞は異なる形や機能をもっている．皮膚細胞は脳細胞とは異なり，また脳細胞は心臓の細胞とは異なる．しかし，これらのすべての細胞は同じ DNA をもっている．もし DNA が形や機能の基礎となるのなら，同じ DNA をもつ細胞はどのように違いを生じるのだろうか．初期発生の間，胚の細胞は DNA の異なる部位を使い始める．それに伴い，細胞は形と機能に違いを生じるようになる．この過程を**分化**（differentiation）とよぶ．

　動物における分化は通常一方向に進む．すなわち，一度細胞が特殊化すると，そのすべての子孫細胞も特殊化したままである．肝臓や筋肉の細胞，あるいは他の分化した細胞がつくられるまでに，その DNA のほとんどはスイッチが切られ使われなくなる（8章参照）．体細胞からクローンをつくるためには，その細胞の DNA は再プログラムされ，胚の発生を指令する部位のスイッチが入れられ，細胞を特殊化する部位のスイッチが切られなければならない．体細胞核移植をしている間，卵の細胞質はドナー細胞由来の核の DNA を再プログラムするが，その効率は低い．そのため，得られた胚のうち代理母に移植されたのちに生き残るのは少数のみである．

7・3　DNA の構造

DNA の構築単位

　§2・10で，ヌクレオチドが核酸（DNA と RNA）を構成している単位であることを説明した．各ヌクレオチドは窒素を含む塩基，五炭糖，リン酸基の三つの要素からなる（図7・3）．

　　　塩基　　　　　　　糖　　　　　リン酸基

図7・3　ヌクレオチドの構造. ヌクレオチドは三つの構成要素からなる．窒素を含む塩基，糖，1〜3個のリン酸基である．塩基とリン酸基は糖の炭素骨格に結合している．

　DNA の名称は，そのヌクレオチドを構成する糖であるデオキシリボースに由来している．わずか4種類のヌクレオチドが DNA をつくりあげている（図7・4）．その4種類の塩基はアデニン（adenine, A），グアニン（guanine, G），チミン（thymine, T），シトシン（cytosine, C）である．ヌクレオチドの構造は1900年代のはじめに研究されたが，DNA分子中で4種のヌクレオチドがどのように配置するのか，その難問の解明には50年の時間を必要とした．

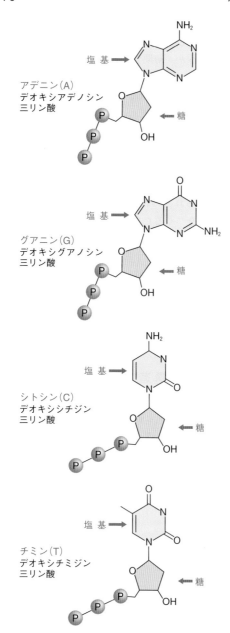

塩 基 →

アデニン（A）
デオキシアデノシン
三リン酸

糖 ←

塩 基 →

グアニン（G）
デオキシグアノシン
三リン酸

糖 ←

塩 基 →

シトシン（C）
デオキシシチジン
三リン酸

糖 ←

塩 基 →

チミン（T）
デオキシチミジン
三リン酸

糖 ←

図 7・4 DNA を構成する 4 種類のヌクレオチド. DNA を構成するヌクレオチドはデオキシリボースと三つのリン酸基，さらに塩基（青）であるアデニン（A），グアニン（G），シトシン（C），チミン（T）のいずれかをもつ.

DNA 構造の発見

DNA の構造についてのいくつかの手がかりは 1950 年ごろに集中して現れた．シャルガフ（Erwin Chargaff）はその分子について二つの重要な発見をした．第一に，すべての DNA においてアデニンとチミン，そしてグアニンとシトシンの量が同じであった（A = T，G = C）.

この発見をシャルガフの第一法則という．シャルガフの第二法則は，アデニンとグアニンが含まれる割合が，異なる生物種の DNA の間では違うということである.

シャルガフが法則を発見した同じころ，ワトソン（James Watson）とクリック（Francis Crick）は DNA の構造について共通した考えをもつようになった．当時，多くのタンパク質を形づくる二次構造としてらせん構造（§2・9）が発見されていたため，ワトソンとクリックは DNA 分子もらせん構造をとるのではないかと考えた.

フランクリン（Rosalind Frank-lin，右写真）もまた DNA の構造について研究をしていた．フランクリンは，クリックと同様に，結晶化した物質に X 線を照射して解析する結晶構造解析を専門としていた．物質の分子

中の原子は X 線を散乱し，その散乱パターンが一つの像となる．そして，そのパターンを使って，分子中に繰返し現れる要素の大きさ，形，間隔などの分子構造の詳細を計算する.

フランクリンは，所属している部門でウィルキンス（Maurice Wilkins）が同じテーマの研究をしていることを知らなかった．ウィルキンスとフランクリンは X 線結晶構造解析のために同じ DNA 試料を手にしていた.

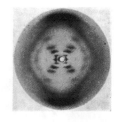

DNA は巨大であり，当時の技術で結晶化することは困難だった．フランクリンは慎重に仕事を進め，初めて DNA の明瞭な X 線回折像を得ることに成功した（上写真）．そして 1952 年にその仕事についての発表を行った．回折像の計算から，DNA は直径が 2 nm であるのに対して非常に長いこと，また，その長さに沿って繰返しパターンが 0.34 nm および 3.4 nm ごとに現われることを示した．そして，DNA は二本鎖がねじれた**二重らせん**（double helix）であり，その外側にある主鎖にはリン酸基があり，内側に未知の配置で塩基が存在していると結論した．DNA の鎖間および塩基間の距離，らせんの角度，一巻き中の塩基の数も算出し，研究論文を書き始めた．しばらくして，おそらく彼女が知らないうちに，ワトソンはウィルキンスとともに彼女の X 線回折像を検討した．またワトソンとクリックはフランクリンの未発表のデータの詳しい報告書を読み，DNA の最初の正確なモデル（次ページ左上写真）を構築するために必要なすべての情報を手にした.

フランクリンは 1958 年にこの世を去った. ノーベル賞は死後には授与されないため, 1962 年, DNA 構造の発見によりワトソン, クリック, ウィルキンスに与えられた栄誉を, フランクリンはともに受けることはなかった.

DNA 分子の構造

DNA は, ヌクレオチドからなる二本鎖がコイル状に巻いた二重らせん構造をしている. 一つのヌクレオチドのデオキシリボースと次のヌクレオチドのリン酸基が共有結合して, 糖-リン酸骨格を形成している (図7・5). 二本鎖の骨格は互いに逆向きに配置しており, ヌクレオチドの塩基は内側に向いている.

ほとんどの科学者が, 塩基はらせんの外側に位置しなければならないと思い込んでいた. なぜなら, そのほうが DNA をコピーする酵素が塩基に近づきやすいと考えたからである (その酵素がどのようにして DNA 二重らせんの内側にある塩基に近づくのか後で説明する). 対となる塩基間の水素結合が二本鎖をつなぎとめている.

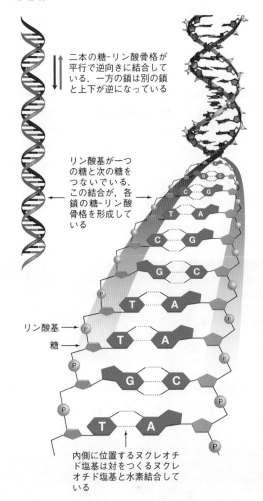

二本の糖-リン酸骨格が平行で逆向きに結合している. 一方の鎖は別の鎖と上下が逆になっている

リン酸基が一つの糖と次の糖をつないでいる. この結合が, 各鎖の糖-リン酸骨格を形成している

リン酸基

糖

内側に位置するヌクレオチド塩基は対をつくるヌクレオチド塩基と水素結合している

図 7・5　DNA 二重らせん

二本鎖がどのように正確に対応しているのか注目してほしい. 二本鎖は相補的である, すなわち, 片方の DNA 鎖の各ヌクレオチドの塩基は, 別の DNA 鎖の決まったヌクレオチドの塩基と対をつくる. 形成される塩基対は 2 種類のみである. アデニンはチミンと, グアニンはシトシンと対を形成する. このパターン (A-T, G-C) はすべての DNA において同じである (このことは, シャルガフの第一法則を説明する).

DNA が 4 種類のヌクレオチドのみからなるとしても, DNA 鎖の中の塩基の順番である **DNA 塩基配列** (DNA sequence) は種間で異なる (このことは, シャルガフの第二法則を説明する). 次章で説明するように, DNA 塩基配列は細胞が読み取る暗号であり, 暗号化された情報が細胞, 個体, 種, すべての生命における形や機能の基礎となる. DNA 分子は数十億個のヌクレオチドから

なり, 膨大な量の情報をコードしている.

生物の間で共通している DNA 塩基配列は共通した形質の基礎となり, 異なる配列は個体を区別する, あるいは種を定義する形質の基礎となる. このように, すべての細胞で遺伝物質として働く DNA は生命の統一性の基礎となり, 一方, その配列の差異は生命の多様性の源となる.

7・4　真核生物の染色体

DNA パッケージング

ヒトの 1 個の細胞の DNA を集めると, 全部で約 60 億塩基対になり, 引き伸ばすと約 2 m の長さになる. 直径 10 µm 以下の核にこれだけ長い DNA が収まるのはどうしてだろうか. それは, DNA にタンパク質が結合して **染色体** (chromosome) とよばれる構造をつくるからである. これらのタンパク質は一連の過程で, DNA

にらせん状の繊維構造をとらせることで，DNA を非常に高密度に折りたたむ（図 7・6）．これを **DNA パッケージング**（DNA packaging）という．

真核生物の染色体では，二重らせん DNA❶ が**ヒストン**（histone）とよばれるタンパク質のまわりに規則正しい間隔で巻きつき❷，顕微鏡写真で見ると糸についたビーズのような糸巻き状の構造をつくる❸（図 7・6 下左）．DNA が巻きついたヒストンの間の相互作用により，DNA はさらにらせんをつくって直径 30 nm の繊維となり❹（図 7・6 下中），それがさらにタンパク質の作用でループをつくる❺．細胞が分裂しなければ，染

色体は通常これらの糸巻き状，らせん，ループのさまざまな状態の組合わせをとり，DNA が RNA 合成などの働きをすることを可能にする（8 章参照）．

細胞が生きているほとんどの間は，真核生物の 1 本の染色体は 1 本の二重らせん DNA（および結合タンパク質）から構成される．しかし，細胞は分裂の準備をするときに DNA を倍化する．その結果，染色体は**セントロメア**（centromere）とよばれる領域で互いに付着した 2 本の同一な二重らせん DNA をもつようになる．これらの 2 本の同一な DNA は**姉妹染色分体**（sister chromatid）とよばれる．

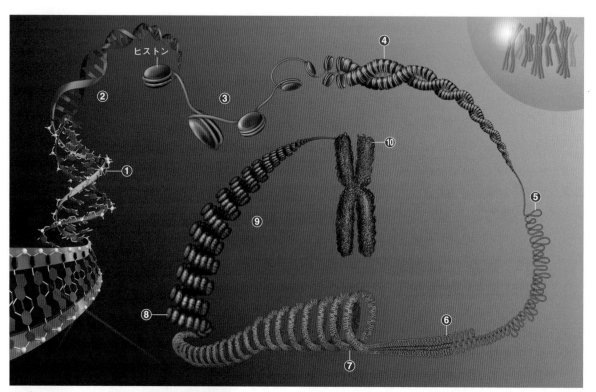

糸にビーズがついているようにみえる

30 nm 繊維

最も凝縮したヒトの倍化した染色体

図 7・6　真核生物の染色体における DNA の折りたたみ．（上）多くのタンパク質が DNA に結合して連続的に高次の折りたたみを行う．この図にはヒストン以外のタンパク質は示されていない．（左）染色体の顕微鏡写真．
❶ 二本鎖 DNA が直径 2 nm の二重らせんをつくっている．
❷ DNA が一定の間隔でヒストンタンパク質のまわりに巻きついている．
❸ 直径 11 nm の糸巻き状の構造が生じる．
❹ DNA が巻きついたヒストンが集まり 30 nm 繊維をつくる．
❺ タンパク質の結合により 30 nm 繊維がループをつくる．
❻ ループが高い密度で集まり，ひだ状の構造をつくる．
❼ ひだ状の構造がコイルをつくる．
❽ コイルがねじれて 250 nm 繊維をつくる．
❾ 250 nm 繊維が折りたたまれて最も凝縮した形になる．
❿ 凝縮し倍化した染色体は，姉妹染色分体がセントロメアで結合しており，X 形を示す．それぞれの分体の直径は 500〜750 nm である．

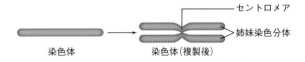

染色体　　　　　　　　　染色体(複製後)

細胞分裂の直前に，DNAはさらに非常に凝縮した形に折りたたまれ，分裂過程で傷害を受けないようになる．30 nm の繊維のループは互いに近接して，ひだのようになる❻．ひだ構造はらせんを巻き❼，さらにもう一度巻いて直径が 250 nm の繊維を形成する❽❾．この繊維は染色体の最も凝縮した形に折りたたまれており，顕微鏡下ではXの字のように見える❿（図7・6下右）．

染色体数

ほとんどの原核生物は環状染色体を一つもつ．それに対して，真核生物の細胞のDNAは，長さとセントロメアの位置の異なる複数の線状の染色体に分かれて存在している．ある生物種の細胞にある染色体の数は**染色体数**（chromosome number）とよばれ，生物種により異なっている．たとえば，ヒトの体細胞の染色体数は 46 である．実際には，ヒトの体細胞は 23 本の染色体を二組もつ．二組の染色体をもつ細胞は**二倍体**（diploid）$2n$ である（n は number，すなわち数を意味する）．

染色体数は，一つの細胞の染色体全体を画像で示した**核型**（karyotype）によって明らかにすることができる．核型を決定するためには，細胞を処理して染色体を凝縮

させ，さらに染色することでそれぞれの染色体を顕微鏡下で区別する．一つの細胞の中にあるすべての染色体の像を，そのセントロメアの位置，大きさ，形，長さに従ってデジタル処理により並び替えることができる．このようにして最終的に配置された染色体の全体的な構成が，それぞれの細胞の核型を表している（図7・7）．

常染色体と性染色体

ヒトの体細胞では，23 対の染色体のうち 22 対が**常染色体**（autosome）である．各対の 2 本の常染色体は雌と雄で同じであり，同じ長さ，形，セントロメアの位置を示す．また，同じ形質についての情報をもつ．

性染色体（sex chromosome）の対の構成は雌と雄の間で異なっており，その違いがそれぞれの性を決定している．ヒトの性染色体はXとYである．典型的なヒトの女性の体細胞は 2 本のX染色体（XX）をもつ（図7・7a）．典型的な男性の体細胞は 1 本のX染色体と 1 本のY染色体（XY）をもつ．ほとんどの哺乳類では，XX が雌となり XY が雄となる．しかし，チョウ，ガ，鳥類（図7・7b），そしてある種の魚類では，雌が 2 本の異なる性染色体をもち，雄が 2 本の同一の性染色体をもつ．ある種の無脊椎動物，カメ，カエルでは環境因子が性を決定する．たとえば，ウミガメの場合には，卵が埋められている砂の温度が孵化した幼生の性を決定している．

7・5　DNA 複製

細胞は，増殖するときには**細胞分裂**（cell division）を行う．2 個の娘細胞は親細胞の遺伝情報の完全なコピーを受け継ぎ，また，そうでなければ親細胞とは異なるものになる．そのため，分裂を準備するときには細胞は染色体をコピーして 2 組つくり，1 組ずつ将来の子に与える．

細胞が染色体のコピーを作成する過程を **DNA 複製**（DNA replication）とよぶ．DNAの各分子は全体がコピーされ，そして親の分子と同一である 2 分子のDNAが生成する．複製の間にDNA合成を行う酵素が**DNAポリメラーゼ**（DNA polymerase）である．

DNA 合成過程

DNAが複製する前は，染色体は 1 本の二重らせんDNAからなる（図7・8）．複製が始まると，酵素がDNAを一本鎖に引き離す．そのとき，一つの酵素が二重らせんのねじれをほどき，別の酵素が鎖と鎖をつないでいる水素結合を切断する❶．こうして，2 本のDNA鎖は互いに解離し始める．

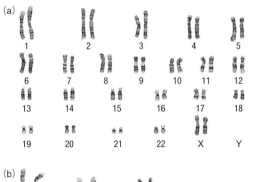

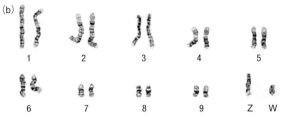

図 7・7　常染色体と性染色体．（a）ヒトの女性の核型．22 対の常染色体と同形の性染色体Xが二つある(XX)．（b）ある種の鳥(ヤブツカックリ)の雌の核型．他の鳥と同様，性染色体は互いに異なるZとW である(ZW)．

DNA 鎖が解離すると，内側に位置していた塩基が露出し，他の酵素が**プライマー**（primer）をつくり始める．プライマーとは，DNA ポリメラーゼの反応開始点として働く短い一本鎖 DNA あるいは RNA である．DNA 鎖の露出したヌクレオチド塩基はプライマーの相補的な塩基と水素結合をつくることができる．いいかえると，プライマーは相補的な DNA 鎖と塩基対を形成する❷．一本鎖の核酸の間の塩基対形成は**ハイブリダイゼーション**（hybridization，ハイブリッド形成ともいう）とよばれる（左図）．ハイブリダイゼーションは自発的に生じ，すべて水素結合によってひき起こされる．

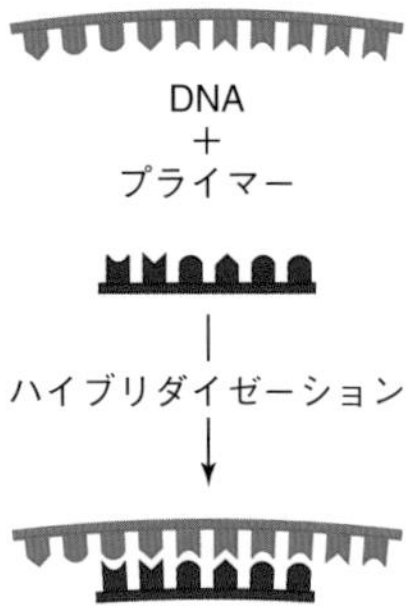

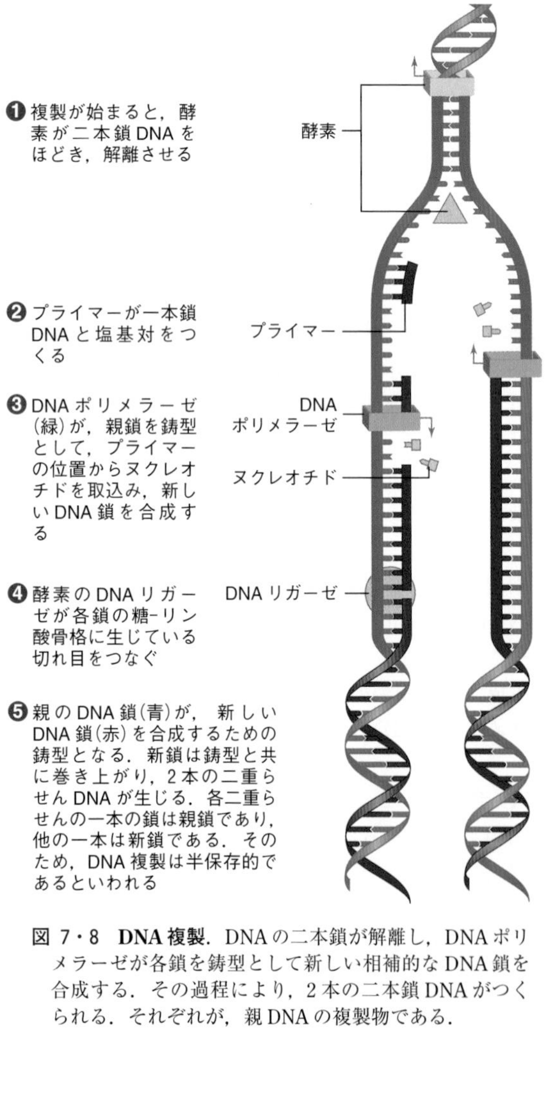

DNA
＋
プライマー

↓

ハイブリダイゼーション

↓

❶ 複製が始まると，酵素が二本鎖 DNA をほどき，解離させる

❷ プライマーが一本鎖 DNA と塩基対をつくる

❸ DNA ポリメラーゼ（緑）が，親鎖を鋳型として，プライマーの位置からヌクレオチドを取込み，新しい DNA 鎖を合成する

❹ 酵素の DNA リガーゼが各鎖の糖-リン酸骨格に生じている切れ目をつなぐ

❺ 親の DNA 鎖（青）が，新しい DNA 鎖（赤）を合成するための鋳型となる．新鎖は鋳型と共に巻き上り，2 本の二重らせん DNA が生じる．各二重らせんの一本の鎖は親鎖であり，他の一本は新鎖である．そのため，DNA 複製は半保存的であるといわれる

酵素

プライマー

DNA
ポリメラーゼ

ヌクレオチド

DNA リガーゼ

図 7・8　DNA 複製．DNA の二本鎖が解離し，DNA ポリメラーゼが各鎖を鋳型として新しい相補的な DNA 鎖を合成する．その過程により，2 本の二本鎖 DNA がつくられる．それぞれが，親 DNA の複製物である．

DNA 合成は，DNA ポリメラーゼが DNA 鎖にハイブリダイゼーションしたプライマーに接触すると始まる❸．ポリメラーゼは DNA 鎖に沿って動き，露出したヌクレオチド塩基の配列を鋳型として遊離したヌクレオチドを取込み，DNA の新鎖をつくる．DNA ポリメラーゼは塩基対の形成規則に従う．すなわち，鋳型鎖の A に出会うと新しい DNA 鎖に T を付加し，G に出会うと C を付加する．こうして，各新鎖の DNA 塩基配列は親鎖に相補的となる．DNA リガーゼとよばれる酵素が新鎖の糖-リン酸骨格にある切れ目をつなぐ❹．

複製のときには，二重らせん DNA の両方の鎖が同時にコピーされる．各新鎖は長くなるにつれて，鋳型の親鎖とともにねじれて二重らせんをつくる．その結果，複製後には 2 本の二重らせん DNA が形成される❺．二重らせん DNA の 1 本の鎖は親鎖（保存されている）であり，他の 1 本は新鎖であることから，DNA 複製は**半保存的複製**（semiconservative replication）であるといわれる．2 本の二重らせん DNA はともに親 DNA の複製物である．真核生物の細胞では，これらの二重らせん DNA は，細胞分裂が生じるまで姉妹染色分体としてセントロメアで接着している．

PCR：試験管内での DNA 複製

ポリメラーゼ連鎖反応（polymerase chain reaction：**PCR**）は，犯人を捕まえるために科学捜査で使われる技術としてよく知られているだろう*．PCR は実際には試験管内での DNA 複製をさす．科学捜査官は DNA の特異的な配列から特定の個人を同定することができる．しかし，犯行現場の状況によっては解析するために十分な DNA が得られないこともある．そこで PCR が登場する．DNA ポリメラーゼがプライマー，ヌクレオチド，鋳型となる DNA サンプルを含むチューブに加えられる．DNA 複製の時のように，ポリメラーゼはプライマーを反応開始点として DNA 新鎖の合成を始める．ただし，DNA 複製の場合には鋳型のコピーが一つずつつくられるが，PCR では百万コピーをつくることができる．犯行現場に残された一つの細胞のごく微量な DNA さえあれば個人を特定することができる．（PCR と DNA フィンガープリントについては 11 章を参照）

7・6　突　然　変　異

突然変異：DNA 塩基配列の変化

DNA はすべての細胞と生物の形態と機能の基礎である．もし，細胞の DNA の塩基配列が変わると，そこにコードされる情報も変わってしまう．

DNA を監視して修復するシステムは，生存に必須な遺伝情報を無傷な状態に守る役割をしている．それでも，そのシステムは完全ではなく，細胞の DNA はときどき変異（変化）する．大きな変異は細胞に死をもたらすことがあるが，小さな変異であればそうはならない．細胞の分裂を妨げない程度に機能を壊す変異は，子孫の細胞に受け渡される．染色体の DNA 塩基配列に残る永久的な変異は**突然変異**（mutation）とよばれる．

　DNA の指令を変える突然変異は有害になることがあり，死をもたらすこともある（§8・6と§9・4参照）．たとえば，突然変異はがんや多くの遺伝性障害の原因となる．

　突然変異はいくつかの原因により DNA に導入される．DNA 複製の間の誤りの結果として生じる場合もあるが，ほとんどは DNA の損傷，たとえば糖-リン酸骨格の切断やヌクレオチド塩基の構造変化の結果である．突然変異は，細胞の修復機構がその損傷を直すことができないときに生じる．

複製の誤りと修復

　新しく複製された DNA 鎖が，その親鎖と正確に相補的にはならないことがある．たとえば，複製中に塩基が失われたり，余分な塩基が挿入されたりする．ときには，間違ったヌクレオチドが組込まれる．これらの複製誤りのほとんどは，DNA ポリメラーゼが非常に速く働くという単純な理由のために起こる．真核生物のポリメラーゼは1秒間に約50ヌクレオチドを，原核生物のポリメラーゼは1秒間に最大1000ヌクレオチドを DNA 鎖に加えることができる．誤りを避けることはむずかしく，ある DNA ポリメラーゼは多くの誤りをする．

　ほとんどの DNA ポリメラーゼは自分の誤りを修復（校正）することができる．DNA ポリメラーゼは合成の逆反応により誤りを速やかに除去し，その後合成を再開する．この修復過程で生じた誤りは後で直される．なぜなら，正しく対合しない塩基は二重らせんをゆがめるからである．そのゆがみは対合しない塩基を修復することのできる分子によって認識される．新鎖は切断され，対合しない塩基を含む断片が除去される．DNA ポリメラーゼはその後に親鎖を鋳型として新たにヌクレオチドを加える．そして，DNA リガーゼが新鎖の切断部位をつなぎ合わせる．

　ときに対合しない塩基の修復がうまくいかないことがある．なぜなら，DNA 複製が2回行われたあとは，両

鎖が正しく塩基対を形成する（図7・9）ために，もはや誤りを検出できないからである．細胞が分裂すると，その子孫細胞は誤りを突然変異として受け継ぐことになる．

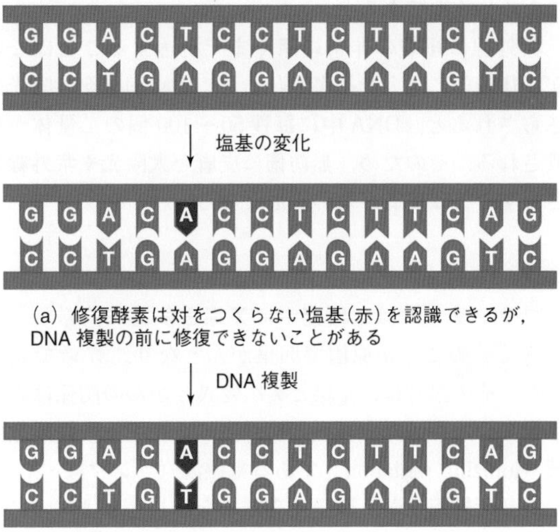

（a）修復酵素は対をつくらない塩基(赤)を認識できるが，DNA 複製の前に修復できないことがある

DNA 複製

（b）複製が終わると両方の鎖は正しい塩基対をつくる．修復酵素はもはや誤りを認識できなくなり，誤りは突然変異として定着し子孫細胞に受け渡される

図7・9　複製の誤りが突然変異となるしくみ

紫　外　線

　紫外線は，隣り合ったチミンあるいはシトシン塩基に共有結合をつくらせることがある．その結果生じた二量体が DNA の二重らせんにゆがみを生じさせる（図7・10）．DNA ポリメラーゼはねじれた DNA を不正確にコピーする傾向があるので，二量体は突然変異の原因となる．

図7・10　チミン二量体.
紫外線の照射は DNA 鎖上で隣接する塩基の間で共有結合を生じさせる．その結果生じる二量体が二重らせんをゆがめることになる．太陽光中の紫外線によって生じる二量体は，皮膚がんを起こす突然変異のおもな原因である．

＊　訳注: PCR 法は 2019 年以後の新型コロナウイルス感染症におけるウイルスの検出に用いられて，一般にもよく知られるようになった.

細胞は，二量体を含む DNA の短い断片を切除することにより，二量体を修復することができる．DNA ポリメラーゼが修復後に別の鎖を鋳型に用いて失われたヌクレオチドを置換え，DNA リガーゼが切れ目をつなぐ．この機構は，ヌクレオチドの多様な種類の損傷を修復するために重要である．

紫外線は組織の非常に深くまで浸透することはないが，体表面に重大な損傷を与える．皮膚細胞が太陽光にさらされると，DNA 中に毎秒 50〜100 個の二量体が形成される．そのため，無防備に皮膚を太陽光や紫外線にさらすことは皮膚がんの原因となる．

電 離 放 射 線

フランクリンは，研究中に X 線を多量に被曝し，おそらくそのことが原因で卵巣がんとなり，37 歳で死亡した．その当時は，X 線と突然変異とがんの関係は理解されていなかった．現在では，高エネルギーの**電離放射線**（ionizing radiation）である電磁波（ガンマ線，X 線，短波長紫外線）が，原子から電子をはじきとばすのに十分なエネルギーをもつことがわかっている．原子は不対電子をもつ非常に反応性に富んだラジカルとなり，生体分子に損傷を与える（§2・2）．

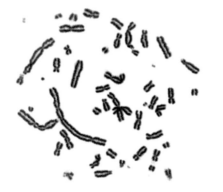

図 7・11　電離放射線による DNA 損傷．電離放射線を照射したヒトの白血球の染色体を示している．いくつかは正常な X 形をしているが，ほとんどは断片化しているか異常な形をしている．このような損傷を受けても生き残った細胞は，突然変異の可能性が非常に高くなる．

電離放射線は DNA に大きい損傷を与える．たとえば，染色体を直接的に切断する（図 7・11）．また，二重らせん DNA の二本鎖の塩基間で共有結合を形成することにより間接的に染色体を切断することもある．このような架橋は複製過程で DNA の一本鎖への解離を妨げ，その結果として染色体の切断をひき起こす．細胞は架橋を修復する機構をもつが，その過程は複雑であり，突然変異を回避できないことがある．

化 学 物 質

多くの突然変異はヌクレオチド塩基に結合する化学物質が原因となって生じる．DNA ポリメラーゼは化学物質が結合した塩基を複製時に読み飛ばす，あるいは不正確にコピーする傾向にある．変異した塩基は DNA 複製を阻害することにより染色体切断の原因となることがある．

突然変異の原因となる化学物質は，体内の正常な代謝過程でも少量つくられるが，はるかに多くの量が環境によりもたらされる．そのような化学物質は直接ヌクレオチド塩基に結合するものもあれば，体内で分解されたのち結合するものもある．

たばこの煙は数千もの化学物質を含み，そのうち少なくとも 70 種類はがんにつながる突然変異をひき起こすことが明らかになっている．

ある食品には突然変異をひき起こす化学物質が含まれている．たとえば，亜硝酸塩はソーセージやベーコンのような保存食品に添加されており，また肉が高温でくん製あるいは調理されると生じる．アフラトキシンはピーナッツなどのナッツ類に混入するカビにより産生される．

すべての突然変異が危険ではない

突然変異はどの種類の細胞にも起こり，また DNA のどの部位にも起こりうる．生殖細胞の形成の間に生じた突然変異は子に受け渡され，実際にヒトの子供は平均 64 個の新たな突然変異をもって生まれる．重要なことは，すべての突然変異が危険ではないということである．あるものは有益でさえある．13 章で説明するように，突然変異は進化の直接的な原因となる．

ま と め

7・1　動物の正確な遺伝的コピーであるクローンをつくることは，いまでは一般的な手法となっている．各体細胞の DNA は個体を構築する指令情報をもっている．

7・2　DNA を生物の遺伝物質として同定するまでには，多くの科学者による数十年の研究が費やされた．細菌を使っ

た実験がその発見の鍵となった．

多細胞生物の細胞は，DNA 上の異なる情報を使うために違いが生じている．分化とは，細胞が胚発生の間に特殊化する過程である．

7・3　ヌクレオチドは三つの構成要素からなる．五炭糖，

塩基，リン酸基である．一つのヌクレオチドの糖と次のヌクレオチドのリン酸基の間の結合が，核酸鎖の糖-リン酸骨格を形成する．DNA 鎖は 4 種類のヌクレオチドが結合してできている．各ヌクレオチドは，デオキシリボース，三つのリン酸基，4 種類の塩基（アデニン A，グアニン G，シトシン C，チミン T）のうちのいずれかの塩基をもつ．

DNA は，ねじれて二重らせんとなる 2 本のヌクレオチド鎖からなる．そのとき，二本鎖の糖-リン酸骨格は互いに逆向きに配置している．内側に位置するヌクレオチドの塩基間の水素結合が，2 本の鎖を一つに保つ．塩基対は常に A と T，G と C が対をなす．DNA 鎖に沿った塩基の順番が DNA 塩基配列であり，種により変化し，またこの変化が生物多様性の基礎となる．

7・4　真核生物の DNA はヒストンと結合して染色体を形成する．これらのタンパク質は DNA を折りたたみ，核の中に非常に高密度に収める．

それぞれの染色体は長さとセントロメアの位置が異なっている．真核細胞の染色体が複製により倍化すると，2 本の姉妹染色分体がセントロメアで接続して全体では X 形になる．

二倍体（$2n$）の細胞は二組の染色体をもつ．染色体数は細胞の中の染色体の総数をさし，生物種により固有である．一つの細胞にあるすべての染色体を示す画像は核型とよばれる．

7・5　細胞は分裂する前に DNA 複製によりすべての DNA をコピーして，娘細胞の両方に完全な一組の染色体を渡す．1 本の二重らせん DNA から，2 本の二重らせん DNA がつくられる．それぞれの DNA が親 DNA の複製産物である．

DNA 複製時には，二重らせんがほどかれ，DNA ポリメラーゼがそれぞれの鎖の塩基配列を鋳型として新しい相補的な DNA 鎖をつくる．DNA リガーゼは DNA 鎖の切れ目をつなぎあわせる．

7・6　DNA 複製は完全に正確ではなく，誤ったヌクレオチドが取込まれたり，ヌクレオチドが欠けたり余分に入ったりすることがある．DNA ポリメラーゼの修復作用により，生じたほとんどの複製の誤りは直される．最終的に修復されない誤りは突然変異として残る．突然変異は子孫細胞に受け継がれ，細胞の機能に影響を与えることがある．

紫外線，電離放射線，ヌクレオチドに結合する化学物質などの環境要因は，DNA に損傷を与える．細胞は DNA 損傷の修復機構をもつ．損傷が修復できないと複製の誤りが起こり，突然変異が生じることになる．

試してみよう（解答は巻末）

1.　____ は生殖クローニングの例である．
   a. 体細胞核移植
   b. 同じ妊娠により生まれた複数の子
   c. 人工的な胚の分割

2.　DNA 中のヌクレオチドではないのは ____
   a. アデニン　　b. グアニン　　c. グルタミン
   d. チミン　　e. シトシン

3.　DNA の塩基対のルールを示しているのは ____
   a. A−G，T−C　　b. A−C，T−G
   c. A−T，G−C　　d. A−A，G−G，C−C，T−T

4.　____ の類似性は形質の類似性の基礎となる．
   a. 核型　　　　b. DNA 塩基配列
   c. 二重らせん　　d. 染色体数

5.　一つの種の DNA は他の種の DNA と ____ が異なる．
   a. ヌクレオチド　　b. 塩基配列
   c. 二重らせん　　d. 糖-リン酸骨格

6.　真核生物の染色体では DNA は ____ に巻きついている．
   a. ヒストン　　　　b. 姉妹染色分体
   c. セントロメア　　d. ヌクレオチド

7.　染色体数は ____
   a. 細胞の特定の染色体をさす
   b. 種の特徴的な性質である
   c. ある種類の細胞の常染色体数である
   d. すべての種で同じである

8.　ヒトの体細胞は二倍体である．二倍体とは ____
   a. 2 個の染色体をもつ
   b. 完全な二組の染色体をもつ
   c. 常染色体と性染色体の両方をもつ
   d. 分裂して 2 細胞になる

9.　DNA 複製のときに必要なものはどれか．
   a. DNA ポリメラーゼ　　b. ヌクレオチド
   c. プライマー　　　　d. a〜c のすべて

10.　複製された真核生物染色体が X 字形になるのは ____
   a. 姉妹染色分体が凝縮するとき
   b. DNA が分離するとき
   c. DNA 複製が起こるとき

11.　すべての突然変異は ____
   a. DNA の損傷により生じる
   b. 進化につながる
   c. 放射線によって生じる
   d. DNA の塩基配列を変化させる

12.　左側の用語の説明として最も適当なものを a〜g から選び，記号で答えよ．
   ____ ヌクレオチド　　　a. 複製酵素
   ____ クローン　　　　　b. 性を決定しない
   ____ 常染色体　　　　　c. 生物のコピー
   ____ DNA ポリメラーゼ　d. 窒素を含む塩基，糖，リン酸
   ____ 突然変異
   ____ バクテリオファージ　e. DNA を注入する
   ____ 半保存的複製　　　f. がんの原因となることがある
   　　　　　　　　　　　g. 一本は親鎖，一本は新鎖

8 遺伝子発現とその調節

8・1 リボソームを不活性化する毒

　熱帯地方の野生で育つトウゴマは，種子をとるために広く栽培されている．その種子はひまし油を多く含み，ひまし油はプラスチック，化粧品，塗料，せっけんなどの多くの製品の原料として使われている．この種子には**リシン**（ricin）とよばれる毒性タンパク質が多く含まれ，昆虫，鳥，哺乳類が種子を食べるのを防いでいる．

　リシンはヒトが吸入，摂取，注射をするときわめて強い毒性を示す．リシン中毒のほとんどの場合は，トウゴマの種子を食べたときに起こるが，数個の種子があれば成人の命を奪うのに十分である．精製されたリシンは，きわめて少量で致死量となり，解毒剤は存在しない．

　リシンが毒であるのは，細胞の中でアミノ酸からタンパク質を合成する装置であるリボソームを不活性化するからである．このようなタンパク質をリボソーム不活性化タンパク質（RIP）とよぶ．他の RIP はある種の細菌，真菌類，藻類，そして多くの植物（トマト，大麦，ホウレンソウなどの食用作物を含む）でもつくられるが，これらのタンパク質のほとんどは，正常な細胞膜を通過することができないので無害である．それに対して，リシンや，そのほかの毒性をもつ RIP は細胞に入ることができる．1分子のリシンは1分間に1000個以上のリボソームを不活性化することができる．もし，多くのリボソームが影響を受けると，タンパク質合成は停止してしまう．タンパク質はすべての生命活動において不可欠であるため，合成されなくなると細胞は速やかに死んでしまう．

　一方，RIP には抗ウイルス，抗菌類，抗がん作用があり，それをつくる植物は何世紀にもわたり伝統的な医療に使われてきた．現在，科学者は RIP を薬として使うことを研究している．たとえば，がん細胞に特に多く存在する細胞膜タンパク質を認識するようにリシンの細胞結合ドメインを改変している．その改変されたリシンは選択的にがん細胞に入り，その細胞を殺してくれる．あるいは，毒性をもつリシンの酵素ドメインをヒトのがん細胞に対する抗体に結合させる．これらの方法は，正常な細胞に害を与えずにがん細胞を殺すという戦略に基づいている．

8・2 DNA，RNA と遺伝子発現

　7章で，染色体は生物の体をつくるために指令を出す一組の設計図のようなものであることを述べた．設計図を書くためには4種類の文字 A, T, G, C が使われており，それらは塩基であるアデニン，チミン，グアニン，シトシンを含む4種類のヌクレオチドをさしている．染色体中にある"指令"は DNA を構成するヌクレオチドの配列にコードされており，**遺伝子**（gene）とよばれる単位の中で生じる．細胞は遺伝子の中のヌクレオチド配列（コード配列）を使って RNA やタンパク質を産生する．遺伝子中の情報を遺伝子産物に変換する多段階の過程を**遺伝子発現**（gene expression）とよぶ．

　遺伝子発現は**転写**（transcription）から始まり，この過程を通して遺伝子は RNA の形にコピーされる（図8・1）．RNA は遺伝子のコピーであり，それは会話を紙に書きとるように，同じ情報を異なる形式で示している．

DNA と RNA の比較

　ほとんどの DNA は二本鎖であり，ほとんどの RNA は一本鎖である（図8・2a）．しかし，この違い以外は，2種類の分子は非常に似ている．DNA 鎖と同様に RNA 鎖はヌクレオチドがつながった鎖であり，各ヌクレオチドはリン酸基と糖に加えて4種類の塩基のいずれかからなる．3種類の塩基（アデニン，シトシン，グアニン）は

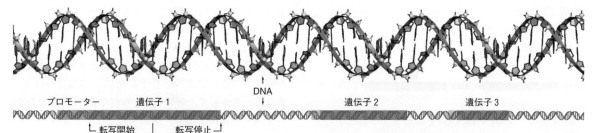

プロモーター　　遺伝子 1　　　　　　　　　DNA　　　　　遺伝子 2　　　　　　遺伝子 3

└ 転写開始 ┘ └ 転写停止 ┘

遺伝子 1 から転写された RNA

図 8・1　**転写によって遺伝子の情報は RNA にコピーされる**．DNA にコードされた情報は，遺伝子とよばれる単位に存在する．転写によって，遺伝子の情報は RNA にコピーされる．転写はプロモーターとよばれる調節部位から始まる．

DNA と RNA で共通に使われるが，DNA で使われるもう一つの塩基がチミン（T）であるのに対し，RNA ではウラシル（uracil, U）である（図 8・2b）．RNA のヌクレオチド中の糖であるリボースは，DNA のヌクレオチド中の糖であるデオキシリボースとは少し異なっている（図 8・2c）．ヌクレオチド構造のこれらの小さな違いがDNA と RNA の非常に異なる機能を生み出している（表8・1）.

　DNA の重要で唯一の役割は細胞の遺伝情報を貯蔵することである．それに対して，RNA は必要なときに産生され，数種ある RNA の機能はそれぞれ異なっている．**リボソーム RNA**（ribosomal RNA, **rRNA**）は，リボソームのおもな構成成分である．**転移 RNA**（transfer RNA, **tRNA**）は，アミノ酸を**メッセンジャー RNA**（messenger RNA, 伝令 RNA, **mRNA**）によって決められた順でリボソームに一つずつ運び込む．mRNA は，DNA とタンパク質の間の伝令の役割をもつことから名

づけられた．§8・4 で説明するように，mRNA はヌクレオチド塩基の配列によってタンパク質をつくる情報を伝える．**翻訳**（translation）とよばれるエネルギーを多く使う過程で，その情報がポリペプチドの合成に使われる．

表 8・1　DNA と RNA の性質

	DNA	RNA
おもな形	二重らせん	ほとんどが一本鎖
モノマー	デオキシリボヌクレオチド	リボヌクレオチド
糖	デオキシリボース	リボース
塩　基	アデニン，グアニンシトシン，チミン	アデニン，グアニンシトシン，ウラシル
塩基対	A–T，G–C	A–U，G–C
機　能	遺伝情報の保存	タンパク質合成のほか，種類により役割が異なる

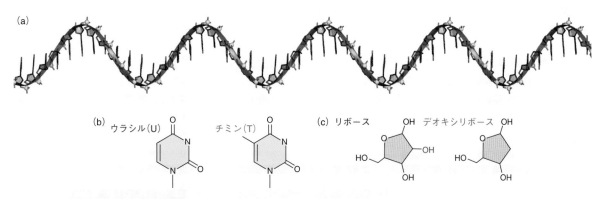

(a)

(b) ウラシル（U）　　チミン（T）　　(c) リボース　OH　デオキシリボース　OH

図 8・2　**RNA と DNA の構造**．（a）通常 RNA は一本鎖で，DNA は二本鎖である．（b）DNA と RNA は，いずれも4 種類のヌクレオチドの重合体である．DNA と RNA の間では一つの塩基に違いがあり，ウラシルは RNA のみに，チミンは DNA にのみある．（c）RNA ヌクレオチド中の糖はリボースである．DNA ヌクレオチド中の糖はデオキシリボースである．リボースにはヒドロキシ基が一つ多くある．

情報の流れ

遺伝子発現の過程で，情報は DNA から RNA，そしてタンパク質へと流れていく．

RNA 産物（tRNA や rRNA）をコードする遺伝子の発現では，転写のみが行われる．タンパク質をコードする遺伝子の発現では，転写と翻訳の両方が行われる．

細胞の DNA は，他の生体分子を直接的あるいは間接的につくるために必要なすべての情報をもつ．転写は翻訳で働く RNA を産生する．生じたタンパク質のあるものは細胞で構造的な役割をもつ．他のタンパク質（特に酵素）は脂質や炭水化物を合成し，DNA を複製し，RNA をつくるなどする．

8・3 転写：DNA から RNA へ

転写と DNA 複製の比較

遺伝子を RNA の形にコピーする過程である転写は，多くの点で DNA 複製に似ている（§7・5）．塩基対形成の規則がその一例である．DNA 複製では，シトシンがグアニンと対（C−G）をつくり，アデニンがチミンと対（A−T）をつくる．同じ塩基対形成の規則が転写時の RNA 合成でも使われている．ただし，RNA は，チミンの代わりにウラシルをもち，ウラシルはチミンのようにアデニンと対（A−U）をつくる．

転写はまた，1 本の DNA 鎖がもう 1 本の鎖の合成のために鋳型として働くという点においても DNA 複製と似ている．しかし，DNA 複製では，DNA の両方の鎖全体が合成の鋳型として使われる．転写では，DNA 鎖の一部（遺伝子領域）が鋳型として働く．このようにして，DNA 複製は 2 本の二本鎖 DNA をつくり，転写は 1 本の一本鎖 RNA をつくる．

コード鎖と非コード鎖

遺伝子の DNA 塩基配列にコードされた情報は，二本鎖のうちのコード鎖にのみ存在している．別の鎖である非コード鎖の配列は遺伝子のヌクレオチド配列とは相補的である．転写の過程で，非コード鎖が，ヌクレオチドから合成される RNA 鎖の鋳型として働く．ヌクレオチドは，鋳型 DNA 中の対応するヌクレオチドと塩基対を形成する場合にのみ，伸長する RNA の末端に付け加えられる．こうして，新しくつくられた RNA は鋳型 DNA の配列と相補的であり，遺伝子のコピーとなる（図 8・3）．

RNA 合成

RNA ポリメラーゼ（RNA polymerase）は転写を行う酵素である．真核生物の細胞では，この過程は核で起こる．原核生物では細胞質で起こる．転写は，RNA ポリメラーゼが遺伝子の プロモーター（promoter）に結合すると始まる．プロモーターは，遺伝子のコード配列の上流（前）にある特殊な配列である（図 8・4a）．結合後，ポリメラーゼは遺伝子の配列上を動き始め，二重らせんをほどいて転写バブルとよばれる開いた構造をつくる（図 8・4b）．酵素は動きながら非コード鎖の塩基配列を"読む"．その配列は，RNA ポリメラーゼが RNA の新鎖に遊離のヌクレオチドを付け加えるための鋳型として働く（図 8・4c）．ポリメラーゼが通過すると二重らせんは巻き戻る．ポリメラーゼは，遺伝子領域の端に達すると，DNA と新しい RNA 鎖から離れる．

合成された RNA は修飾される

服を作った仕上げにほつれた糸をハサミで切ったりリボンを付けたりするように，真核生物の細胞は，合成された RNA が核から出る前に，それに手を加える．

ほとんどの真核生物の遺伝子は，新しく転写された RNA から除かれる イントロン（intron）とよばれる配列をもつ．イントロンは，最終的に RNA に残る配列である エキソン（exon）の間に介在している．

イントロンとエキソンの端にある短い塩基配列が境界の目印となっている．RNA からイントロンを除く分子は，これらの境界をエキソンどうしがつながる場所として認識する．この分子はまた 選択的スプライシング（al-

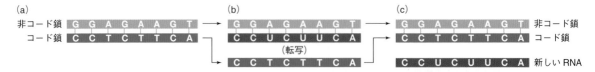

図 8・3　**転写による遺伝子情報の RNA へのコピー**．(a) 遺伝子にコードされた情報は DNA の二本鎖のうちコード鎖にある．別の鎖は非コード鎖とよばれる．(b) 転写では，DNA の非コード鎖が RNA 合成の鋳型としてはたらく．(c) 新しくつくられた RNA の配列は非コード鎖と相補的である．つまり，RNA はコード鎖のコピーである．

(a)

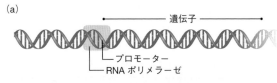

プロモーター
RNA ポリメラーゼ
遺伝子

(b)

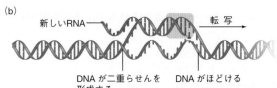

新しいRNA
転 写
DNA が二重らせんを
形成する
DNA がほどける

図 8・4　転写．（a）酵素である RNA ポリメラーゼが遺伝子のプロモーターに結合する．（b）RNA ポリメラーゼが遺伝子上を動き，二本鎖を開いて転写バブルをつくる．（c）転写部位を拡大すると，RNA のヌクレオチドが結合する順番は，DNA の非コード鎖の塩基の順番によって決められているのがわかる．新たにつくられた RNA の配列は，非コード鎖に相補的であり，遺伝子の情報が RNA にコピーされたことになる．

(c)

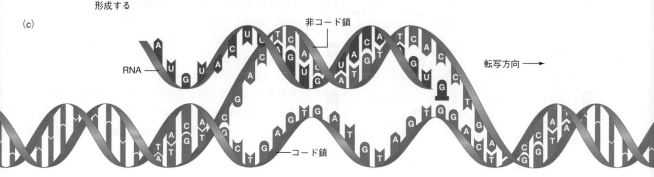

非コード鎖
RNA
転写方向 ⟶
コード鎖

ternative splicing）を行い，エキソンを再配置して異なる組合わせで接続させる（図8・5）．選択的スプライシングにより，一つの遺伝子が多数の異なるタンパク質をコードすることが可能となる．

　mRNA となる RNA は，スプライシングされた後にも修飾される．たとえば，50〜300 個のアデニンが新しい mRNA の末端に付加される．このポリ A 末端は mRNA の翻訳のタイミングと反応時間の調節に関わっており，真核生物では，核から輸送されるためのシグナルにもなっている．

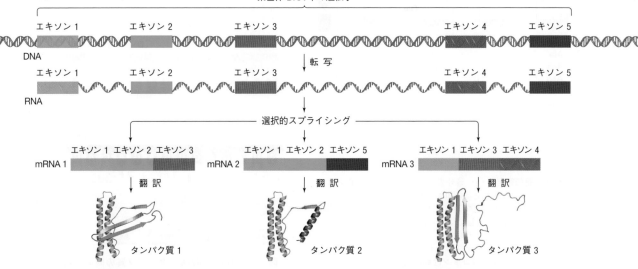

図 8・5　選択的スプライシング．新たに転写された真核生物の RNA からイントロンが除去され，残ったエキソンが互いにつながる．ある遺伝子では，エキソンが異なる組合わせでつながり，異なる構造のタンパク質をコードする複数の mRNA が生じる．

8・4 翻訳で働く RNA

mRNA がもつ情報

mRNA は基本的に遺伝子の使い捨て可能なコピーである．その役割は，遺伝子がもつタンパク質をつくる情報を翻訳装置に運ぶことである．mRNA 中にあるタンパク質の情報は，その長さに沿って連なるヌクレオチドに遺伝語として暗号化されている．文中の連続した言葉のように，mRNA における連続したヌクレオチドの言葉は，意味のある情報をつくる．この場合，その情報とはタンパク質の一次構造を決めるアミノ酸の配列である．

mRNA によって運ばれるタンパク質の情報は，**コドン**（codon）とよばれる三つのヌクレオチドからなる単位の形で表れる．各コドンは翻訳過程で特定の指令を与える．開始，停止，特定のアミノ酸の付加のいずれかである．コドン中の三つのヌクレオチドの順番がその指令内容を決定する．コドン中の三つのヌクレオチドのそれぞれの位置に，4 種のヌクレオチド（G, A, U, C）のいずれかが入ることになるため，全部で 64 (4^3) 種類のコドンが mRNA 上に存在することになる．つまり，64 種類のコドンが**遺伝暗号**（genetic code）を構成する（図 8・6）．

ほとんどのコドンはアミノ酸の種類を指定する．たとえば，コドン UUU はフェニルアラニン（Phe）を，UUA はロイシン（Leu）を指定する．異なるコドンが同じアミノ酸を指定することもある（**縮重** degeneration という）．たとえば，ロイシンを指定するコドンは 6 個ある．

mRNA 上でコドンは連続的に存在している．mRNA が翻訳される時，コドンの順番が，生じるポリペプチドのアミノ酸配列を決定する（図 8・7）．

典型的な mRNA では，最初の AUG が翻訳開始のシグナルとなることから，それを**開始コドン**（start co-

(a)

第一塩基	第二塩基 U	第二塩基 C	第二塩基 A	第二塩基 G	第三塩基
U	UUU Phe	UCU Ser	UAU Tyr	UGU Cys	U
U	UUC Phe	UCC Ser	UAC Tyr	UGC Cys	C
U	UUA Leu	UCA Ser	UAA 終止	UGA 終止	A
U	UUG Leu	UCG Ser	UAG 終止	UGG Trp	G
C	CUU Leu	CCU Pro	CAU His	CGU Arg	U
C	CUC Leu	CCC Pro	CAC His	CGC Arg	C
C	CUA Leu	CCA Pro	CAA Gln	CGA Arg	A
C	CUG Leu	CCG Pro	CAG Gln	CGG Arg	G
A	AUU Ile	ACU Thr	AAU Asn	AGU Ser	U
A	AUC Ile	ACC Thr	AAC Asn	AGC Ser	C
A	AUA Ile	ACA Thr	AAA Lys	AGA Arg	A
A	AUG Met	ACG Thr	AAG Lys	AGG Arg	G
G	GUU Val	GCU Ala	GAU Asp	GGU Gly	U
G	GUC Val	GCC Ala	GAC Asp	GGC Gly	C
G	GUA Val	GCA Ala	GAA Glu	GGA Gly	A
G	GUG Val	GCG Ala	GAG Glu	GGG Gly	G

(b)

Ala	アラニン(A)	**Leu**	ロイシン(L)
Arg	アルギニン(R)	**Lys**	リシン(K)
Asn	アスパラギン(N)	**Met**	メチオニン(M)
Asp	アスパラギン酸(D)	**Phe**	フェニルアラニン(F)
Cys	システイン(C)	**Pro**	プロリン(P)
Glu	グルタミン酸(E)	**Ser**	セリン(S)
Gln	グルタミン(Q)	**Thr**	トレオニン(T)
Gly	グリシン(G)	**Trp**	トリプトファン(W)
His	ヒスチジン(H)	**Tyr**	チロシン(Y)
Ile	イソロイシン(I)	**Val**	バリン(V)

図 8・6　遺伝暗号．(a) 暗号表．mRNA 上の各コドンは 3 個のヌクレオチド塩基の組からなる．左の列は，コドンの最初の塩基を示しており，上の行は 2 番目，右の列は 3 番目の塩基を示している．64 個のコドンのうち，61 個のコドンがアミノ酸をコードする．そのうちの一つの AUG はメチオニンをコードし，翻訳開始シグナルとしても働く．3 個のコドンは翻訳終止コドンである．(b) アミノ酸．遺伝暗号により指定された 20 種類のアミノ酸の名称と 3 文字および 1 文字の省略形を表記している．

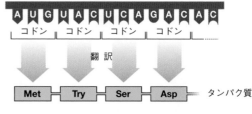

図 8・7　DNA，RNA，タンパク質の間の情報の流れ． DNA の遺伝子領域は mRNA に転写される．mRNA 上のコドンはタンパク質の一次構造を決める．ここには遺伝子のごく一部が示されている．

don）とよぶ．また，AUG はメチオニンのコドンでも
あるため，メチオニンは典型的な新しいポリペプチドの
最初のアミノ酸になる．コドン UAA, UAG, UGA はアミ
ノ酸を指定しない．これらは，翻訳を停止させるシグナ
ルであることから**終止コドン**（stop codon）とよばれ
る．

　遺伝暗号は非常によく保存されており，ほとんどの生
物が基本的に同じ暗号を用いている．しかし，細菌，
アーキア，少数の真核生物は標準の暗号とは異なる暗号
をいくつか使っている．また，同様に異なる暗号はミト
コンドリアや葉緑体においても使われており，この暗号
の特殊性が，これら二つの細胞小器官の進化についての
理論を導く手掛かりとなった（§14・5 参照）．

翻訳を行う RNA：rRNA と tRNA

　リボソームはアミノ酸を結合させてポリペプチドをつ
くる．リボソームは大小2個のサブユニットからなり，
各サブユニットは rRNA と構造タンパク質から構成され
る（図8・8）．翻訳が始まるとき，大小のリボソームサ
ブユニットは結合して，タンパク質合成を行うことので
きる完全なリボソームになる．rRNA は酵素活性をもつ
RNA の例である．リボソームの構成成分である rRNA
（タンパク質ではない）がアミノ酸の間のペプチド結合
を触媒する．

　tRNA は分子の末端2箇所に結合部位をもつ．そのう
ちの一つは**アンチコドン**（anticodon）で，特定の
mRNA のコドンと塩基対を形成する三つ組のヌクレオ
チドである．もう一つは，mRNA コドンの指定する特
定のアミノ酸が結合する部位である（図8・9）．異なる
アミノ酸と結合する tRNA は異なるアンチコドンをも
つ．

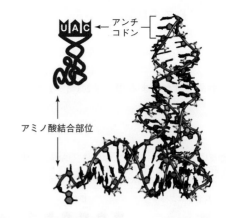

図 8・9　tRNA の構造． tRNA のアンチコドンは mRNA
のコドンと相補的である．tRNA はまた，特定のコドン
に対応するアミノ酸を運ぶ．

　翻訳の間，mRNA 中のコドンによって指定された順
番で，tRNA がアミノ酸を一つずつリボソームに運ぶ．
アミノ酸が運ばれてくると，リボソームがアミノ酸を新
しいポリペプチドに付け加えていく．このようにして，
mRNA 中のコドンの順番（もともとは DNA がもつタン
パク質情報）はタンパク質のアミノ酸配列へと翻訳され
る．次節では，その過程を詳しく説明する．

8・5　翻訳：RNA からタンパク質へ

　遺伝子発現の第二段階である翻訳過程はすべての細胞
において細胞質で進行する（図8・10）．細胞質にはこ
の過程に使われる多くの遊離アミノ酸，リボソームのサ
ブユニット，tRNA がある ❶．

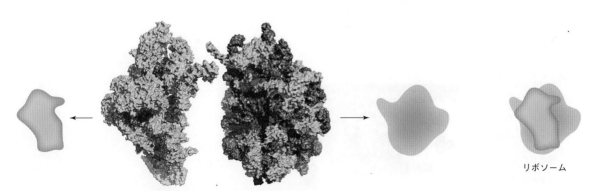

リボソーム小サブユニット　　　リボソーム大サブユニット　　　　　　　　　　　　リボソーム

図 8・8　リボソームの構造． リボソームは大サブユニットと小サブユニットからなる．サブユニット中のタンパク
質は緑で，rRNA は茶色で示している．

真核生物の細胞での翻訳

　真核生物の細胞では，翻訳に関わる RNA は核でつくられ，核膜孔を通って細胞質に輸送される ❷.

　リボソームのサブユニットと tRNA が mRNA 上で結合すると翻訳過程が始まる ❸. 最初に，リボソームの

小サブユニットが mRNA に結合し，tRNA のアンチコドンが mRNA 上の最初の AUG である開始コドンと塩基対を形成する. そして，リボソームの大サブユニットが小サブユニットと結合して完全なリボソームがつくられ，タンパク質合成を行う準備が整う.

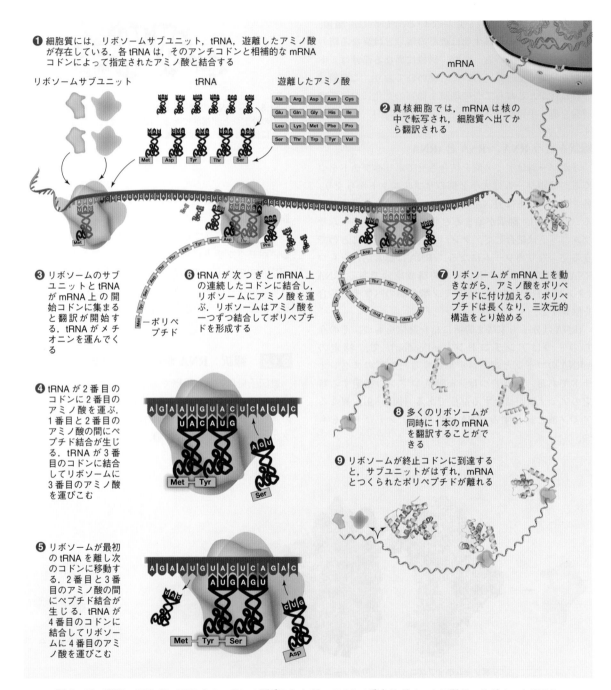

❶ 細胞質には，リボソームサブユニット，tRNA，遊離したアミノ酸が存在している. 各 tRNA は，そのアンチコドンと相補的な mRNA コドンによって指定されたアミノ酸と結合する

リボソームサブユニット　　　tRNA　　　遊離したアミノ酸

Ala	Arg	Asp	Asn	Cys
Glu	Gln	Gly	His	Ile
Leu	Lys	Met	Phe	Pro
Ser	Thr	Trp	Tyr	Val

mRNA

❷ 真核細胞では，mRNA は核の中で転写され，細胞質へ出てから翻訳される

❸ リボソームのサブユニットと tRNA が mRNA 上の開始コドンに集まると翻訳が開始する. tRNA がメチオニンを運んでくる

❻ tRNA が次つぎと mRNA 上の連続したコドンに結合し，リボソームにアミノ酸を運ぶ. リボソームはアミノ酸を一つずつ結合してポリペプチドを形成する

❼ リボソームが mRNA 上を動きながら，アミノ酸をポリペプチドに付け加える. ポリペプチドは長くなり，三次元的構造をとり始める

❹ tRNA が 2 番目のコドンに 2 番目のアミノ酸を運ぶ. 1 番目と 2 番目のアミノ酸の間にペプチド結合が生じる. tRNA が 3 番目のコドンに結合してリボソームに 3 番目のアミノ酸を運びこむ

❽ 多くのリボソームが同時に 1 本の mRNA を翻訳することができる

❾ リボソームが終止コドンに到達すると，サブユニットがはずれ，mRNA とつくられたポリペプチドが離れる

❺ リボソームが最初の tRNA を離し次のコドンに移動する. 2 番目と 3 番目のアミノ酸の間にペプチド結合が生じる. tRNA が 4 番目のコドンに結合してリボソームに 4 番目のアミノ酸を運びこむ

図 8・10　翻訳. tRNA が mRNA 上のコドンの順番にしたがってアミノ酸をリボソームに運ぶ. リボソームはアミノ酸を連続的に結合してポリペプチドをつくる. 図の大きさの割合は正確ではない.

開始コドンに結合した tRNA はメチオニンを運ぶため，新しいポリペプチドの最初のアミノ酸はメチオニンになる．mRNA 上の 2 番目のコドンと塩基対をつくるアンチコドンをもつ次の tRNA が分子複合体に結合する❹．この tRNA は 2 番目のアミノ酸を運んでくる．リボソームは最初の二つのアミノ酸をペプチド結合によりつなぎあわせる．

リボソームは mRNA の次のコドンへ動き，最初の tRNA は離れる❺．3 番目のアミノ酸は，mRNA の 3 番目のコドンと塩基対をつくるアンチコドンをもつ他の tRNA によって運ばれてくる．リボソームは 2 番目と 3 番目のアミノ酸をペプチド結合によりつなぎあわせる．

リボソームが tRNA によって連続的に運び込まれるアミノ酸をペプチド結合でつなぐため，新しいポリペプチド鎖が伸びていく❻．ポリペプチドは伸長する過程で三次元構造をとり始める❼．

多くのリボソームが同じ mRNA を翻訳するため，多くのポリペプチドが短時間に形成される❽．

リボソームが mRNA 上の終止コドンに達すると翻訳は停止する．リボソームは mRNA とポリペプチドを離し，その大小サブユニットも解離する❾．

RIP はどのように翻訳を阻害するのか

翻訳には多くのエネルギーが必要であり，そのほとんどは RNA ヌクレオチドのグアノシン三リン酸（GTP）によりもたらされる．GTP からのリン酸基転移が，mRNA 上のコドンからコドンへのリボソームの移動を可能にしている．リシンや他の RIP が毒であるのは，リボソーム大サブユニット中の rRNA の一つから特定のアデニン塩基を取除くからである．このアデニンは GTP からのリン酸基転移を行う分子の結合部位の一部である．アデニンが除去されると，リボソームは mRNA 上を動くことができなくなる．

8・6　突然変異が生じた遺伝子の産物

有害な突然変異はまれである

突然変異は，染色体の DNA 塩基配列における永久的な変化であり（§7・6），正常な細胞ではそれほど頻繁に起こる現象ではない．ヒトの体細胞は約 60 億ヌクレオチドをもち，細胞が分裂するごとに不正確なコピーが生じることを考えよう．ヒトの体細胞における突然変異率が測定されており，DNA 複製が行われるたびに約 5 ヌクレオチドが変化する．しかし，ヒトの DNA で遺伝子産物をコードしている領域は 2% 以下なので，コード領域に突然変異が生じる確率は低い．さらに，遺伝暗号

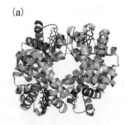

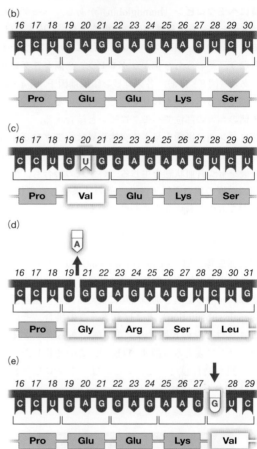

図 8・11　突然変異の例．（a）赤血球中で酸素結合タンパク質として働くヘモグロビン．2 本の α 鎖（青）と 2 本の β 鎖（緑）の計 4 本のグロビン鎖からなる．各グロビン鎖はポケット状の構造にヘムをもつ．ヘムには酸素分子が結合する．（b）ヒトの正常な β グロビン鎖をコードする mRNA の一部とそこから翻訳されるアミノ酸．数字はコード鎖中のヌクレオチドの位置を示す．（c）β グロビン遺伝子のアデニンがチミンに塩基置換している（mRNA のアデニンがウラシルに置換している）．変異をもつ mRNA が翻訳されると，6 番目のアミノ酸であるグルタミン酸がバリンに置き換わる．この β グロビンをもつヘモグロビンは鎌状ヘモグロビン（HbS）とよばれる．（d）1 ヌクレオチドの欠失は mRNA の読み枠をずらし，異なるタンパク質をつくる．この変異の結果，β サラセミアを発症する．（e）1 ヌクレオチドの挿入は mRNA の読み枠をずらす．その結果，タンパク質は短くなり，ヘモグロビンを正しくつくることができない．（d）と同様，その結果は β サラセミアを発症する．

の縮重が，タンパク質をコードする遺伝子の安全性を高めている．たとえば，GUA から GUG へコドンの変化をもたらす突然変異が影響を示さないのは，両方のコドンが同じアミノ酸のバリンを指定するからである．

突然変異はまれに遺伝子産物を変化させる，あるいはその発現を阻害する．そのような突然変異は大きな効果をもたらすことがある．赤血球で酸素を輸送するタンパク質にヘモグロビン（hemoglobin）がある．ヘモグロビンは酸素との結合と解離が可能な構造をもつ．成人では，ヘモグロビンは4個のグロビンとよばれるポリペプチドからなり，そのうち2個がαグロビン，2個がβグロビンである（図8・11a）．各グロビン鎖は補因子（§4・4）の一種であるヘムのまわりでたたまれている．酸素分子は4個のヘムの部位でヘモグロビンと結合する．

グロビン鎖に影響を与える突然変異はヘモグロビンの機能にも影響を与え，ヘモグロビンあるいは赤血球のない血液をもつ貧血状態を生じる．いずれの場合も，酸素を運ぶ血液の能力を低下させ，その結果生じる症状は，穏やかなものから生命を脅かすものまである．

塩基置換

鎌状赤血球貧血（sickle cell anemia）は，βグロビン遺伝子に生じた特定の突然変異の結果である．その突然変異は，一つの塩基を別の塩基に変えるため，**塩基置換**（basepair substitution）とよばれる．この場合，その置換はβグロビンの6番目のアミノ酸であるグルタミン酸をバリンに変える（図8・11b, c）．この変化したβグロビン鎖が結合したヘモグロビンはヘモグロビンSあるいはHbSとよばれる．

図 8・12　鎌状赤血球貧血．一塩基置換により異常なβグロビンを生じ，鎌状赤血球貧血の原因となる．異常なグロビンが集まってできたヘモグロビンは互いに凝集して棒状のかたまりをつくり，その結果，本来なら丸い赤血球をゆがめて鎌状に変える．鎌状赤血球は血管を詰まらせる．

ポリペプチド中のグルタミン酸は負の電荷をもつが，バリンには電荷がない．一塩基置換の結果として，正常であれば親水性であるβグロビンのポリペプチドの一部が疎水性になる．この変化がヘモグロビンの挙動を少し変える．ある条件下では，HbS 分子は互いに付着し，大きな棒状のかたまりを形成する．そのかたまりをもつ赤血球は三日月状あるいは鎌状にゆがむ（図8・12）．鎌状赤血球は血管を詰まらせ，体中の血液の循環を妨げる．長期にわたり鎌状化が繰返されると，器官は損傷し最終的には死に至る．

タンパク質を変化させるすべての塩基置換が害をもたらすわけではない．図8・11（c）に示した鎌状赤血球貧血をもたらす変異について考えよう．同じコドンの異なる変異（GAG から AAG への塩基置換）はβグロビンの6番目のバリンをリシンに変える．このグロビンからなるヘモグロビンはヘモグロビン C あるいは HbC とよばれる．HbS と異なり，HbC はかたまりをつくらず，赤血球をゆがめることはない．HbC は軽い貧血をもたらすことがあるが，その変異をもつほとんどの人は症状を示さない．これらの人々はマラリアとよばれる病気の原因となるマラリア原虫の感染に特に抵抗性もつ．そのため，マラリアがまん延している地域では，その変異は役に立つ．

欠失と挿入

欠失（deletion）は，DNA から一つ以上のヌクレオチドが失われた変異である．ほとんどの欠失は mRNA コドンの読み枠（リーディングフレーム）をずらす原因となる．読み枠のずれ（フレームシフト）は遺伝的なメッセージを壊すため，通常，劇的な結果をもたらす．文中の連続した文字を間違って区切ると意味のある言葉にならないようなものだ．

　　　ぞうが　そらを　とんだ
　　　─うがそ　らをと　んだ

グロビン遺伝子に欠失が起こると，十分なグロビンができないために貧血の一種であるサラセミアになることがある．あるタイプのサラセミアはβグロビン遺伝子のコード領域における 20 番目のヌクレオチドの欠失が原因となる（図8・11d）．この欠失により生じたフレームシフトの結果，もとのβグロビンとはアミノ酸配列と長さの両方で非常に異なるポリペプチドがつくられる．正常なβグロビンがないと貧血が生じる．βサラセミアは，DNA にヌクレオチドが加えられた変異である**挿入**（insertion）によっても起こる（図8・11e）．挿入も欠失のようにフレームシフトの原因になることが多い．

調節部位の変異

ある突然変異はコドンを壊さないが，それにもかかわらず遺伝子産物の産生に影響を与える．そのような変異は，遺伝子発現過程で働く分子が結合する調節部位に生じていることが多い．プロモーターやイントロン-エキソン境界配列が調節部位の例としてあげられる．毛のないスフィンクス猫を生じる突然変異について考えよう．この変異は，毛をつくる繊維状タンパク質であるケラチン遺伝子に生じている塩基置換である（図8・13）．その置換は，イントロン-エキソンの境界にある連続した塩基を変化させる．RNAをスプライシングする分子は変化した境界配列を認識できず，イントロンを除去できなくなり，最終的なmRNA内に意味のない配列を残すことになる．このmRNAから翻訳されたタンパク質は短くなり，毛をつくるために適切に集まることができない．この突然変異をもつネコは毛をつくることはできるが，毛は長くなる前に抜け落ちてしまう．

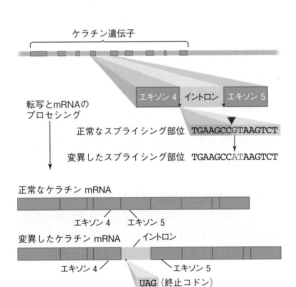

図 8・13 **調節部位に起こった変異の効果**．スフィンクス猫の毛がなくなる原因である変異は，イントロン-エキソンの境界配列に生じた塩基置換である．その部位に変異が生じるとRNAがスプライシングされなくなりイントロンを残したままになる．イントロン配列中の終止コドンが，mRNAから翻訳されるタンパク質を短くしてしまう．

8・7 遺伝子発現の調節

分子スイッチ

遺伝子発現のすべての段階は調節されている．その段階は，折りたたまれた染色体をほどいてDNAを転写す

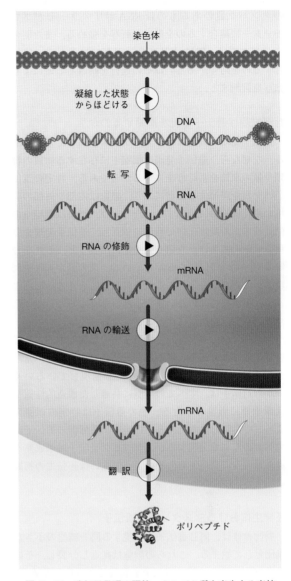

図 8・14 **遺伝子発現の調節**．タンパク質を産生する真核生物の遺伝子の発現を説明している．図の大きさの割合は正確ではない．

ることに始まり，最終的にはRNAやタンパク質産物を細胞の目的地まで届けることで終わる（図8・14）．遺伝子発現を調節するときには，細胞はDNA塩基配列を変化させず，スイッチとして働く分子を使って遺伝子の発現をオンあるいはオフにする．そのような分子は遺伝子発現の各段階の進行度を増減させる．たとえば，**転写因子**（transcription factor）とよばれるタンパク質はDNA上の調節部位に直接結合することにより，遺伝子の転写のオン，オフおよび速度に影響を与える．これら

のタンパク質のあるものは RNA ポリメラーゼがプロモーターに結合するのを助けて転写を強める. また別のタンパク質は, RNA ポリメラーゼがプロモーターに結合するのを防ぐ, あるいはその進行を妨げることにより転写を抑制する.

なぜ細胞は遺伝子発現を調節するのか

遺伝子発現の調節はホメオスタシスにおいて重要である. なぜなら, 遺伝子発現は細胞中に存在する物質の種類や量の調節を常時可能にするからである. 特定の遺伝子の発現を調節することにより, 細胞は内部や外部の環境の変化に適切に対応する. たとえば, 細菌は環境中の栄養素である炭水化物の利用に依存して遺伝子発現を変化させる. 細菌は, 有用な栄養素に出会うと, それを分解する酵素の遺伝子を転写し始める. 栄養素がもはや利用できなくなると, その遺伝子の転写は止まる. このように, 細胞は必要のない遺伝子産物をつくることでエネルギーや資源を無駄にすることはない.

遺伝子発現の調節は, 多細胞生物の形態や機能に影響を与えることもある. 典型的な分化した体細胞は, 常時遺伝子の約 10% しか使っていない. 発現しているいくつかの遺伝子は, すべての細胞に共通した構造的性質や代謝機能に影響を与える. 他の遺伝子は特定の細胞によってのみ使われる. たとえば, 解糖系酵素の遺伝子はすべての細胞で発現するが, グロビン遺伝子は未成熟な赤血球のみで発現する. そのような違いは胚発生の初期に始まる.

胚発生におけるマスター調節遺伝子

動物の体は, 同じ遺伝子を発現する同一細胞の小さな集団として始まる. これらの細胞は繰返し分裂し, その子孫細胞は異なる組の遺伝子を発現して分化し始める.

細胞が多様な形と機能を示しながら, 組織, 器官, 他の体の部分をつくる.

胚発生は, 遺伝子発現の連鎖の中でつくられる転写因子によって統御されている. この連鎖では, 一つの遺伝子からつくられる転写因子が他の転写因子をコードする遺伝子の発現に影響を与え, その産物が今度は他の遺伝子発現に影響を与える, という調節が続く. これらの遺伝子の中に**マスター調節遺伝子**（master regulator gene）とよばれるものがある. マスター調節遺伝子の発現は, 特定の遺伝子発現の連鎖を開始し, その結果, 細胞の系譜を究極的に別のものにして細胞を分化させる. 一回スイッチを入れることで特定のシステム全体が動き出すことになる.

卵がつくられると, 母性 mRNA が産生され, 細胞質の特定の領域に運ばれる. これらの mRNA は, 卵が受精して分裂を始めた後に初めて翻訳される. そして, そのタンパク質産物である転写因子が胚全体に拡散し濃度勾配をつくる. 胚の中の細胞は, その位置によって, どの種類のどれくらいの量のタンパク質によって制御されるかが決まる. そして, その細胞のどの遺伝子の発現をオンにするかが決定される. これらの遺伝子の産物の中にもまた濃度勾配をつくって他の遺伝子発現を調節するものがある. このような遺伝子発現調節の連鎖により, それぞれの細胞がほかの細胞とは異なる分化の方向に進む. 最終的に, その連鎖は, 眼のような特定の体の一部の形成をひき起こすマスター調節遺伝子であるホメオティック遺伝子を活性化させる.

眼の形成とマスター調節遺伝子

ほとんどのマスター調節遺伝子は, 異常な体の形成の原因となる突然変異によって発見されてきた. その異常は遺伝子産物の機能を知る手がかりとなる. 生物の体の

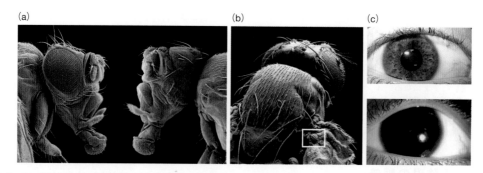

図 8・15　眼と *eyeless* 遺伝子. (a) 正常なショウジョウバエは大きく丸い眼をもつ（左）. *eyeless* 遺伝子に変異があると眼をもたずに発生する（右）. (b) 胚で *eyeless* 遺伝子が発現した部位に対応して成虫の体に眼が生じる. この写真では, 頭部の他に翅にも眼（枠の中）が生じている. ヒトなどの動物の *PAX6* 遺伝子は *eyeless* 遺伝子に似ており, ショウジョウバエで眼の発生をひき起こす. (c) 正常なヒトの目では, 色のついた虹彩が瞳孔（光が入る暗い領域）の周りにある（上）. *PAX6* 遺伝子に突然変異が生じると虹彩のない目が発生し無虹彩症となる（下）.

中である遺伝子が発現できないように特定の変異を導入する**ノックアウト**（knockout）技術を使うことによって，遺伝子の機能を研究することができる．発生を制御する遺伝子発現の連鎖は，ショウジョウバエなどの生物で一つ一つの遺伝子をノックアウトすることにより解き明かされた．

ショウジョウバエのホメオティック遺伝子である *eyeless* について考えてみよう．*eyeless* 遺伝子がノックアウトされたショウジョウバエには眼がない（図8・15a）．*eyeless* は正常には頭部の組織で発現しているが，どこで発現しようとショウジョウバエの胚に眼が形成される．もし，*eyeless* が発生中の胚の他の部位で発現すると，眼がそこにもつくられる（図8・15b）．ヒトは *eyeless* によく似た *PAX6* とよばれる遺伝子をもち，その遺伝子に変異が生じると眼に障害が起こる（図8・15c）．もし，ヒトの *PAX6* 遺伝子をショウジョウバエの胚に挿入すると，*eyeless* と同じ効果がもたらされ，発現場所に眼が形成される（*PAX6* 遺伝子は発現連鎖の最初のスイッチであるため，つくられる眼はハエの眼であり，ヒトの眼ではない）．

X 染色体の不活性化

ヒトや他の哺乳類では，X染色体上のほとんどすべての遺伝子は血液凝固や色覚のような性とは関係のない形質を支配している．雄はこれらの遺伝子を1コピーずつもち，雌は2コピーもつ（2本の染色体それぞれに1コピーずつ）にもかかわらず，各遺伝子は雄と雌とで同じ程度で発現している．この均等性は，雌細胞で1本のX染色体上の遺伝子のみが発現していることが原因である．もう1本のX染色体は非常に凝縮しており，少数を除いたすべての遺伝子の転写を妨げている状態にある．不活性化された染色体は，この構造を発見したバー（Murray Barr）の名にちなみ**バー小体**（Barr body）とよばれる（図8・16）．

X染色体不活性化のときには，長い非コードRNA分子（タンパク質に翻訳されないRNA分子）がそれを発現するX染色体に結合している．一度RNAが産生されると，X染色体は凝縮し，その染色体上の遺伝子の転写がさらに起こることはない．もう一方のX染色体はこのRNAを産生せず，そのためその染色体上の遺伝子からは依然として転写が可能である．X染色体の不活性化は適切な発生に必要であり，雌はこの機構が働かなくなると生まれて間もなく死んでしまう．

DNA のメチル化

遺伝子のプロモーターにあるヌクレオチド塩基にメチル基が結合する（**メチル化** methylation）と，遺伝子の転写が永続的に抑えられる．1本のDNA鎖上の塩基がメチル化されるときには，酵素が別の鎖上の相補的な塩基もメチル化する．こうして，細胞のDNAの特定のヌクレオチドが一度メチル化されると，その細胞の娘細胞

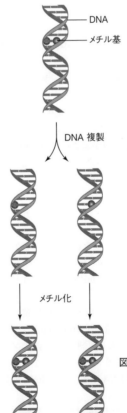

図 8・17　**メチル化した DNA の複製**．親鎖がメチル化（赤球）されると，複製された新鎖の相補的塩基も酵素によりメチル化される．こうしてメチル化は娘細胞でも維持される．

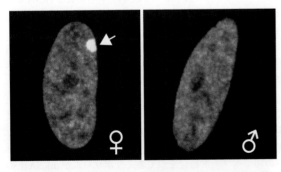

図 8・16　**バー小体**．これらの顕微鏡写真はヒト細胞の核を示している．左のXX（女）細胞の核の中の白い点が，不活性化したX染色体であるバー小体である．その染色体上のほとんどの遺伝子は発現していない．右のXY（男）細胞の核にはバー小体は存在しない．

のすべての DNA も通常メチル化され続ける（図8・17）.

DNA のメチル化は胚発生の重要な一部である. 胚の細胞で活発に発現している遺伝子が, そのプロモーターがメチル化されると不活性化する. そしてこの不活性化が, 分化を進める遺伝子発現に変化を生み出している.

正常の分化した体細胞では, DNA の 3〜6% がメチル化されているが, メチル化される部位は個体によって変化する. それは, 個体が生きる間に遭遇する環境因子によってメチル化が影響を受けるからである. たとえば, たばこの煙の中の化学物質は, あるプロモーターのメチル化を, 細胞のがん化のときと同じパターンに変えてしまう.

DNA のメチル化パターンは数世代にわたって受け継がれることがある. 生物が生殖するとき, DNA が子孫に受け渡される. 親の DNA のメチル化は, 配偶子（卵と精子）で通常リセットされ, 新しいメチル基が付加さ

れ古いメチル基は除去される. さらに多くのメチル基が受精後すぐに除去される. しかし, この再プログラム化は親のすべてのメチル基を除去することはなく, 個体が生きている間にメチル化された一部は, その効果とともに将来の子孫へと渡される. たとえば, ヒトでは, 数百の染色体領域のメチル化パターンは鉛（毒性のある金属）の作用によって変化する. これらの変化は子供, そして孫にまで受け継がれる.

DNA 塩基配列を変えずに, 遺伝子発現に影響を与える遺伝可能な修飾は, **エピジェネティック**（epigenetic）な変化である. DNA のメチル化やヒストンの修飾はその例である. エピジェネティックな変化は, DNA 塩基配列の変化を含まないため進化と直接には関係がないと考えられている. しかし, 環境に問題が生じたときに, 進化より速やかに, 子孫をその環境に適応させることができる. そして, 問題がなくなると速やかに元の状態に戻すことができる（進化については 12 章参照）.

ま と め

8・1 タンパク質合成は, すべての生命反応の過程で必須である. リボソーム不活性化タンパク質（RIP）はリボソームを不活性化するが, これらのタンパク質の中には細胞に入ることができず毒性を示さないものがある.

8・2 DNA のヌクレオチド配列によってコードされる情報は, DNA 上の一部にある遺伝子に存在する. 細胞は遺伝子のコード配列に従って RNA やタンパク質を産生する.

遺伝子発現とは, 遺伝子の情報を RNA あるいはタンパク質に変換することである. 遺伝子発現が起こっている間, 情報は DNA から RNA, RNA からタンパク質へと流れる. 転写により, 数種類の RNA が産生される. メッセンジャーRNA（mRNA）は, 遺伝子がもつタンパク質情報を翻訳装置に運ぶ. 翻訳は, 大きいエネルギーを使いながら, mRNA にコードされた情報を使ってポリペプチドを合成する過程である. リボソームは, タンパク質合成を行う細胞小器官であり, 多くのリボソーム RNA（rRNA）を含む. 転移 RNA（tRNA）は, 翻訳の間, リボソーム, mRNA と相互作用する.

8・3 転写の過程において, RNA ポリメラーゼは遺伝子のプロモーターに結合し, そのあと遺伝子領域を動きながら DNA をほどいていく. ポリメラーゼは, 非コード鎖のヌクレオチド配列を鋳型として使い, 遊離ヌクレオチドを取込み新しい RNA を合成する. 新しい RNA は遺伝子の RNA 型コピーである.

真核生物では, 新たに転写された RNA は核から外に出る前に修飾を受ける. たとえば, イントロン配列は除去され,

残ったエキソン配列が複数の異なる組合わせでつなぎ合わされることがある.

8・4 mRNA 中のタンパク質情報は一続きのコドンからなる. ほとんどのコドンは翻訳過程で特定のアミノ酸を指定する. あるアミノ酸は, 複数のコドンにより指定される. 翻訳開始を指令する一つのコドンと, 翻訳を停止させる三つのコドンがある. 全部で 64 個のコドンが遺伝暗号を構成している.

各 tRNA は, コドンと塩基対をつくるアンチコドンをもち, またコドンにより指定されたアミノ酸と結合できる. 翻訳の間, tRNA はアミノ酸をリボソームに運ぶ. リボソームの二つのサブユニットは, それぞれタンパク質と rRNA からなる. rRNA 成分は, 翻訳過程でアミノ酸の間のペプチド結合を触媒する.

8・5 翻訳は, アミノ酸を結合してポリペプチドにする過程である. mRNA 上のコドンの順番が, つくられるポリペプチドのアミノ酸の順番を決める.

翻訳は, リボソームのサブユニットと tRNA が mRNA 上で結合すると始まる. アミノ酸は, mRNA 上のコドンによって指定された順番で, tRNA により連続的に運ばれる. アミノ酸が到着すると, リボソームがそのアミノ酸とペプチドの間でペプチド結合をつくる. リボソームが mRNA 上の終止コドンに出会うと翻訳は停止し, 新しくできたポリペプチドを離す.

8・6 突然変異である欠失, 挿入, 塩基置換は DNA 塩基配列を変え, 遺伝子産物に影響を与えることがある. タンパ

ク質をコードする遺伝子の欠失と挿入は，転写される mRNA 上のコドンの情報を壊すフレームシフトの原因となることがある．プロモーターやスプライシングが生じる境界配列などの調節部位に起こる変異は，遺伝子産物の産生や構造に影響を与えることがある．

　8・7　遺伝子発現を調節する機構は，胚発生の過程で分化を進める役割をもつ．胚の異なる細胞は，異なる組の遺伝子を発現させ，分化（特殊化）する．

　細胞は，転写因子のような分子を使って遺伝子発現を調節する．胚発生を統御する転写因子遺伝子の発現連鎖は，マスター調節遺伝子によってひき起こされる．マスター調節遺伝子は，進化的に遠い生物の間でも同様な機能をもつ．それらの機能は，生体中で遺伝子を意図的に不活性化するノックアウト技術により発見された．典型的な雌の哺乳類の細胞では，2 本の X 染色体のうちの 1 本が凝縮してバー小体となる．その凝縮が染色体上の遺伝子の転写を妨げる．

　プロモーターのヌクレオチド塩基のメチル化は遺伝子発現を抑える．DNA のメチル化パターンは発生の間に変化し，また，環境因子の影響により個体の生涯の間にも変化する．これらのパターンは子孫にも伝えられことがある．DNA 塩基配列が変化することなく，遺伝子発現に影響を与える DNA のメチル化や他の遺伝可能な修飾はエピジェネティックな変化である．

試してみよう（解答は巻末）

1. RNA は ____ によりつくられ，タンパク質は ____ によりつくられる．
  a. 複製，翻訳　　b. 翻訳，転写
  c. 転写，翻訳　　d. 複製，転写
2. 細胞の中で，ほとんどの RNA は ____ であり，DNA は ____ である．
  a. 一本鎖，二本鎖　　b. 二本鎖，一本鎖
  c. 二本鎖，二本鎖
3. mRNA のおもな機能は何か．
  a. 遺伝情報の貯蔵
  b. 翻訳情報の運搬
  c. アミノ酸間のペプチド結合の形成

4. 原核生物では転写は ____ で起こる．
  a. 核　　b. リボソーム　　c. 細胞質　　d. b と c
5. ほとんどのコドンは ____ の種類を指定する．
  a. タンパク質　　b. ポリペプチド
  c. アミノ酸　　　d. mRNA
6. 真核生物の細胞では翻訳は ____ で起こる．
  a. 核　　b. リボソーム　　c. 細胞質　　d. b と c
7. 突然変異のうち ____ はフレームシフトを起こすことがある．
  a. 欠失　　b. 挿入　　c. 塩基置換　　d. a と b
8. 筋肉細胞が骨細胞と異なるのは ____ からである．
  a. 異なる遺伝子をもつ
  b. 異なる遺伝子を使う
  c. a と b
9. バー小体をもつ細胞は ____
  a. 原核細胞である
  b. 生殖細胞である
  c. 雌の哺乳類の細胞である
10. 次に示す過程を，真核生物の遺伝子発現で起こる順番に並べよ．
  a. mRNA の修飾　　b. 翻訳
  c. 転写　　　　　　d. RNA が核外に輸送される
11. 以下の記述で正しくないのは ____
  a. 多くの遺伝子発現パターンは子孫に伝わる
  b. マスター調節遺伝子の発現は遺伝子発現の連鎖をひき起こす
  c. X 染色体不活性化は哺乳類の雄の正常な発生に必要である
12. 左側の用語に対応する最も適切な内容を a～g から選び，記号で答えよ．
  ____ メチル化　　　　a. 細胞が特殊化する
  ____ 挿入　　　　　　b. タンパク質をコードする領域
  ____ プロモーター　　c. エピジェネティックな変化
  ____ コドン　　　　　d. アミノ酸からペプチドをつくる
  ____ 分化　　　　　　e. 3 個をまとめて読む
  ____ エキソン　　　　f. 余分なヌクレオチド
  ____ リボソーム　　　g. 調節部位

9 細胞の増殖

9・1 ヘンリエッタの不死化した細胞

ヒトの一生は 1 個の受精卵から出発する．その細胞は分裂を繰返し，出産までに約 1 兆個の数に増えて体をつくる．成人でも毎日何 10 億個もの細胞が分裂しており，古い細胞と置き換わっている．

1800 年代の中ごろから，ヒトの細胞を体外で分裂させ続けようとする試みが行われてきた．不死化した細胞株を使えば，ヒトを実験材料に使わなくてもヒトの病気とその治療について研究することができるからだ．しかし，研究室で増やしたヒトのほとんどの細胞は，限られた回数しか分裂せず，数週間のうちに死んでしまう．

ヒトの細胞株をつくる試みは 100 年以上成功しなかった．1951 年，ゲイ夫妻（George Gey と Margaret Gey）はヒトのがんから細胞を分離し，新しい実験の準備を進めていた．そのがん細胞は，採取した患者（ヘンリエッタ・ラックス Henrietta Lacks）の頭文字をとって HeLa 細胞（ヒーラ細胞とよぶ）と名づけられた．HeLa 細胞は何度も分裂を繰返した．驚くほど活発で，培養シャーレの内側を速やかに覆い，栄養分を消費した．4 日後には細胞数が多くなりすぎ，別の培養シャーレに移し替える必要があった．悲しいことに，患者の体内でもがん細胞は同様に速く分裂した．子宮がんと診断されてから 6 カ月後には，悪性細胞は体中の組織に侵入していた．それから 2 カ月後，若いヘンリエッタはこの世を去った．

ヘンリエッタの死後も，彼女の細胞は世界中の研究室で分裂し続けている．HeLa 細胞は，がん，ウイルス増殖，タンパク質合成，放射線の影響など数えきれないほどの医学研究において広く使われている（図 9・1）．それらの研究の成果によってノーベル賞を受賞した研究者も多い．また，HeLa 細胞は宇宙にまで運ばれ人工衛星で実験に使われた．

なぜ，がん細胞は不死化していて，一方，われわれはそうではないのか．この問題を理解するためには，まず細胞が分裂するための構造と機構を学ぶ必要がある．

9・2 分裂による増殖

生物の一生の間に起こる成長や生殖の経過をまとめて**生活環**（life cycle）とよぶ．多細胞生物および独立して生きている単細胞も生活環をもつが，多細胞の体をつく

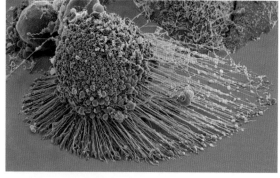

図 9・1 HeLa 細胞．組織中を移動するために使う突起が細胞膜から伸びている．細胞分裂の時期を支配するタンパク質の欠損により，がん細胞に特徴的な異常な移動と挙動を示す．

図 9・2 多細胞生物の中で個々の細胞は生きている．このヒトの 5 日胚では，異なる領域にある細胞は異なる分裂の時期にある．このことは，分化がすでに進行していることを示している．DNA が赤，微小管が緑で示されている．

る個々の細胞はどうだろうか．生物学者は，体内の細胞も，それぞれに一生があると考えている（図9・2）．真核生物の細胞は，見分けのつく一連の期間や事象からなる**細胞周期**（cell cycle）を通して生きている（図9・3）．

細胞周期

典型的な細胞は，**細胞分裂**（cell division）の合間の時期である**間期**（interphase）でほとんどの時間を過ごす（図9・3 **❶**）．間期では，細胞は容積を増し，DNAを複製し，分裂の準備をする．

間期は三つの時期 G_1, S, G_2 からなる．G は Gap（空白）を意味し，外見上は不活性の時期にみえるが，細胞内では多くの変化が生じている．細胞周期は G_1 期から始まる **❷**．この時期に細胞は成長し，DNA複製（§7・5）に必要な分子を産生する．G_1 期の細胞は，一時的あるいは永続的に細胞周期から外れて G_0 期に入り，分裂しない状態となる **❸**．筋細胞，神経細胞（ニューロン）など，それぞれ独自の代謝機能をもつ分化した細胞は

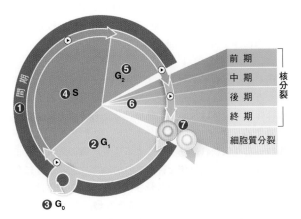

❸ G_0

図 9・3　**真核細胞の周期**．G_1, S, G_2 期が間期を構成している．それぞれの時期の長さは細胞によって異なる．▶は細胞分裂のチェックポイント（§9・4参照）を示す．
❶ 一般的に，細胞は間期にいる時間が最も長い．
❷ G_1 期から細胞周期が始まる．この時期の間に細胞は大きくなり DNA 複製に必要な分子をつくる．
❸ G_1 期の細胞は，一時的あるいは永続的に周期から外れて G_0 期とよばれる状態にとどまることがある．G_0 期の細胞は，それぞれに特徴的な代謝状態にあり，分裂の準備はしていない．
❹ S期の間，細胞は DNA 複製により染色体のコピーをつくる．
❺ G_2 期の間，細胞は分裂のために必要なタンパク質や他の成分をつくる．
❻ 核が分裂する．
❼ 核が分裂した後に細胞質が分裂する．それぞれの娘細胞は G_1 期に入り，新しい細胞周期を始める．

G_0 期にある．

分裂を行う細胞では細胞周期が進行し，G_1 期からS期（DNA合成期）に移行して DNA 複製が起こる **❹**．DNA が複製されると，細胞は G_2 期に入り **❺**，分裂に必要なタンパク質や他の細胞構成成分を産生する．細胞周期の残りは分裂過程からなる．各細胞はすでに存在していた細胞の分裂により生じるため（§3・2），細胞周期の始まりと終わりは分裂の終了により区切られる．

細胞周期の各期の長さは細胞の種類により変わる．たとえば，急速に分裂するヒトの体細胞では，G_1 期が約11時間で，S期が8時間，G_2 期は4時間である．体細胞分裂は1時間かかることから，全体の細胞周期の進行は約24時間かかる．それに比べ，酵母細胞では細胞周期が完了するのに90分しかかからない．

体細胞分裂と染色体数の維持

真核生物の細胞は分裂により増殖し，2個の娘細胞はそれぞれの核に DNA を含む染色体をもつ．真核生物の**体細胞分裂**（somatic cell division）は，染色体数を維持する**核分裂**（nuclear division **❻**）と**細胞質分裂**（cytoplasmic division，cytokinesis **❼**）を含む過程である．核分裂は，紡錘糸（紡錘体微小管，§9・3）の出現を伴うので，**有糸分裂**（mitosis）ともよばれる．

体細胞が，どのようにして核の中に2組の染色体をもつ**二倍体**（diploid，複相ともいう）$2n$ になっているのか考えてみよう（§7・4）．染色体の完全な一組は母親から受取り，別の一組は父親から受取る．こうして多くの細胞は，二組の染色体をもつ．雄がもつ異なる性染色体の対（XY）は別として，各対の染色体は相同である．**相同染色体**（homologous chromosome，homo- は "同じ" の意味）は，互いに長さ，形，そしてそこに存在する遺伝子がほぼ同じである．相同染色体は姉妹染色分体とは異なる．姉妹染色分体は DNA 複製によりつくられた互いに同一の染色体であり，**セントロメア**（centromere）で接着してX形をしている（7章参照）．

一対の相同染色体 ─ 姉妹染色分体 ／ 姉妹染色分体

それに対して，対をつくる2個の相同染色体は同一ではない．それぞれは，遺伝的に異なる二人の親から受け継いでおり，それらの DNA 塩基配列は互いに少し異なる（§9・5）．

1個の細胞が分裂すると，2個の細胞になる．体細胞分裂により，親細胞の各染色体のコピーが娘細胞に伝わ

る．こうして，親細胞が二倍体であれば，娘細胞も二倍体になる．

　細胞が G_1 期のとき，各染色体は1本のDNA二重らせんからなる（図9・4a）．S期にDNAが複製すると，G_2 期に入るまでに，各染色体は姉妹染色分体として接着した2本の同一なDNA二重らせんからなる（図9・4b）．姉妹染色分体は，核分裂が終わるころまで接着したままで，その後，互いに分かれて別べつの核に収まる．

　姉妹染色分体は分かれ，それぞれが1本のDNA二重らせんをもつ染色体となる．姉妹染色分体は互いに同一であるため，核分裂によってつくられる新しい核には，親細胞と同じ数および種類の染色体が存在する．細胞質が分裂すると❼，これらの核はそれぞれの細胞に分かれる（図9・4c）．

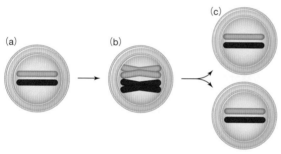

図 9・4　体細胞分裂による染色体の数の維持．わかりやすいように，二倍体細胞の中の1対の相同染色体のみを示している．(a) DNA複製の前では，各染色体は1本の二重らせんDNA（と結合タンパク質）からなる．各相同染色体の対のうち，1本ずつ雄，雌の親から受け継いでいる．(b) DNA複製後では，各染色体は姉妹染色分体として互いに接着した2本の二重らせんDNAからなる．(c) 体細胞核分裂と細胞質分裂により，各染色体の姉妹染色分体は分離して2個の新しい細胞の核に包まれる．それぞれの新しい細胞は親と同じ染色体数をもつ．

体細胞分裂の意義

　多細胞生物では，体細胞の核分裂と細胞質分裂は発生の間に体をつくり大きさを増すための基礎となる．胚細胞が体細胞分裂を続けて分化することで，胚の組織や体の各部分が形成される．幼若期から成体への発生においても体細胞分裂は起こり，損傷した細胞や死んだ細胞は置き換えられる．膝を擦りむくと，皮膚の体細胞が分裂して傷を修復してくれる．皮膚細胞や他の種類の体の細胞は体細胞分裂によって常に置き換わっている．

　真核生物では，体細胞分裂は**無性生殖**（asexual reproduction）においてもみられる．無性生殖とは，1個体の親によって子が生まれる生殖様式である．たとえば，多

くの植物では，折れた茎が土壌に根を出し定着するときは，この様式をとる．多くの単細胞真核生物も体細胞分裂により無性的に増殖する．原核生物は分裂により増殖するが，核をもたないので体細胞分裂とは異なる様式で分裂する（§14・4参照）．

9・3　体細胞の核分裂と細胞質分裂

核分裂の時間的区分

　染色体は，間期にはゆるくほどけた状態にあり，転写やDNA複製を行うことができる（図9・5）．ほどけた染色体は広がっているため，光学顕微鏡下では容易に観察することはできない❶．

　核分裂は前期，中期，後期，終期に分けられる．

　前　期　核分裂は**前期**（prophase）から始まる．前期に入ると，染色体は最もコンパクトに凝縮するため光学顕微鏡でその像を見ることができる❷．染色体の凝縮は，核分裂の間に染色体がからまり，また切断されることを防いでいる．

　核膜が崩壊し，細胞の両端にある領域（紡錘体極）から微小管が伸びて染色体にセントロメアで接触する．微小管が**紡錘体**（spindle）を一時的に形成し，核分裂の間，染色体を動かす（図9・6）．

　中　期　前期が終わるまでに，一方の姉妹染色分体が一方の紡錘体極から伸びた微小管と接着し，もう一方の姉妹染色分体は反対側の紡錘体極から伸びた微小管と接着する．**チューブリン**（tubulin）のサブユニットが加わったり失われたりすることにより，微小管は長くまたは短くなり，染色体を押したり引いたりするようになる．すべての微小管が同じ長さになると，染色体は二つの紡錘体極の中間に並ぶようになる❸．この染色体の配列が**中期**（metaphase）の目印となる．

　後　期　**後期**（anaphase）の間は，姉妹染色分体は互いに離れ，細胞の両端に向けて移動する❹．姉妹染色分体が離れると，それぞれが独立した染色体となる．

　終　期　**終期**（telophase）には，1組の染色体が紡錘体極に到達し集団をつくる❺．各集団は，親細胞の核にあるのと同じ数と種類の染色体をもつ．すなわち，もし親細胞が二倍体であれば，各染色体を2個ずつもつ．新しい核膜が染色体集団の周りにつくられ，染色体の凝縮がゆるむ．この時点で核分裂は終わる．

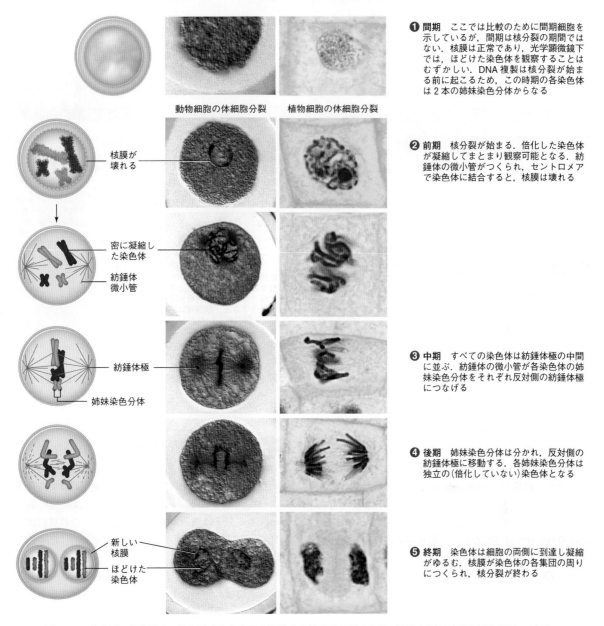

動物細胞の体細胞分裂　　植物細胞の体細胞分裂

核膜が壊れる

密に凝縮した染色体

紡錘体微小管

紡錘体極

姉妹染色分体

新しい核膜

ほどけた染色体

❶ 間期　ここでは比較のために間期細胞を示しているが，間期は核分裂の期間ではない．核膜は正常であり，光学顕微鏡下では，ほどけた染色体を観察することはむずかしい．DNA複製は核分裂が始まる前に起こるため，この時期の各染色体は2本の姉妹染色分体からなる

❷ 前期　核分裂が始まる．倍化した染色体が凝縮してまとまり観察可能となる．紡錘体の微小管がつくられ，セントロメアで染色体に結合すると，核膜は壊れる

❸ 中期　すべての染色体は紡錘体極の中間に並ぶ．紡錘体の微小管が各染色体の姉妹染色分体をそれぞれ反対側の紡錘体極につなげる

❹ 後期　姉妹染色分体は分かれ，反対側の紡錘体極に移動する．各姉妹染色分体は独立の(倍化していない)染色体となる

❺ 終期　染色体は細胞の両側に到達し凝縮がゆるむ．核膜が染色体の各集団の周りにつくられ，核分裂が終わる

図 9・5　核分裂．核分裂は，娘細胞が染色体数を維持する核分裂過程である．顕微鏡写真は動物細胞(線虫の受精卵，左)と植物細胞(タマネギの根，右)を示している．模式図は二倍体の動物細胞で，2対の染色体のみを示している．

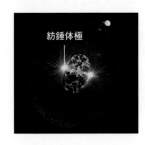

紡錘体極

図 9・6　紡錘体．核分裂をしている線虫の受精卵に紡錘体がみえる．微小管は黄で，染色体は青で示されている．

動物細胞の細胞質分裂

　核分裂が終わると，細胞質分裂が始まる．真核生物の間でも，細胞質分裂には異なる機構が存在する．しかし，すべての場合に，核分裂が終わる前に必要な多くの分子や構造が準備されている．

　動物細胞や多くの単細胞真核生物の細胞質分裂には，細胞膜直下の細胞表層に存在する網目状構造の細胞骨格

❶ 核分裂の後期になると，ミクロフィラメントとモータータンパク質の帯（黄）が細胞膜の下に形成される．この収縮環が細胞の周縁を覆う

❷ 核分裂の終期の後，収縮環が収縮し細胞膜を内側に引いて分裂溝ができる

分裂溝

❸ 収縮環が最小の直径になると，その中にある紡錘体の微小管が切断される．新しい2個の細胞を区切る膜をつくるため，小胞が融合する

図 9・7　動物細胞の細胞質分裂．小さな青点は小胞を表している．

❶ 核分裂の前に，平行に並ぶ微小管のネットワーク（橙色）が凝縮して，将来の分裂面のまわりに密度の高い輪を形成する

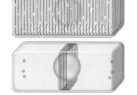

❷ 核分裂の間，環状の微小管は再編成して紡錘体を形成する．後期の後半に，微小管は小胞を分裂面に誘導する．終期までに，小胞は融合して細胞板をつくり始める

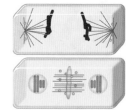

❸ 細胞板は，より多くの小胞が融合すると，分裂面に沿って面積を拡大させる．細胞板が細胞膜に融合すると，細胞質は区切られ，2個の新しい細胞がつくられる

図 9・8　植物細胞の細胞質分裂．小さな青点は小胞を表している．

を構成する要素が使われる（図9・7）．後期の間，この要素が再編成してミクロフィラメントとモータータンパク質からなる帯をつくる❶．この帯は終期の後に収縮するため，**収縮環**（contractile ring）とよばれる．収縮により細胞膜が内側に引かれ，細胞の外側に見える**分裂溝**（cleavage furrow）とよばれるくぼみをつくる❷．収縮環の直径が最小になると，収縮環内の紡錘体微小管が切断され，2個の新しい細胞を区切る新たな膜がつくられる❸．

植物細胞の細胞質分裂

植物細胞では，細胞膜のまわりに硬い細胞壁があるので（§3・6），動物細胞とは異なる細胞分裂の戦略が必要である（図9・8）．核分裂の前に，平行に並ぶ微小管の輪が将来の分裂面のまわりにつくられる❶．この微小管は核分裂の間に再編成されて紡錘体をつくり，後期の後半までに小胞を分裂面に運ぶ．小胞は，細胞壁物質の構築に必要な多糖や糖タンパク質を含み，これらの物質が融合して，終期の間に**細胞板**（cell plate）とよばれる平らな構造を形成する❷．融合した小胞の膜は2個の娘細胞を分ける細胞膜になる．細胞板はより多くの小胞が融合するとその端を広げ，細胞膜と融合するようになる❸．

9・4　細胞周期の調節
チェックポイント

細胞分裂のタイミングは，遺伝子発現を調節する分子によって決定される（§8・7）．ある分子は細胞周期を進め，ある分子は周期が進むのを抑える．この調節は細胞周期中の**チェックポイント**（checkpoint）で起こる（図9・3参照）．

チェックポイント遺伝子（checkpoint gene）のタンパク質産物は，細胞分裂が適切な時にのみ起こるように働く．ヒトや他の動物のチェックポイント遺伝子産物であるp53について考えてみよう．p53タンパク質は，G_1 期の終わりのチェックポイントで働く転写因子である．もし，細胞のDNAが損傷を受けると，p53は細胞周期を G_0 に移行させ，損傷を直す修復タンパク質を活性化する．修復が終わると，ブレーキがはずれ，細胞周期はDNA複製のためにS期に進行する．もしDNAが修復できないと，周期は先に進まず，p53は細胞を**アポトーシス**（apoptosis，プログラムされた細胞死）に導く一連の現象を開始させる．したがってp53は，損傷したままのDNAの複製を防ぐことにより，突然変異（§7・6）をひき起こす複製の誤りを最小化する役割をもつ．

調節の喪失とがん

チェックポイント遺伝子のタンパク質産物の量や働きが異常になると，細胞は本来とは異なる時に分裂する．娘細胞がその変異を受け継ぐと，やはり異常な分裂を行うようになる．

ヒトや他の多細胞真核生物では，細胞周期チェックポイントを損傷する突然変異が生じると，腫瘍がつくられることがある．**腫瘍**（tumor）は，組織中で異常に分裂する細胞のかたまりである*．ほとんどすべての突然変異は体細胞で起こる．生殖細胞で生じた突然変異は子孫に受け継がれ，そのためにある種類の腫瘍はその家系にも起こる．

ある突然変異は，体細胞分裂を刺激する分子の活性や量を増加させるために，腫瘍あるいはがん（cancer）の原因となる．そのような変異が起こる遺伝子は**がん原遺伝子**（proto-oncogene）とよばれる．がん原遺伝子に腫瘍を起こす突然変異が生じると，**がん遺伝子**（oncogene）となる．

がん遺伝子は，細胞周期を進めるアクセルを強く踏み込む役割をもつ．ここで，多くのヒトの腫瘍が，**増殖因子**（growth factor，成長因子ともいう）の受容体を過剰に活性化あるいは増産させる突然変異をもつことについて考えてみよう（図9・9）．増殖因子は細胞分裂を刺激する分子であり，われわれの体のほとんどの細胞には，その受容体が存在している．その受容体が増殖因子と結合すると，細胞周期が促進され，細胞は分裂する．したがって，増殖因子受容体をコードする遺伝子はがん原遺伝子である．受容体遺伝子に変異が生じると，増殖因子がなくても，受容体タンパク質が細胞分裂を開始させてしまい，細胞は分裂すべきでない時に分裂を始める．

細胞分裂を抑制する分子の活性や量を減少させることも，腫瘍の原因となる．これらの分子は**腫瘍抑制因子**（tumor suppressor）とよばれる．なぜなら，それが損傷や欠損すると腫瘍が生じるからである．腫瘍抑制因子は細胞周期にブレーキをかける．

BRCA1とよばれるタンパク質も腫瘍抑制因子の一つである．通常，BRCA1は特定の増殖因子受容体の発現を抑えていて，変異によりその量が減少すると，細胞中に過剰量の受容体がつくられる．このようにして，BRCA1をコードする遺伝子の突然変異は乳がんや卵巣がんが起こるリスクを高めることになる．

多くの他の腫瘍抑制因子のように，BRCA1は多くの機能をもつ．細胞分裂を抑えるだけでなく，BRCA1は

図9・9　がん遺伝子の効果．このヒトの乳房の組織切片では，茶色の染色が活性化した増殖因子受容体の存在を示している．染まっている細胞は腫瘍の一部で，その中の過剰に活性化した受容体が常に核分裂を刺激している．ほとんどの腫瘍細胞では，この受容体の過剰な産生や活性化を起こす突然変異が生じている．正常細胞は明るく見える．

DNAの二本鎖の切断を修復する重要な役割をもつ（図9・10）．通常，切断された染色体をもつ細胞は，p53タンパク質による細胞周期の制御により，アポトーシスを起こす．しかし，もし細胞がつくるBRCA1とp53の量が共に十分でないと，染色体に損傷があっても細胞周期はS期に進行する．損傷を受けたDNAは非常に誤りを起こしやすくなり（§7・6），DNAが損傷を受けていても細胞は分裂し続け，突然変異が蓄積することになる．これは危険な結果を生むことになる．

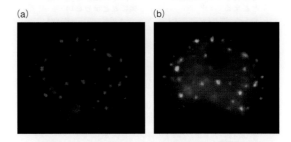

(a)　　　　　(b)

図9・10　チェックポイント遺伝子産物．2枚の蛍光顕微鏡写真は同じ細胞の核を示している．この細胞は電離放射線を照射され，核内のDNAが損傷している．BRCA1（赤）とp53（緑）はDNAの損傷部位に集まるため2枚の写真の同じ場所に現れる．これらのタンパク質と他のタンパク質の統合した作用によって，DNAの切断が修復されるまでDNA複製は抑制される．(a) BRCA1（赤点）はDNAの二本鎖の切断を修復する．(b) p53（緑点）はDNAが損傷すると細胞周期を止める．

---

*　訳注：腫瘍（**新生物**，neoplasm）は，良性上皮性腫瘍，良性非上皮性腫瘍，悪性上皮性腫瘍（がん，がん腫），悪性非上皮性腫瘍（肉腫）に分類され，後2種は一般に"がん"とよばれる．

異 常 分 裂

　ある腫瘍は無害だが，有害な腫瘍もある．いぼは良性腫瘍（無害）の例である．良性腫瘍は非常にゆっくりと成長し，それが生じた元の組織内にとどまる（図9・11 ❶）．それに対して，悪性腫瘍は悪化が進行し，健康に対して危険である．正常細胞の悪性細胞への変換には複数の突然変異が関わる．そのうちのある突然変異は遺伝性のこともあるが，DNA の損傷が突然変異の起こる最も共通した原因である．修復機構と細胞周期調節の欠損が以下のような悪性細胞の異常な性質のもとになっている．

　悪性細胞はほとんど無制限に分裂する．通常，細胞が組織内で過密になるのを防ぐ調節が存在するが，それが失われると，悪性細胞の集団は急速な細胞分裂を伴いながらきわめて高い密度になる．

　悪性細胞の細胞質や細胞膜は変化し，そのことが細胞の機能不全を示している．細胞骨格は縮み，あるいはゆがむ．悪性細胞は典型的には異常な染色体数をもち，ある染色体は多数のコピーをもち，別の染色体は消失したり，断片化したりする．

　悪性細胞は，細胞膜の接着タンパク質が損傷あるいは欠損しているため，組織に適切にとどまることができない ❷．その結果，細胞は容易に循環系あるいはリンパ系の管を出入りできる ❸．これらの管を通って移動することにより，悪性細胞は体の他の場所に腫瘍をつくる

ことになる ❹．悪性細胞がもとの組織を離れ，体の他の部位に侵入する過程を転移（metastasis）とよぶ．

　悪性腫瘍は体の組織を物理的に壊し，その代謝も乱す．化学療法や外科手術などの方法で体から悪性細胞を除去しない限り，異常な分裂が続く．毎年，先進国では死亡者の 15〜20% ががんを原因としている．

テロメアと細胞分裂

　機能不全となった細胞をアポトーシスに導くことは，がんに対する一種の安全装置である．別の装置として**テロメア**（telomere）がある．テロメアは真核生物の染色体の末端にある DNA の非コード領域であり（図9・12），短い塩基配列が数百から数千回繰返された構造をもつ．この繰返し配列にタンパク質が結合することにより，染色体の末端が細胞の活動の過程で受ける損傷を防ぐ．

　テロメアは細胞が分裂するたびに短くなる．短くなりすぎると，防御タンパク質がテロメアに結合できなくなり，染色体の末端の DNA が露出し，p53 が作用して細胞周期を G_0 に移行させる．

　成体の少数の細胞は際限なく分裂する能力をもっている．これらの細胞は**幹細胞**（stem cell）とよばれ，未分化の状態にある．幹細胞は，他の細胞からシグナルを受けて分裂状態に移行するまで不活性状態の G_0 期にとどまっている．その細胞の子孫は分化し，傷が修復するときのように，組織を再生させる．幹細胞は，テロメアを伸長させる酵素である**テロメラーゼ**（telomerase）をコードする遺伝子を発現するため，本質的には不死である．

　また，HeLa 細胞を含む多くの悪性細胞は，多量のテロメラーゼを産生しており，そのために際限なく分裂す

❶ 良性の腫瘍はゆっくりと成長して元の組織にとどまる

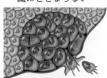

❷ 悪性腫瘍は急速に成長し，その細胞は元の組織にとどまらない

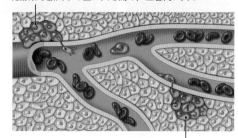

❸ 悪性細胞はリンパ管や血管（図参照）の壁に接着して，消化酵素を放出して壁に穴を開け，血管内に入る

❹ 悪性細胞は血管の中を動き，侵入の時と同じ方法で外に出る．移動した細胞が他の組織で成長を始める．これらの過程を転移とよぶ

図 9・11　腫瘍と転移

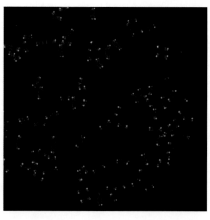

図 9・12　テロメア． 染色体の各 DNA 鎖の末端にある明るい点はテロメアの配列を示している．

る．がんの研究者は，悪性細胞の不死化を抑えることを目標として，テロメラーゼを治療法開発の標的としている．そのようなアプローチは臨床試験でよい結果が得られており，がん細胞のみを殺し，健康な組織にはあまり影響を与えない治療法として期待が寄せられている．

9・5 性と対立遺伝子

対立遺伝子

体細胞は二倍体（$2n$）であり，相同染色体の対をもつ．各対の2本の染色体は同じ遺伝子をもつが，DNA塩基配列は全く同じではない．それは，遺伝的に異なる二人の親から染色体を受け継いでいるからである．各親の染色体には，それぞれの家系で長年にわたり生じた突然変異が蓄積している．そのため，相同染色体の間で遺伝子の配列は少し異なることになる（図9・13）．このような遺伝子の異なる型を**対立遺伝子**（allele，アレルともいう）とよぶ．

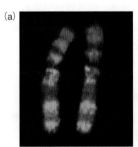

(a) この蛍光顕微鏡写真では，相同染色体の対の中で対応するDNA塩基配列は同じ色で示されている

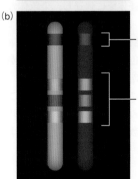

(b)

相同染色体は同じ一組の遺伝子をもつ

対をつくる遺伝子はそれぞれ同一のDNA塩基配列をもつか，対立遺伝子として少し異なるDNA塩基配列をもつ（色が異なっているのはDNA塩基配列が違うことを表している）

図 9・13　相同染色体上の遺伝子．遺伝子の異なる型は対立遺伝子とよばれる．

新しい対立遺伝子は突然変異によって生じる．対立遺伝子は，少し異なる型の遺伝子産物をコードし，そのような相違は形質に影響を与える．同一の生物種の個体は同じ遺伝子の種類をもつため，同様な形質を示すが，有性生殖をする生物種の個体では，ほぼすべての形質が少

しずつ異なる．たとえば，βグロビン（§8・6）をコードする遺伝子にはヒトで700以上の対立遺伝子がある．そのうちいくつかは鎌状赤血球貧血を生じ，他のいくつかはβサラセミアの原因となる．ヒトには2万個以上の遺伝子があり，そのほとんどが複数の対立遺伝子をもつ（遺伝とヒトの形質については10章参照）．

有性生殖の利点

本章で，体細胞分裂は真核生物の無性生殖の一部であることを説明したが，この生殖様式だけを使う種は，ごく少数しかいない．ほとんどの真核生物は**有性生殖**（sexual reproduction）を行う（図9・14）．有性生殖では，子が2個体の親から生まれ，それぞれの親から遺伝子を受け継ぐ．表9・1に，有性生殖と無性生殖の間の相違点を示した．

もし，生殖の機能が，世代を超えて遺伝子を永続的に維持することだけであれば，無性生殖のほうが進化の競争において有利だろう．生殖の際に，親は子にすべての遺伝子を渡せばよい．有性生殖では，遺伝子の半分を子に渡すことになる．さらに，無性生殖の方が相手を必要としないため有性生殖よりも生殖過程が単純である．そ

(a)

子　　親　親　子

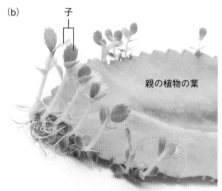

(b) 子

親の植物の葉

図 9・14　異なる種は異なる生殖方法を使う．(a) 有性生殖によって生まれた子は，他の子や親と異なる．(b) 無性生殖は遺伝的に同一な子を生じる．

様　式	無性生殖	有性生殖
分　裂	体細胞核分裂	減数分裂
親の細胞	1個の二倍体あるいは一倍体細胞	2個の一倍体配偶子
親の遺伝子	1個体の親の遺伝子がすべて伝わる	両親のそれぞれから50%ずつ伝わる
子	遺伝的に同一である	遺伝的に同一でない
有利な点	生殖のための相手が必要でない	遺伝的多様性が大きい
不利な点	遺伝的多様性が小さい	生殖のための相手が必要

表 9・1　真核生物の無性生殖と有性生殖の比較

れでは，なぜ**性**（sex）は広く存在するのだろうか．

　無性生殖で生まれた子はすべてクローンである．新しい突然変異が生じなければ，他の子および親とも同じ対立遺伝子をもつ．この一貫性は，変わらぬ好ましい環境の中では都合がよい．なぜなら，生存と生殖に適した形質が子にも受け継がれ現れるからである．しかし，環境は常に変化し，その変化は常に好ましいものとは限らない．遺伝的に同一の個体は，環境の悪化に対して等しく対応できないことになる．

　変化する環境では，異なる対立遺伝子をもつ有性生殖の生物が進化的に有利となる．有性生殖は，異なる対立遺伝子をもつ（そして異なる形質の型をもつ）二親からの遺伝情報をランダムに混ぜ合わせる．子は新しい組合わせの対立遺伝子（そして新しい組合わせの形質）を受け継ぎ，その組合わせは他の子および親と異なる．環境の変化は，ある個体にとっては好ましくない場合も，他の個体にとっては非常に適しているかもしれない．こうして集団としてみると，有性生殖により生まれた個体は，クローンに比べ，環境の変化に対して生き残る可能性が高いことになる．

　有性生殖のもう一つの利点は，有害な突然変異が生じてしまったときに，子がそれを受け継ぐ確率を下げることである．無性生殖では，突然変異をもつ個体は，すべての子にその突然変異を渡すことになる．ところが，有性生殖では，親の相同染色体の対の1本にある突然変異を子に渡す確率は50%になる．こうして，害のある突然変異は有性生殖をする生物集団ではよりゆっくり広がる傾向にある（13章参照）．

9・6　減数分裂

減数分裂の過程

　ほとんどの体細胞は二倍体で，2個体の親のそれぞれから1本ずつ染色体を受け継いだ結果，各染色体を2コ

ピーもつ．**卵**（egg）や**精子**（sperm）のような**生殖細胞**（germ cell）は**一倍体**（haploid，単相ともいう）nで，各染色体を1コピーずつもつ．**減数分裂**（meiosis, reduction division）は染色体の数を半分にする核分裂機構で，一倍体細胞の形成に不可欠である．

　減数分裂の過程は，体細胞分裂の核分裂といくつかの点で似ている．細胞は核分裂過程が始まる前にDNAを複製するため，各染色体は2本の**姉妹染色分体**（sister chromatid）をもつ．また，紡錘体を形成し，微小管が染色体を動かす．しかし，減数分裂は，染色体を新しい核に一度ではなく二度分配する．2回の連続的な核分裂は減数分裂Iおよび減数分裂IIとよばれる．図9・15は二倍体細胞での減数分裂の段階を示している．

減 数 分 裂 I

　減数分裂Iの最初の時期は前期Iである．この時期には，染色体は凝縮し，相同染色体は互いに近接して染色体断片を交換する（詳細は後に説明）．紡錘体が形成され，核膜が壊れる❶．

　前期Iが終わるまでに，紡錘体の微小管は，各相同染色体の対の一つの染色体に接着して紡錘体の一方の極につなげ，もう一つの染色体を反対側の極につなげる．これらの微小管は伸縮して染色体を押したり引いたりする．中期I❷には，すべての微小管は同じ長さになり，染色体は紡錘体の極間の中央に並ぶようになる．

　後期I❸には，各対の相同染色体は互いに引き離され反対側の紡錘体極に移動する．

　終期Iには，染色体が紡錘体極に到達し，染色体の凝縮がゆるむと各組のまわりに新しい核膜が形成される❹．新しい核は一組の染色体をもつ一倍体である．各染色体はまだ2本の姉妹染色分体からなる．細胞質がこの時点で分裂し，2個の一倍体細胞ができる．

　減数分裂Iと減数分裂IIの間にはDNA複製は起こらない．ある細胞では，分裂の間にタンパク質合成の時間がある．他の細胞では，減数分裂IIは減数分裂Iのすぐ後に起こる．

減 数 分 裂 II

　減数分裂IIは，減数分裂Iで形成された2個の核で同時に進行する．前期II❺では，染色体は凝縮し，新しい紡錘体がつくられると核膜が壊れる．

　前期IIが終わるまでに，各染色体の姉妹染色分体は紡錘体の微小管と接着して反対側の紡錘体極とつながる．これらの微小管が染色体を押したり引いたりすることにより，中期II❻で染色体を細胞の中央に並べる．

　後期II❼では，すべての姉妹染色分体は引き離され，

減数分裂Ⅰ　1個の二倍体細胞から2個の一倍体細胞へ

❶ **前期Ⅰ**　相同染色体は凝縮し，対をつくり，断片を交換する．核膜が壊れると，紡錘体の微小管がつくられて染色体に結合する

❷ **中期Ⅰ**　相同染色体の対が紡錘体極の中間に並ぶ．紡錘体の微小管は，各対の2本の染色体をそれぞれ反対側の紡錘体極につなげる

❸ **後期Ⅰ**　相同染色体が離れて反対側の紡錘体極に移動する．この減数分裂の時期に染色体数は減少する

❹ **終期Ⅰ**　完全な一組の染色体が各紡錘体極に集まる．染色体がほどけると，各組の周りに核膜がつくられる．細胞質が分裂すると2個の一倍体細胞ができる

減数分裂Ⅱ　2個の一倍体細胞から4個の一倍体細胞へ

❺ **前期Ⅱ**　染色体は凝縮する．核膜が壊れると，紡錘体微小管がつくられ，姉妹染色分体に結合する

❻ **中期Ⅱ**　染色体は紡錘体極の中間に並ぶ．紡錘体微小管が姉妹染色分体をそれぞれ反対側の紡錘体極につなげる

❼ **後期Ⅱ**　姉妹染色分体が離れ，反対側の紡錘体極に移動する．姉妹染色分体は離れると，それぞれが独立した染色体となる

❽ **終期Ⅱ**　完全な一組の染色体が各紡錘体極に集まる．染色体がほどけると，各組の周りに核膜がつくられる．細胞質が分裂すると，4個の一倍体細胞ができる

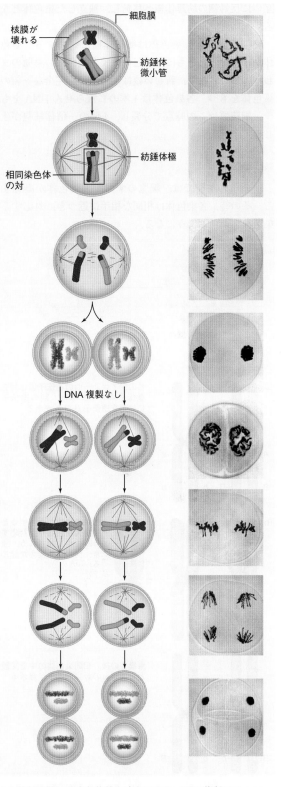

図 9・15　**減数分裂**．2回の連続的な核分裂である減数分裂Ⅰと減数分裂Ⅱは染色体数を減少させる．DNA複製は2回の分裂の間には起こらない．1個の二倍体(2n)細胞は4個の一倍体(n)細胞をつくる．図は動物細胞の2対の染色体を示している．相同染色体は青と赤で示されている．顕微鏡写真は植物細胞(ユリ)の減数分裂を示している．

互いに反対側の紡錘体極へ移動し，独立した染色体となる．

終期 II ❽ では，染色体は紡錘体極に到達する．染色体がほどけるとともに，新しい核膜が染色体の集団のまわりに形成される．新しい核は一倍体で，完全な一組の染色体をもつ．各染色体は 1 本の二重らせん DNA をもつ．細胞質はこの時点で分裂し，4 個の一倍体細胞が生じる．

乗 換 え

前期 I の初期では，細胞のすべての染色体が凝縮する．その時，各染色体は相同な相手に近づき，対応する染色分体が並ぶようになる．

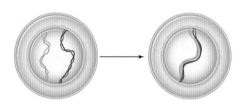

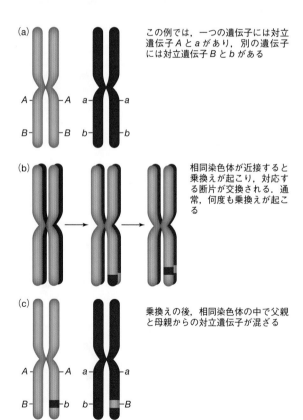

(a)

　　　　　　　この例では，一つの遺伝子には対立遺伝子 A と a があり，別の遺伝子には対立遺伝子 B と b がある

A — A　a — a
B — B　b — b

(b)

　　　　　　　相同染色体が近接すると乗換えが起こり，対応する断片が交換される．通常，何度も乗換えが起こる

(c)

　　　　　　　乗換えの後，相同染色体の中で父親と母親からの対立遺伝子が混ざる

A — A　a — a
B — b　b — B

図 9・16　乗換え．わかりやすいように，一対の相同染色体上の 2 個の遺伝子だけを示している．青は父親からの染色体で赤は母親からの染色体をさしている．

その近接した平行な配置が乗換え（crossing over）を起こしやすくする．乗換えとは，減数分裂のときに対をなす相同染色体の間で互いに対応する DNA 断片を交換する過程をさす（図 9・16）．相同染色体は全長にわたってどの部位の DNA 断片も交換しうるが，高頻度に乗換えが起こる領域がある．

相同染色体間で DNA の断片を交換することにより，対立遺伝子が混ぜられる．親の染色体にある対立遺伝子の特定の組合わせが変更され，子の染色体では新しい組合わせが生じる．こうして，乗換えは，子に新しい組合わせの対立遺伝子と形質を導入する．乗換えが生じないと減数分裂が終わらない，つまり乗換えは減数分裂において必須な過程であるが，乗換えの頻度は種や染色体によって変化する．ヒトでは，減数分裂当たり 46〜95 回乗換えが起こり，したがって各相同染色体の対は平均して 2, 3 回乗換えを起こす．

配偶子と接合子

減数分裂は，配偶子（gamete）とよばれる成熟した一倍体の生殖細胞が形成される過程の一部である．多細胞の真核生物では，配偶子は未成熟な生殖細胞の分裂によって生じる．動物と植物では，未成熟な生殖細胞は，生殖のためにつくられた器官で形成されるが，両者の間で配偶子のつくられ方は異なる．動物では，未成熟な生殖細胞は，配偶子をつくるための細胞系列である生殖系列の一部である．二倍体の未成熟生殖細胞の減数分裂により卵（雌の配偶子）か精子（雄の配偶子）が生じる．植物では，一倍体の未成熟生殖細胞（胞子）が減数分裂によってつくられる．この細胞は体細胞分裂により分裂して配偶子をつくるか，それを含む構造をつくる．

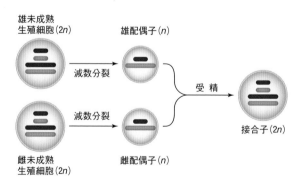

雄未成熟
生殖細胞 (2n)　　　　雄配偶子 (n)

減数分裂

受 精

接合子 (2n)

減数分裂

雌未成熟
生殖細胞 (2n)　　　　雌配偶子 (n)

図 9・17　減数分裂は染色体数を半減させ，受精はその数をもとに戻す．動物細胞が示されている．動物細胞では，二倍体の未成熟生殖細胞で起こる減数分裂が一倍体の配偶子をつくる．受精によって，2 個の一倍体配偶子が一つになり，二倍体の接合子をつくる．

動物と植物の有性生殖についての詳細は後の章で説明するが，その前にいくつかの概念を知っておく必要がある．雄の配偶子と雌の配偶子が**受精**（fertilization）によって融合する．受精による二つの一倍体の配偶子の融合は，新しい個体の最初の細胞である**接合子**（zygote）とよばれる二倍体の細胞をつくる．こうして，減数分裂は染色体の数を半分にし，受精がそれをもとに戻す（図9・17）．

もし，減数分裂が受精前に起こらないと，染色体の数は世代ごとに2倍になるだろう．個体がもつ染色体は精密な指令を出す設計図のようなものであり，それに正確に従わなければ正常な機能をもつ体をつくることができない．もし，染色体の数が変化すると，個体がもつ遺伝的な指令も変化する．10章で説明するように，そのような変化は，特に動物では重大な結果をもたらすことになる．

ヒトの配偶子を生じる未成熟生殖細胞は23対の相同染色体をもつ．その細胞が減数分裂を行うたびに，4個の配偶子がつくられ，それぞれは $8,388,608\,(2^{23})$ 通りある相同染色体の組合わせのうちの一つをもつようになる．さらに，母親と父親の染色体上の対立遺伝子が染色体の乗換えによってモザイクのように組換えられる．そして，雄と雌の配偶子のうち，どの2個が実際に出会い受精するのかは偶然の出来事である．あなたの親戚のなかで，目を引く形質がいろいろに組合わさって現れるのはこのような理由による．

ま と め

9・1 不死化したヒト細胞（HeLa細胞）はがんの犠牲となった患者の遺産である．この細胞は，何十年もの間，多くの研究で用いられ医療に役立っている．

9・2 真核細胞は，最初に核，次に細胞質が二つに分裂することにより増殖する．体細胞の核分裂は染色体数を維持する機構である．たとえば，二倍体細胞の分裂により2個の二倍体細胞（相同染色体をもつ）が生じる．この分裂は，多くの種で無性生殖の基礎となり，また多細胞生物の発生，成長，組織修復の基礎となる．DNA複製は，細胞周期の間期で起こる．

9・3 体細胞の核分裂が始まるとき，各染色体は姉妹染色分体からなる．前期では，染色体が凝縮して核膜は壊れる．微小管が集まり紡錘体となり，姉妹染色分体を反対側の紡錘体極に接続させる．中期では，染色体が紡錘体極の中間に並ぶ．後期では，各染色体の姉妹染色分体が互いに離れ，それぞれが細胞の反対側に移動する．終期には，親細胞と同じ数の染色体をもつ2個の新しい核がつくられる．

ほとんどの場合，核分裂の後に細胞質分裂が起こる．動物細胞では，収縮環が細胞膜を内側に引き込んで分裂溝を形成する．

9・4 チェックポイント遺伝子産物は，適切な時にのみ細胞分裂が起こるように働く．これらの分子はDNA損傷のような問題が修復されるまで細胞周期を止める．チェックポイント機構が正しく働かないと細胞は細胞周期の調節を失い，異常に分裂した子孫細胞が腫瘍を形成する．

突然変異はある遺伝子を腫瘍の原因となるがん遺伝子に変える．腫瘍には良性のものと悪性のものがある．悪性腫瘍の細胞は元の組織から離れ，体の他の部位で集団をつくる．この過程は転移とよばれ，がんの特徴である．テロメアの短縮化は，正常細胞の分裂回数を制限しており，がんに対する防御機構となっている．

9・5 有性生殖は，遺伝形質の細部が異なる二親の遺伝情報を混ぜ合わせる．有性生殖によって生まれた子は他の子と，そして親と異なる．そのような多様性は，変化する環境の中では進化的に有利である．

有性生殖の細胞では，相同染色体の対のうち，一つの染色体は母親から，もう一つは父親から受け継がれる．相同染色体は同じ一組の遺伝子をもつ．遺伝子のDNA塩基配列は，もう一つの相同染色体の同じ遺伝子のDNA塩基配列とは少し異なる．同じ遺伝子の異なる型が対立遺伝子である．対立遺伝子は突然変異によって生じ，有性生殖を行う種の個体間で共有する形質に差異が生じる基礎となっている．

9・6 減数分裂は，染色体数を半分にする核分裂機構であり，真核生物の有性生殖に必要である．

DNA複製は減数分裂の前に起こるため，各染色体は2本の姉妹染色分体をもつ．減数分裂Iでは，相同染色体の間で対応する断片を交換する．この染色体の乗換えが，母方と父方の染色体上の対立遺伝子を混ぜ合わせる．乗換えは，どちらの親の染色体上にもない対立遺伝子の組合わせを生じ，そのためにどちらの親にも現れない形質の組合わせを生じる．その後に，相同染色体は互いに分かれて別の核に包まれるため，染色体数は二倍体（$2n$）から一倍体（n）に減少する．

減数分裂IIは，減数分裂Iでつくられた2個の一倍体の核で起こる．姉妹染色分体が離され，別の核に包まれる．そのため，減数分裂が終わる時には各染色体は1本の二重らせんDNAからなる．4個の一倍体細胞がつくられる．

減数分裂は一倍体の配偶子をつくるために必要である．受精時に2個の配偶子が融合することにより，新しい個体の最初の細胞となる接合子が，二倍体の親と同じ染色体数をもつようになる．

試してみよう（解答は巻末）

1. 体細胞核分裂と細胞質分裂は次のどの現象に役立っているか.
   - a. 単細胞原核生物の無性生殖
   - b. 多細胞生物の発生と組織の修復
   - c. 植物と動物の有性生殖

2. それぞれの染色体を2個もつ細胞は ____
   - a. 二倍体　　b. 一倍体
   - c. 四倍体　　d. 異常

3. 相同染色体は ____
   - a. 両親から受け継ぐ
   - b. 姉妹染色分体である
   - c. 大きさと長さが異なる
   - d. 互いのDNA塩基配列が同一である

4. 細胞周期の間期には次のどの現象が起こるか.
   - a. 細胞が機能を止める
   - b. 核分裂の前に紡錘体が形成される
   - c. 細胞が成長しDNAを複製する

5. 体細胞核分裂の後，新しい娘細胞の染色体数は親細胞に比べて ____
   - a. 同じ　　　　　　b. 半分になっている
   - c. 変化している　　d. 二倍になっている

6. 有性生殖が無性生殖に比べて進化上有利な点は何か.
   - a. 1個体からより多くの子孫を生む
   - b. 子孫により多くの多様性をもたらす
   - c. 害のより小さい突然変異を生じる

7. 同じ遺伝子の異なる型は ____ である.
   - a. 配偶子
   - b. 相同
   - c. 対立遺伝子
   - d. がん遺伝子

8. 乗換えによって混合されるのは親の ____
   - a. 染色体
   - b. 対立遺伝子
   - c. 接合子
   - d. 配偶子

9. 動物の有性生殖で必要なことはどれか.
   - a. 減数分裂
   - b. 受精
   - c. 配偶子の形成
   - d. a～cのすべて

10. 体細胞分裂と減数分裂の重要な相違点は ____
   - a. 染色体が紡錘体極の中間に配列するのは減数分裂だけである
   - b. 相同染色体が分離するのは減数分裂だけである
   - c. 姉妹染色分体が分離するのは減数分裂だけである

11. 左側の体細胞分裂の各時期に起こる現象を右側から選べ.
   - ____ 前期　　a. 姉妹染色分体が分離する
   - ____ 中期　　b. 染色体が凝縮する
   - ____ 後期　　c. 新しい核がつくられる
   - ____ 終期　　d. DNA複製
   - ____ 間期　　e. 染色体が紡錘体極間の中央に並ぶ

12. 左側の用語の説明として最も適切なものを右側から選べ.
   - ____ 紡錘体　　　a. 細胞が分裂すると短くなる
   - ____ 悪性腫瘍　　b. 受精によりつくられる
   - ____ 収縮環　　　c. 対立遺伝子を混ぜ合わせる時期
   - ____ 配偶子　　　d. 危険な転移細胞
   - ____ テロメア　　e. 微小管からなる
   - ____ 接合子　　　f. 一倍体
   - ____ 前期I　　　g. くぼみをつくる

10 遺伝の様式

10・1 危険な粘液

囊胞性繊維症（cystic fibrosis）は，米国では最も一般的な致死性の遺伝性疾患であり，肺やその他の器官が障害を受ける．症状はさまざまであるが，すべての患者は持続的な肺の感染と呼吸困難に苦しむ．その障害は，塩化物イオンを細胞膜を通して運ぶ能動輸送タンパク質 CFTR をコードする遺伝子の突然変異により生じる．呼吸系では，CFTR タンパク質は，肺までの気道を覆う組織中の細胞によりおもに産生される．CFTR タンパク質が塩化物イオンをこの細胞の外に出すと，組織の表面にある体液の溶質濃度が増加する．すると，水が組織から浸透圧により，放出される（§4・5）．この2段階の過程により，呼吸系気道の内表面には薄い水の膜がつくられる．そのため，粘液は湿った管の中を容易に流れることができる．

この囊胞性繊維症で最も一般的にみられる**対立遺伝子**（allele，**アレル**ともいう）は，3塩基対の欠失をもつ．この対立遺伝子から転写される mRNA には一つのコドンが欠けており，そのため産生されるタンパク質から1アミノ酸が欠けることになる．この1アミノ酸欠損 CFTR タンパク質は，折りたたみが異常になり細胞膜に組込まれることができない．

CFTR タンパク質を欠いた細胞膜は塩化物イオンを輸送することができず，十分量の水が組織から出てこない．すると，呼吸系の気道は乾いてしまい，粘液が管壁に付着する．こうして，粘液の厚い塊が蓄積し肺への気道を塞ぐと，呼吸が困難になる．

この塩化物イオンの輸送に加えて，CFTR タンパク質は，細菌に直接結合する受容体としての機能をもち，**エンドサイトーシス**（endocytosis，§4・6）によって細菌を細胞に取込む．エンドサイトーシスは細菌を標的とする免疫応答をひき起こす機構である．細胞に CFTR タンパク質がないと，細菌は免疫系によって検出される前に増殖して感染するための時間をもつことになる．その結果，肺への慢性的な細菌の感染が囊胞性繊維症の特徴となる．薬により感染を抑えることはできるが，病気を治すことはできない．最善の治療を受けても，損傷した肺は機能を失い，この病気の患者は中年までしか生きられない．

10・2 形質の追跡

遺伝についての初期の考え方

19世紀には，遺伝物質はある種の液体で，受精時にはコーヒーにミルクを混ぜるように両親からの液体が混ざり合うと考えられていた．しかし，この"混合遺伝"の考えでは，現実に目にする事実を説明できなかった．たとえば，ある子供にはいずれの親にもみられないそばかすが生じることがある．黒いウマと白いウマを交配しても灰色の子ウマは生まれない．

その当時，遺伝情報が不連続な単位に分けられるという重要な考えを誰ももっていなかった．1850年ごろ，メンデル（Gregor Mendel）は，花の色，茎の高さなどの形質が変化するマメを交配する長期的な実験を始めた．オーストリアの修道士であったメンデルは，数千もの交配を行い，親と子の形質を注意深く記録した．これらの実験を通して，彼は遺伝の性質に対する洞察を得た．

メンデルの実験

メンデルはエンドウを栽培していた（図10・1）．エンドウの花は雄と雌の**配偶子**（gamete）をつくり❶，それらが花の中で自然に自家受粉して**種子**（seed）を

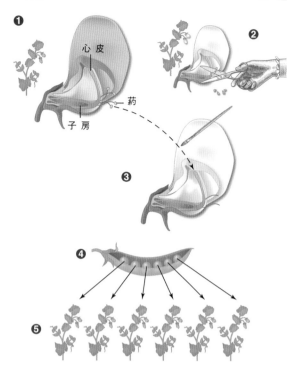

メンデル

図 10・1　エンドウの交配実験. メンデルは, エンドウの花を用いて注意深く交配実験を行い, 子の形質を記録した. その結果, 遺伝が予測できる様式で起こる証拠を見つけた.

❶ 葯で形成される花粉から雄の配偶子がつくられ, 雌の配偶子は心皮(めしべ)の一部の子房でつくられる. 花粉が心皮に付着すると, 雄と雌の配偶子が出会う(受精). 胚が花の子房で発生し, 種の中に包まれる. エンドウは自家受粉が可能である. すなわち, 同じ個体の花粉が心皮に付着しても発生可能な種子ができる.

❷ そこで, メンデルは自家受粉を防ぐために, まず花粉をつくる葯を切取った. この例では, 葯は白色の花から除かれている.

❸ 次にメンデルは葯を除いた花に他家受粉を行った. 他の花の花粉をブラシで心皮につけた.

❹ 他家受粉してできた種がさやの中で発生する.

❺ 種をまくと, 胚が発生して新しい植物の個体をつくる. この例では, 交配により生じたエンドウはすべて紫色の花をつける.

形成する. そこでメンデルは遺伝を研究するために, 特定の**形質**(trait)をもつ個体間で管理しながら**受粉**(pollination)を行った. 自家受粉を防ぐために, メンデルは, まず花粉をつくるおしべの葯を取除いた❷. 次に, その花のめしべにブラシで他の個体の花粉をつけることにより, 他家受粉を行った❸. 3番目に, 他家受粉した花から得た種子を集め❹, それぞれから成長した新しい個体の形質を記録した❺.

　メンデルの実験の多くは, 白花や紫花のような特定の形質についての純系(固定種)の個体から出発した. 純

系であるとは, すべての子孫が何世代にもわたって両親と同じ形質の型を示すことを意味している. たとえば, 白花の純系の両親から生まれたすべての子孫は白花をつける. 次節で説明するように, メンデルは, 形質の異なる型を示す純系間で他家受粉を行い, 次世代の形質が予想できるパターンで現れることを発見した.

　メンデルは, エンドウの栽培と形質を追跡する緻密な仕事により, 遺伝情報は不連続な単位として世代間で受け継がれる, と正しく結論した. その仕事は 1866 年に論文として出版されたが, その当時は少数の人にしか読まれず, 誰も理解しなかった. 1871 年にメンデルは昇進して, それを機に彼の先駆的な実験は終わった. 1884 年に死んだ時, このエンドウの実験が現代的な遺伝学の出発点になることを彼は知らなかった.

遺伝の現代的解釈

　今日では, メンデルの"遺伝単位"は**遺伝子**(gene)であることが知られている. ある生物種の個体が互いに共通の形質をもつのは, 各個体の**染色体**(chromosome)が同じ遺伝子をもつためである. 各遺伝子は特定の染色体上の決まった位置に存在している(図 10・2). 二倍体の細胞は, 相同染色体の対をもち(§9・2), そのため各遺伝子を 2 コピーもつ. ほとんどの場合, 両方のコピーは同じ量を発現している. いずれの遺伝子についても, その 2 コピーは同一であることもあれば, 異なる対立遺伝子であることもある(§9・5).

　両方の相同染色体上の遺伝子が同じ対立遺伝子である個体はその対立遺伝子に関して**ホモ接合**(homozygous)であるという(homo- は"同じ"を意味する). ある形質に関して純系の生物は, その形質を支配する対立遺伝子に関してホモ接合である. それに対して, 異なる対立遺伝子をもつ個体は, その対立遺伝子に関して**ヘテロ接合**(heterozygous)である(hetero- は"異なる"を意味する). 雑種とは, ある形質について異なる型を示す純系の親どうしを交配することにより生まれたヘテロ接合の個体である.

　個体がもつ特定の対立遺伝子の組を**遺伝子型**(genotype)とよぶ. ホモ接合とヘテロ接合は遺伝子型を表すときに示される. **表現型**(phenotype)は, 個体の観察

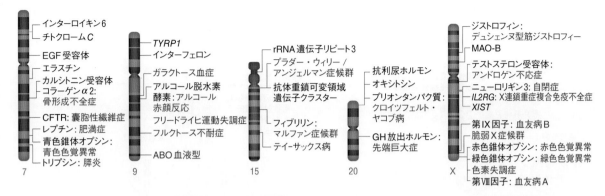

図 10・2　いくつかのヒトの染色体上の遺伝子の位置．名称が示されているタンパク質をコードする遺伝子の染色体
上の位置と，その遺伝子の突然変異によって生じる遺伝性疾患が赤で記されている．染色体番号が染色体の下に，
X 染色体は X で示されている．特徴的な縞模様は染色すると現れる．

できる形質を意味し，遺伝子型が表現型の基礎になって
いる．白色の花と紫色の花は異なる遺伝子型から生じる
エンドウの表現型の例である．

　ヘテロ接合の個体の表現型は，二つの異なる対立遺伝
子産物の相互作用の仕方に依存する．多くの場合，一つ
の対立遺伝子は他の対立遺伝子の効果に影響を与え，そ
の相互作用の結果が個体の表現型として現れる．

　ある対立遺伝子が，対をなす対立遺伝子の効果を隠す
場合，前者は**優性**（dominant，**顕性**ともいう）で後者
は**劣性**（recessive，**潜性**ともいう）であるという．通
常，優性対立遺伝子は大文字の斜体（たとえば A）で表
し，劣性対立遺伝子は小文字の斜体（たとえば a）で表
す．メンデルが研究をしていた紫色と白色の花をもつエ
ンドウについて考えてみよう．紫色の花を規定する対立

遺伝子 P は，白色の花を規定する対立遺伝子 p に対し
て優性である．したがって，エンドウは優性対立遺伝子
がホモ接合 PP のとき優性形質である紫色の花をつけ
る．一方，劣性対立遺伝子 p に関してホモ接合 pp のエ
ンドウは劣性形質である白色の花をつける．ここで，優
性対立遺伝子と劣性対立遺伝子を両方もつヘテロ接合
Pp のエンドウは，優性形質である紫色の花をつける
（図 10・3）．

10・3　メンデル遺伝の様式

遺伝子の配偶子への分配

　減数分裂（meiosis，reduction division）は対をつく
る相同染色体を分離させ，各相同染色体は異なる配偶子
に入る（§9・6）．そのため，相同染色体上の対立遺伝
子も異なる配偶子に入る．

　例として，エンドウの紫色と白色の花を生じる対立遺
伝子について考えてみよう（図10・4）．優性対立遺伝
子に関してホモ接合の個体 PP は優性対立遺伝子 P をも
つ配偶子のみをつくる❶．劣性対立遺伝子に関してホ
モ接合の個体 pp は対立遺伝子 p をもつ配偶子のみをつ
くる❷．もし，これらのホモ接合の個体間で交配 $PP \times$
pp が行われると，その結果は一つに決まる．すなわち，
対立遺伝子 P をもつ配偶子が対立遺伝子 p をもつ配偶
子と出会い，受精することになる❸．この交配のすべ
ての子は両方の対立遺伝子をもち，ヘテロ接合体 Pp と
なる．**パネットの方形**（Punnett square）は，このよう
な交配の結果を予想する上で役に立つ❹．

一遺伝子雑種交配

　メンデルは対立遺伝子とは具体的に何か知らなかった
が，それが配偶子に分配され，子では組換えられること

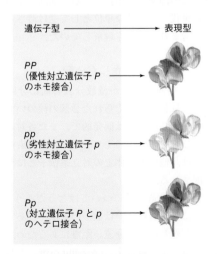

遺伝子型　　　　　　　　　→　　表現型

PP
（優性対立遺伝子 P
のホモ接合）

pp
（劣性対立遺伝子 p
のホモ接合）

Pp
（対立遺伝子 P と p
のヘテロ接合）

図 10・3　**遺伝子型が表現型を生じる**．この例では，優性
対立遺伝子 P は紫色の花を生じ，劣性対立遺伝子 p は
白色の花を生じる．

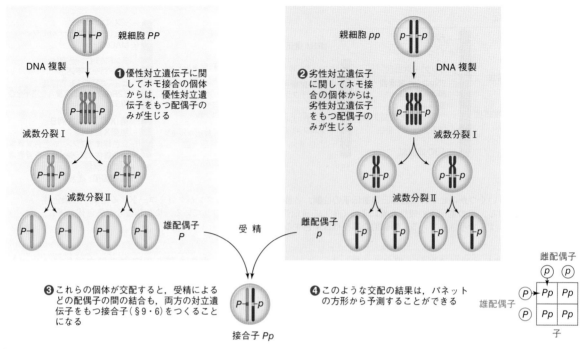

図 10・4　相同染色体上にある対立遺伝子の配偶子への分離. 対をなす 2 本の相同染色体は減数分裂の間に分離する
　　ため，その上にある対立遺伝子も分離する．生じた各配偶子は対をなす遺伝子のうち一つのみをもつ．ここでは，
　　わかりやすいように，1 種類の染色体のみを図示している.

を発見した．**一遺伝子雑種交配**（monohybrid cross）と
よばれる実験がこの発見の鍵となった．一遺伝子雑種交
配とは，一つの遺伝子の対立遺伝子に関して同一のヘテ
ロ接合個体間の交配（たとえば，$Aa \times Aa$）である．こ
の実験では，まず，ある形質の異なる型をもつ純系の個
体の間で交配を行う．その交配により，F_1（第一世代）
雑種の子が生まれる（図 10・5a）．これら F_1 個体間で
の交配が一遺伝子雑種交配であり，その結果 F_2（第二世
代）の子が生まれる．その形質の二つの異なる型が F_2
の子に生じる頻度は，その形質を支配する対立遺伝子の
間の優劣関係についての情報を与えてくれる.

　紫色の花をつけるヘテロ接合の個体の間の交配 $Pp \times$
Pp は，一遺伝子雑種交配の例である．それぞれの個体
が 2 種類の配偶子を生じる．すなわち，P 対立遺伝子を
もつ配偶子と p 対立遺伝子をもつ配偶子である．この 2
種類の配偶子が受精するときに 4 種類の出会い方がある
（図 10・5b）．4 種類の組合わせのうち，3 種類には優性
対立遺伝子 P が存在している．いいかえると，受精ご
とに，4 分の 3 の確率で生じた接合子に P 対立遺伝子が
存在し，その個体は紫色の花をつける．また，4 分の 1
の確率で，接合子は 2 個の p 対立遺伝子をもち，その個
体は白い花をつける．こうして，F_2 の子の間では，確
率的には，1 個体が白い花をつけ，3 個体は紫色の花を

つけることになる.

　一遺伝子雑種交配の F_2 個体の間に 3：1 の表現型の
割合が生じるということは，その表現型を支配する対立
遺伝子に優性-劣性の関係性があることを意味している.
このパターンは明確に予測できるため，未知の対立遺伝
子の間の優劣関係を調べるために使うことができる．メ
ンデルは，この関係性の中に，形質を支配する遺伝情報
が世代から世代へ不連続な単位として受け渡される，と
いう意味が含まれることを理解していた.

遺伝子の配偶子への独立した分配

　対をつくる相同染色体が減数分裂の間に分離すると
き，それぞれは新しくつくられた 2 個の核のいずれかに
一つずつ入る．この分配は偶発的で，また各対の相同染
色体で独立に起こる．こうして，1 対の相同染色体上の
対立遺伝子は，他の染色体上の対立遺伝子とは独立に配
偶子に分配される.

　同じ染色体上の遺伝子についてはどうだろうか．1 本
の染色体上には数百あるいは数千の遺伝子があり，それ
らのほとんどが互いに十分遠い距離にあるため，遺伝子
間の領域でほぼ常に**乗換え**（crossing over）が起こって
いる．こうして，これらの遺伝子の対立遺伝子は配偶子
に独立に分配される傾向があり，まるでその遺伝子が異

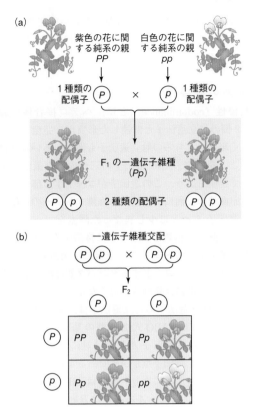

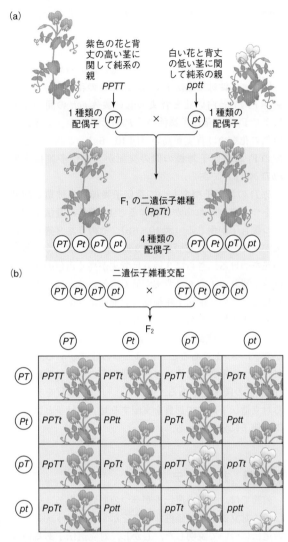

図 10・5 **一遺伝子雑種交配**. この例では，P は紫色の花を生じる優性対立遺伝子で，p は白色の花を生じる劣性対立遺伝子である．(a) ある形質の異なる型を示す2種類の純系を交配して生じる F_1（第一世代）のすべては，その形質を支配する対立遺伝子に関してヘテロ接合 Pp である．雑種となった子は2種類の配偶子 P と p をつくる．F_1 雑種間の交配が一遺伝子雑種交配 $Pp \times Pp$ である．(b) F_1 雑種によってつくられた2種類の配偶子は受精時に4通りの組合わせで出会う．この例では，4通りの組合わせのうち3通りが優性対立遺伝子 P を含むため，F_2（第二世代）の子の中で紫色と白色の花をつける個体の割合は3:1である．

なる染色体上にあるかのようにみえる．それに対して，ある遺伝子は染色体上で互いに非常に近いところにある．これらの遺伝子の対立遺伝子は，遺伝子間の領域での乗換えがまれであるために，通常，配偶子への独立した分配は起こらない．こうして，染色体上で近い位置に存在する遺伝子については，配偶子は親の対立遺伝子と同じ組合わせをもつようになる．

二遺伝子雑種交配

　2個の遺伝子の対立遺伝子に関してヘテロ接合（たとえば，$AaBb$）の個体は二遺伝子雑種とよばれ，その個体の間の交配は**二遺伝子雑種交配**（dihybrid cross）とよばれる．メンデルは二遺伝子雑種交配によって，異なる

図 10・6 **二遺伝子雑種交配**. この例では，P と p は紫色と白色の花を生じる優性と劣性の対立遺伝子で，T と t は高いあるいは低い背丈を生じる優性と劣性の対立遺伝子を意味する．(a) 2形質の異なる型を示す純系を交配すると，F_1（第一世代）の子は，その形質を支配する対立遺伝子に関して同一のヘテロ接合 $PpTt$ となる．これらの二遺伝子雑種は4種類の配偶子 PT, Pt, pT, pt をつくる．この F_1 の二遺伝子雑種間の交配が二遺伝子雑種交配 $PpTt \times PpTt$ である．(b) F_1 の二遺伝子雑種個体によってつくられる4種類の配偶子は受精時に16通りの組合わせで出会う．この例では，そのうち9通りが紫色の花と高い背丈をもつ個体を生じる．3通りが紫色の花と低い背丈，3通りが白い花と高い背丈，1通りが白い花と低い背丈の個体を生じる．したがって，表現型の割合は9:3:3:1である．

形質をもたらす遺伝単位（異なる遺伝子の対立遺伝子）が配偶子におおむね独立に分配されることを発見した．
　二遺伝子雑種は，2種の形質の異なる型に関する純系

の間の子である．たとえば，片親は紫色の花をつけ茎の背丈が高いという形質の型についての純系であり，別の親は白い花をつけ背丈が低いという形質の型についての純系である．T と t は，それぞれ茎の背丈の高さを決める優性と劣性対立遺伝子である．紫色の花と高い背丈の個体 $PPTT$ と白い花と背丈の低い個体 $pptt$ の間の交配により F_1 の二遺伝子雑種の子 $PpTt$ が生まれ，いずれも紫色の花をつけ背丈が高い（図 10・6a）．これらの 2 個体の F_1 二遺伝子雑種の間の交配が二遺伝子雑種交配 $PpTt × PpTt$ である．

　$PpTt$ の遺伝子型をもつ二遺伝子雑種は 4 種類の配偶子をつくり，それらが受精すると 16 通りの遺伝子型をもつ接合子が生じる（図 10・6b）．そのうち 9 通りは背丈が高く紫色の花をつける．3 通りは背丈が低く，紫色の花をつける．さらに 3 通りは背丈が高く白色の花をつける．残りの 1 通りは背丈が低く白色の花をつける．こうして，この二遺伝子雑種間の交配により生まれた個体がもつ表現型の割合は 9：3：3：1 となる．

　二遺伝子雑種交配の F_2 個体にみられる表現型の割合が 9：3：3：1 であることには二つの意味がある．第一に，二つの形質それぞれの対立遺伝子の間には明確な優性-劣性の関係性がある．第二に，一つの形質を支配する対立遺伝子は他の形質を支配する対立遺伝子とは独立に配偶子に分配される．

10・4　非メンデル遺伝

　前節では，一つの遺伝子が一つの形質を生じ，その遺伝子の対立遺伝子は優性か劣性を示す，というメンデルの遺伝について説明した．しかし，対立遺伝子あるいは形質の間には，より複雑な関係性があることが多い．次にその例を示す．

キンギョソウの不完全優性

　不完全優性（incomplete dominance）とよばれる遺伝様式では，一つの対立遺伝子が他の対立遺伝子に対して完全に優性を示さず，その結果，ヘテロ接合の表現型が二つのホモ接合の表現型の中間を示すようになる．ここでは，キンギョソウの花の色に影響を与える遺伝子の対立遺伝子を例にして説明しよう．その遺伝子はある相同染色体の対のそれぞれに 1 コピーずつ存在する．一つの対立遺伝子は赤い色素をつくる酵素をコードしている．この対立遺伝子に関するホモ接合体は多量の赤い色素をつくるため赤い花をつける．もう一つの対立遺伝子は突然変異をもち，そこにコードされる酵素は色素をつくることができない．この変異をもつ対立遺伝子に関するホ

モ接合体は色素を全くつくらないため白い花をつける．ヘテロ接合体は花の色をピンクにする程度の少量の赤い色素をつくる．

血液型の共優性

　共優性（codominance）とは，ヘテロ接合体において，2 個の対立遺伝子と関連した形質が，完全にそして等しく現れ，どちらの対立遺伝子も優性あるいは劣性でないことをさす．ABO 遺伝子の三つの対立遺伝子を例にして説明しよう．この遺伝子がコードする酵素は，ヒトの赤血球の表面にある糖鎖を修飾する．その遺伝子の対立遺伝子 A と B は少し異なった酵素をコードしており，その酵素は糖鎖を異なる型に修飾する．3 番目の対立遺伝子 O はフレームシフトを起こす突然変異をもつ．この対立遺伝子がコードするタンパク質は酵素活性をもたないため，糖鎖は修飾されなくなる．

　ヒトの ABO 遺伝子の対立遺伝子は，赤血球の糖鎖の型を決めており，ABO 式血液型の基礎となっている（図 10・7）．対立遺伝子 A と B は対になったとき共優性となる．もし遺伝子型が AB であるならば，両方の修飾型糖鎖をもつことになり，血液は AB 型となる．対立遺伝子 O は対立遺伝子 A あるいは B と対になると劣性になる．もし遺伝子型が AA あるいは AO であるならば，血液は A 型である．もし，遺伝子型が BB あるいは BO であるならば，血液は B 型となる．遺伝子型が OO の場合，血液は O 型となる．

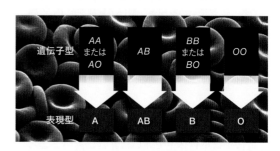

図 10・7　血液型の基礎となる対立遺伝子の組合わせ

　適合しない血液の輸血を受けることは危険である．なぜなら免疫系が通常自分の体にない分子をもつ細胞を攻撃するからである．その攻撃により，赤血球は凝集するか破裂し，命にかかわる結果をひき起こす．ほぼすべての人は修飾されていない糖鎖もつくるため，O 型の血液は輸血されたほとんどの人に免疫反応をひき起こさない．そのため，O 型の血液をもつ人は，誰にでも血液を輸血できる．しかし，O 型の人は，A, B, AB 型の人によってつくられた血液の修飾型糖鎖を自分の体にもたな

いため，輸血を受けられる血液は O 型のみである．AB型の血液をもつ人は，どのような ABO 型の血液でも輸血を受けられる．

多面発現とマルファン症候群

多面発現（pleiotropy）とよばれる遺伝様式は，一つの遺伝子が複数の形質に影響を与えることをさしている．遺伝子の産物や発現を変える突然変異はその形質のすべてに影響する．鎌状赤血球貧血や嚢胞性繊維症などの複合的症状を示す遺伝性疾患は，一つの遺伝子の突然変異によってひき起こされる．別の例である**マルファン症候群**（Marfan syndrome）は**フィブリリン**（fibrillin）をコードしている遺伝子の突然変異によってひき起こされる．このタンパク質がつくる長い繊維は，心臓，皮膚，血管，腱など体の一部の組織に弾性を与える．この遺伝子に突然変異が生じると，体の組織は欠損したあるいは不十分なフィブリリンしかつくれなくなる．心臓から伸びる最も大きな血管である大動脈は特にその影響を受ける．フィブリリンの適切な足場がなくなると，大動脈の厚い壁は本来の弾性を失い，最終的には伸びきり血液が漏れやすくなる．そして，細く弱くなった大動脈は運動している間に突然破裂し，突然死の原因となる．約5000 人に 1 人はマルファン症候群を発症する．治すことはできないが，定期的な医療を受けることや特定の行動を避けることにより危険性を小さくすることができる．

多因子遺伝

多因子遺伝（polygenic inheritance）とよばれる遺伝様式では，複数の遺伝子が共に一つの形質に影響を与える．数百の遺伝子がその表現型に少しずつ影響することもある．

動物の毛の色は 2 種類の色素により生じる．ユーメラニンは茶色から黒色をしており，フェオメラニンは赤味を帯びている．この 2 種類の**メラニン**（melanin）の量比が毛の色を決定する．

複数の遺伝子産物の相互作用によって，毛はその成長過程でメラニンをつくり蓄積する．ラブラドルレトリーバーでは，2 個の遺伝子の対立遺伝子が個体の毛の色を黒色，茶色，黄色のいずれにするか決める（図 10・8）．そのうちの一つの遺伝子はユーメラニンの分布と蓄積にかかわる．その遺伝子の優性対立遺伝子 B は，毛を黒色にし，劣性対立遺伝子 b は茶色にする．第二の遺伝子の産物はユーメラニンを産生するか決定する．その遺伝子の優性対立遺伝子 E をもつ個体は，ユーメラニンをつくり，黒色か茶色の毛をもつ．劣性対立遺伝子 e に関してホモ接合の個体は赤味のあるフェオメラニンしかつ

くらないため，その個体は黄色の毛をもつ．

ヒトの皮膚の色も多因子遺伝の様式で受け継がれる（図 10・9）．少なくとも 350 個の遺伝子の産物が，メラニンをつくる細胞器官である**メラノソーム**（melanosome）でこの形質に影響を与える．ほとんどの人が皮膚の細胞にほぼ同数のメラノソームをもっている．皮膚の色の多様性は細胞のメラノソームの大きさ，形，細胞内分布，およびつくるメラニンの種類と量の相違により生じ

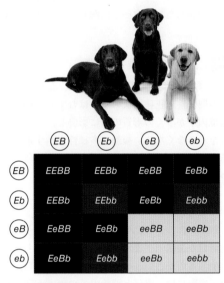

図 10・8 **多因子遺伝: イヌの毛の色.** 二つの遺伝子の産物間の相互作用がラブラドルレトリーバーの毛の色に影響を与えている．二つの遺伝子について共に優性の対立遺伝子 E と B をもつイヌの毛は黒である．優性対立遺伝子 E をもち，劣性対立遺伝子 b についてホモ接合のイヌの毛は茶色である．劣性対立遺伝子 e についてホモ接合のイヌは黄の毛をもつ．

図 10・9 **多因子遺伝: ヒトの皮膚の色.** 二卵性双生児の少女と両親．双子の祖母は二人ともヨーロッパ人の子孫で淡い色の皮膚をしている．祖父は二人ともアフリカ人の子孫で暗い色の皮膚をもつ．この双子は，皮膚の色に影響を与える遺伝子の異なる対立遺伝子を受け継いでいる．

る．これらの多様性には遺伝的基礎がある．メラノソームの膜中にある輸送タンパク質をコードする遺伝子について考えてみよう．ほとんどすべてのアフリカ人，北米先住民，東アジア人の系統はこの遺伝子の同じ対立遺伝子をもっている．6000年前から12,000年前の間に起こった突然変異によって異なる対立遺伝子が生じた．その突然変異は一塩基置換で，元のアフリカ人の対立遺伝子がつくるよりも少量のメラニンをつくり，皮膚の色を明るくする．今日，ヨーロッパ人系統のほとんどすべての人が，その変異した対立遺伝子に関してホモ接合である．

10・5　形質の複雑な変異

　形質の多様性は対立遺伝子から生じるが，多くの場合，この関係性を正確に決めるのはむずかしい．たとえば，環境因子が多くの形質の型に影響し，ある形質は特定の型を示さなくなる．複雑な多様性を示す形質の遺伝的な基礎は完全には解明されておらず，その研究はむずかしいが興味深い．

生まれと育ち

　"生まれか育ちか"という言い方があるように，ヒトの行動形質が遺伝（生まれ）と環境因子（育ち）のどちらから生じるのかということは何世紀も前から議論されてきた．実際には，遺伝と環境因子の両方が関与している．環境は多くの遺伝子発現に影響しており，遺伝子発現は行動形質を含めた表現型に影響を与える．この考えは次に示す式で表される．

$$遺伝子型 + 環境 \longrightarrow 表現型$$

　エピジェネティックス（§8・7参照）の研究により，環境が表現型に与える影響は，ほとんどの生物学者が

思っていたよりも大きいことが明らかとなっている．環境因子は細胞シグナル経路の引き金となり，その経路が次に遺伝子発現をひき起こす（後の章で，その経路について学ぶ）．ある細胞シグナル伝達経路はDNAの特定の領域をメチル化し，その領域の遺伝子発現を抑える．ヒトと他の動物では，DNAのメチル化パターンは食事，ストレス，運動，そして薬，タバコやアルコールのような毒性のある物質によっても影響を受ける．

環境が表現型に影響を与える例

　外部因子に応答して表現型を調節する機構は，環境変化に適応する個体の正常な能力の一部である．以下に，その具体例をあげる．

　ミジンコ *Daphnia* は，淡水の池や水たまりに生息する小さな水生動物である．ミジンコは驚くほど柔軟な表現型を示す．夏の池では，表面の暖かい水は底の冷たい水より多くの酸素を含んでいる．池の底を泳ぐミジンコは，低酸素の状態でも生存することができる．これは酸素を運ぶ赤色のヘモグロビンの産生にかかわる遺伝子が発現するためで，実際にミジンコは赤くなる（図10・10a）．また，周囲に捕食性昆虫がいると，ミジンコは形態を変化させて防御のための尖ったヘルメットと長い針状の尾をつくる．

　多くの動物では，温度や昼の長さの季節的変化が毛の色素の産生に影響を与える．実際に，これらの動物は季節によって異なる色をしている（図10・10b）．昼の長さの変化によって生じたホルモンのシグナルは毛を脱落させ，毛が再び生えてきたときには異なる色素が蓄積する．この表現型の変化は，捕食者に対しての季節ごとに適したカムフラージュとなる．

　動物では，発生のほとんどは成体になる前に起こる．それに対して，植物の発生は，個体が生きている間続く

(a)
(b)
(c)

図 10・10　表現型に対する環境の効果．（a）低酸素の条件下では，ミジンコはヘモグロビンの産生にかかわる遺伝子を発現させる．この赤色のタンパク質は水から酸素を吸収する個体の能力を増強させる．左のミジンコは正常な酸素濃度をもつ水に，右のミジンコは低酸素濃度の水に生息していた．（b）北米の野ウサギの毛色は季節によって変化する．夏には毛は茶色（左）で，冬には白くなる（右）．どちらの色もそれぞれの季節で外敵から身を守る保護色となっている．（c）多くの植物では，季節的な成長パターンは夜の長さの季節的変化によってひき起こされる．

（図10・10c）．温度，重力，夜の長さ，水や栄養の供給の変化，あるいは病原体や草食動物の存在により，遺伝子発現の変化がひき起こされ，それが成長パターンを変化させる．

連続変異

ある形質は，**連続変異**（continuous variation）とよばれる小さな幅の相違として現れる．連続変異は，複数の遺伝子が一つの形質に影響を与える多因子遺伝の結果として生じる．多くの対立遺伝子をもつ遺伝子から生じる形質もまた連続的に変化する．たとえば，イヌでは，顔の長さの連続変異は12個の対立遺伝子をもつ**ホメオティック遺伝子**（homeotic gene）により生じる．その遺伝子は，2から6ヌクレオチドの配列が多数回繰返して並んだ**短鎖縦列反復配列**（short tandem repeat）をもつ．その短鎖縦列反復配列の数はDNA複製や修復の間に自然に増加あるいは減少し，その結果生じた繰返し領域の伸長や短縮が対立遺伝子として保存される．この場合，より多くの繰返しがあることが，イヌがより長い顔をもつことと関連している（図10・11）．

図 10・11 イヌの顔の長さは連続的に変化する． この形質に影響を与えるある遺伝子は12個の対立遺伝子をもつ．その対立遺伝子のすべては短鎖縦列反復配列領域の伸長や短縮によって生じている．反復数の変異は顔の長さの変異と相関している．反復が多いほど顔が長くなる．

特定の形質が連続的に変化することはどのようにしてわかるのだろうか．まず，対象とする表現型全体を測定可能な区分に分ける．各区分の個体数は全体の表現型の中での頻度を示す．データが棒グラフとして描かれるとき，それぞれの棒の最上部をつなぐ線が形質の値の分布を示している．もし，その線が**つり鐘形曲線**（bell curve）であれば，形質は連続的に変化していることを意味している（図10・12）．

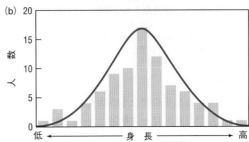

図 10・12 ヒトの身長の連続変異． （a）ある大学で生物学を学ぶ男子学生が背の高さに従って並んだときのパターン．（b）連続的に変化する形質の値の分布は特徴的なつり鐘形曲線を示す．（a）の学生の背の高さがこのグラフのデータとなっている．

10・6 ヒトの遺伝解析

ヒトの遺伝研究

驚くことに，容易に観察できるヒトの形質のうちメンデルの法則に従うのはごくわずかである．これは他の生物でも同様であり，多因子遺伝の形質が一般的で，また多くの表現型はエピジェネティックであり環境からの影響を受けるからである．

ヒトの複雑な遺伝様式を研究することは興味深いことである．まず，エンドウやショウジョウバエが遺伝の研究に理想的なのはなぜか考えてみよう．管理した中でそれらを育てることに大きな倫理的問題は生じない．また，早く成長するため，何世代にもわたって形質を観察するのに長い時間はかからない．しかし，ヒトは多様な条件のもとで異なる場所で生活しており，ヒトの研究をする遺伝学者と同じ長さの時間を生きている．われわれのほとんどは自分の好みで相手を選び，子をつくる．また，ヒトの家族は小さいため，標本誤差が避けられない．

ヒトの遺伝の研究を行うためには，遺伝学者は家系の何世代にもわたる形質を追跡する目的で**家系図**（pedigree）を作成して使う．家系図では，標準的には個人は多角形で表され個人間の関係は線で示される（図10・13）．男性は四角で，女性は丸で表す．中塗りの多角形

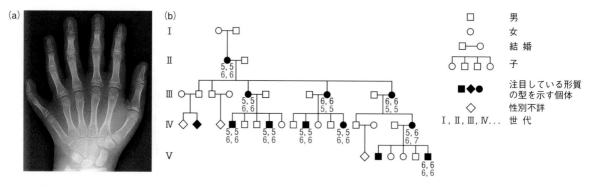

図 10・13　**多指症をもつ家系**. この例では, 優性対立遺伝子により多指症が生じている. 同様な異常はエリス・ファンクレフェルト症候群のような劣性対立遺伝子によって起こる遺伝性疾患にもみられる. (a) 多指症は, 余分な手足の指が生じる遺伝的な異常である. (b) この家系図で 5 世代（I～V）にわたって多指症を追跡している. 各手の指の数を黒字で, 各足の指の数を赤字で示している. 記号の説明は右上に示した通りである.

は研究している形質の型をもつ個人を示す. 各世代は同じ行に並んでおり, ローマ数字（I, II, IIIなど）がつけられている.

　家系図を用いると, 将来の世代に, その表現型が再び現れる確率を予測することができる. また, その形質が優性ないし劣性対立遺伝子により生じるのか, あるいは対立遺伝子が常染色体か性染色体（§7・4）にあるのかを明らかにできる.

遺伝性の疾患と異常

　ヒトの遺伝様式の理解は, 対立遺伝子から生じた遺伝性疾患の研究からおもに得られている. 遺伝性疾患は親から遺伝する, あるいは配偶子形成過程で生じた突然変異の結果として自然に生じることがある. 遺伝的異常も同様に起こる. 遺伝的異常は, 6 本の手の指や, つま先の指の間に水かきをもつなどのようなまれな形質を意味する. 生命を脅かすものではなく, その捉え方は人によるだろう. それに対して, 遺伝性疾患は, 重大な医学的問題の原因になるものをさす.

　一遺伝子が一つの形質を生じるという関係性はヒトではなかなかみられないが, 一遺伝子の異常による疾患が遺伝することは実際によく知られている. これは部分的には複雑な関係性により生じた結果である. 遺伝性疾患は通常, 患者間で変わる複数の症状（症候群）を示す. 糖尿病, ぜんそく, 肥満, がん, 心臓病, 多発性硬化症など多くの疾患が遺伝するが, その様式は複雑であるために, 何十年の研究にもかかわらず発症の作用機序は解明されていない. たとえば, 自閉症（発達障害）のリスクを増加させる突然変異はほぼすべての染色体に発見されているが, その突然変異をもっている人のほとんどは自閉症ではない.

乳がん遺伝子の発見

　だいぶ以前から, **乳がん**（breast cancer）はある家系で多発することが知られていた. 1970 年代に, キング（Mary-Claire King）は, その家系において乳がんのリスクが高いのは突然変異が遺伝されるためであると主張した. 彼女は遺伝的および非遺伝的原因によるがんの理論的発生率を予測する数学的モデルをつくり仮説を検証した. 米国がん研究所が収集した大量の患者のデータに対して行った予測を比較した結果, "乳がんの形質"が常染色体の優性対立遺伝子から生じるとすると, 家族性の早発性乳がんのほとんどが説明できることを発見した.

　この驚くべき結果により, がん生物学の研究の焦点は遺伝的研究に大きく移ることになった. 1990 年代に, キングの研究室はがんの原因遺伝子である *BRCA 1* の同定に成功した. この遺伝子は腫瘍抑制因子（§9・4）をコードし, その突然変異は乳がんを起こりやすくする. それ以来, がんや他の病気の遺伝的基礎についての研究が進められている. 早期発見は早期治療につながり人命を救うことになる. これらの突然変異をもつことが見つかったある女性たちは, がんが発症する前に予防的治療を選択している.

10・7　ヒトの遺伝様式

　メンデルの様式で遺伝するヒトの遺伝性疾患は, 通常, 原因となる染色体の種類（常染色体か性染色体）と疾患に関連する対立遺伝子が優性か劣性かによって分けられる.

常染色体優性遺伝

　常染色体上の優性対立遺伝子と関連した形質は, ヘテ

表 10・1 ヒトの常染色体優性形質の例	
疾患／異常	おもな症状
軟骨無形成症	低身長症
無虹彩症	眼の欠陥
ハンチントン病	神経系の変性
マルファン症候群	心血管系の機能不全
多指症	余分な手足の指
早老症	急激な早期老化

ロ接合とホモ接合のいずれの人においても現れる. 表10・1にいくつかの例が示されている. そのような形質は, すべての世代の家族で現れ, また男女に等しい頻度で現れる. 一人の親が優性対立遺伝子に関してヘテロ接合であり, もう一人の親が劣性対立遺伝子に関してホモ接合である場合, その子は50%の確率で優性対立遺伝子を受け継ぎ, 関連した形質を示すようになる（図10・14）.

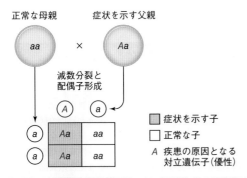

図 10・14　**常染色体優性遺伝の例**. 常染色体上の優性対立遺伝子に関してヘテロ接合の人はその対立遺伝子に関連した形質を示す. この例では, 症状をもつ父親は優性対立遺伝子に関してヘテロ接合である. 子はそれぞれ50%の確率でその対立遺伝子を受け継ぎ, 形質を示す.

　軟骨無形成症（achondroplasia）とよばれる遺伝性低身長症は常染色体優性疾患である. 軟骨無形成症に関連する突然変異は増殖因子受容体（§9・4）の遺伝子に生じる. この受容体は骨をつくる細胞の成長と分化を抑制する. 突然変異が起こると受容体は過度に活性化し, 成長期の骨の発生を遅らせる. その結果, この疾患をもつ成人は胴体に比べて短い手足をもち異常に背が低くなる.

　常染色体優性疾患である**ハンチントン病**（Huntington's disease）は, DNA損傷修復を行うタンパク質である**ハンチンチン**（huntingtin）をコードする遺伝子の短鎖縦列反復配列の拡張によってひき起こされる. この拡張し

た遺伝子がコードするハンチンチンはグルタミンが40回以上繰返し現れる領域をもつ. その変化したハンチンチンは欠陥タンパク質を壊す細胞機構に抵抗性をもち大きな凝集体となる. 特に運動, 思考や感情に関与する脳細胞でそれが顕著となる. すると, 細胞の機能は妨げられ, ストレス反応が起こり, 最終的に細胞は死ぬことになる. グルタミンを多く含むタンパク質の断片はアミロイド原繊維に蓄積し, 脳にアミロイド斑が現れる（§2・9）. ハンチントン病の兆候は30歳を過ぎてから現れ, 患者は40代から50代になって死亡する. このような後発性の疾患をもつ人はその症状が現れる前に子をつくるので, その対立遺伝子は知らないうちに子に受け継がれることになる.

　ハッチンソン・ギルフォード早老症（Hutchinson-Gilford progeria）とよばれる常染色体優性疾患の特徴は急激な老化を示すことである. この疾患のほとんどは, 核ラミナ（§3・5）をつくる中間径フィラメントのサブユニットタンパク質であるラミンAをコードする遺伝子の一塩基置換により生じる. この突然変異をもつ細胞は異常で毒性のあるタンパク質をつくる. その核は全体的に異常で, DNAの損傷が速やかに蓄積し, 細胞は早期に細胞老化の状態になる（§9・4）. この早老症の突然変異の効果は広範囲である. この疾患の外見上の症状は2歳になる前に現れる. 本来ならふっくらとして弾力のある皮膚が薄くなり, 筋肉が弱まり, 骨が柔らかくなる. ほとんどの患者は, 典型的な老化現象である動脈硬化による脳卒中か心臓発作により10代前半で死を迎える.

常染色体劣性遺伝

　常染色体劣性形質はホモ接合体においてのみ現れる. ヘテロ接合の人は, その対立遺伝子をもつが形質は現れないため**保因者**（carrier）とよばれる. 表10・2はいく

表 10・2 ヒトの常染色体劣性形質の例	
疾患／異常	おもな症状
白皮症	色素形成の欠損
嚢胞性繊維症	呼吸困難, 肺感染症
エリス・ファンクレフェルト症候群	小人症, 心臓欠陥, 多指症
フリードライヒ運動失調症	進行性の運動および感覚機能の損失
メトヘモグロビン血症	青色の皮膚
フェニルケトン尿症	精神的欠陥
鎌状赤血球貧血	貧血, はれ, 高頻度の感染
テイ-サックス症	精神的, 身体的能力の低下, 早期の死

つかの例を示している．そのような形質は両性に等しい割合で現れ，ある世代では現れないことがある．二人の保因者の子は，誰もが25%の確率で両親双方からその対立遺伝子を受取り形質を示すことになる．（図10・15）．

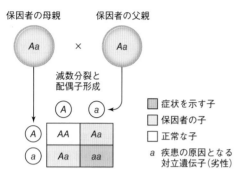

図 10・15　**常染色体劣性遺伝**．常染色体上の劣性対立遺伝子（赤）に関してホモ接合の人のみが関連した形質を示す．この例では，両親とも保因者である．子はそれぞれが25%の割合で2個の劣性対立遺伝子を受け継ぎ，形質を示す．

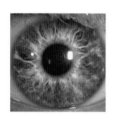

　白皮症（albinism）は，メラニンの量が異常に低いことによって生じる常染色体劣性の表現型である．白皮症に関連した突然変異は，メラニンの合成に関与するタンパク質に影響を与える．皮膚，毛，眼の色素が減少ないし欠損する．最も劇的な表現型は，皮膚は非常に白く，日に焼けず，毛も白い．虹彩は色素を欠くため，下を通る血管が透けて赤く見える（左上図）．メラニンは網膜でも働くため，この表現型をもつ人たちは，通常視覚に問題がある．皮膚では，メラニンは日除けのスクリーンとして働き，それがないと皮膚は紫外線に対して無防備になる．そのため，白皮症の人は皮膚がんになるリスクが非常に高い．

　テイ-サックス病（Tay-Sachs disease）に関連した対立遺伝子は常染色体劣性のパターンで遺伝する．一般的な集団の中では，約300人に1人がこれらの対立遺伝子の保因者だが，東ヨーロッパ系統のユダヤ人の集団などでは，その割合は10倍高い．テイ-サックス病に関連する遺伝子は，ある特定の種類の脂質を分解するために必要なリソソームの酵素をコードしている．この突然変異によって細胞はつくった脂質を壊せなくなる．脂質は脳や脊髄の細胞で高濃度に蓄積して細胞に損傷を与え，最終的には細胞は死に至る．テイ-サックス病の対立遺伝

子に関してホモ接合の新生児は正常のようにみえるが，神経細胞に脂質が蓄積するとともに，3〜6カ月のうちに興奮，気力低下，けいれんがみられる．つづいて，失明，聴覚喪失，まひが起こる．発症した子は通常5歳までに死亡する．

X 連 鎖 劣 性 遺 伝

　X連鎖様式で遺伝する形質（X連鎖形質）はX染色体上の遺伝子から生じる．表10・3にいくつかの例を示す．遺伝性疾患の原因となるほとんどのX染色体上の対立遺伝子は劣性だが，それを知るための手がかりが二つある．第一に，疾患をもつ父親は，その原因となる対立遺伝子を息子に渡すことはない．なぜなら，父親のX染色体を受け継ぐ子は娘だからである（図10・16）．第二に，この疾患は女性より男性に多く現れる．なぜなら，男性はX染色体を1本のみもち，そのX染色体上に原因となる対立遺伝子があれば発症する．それに対して，女性が発症するためには，原因となる劣性対立遺伝子をもつ2本のX染色体を受け継ぐ必要があり，そうなる統計的確率は低い．

表 10・3　ヒトのX連鎖劣性形質の例	
疾患 / 異常	おもな症状
アンドロゲン非感受性症候群	XY染色体をもつが女性の形質を一部もつ，不妊
2色覚（赤緑色覚異常）	赤色と緑色の区別不能
血友病	血栓形成不全
筋ジストロフィー	進行性筋機能喪失
X連鎖重症複合免疫不全症	重度免疫系欠陥

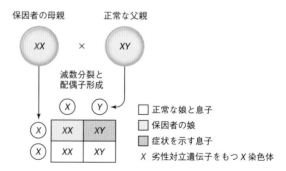

図 10・16　**X連鎖劣性遺伝**．この例では，母親が2本のX染色体のうちの1本に劣性対立遺伝子をもつ（赤）．

　X連鎖劣性対立遺伝子はヘテロ接合の女性には不規則な効果をもたらすが，これはX染色体の不活性化のためである（§8・7）．ヘテロ接合の女性の体をつくる半

分の細胞はX染色体上の劣性対立遺伝子を発現し, 残りの半分の細胞はX染色体上の優性対立遺伝子を発現する. その女性の体の劣性対立遺伝子の効果が優性対立遺伝子の効果によって完全に消されないと, 軽い症状が現れることになる.

デュシェンヌ型筋ジストロフィー（Duchenne muscular dystrophy）とよばれる重い遺伝性疾患は進行性の筋変性が特徴である. この疾患はX染色体上の**ジストロフィン**（dystrophin）というタンパク質をコードする遺伝子の突然変異により起こる. ジストロフィンは骨格筋や心筋に強度を与える桿状の柔軟なタンパク質である.

この筋ジストロフィーに関連した突然変異によりジストロフィンは欠陥をもつか消失する. ジストロフィンがないと筋細胞の細胞膜が収縮時に容易に損傷し, 細胞に大量のカルシウムイオンが流れ込む. 慢性的なカルシウムの過剰な存在はミトコンドリアの機能不全（§6・1）などの負の作用をもたらす. その筋肉細胞のミトコンドリアはわずかなATPしかつくれないため, 正常な細胞機能を支えることができず, 筋肉は異常に弱くなる. 最終的に, 筋組織は脂肪と結合組織に置き換えられる.

デュシェンヌ型筋ジストロフィーは約3500人に1人の割合で発症し, そのほとんどは少年である. 4歳ごろに発症し, 急速に進行する. 最善の治療を受けても, 心臓疾患か呼吸不全により, 多くは30歳前に死亡する.

色覚異常（color blindness）とは, 可視光の一部あるいはすべての色を区別することができない遺伝性異常をさしている. これらの異常は通常, X連鎖劣性様式で遺伝する. なぜなら, 色覚に関与する遺伝子のほとんどはX染色体上に存在するからである.

ヒトの眼は正常であれば150の色を区別することができる. この色覚は赤色, 青色, 緑色の光に応答する受容体に依存している. それらの遺伝子の突然変異によって受容体が異常あるいは欠損することがある. 脳は受容体の間でシグナルを比べることにより色を区別するため, 色覚には少なくとも2種類の受容体の働きが必要である. 2種類あるいは3種類の受容体に影響を与える突然変異をもつ人は全く色が見えないが, これは最もまれな色覚異常の型である. より多くある**2色覚**（赤緑色覚異常）は, 赤色あるいは緑色の光に応答する受容体を変化させる突然変異によるものである（図10・17）.

血友病（hemophilia）は血液が適切に固まらない遺伝性疾患である. ほとんどの人は, 小さな傷からの出血をすばやく止める血液凝固機構をもっている. その機構には, X染色体上の遺伝子の産物で凝固因子とよばれる2種類のタンパク質が含まれる. これら2個の遺伝子の突然変異は2種類の血友病（AとB）の原因となる. これ

(a)

(b)

図 10・17　2色覚(赤緑色覚異常). 2色覚はX連鎖劣性の様式で遺伝する. 多くの人が標準検査を受けるまで自分が異常をもつことに気がつかないでいる. (a) 赤緑色覚異常の人にとっては, 右側の写真は左側の写真のように見える. 青と黄の知覚は正常である. 赤と緑の区別ができない. (b) 色覚異常を調べる標準検査の例. 通常38個の円をセットとして用いて色覚の異常を診断する. もし左の円の中に29ではなく7が見えるようだと, あなたは2色覚であるかもしれない. 右側の円の中に8ではなく3が見えるようだと別の型の2色覚である可能性がある.

らの突然変異のうち一つをもつ男性は出血が長く続き, また, ホモ接合の女性も同様である（ヘテロ接合の女性は正常な量の約半分の凝固因子をつくるが, その量は一般的に正常な凝固のために十分である）. この疾患では, 傷から出血しやすくなるが, 最も深刻な問題は内出血である. 関節の中で出血が繰返されると, その形はゆがみ慢性的な関節炎となる. 19世紀には, 血友病はヨーロッパとロシアの王室で比較的高い頻度でみられた. その一つの理由は, 数百年にもわたる近親者の間の血族結婚によって王室の家系全体にその対立遺伝子が受け継がれたからである. 今日では, 一般的な集団では約7500人に1人が発症しているが, その数は増えていくかもしれない. なぜなら, この病気は今では治療ができるため, より多くの発症した人が長く生き, その対立遺伝子を子に伝えるからである.

10・8　染色体数の変化

多倍数性と異数性

ある生物種の個体は染色体の完全な組を3組以上もっており, この状態を**多倍数性**（polyploidy, 倍数性とも

いう）という．約70%の顕花植物やある種の昆虫，魚などの動物は多倍数体だが，ヒトはそうではない．ヒトでは，2組より多い組の染色体を受け継ぐと必ず致死となる．特定の染色体のコピーを通常より多数あるいは少数もつ子が生まれ育つことがあり，そのときの状態は**異数性**（aneuploidy）とよばれる．

異数性は，通常，染色体が核分裂の過程で正しく分離しない**染色体不分離**（chromosome nondisjunction）の結果として生じる．減数分裂の過程で生じる染色体不分離は異常な数の染色体をもつ配偶子を生じ（図10・18），そのため受精時の染色体数に影響を与える．たとえば，もし正常な配偶子（n）が余分な染色体をもつ配偶子（$n+1$）と融合すると，その結果生じる接合子は

1種類の染色体を3本もち，他の染色体を2本ずつもつようになる（$2n+1$）．この状態を**トリソミー**（trisomy，三染色体性）という．もし正常な配偶子（n）が1本の染色体を欠いた配偶子（$n-1$）と融合すると，新しく生まれた個体は一つの染色体を1コピーもち，他の染色体はすべて2コピーもつようになる（$2n-1$）．この状態を**モノソミー**（monosomy，一染色体性）という．異数性に関連した疾患を表10・4に示す．

表 10・4　ヒトの異数性の例		
原　因	症候群	おもな症状
トリソミー21	ダウン症候群	精神的機能障害，心臓欠陥
XO	ターナー症候群	異常な卵巣と性的形質
XXY	クラインフェルター症候群	不妊，軽い精神的機能障害
XXX	XXX症候群	軽微な異常
XXY	ヤコブ症候群	軽い精神的機能障害または無症状

ダ ウ ン 症 候 群

常染色体の異数性は，ヒトではほとんどの場合に出生の前あるいは直後に死をもたらす．重要な例外がトリソミー21である（図10・19）．21番染色体を3コピーもって生まれると**ダウン症候群**（Down syndrome）となり幼少期は生きることができる．

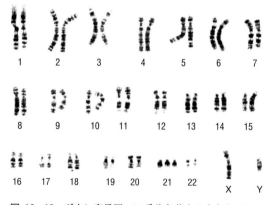

図 10・19　**ダウン症候群**．21番染色体を3本もちダウン症候群となっている人の核型．

軽度から中度の精神障害と心臓病などの健康上の問題がダウン症候群の特徴である．他の表現型としては，少し平たん な顔つき，両まぶたの内側の隅から始まる皮膚のひだ，虹彩の白点などがある．骨格は異常な成長と発生を示し，筋肉と反射能力は弱く，話すような運動技能はゆっくり発達する．医療介護があれば，この疾患をも

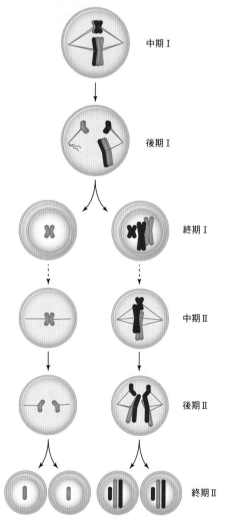

中期Ⅰ

後期Ⅰ

終期Ⅰ

中期Ⅱ

後期Ⅱ

終期Ⅱ

図 10・18　**減数分裂の過程で起こる染色体不分離**．ここに示されている2対の相同染色体のうち，1対が減数分裂の過程で起こるはずの分離に失敗している．その結果生じる配偶子の染色体数は異常になる．

つ人は 55 歳程度まで生きることができる．早いうちに訓練すれば，自分で日常の活動を行うことができる．ダウン症候群は新生児の約 700 人に 1 人に起こり，その危険性は母親の年齢増加とともに高まる．

性染色体の異数性

　ヒトの乳児は約 400 人に 1 人の割合で性染色体の数に異常をもつ．そのような変化は，学習に軽度な困難や運動技能の障害をもたらすことが多いが，それらの問題は軽微である．

　ターナー症候群（Turner syndrome）を示す人は X 染色体を 1 本だけもち，それと対をなすはずの X あるいは Y 染色体をもたない（XO）．この症候群の多くは，父親から不安定な Y 染色体を受け継いだ結果として生じると考えられている．接合子は，最初は X と Y 染色体をもち，遺伝的には男性である．発生初期のある時期に Y 染色体が壊れて失われ，その結果，胚は女性として発生を続ける．ターナー症候群を発症する人の数は，他の染色体の異常により発症する人よりも少ない．新生女児のうち約 2500 人に 1 人のみである．この症候群をもつ人は，均衡のとれた体に成長するが，背は低い（平均身長 140 cm）．ほとんどの場合，卵巣は正常に発達せず，性的に成熟するための十分な性ホルモンをつくることができず，また，胸の発達のような二次的な性的形質も抑制される．

　女性が複数の X 染色体を受け継ぐことがあり，この状態を **XXX 症候群**（XXX syndrome）あるいはトリソミー X とよぶ．この症候群は出生児の約 1000 人に 1 人の割合で起こる．ダウン症候群のように，その危険性は母親の年齢とともに増える．X 染色体不活性化（§8・7）のため，女性の細胞では通常 1 本の X 染色体のみが活性化している．そのため，余分な X 染色体が肉体的あるいは精神的な問題を起こすことは通常ないが，軽度な精神障害が起こることがある．

　男性の約 500 人に 1 人は 2 本以上の X 染色体（XXY，XXXY など）をもつ．その結果，**クラインフェルター症候群**（Klinefelter syndrome）が思春期に現れる．成人になると，体重が増え，背が高くなり，小さな睾丸をもつ傾向がある．ホルモンのテストステロンの産生が少ないため，性的発達が抑えられ，その結果，顔や体の毛がまばらとなり，声が高くなり，胸が発達し，不妊となる．テストステロンを思春期に注射するとその形質の差異は最小に抑えられる．

　男性の約 1000 人に 1 人は出生時に余分な Y 染色体をもつ（XYY）．それは，精子形成の間に起こった Y 染色体不分離の結果である．この**ヤコブ症候群**（Jacob's syndrome）をもつ成人は平均より身長が高く，軽度の精神障害と精神的脆弱性をもつ傾向がある．

遺伝子検査

新生児の検査

　ヒトの遺伝様式を研究することにより，遺伝性疾患がどのように起こり進行するのか，そしてそれをどのように治療するのか，という点についての多くの洞察が得られてきた．手術，薬の投与，ホルモン補充療法，食事管理により，遺伝性疾患の症状を最小限に抑えたり，場合によってはなくしたりすることもできる．ある疾患については，十分早期に見つかれば症状が現れる前に対応策をとることができる．そのため，現在，米国のほとんどの病院では新生児に対して**フェニルケトン尿症**（phenyl-ketonuria）の原因となる突然変異の検査を行っている．その突然変異は，アミノ酸のフェニルアラニンをチロシンに変換する酵素の機能に影響を与える．この酵素がないと，体内のチロシンが欠乏し，フェニルアラニンが高濃度で蓄積する．このアミノ酸の不均衡が脳におけるタンパク質合成を抑え，その結果，一生にわたる知的障害をもたらす．フェニルアラニンの摂取を制限することでこの疾患の進行を遅らせることができるため，定期的な早期の検査により症状に苦しむ患者の数を減らすことができる．

子を希望する親の検査

　子が遺伝性疾患を受け継ぐ確率は，その親がもつ対立遺伝子を検査することにより予測することができる．親の核型や家系についての情報も家族計画を立てるうえで有益である．

出生前診断

　遺伝子検査は妊娠後も行うことができ，その場合，**出生前診断**（prenatal diagnosis）とよばれる．出生前診断では，胎児の身体的異常や遺伝性疾患を検査する．数十の遺伝的な異常を出生前に検査することができ，その中には異数性，血友病，テイ-サックス病，鎌状赤血球貧血，筋ジストロフィー，嚢胞性繊維症が含まれる．もし，胎児が治療可能な疾患をもつ場合は，早期の検出により新生児は速やかに適切な医療を受けることができる．ある疾患は出生前の外科的処置によって治すことさえできる．

　どのように出生前診断を行うのか，その例として女性が 35 歳で妊娠したときのことを考えてみよう．医者はおそらく超音波検査法を用いて，妊婦の腹部に超音波を

あてることにより胎児の手足や内臓の画像を得るだろう（図10·20a）．もし，その画像により，遺伝性疾患に伴う身体的欠陥が明らかになった場合には，詳細な診断のために胎児鏡検査のようなより侵襲的な技術が用いられる．胎児鏡検査を行うと，超音波画像より高い解像度で胎児の画像を得ることができる（図10·20b）．そのとき同時に組織や血液を採取する，あるいは手術を行うこともある．

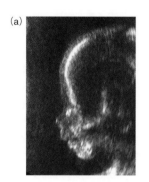

図 10·20　ヒト胎児のイメージング法．(a) 従来の超音波，(b) 胎児鏡．

ヒトの遺伝の研究によって，35歳の女性が産む子供のうち約80人に1人は染色体異常をもち，そのリスクは20歳の女性の6倍以上であることが示されている．そのため，その女性は，超音波によって異常が検出されなかったとしても，数個の胎児細胞を採取して核型検査や遺伝子診断をするなどの追加の診断を勧められるだろう．その一つの羊水穿刺（amniocentesis）という診断法では，胎児を包む羊膜腔から少量の体液を採取する（図10·21a）．体液は胎児由来の細胞を含み，その細胞が検査される．絨毛採取（CVS）による診断は羊水穿刺より早期に行われる．この方法では，少数の細胞が絨毛膜から採取後に検査される（絨毛膜は羊膜腔を囲む膜である）．

生 殖 操 作

将来生まれてくる子が遺伝性疾患をもつ危険性が高いことをその親が知った場合には，試験管内受精のような

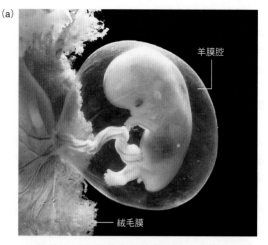

羊膜腔

絨毛膜

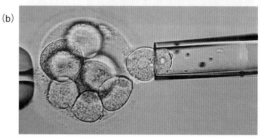

図 10·21　胚の細胞検査．(a) 羊水穿刺の方法では，羊膜腔内の体液にはがれ出た胎児の細胞を使って遺伝性疾患の試験を行う．絨毛採取の方法では，胎盤の一部である絨毛膜の細胞を使って試験する．(b) 受精後約48時間を過ぎると，ヒトの胚は8個の同一の細胞からなる小さな球状の細胞集団となる．この顕微鏡写真は，試験管内受精のために遺伝子解析を行う目的で，1個の細胞を採取しているところを示している．このあと，残った7個の細胞だけで，胚は正常に発生する．

生殖操作を選ぶこともできる．この方法では，それぞれの親から採取した精子と卵を試験管内で混ぜる．卵が受精すると分裂し，その結果，接合子は胚となる．約48時間後には，8細胞からなる球状の胚となる（図10·21b）．1細胞を取出し，その遺伝子を解析する．細胞が一つなくても，その胚は正常に発生する．もし胚が遺伝的な欠損をもたなければ，その胚を母親の子宮に挿入し，そこで発生させることになる．このような"試験管ベビー"のほとんどは健康に生まれてくる．

ま　と　め

10·1　嚢胞性繊維症の症状は*CFTR*遺伝子に生じた突然変異がもたらす多面発現効果によるものである．ほとんどの症例に関連する対立遺伝子は，ホモ接合の人に重大な効果を

もたらすのにもかかわらず，高い頻度で維持されている．

10·2　メンデルは，エンドウを交配して何世代にもわたって子孫の形質を注意深く追跡することにより，遺伝にお

ける遺伝子と対立遺伝子の役割を間接的に発見した．遺伝子
型（個体がもつ対立遺伝子）が表現型（個体が示す観察でき
る形質）に違いをもたらす原因となる．

　各遺伝子は両方の相同染色体上の特定の同じ位置に存在す
る．もし，両方の相同染色体がある遺伝子の同じ対立遺伝子
をもつ場合，その個体はその対立遺伝子に関してホモ接合で
ある．もし，相同染色体が異なる対立遺伝子をもつ場合は，
その個体はヘテロ接合である．ヘテロ接合の個体では，優性
（顕性）対立遺伝子は劣性（潜性）対立遺伝子の効果を隠す．

　10・3　メンデル遺伝では，1遺伝子が1形質を生じ，遺
伝子の対立遺伝子の間には明瞭な優性-劣性の関係がある．

　二倍体細胞は相同染色体をもつためすべての遺伝子を2コ
ピーもつ．遺伝子の2コピー（異なる対立遺伝子の可能性も
ある）は減数分裂のときに互いに分離し，異なる配偶子に分
配される．

　ある形質の2種類の各型について純系の個体間で交配をす
ると，その形質を支配する対立遺伝子に関してヘテロ接合の
子が生まれる．1遺伝子の対立遺伝子に関してヘテロ接合の
個体間の交配を一遺伝子雑種交配という．一遺伝子雑種交配
によって生まれた子に現れる形質の2種類の型の頻度が，対
立遺伝子間の優性関係を明らかにする．

　2個の形質それぞれが示す2種類の型について純系である
個体間で交配すると，それぞれの形質を支配する対立遺伝子
に関してヘテロ接合の子が生まれる．2個の遺伝子の対立遺
伝子に関して同一のヘテロ接合である個体の間の交配を二遺
伝子雑種交配という．2個の遺伝子が染色体上で近接してい
なければ，一つの遺伝子の対立遺伝子は，別の遺伝子の対立
遺伝子とは独立に配偶子に分配される．

　パネットの方形を用いると，一遺伝子雑種交配および二遺
伝子雑種交配をして生まれる子の遺伝子型（と表現型）の確
率を決定することができる．

　10・4　メンデル遺伝と異なる遺伝様式もよくみられる．
不完全優性では，2個の対立遺伝子に関してヘテロ接合の個
体の表現型は，各対立遺伝子のホモ接合の表現型が混ざった
中間的なものとなる．共優性では，ヘテロ接合の個体は，2
個の対立遺伝子それぞれのホモ接合の表現型を共にもつ．多
因子遺伝では，複数の遺伝子が一つの形質に影響を与える．
多面発現とは，一つの遺伝子が複数の形質に影響を与えるこ
とをさす．

　10・5　環境因子は遺伝子発現を変えることにより表現型
に影響を与える．多くの形質は，小さな幅で変化する表現型
の形で現れる（連続変異）．測定値がつり鐘形曲線を表すと
き，形質が連続的に変化することを示している．短鎖縦列
反復配列が変化した複数の対立遺伝子が連続変異を生じるこ
とがある．

　10・6　容易に観察されるヒトの形質のうち少数のみがメ
ンデルの遺伝様式に従う．ほとんどは多因子遺伝である．

　家系図は，遺伝的異常や疾患に関連した対立遺伝子の遺伝
様式を明らかにする．遺伝性疾患は，遺伝的異常と区別され，
軽度から重度の医学的問題が症状として現れるものをさす．

　10・7　常染色体優性変異では，形質に関連した優性対立
遺伝子が常染色体上にあるため，その形質はその対立遺伝子
をホモ接合あるいはヘテロ接合でもつすべての人に現れる．
その形質は両性に生じ，家系のすべての世代に現れる．常染
色体劣性の様式では，形質に関連する劣性対立遺伝子が常染
色体上にあるため，その形質はホモ接合の人にのみ現れ，ま
た，両性に現れる．ある世代では観察されないことがある．

　X連鎖型の遺伝様式では，形質に関連した対立遺伝子はX
染色体上にある．ほとんどのX連鎖疾患を起こす対立遺伝
子は劣性であり，これらの疾患は女性よりも男性に多く現れ
る傾向にある．男子はX連鎖劣性対立遺伝子を母親のみか
ら受け継ぐ．

　10・8　染色体数の変化は，通常，染色体不分離の結果で
ある．染色体不分離は，染色体が減数分裂の過程で分離に失
敗して生じる．3組以上の完全な染色体の組をもつとき，そ
の状態は多倍数性とよばれる．多倍数性はヒトでは致死とな
るが，植物やある動物ではそうではない．異数性とは，特定
の染色体の数が通常よりも多いか少ない状態をさしている．
ヒトでは，常染色体の異数性のほとんどは致死となる．ダウ
ン症候群の原因となるトリソミー21は例外である．性染色
体の異数性は学習や運動技能に軽い障害を起こすことがあ
る．

　10・9　遺伝子検査により新生児の遺伝性疾患を明らかに
することができる．将来親になる人は，遺伝子検査を受ける
ことによって，有害な対立遺伝子を子に伝える危険性を見積
もることができる．羊水穿刺などの出生前検査により，子が
誕生する前に遺伝性疾患を明らかにすることができる．

試してみよう（解答は巻末）

1. 生物の観察される形質が ＿＿ である．
   a. 表現型　　b. 変異　　c. 遺伝子型　　d. 家系図
2. 交配 *AA* × *aa* によって生まれる子は ＿＿
   a. すべて *AA*
   b. すべて *aa*
   c. すべて *Aa*
   d. *AA* と *aa* が半分ずつ
3. 同じ染色体上の二つの遺伝子の間の組換え率は
   a. 互いの距離に無関係である
   b. 互いに遠いほど減少する
   c. 互いに遠いほど増加する
4. 親の一方が常染色体上の優性対立遺伝子についてヘテロ
   接合であり，もう一方の親がその優性対立遺伝子をもたない
   場合，子がヘテロ接合になる確率は ＿＿
   a. 25%　　b. 50%　　c. 75%
5. 1個の遺伝子が3個の形質を生じるのは ＿＿ の例である．
   a. 多因子遺伝　　b. 共優性　　c. 多面発現
6. つり鐘形曲線は形質の ＿＿ を示している．
   a. エピジェネティック効果　　b. 染色体不分離
   c. 不完全優性　　　　　　　　d. 連続変異
7. ヒトの遺伝様式を研究するときは，家系図の解析が必要

である. なぜなら, ____ からである.

   a. ヒトは約 20,000 個の遺伝子をもつ

   b. ヒトに対して実験をするのは倫理的問題がある

   c. 他の生物に比べて, ヒトの遺伝はより複雑である

   d. 遺伝性疾患はヒトにのみ起こる

8. 女児は X 染色体を母親と父親から 1 本ずつ受け継ぐ. 男児は両親のそれぞれからどの性染色体を受け継ぐか.

9. 減数分裂時の染色体不分離の結果 ____ が起こる.

   a. 塩基対置換   b. 異数性   c. 乗換え   d. 多面発現

10. クラインフェルター症候群は, ____ によって診断される.

   a. 家系図解析   b. 染色体異数性

   c. 核型解析   d. パネットの方形

11. 左側の用語に対応する適切なものを a〜d から選び, 記号で答えよ.

   ____ 二遺伝子雑種交配   a. *bb*

   ____ 一遺伝子雑種交配   b. *AaBb* × *AaBb*

   ____ ホモ接合   c. *Aa*

   ____ ヘテロ接合   d. *Aa* × *Aa*

12. 左側の用語と最も関連のあるものを a〜f から選び, 記号で答えよ.

   ____ 多倍数体   a. 遺伝性疾患の一連の症状

   ____ 症候群   b. 染色体の完全な組を 3 組以上もつ

   ____ 異数性   c. 短鎖縦列反復配列

   ____ メンデル遺伝   d. 1 本の余分な染色体

   ____ 遺伝子型   e. 優性は劣性に勝る

   ____ ハンチントン病   f. 個体の対立遺伝子の組

11 生物工学

11・1　ヒトの遺伝子検査

ヒトのDNAの約99％は他のすべてのヒトのDNAと同じである．共通した部分がヒトとして生きるうえで必要である一方で，違っている部分が個人の個性をもたらしている．個体間で異なるヌクレオチドは染色体上のいろいろなところにみられるが，完全にランダムに散在しているわけではなく，あるDNA領域は比較的変化が少ない．そのような領域に変異が生じるとき，その変異は特定の位置のヌクレオチドに起こる傾向がある．集団の通常1％以上がもつ1ヌクレオチドの変異は**一塩基多型**（single-nucleotide polymorphism）あるいは**SNP**（スニップと発音する）とよばれる．集団の1％より少ない割合でみられる変異は単に突然変異とよばれる．

ほとんどの遺伝子の対立遺伝子の違いは1ヌクレオチドの変異（SNP）によるもので，この変異が個人を特徴づける形質の多様性の基礎になっている．SNPは外観の違いの原因となるだけでなく，老化の進み方，薬への応答，病原体や毒への抵抗性などの差異にも大きくかかわっている．

もし，自分の遺伝子型を知りたいのなら，遺伝子検査を行う会社が数滴の唾液あるいは頰の内側の細胞からDNAを抽出し，SNPあるいは突然変異の配列を解析してくれるだろう．その結果，見つかった変異に関連した形質の予測ができることがある．

たとえば，*APOE*遺伝子の対立遺伝子によりアルツハイマー型認知症（Alzheimer's dementia）になる危険性について考えてみよう．*APOE*遺伝子は，血流にのって脂肪やコレステロールを運ぶリポタンパク質（§2・9）のタンパク質成分であるアポリポタンパク質Eをコードする．多くの人（日本人で約60％）は*E3*とよばれる*APOE*対立遺伝子に関してホモ接合である．異なる対立遺伝子*E4*はSNPをもち，この対立遺伝子をもつとアルツハイマー型認知症になる危険性が増加する．日本人

では，*E4*のホモ接合は1％，*E4*と*E3*のヘテロ接合は20％の割合で存在する．

もし，あなたがこの対立遺伝子について，DNA検査を行って，*E4*対立遺伝子についてヘテロ接合であっても，検査会社はあなたが将来必ずアルツハイマー型認知症になるとは言わず，その危険性が，*E3*のホモ接合の人では20％であるのに対して，47％であると報告するだろう．しかし，それは，あくまで確率である．その対立遺伝子をもつ人がすべてアルツハイマー型認知症になるわけではなく，また，病気になった人がすべてその対立遺伝子をもっているわけでもない．

健康状態を支える遺伝的機構に対する理解は不完全だが，われわれは現在，医療の転換点にいる．医師は遺伝子検査により，薬に対する患者の反応能力を使用前に予測できる，あるいはがん治療を個人やその腫瘍細胞に適したものにできる．遺伝子型に基づいた予防的治療が主流となりつつある．

11・2　DNA の実験操作

制限酵素

1950年代のDNA構造の発見による興奮はその後，失望へと変わった．それは，染色体DNAの塩基配列決定が不可能に思えたからである．何百万ものヌクレオチドを一つずつ同定することは途方もない技術的な挑戦だった．しかし，一見無関係にみえる発見が解決をもたらすことがある．アーバー（Werner Arber）とスミス（Hamilton Smith）らは，ある種の細菌がバクテリオファージ（§7・2）による感染に対してどのように抵抗性を示すのか発見した．その細菌は，注入されたウイルスDNAを切断する酵素をもっている．その酵素はウイルスの増殖を制限することから，**制限酵素**（restriction enzyme）と名づけられた．制限酵素は特定のヌクレオチド配列があると，そ

の部位でDNAを切断する. たとえば, 制限酵素 *Eco*RI（酵素を分離した大腸菌 *E. coli* に由来する）はGAATTCの配列部位でDNAを切断する（図11・1a）. 他の制限酵素は異なる配列部位で切断する.

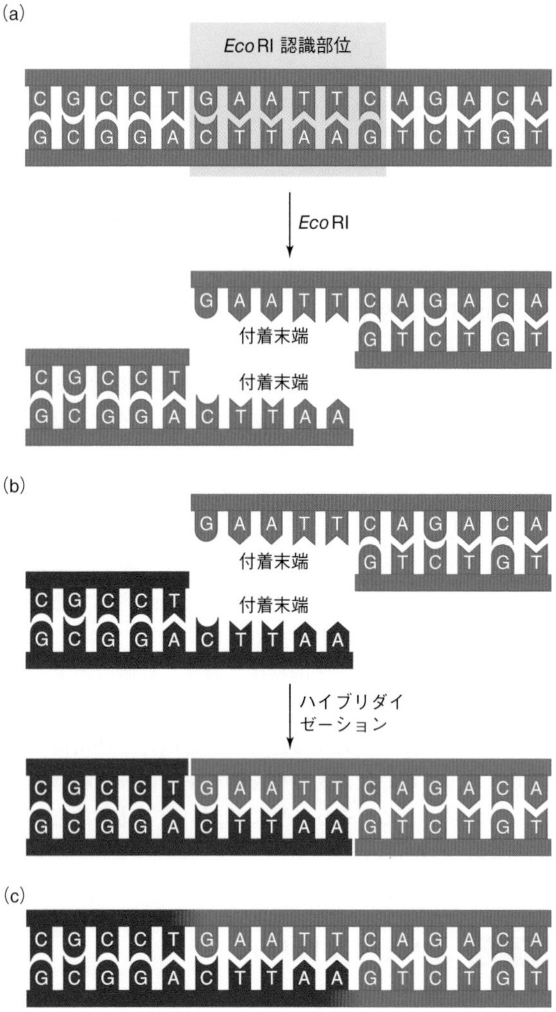

(a)

EcoRI 認識部位

EcoRI

付着末端

付着末端

(b)

付着末端

付着末端

ハイブリダイ
ゼーション

(c)

図 11・1　制限酵素と組換え DNA.（a）制限酵素 *Eco*RI がDNAの特定のヌクレオチド配列（GAATTC）を認識し切断する. 切断箇所には一本鎖が出ている（付着末端）.（b）*Eco*RIで切断された2種類のDNAを混ぜると, 付着末端の間で塩基対をつくる.（c）DNAリガーゼが切れ目をつなぎ組換え DNA 分子をつくる.

組 換 え DNA

この制限酵素の発見により, 巨大な分子である染色体DNAを取扱いやすい適当な大きさの断片に切断することが可能となった. また, この発見により, 異なる生物種のDNA断片を結合させることができるようになっ

た. *Eco*RIを含む多くの制限酵素は, 切断により DNA断片の端に突出した一本鎖を残す. DNAの化学構造はすべての生物で同じであるため, DNAの由来に関係なく相補的な一本鎖どうしは塩基対をつくって付着する（図11・1b）. そのためにこの一本鎖は**付着末端**（sticky end）とよばれる. DNAリガーゼとよばれる酵素が, 塩基対をつくる付着末端にある切れ目をつなげて連続的なDNA鎖を形成する（図11・1c）. このように, 適当な制限酵素とDNAリガーゼを用いることにより, 由来の異なるDNAを切断したのち貼付けることができる. その結果生じた複数の生物種の遺伝物質からなる雑種分子は**組換え DNA**（recombinant DNA）とよばれる.

DNA クローニング

組換え DNA の作製は **DNA クローニング**（DNA cloning, 図11・2）の最初の段階である. DNAクローニングとは, 特定のDNA断片を生きた細胞を使って大量に増やす実験法である. まず, DNA断片を**ベクター**（vector）DNAに組込む. ベクターは外来DNAを宿主細胞に運び入れる役割をもつ. 細菌, 酵母などの細胞では**プラスミド**（plasmid）DNAがクローニングベクターとしてよく使われる. 細胞が増殖すると, その娘細胞は完全な遺伝情報を運ぶ染色体に加えてプラスミドを受け継ぐ. 組換えプラスミドも複製して娘細胞に分配される.

一般的な方法では, クローニングされるDNAを制限酵素で切断し断片化する❶. クローニングベクターも同じ酵素で切断し❷, DNA断片と混ぜると, 付着末端どうしが塩基対をつくる. DNAリガーゼがDNA断片とベクターの切れ目をつなぐ❸. その結果できた組換えベクターを宿主細胞に入れる❹.

DNAの研究を行うときはDNAをクローニングする. なぜなら, 研究には純粋な物質が一定量必要だからである. 組換えベクターをもつ宿主細胞は, 研究室で培養することにより, 遺伝的に同一な細胞（クローン）の集団として大量に増やすことができる❺. それぞれのクローンは, 少なくとも1コピーのベクターとその中に組込まれた外来DNA断片をもっている. 培養したクローンから大量のDNA断片を得て精製することができる❻.

DNA断片のクローニングにより, その断片を染色体DNAと分けて取扱えるようになり, また基本的には無制限に産生することができる. この手法はDNAがコードする情報を探求する鍵となり, そのため制限酵素を発見したアーバーとスミスは1978年にノーベル賞を受賞した. これらの酵素の使用は, DNAの塩基配列決定（§11・3参照）を可能とし, 研究の新しい時代の扉を

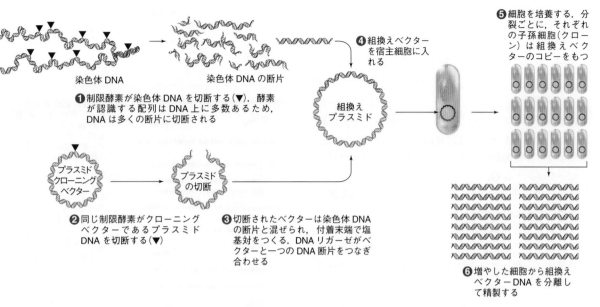

❺ 細胞を培養する. 分裂ごとに, それぞれの子孫細胞（クローン）は組換えベクターのコピーをもつ

❹ 組換えベクターを宿主細胞に入れる

組換えプラスミド

染色体 DNA

染色体 DNA の断片

❶ 制限酵素が染色体 DNA を切断する（▼）. 酵素が認識する配列は DNA 上に多数あるため, DNA は多くの断片に切断される

プラスミドクローニングベクター

プラスミドの切断

❷ 同じ制限酵素がクローニングベクターであるプラスミド DNA を切断する（▼）

❸ 切断されたベクターは染色体 DNA の断片と混ぜられ, 付着末端で塩基対をつくる. DNA リガーゼがベクターと一つの DNA 断片をつなぎ合わせる

❻ 増やした細胞から組換えベクター DNA を分離して精製する

図 11・2　**DNA クローニングの例**. この例では, 染色体 DNA の断片がプラスミドへの挿入によってクローン化されている. 組換えプラスミドをその後に宿主細胞に入れ, その細胞を培養して多数の子孫細胞を得る.

開けることになった.

DNA ライブラリー

　生物の全遺伝物質の一組を意味する**ゲノム**（genome）は多くの場合に数千の遺伝子から構成されている. 一つの遺伝子を研究, 操作するためには, まずその遺伝子をゲノム中の他の遺伝子から分離する必要がある. そのために, 対象とする生物の DNA を切断して断片にし, 次にすべての断片を一度にクローニングする. その結果, ゲノム中のすべての DNA を網羅的に含むクローンの集団ができる. このように, さまざまなクローン化された DNA 断片をもつ細胞の集団を **DNA ライブラリー**（DNA library, ゲノム DNA ライブラリーともいう）とよぶ.

　DNA ライブラリーの中では, 興味のある特定の DNA 断片をもつ細胞が, それ以外の数千から数百万の細胞と混ざった状態で存在している. これは干し草の山の中にある針のようなものである.

　すべての細胞から特定の細胞を見つけるためには, **プローブ**（probe）を用いる方法がある. プローブとは, トレーサー（標識物質, §2・2）により目印のつけられた DNA あるいは RNA 断片である.

　たとえば, ライブラリーの中から特定遺伝子の DNA をもつ細胞を見つけるためには, その遺伝子の配列と相補的な配列をもつ短い一本鎖 DNA に放射性のヌクレオチドを取込ませておく. そのプローブは, その遺伝子を含む DNA と **ハイブリダイゼーション**（hybridization, **ハイブリッド形成**ともいう）するが, それ以外の DNA とはしない. そのため, プローブの放射能を検出することにより標的 DNA をもつ細胞を見つけることができる. その細胞を分離して培養し, 増殖した細胞から DNA を抽出する.

PCR

　ポリメラーゼ連鎖反応（polymerase chain reaction, **PCR**）は, 特定の DNA 領域を増幅して多量のコピーをつくる技術である. 例えていえば, PCR により, 干し草の山の中に 1 本の針がある状態から, 大量の針の中に少量の干し草がある状態になる.

　PCR の出発材料は, 標的配列をもつ少なくとも 1 分子の DNA を含む試料である. その試料は, 1 千万個の異なるクローンが混ざった細胞集団, 精子, 犯行現場に残された髪の毛, あるいはミイラなどであってもよい. 基本的には DNA を含むどのような試料でも PCR に使うことができる.

　PCR は DNA 複製（§7・5）の反応を基礎としており, 増幅の標的とする DNA 領域の両端それぞれと塩基対をつくる 2 個の合成プライマーを必要とする（図 11・3）. これらのプライマーを鋳型 DNA（増幅するもとの DNA）, ヌクレオチド, DNA ポリメラーゼと混ぜる ❶. 次に, その反応液を高温と低温にするサイクルを繰返す. 数秒間高温にすると, 二重らせん DNA は, その二

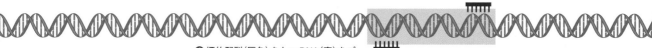

図 11・3 PCR

❶標的配列(灰色)をもつ DNA(青)をプライマー(紫)，ヌクレオチド，耐熱性 *Taq* DNA ポリメラーゼと混ぜる

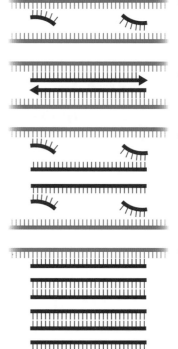

❷1回目．混合液を熱すると，DNA は一本鎖に解離する．その後，冷却すると，プライマーが標的配列の両方の端と塩基対をつくる

❸*Taq* ポリメラーゼがプライマーから DNA 合成を始めると，標的 DNA 塩基配列と相補的な鎖ができる

❹2回目．混合液を再び熱し，DNA が一本鎖に解離する．その後，冷却すると，プライマーはもとからあった鋳型 DNA と新しい DNA 鎖の標的配列と塩基対をつくる

❺加熱と冷却のサイクルごとに，標的 DNA 断片のコピー数が倍化する

本鎖を結合させる水素結合（§7・3）が壊れ，全長にわたりほどけて一本鎖になる．反応液の温度が下がると，プライマーが標的配列をもつ一本鎖 DNA とハイブリダイゼーションする❷.

　ほとんどの生物の DNA ポリメラーゼは，DNA 鎖を一本鎖にするために必要な高温状態で変性する．そのため，PCR には好熱菌 *Thermus aquaticus* から分離された *Taq* ポリメラーゼが使われている．この細菌は温泉や熱水噴出孔に生存しているため，その DNA ポリメラーゼは耐熱性である．*Taq* ポリメラーゼはハイブリダイゼーションしたプライマーを認識して，そこから DNA 合成を開始させ鋳型に沿って反応を進行させる❸. 新しく合成された DNA は標的領域のコピーとなる．この DNA の伸長反応は PCR の2回目の反応が始まるまで続く．2回目の反応は，温度を上昇させて DNA を再び一本鎖に解離させることで始まる❹. 反応液を低温にすると，プライマーが一本鎖 DNA とハイブリダイゼーションし，DNA 合成が再び始まる．各回の温度の上昇と低下はわずか数分しかかからないが，DNA の標的領域のコピー数を倍にすることができる❺. PCR サイクルを30回繰返すとそのコピー数は10億倍になる（図11・4）.

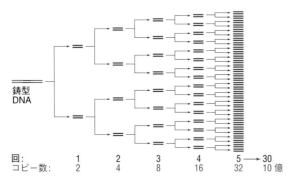

回:	1	2	3	4	5 → 30
コピー数:	2	4	8	16	32 10億

図 11・4 PCR による DNA の指数関数的増幅．PCR を30回繰返すと DNA 断片は10億倍に増幅される.

11・3 DNA の 研 究

DNA 塩基配列決定

　DNA 中のヌクレオチド塩基の順番を決定することを **DNA 塩基配列決定**（DNA sequencing）とよぶ．DNA 複製の反応に基づく配列決定法では，DNA ポリメラーゼをプライマー，ヌクレオチド，鋳型 DNA（配列決定を行う DNA）と混ぜる．ポリメラーゼは，プライマーを始点として，鋳型の配列の順番に従ってヌクレオチドを DNA の新鎖に結合させる．その結果，長さの異なる多数の DNA 断片がつくられる．これらの断片はすべて，鋳型 DNA の部分的なコピーである．

　このようにして新しく合成された DNA は，長さによって分離できる．**電気泳動**（electrophoresis）とよばれる技術を使って，半固体のゲルに電圧をかけ DNA 断片を移動させる．これらの断片は長さの違いによってゲルを移動する速さが異なる．断片が短いほど速く移動する．なぜなら，短い断片は，長い断片よりゲルを構成する絡み合った分子の間を速くすり抜けるためである．同じ長さの断片はすべて同じ速度で移動するため，集まってバンドをつくる．各断片の末端にあるヌクレオチドには，4種類の塩基ごとに決まった色のトレーサーが結合している．これらのトレーサーがバンドに色をつける．

ゲル中に連続して現れるバンドは，その上下のバンドと長さが1ヌクレオチドだけ違う断片からなり，バンドの色の順番は DNA の塩基配列を反映する（図11・5）*.

電気泳動ゲル中の
DNA の移動

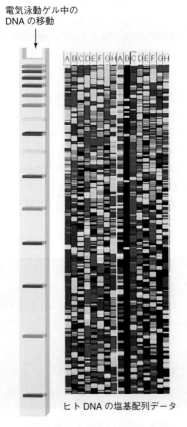

ヒト DNA の塩基配列データ

図 11・5　DNA塩基配列決定. 塩基配列決定をするときには，電気泳動によりゲル中で DNA 断片を長さによって分離する. 短い断片ほどゲル中を速く動く. 同じ長さの断片は同じ位置に移動するためバンドをつくる. 各 DNA 断片の末端にある4種のヌクレオチドは異なる色で蛍光標識されている. A(緑)，T(赤)，G(黄)，C(青). 各レーン中に現れるバンドの色の順番が DNA 塩基配列を表している.

ヒトゲノム計画

　ここで説明した塩基配列決定法は1975年に発明された. 10年後には，この方法は日常的に用いられるようになったため，30億ヌクレオチドからなる全ヒトゲノムの塩基配列を決定する計画（**ヒトゲノム計画** human genome project）が議論されるようになった. この計画の支持者は，医療や研究のために膨大な成果があることを期待した. 反対者は，この圧倒的な大きさの仕事が緊急性の高い研究に向けられる関心と資金を奪ってしまうことを恐れた. 当時の方法では，30億塩基の配列決定には少なくとも50年はかかると考えられていた. しかし，方法は急速に進歩し続け，より多くのヌクレオチドの配列が短い時間で決定されるようになった. 自動（ロボット化）DNA 塩基配列決定法や PCR の技術がちょうど開発されたときでもあった.

　いくつかの民間会社が塩基配列決定を開始し，そのうちの一つの会社は，その配列に対して特許をとることを計画していた. この事態の展開は広く非難をよび起こしたが，公共の機関にも刺激を与えることになった. 1988年，米国国立衛生研究所（NIH）がヒトゲノム計画を率いるためにワトソン（James Watson，DNA 構造の発見者）をトップに招き，1年当たり2億ドルの資金を提供した. NIH と国際研究機関は連携してゲノムの異なる部分の塩基列決定を行った.

　一方，1998年にはセレラジェノミクス社が設立され配列決定をより迅速に行う技術を開発した. その競争は国際協力による配列決定を加速させることにもなった. そして2000年，米国のクリントン大統領と英国ブレア首相は，ヒトゲノムの塩基配列は特許化できないことを共同宣言した.

　DNA 構造の発見から50年過ぎた2003年までに，ヒトゲノムの全 DNA 塩基配列の解読が完成した. その配

表 11・1　ヒトゲノムの解析[†]	
対象とする染色体	常染色体22本および X, Y染色体
ゲノムの塩基対数	31億
遺伝子	
タンパク質をコードする遺伝子	19,831
タンパク質をコードしない遺伝子	25,959
偽遺伝子	15,239

† *Ensembl, Human（GRCh38. p14），Database version 110.38, Mar 2023*を改変

---

*　訳注: この DNA 塩基配列決定法についてもう少し詳しく記すと，反応液中にはヌクレオチドとしてデオキシリボヌクレオチドとジデオキシリボヌクレオチドが一定の割合で加えられている. いずれのヌクレオチドも塩基の違いによって4種類あり，それぞれ鋳型鎖の塩基配列をもとにして新鎖に結合できるが，そのうちジデオキシリボヌクレオチドが新鎖に一度結合すると，その時点で DNA の合成は停止してしまう. ここで，あらかじめジデオキシリボヌクレオチドに4種類の塩基ごとに異なる色のトレーサーを付けておくと，反応によって得られたさまざまな長さの DNA 断片の末端には，トレーサーの付いたジデオキシリボヌクレオチドが一つ結合していることになる. したがって，長さの異なる各 DNA 断片は，その末端のヌクレオチド塩基の種類によって4色のうちのいずれかの色で標識されるようになる.

```
758 GATAATCCTGTTTTGAACAAAAGGTCAAATTGCTGAATAGAAA-GTCTTGATTAACTAAAAGATGTACAAAGTGGAATTA      836 ヒ　ト
752 GATAATCCTGTTTTGAACAAAAGGTCAAATTGCTGAATAGAAA-GTCTTGATTAACTAAAAGATGTACAAAGTGGAATTA      830 マウス
751 GATAATCCTGTTTTGAACAAAAGGTCAAATTGCTGAATAGAAA-GTCTTGATTAACTAAAAGATGTACAAAGTGGAATTA      829 ラット
754 GATAATCCTGTTTTGAACAAAAGGTCAAATTGCTGAATAGAAA-GTCTTGATTAACTAAAAGATGTACAAAGTGGAATTA      832 イ　ヌ
782 GATAATCCTGTTTTGAACAAAAGGTCAAATTGCTGAATAGAAA-GTCTTGATTAACTAAAAGATGTACAAAGTGGAATTA      860 ニワトリ
758 GATAATCCTGTTTTGAACAAAAGGTCAAATTGCTGAATAGAAA-GTCTTGATTAACTAAAAGATGTACAAAGTGGAATTA      836 カエル
823 GATAATCCTGTTTTGAACAAAAGGTCAGATTGGTGAATAGAAAAGGCTTGATTAAAGCAGAGATGTACAAAGTGGACGCA      902 ゼブラフィッシュ
763 GATAATCCTGTTTTGAACAAAAGGTCAAATTGTTGAATAGAGACGCTTTGATAAAGCGGAGGAGGTACAAAGTGGGACC-      841 フ　グ
```

図 11・6　いろいろな生物種のゲノム DNA の比較. この図は DNA ポリメラーゼをコードする遺伝子の一部である. ヒトの配列と異なるヌクレオチドには色をつけてある. いずれか二つの配列が偶然に一致する確率は 10^{46} 分の 1 である.

列は世界のどこからも自由に見ることができる (www.ncbi.nlm.nih.gov/genome). 誰もがそれを調べ, 現在のゲノム情報を知ることができる (表 11・1).

現在では, 全ゲノムの配列決定は数日のうちに 1000 ドル以下で行うことができる.

ゲノミクス

ヒトのゲノムにコードされたすべての情報をわれわれが理解するまでには, まだ時間がかかるだろう. しかし, その情報の一部は, ヒトと他の生物のゲノムを比較することで解読されてきている. これは, すべての生物が共通祖先の子孫であり, すべてのゲノムは一定程度関連している, という前提に基づいている. そのような遺伝的な関連性の証拠は, ただ塩基配列を並べることにより得ることができる. ある DNA 領域の配列は, 多くの生物種の間できわめて似ている (図 11・6).

ゲノム配列の比較は, ゲノムの構造と機能を解析する研究分野である**ゲノミクス** (genomics) で用いる方法である. ゲノム間に類似性があるため, 他の動物種を研究することがヒト遺伝子の機能を発見することにつながる. たとえば, ヒトとマウスのゲノムを比較することにより, リポタンパク質 (§2・9) をコードしているマウスの遺伝子 *APOA5* と同様の遺伝子がヒトにも発見された. *APOA5* 遺伝子がノックアウトされたマウスの血中には, トリアシルグリセロールが正常の 4 倍の濃度で含まれていた. この実験を基にして, ヒトでも *APOA5* 遺伝子の突然変異と高濃度のトリアシルグリセロールの関係性が発見された. 高濃度のトリアシルグリセロールは冠状動脈疾患の危険因子である.

DNA 鑑定

ヒトの DNA の 99% が他のすべてのヒトと同じだが, 残りの 1% の違いで個人を特定することができる. これを **DNA 鑑定** (DNA profiling) とよぶ.

DNA 鑑定法の一つとして SNP を用いる方法があり, そのとき使うのが DNA マイクロアレイチップである. このチップは DNA の数千もの微小なスポットがつけら

れた小さなガラス板である. 各スポットにある DNA は特異的な SNP 配列をもつ合成した短い一本鎖である. 個人のゲノム DNA 溶液をチップにのせると, 適合した SNP 配列をもつ DNA スポットのみとハイブリダイゼーションする. あらかじめつけておいた標識により, ゲノム DNA がどのスポットとハイブリダイゼーションをするのかが明らかとなり, そこから個人の SNP がわかる. (図 11・7).

図 11・7　DNA マイクロアレイ. 色がついた微小なスポットのそれぞれは, 一つの SNP 配列に個人の DNA がハイブリダイゼーションしていることを示している. 赤あるいは緑のスポットは, 相同染色体の両方が同じ SNP をもつホモ接合を意味し, 両方の色があわさった黄色のスポットは, 互いに異なる SNP をもつヘテロ接合を意味する.

集団を対象とした研究に使われる標準的な DNA 鑑定キットは, DNA 上の 52 個の SNP について検査する. 二人の人が一卵性双生児でなければ, これらの SNP がみな同じになる確率は 10^{21} 分の 1 以下である. 遺伝子検査会社は 70 万個の SNP について DNA を調べる. この数は, 地球上のすべての人の中から一人を特定するために必要な数よりはるかに多い.

§10・5 で, **短鎖縦列反復配列** (short tandem repeat) とは 2～6 ヌクレオチドが多数回連続して繰返される DNA 領域であることを学んだ. これは**マイクロサテライト** (microsatellite) ともよばれ, ヒトゲノム中には数千個存在している. マイクロサテライト中の配列が繰返

(a) 灰色の四角の中に検査した6個のマイクロサテライトの名前を示している

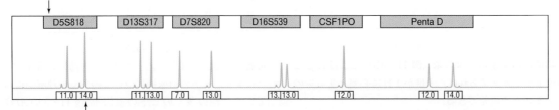

(b) 各ピークの下の四角の中には反復数が記されている（ピークの高さは，PCRによってつくられたDNA量を反映している）

図 11・8 DNA鑑定. この図はマイクロサテライト（短鎖縦列反復配列）の解析例を示している. 相同染色体の対が異なる数の反復をもつと二重のピークが現れる.

される回数は個人間で異なる. たとえば，TTTTC が繰返した配列をもつマイクロサテライトで，ある人は15回反復した配列をもち，他の人は4回反復した配列をもつ.

DNA鑑定の一般的な方法では，PCRを用いて13〜20個のマイクロサテライトを増幅する. 増幅したDNA断片の長さは，その中に含まれる配列の反復数によって異なり，電気泳動を用いて決定することができる（図11・8）.

二人の人が一卵性双生児でなければ，13個のマイクロサテライトの反復数がすべて同じである確率は 10^{15} 分の1以下である. 10^{15} は今までに生きてきた人の数よりも多い. したがって，短鎖縦列反復配列の増幅パターンを見れば個人を特定できることになる.

マイクロサテライト解析を用いたDNA鑑定の結果は，犯罪事件の証拠として一般的に使われている. この方法は指紋のように個人を特定するために，犯罪捜査ではDNAフィンガープリント法（DNA fingerprinting）ともよばれる.

11・4 遺伝子工学

遺伝子組換え生物

伝統的な交配によってゲノムを望む方向に変化させることはできるが，それは望んだ形質をもつ個体間で交配が可能なときに限られる. それに対して，遺伝子工学（genetic engineering）の手法を用いると，今までとは全く異なるレベルで遺伝子を置き換えることができる. 遺伝子工学とは，表現型を変える目的でゲノムに意図的に変化を導入する手法である. この手法で変化したゲノムをもつ個体は，遺伝子組換え生物（genetically modified organism：GMO）とよばれる. 遺伝子組換え生物のうち，異なる生物種のDNAがそのゲノムDNAに組込まれたものをトランスジェニック生物（transgenic organism）とよぶ.

遺伝子組換え微生物

最も一般的な遺伝子組換え生物は酵母（単細胞菌類）と細菌である. これらの細胞は容易に操作でき，また，医学的に重要なタンパク質を含む複雑な有機分子をつくるための代謝機構をもつ. 糖尿病患者はそのような生物から最初に恩恵を受けた例といってよいだろう. 彼らはホルモンのインスリンをつくることができないため，インスリンの注射が必要である. インスリンはかつて動物から抽出されていたが，動物のインスリンは一部の人に対してアレルギーをひき起こしていた. 1982年以来，アレルギーの問題を回避するためにヒトのインスリン遺伝子を導入したトランスジェニック大腸菌でつくられたインスリンが使われている.

また，遺伝子組換え微生物によって食品の製造過程に使われるタンパク質がつくられている. たとえば，チーズは伝統的に子ウシの胃から抽出した酵素（キモシン）を使ってつくられてきた. しかし今では，ほとんどのチーズは遺伝子組換え酵母によってつくられたキモシンを使ってつくられている.

遺伝子組換え植物

人口の増加とともに作物の生産が拡大しており，それに伴いトランスジェニック作物への依存度がますます高まっている. ある遺伝子組換え植物は病気や害虫に対して抵抗性を与える遺伝子をもつ. 有機農法を行う農家は，作物に Bt 細菌（*Bacillus thuringiensis*）の胞子を散布する. Bt 細菌は昆虫の幼虫にのみ毒として働くタンパク質を産生している. そこで，Bt タンパク質の遺伝子をダイズやトウモロコシのような作物植物に導入している. これらの操作された植物を食べた幼虫はすぐに死ぬ. そのため，農家は今までよりずっと少ない量の殺虫剤を使うだけで済む（図 11・9a）.

栄養価の増加をもたらす遺伝子がトウモロコシ，コメ，マメ，サトウキビ，コムギなどの植物にすでに導入されている. たとえば，コメを操作して，β–カロテン

を過剰産生することができる．β-カロテンは，オレンジ色の光合成色素で，小腸の細胞でビタミンAに変換される．このコメはβ-カロテン合成経路上の2個の遺伝子をもつ．そのうちの一つはトウモロコシ，もう一つは細菌に由来する．金の米（図11・9b）とよばれるこの種子が1カップあれば，子供が1日に必要とする量のビタミンAを供給できる．

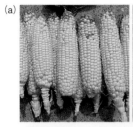

図 11・9　遺伝子組換え作物の例． (a) 左側のトウモロコシは遺伝子組換え植物で，Bt 細菌の遺伝子をもつため害虫に抵抗性を示す．右側は非組換え体である．どちらにも殺虫剤は使われていない．(b) 金の米（右）をつくる個体は，体内でビタミンAになる色素であるβ-カロテンの合成を促進する2個の遺伝子をもつ．

世界的に130万 km² 以上の土地に遺伝子組換え作物が植えられており，そのうちのほとんどは除草剤のグリホサートに耐性をもつように遺伝的に操作されたトウモロコシ，ソルガム（モロコシ），マメ，アルファルファなどである．農家の人たちは，雑草を取除くために土を掘り起こすよりはむしろ，畑にグリホサートを散布する．グリホサートは雑草を殺すが，遺伝子組換え作物には影響を与えない．

グリホサートに耐性を示す遺伝子組換え作物は，1970年代の中頃からグリホサートの使用とあわせて植えられてきた．そして，その実施についての可否は今も議論されている．遺伝子組換え生物の使用をめぐる問題は複雑であり，そこには多くの関係者が存在している．消費者，農家，バイオテクノロジー会社，監督機関などである．これらの作物の背後にある科学を理解することは，あなた自身の意見をもつための最初の一歩である．

遺伝子組換え動物

遺伝子組換えマウスは，ヒトの代謝，病気，そして解剖のモデルとして，広く研究に使われている．マウスのグルコース代謝を調節する遺伝子を一つずつ壊すことも可能である．これらのノックアウトの効果を研究することにより，ヒトの糖尿病についての多くの理解が得られている．他の多くのヒトの遺伝子（§11・3の *APOA5* 遺伝子参照）の機能も，マウスに存在する同じ遺伝子のノックアウトにより発見された．

マウス以外の遺伝子組換え動物も研究に有益であり（図11・10），あるものは医学や産業への応用に使われる分子を産生する．トランスジェニックヤギがつくるさまざまなタンパク質は血液凝固障害，囊胞性繊維症，心筋梗塞，神経ガス中毒の治療などに用いられている．トランスジェニックウサギがつくるヒトのインターロイキン2は免疫細胞の分裂をひき起こすため，がん治療薬として使うことができる．

家畜は遺伝子操作によって，耐久力，病気抵抗性，成長の速さ，栄養価などの形質が改良されている．たとえ

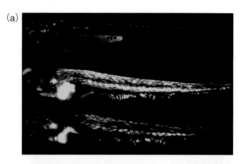

図 11・10　トランスジェニック動物の例． (a) 遺伝子組換えゼブラフィッシュ．内分泌撹乱物質であるBPAの存在する部位が光るようになっている．この汚染物質の作用の仕方を解明する研究に役立っている．(b) このトランスジェニックヤギはヒトの抗凝固因子であるアンチトロンビンをつくる．その乳から得られたアンチトロンビンは，遺伝性のアンチトロンビン欠乏症の人の外科手術や出産時の薬として使われる．この遺伝子疾患には，命にかかわる血栓が起こる高い危険性がある．

ば，心臓によい脂肪をつくり，環境に優しい低リン酸の糞便をするブタ，肉質の多いマス，トリインフルエンザを伝染しないニワトリ，狂牛病にならないウシなどである．ヒトの母乳中の抗菌タンパク質であるリゾチームを産生するトランスジェニックヤギからしぼったミルクは，発展途上国の幼児や子供が急性の下痢にかかることを防ぐだろう．それに加えて，別のヒトのタンパク質をつくるように操作された乳牛は，ヒトの母乳にさらに似たミルクを産生している．

　動物の遺伝子操作は多くの倫理的矛盾をもたらす．遺伝子操作により，多発性硬化症，嚢胞性繊維症，糖尿病，がん，ハンチントン病などのようなヒトの疾患を生ずる突然変異をもつ動物がつくられる．それは，ヒトの実験をせずに疾患や治療の研究をするためである．しかし，そのような研究は議論の対象となる．なぜなら，組換え動物がヒトと同様にひどい症状に苦しむことになるからである．

11・5 ゲノム編集

遺伝子治療

　投薬などの治療によって遺伝性疾患の症状が抑えられることはあるが，根本的に治すためには**遺伝子治療**（gene therapy）が必要である．遺伝子治療とは，個人の体の細胞に遺伝子を導入することにより遺伝的な障害を治し，病気を治療することである．

　遺伝子治療は，ヒトを遺伝的に改変するという考えを容認するやむを得ない例である．エイズ，筋ジストロフィー，心筋梗塞，鎌状赤血球貧血，嚢胞性繊維症，血友病A，パーキンソン病，アルツハイマー型認知症，眼，耳や免疫系の遺伝性疾患，数種のがんに対して遺伝子治療が試みられている．たとえば，骨髄細胞のがんである白血病の患者から採取した免疫細胞に，遺伝子をウイルスベクターに組込んで導入する．その改変された細胞が患者の体に戻されると，組込まれた遺伝子ががん細胞を殺す方向に働く．その治療は驚くほどの結果を現し，ある患者の場合，8日後には白血病の痕跡は消失した．

　遺伝子治療には予測できないこともある．*IL2RG*遺伝子に生じた突然変異により起こるSCID-X1とよばれる遺伝性疾患を考えてみよう．その遺伝子は免疫シグナル分子の受容体をコードする．この疾患をもつ人は，感染に抵抗性をもたないため，無菌テントの中でのみ生活できる．1990年代後半に，20人のSCID-X1の子供の骨髄から採取した細胞に，ウイルスベクターを用いて変異のない*IL2RG*遺伝子を導入し，その細胞は骨髄に戻された．数カ月後，18人の子供が元気になって無菌テントを

出た．彼らの免疫系は遺伝子治療によって回復したのである．しかし，そのうち5人がのちに白血病となり死亡した．組換えウイルスベクターががん原遺伝子（§9・4）近傍の染色体上の位置に選択的に挿入されて，がん原遺伝子が不適切に転写し，白血病が生じたのである．

CRISPRによるゲノム編集

　染色体DNAを編集する新しい方法が遺伝子治療の世界を変えてきている．その技術は，**CRISPR-Cas9**とよばれ，原核生物がウイルス感染を防御するための分子システムを基礎とした**ゲノム編集**（genome editing）を可能にする．このシステムでは，RNA分子（ガイドRNA）が特殊な制限酵素をDNA上に誘導し，その制限酵素は，ガイドRNAがハイブリッド形成したDNAを切断する（図11・11a）．ゲノム編集に関しては，細胞のゲノムの特定の部位が標的となるようにガイドRNA

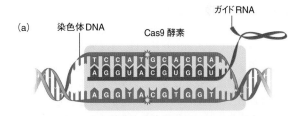

図11・11　CRISPRによるゲノム編集の例．(a) ガイドRNAがハイブリッド形成する染色体DNAの両鎖を，Cas9酵素が切断する．ガイドRNAは合成によりつくることができるため，DNAのどの配列も標的にすることができる．(b) 染色体上の二本鎖の切断を修復するには鋳型DNAが必要であり，真核生物の細胞は通常この目的のために相同染色体を使う．CRISPRゲノム編集では，修復のための鋳型としてDNA断片をデザインして使う．その断片の配列を一部欠失させたり，そこにある配列を挿入させることもできる．この鋳型には終止コドン（TAA）を挿入してある．(c) 染色体が修復されると，その配列は導入した変異をもつようになる．細胞が分裂すると，変異をもつ染色体は複製し，娘細胞に受け継がれる．

をデザインし，それを酵素とともに生きた細胞に導入する．その結果生じた染色体の切断は，細胞の DNA ポリメラーゼによって修復される（§7・6）．その修復のためには鋳型として別の DNA が必要であり，その DNA の配列を変えることにより，切断位置に特定の変異を導入することができる（図 11・11b）．生きている細胞のゲノムのどの位置でも編集が可能であり，その変異はその細胞の子孫に受け継がれる．

CRISPR はゲノムを変える他のどの方法よりも正確で，効率的であり，強力である．そのため，今では広く使われている．この技術は完璧ではない（たとえば，DNA を予想外の位置で切断することがある）が，問題は速やかに解決されつつある．CRISPR-Cas9 を用いたゲノム編集のパイオニアであるシャルパンティエ（Emmanuelle Charpentier）とダウドナ（Jennifer Doudna）は，2020 年にノーベル化学賞を受賞した．

ある CRISPR 編集生物は従来の遺伝子組換え生物と同じ規制を受けることはない．なぜなら，他の生物からの DNA（遺伝子あるいはクローニングベクターの一部）を含まず，理論的には伝統的な交配方法で生じたものと変わらないからである．たとえば，ある種のキノコの褐色化に関与する酵素を突然変異により欠損させると，キノコの保存期間が長くなる．この突然変異は自然にも起こり得るが，CRISPR で人為的に起こすことができる．

ゲノム編集によって作出された作物としては，低グルテンコムギ，アレルギーの原因となる物質を含まないピーナッツ，耐病性バナナなど，数多くのものが市場に出つつある．動物についても，ゲノム編集によって，肉量を増やしたウシや養殖マダイなども，開発されている．その場合，ミオスタチンという，筋細胞の増殖に抑制的に働くタンパク質の遺伝子を編集して，作用を抑制することで，筋肉量を増やしている．

ヒトの発生，病気，遺伝性疾患を研究するためのモデルとして膨大な数のゲノム編集動物がつくられている．そこから生まれる研究によって多くの応用が期待される．たとえば，CRISPR を用いて HIV を編集することにより，エイズ患者の緩解した症状の再発を防ぐかもしれない．あるいは，筋ジストロフィー，軟骨無形成症や，がんの患者から採取した細胞の突然変異を修復できれば，遺伝性疾患を永久的に治すための第一歩となる．現在，CRISPR あるいは CRISPR 編集細胞を用いたいくつかの臨床治験が，鎌状赤血球貧血，β サラセミア（§8・6），数種のがん，ウイルス感染に対して行われている．

生殖系列におけるゲノム編集

CRISPR は，現在では研究目的でのみヒトの配偶子や胚を改変するために使われている．改変された胚を子宮に移植し発生させると，その改変はヒトの生殖系列に取込まれて次の世代に引き継がれる．このようなことは多くの国で法的に認められていないが，中国の研究者が，HIV 抵抗性の子をつくる目的で CRISPR を用いてヒトの胚を改変し，二人の女の子が 2018 年に生まれた，と報告した．

この研究は，法および倫理違反として指弾されたが，ゲノム編集を生殖系列に対して応用すると，どのような危険性があるのか，もしその危険性をとらなければ，何を失うことになるのか，そして，その失ったものの結果を将来の人々に押しつける権利があるのか，などのむずかしい問題をわれわれに投げかけている．

ま と め

11・1 種の中で共有する遺伝子の対立遺伝子が，種の中で個体の特徴を生じる．対立遺伝子の間では，1 ヌクレオチド塩基が異なることが多くあり，それを一塩基多型（SNP）とよぶ．

個人の DNA 中の SNP と突然変異を明らかにする DNA 検査は広く行われており，この変異に基づく医療が一般的に行われるようになってきている．薬への応答性や健康への危険性に結びつく DNA の変異に基づいて，個人の治療計画を立てることができる．しかし，将来に起こるほとんどの健康問題については遺伝子型に基づいて正確に予測することはできない．

11・2 DNA クローニングの過程では，制限酵素により DNA を切断して断片化し，その断片をプラスミドあるいは他のクローニングベクターと結合させる．その結果得られた組換え DNA は，細菌や酵母などの宿主細胞に導入される．宿主細胞が分裂すると，遺伝的に同一な子孫細胞（クローン）の集団が生じる．それぞれのクローンは外来 DNA 断片を少なくとも 1 コピーをもっている．その DNA 断片は宿主細胞から大量に得ることができる．

DNA ライブラリーは異なる DNA 断片をもつ細胞の集団で，ある生物種のゲノム全体の DNA を含んでいることがある．ライブラリーの中で，特定の DNA 断片をもつ細胞を同定するためにはプローブを使う．

ポリメラーゼ連鎖反応（PCR）では，プライマーと耐熱性

Taq DNA ポリメラーゼを使って，ある特定の DNA 領域のコピー数を急速に増幅させる.

11・3　ヒトゲノムの塩基配列を決定する世界的な努力は DNA 塩基配列決定の技術を進歩させた. 一般的な配列決定法は，DNA ポリメラーゼを用いて鋳型 DNA を部分的に複製させ，その結果得られる長さの違う DNA 断片を電気泳動により分離する.

ゲノミクスはヒトゲノムの機能についての理解をもたらす. たとえば，ヒトゲノムと他の生物のゲノムの間の類似性は多くのヒト遺伝子の機能を解明している.

DNA 鑑定により，DNA の特異的部分を用いて個人を特定することができる. 一卵性双生児は別として，すべての個人は固有の短鎖縦列反復配列（マイクロサテライト）と SNP のパターンをもつ. 犯罪捜査で DNA の個人的特徴を特定する方法は，DNA フィンガープリント法とよばれる.

11・4　組換え DNA 技術は遺伝子工学の基礎である. この手法を用いると，生物の表現型を変えるためにゲノムを直接改変することができる. 遺伝子工学によって改変されたゲノムをもつ生物は遺伝子組換え生物とよばれる. 異なる種の DNA をもつ遺伝子組換え生物はトランスジェニック生物という.

最も一般的な遺伝子組換え生物である細菌と酵母を使って，医学的，産業的に価値のあるタンパク質を産生することができる. トランスジェニック作物は世界中で広く栽培されている. ほとんどは害虫や病気に耐性となるように改変されており，なかには耐久性や栄養価を高めているものもある. 遺伝子組換え動物のほとんどはマウスで，ヒトのモデルとして研究に使われている. ある組換え動物は医療に関連したタンパク質を産生する.

11・5　遺伝子治療では，遺伝的異常あるいは疾患を治すために遺伝子を体細胞に導入する. CRISPR は生きている生物のゲノムを編集する効率的で強力な方法である.

試してみよう（解答は巻末）

1.　___ は DNA 分子を特定の部位で切断する.
　a. DNA ポリメラーゼ　　b. DNA プローブ
　c. 制限酵素　　　　　　d. DNA リガーゼ
2.　___ は DNA 断片を宿主細胞に運ぶ.
　a. クローニングベクター　　b. 染色体
　c. 遺伝子組換え生物　　　　d. PCR
3.　各生物種において，完全な一組の染色体中のすべての ___ は，___ とよばれる.
　a. ゲノム，遺伝子型　　b. DNA，ゲノム
　c. SNP，DNA 鑑定　　　d. DNA，ライブラリー

4.　ある生物種の全遺伝情報を表すさまざまな DNA 断片をもつ一組の細胞集団は ___ である.
　a. ゲノム　　　　　　　b. クローン
　c. DNA ライブラリー　　d. 遺伝子組換え生物
5.　PCR は ___ をするために用いられる.
　a. DNA 鑑定　　b. ヒトゲノムの改変
　c. DNA の切断
6.　DNA 断片は，電気泳動を用いて ___ の違いによって分離することができる.
　a. ヌクレオチド配列　　b. 長さ
　c. 生物種　　　　　　　d. SNP
7.　*Taq* ポリメラーゼは，___ ために PCR に使われる.
　a. 二本鎖 DNA を一本鎖に解離させるために必要な高温状態に耐える
　b. 細菌由来の酵素である
　c. プライマーを必要としない
　d. 遺伝的に改変されている
8.　個人の ___ が DNA 鑑定に用いられる.
　a. DNA 塩基配列　　b. 短鎖縦列反復配列
　c. SNP　　　　　　d. a〜c のすべて
9.　クローニングの実験過程で行う操作を順番に並べよ.
　a. DNA リガーゼを用いて DNA 断片をベクターに結合させる
　b. プローブを用いてライブラリー中のクローンを同定する
　c. クローンからなる DNA ライブラリーを作製する
　d. ゲノム DNA を制限酵素で切断し断片にする
10.　トランスジェニック生物は ___
　a. 他種の遺伝子をもっている
　b. ゲノム編集されている
　c. a と b
11.　以下の記述は正しいか，間違いか.
　ヒトの遺伝子組換えは行われている.
12.　左側の用語の説明として最も適当なものを a〜f から選び，記号で答えよ.
　___ DNA 鑑定　　　　　a. 外来遺伝子をもつ
　___ ゲノミクス　　　　　b. 対立遺伝子は一般的にそれらをもつ
　___ CRISPR
　___ SNP　　　　　　　　c. 個人に固有の短鎖縦列反復配列のパターン
　___ トランスジェニック生物
　___ 遺伝子組換え生物　　d. 遺伝子編集
　　　　　　　　　　　　　e. 遺伝的に改変されている
　　　　　　　　　　　　　f. ゲノムの研究

12 進化の証拠

12・1　遠い過去の現れ

　あなたは時間というものをどう捉えているだろうか．おそらく数百年あるいは数千年の間に人類に生じた出来事を思い浮かべることができるだろうが，数百万年間となるとどうだろう．遠い過去を心に描くためには，よく知っていることだけでなく，未知のことへと思考を飛躍させる必要がある．そのような飛躍の手掛かりの一つが小惑星なのだ．小惑星は，宇宙空間を飛び回る，直径数mから数百kmの岩や金属のかたまりである．われわれの太陽系が形成された時に生じた冷たい石の残骸で，大多数が火星の軌道と木星の軌道との間で太陽の周囲を回っている．

　宇宙に浮かぶこれらの岩石は地球の大気圏に何トンも突入しているが，そのほとんどは地上にたどり着く前に燃え尽きてしまう．地表に到達したものは隕石とよばれ，大きなものだと衝突地点に甚大な影響をもたらす．米国アリゾナ州フラッグスタッフ近郊にあるメテオクレーターは，砂漠の砂岩に開いた幅約1.6 kmもある穴である（図12・1a）．このクレーターは5万年前に直径45 m，重量30万トンの小惑星が地球に激突してできたものだ．この衝撃のエネルギーは隕石の大部分と地面の一部を瞬時に蒸発させてしまうほどであった．

　さらに激しい小惑星の衝突があったことを示す証拠もある．化石研究者には以前から知られていた地球上の生物の**大量絶滅**（mass extinction）は6600万年前に起こった．この出来事は世界中に広がっている**K‒Pg境界**（K‒Pg boundary，中世代白亜紀と新生代第三紀の境界）とよばれる特徴的な岩石層として記録されている（図12・1b）．この境界の上の地層と下の地層では化石の組成が大きく異なっている．境界より下の地層には恐竜の化石が多く含まれている．一方，境界より上の，より新しく堆積した岩石層には，恐竜の化石は全くない．

図 12・1　証拠からの推論．（a）メテオクレーター．左に映る建物からクレーターの大きさがわかる．（b）K‒Pg境界層．イリジウムを含む白い岩石層．6600万年前に形成され世界中に広がっている．赤いものは，大きさの基準として置かれているポケットナイフ．

K‒Pg境界層の成分組成を調べたところ，地球上では珍しいが小惑星に多く含まれるイリジウムが豊富に含まれていることを発見した．そこで研究者らは，地球全体を地球外の物質で覆うほどの巨大な小惑星の衝突があったのではないかと考え，それを示す証拠を探し始めた．20年後，彼らはメキシコのユカタン州チチュルブの地下に

埋もれた巨大なクレーターを発見した。そのクレーターは幅が 180 km，深さが 20 km もある。このクレーターをつくるには，直径 15 km の小惑星が地球に衝突したと考えられ，それにより，恐竜をはじめ地球上のほとんどの生物を絶滅させるような規模の生態系の破滅がひき起こされたのである。

過去に起こった自然現象は，現在働いているのと同じ，物理学的，化学的，生物学的な過程によって説明できる。これは，生物の歴史を科学的に研究するための基盤である。研究というのは，"経験する"から"推論する"へと飛躍することである。すなわち，"直接知っていること"から"推測によってのみ知りうること"へと飛躍することであり，研究によって，驚くべき遠い過去をかいま見ることができるのである。

12・2　生物地理学や形態学の謎

存在の大いなる連鎖

今から約 2300 年前，ギリシャの哲学者アリストテレス（Aristotle）は，自然を非生命体から複雑な動植物へと至る組織化の連続として捉えた。アリストテレスのこの考えは，後世のヨーロッパの思想家たちに大きな影響を与えた。14 世紀になると，ヨーロッパでは一般的に，最も下等な生命体である植物から，動物，人間，さらには霊的存在へと"存在（生命）の大いなる連鎖"が伸びていると考えるようになった。連なる鎖の一つ一つは種であり，それぞれの種は同時に，1 箇所で，完璧な状態で創造されたといわれていた。その連鎖は完全である。存在すべきすべての生物はすでに存在しており，もはや変化する余地はなかった。

新しい証拠

1800 年代，ヨーロッパの博物学者たちは世界各地を探検し，何万もの動植物を持ち帰った。そして，新たに発見された種は，一つひとつ丁寧に目録にまとめられた。

これらの博物学者たちは，種の生息場所と体のつくりの類似性にパターンを見いだし，自然の力が生命にどのような影響を与えるかを考え，種や群集の地理的分布のパターンを研究する学問である**生物地理学**（biogeography）の先駆者となった。

見いだされた生物地理学的なパターンの中には，広く信じられていた既存の体系の枠内では答えられないような問題がいくつかあった。たとえば，ある動植物では，越えることができない山脈の反対側や，広大な大洋の向こう側に，不思議なほどよく似ている種が分布している。たとえば，ダチョウ，レア，エミューなどである。これらの鳥は，それぞれ異なる大陸に生息しているが，他の大多数の鳥とは異なる変わった特徴を共有している（図 12・2）。動物の地理的分布に興味をもっていた探検家，ウォレス（Alfred Wallace）は，これらの鳥がみな"飛べない"のは，これらの鳥が一つの共通の祖先から生じたことを意味するのではないかと考えた（そして，それは正しかった）。しかしそれらは，どのようにして，遠く離ればなれの大陸に行き着いたのであろうか。

自然科学者はまた，ある形質は似通っているが他の形質は異なっているような生物を，どのように分類するか苦労していた。たとえば，図 12・3 に示した植物は，いずれも季節的に水が不足する暑い砂漠地帯に生育している。両者とも草食動物に食べられるのを阻止する鋭い棘(とげ)をもち，太く肉厚な茎に水をたくわえることができる。しかし，植物の生殖器官である花の形態は全く異なるので，これらの植物は外見から想像されるような近縁種ではありえない（実際にそうではない）。

比較形態学（comparative morphology）は，解剖学的特徴から生物のボディプランの類似点と相違点を研究す

図 12・2　異なる生物地理区に生息する近縁種。 これらの鳥は，体が大きく，足は筋肉質で長く，飛ぶことができない。いずれも，赤道からほぼ同じくらいの距離にある広々とした草原地帯にすんでいる。（a）アフリカのダチョウ，（b）南アメリカのレア，（c）オーストラリアのエミュー。

図 12・3　外観は似ているが，類縁関係はない植物. 左は，米国アリゾナ州のソノラ砂漠原産のサボテン *Carnegiea gigantea*，右は南アフリカのグレートカルー砂漠原産のトウダイグサの一種 *Euphorbia horrida*.

る学問である．今日では，比較形態学は分類学（§1・5）におけるいくつかの手法の一つにすぎないが，19世紀には種を識別する唯一の方法であった．場合によっては，比較形態学によって解剖学的な詳細が明らかになると，たとえば，機能をもたない体の部位なども知られるようになり，混乱はさらに拡大することとなる．もし，すべての種が完璧な状態で創造されたとするならば，なぜ飛ばない鳥の翼，盲目のモグラの目，尾の痕跡であるヒトの尾骨（図 12・4）のような“役に立たない”部分をもっているのだろうか．

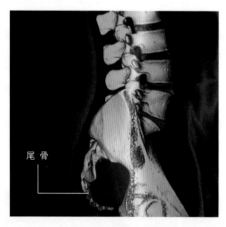

尾骨

図 12・4　ヒトの尾骨. 19世紀の博物学者はヒトの尾骨など，機能をもたない形質があることに気づき，説明に苦慮していた．

新しい考え方

　生物地理学や比較形態学の発見が積み重なるにつれ，地球上の生物が時間とともに変化してきたことを示す証拠が増えるなか，19世紀の博物学者はこれまでの通説を覆すべく奮闘した．そして，これらの新しい情報を理解するための議論と努力の末，変化をひき起こす自然の力に関する重要な洞察が生まれてきたのである．

　1800年代初頭，ラマルク（Jean-Baptiste Lamarck）は，種には存在の連鎖の中で完全なものになろうとする力が備わっているため，世代を経て徐々に改良されているという考えを提唱した．この力によって，まだ未知の化学物質である“フルーダ（fluida）”が，変化を必要としている体の部分へと送り込まれるとした．ラマルクの仮説によれば，環境圧力が個々の体に変化を求める内的要求をひき起こし，その結果として体に変化が生じ，それが子孫に受け継がれるのである．このような遺伝のしくみについての彼の理解は不完全であったものの，ラマルクは初めて**進化**（evolution），すなわち**系統**（lineage）に生じる変化のメカニズムを提案したのである．

　比較形態学という新しい分野の専門家であったキュヴィエ（Georges Cuvier）は，ラマルクの仮説を強く否定した．キュヴィエは**天変地異説**（catastrophism）を提唱し，当時の他の多くの人々と同様，地球の現在の地形は，歴史的に記録されているような現象とは異なる，周期的に生じた激しい地殻変動によって形成されたと考えた．キュヴィエは，当時発掘されつつあった巨大な恐竜など現生生物に似たものがいない動物の骨格化石を研究していた．もし，これらの動物が創造された時には完璧な存在であったとのだとしたら，いったいこれらの動物に何が起こったのだろうか．キュヴィエはまだ見ぬ動物が広大な森や未踏の地に隠れているという俗説を否定した．その代わり，彼は当時としては驚くべき別の考えを提案した．それは，天変地異のような激しい地質学的な現象によって，多くの種は死滅してきたというものである．キュヴィエはそのような天変地異の後に新しい種が生まれるものの，次の天変地異まででは，生じた種が変化するには十分な時間はないと考えた．彼は，変化の証拠が存在しないと主張したのである．巨大な動物と現生種の中間的な特徴を示す化石は，まだ誰も発見していなかった．

　地質学者のライエル（Charles Lyell）は，現在の地球の地形を説明するのに，地球規模の天変地異を持ち出す必要はないことを示した．ライエルは，浸食のような毎日少しずつ生じている地質学的な過程が，地球の表層を刻み現在のような地形をつくることができるという**斉一説**（uniformitarianism）を提唱した．ライエルは斉一説を支持する多くの証拠を見いだした．長年地質学者は，世界中のさまざまな種類の岩石を削りとって観察し，それぞれの地層の組成や構造が歴史の記録となっていることを見いだした．ライエルは，現在起こっている岩石層を浸食する通常の地質学的過程が，過去には何百万年も

続けて岩石層を浸食してきたことに気づいたのである。この考えは、地球は数千年前にできたという当時の通説を覆すものだった。しかし、ライエルは地質学的連続性を裏付ける岩石の証拠を徹底的に記録し、彼の考えは他の自然研究者に広く受け入れられていった。

12・3 自然選択

ダーウィンとビーグル号の航海

キュヴィエとライエルは、もう一人の自然科学者ダーウィン（Charles Darwin、左）の考え方に影響を与えた。ダーウィンは、大学で医学を学ぼうと試みた後、英国ケンブリッジ大学で神学の学位を取得した。しかし、ダーウィンは、大学にいる間はずっと、大半の時間を自然史に熱をあげていた教員らとともに過ごしていた。

1831年、ダーウィンはビーグル号に乗船し、5年間の調査探検に参加した。この探検において、若かりしダーウィンは多くの変わった化石を見つけ、大陸から遠く離れた島の砂浜からアンデスの高地の平原に至るまで、広い範囲の環境に生息する多様な種を観察した。

図 12・5　遠い昔の親戚か。 アルマジロとグリプトドンは時代的にはとても離れているが、どちらもワニやトカゲの皮と似た、ケラチンで覆われた骨の板でできた甲羅をもっている。（a）現生のアルマジロ。体長約30cm。（b）グリプトドンの化石。200万年前から1万5000年前まで生存していた。体長約3m。

英国に戻ると、ダーウィンは自分のメモや化石を前にして、あれこれ悩んでいた。彼は、当時の他の博物学者らとともに、生命が時間とともに変化してきたことを示す証拠を認識し、そのような変化をひき起こした可能性のある力について考えていたのである。

ダーウィンが航海中に収集した何千もの標本の中に、グリプトドンの化石が含まれていた。この甲羅を身にまとった哺乳類はすでに絶滅しているが、現生のアルマジロと多くの形質が共通している（図12・5）。しかも、アルマジロはグリプトドンがかつて分布していた場所だけに生息している。変わった形質を共有し同じ分布域に限られていることは、グリプトドンが、アルマジロの大昔の近縁種だったことを意味するのだろうか。もしそうだとすれば、おそらく、これらの共通祖先が備えていた形質は、アルマジロへと連なる系統において変化していったのである。しかし、そのような変化はどのようにして起こったのだろうか。

ダーウィンは、飢饉、病気、戦争が人口の増加を制限していると主張していた経済学者のマルサス（Thomas Malthus）の著作を読んだ。人間が、環境の収容力を超えて繁殖してしまうと、食料が不足し、限られた資源を奪い合うようになる。この生存競争に勝ち残る者と、そうでない者が生じる。ダーウィンは、このマルサスの考え方はより広い範囲に適用できることに気づいた。人間だけではなく、あらゆる集団の個体が、限られた資源を巡って生存競争をしているのである。

ビーグル号の航海での経験をもとに、ダーウィンは近縁種を区別する形質の小さな違いについて考え始めた。彼は、ガラパゴス諸島の別べつの島に生息している多数の種のフィンチの間にそのような変異があることを見つけた。この一連の島々は南米から900kmも海によって隔てられているため、この島に生息する種の大半は南米本土の個体群と交雑する機会はなかった。ガラパゴス諸島のフィンチは南米のフィンチと似ていたが、多くの種は自身が生息する島の環境に適するような独自の形質をもっていた。

ダーウィンは、ハトやイヌやウマを選択的に交配させることによって、形質を変えることができることをよく知っていた。彼は、自然環境も同様に、特定の形質を"選択"することができると考えた。ある特定の形質を共有する個体は、競争関係にあるその種の他の個体と比べて生存や繁殖の点で優位になることがあるというのである。すなわち、どの個体群においても、一部の個体が他の個体よりも環境に適したよりよい形質をもっている。いいかえると、自然の個体群のなかのそれぞれの個体は、**適応度**（fitness）が異なっている。適応度は特定

の環境への適応の程度で定義され，将来の世代への相対的な遺伝的寄与の程度で測られる．適応度を高めるような遺伝形質を，進化的な**適応**（adaptation）または**適応的な形質**（adaptive trait）とよぶ．

　ダーウィンは，特定の環境に最も適応した個体は適応していないライバルよりも多くの子孫を残す傾向があることに気づき，この過程を**自然選択**（natural selection）と名づけた．自然選択は時間の経過とともに個体群を変化させる．この推論を表12・1にまとめた．ある個体が環境により適した形質をもっていれば，より生存の機会が増え，そうすると自分の子孫を残す機会も増える．適応的な形質をもつ個体がそうでない個体よりも多くの子孫を残せば，その形質は，何世代もの間に，個体群の中で増えていく傾向にあるだろう．そのようにして個体群は進化していくのだ．ライエルが提唱したように地球が何百万年も前に誕生したのだとすれば，自然選択が進化をひき起こすのに十分な時間があったことになる．

表 12・1　自然選択の原理

個体群について観察されたこと
- 自然の個体群には，本来，徐々に個体群の大きさを増大するような繁殖能力が備わっている
- 個体群が大きくなると，それぞれの個体が使う資源（食物や生息場所など）が実質的に限られてきてしまう
- 資源が限られると，個体群の中のそれぞれの個体が資源を巡って競争する

遺伝について観察されたこと
- 同じ種の個体はある形質を共有している
- 自然個体群における個体は，種で共有する形質についても細かく比べれば異なっている
- 共有形質は遺伝子によって遺伝する．対立遺伝子（わずかだけ異なる遺伝子）によって共有する形質に変異がもたらされる

これらからの推論
- 共有する形質が特定の状態にある個体が，有利に生き残れることがある
- 個体群の中の有利に生き残れる個体は，より多くの子孫を残す傾向にある
- このようにして，ある適応的な形質に伴う対立遺伝子は，しだいに個体群の中で広まる傾向にある

偉大な頭脳は同じことを考える

　ダーウィンは1830年代後半に自然選択による進化という仮説を思いついたが，すぐには発表しなかった．ダーウィンは10年かけて証拠を集め，他のプロジェクトに集中し，病気と闘いながら，このテーマに関する本をまとめ始めた．一方，アマゾン川流域とマレー諸島で野生生物を研究していたウォレスは，種の地理的分布に

見いだされるパターンについてダーウィンに手紙を出した．ウォレスは，進化に関する自分の考えを発表する準備が整うと，それをダーウィンに送り助言を求めた．ダーウィンがショックを受けたのは，ウォレスが"進化は自然選択によってもたらされる"という自分と同じ仮説を持っていたことだ．

　1858年，自然選択による進化の仮説が学会で発表された．この発表はダーウィンとウォレスの連名で行われたが，二人とも学会には出席していなかった．翌年，ダーウィンは『種の起原（On the Origin of Species）』を出版し，この仮説を支持する詳細な証拠を提示した．多くの人々は，変化を伴う継承（由来）という考えはすでに受け入れていた．しかし，進化が自然選択によって起こるという考えには激しい議論があった．遺伝学の分野からの実験的な証拠が科学界に広く受け入れられるには，さらに数十年を必要とした．

12・4　化石からの証拠

化　石

　化石（fossil）とは過去に生きていた生物の遺骸や痕跡である（図12・6）．大部分の化石は，骨，歯，殻，種子，胞子などの体の硬い部分が鉱物化したものである．足跡や這い跡，巣，すみ穴，または糞などの生痕化石は生物の活動の証拠である．

　化石化の過程は生物またはその痕跡が，堆積物，泥，火山灰に覆われてから始まる．そこに地下水がしみ込み，内部や周囲の空間を満たす．骨などの硬い組織の中の鉱物が，地下水に含まれる鉱物と徐々に入れ替わり，鉱物が結晶化し，生物や痕跡の細かい形をそのまま残す．その上に堆積物がゆっくりと蓄積し圧力を増していく．長い時間を経ると圧力も極限に達し，鉱物化した残骸を岩へと変える．

　大部分の化石は堆積岩の地層で見つかる．川がシルト，砂，火山灰，その他の粒子を，陸から海へと洗い流す．これらの粒子が海底に沈み，厚みや組成が異なる水平に重なる層がつくられる．数百万年後には，この堆積物の層は埋もれて圧縮されていき，堆積岩の地層になる．地質学的過程によって，海底の堆積岩が海面よりはるかに高いところにもち上げられることがあり，そこで侵食が起これば地層中の化石が露出する．

　生物学者は，堆積岩の中に見つかる化石がたどった歴史を理解するために堆積岩の地層を研究する．ある岩石地層において，最も深い地層が最初につくられ，最も表面に近い地層が最も新しくつくられたものである．したがって，一般的に深いところにある地層ほど，その中に

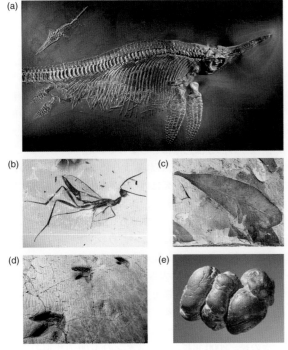

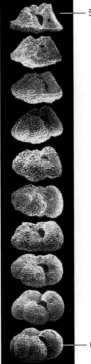

図 12・7 一連の有孔虫化石. 有孔虫は単細胞の原生生物で,現在知られている 4000 種のほとんどは海底に生息している. 炭酸カルシウムの丈夫な殻を分泌する. 死後,堆積物で覆われて殻が化石化することがある. 海底の円柱状の試料(コアサンプル)には,それぞれの時代を代表する有孔虫の殻が見つかる.

図 12・6 化石. (a) 魚竜の骨格. 海生爬虫類である魚竜は現生のネズミイルカほどの大きさで,ネズミイルカと同じように空気呼吸をし,おそらく同じくらいの速さで泳いでいた. しかし,魚竜とネズミイルカは近縁ではない. 約 2 億年前. (b) コハクの中に閉じ込められたスズメバチの絶滅種 *Leptofoenus pittfieldae*. 体長 9 mm,約 2000 万年前. (c) 裸子植物ソテツシダ *Glossopteris* の葉. 2 億 6000 万年前. (d) 獣脚類の足跡. 獣脚類は約 2 億 5000 万年前に生じた肉食恐竜で,ティラノサウルスなどが含まれる. それぞれの足跡の長さは 45 cm. (e) キツネのような動物が排出したコプロライト(糞の化石). 中には食物の残骸や寄生虫が化石になっており,絶滅した動物の食性や健康状態の手がかりとなる.

ある化石はより古い(図 12・7). また,各層の組成は,それが形成されたときの環境条件を反映している.

化石記録

これまでに 25 万を超える種の化石が知られている. 現在の生物多様性の範囲を考慮すれば,まだ何百万もの種が存在したにちがいないが,それらのすべてを知ることは決してできないだろう. 大昔に存在した生物種について知るためには,その証拠となる化石を見つけなければならない. しかし,そもそも化石になる個体はごくわずかである. 通常,生物の遺骸は腐食性動物によってバラバラになってしまう. 有機物は水分と酸素があれば分解されるため,腐食を免れた残骸は,乾くか,凍るか,樹液,タール,泥のような空気を取除くことができるものに包まれた場合のみもちこたえる. 化石は,浸食など

の地質学的過程で砕かれたり,散逸してしまうことが多い. たとえそのまま残っても,多くは岩の奥深くに埋もれてしまい発見されることがない.

大部分の古代の種は硬い部分がないため化石になりにくく,それらの証拠はあまり見つからない. たとえば,骨をもつ魚や硬い殻をもつ軟体動物の化石はたくさんあるが,それらよりふつうにたくさんいたであろうクラゲや柔らかい蠕虫類の化石はほとんど見つからない. 生物の相対的な数についても考えなければならない. 真菌類の胞子や花粉の粒子は,ふつう数百万個は放出される. 対照的に,初期のヒトは小さな生活集団をつくって生きており,子孫もわずかな数しか生き残らなかった. 1 本のヒトの骨の化石を見つける確率は,真菌類の胞子の化石を見つける確率よりはるかに低い. さらに,ほんの短い期間しか存在しなかった種と,何億年も存在した種では,化石記録としての現れやすさが異なる.

失われた環の発見

現生生物の主要な系統の間にはしばしば大きな隔たりがあり,**失われた環**(missing link,ミッシングリンクともいう)とよばれる. 中間的な形態の化石の発見により,これらの系統の進化の歴史を組立てることができる. 鯨類(クジラ,イルカ,ネズミイルカを含む)の進

化の様相も失われた環の発見によって大きく塗り替えられた.

現生の鯨類の骨格には骨盤と後肢が残っているため,

(a)

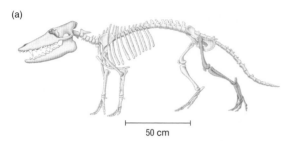

Pakicetus attocki. 約5000万年前に生息し,最古の鯨類の一つとされている. 半水生であったが,走ることに特化した体をもっていた

(b)

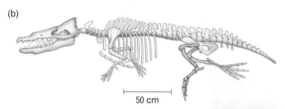

Rodhocetus balochistanensis. 約4700万年前. 陸上を歩く(または言う)こともできたが,体はむしろ泳ぐのに適していた. 足首関節の下側にある距骨(右)がダブルプーリー(二重滑車)のような独特の形をしており,偶蹄類との近縁性が示唆される

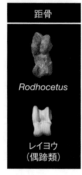

距骨

Rodhocetus

レイヨウ
(偶蹄類)

(c)

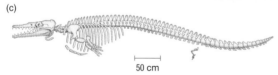

Dorudon atrox. 約3700万年前. 後肢は動くが,小さく背骨とつながっておらず,陸上でその巨体を支えることはできないため,完全な水生生物と考えられる

(d)

マッコウクジラ. 現生の鯨類は,骨盤や足の痕跡をもつが歩けない

図 12・8 鯨類の骨格の比較. 鯨類の祖先は陸上を歩く偶蹄目であった. 何百万年もかけて陸上生活から水中生活へと移行し,それに伴って後肢(青で示した部分)は小さくなった.

長い間,進化生物学者は鯨類の祖先は陸上を歩いていたと考えてきた. この仮説は,約3700万年前に生息していた後肢をもつ古代の鯨類 *Dorudon atrox* の完全な化石骨格が発見されたことによって裏付けられた. しかし,その後肢は陸上でその巨体を支えるにはあまりにも小さく,この種は完全な水中生活を送っていたと考えられた. 陸上生活から水中生活への移行は,それを示す中間的な骨格をもつ化石はほかに見つかっていなかったため,残りの部分は想像にとどまっていた.

1990年代になって行われるようになったゲノムの比較によって,現生の鯨類は他の哺乳類よりも偶蹄類に近縁であることが示唆された. 偶蹄類とは,それぞれの肢に偶数(2または4個)のひづめ(蹄)をもっている哺乳類で,現生の代表種は,カバ,ウシ,ヒツジなどである. 偶蹄類の祖先が長い尾をもつ小さなシカに似ていたことから,この発見は大きな論争となった(図12・8). こんな陸上の小動物が深海を泳ぐのに適した巨大な体をもつクジラへと進化するには,想像ができないほど多くの骨格の変化と生理的変化が必要だったからだ.

その後,2000年に,パキスタンの4700万年前の岩の地層から,二つの異なる古代のクジラの完全な骨格化石が発見された. それら2種, *Artiocetus clavis* と *Rodhocetus balochitstanensis* はいずれもクジラのような頭蓋骨としっかりした後肢をもっていた. その体は,現生のクジラのように尾を使ってではなく,足を使って泳ぐようにつくられていた. 足首にある距骨の形状は明らかに偶蹄類の特徴を示している. どちらも,鯨類の直接の祖先ではないものの,陸上生活から水中生活への移行をたどった古代の偶蹄類から現生の鯨類への系統から分岐した近縁種である.

放射性同位体による年代測定

放射性同位体を用いることによって化石の年代を知ることができる(§2・2). 放射性同位体の壊変は,温度,圧力,化学結合の状態,湿度によって影響を受けることはなく,完璧な時計として使うことができる. それぞれの放射性同位体は一定の速度で決まった娘核種に壊変する. 放射性同位体の原子の半分が壊変するのにかかる時間は,**半減期**(half-life)とよばれる(図12・9). 半減期はそれぞれの放射性同位体ごとに決まっている.

有機物を含んでいる化石の年代を決定するためには,炭素の同位体が使われる. 地球上のほとんどの炭素は ^{12}C なので,地球上のほとんどすべての二酸化炭素分子は ^{12}C でできているが,ごく少数の二酸化炭素分子は ^{12}C ではなく ^{14}C を含んでいる. ^{14}C は放射性同位体なので,一定の速度で窒素(^{14}N)へと壊変するが,

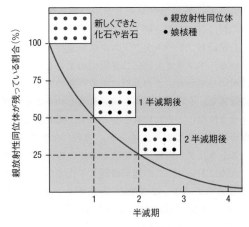

図 12・9 半減期

（凡例）
● 親放射性同位体
● 娘核種

（図中ラベル）
新しくできた化石や岩石
1 半減期後
2 半減期後

（縦軸）親放射性同位体が残っている割合 (%)
（横軸）半減期

(a) オウムガイが生きている間は，食物から炭素を取込み続けるので，組織中の ^{14}C と ^{12}C の比率は一定である．

(b) オウムガイが死んで炭素を取込まなくなると，^{14}C（赤点で示す）は壊変して減少し始める．5730 年経つと ^{14}C が半分になり，さらに 5730 年経つとさらにその半分になる．

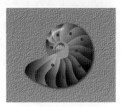

(c) 化石が発掘され，^{14}C と ^{12}C の比率を測定したところ 1/8 = (1/2)³ になっていたとすると，死後，半減期の 3 倍である 17,190 年経っていることとなる．

図 12・10 炭素同位体による年代測定．炭素 14（^{14}C）は炭素の放射性同位体で窒素へと壊変する．^{14}C は大気中で酸素と結合して二酸化炭素となり，植物の光合成によって食物連鎖に組込まれることとなる．

大気中で一定の速度で生成もされるため，大気中の二酸化炭素中の ^{14}C と ^{12}C の比率は，基本的に安定している．

　生命のおもな炭素源は二酸化炭素なので，この比率は生物の体内でも同じになる．生物が生きている間は炭素を獲得し続けるので，これらの同位体は同じ割合で組織内に取込まれる．しかし，ひとたび生物が死ぬと炭素の同化はなくなり，遺骸中で ^{14}C が壊変するため，^{14}C の割合は時間とともに減少していく．^{14}C の半減期は 5730 年であることが知られているので，生物の遺骸中の ^{14}C と ^{12}C の比率から，その生物は何年前に死んだのかを計算することができる（図 12・10）．

　このように，放射性同位体の比率から物質の年代を明らかにすることができる．これが**放射性同位体による年代測定**（radiometric dating）である．炭素同位体を用いると，6 万年未満の生物資料の年代を求めることができるが，それより古い生物資料には基本的に ^{14}C は残らない．古い化石の年代測定には，その化石を含む堆積岩層の上下にある溶岩流からできた火山岩の年代を測定することによって推定する．

　岩石の年代を決定する時も，放射性物質による年代測定が使われる．地球上のほとんどの岩石の源は，地下にあり高温で溶けたマグマである．マグマの中では，さまざまな原子が混ざり合いかき混ぜられている．マグマは溶岩として地表に到達した後，冷えて固まり岩石となる．このとき，マグマに含まれる原子は結合し，特徴的な構造と組成をもったさまざまな鉱物として結晶化する．

　オーストラリア西部のジャックヒルズで採取された小さなジルコン（ジルコニウムのケイ酸塩 $ZrSiO_4$ を主成分とする鉱物）の結晶が，地球最古の岩石で 44 億 400 万年前のものであることが判明した．

12・5 地球の歴史

大陸移動説

　地球の表面は風，水，その他の自然の力によって削られ続けているが，それは，もっと大きな地質学的変化のほんの一部である．地球自身もまた劇的に変化している．たとえば，今日存在しているすべての大陸は，かつてはより大きな**パンゲア**（Pangaea）超大陸の一部であり，それがおよそ 2 億年前にいくつかの断片に分割され，漂流して離ればなれになった．大陸が動くという考えは，もともと大陸移動説とよばれ，なぜ大西洋をはさんだ南米の海岸線とアフリカの海岸線がジグソーパズルのように"ぴったりはまる"ように見えるのかを説明するために，1900 年代の初めに提案されたものである．

　この理論はまた，巨大な岩石層の磁極が異なる大陸では異なる方向に向いていることも説明できる．マグマが固まって岩石がつくられる時，鉄分をたくさん含む鉱物は磁力をもつようになるが，その磁極はその時の地球の極の方向に整列する．もし大陸が全く動かなかったとすると，これらの大昔の岩石の磁極はすべて方位磁針と同じように南北を向いて整列しているはずである．ところが実際にはそのようになっていない．それぞれの地層中

の岩石の磁極は互いにそろっているが，必ずしも南北に向いているわけではない．とすると，地球の磁極が南北方向から大きくずれていたか，大陸がさまよい向きを変えたかのどちらかである．

プレートテクトニクス

　大陸移動説を裏付ける証拠があるにもかかわらず，大陸が移動するメカニズムが知られていなかったため，当初，大陸移動説は懐疑的な見方で迎えられた．ところが，1950 年代後半になると，深海探査によって，海底に何千キロも続く巨大な尾根や海溝が発見された．この発見により，大陸移動のメカニズムが解明され，プレートテクトニクスとよばれる理論になった．

　プレートテクトニクス理論（plate tectonics theory）によれば，地球の外側表面にある岩石の層は，ひびの入った大きな卵の殻のように，巨大ないくつかのプレートに割れている．海底の海嶺（図 12・11 ❶）やプレートの片方の端にある大陸上の地溝から噴き出たマグマは，古い岩石を押し広げプレートの反対の端にある海溝❷へと沈みこませる．プレートは巨大なコンベヤーのベルトのように，その上に乗っている大陸を新しい場所へと運ぶ．その動きは 1 年に 10 cm ほどであるが，それでも 2 億年ほどあれば，大陸を世界中へ運ぶのに十分な速さである．

　プレートテクトニクスの証拠はわれわれの身近にある地質学的特徴のなかに見いだされる．火山のホットスポットでは，地球の奥深くから地殻を突き破りマグマが噴出している❸．連続して並ぶ火山列島は，プレートが海底のホットスポットを横切っていくことによって形成される❹．断層はプレートがぶつかる場所に生じる地殻の裂け目である（図 12・12）．

　化石記録もプレートテクトニクスを支持する証拠を示している．アフリカ大陸には非常にめずらしい地層が帯状に横切っている．この地層にある一連の岩石の層は非常に複雑で，それが何度も形成されるということは到底ありそうにない．それにもかかわらず，同じ構造が，巨大な帯状に生じており，インド，南米，マダガスカル，オーストラリア，南極にまで広がっている．これらすべての大陸において，この地層は同じ年代であり，他の地層にはみられない，2 億 9900 万年から 2 億 5200 万年前のソテツシダ *Glossopteris* の化石（図 12・6c 参照）や，2 億 7000 万年から 2 億 2500 万年前の初期の爬虫類

図 12・12　サンアンドレアス断層．断層は地殻の裂け目である．米国カリフォルニア州にあるサンアンドレアス断層は，2 枚のプレートの境界にある断層で，長さ 1300 km にも及ぶ．

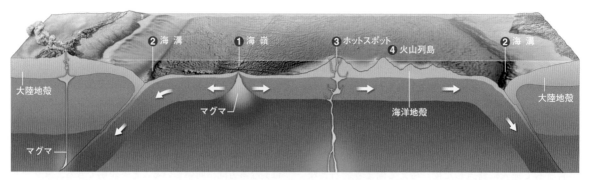

図 12・11　プレートテクトニクス．地球の外側の岩石層（地殻）の巨大な断片が，ゆっくりと漂って離れていき，そして衝突している．プレートが動くことにより，地球全体へと大陸が運ばれる．
❶海嶺では，地球内部からマグマ（黄色）が噴き出している．地球表面で新しくつくられた地殻は外側へと広がり，隣接するプレートを，海嶺から海溝に向けて押しやる．
❷海溝では，前進する 1 枚のプレートの端が隣接するプレートの下に潜り込んでそれを曲げる．
❸ホットスポットでは，マグマはプレートを突き破っている．
❹火山列島はホットスポットの上をプレートが動くことによってつくられる．たとえば，ハワイ諸島は太平洋プレートの下にある一つのホットスポットから噴出し続けるマグマによって形成された．

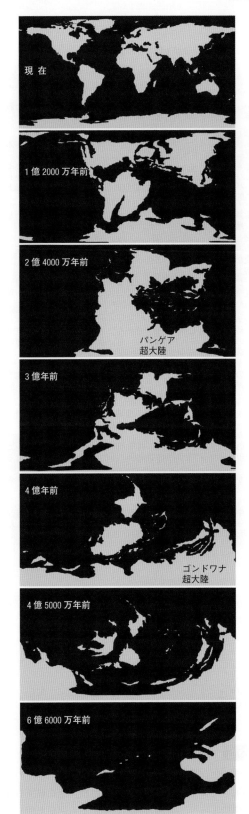

図 12·13　大陸移動のようす

Lystrosaurus の化石が見つかっている．この地層は，一つの大陸において堆積し，その後に分裂したにちがいない．

45億5000万年前に地球の外層で岩石が固まって以来，少なくとも五つの超大陸の形成と分裂が繰返された．そのうちの一つ，**ゴンドワナ**（Gondwana）超大陸は約5億4000万年前に形成された後，2億6000万年かけて南極を横切り北へ移動し，およそ3億年前に別の超大陸と合体してパンゲア超大陸を形成した（図12·13）．現在，南半球にあるほとんどの大陸とインドやアラビア半島は，かつてはこのゴンドワナ超大陸の一部であった．図12·2に示した鳥類を含むいくつかの現生種は，これらの場所だけにしか生息していない．

プレートテクトニクスがもたらす大陸移動は生物の進化に大きな影響を与えた．たとえば，二つの大陸が衝突して一つになると，それまで別べつの大陸に生息していた生物の個体群が混ざりあい，海に生息していた生物の個体群は引き離される．そして，大陸が分裂すると，陸上生物の個体群を引き離し，離ればなれだった海生生物の個体群が接触するようになる．そのような個体群の変化が進化をひき起こす大きな力となることを，13章でみていくこととしよう．

地質年代表

天変地異説を提唱したキュヴィエには，プレートテクトニクスが何百万年にもわたって地球の地形を変えてきたことは想像できなかっただろう．斉一説を唱えたライエルは，小惑星の衝突が地質学的には一瞬の時間で生命の運命を永久に変えてしまうということを知り得なかった．しかし今日のわれわれは，地球の歴史は連続的で緩やかな過程と激しい一瞬の現象の両方によってつくられてきたことを理解している．

地球の歴史は，岩石の層と年代を対応させた**地質年代表**（geologic time scale）で表すことができる（図12·14）．それぞれの地層の組成はその層が堆積した時代の環境を知る手がかりであり，そこに含まれる化石は堆積した時代の生命の記録である．各層の組成や化石はそれぞれ異なり，そのちがいは地球の歴史的な変遷を意味している．

米国西部に大きく広がる二つの堆積岩の地層について考えてみよう．ハーミット頁岩（けつがん）はおもに泥とシルトからなり，陸上植物や昆虫の化石が豊富に含まれていることから，湿潤な海岸平野に広がる河川系で堆積したと考えられる．ハーミット頁岩の上に堆積したココニノ砂岩は，おもにかなり風化した砂でできているが，そこから見つかる化石はリップルマーク（風や水流によって砂の

累 代	代	紀		年代* (mya)	おもな地質学上および生物学上のできごと
顕生代	新生代	第四紀	完新世	0.01	現生人類が進化. 大量絶滅が現在進行中
			更新世	2.6	
		新第三紀	鮮新世	5.3	熱帯, 亜熱帯が極方向へ広がる. 気候は寒冷化し, 乾燥した森林地帯, 草原地帯が出現. 哺乳類, 昆虫類, 鳥類の適応放散
			中新世	23.0	
		古第三紀	漸新世	33.9	
			始新世	56.0	
			暁新世	66.0	
	中世代	白亜紀	上部		◀ 大量絶滅 顕花植物の多様化. サメ類の進化. すべての恐竜と多くの海洋生物がこの時代の最後に絶滅
				100.5	
			下部		とても暖かい気候. 恐竜類が優占し続ける. 現在の主要な昆虫類(ミツバチ類, チョウ類, シロアリ類, アリ類, およびアブラムシ類, バッタ類などの植食昆虫類)の出現. 被子植物が生じ, 陸上で優占的な植物となる
				145.0	
		ジュラ紀			恐竜類の時代. 裸子植物とシダ類が繁栄し, 青々とした植生となる. 鳥類の出現. パンゲア超大陸の分裂
		三畳紀		201.3	◀ 大量絶滅 ペルム紀末の大量絶滅からの回復. カメ類, 恐竜類, 翼竜類, 哺乳類など新しい動物群の出現
	古生代	ペルム紀		252	◀ 大量絶滅 パンゲア超大陸がつくられる. 針葉樹の適法放散. ソテツ類やイチョウ類の出現. 比較的乾燥した気候で, 干ばつに適応した裸子植物や甲虫類やハエ類などの昆虫類が現れる
		石炭紀		299	大気中の酸素濃度が高くなり, 巨大な節足動物が出現. 胞子をつくる植物が優占する. 大型のヒカゲノカズラ類の時代で, 巨大な石炭の森がつくられた. 両生類に耳が進化し, 初期の爬虫類に陰茎が進化(膣は後になって哺乳類にのみ進化)
		デボン紀		359	◀ 大量絶滅 陸生の四肢動物の出現. 植物の爆発的な多様化によって, 樹木や森林が生じ, ヒカゲノカズラ類や複雑な葉をもったシダ類, 種子植物が出現
		シルル紀		419	海生無脊椎動物の放散. 陸生真菌類, 維管束植物, 硬骨魚類, および, おそらく陸上動物(多足類, クモ類)の最初の出現
		オルドビス紀		443	◀ 大量絶滅 多くの生物が出現した時代. 最初の陸上植物, 魚類, 造礁サンゴ類が出現. ゴンドワナ超大陸は南極に向かって移動し, 寒冷になる
		カンブリア紀		485	地球が解凍する. 動物多様性の爆発. 主要な動物群の大半が海で出現. 三葉虫類と有殻の生物の進化
先カンブリア時代	原生代			541	大気中への酸素の蓄積. 酸素を使う代謝の起原. 真核細胞の起原. その後原生生物, 真菌類, 植物, 動物が生じる. 7億5000万〜6億年前の地球氷河期には地球はほとんど凍っていた
	始生代			2500	細菌, アーキアの起原
	冥王代			4000	地殻の起原, 最初の大気, 最初の海
				〜4600	

* mya という単位は百万年前のこと. 年代は国際年代層序表 2018 年版に基づく.

図 12・14　地質年代表とグランドキャニオンの堆積岩層. グランドキャニオンでは堆積岩の地層が浸食によって削られて露出しており, 地質年代表との対比が可能である. 年代の単位は mya(million years ago)で 100 万年前のこと.

表面に生じた波形)と爬虫類の這い跡だけである. このようなことから, ココニノ砂岩は現在のサハラ砂漠のような広大な砂漠として堆積したものと考えられる. したがって, これら二つの地層が堆積する間には, 大きな気候変動があったにちがいない.

12・6　形態や機能からの証拠

　一般的に, 進化上の関係が近い種ほどより多くの形質が共通している. 異なる種の形態や機能を比較する比較形態学によって, それらの間の進化上の関係を明らかにすることができる.

ペルム紀
- Ka カイバブ石灰岩
- To トロウィーブ層
- Co ココニノ砂岩

石炭紀
- He ハーミット頁岩
- Es エスプラネード砂岩
- We ウェスコゲイム層
- Ma マナケイチャ層
- Wa ワタホムジ層
- Re レッドウォール石灰岩
- Te テンプル・ビュート層
- Mu ムアヴ石灰岩

カンブリア紀
- Br ブライト・エンジェル頁岩
- Ta テービーツ砂岩

原生紀
- チュアー層群†
- ナンコウェブ層†
- アンカー層群†
- Vi ヴィシュヌ基盤岩

†印はこの写真では見えない地層を示す.

相 同 な 構 造

　同じ共通祖先からの子孫でも，それぞれ異なる環境圧力に対応して異なる進化をすることがある．一つの共通祖先からさまざまな系統が派生し系統が分岐した際に生じる，それぞれの系統で異なってみえるが同じ共通祖先に由来している体の部分を**相同な**（homologous）構造とよぶ．

　脊椎動物の前肢は相同な構造の例である（図12・15）．前肢の大きさや形，機能はさまざまだが，骨，神経，血管，筋肉などの内部の構成や配置はよく似てい

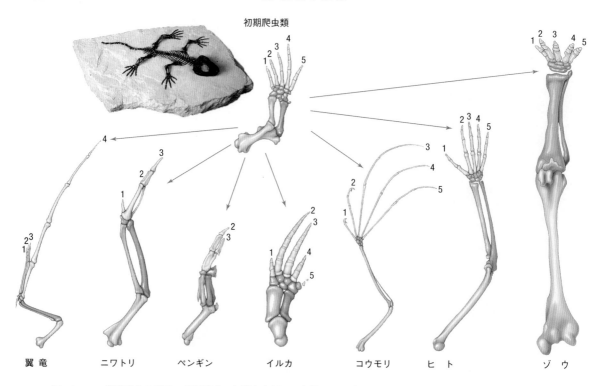

初期爬虫類

翼竜　　　ニワトリ　　　ペンギン　　　イルカ　　　コウモリ　　　ヒ　ト　　　ゾ　ウ

図 12・15　脊椎動物の前肢の相同構造. 初期爬虫類から多様な形の前肢が進化したが，骨の数や位置はほとんど変わっていない（写真は初期爬虫類の *Captorhinus* 属の化石）. 一部の骨はいくつかの系統でしだいに失われていった（1〜5の番号で比較せよ）. 図は必ずしも同じ縮尺ではないので注意.

る. 5本指の肢をもつ"初期爬虫類"から多くの脊椎動物が進化した. この祖先からの子孫が数百万年の間に多様化して，現生の爬虫類，鳥類，哺乳類となった. この適応進化の過程で，5本指の肢はさまざまな用途に適応した. たとえば，ヒトの前肢は4本の指と親指をもつ手となった. イルカなどの鯨類の前肢は泳ぐためのひれに，コウモリやほとんどの鳥類では空を飛ぶための翼となった.

相似な構造

　異なる種で似たように見える体の部位が必ずしも相同というわけではない. 時に，異なる系統で独立して進化したが，環境から同じような圧力を受けることによって似たような体の部位が進化することがあり，これを**収斂**（convergence）という. 収斂の結果生じた類似の構造は**相似な**（analogous）構造とよばれる.

　鳥類やコウモリや昆虫類の"翼"はみな，飛行という同じ機能のためにある. しかし，いくつかの証拠が，これらの翼は相同ではないことを示している. 3種類の"翼"は，飛行のために必要な物理的制約に対して適応しているが，その適応方法は異なっている. 鳥類とコウ

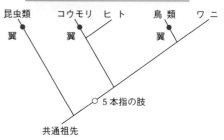

昆虫類　　コウモリ　ヒト　　　鳥類　　ワニ
翼　　　　　　翼　　　　　　　　　翼
　　　　　　　　　　　5本指の肢
共通祖先

図 12・16　相似な構造. 別の系統で独立して進化した類似の構造は似たような環境圧力の結果で生じる. 昆虫類の翅，コウモリの翼，鳥の翼肢は，それぞれ飛行への適応方法が異なる. 系統樹の赤点は前肢からこれらの翼への進化が三つの系統で独立に起こったことを示す.

モリでは肢自体は相同であるが，その肢をどのように飛行に使えるようにしているかは異なっている．コウモリの翼（翼肢）の表面は膜状に薄く伸びた皮膚であるのに対して，鳥類の翼の表面は皮膚に由来する特殊な構造である羽毛に覆われている．昆虫類の翼（翅）はさらに大きく異なっている．昆虫類の翼は体壁が袋状に広がってできたものである．この袋が平らになって融合して薄い一枚の膜となり，中にある枝分かれした丈夫な翅脈で構造的に支えられている．鳥類やコウモリや昆虫類がそれぞれ独自の方法で飛行に対して適応していることは，翼の表面がこれらの共通祖先が分岐した後に進化した相似な構造であることを示す証拠となる（図 12・16）．

12・7　分子からの証拠

DNA やタンパク質の類似性

DNA の突然変異は避けようがなく，世代を繰返すごとにその系統のゲノムの DNA 塩基配列を変化させる．大部分の突然変異は中立的で，個体の生存や繁殖には影響を及ぼさないため，中立的な突然変異は，ある系統のゲノムにおいてある一定の割合で蓄積されていくと仮定できる．

突然変異は別べつの系統のゲノムに独立して蓄積される．二つの系統が共通の祖先から分岐し始めたときは，両系統のゲノムで異なる突然変異はごくわずかしかない．しかし，何世代にもわたって各系統で異なる突然変異が蓄積されるにつれて，両者のゲノムは異なるものへと分岐していくこととなる．

二つの系統がより最近に分岐したのであれば，それぞれの系統の DNA に独自の中立突然変異が蓄積していくための時間がより短いことになる．このことから，共有している同一の遺伝子の塩基配列（あるいは共有している同一のタンパク質のアミノ酸配列）の類似は，しばしば進化における関係性を示す証拠となる．このような分子レベルでの比較は，形態学的な比較と組合わせて，共通の祖先に関する仮説のためのデータを提供する．

進化生物学者はしばしば，タンパク質のアミノ酸配列を種間で比較し，異なるアミノ酸の数を相対的な近縁性の尺度として用いる（図 12・17）．また，アミノ酸の性質の違いも手がかりになる．たとえば，ロイシンからイソロイシンへの置換は，どちらも疎水性であり大きさもほぼ同じであるため，タンパク質の機能にあまり影響を与えないかもしれない．これに対して，塩基性であるリシンが酸性であるアスパラギン酸に置き換わると，タンパク質の性質を劇的に変化させ，その結果，表現型にも影響を及ぼす可能性がある．表現型に影響を与えるような非保存的突然変異のほとんどは自然選択で取除かれるが，ごくまれに適応的で残ることもある．二つの系統でタンパク質を比較した時にみられるこのような非保存的アミノ酸置換も，分岐してからの時間が長いほど，より多くなっている可能性がある．

比較的最近に分岐した種の間では，多くのタンパク質は同一のアミノ酸配列をもっている．このような場合，塩基配列の違いが参考になる場合があるが，それは遺伝暗号には多くの冗長性があるからである（§8・4）．すなわち，タンパク質のアミノ酸配列がたとえ同じでも，そのタンパク質をコードする遺伝子の塩基配列が異なる場合がある．

タンパク質の 20 のアミノ酸に対して DNA の塩基は四つだけなので，統計的には偶然による一致がアミノ酸配列より DNA 塩基配列のほうに起こりやすい．そのため，DNA を比較して役に立つ情報を得るためにはタンパク質を比較するよりも多くのデータをとらなければならない．しかし，DNA 塩基配列の解読は非常に速くできるようになったため，大量のデータで比較できるようになっている．そのような大量のデータによるゲノム研究によって，たとえば，マウスのゲノムの約 86%，ミツバチのゲノムの 51%，シロイズナズナのゲノムの 19%，細菌のゲノムの 9% の配列は，ヒトのゲノムと同じであることがわかっている．

一般に，近縁の動物ほどその発生はよく似ている．たとえば，すべての脊椎動物は尾と一連の体節（背骨とそ

```
     ミツスイ(10種) ...CRDVQFGWLIRNLHANGASFFFICIYLHIGRGIYYGSYLNK--ETWNIGVILLLTLMATAFVGYVLPWGQMSFWG...
        ウタスズメ ...CRDVQFGWLIRNLHANGASFFFICIYLHIGRGIYYGSYLNK--ETWNVGIILLLALMATAFVGYVLPWGQMSFWG...
      ゴーフィンチ ...CRDVQFGWLIRNLHANGASFFFICIYLHIGRGLYYGSYLYK--ETWNVGVILLLTLMATAFVGYVLPWGQMSFWG...
  シカシロアシマウス ...CRDVNYGWLIRYMHANGASMFFICLFLHVGRGMYYGSYTFT--ETWNIGIVLLFAVMATAFMGYVLPWGQMSFWG...
    ツキノワグマ ...CRDVHYGWIIRYMHANGASMFFICLFMHVGRGLYYGSYLLS--ETWNIGIILLFTVMATAFMGYVLPWGQMSFWG...
   ボーグ(タイ科魚類) ...CRDVNYGWLIRNLHANGASFFFICIYLHIGRGLYYGSYLYK--ETWNIGVVLLLLVMGTAFVGYVLPWGQMSFWG...
         ヒト ...TRDVNYGWIIRYLHANGASMFFICLFLHIGRGLYYGSFLYS--ETWNIGIILLATMATAFMGYVLPWGQMSFWG...
    シロイヌナズナ ...MRDVEGGWLLRYMHANGASMFLIVYLHIFRGLYHASYSSPREFVWCLGVVIFLLMIVTAFIGYVLPWGQMSFWG...
     ヒヒのシラミ ...ETDVMNGWMVRSIHANGASWFFIMLYSHIFRGLWVSSFTQP--LVWLSGVIILFLSMATAFLGYVLPWGQMSFWG...
       パン酵母 ...MRDVHNGYILRYLHANGASFFFMVMFMHMAKGLYYGSYRSPRVTLWNVGVIIFTLTIATAFLGYCCVYGQMSHWG...
```

図 12・17　**タンパク質のアミノ酸配列の比較**．シトクロム *b* のアミノ酸配列の一部．10 種のミツスイの配列は同一であった．他の種については，ミツスイと異なるアミノ酸は赤字で示した．ダッシュは対応するアミノ酸の欠失を表す．アミノ酸コードについては図 8・7 を参照．

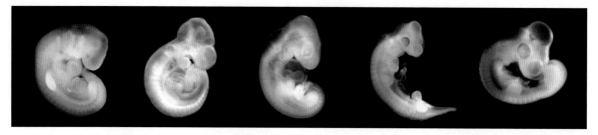

図 12・18　脊椎動物の胚の比較. すべての脊椎動物は胚発生において，尾と体節をもつ段階を経て成長する. 左から順に，ヒト，マウス，トカゲ，カメ，ニワトリ.

れに付随する皮膚や筋肉を生じるような体の単位）を備えた発生段階を経る（図12・18）. このような動物の胚発生の類似性は，同一のマスター調節遺伝子が発生を指揮しているために起こる.（§8・7）. マスター調節遺伝子に突然変異が起こると発生が全く進まなくなるため，マスター調節遺伝子は強く保存される傾向がある. 大昔に分岐しとてもかけ離れた系統の間でさえ，マスター調節遺伝子の多くは似た配列と機能を保持している.

Hox は保存性の強いマスター調節遺伝子の一群である. *Hox* 遺伝子群は体部の特徴を決定するホメオティック遺伝子であり，胚発生時に特定の体の部位を形成するきっかけとなる. 昆虫は *Antennapedia* とよばれる *Hox* 遺伝子をもっているが，この遺伝子が異所的に発現すると，通常は体の中央に位置する胸部に脚が形成される. ヒトなどの脊椎動物は，*Antennapedia* に対応する *Hoxc 6* をもっている. 脊椎動物の胚で *Hoxc 6* が異所的に発現すると，椎骨に肋骨が発生する. *Hoxc 6* は体の中央の胴

部でのみ発現し，頸部や尾部の椎骨では発現しないため，肋骨は胴部のみにある（図12・19）.

図 12・19　マスター調節遺伝子の発現の違いと体の形. ニワトリ（左）とヘビ（右）の胚で *Hoxc6* 遺伝子が発現している部分が，紫色の染色で示されている. この遺伝子が発現すると，胴部では脊椎から肋骨が発生する. ニワトリは胴部に 7 個，頸部に 14～17 個の椎骨をもち，ヘビは胴部に 450 個以上の椎骨をもち，実質的に頸部はない.

ま と め

12・1　過去の自然現象も，現在働いている物理学的，化学的，生物学的な過程によって説明できる. 6600 万年前の恐竜の絶滅が小惑星の衝突によってひき起こされたことが，K- Pg 境界の堆積岩層に残された物理学的な証拠から明らかにされた.

12・2　19 世紀の探検は，生物や化石やそれらの分布（生物地理学）についての新しい知見をもたらした. 比較形態学は，生物や化石の類似性と差異に関して新たな観察をもたらした. それによって，これまでの伝統的な自然の見方に代わり，進化，すなわち時間とともに系統が変化するという，新しい考え方が生まれた.

12・3　ダーウィンは，ビーグル号の航海によって，進化に関する考え方に到達した. ダーウィンとウォレスはそれぞれ独自に，自然選択の結果として進化が起こることを見いだした. それは現在の用語では，以下のように説明される. 自然の個体群のなかのそれぞれの個体は，適応度が異なってい

る. 適応度が高い個体は有限の資源をめぐる競争の中でより多くの子孫を残す傾向があり，適応度を高める形質は，世代を経るうちに個体群の中に広まっていく.

12・4　古代の生物の鉱物化した痕跡である化石は，堆積岩地層の中に見つかることが多い. 堆積岩の多くは海底または他の水圏の底に堆積したものであり，地殻の変動によって陸上に現れる. 化石記録は不完全ではあるが，進化の歴史を構築するのに十分に役立つ. 化石に含まれる放射性同位体は，特有の半減期をもち，岩石や化石ができた年代を決定するために使うことができる.

12・5　プレートテクトニクス理論によれば，地球の地殻は巨大なプレートに分割されており，プレートが動くことにより大陸が移動する. 生物進化の過程は，ゴンドワナ大陸やパンゲア大陸などの形成と分離に伴って，個体群が集合離散するなど，大きな影響を受けてきた. 地質年代表は地層と対応した地球の歴史の年表である.

12・6 比較形態学によって系統間の関連がわかる. 相同な構造は同一の共通祖先に由来する. 相似な構造は異なる系統にみられる類似の構造であるが, 共通祖先に由来するものではない. 相似構造は系統が分岐した後, それぞれの系統で別べつに進化した.

12・7 タンパク質のアミノ酸配列や DNA 塩基配列は, 進化的関係の証拠となる. 一般に, より最近に分岐した系統ほど, より似た配列をもつ. 胚発生のマスター調節遺伝子は強く保存される傾向にあり, 胚発生の類似性は進化的に古い祖先を共有していることを示している.

試してみよう (解答は巻末)

1. 島に生息する生物の種数は, 通常, 島の大きさと本土からの距離に依存する. このような現象を研究する学問は何か.
   a. 物理学　　b. 生物地理学　　c. 地質学　　d. 哲学

2. 進化は ____
   a. 系統に生じる遺伝的変化である
   b. 自然選択である
   c. 自然選択の目的である
   d. 生命の起原を説明する

3. ____ 形質は適応的である.
   a. 突然変異によって生じる
   b. 適応度を増加させる
   c. 子孫に受け継がれる
   d. 化石にみられる

4. 環境からの圧力によって, ある集団内の個体間で生残や繁殖に差が生じる過程のことを ____ という.
   a. 天変地異　　b. 進化　　c. 自然選択　　d. 遺伝

5. ダーウィンとウォレスは, ____ という仮説を提唱した.
   a. 自然選択が進化をひき起こす
   b. 体に生じた変化は子孫に受け継がれる
   c. 新しい種は地質学的な天変地異の後に生じる
   d. 恐竜は小惑星の衝突で滅んだ

6. ある放射性同位体の半減期が 2 万年とすると, この放射性同位体の 3/4 が壊変するには ____
   a. 15,000 年かかる　　b. 26,667 年かかる
   c. 30,000 年かかる　　d. 40,000 年かかる

7. 地質学的変化をひき起こす力となるものをすべて選択せよ.
   a. 水の動き　　b. 自然選択
   c. 火山活動　　d. プレートの動き
   e. 風　　f. 小惑星の衝突

8. 恐竜は約 ____ 万年前に絶滅した.

9. それぞれの系統で異なって見えるが同じ共通祖先に由来している体の部分は ____ 構造である.
   a. 相同な　　b. 相似な
   c. 収斂した　　d. 適応的な

10. 次のうち祖先を共有している証拠として使えないものはどれか.
   a. タンパク質のアミノ酸配列
   b. 胚発生
   c. DNA 塩基配列
   d. 化石の形態
   e. 収斂によって生じた形態

11. ____ は, 突然変異が生じると発生に支障がでるため, 強く保存されている.
   a. 派生形質　　b. マスター調節遺伝子
   c. 相同な構造　　d. 化石

12. 左側の用語の説明として最も適当なものを a〜f から選び, 記号で答えよ.

   ____ 化石　　　　　　　　a. 適応度に影響しない
   ____ 自然選択　　　　　　b. ヒトの腕と鳥類の翼
   ____ 中立突然変異　　　　c. 適応度の高い個体が生き残る
   ____ マスター調節遺伝子
   ____ 相同な構造　　　　　d. 強く保存される傾向がある
   ____ 相似な構造　　　　　e. 昆虫類の翅と鳥類の翼
   　　　　　　　　　　　　　f. 過去の生物の証拠

13 進化の過程

13・1 スーパーバグの進化

かつて米国では，猩紅熱，結核，肺炎が年間死亡者数の4分の1を占めていた．1940年代以降，これらの病気やその他の危険な細菌性疾患と闘うために，抗生物質に頼るようになった．しかし，抗生物質は，ウシ，ブタ，ニワトリ，そして魚にも，大量に与えられてきた．2017年1月に米国食品医薬品局（FDA）は，人間の医療上重要な抗生物質を家畜の成長促進に使用することを禁止したが，家畜の病気の予防や治療のためならば使用することは可能である．2017年に米国で食用家畜に使用するために販売された1100万キログラムの抗生物質のほぼ半分は，ヒトの医療に重要な抗生物質が占めている．

家畜などに大量の抗生物質を投与することは，抗生物質耐性菌を生み出すもととなる．耐性菌は，農場で働く人たちに感染することもあり，さらには，市場に出回る肉などにもかなりの割合で含まれることになる．ある報告では，小売用鶏肉の約6%からサルモネラ菌が検出されている．さらに約1%には3種類以上の抗生物質に耐性をもつ超多剤耐性菌，いわゆる**スーパーバグ**（super-bug）のサルモネラ菌の感染が認められた（図13・1）．

自然界に存在する細菌の集団は，驚くほど速く進化することができる．細胞分裂が突然変異の機会であることを思い出そう．サルモネラ菌などの細菌は20分ごとに細胞分裂を繰返すので，最初は遺伝的に均一な集団も，すぐに多様化する可能性がある．自然界に存在する細菌の集団が抗生物質にさらされると，抗生物質に対する耐性を有する**対立遺伝子**（allele，アレルともいう）をもつ細菌の生残率が高くなる．抗生物質に弱い細菌は死滅し，生き残った細菌が増殖することで，集団内の抗生物質耐性対立遺伝子の頻度が増加する．抗生物質によるほんの2週間の治療でも，何百世代にもわたって細菌に選択圧をかけていることになる．この選択圧が細菌集団の遺伝的変化を促し，その細菌集団はおもに抗生物質耐性をもつ細菌で構成されるようになる．すなわち，抗生物質を使い続けるということは，事実上，抗生物質耐性菌の出現をひき起こすことを意味する．

細菌の進化の速さに比べれば，新しい抗生物質を開発するのははるかに時間がかかる．耐性がある細菌が増えてしまうと，効果がある抗生物質の種類は減っていくことになる．抗生物質が細菌を死滅させる作用機構は限られているため，ある抗生物質への耐性を獲得することによって，他の抗生物質への耐性ももつことがある．たとえば，動物用抗生物質のフラボマイシンに耐性をもつ細菌は，ヒト用抗生物質のバンコマイシンにも耐性をもつ．そのため，ある抗生物質を動物にだけ，あるいはヒトにだけ使うようにしても全面的な解決策にはならない．

ヒトの場合，抗生物質で容易に治療できる感染症と比較すると，スーパーバグによる感染症は，症状がより重

図 13・1 抗生物質耐性菌のホットスポット．米国で食肉用とされる"放し飼い"ニワトリの大半は，巨大な建物に密集した状態で一生を過ごす．餌や水とともに成長促進用の抗生物質がニワトリの群れ全体に投与され，その結果，抗生物質耐性のある細菌が増えることとなる．

くより長く続き，死に至る可能性も高い．抗生物質耐性菌の感染で，米国だけでも毎年のべ 200 万人以上に重症化をひき起こし，15 万人以上が死亡している．それに加えて，感染症が他の持病を併発することにより，さらに多くの人が亡くなっている．

13・2　対立遺伝子

対立遺伝子と変異

§1・2 で述べたように，**個体群**（population）とはある地域に生息する同種の個体の集まりである．同じ個体群あるいは同じ種に属する個体は，同一の遺伝子をもっているため，形態的，生理的，行動的な形質を共有している．

有性生殖は対立遺伝子の組合わせが異なる子孫を生み出すので（§9・5），有性生殖を行う個体群においては，ほぼすべての共有形質は個体間で少しだけ異なっている．いくつかの形質には異なる複数の型がある．二つの型だけがある形質は**二型**（dimorphism）とよばれる．メンデル（Gregor Mendel）が研究したエンドウの花の色は，二型の形質の例である（§10・2）．これらの植物では，はっきりした優劣関係にある二つの対立遺伝子が，紫または白の花という二型を生み出している．

三つ以上の異なった型がある形質は**多型**（polymorphism）とよばれ，共優性の *ABO* 対立遺伝子によって決定されるヒトの血液型がその例である（§10・4）．ほとんどの形質はもっと複雑であり，それを制御する遺伝子は，多くの場合複数の対立遺伝子をもつ．

これまでの章で，対立遺伝子は突然変異によって生じることを学んできた．他のいくつかの現象によって対立遺伝子のさまざまな組合わせがつくられる（表 13・1）．ヒトには 2 万を超える遺伝子があり，そのすべての遺伝子が複数の対立遺伝子をもっている．もしあなたに一卵性双生児がいないとすれば，遺伝子があなたと正確に一致するヒトがかつて生存していた，もしくは，今後生存する可能性は全くないといってよい．

突然変異の進化的な見方

突然変異（mutation）は新しい対立遺伝子の源であり，進化の原材料となる．ある特定の遺伝子がいつどの個体で突然変異を起こすかを予測することはできない．しかし，種の平均突然変異率，すなわち一定期間内に 1 回の突然変異が起こる確率は測定でき，ヒトでは 1 世代当たり 1 塩基につき約 1.2×10^{-8} 回の確率で突然変異が生じている．ヒトのゲノムは約 3.1×10^9 塩基対なので（§11・3），それぞれの子供は平均 74 箇所の DNA 塩基配列の変異をもって生まれてくる．

有益な突然変異は，たとえそれがほんのわずかな利点だけしかもたらさないとしても，時間の経過とともに個体群の中に広がっていく傾向がある．環境圧力がかかると，**自然選択**（natural selection）によって適応的な形質の頻度が世代を経るごとに増加していく（§12・3）．

中立な突然変異は中立的で，その個体に害を与えるものでもなければ，利点をもたらすものでもない．耳たぶがどれくらい垂れ下がるかに影響を与える突然変異はその一例である．耳たぶが下に垂れずに顔とくっついていても，顔から離れて垂れ下がっていても，生存や繁殖には何の影響もないため，この変異には自然選択が働かない（図 13・2）．

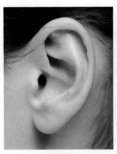 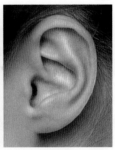

分離型　　　　　　　密着型

図 13・2　耳たぶの形の遺伝．耳たぶの顔への付着の程度は，個体の生存や繁殖に影響を与えないので，これに影響を与える突然変異は中立である．この形質はヒトでは連続的に変化する．

有害な突然変異は，個体の生存や繁殖の可能性を減らす方向に働く．コラーゲンの遺伝子に突然変異が生じるとどうなるだろうか．コラーゲンは，皮膚，骨，腱(けん)，肺，血管などの脊椎動物の器官をつくるタンパク質であるため，その機能を変える突然変異は体全体に影響し，通常は悪い方向に作用する．このような**適応度**（fitness）を低下させる突然変異は，自然選択によって時間の経過とともに個体群内で少なくなる．なかには，表現型が極端に変化して死に至るものもあり，その場合は**致死突然変異**（lethal mutation）とよばれている．

表 13・1　変異を生み出すさまざまな要因	
遺伝的現象	効果
突然変異	新しい対立遺伝子を生み出す源
第一減数分裂における乗換え	相同染色体上の対立遺伝子を混ぜ合わせる
減数分裂 I での染色体分配	相同染色体をランダムに配偶子へ分配する
受精	二つの親からの対立遺伝子を合わせる

対立遺伝子頻度

　ある個体群のすべての遺伝子のすべての対立遺伝子を合わせた遺伝資源の集合体を**遺伝子プール**（gene pool）という．同一の個体群の個体間よりも，異なる個体群の個体間のほうが繁殖の機会が少ないため，それぞれの個体群の遺伝子プールには多かれ少なかれ差異が生じている．

　対立遺伝子頻度（allele frequency）とは，ある遺伝子について，個体群における全遺伝子に対する特定の対立遺伝子の割合，すなわち，その対立遺伝子をもつ染色体の割合のことである．二倍体の生物は2組の染色体をもつので，その遺伝子を二つもっていることに注意して計算する（§9・2）．たとえば，個体群の半分の個体がもつある対立遺伝子がホモ接合である場合は，その対立遺伝子の頻度は50%すなわち0.5となり，ヘテロ接合の場合は，その頻度は25%つまり0.25となる．

　対立遺伝子頻度は時間とともに変化していく．このような変化を**小進化**（microevolution）という．自然個体群においては，自然選択などの小進化をひき起こす過程が常に生じているため，常に小進化が起こっている．

13・3　自然選択の様式

　自然選択は小進化をひき起こすメカニズムの一つである．ある個体群において，個体間で異なる形質に作用することで，自然選択はその形質に影響を与える対立遺伝子の頻度を変化させる．自然選択による対立遺伝子頻度の変化にはいくつかのパターンが認められる（図13・3）．変異の範囲の一方の端にある形質が適応的であると，**方向性選択**（directional selection）が生じる．変異の範囲の中間にある形質が適応的で，両端にある極端な形質が選択されない場合，**安定化選択**（stabilizing selection）が生じる．**分断性選択**（disruptive selection）は，両端にある極端な形質が適応的で，中間的な形質が選択されない状況で生じる．これら三つの自然選択について，例をあげて説明しよう．

方向性選択

　ネズミは旺盛な繁殖力をもっている．何十年もの間，人々はネズミの増殖を防ぐために毒物を使ってきた．1950年代には，血液の凝固を阻害する有機化合物であるワルファリン（warfarin）を混ぜた餌がよく使われた．ワルファリンはビタミンKエポキシド還元酵素（VKOR）に結合してその働きを阻害する．VKORは，血液凝固因子（§10・7）の生成の際に補酵素として働くビタミンKを再生する役割を担っている．ビタミン

Kが再生されないと，凝固因子が正しくつくられず，血液凝固が起こらなくなる．そのため，ワルファリン入りの餌を食べたネズミは，体内の出血や傷口からの出血で数日以内に死んでしまう．

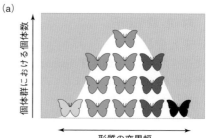

(a)

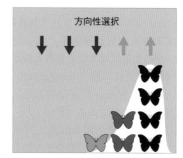

(b)

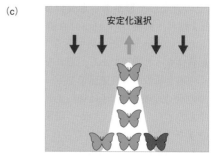

(c)

(d)

図 13・3　自然選択の3様式．青矢印は適応的な表現型，赤矢印は不利なため除かれる表現型を表す．(a) 選択が生じる前の個体群における形質の分布．(b) 形質の一方の端の表現型が除かれ，他方の端が維持される．(c) 形質の両端の表現型が除かれ，中間的な表現型が維持される．(d) 形質の中間的な表現型が除かれ，形質の両端の表現型が維持される．

しかし，ワルファリンの使用量が増えるにしたがっ
て，1980年ごろには，都市部のネズミの約10%がワル
ファリンに耐性をもつようになった．VKORの遺伝子
に変異が生じると，VKORはワルファリンとの結合が
妨げられるように変化し，そのネズミはワルファリンに
耐性ができ，子孫はそれを受け継ぐ．個体群は急速に回
復し，ワルファリンが使用されればそれだけVKORの
変異した対立遺伝子の頻度が増えていく．これは，方向
性選択による小進化の一例といえる．

　米国アリゾナ州やニューメキシコ州の岩石砂漠に生息
する小型哺乳類，イワポケットマウスの毛色にも方向性
選択がみられる．これらの岩石砂漠には，明るい茶色の
花こう岩と暗色の玄武岩が広く分布しており，どちらの
岩石にもイワポケットマウスがすんでいる．個々のネズ
ミはどちらの岩石を好むということはないが，個体群で
みると，どちらの毛色が多いのかは生息場所の岩石の種
類によって異なる．明るい茶色の花こう岩に生息するネ
ズミのほとんどが明るい茶色で，暗色の玄武岩に生息す
るネズミはほとんどが黒色である．

　この違いが生じるのは，それぞれの生息地の岩とネズ
ミが同じ色であれば，捕食者から身を隠すことができる
からである．ネズミはおもに夜間に種子を食べるが，夜
間飛行しているフクロウに見つかってしまう．フクロウ
は見つけやすいネズミを優先的に捕まえて食べる．この
ような環境では，岩石の色に合った毛色は適応的な形質
であり，フクロウによる捕食が，それぞれの岩石に生息
しているネズミ個体群に方向性選択をひき起こす．

　このような自然選択によって小進化が生じる．動物の
毛色がいくつかの遺伝子によって決まっていることを思
い出そう（§10・4）．黒いネズミの集団では，茶色のネ
ズミの集団と異なり，突然変異でメラニン生成を促進す
るようになった対立遺伝子の頻度が高くなっている．

　方向性選択の例としてよく知られているのは，英国に
おけるオオシモフリエダシャクの**工業暗化**（industrial
melanism）である．このガは夜に摂食や繁殖を行い，
日中は木の上で動かずじっとしている．1850年当時，
オオシモフリエダシャクの大部分は明るい色で黒い斑点
をもつ個体であり，ごく少数が黒色であった．このころ
空気はきれいで，大半の樹木の幹や枝は薄灰色の地衣類
で覆われていた．地衣類の上では明るい色の個体は捕食
者である鳥類から隠れることができたが，黒色の個体は
そうではなかった（図13・4a）．

　産業革命以来，石炭を燃やす工場から排出される煙が
地衣類を枯らすようになった．地衣類がなくなり，すす
で黒くなった樹木の上では，黒色のガの方が鳥から隠
れやすかった（図13・4b）．1900年までには，黒色の

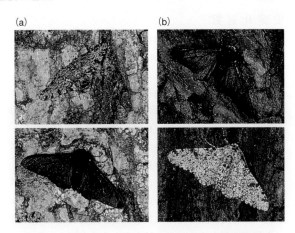

**図13・4　オオシモフリエダシャクの二つの色彩型の適
応.** (a) 地衣類で覆われた樹木の幹では，明るい色のオ
オシモフリエダシャクは捕食者から隠れられるが（上），
黒色のオオシモフリエダシャクは目立ってしまう（下）.
(b) 地衣類に覆われていない樹木の幹では，黒色のオ
オシモフリエダシャク（上）は明るい色のオオシモフリエ
ダシャク（下）よりも目立たない.

ガは明るい色のガよりもはるかに多くみられるようにな
った．科学者らは，鳥類による捕食が選択圧となっ
て，その地域の個体群にこのような小進化が生じたと考
えた．

　1950年代，この仮説を検証するために，研究者らは
飼育によって両方の色彩のガを増やし，識別しやすいよ
うに印をつけた後，いくつかの地域に放した．しばらく
後に捕獲すると，大気汚染のひどい地域では黒色のガ
が，あまり汚染されていない地域では明るい色のガがよ
り多く捕獲された．また，捕食性の鳥類が，すすで汚れ
た森では明るい色のガを，地衣類が豊かできれいな森で
は黒色のガをより多く食べていることも確認された．す
なわち，黒色のガは工業化された地域において，明らか
に選択的に優位に立っていたのである．

　1952年に汚染規制が実施され，環境がよくなった結
果，木の幹にはすすがなくなり，地衣類が戻ってきた．
それに伴いガの表現型もまた変わり始めた．汚染が減少
した場所では，黒色のガの頻度は減少した．

　その後，木の色に合わせた色彩をもつことが適応的で
あり，この形質に対する方向性選択が個体群の小進化を
促すことが確認された．ガの色彩は一つの遺伝子によっ
て決定される．優性の対立遺伝子をもつ個体は黒く，劣
性の対立遺伝子のホモ接合体は明るい色になる．汚染さ
れた森に生息する個体群では優性の対立遺伝子の頻度が
高く，汚染されていない森に生息する個体群では劣性の
対立遺伝子の頻度が高くなる．

安 定 化 選 択

　個体群のほとんどは，少なくともその環境に十分適応しているので，安定化選択は自然選択の最も一般的な様式であると考えられる．

　アフリカのサバンナで大きな共同巣をつくって暮らすシャカイハタオリという鳥の個体群では，中間的な体の大きさが維持されている．1993～2000 年にかけて，シャカイハタオリの体重に働いている選択圧に関する調査が行われた．その結果，この鳥の最適な体重は，餓死する危険性と捕食される危険性との間の釣合で決まることがわかった．やせた鳥は太った鳥と比べて餓死する危険性が高い．一方，太った鳥は食事に費やす時間も長く，開けた場所で採食するので，捕食者からより狙われやすいことになる．さらに，太った鳥は捕食者にとっても魅力的で，身軽に逃げることもできない．このように，捕食によって，太った個体も除かれるような選択が生じる．そのため，中間の体重が適応的な形質となり，シャカイハタオリの集団では，中間の大きさの個体が大半を占めるようになる（図 13・5）．

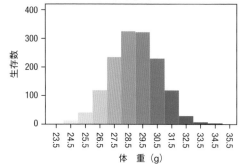

図 13・5　シャカイハタオリの安定化選択．グラフは繁殖期を生き残った（計 977 羽中の）数を示している．

分 断 性 選 択

　アフリカのカメルーン原産の色彩豊かな鳥，アカクロタネワリキンパラは，分断性選択によって二型が維持されている．この鳥の典型的な嘴の大きさは，雌雄ともに幅が 12 mm 程度か，15～20 mm である（図 13・6）．12～

　15 mm の間の幅の嘴をもった個体はほとんどいない．

　大きい嘴の個体も小さい嘴の個体も同じ分布域をもっており，嘴の大きさには無関係に交配する．この二型は遺伝的に決まっており，摂食効率に影響を及ぼす環境要因が嘴の大きさの二型を維持している．この鳥はおもに 2 種のスゲの種子を餌にしている．一方のスゲは堅い種子を，他方のスゲは柔らかい種子を実らせる．嘴が小さいと柔らかい種子を上手に食べることができ，大きいと堅い種子を上手に食べる．カメルーンの半年に一度の雨季には堅い種子も柔らかい種子も豊富で，アカクロタネワリキンパラはみな両方のタイプの種子を食べている．しかし乾季になるとスゲの種子はほとんどなくなる．すると食物に対する競争が激しくなり，それぞれの個体は最も効率的に食べられる種子に集中する．小さい嘴の個体はおもに柔らかい種子を餌にし，大きい嘴の個体はおもに堅い種子を餌にする．中間の大きさの嘴をもつ個体はどちらの種類の種子も効率的に食べることができないので，乾季を生き残るのがむずかしい．

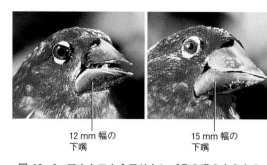

図 13・6　アカクロタネワリキンパラの嘴の大きさの二型．乾季の餌不足に対する競争では，幅 12 mm か幅 15～20 mm の嘴をもつ個体が有利である．中間の大きさの嘴をもつ個体は不利なため自然選択で排除される．

13・4　自然選択と多様性

性 選 択

　すべての進化が個体の生存に影響を及ぼす形質にかかる選択圧によって生じるわけではない．交配相手を巡る競争もまた一つの選択圧になり，形態や行動を変化させる．多くの有性生殖する種の個体が，雄と雌で異なる表現型（性的二型）をもっていることについて考えてみよう．一方の性（しばしば雄）の個体は他方の性の個体よりも，カラフルで，大きく，攻撃的な傾向がある．このような形質は個体の生存のための活動に回せるエネルギーや時間を奪うこととなり，その個体の生存の確率も低くするため，このような形質が進化するのは不思議に思われる．それではなぜこれらは維持されているのだろうか．

答は**性選択**（sexual selection）である．性選択では，交配相手を確保するのが有利な個体が他の個体よりも多くの子孫を残せるので，その個体群での進化的な勝者となる．たとえば，ある種の雌は繁殖可能になると防御のための群れをつくり，雄はその群れを支配する権利を巡って競争する．すでにできあがったハーレムを奪うための争いでは闘志盛んな雄が有利である（図13・7a）．

交配相手に対する好みがうるさい雄または雌が，その種に対する選択圧となる．ある種の雌は，特別な外観や求愛行動のような，その種に特異的な合図を誇示する雄のなかから交配相手を選ぶ（図13・7b）．選ばれた雄は自身の魅力的な形質の対立遺伝子を次世代の雄に渡す．雌は雄の好みを左右する対立遺伝子を次世代の雌に渡す．ときには，非常に誇張された形質が進化の結果として生じる（図13・7c）．

複数の対立遺伝子の維持

自然選択によって個体群の遺伝子プールの中で複数の対立遺伝子が比較的高い頻度で維持されることがある．このような状態は**平衡多型**（balanced polymorphism）とよばれ，ショウジョウバエの眼の色や鎌状赤血球貧血の対立遺伝子のような例が見られる．

ショウジョウバエの個体群では，眼の色を決める複数の対立遺伝子が性選択によって維持されている．ショウジョウバエの雌は，個体群中で珍しい眼の色の雄と交配することを好む．白い眼の雄が少ないと，白い眼の雄が選択されて赤い眼の雄よりもより多く子孫を残すことになる．その結果，白い眼の雄が多くなると，今度は雌は赤い眼の雄を好むようになり，赤眼と白眼の多型が維持される．

平衡多型はしばしばヘテロ接合体に有利な環境で生じる．ヘモグロビンの β グロビン鎖をコードしている遺伝子について考えよう（§8・6）．*HbA* が正常な対立遺伝子であり，*HbS* 対立遺伝子をホモ接合でもつと**鎌状赤血球貧血**（sickle cell anemia）となる．

有害であるにもかかわらず，*HbS* 対立遺伝子はアジア，アフリカ，中東の熱帯や亜熱帯地域のマラリアの発症率の高いヒト個体群において高い頻度で維持されている．

HbA と *HbS* の対立遺伝子は共優性であるため，ヘテロ接合体では正常なヘモグロビンとヘモグロビンＳの両方がつくられる．このような人の赤血球は，あるきっかけで鎌状になることがあるが，重篤な症状をひき起こすほどではない．鎌状化をひき起こすきっかけの一つがマラリア原虫の感染である．感染した細胞は鎌状となり，異常な形状のためその赤血球は免疫系に狙われ，赤血球とともにそこに寄生するマラリア原虫も破壊される．このような免疫系の働きにより，マラリア原虫の感染が他の赤血球に広がるのを防ぐことができるため，ヘテロ接合体の人は正常な *HbA* 対立遺伝子のホモ接合体の人よりもマラリアから生き延びる可能性が高いのである．正常なヘモグロビンしかつくれない人の赤血球は鎌状にならないので，マラリア原虫が免疫系からのがれられる．

このように，マラリアが多発する地域で *HbS* 対立遺伝子が維持されているのは，有害さのバランスによるものである．マラリアと鎌状赤血球貧血はどちらも潜在的には致死的である．ヘテロ接合体（*HbA/HbS*）の人は完全に健康ではないものの，正常な対立遺伝子のホモ接

図13・7 **行動にみられる性選択**．(a) 血みどろの戦いを繰広げるゾウアザラシの雄．これらの雄は雌の群れを性的に支配するために戦っている．(b) アカカザリフウチョウの雄が派手な求愛行動を行い，雌の注目を（そして，おそらくは性的な興味も）ひくことに成功した．雌が雄を選び，雄は自分を受け入れた雌と交配する．(c) 交配しているシュモクバエ．雌は最長の眼柄をもつ雄を好むが，長い眼柄には性的な誘引力以外には選択的な利点は全くない．

合体（*HbA/HbA*）の人よりも，マラリアから生き延び
る確率は高い．その結果，世界で最もマラリアが流行し
ている地域では，*HbS* 対立遺伝子をヘテロ接合でもつ
人の割合が高い傾向にある（図 13・8）．

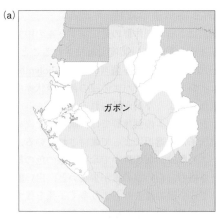

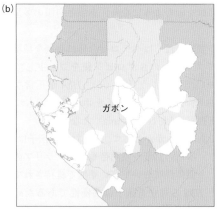

図 13・8　**中央アフリカのガボンにおける鎌状赤血球貧血
の対立遺伝子（*HbS*）の頻度とマラリアの発生頻度（2014年）.**
（a）*HbS* 対立遺伝子をもっている人の分布．黄色は人
口の 10 ％以上が *HbS* 対立遺伝子をヘテロ接合でもって
いる地域を示している．（b）マラリア患者の分布．黄
色は人口の 30 ％以上がマラリアに罹患している地域を
示す．

13・5　非選択的な進化

　進化の主要な原動力は自然選択であるが，それだけで
はない．いくつかの非選択的な進化のメカニズムは，適
応的な形質の自然選択とは無関係に働く．

遺 伝 的 浮 動

　ある個体群中の各個体間には，生存や繁殖の成功率に
差があるが，その差は必ずしも自然選択の結果とは限ら
ない．たとえば，完全に適応的で健康な個体が，繁殖の
機会を得る前に不慮の事故で死亡し，子孫がその対立遺

伝子を受け継げないことがある．このような事象によっ
て，個体群の対立遺伝子頻度が変わることがある．偶然
性だけによるランダムな対立遺伝子頻度の変化は**遺伝的
浮動**（genetic drift）とよばれる（図 13・9a）．

　遺伝的浮動はすべての個体群で起こりうるが，特に小
さい個体群では遺伝的多様性の喪失が起こりやすい（図
13・10）．その理由を理解するために，二つの対立遺伝
子をもつ遺伝子で考えてみよう．どちらも選択的優位を
もたらさないこれらの対立遺伝子（*A* と *a* とする）が，
それぞれ 95 ％と 5 ％の頻度で存在していると仮定する．
10 個体の個体群だと，1 個体がヘテロ接合（*Aa*）で残
りの 9 個体がホモ接合（*AA*）である．何かしらの偶然
の出来事により，ヘテロ接合の個体が繁殖する前にこの
個体群から排除されてしまうと，この個体群の遺伝子
プールから対立遺伝子 *a* が喪失し，すべての個体がこの
対立遺伝子 *A* のホモ接合となる．この場合，対立遺伝
子 *A* は**固定された**（fixed）という．固定された対立遺
伝子の頻度は，突然変異が生じるかこの個体群に新しい
対立遺伝子をもった個体が入ってこない限り変わること
はない．

　次に 100 個体の大きさの個体群で考えてみよう．この
大きな個体群の中の 10 個体がヘテロ接合（*Aa*）だと同
じ対立遺伝子頻度となる．この個体群の遺伝子プールか
ら対立遺伝子 *a* が失われるには，これら 10 個体全部が
繁殖する前に排除されなければならない．偶然の出来事
によってヘテロ接合の個体がすべて排除される確率は，

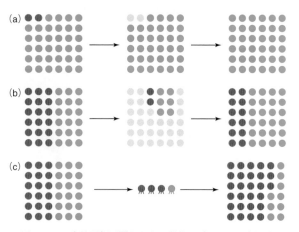

図 13・9　**自然選択が関わらない進化のプロセス.** （a）遺
伝的浮動．偶然の出来事により対立遺伝子頻度が変化す
る．この例では，赤丸で示される対立遺伝子をもつ個体
が個体群から消失し，青丸で示される対立遺伝子が固定
された．（b）ボトルネック効果．個体群の大きさの急激
な減少で，対立遺伝子頻度が変化する．（c）創始者効
果．一部の少数個体によって新しい個体群がつくられた
場合，新しい個体群は元の個体群と同じ対立遺伝子頻度
になるとは限らない．

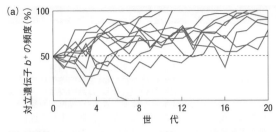

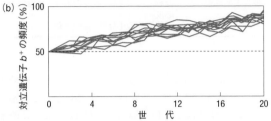

図 13・10 コクヌストモドキ(写真)の遺伝的浮動. 対立遺伝子 b^+ と b のヘテロ接合の個体で,10 個体(a)または 100 個体(b)からなる個体群をそれぞれ 12 個ずつつくり,個体数を維持して 20 世代飼育した時の対立遺伝子頻度の変化.(b)のグラフの線は(a)よりもなめらかであり,遺伝的浮動は(a)の個体群で大きく,(b)の個体群では小さいことがわかる.(a)では六つの個体群で対立遺伝子 b^+ が固定され,一つの個体群で対立遺伝子 b が固定されたが,(b)ではいずれの対立遺伝子も固定はされなかった.対立遺伝子 b^+ の平均的な頻度は,いずれの大きさの個体群でも同じ割合で高くなっていて,自然選択が働いていて対立遺伝子 b^+ はわずかながら有利であることに注意.

より大きな個体群のほうが小さい.単純化した例で比較したが,対立遺伝子の消失,すなわち遺伝的多様性の喪失はすべての個体群で起こりうるものの,小さな集団ほどより起こりやすい.

ボトルネック効果と創始者効果

ボトルネック効果(bottleneck effect)とは,個体群の大きさが急激に減少することで,これにより個体群の遺伝的多様性が低下することがある(図 13・9b).1890 年代後半に,乱獲によりキタゾウアザラシの生存数がわずか 10 頭程度になったことがある.その後,狩猟規制によって個体数は回復したが,遺伝的多様性は大きく減少してしまった.ボトルネック効果とその後の遺伝的浮動により,多くの対立遺伝子が個体群から消失したのである.調べられたすべてのキタゾウアザラシの遺伝子がこの影響を受けている.

遺伝的多様性の消失は少数個体が新しい個体群をつくるときにも起こりうる.新しい個体群の創始者となる少数個体の対立遺伝子頻度が,もとの個体群の対立遺伝子頻度を反映していないならば,できた新しい個体群の対立遺伝子頻度はもとの個体群と同じにはならない.これを**創始者効果**(founder effect)とよぶ(図 13・9c).

血液型を決める三つの対立遺伝子 *ABO* はほとんどのヒト個体群で共通である(§ 10・4).しかし,北米大陸の先住民は例外で,対立遺伝子 *O* をホモ接合でもっている人が大半である.この人々は 14,000〜21,000 年前に,かつてシベリアとアラスカをつないでいた狭い陸橋を渡ってアジアから移り住んだ先住民の子孫である.古代の遺骨から得た DNA の分析によって,大半の先住民は対立遺伝子 *O* のホモ接合だったことが知られている.現在のシベリア人は三つすべての対立遺伝子をもっている.したがって,アメリカ大陸に最初に移住したのは,ふつうのヒト個体群と比較して遺伝的多様性が減少した小さな集団だったと考えられる.

同 系 交 配

小さな創始者個体群や激しいボトルネック効果を受けた個体群では,必然的に同系交配が行われることとなる.**同系交配**(inbreeding)とは近縁の個体間で行われる繁殖や交配のことで,遺伝的多様性の低い個体群に悪い影響を与える.近縁の個体どうしはそうでない個体どうしよりも多くの対立遺伝子を共有しているので,同系交配では,生まれた個体が両親から同じ有害な劣性対立遺伝子を受け継ぐ可能性が高くなる.そのため,同系交配が行われている個体群ではしばしば遺伝性疾患の発生率が異常に高くなる.

米国ペンシルバニア州ランカスター郡の旧派アーミッシュは同系交配の影響を示す一つの例である.アーミッシュの人々は自分たちのコミュニティの中だけで結婚する.その結果,アーミッシュの個体群では,ある程度の同系交配が行われることとなり,多くの人が有害な対立遺伝子をホモ接合でもっている.そのような劣性対立遺伝子としては,低身長症,先天性心疾患,多指症などの症状を示すエリス・ヴァンクレベルド症候群をひき起こす劣性対立遺伝子がある.

遺 伝 子 拡 散

個体はそれ自身が属している個体群の他の個体と,最も頻繁に交配または繁殖する傾向がある.しかし,ある種のすべての個体群が互いに完全に分離されているわけではなく,隣接した個体群の間では,相互に交配することもある.また,時々ある個体群を離れて別の個体群に加わるような個体もある.どちらの場合にも**遺伝子拡散**(gene flow,遺伝子流動ともいう),すなわち個体群間の対立遺伝子の移動が生じる.遺伝子拡散によってそれ

ぞれの個体群は遺伝的に似た状態に保たれる．対立遺伝子頻度を安定に保つように働くので，遺伝的浮動とは反対の効果をもつ．

遺伝子拡散は，動物の個体群で顕著にみられるが，移動性の低い植物の個体群でも起こる．たとえば，カケスは秋になると，冬に備えて，オークの木を何度も訪れ，その木から 1 km ほど離れている自分の縄張りの土の中にそのドングリを埋める．カケスは，遺伝的に孤立しているオークの個体群の間で，ドングリとその対立遺伝子を移動させる．

風または動物が，植物の花粉を運ぶときにも，遺伝子拡散が起こり，これは長い距離に及ぶこともある．遺伝子組換え生物に反対している人の多くは，花粉の移動によって遺伝子組換え作物から野生の個体群へ遺伝子拡散が起こっていると指摘している．

13・6　種　分　化

ある種の二つの個体群間に交雑がなくなると，突然変異，自然選択，遺伝的浮動がそれぞれの個体群の遺伝子プールで独立して起こるため，両者間の遺伝的差異が増加していく．やがて二つの個体群の違いが大きくなり，別種とみなせるようになる．このように，一つの系統が二つに分かれ新しい種が出現することを**種分化**（speciation）という．

種分化はある瞬間に起こるものではない．個体群が分かれつつあるときでも個体間はまだ交雑をし続けており，すでに分岐した個体群でさえ再び混ざって交雑することもある．種分化を理解するためには，種分化が地理的，遺伝的，生態学的な連続体の中で起こっていることに気をつけなければならない．分類はモデルとして有用であるが，種の分類とそれが生じたプロセスとの間の関係は決して単純ではない．

生 殖 隔 離

すべての種分化は独自の過程で生じる．すなわちそれぞれの種は，独自の進化の歴史によって生じた産物である．しかし，すべての種分化において，有性生殖する種が独自性を獲得し維持する過程の一部として個体間の遺伝子拡散を絶つ**生殖隔離**（reproductive isolation）が存在する．いくつかの生殖隔離のメカニズムが働いて交雑を妨げ，それにより分岐しつつある個体群間の差異を大きくする（表 13・2）．

時間的隔離（temporal isolation）は，繁殖の時期が異なることにより互いに

表 13・2　生殖隔離が交雑を妨げる機構	
生殖隔離の タイミング	隔離のしくみ（名称）
種形成後	生殖時期が異なる（時間的隔離） 生殖環境が異なる（生態的隔離） 生殖行動が異なる（行動的隔離） 生殖器の構造が異なる（機械的隔離）
交配成立後	受精が起こらない（配偶子不和合性）
接合子形成後	雑種と子孫の適応度の低下（雑種低適応度） 雑種個体の不稔性（雑種不稔）

交雑できなくなることである．周期ゼミ（左下）の幼虫は地下で植物の根を食べて成熟し，成体になると繁殖のために地上に出る．3種の周期ゼミは 17 年ごとに繁殖する．それぞれの種は，形態も行動もほとんど同じ**同胞種**（sibling species）をもっており，それらの同胞種は繁殖の周期が 17 年周期の代わりに 13 年周期であることだけが異なっている．同胞種間で交雑をする潜在能力はあるのだが，221 年に一度しか同時に地上に出てこないのである．

生態的隔離（ecological isolation）は，異なる環境での生活に適応することにより交雑が妨げられることである．た  とえば，エンドウヒゲナガアブラムシ（右）のアカクローバ上で生活する個体群とアルファルファ上で生活する個体群は，たとえこれら 2 種の植物が密接に混在していても互いに交配することはない．個々のアブラムシはそれぞれの植物の樹液を吸うが，違う植物に移動してしまうと生残率が低下してしまうため，自分が生まれた植物の上だけで繁殖するのである．

行動的隔離（behavioral isolation）は，行動の違いが

図 13・11　ハエトリグモ科の一種の求愛行動．ハエトリグモ科の一種の雄は交配の意志を伝える合図として，雌に対し，色鮮やかなフラップを広げて揺らし，腹部を振動させながら脚を高くもち上げる．本種に固有のこの求愛行動で雌をひきつけるのに失敗すると，雄は雌に食べられてしまうことがある．

図 13・12　セージの送粉者の特殊化. (a) ブラックセージの受粉は，ミツバチなどの小さな昆虫が蜜を吸う時に，花の生殖器官(おしべやめしべ)に触れることで行われる. (b) ブラックセージの花は柔らかすぎて大きな昆虫を支えることはできない. クマバチのように大きな昆虫は外側から針を突き刺して蜜を吸うため，花の生殖器官にふれることはない.

交雑を妨げることである. たとえば，交尾をするために必要な特別な合図が他の種には認識されないときに起こる. 色彩や模様など，その種に特有な身体的特徴が合図となることが多い. また，多くの動物の種では，雄と雌が求愛行動を交わす. 典型的には，雌は同種の雄の鳴き声や動作を，交尾への誘いとして認識する (図 13・11).
　　機械的隔離 (mechanical isolation) は，生殖器の大きさや形の違いが，交雑を妨げることである. たとえば，イトトンボの近縁種では，交尾のための器官の解剖学的

な違いにより，雄が他種の雌をつかむことはできないため，交尾することができない. また，セージとよばれる植物では，近縁な 2 種が同じ地域で生育しているが，それぞれの花は異なる送粉者に対して特化しているため，他家受粉はほとんど起こらず，雑種もほとんど生じない (図 13・12).
　　配偶子不和合性 (gamete incompatibility) は，異なる種の配偶子が出会ったときに，接合子が形成されるのを妨げる分子レベルの不和合性を意味する. たとえば，被子植物において花粉の発芽をひき起こす分子シグナルは種特異的である. 卵や自由遊泳する精子を水中に放つ動物では，配偶子不和合性が種分化の主要な契機になっていることもある.

雑種の適応度低下と不稔性

　　時に雑種が形成されたとしても，ほとんどの場合，その適応度が下がる. 最近分岐した種でさえ，染色体が大きく異なり，雑種の接合子が余分な遺伝子や足りない遺伝子，不和合性を生む遺伝子をもつことがある. そのような胚は発生が進まない. 胚発生を生き残ってもしばしば適応度が低い. たとえば，ライオンとトラの雑種は健康上の問題が多く，期待される寿命も短い. たとえ雑種が長く生存し繁殖できたとしても，その子孫は世代を重ねるごとに適応度が低下することが多い. 核 DNA とミトコンドリア DNA の不適合がその原因かもしれない (ミトコンドリア DNA は母親からのみ受け継がれる).
　　ある異種間の交雑では，頑健だが不妊(不稔性)の子ができる. たとえば，雌のウマ(染色体 64 本)と雄のロバ(染色体 62 本)からラバが生まれる. ラバは健康ではあるものの，染色体は 63 本(ウマの 32 本とロバの 31 本)で，減数分裂のときに均一に対をつくることができないので，ラバは生き残れる配偶子をほとんどつくれない.

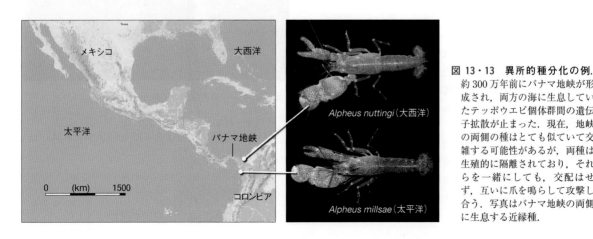

図 13・13　異所的種分化の例. 約 300 万年前にパナマ地峡が形成され，両方の海に生息していたテッポウエビ個体群間の遺伝子拡散が止まった. 現在，地峡の両側の種はとても似ていて交雑する可能性があるが，両種は生殖的に隔離されており，それらを一緒にしても，交配はせず，互いに爪を鳴らして攻撃し合う. 写真はパナマ地峡の両側に生息する近縁種.

異所的種分化

　ある個体群において，個体間に物理的な障壁が生じ遺伝子拡散が妨げられると，生殖隔離が生じることがある．その障壁が遺伝子拡散を完全に遮ることができるかどうかは，その種の移動の手段（泳ぐ，歩く，飛ぶ）や繁殖の方法（たとえば，体内受精，花粉分散）に依存する．遺伝子拡散が十分に妨げられると，二つの新しい個体群で独立して遺伝子の変異が蓄積されることになる．二つの個体群が遺伝的に分岐した後には，たとえ障壁が取除かれたとしても，個体間に生殖的隔離が起こっている可能性がある．このように，物理的な障壁によって個体群間の遺伝子拡散が遮断された後に種分化が起こることを**異所的種分化**（allopatric speciation）とよぶ．

　物理的障壁は瞬時に生じることもあれば，長い時間をかけて生じることもある．約600年前に建設された中国の万里の長城は，近隣の虫媒植物の個体群の遺伝子拡散を瞬時に断ち切った．現在では，壁の両側の植物の個体群間で遺伝的な分岐が生じている．

　もっと長い時間をかけて生じた障壁もある．たとえば，プレートの動きに伴って南北アメリカ大陸が衝突するのには何百万年もかかった．二つの大陸はいまはパナマ地峡でつながっている．約300万年前にこの地峡が形成され，海水の流れが遮られ，海洋生物の個体群間の遺伝子拡散も切断された．一つの大きな海洋が，現在の太平洋と大西洋とに分かれたのである．多くの海洋生物において，太平洋と大西洋の個体群が大きく分岐し，現在では生殖的に隔離された別種となっている（図13・13）．

同所的種分化

　遺伝子拡散を妨げる物理的な障壁なしに，一つの個体群内に生殖隔離が生じるのが**同所的種分化**（sympatric speciation）である．

　染色体数の変化によって起こる同所的種分化は，植物が種分化する際の一般的な過程である．異なる分類群の個体間で交雑が起こった時に，子孫が両親の染色体をすべて受け継ぐことがある．われわれが普段食べているパンコムギもこの過程で生じた．パンコムギは六倍体（6n）であり，異なる二つの属の植物の間で何度か交雑が起こり，三つの異なる染色体の組を受け継いだのである（図13・14）．

　アフリカのビクトリア湖の浅瀬では，500種を超える淡水魚のシクリッドが同所的種分化によって生じた．ビクトリア湖はアフリカの大地溝帯の隆起した平原の上にあり，河川からの流入がない大きな淡水湖である．およそ40万年前にできて以来，完全に干上がったことが何

度かある．DNA塩基配列の比較によって，ビクトリア湖のシクリッドのほぼすべての種が，湖が最後に干上がった12,400年前より後に生じたことがわかった．

　同じ水域内に，どのようにして何百もの種がこれほど速く出現したのか．その答は性選択にある．ここで湖の中の光の色の違いについて考えてみよう．浅いほうのきれいな水中では光はおもに青だが，深いほうの泥で濁った水中では光はおもに赤である．シクリッドは種に

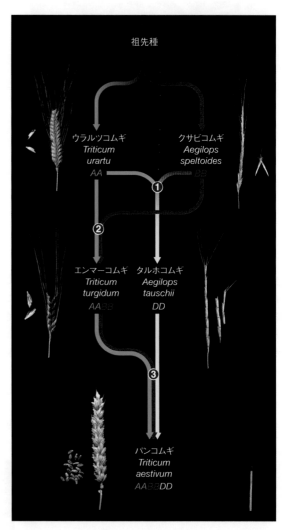

図 13・14　コムギにおける同所的種分化．コムギはわずかに違ういくつかのゲノムをもっており，A, B, D などで示す．右下のマッチ棒はスケール．

❶ 約550万年前，二倍体（2n）のウラルツコムギ（AA）と二倍体のクサビコムギ（BB）が交雑し，二倍体のタルホコムギ（DD）が生じた．

❷ その数百万年後，同じ二つの種が再び交雑し，今度は四倍体（4n）のエンマーコムギ（AABB）が生じた．

❸ エンマーコムギ（AABB）とタルホコムギ（DD）が交雑し，六倍体のパンコムギ（AABBDD）が生じた．

図 13・15　赤い魚と青い魚：アフリカのビクトリア湖に生息するシクリッドの同所的種分化. 光の色が異なる湖の深いところと浅いところにおいて，シクリッドの雌の光の色の感覚に影響を与える遺伝子に生じた突然変異が，繁殖相手の選択にも影響を与えた. 雌のシクリッドは，最も明るく見える雄と交配することを好む. これによって生じた性選択の結果，湖の異なる場所に生息する種は，それぞれの場所の光の色と一致するようになる. 写真は数百種もいるシクリッドのうちの 2 種. （左）*Pundamilia nyererei* の雄. 深いところの赤みが強い光の中で繁殖する. （右）*Pundamilia pundamilia* の雄. 浅いところのおもに青い光の中で繁殖する.

13・7　大　進　化

　小進化は同一個体群内の対立遺伝子頻度の変化である. それに対して**大進化**（macroevolution）は，高次分類群にみられるさまざまなパターンの進化的変化をさす. 大進化のパターンには，緑藻類からの陸上植物の進化，大量絶滅による恐竜類の絶滅など，大きなスケールでの進化の傾向が含まれる.

大進化のパターン

　ある系統では，非常に長い期間にわたってほとんど変化が生じない. これを**停滞**（stasis）という. シーラカンスは形態やその他の形質が独特な古生代から知られる肉鰭類の魚類であるが，現生の種は何億年も前の化石種と非常によく似ている（図 13・16）.

　一方，一つの系統が急速に多様化して複数の種が生じることを**適応放散**（adaptive radiation）という. 適応放散は地質的または気候的な出来事によってある生息地からいくつかの種がいなくなった後に起こることがある. このとき，生き残った種がこれまでは使えなかった資源を使うことができるようになる. たとえば，6600 万年前に小惑星の衝突で恐竜が絶滅した後（§12・1），哺乳類は大規模な適応放散を遂げた.

　競争者が少なく多様な環境をもつ新しい生息地にいくつかの個体が移住した後に，適応放散が起こることがある. 異なる環境のそれぞれに個体群が適応して，多数の新しい種が生じる. ハワイ諸島のミツスイはこのような進化をとげた. これらの鳥はすべて 1 種のフィンチの子孫である（図 13・17）.

　約 700 万年前，南アジアを移動していたフィンチの群

よって色彩はさまざまである（図 13・15）. シクリッドの雌は明るい色の雄と交配することを好む. この選択性は網膜（眼の一部）の光感受性色素に関する遺伝子に基づいている. おもに湖の浅瀬に生息する種では，網膜の色素は青色光に対して感受性が高い. これらの種の雄の体色は最も青味が強い. 湖の深い場所を好む種では，赤色光に対して感受性が高い. これらの種の雄の体色はより赤味が強い. すなわち，雌のシクリッドが最もよく見える色はその種の雄の色と同じ色である. これは偶然の一致とは考えにくい. 色覚に影響を及ぼす遺伝子に生じた突然変異が，雌による繁殖相手の選択に影響を及ぼし，これらの魚の同所的種分化をひき起こしたと考えられる.

脊索
丈夫で弾力性のある管で，中空でその中は体液でみたされている. 脊椎骨はない

肉質の鰭
鰭は筋肉質で内側に骨格がある. 四肢動物の脚に似る

卵胎生
シーラカンスは 1 年以上の間，卵から孵化した子を体内で育て，最大 26 匹の仔魚を産む

吻側器官
水中の電気信号に反応する感覚器官で，暗い海底で獲物を探すのに役立つと考えられている

図 13・16　生きた化石：シーラカンス. 1938 年に漁師によって捕獲されるまで，シーラカンスは 7000 万年前に絶滅したと考えられていた. 左は，モンタナ州で発見された 3 億 2 千万年前の化石（上）と生きた魚（下）との比較. 右は，シーラカンスの独自の特徴を示す. これらの特徴は，進化の過程で他のほとんどの魚類では失われてしまった.

図 13・17　ハワイミツスイの適応放散. ハワイ諸島のさまざまな環境に生息するミツスイの種の一部. それぞれの写真から, それぞれの環境に適応した独自の特徴(嘴の形状など)がわかる. これらの種はすべて, 約700万年前に大嵐によりハワイ諸島に飛来した1種のフィンチ(*Carpodacus*, 下の写真)の子孫である. ハワイ諸島は本土から何千 km も離れているため, 本土の個体群との遺伝子拡散もなく, この種の子孫はたくさんの新種に分岐していった.

れが, 巨大な暴風雨に巻込まれた. 鳥たちは大海原を越えハワイ諸島まで, 9600 km もの距離を飛ばされてしまった. この時, 新しい個体群を形成するのに十分な数の個体が, 生きてハワイ諸島にたどり着いた. そのころハワイ諸島には鳥の餌となる昆虫や植物は生息していたが, 鳥を食べる捕食者はまだいなかったため, このフィンチの子孫は繁栄した. そして, 本土の個体との間の遺伝子拡散が断ち切られ, フィンチはハワイ諸島の多様な環境に適応して, 多数の異なるハワイミツスイの種が生じた.

　適応放散は, **進化的革新** (key innovation) によってひき起こされることもある. 進化的革新とは, より効率的にまたは全く新しい方法で環境を利用することを可能にするような新しい形質をもつようになることである. たとえば, 肺の進化は, 脊椎動物が陸上で適応放散する道を開いた重要な進化的革新である.

　大進化には生物種の**絶滅** (extinction) も含まれる. 今日の推定によると, かつて存在した種全体の99%以上が今は絶滅している. 現在でも進行しているそれぞれの種の絶滅だけでなく, たくさんの系統が同時に失われる**大量絶滅** (mass extinction) がこれまで20回以上起こったことを化石記録が示している. そのなかには地球上の大多数の種が消えた五つの壊滅的な出来事が含まれる (図 12・14 参照).

図 13・18　クシケアリの一種とアリオンゴマシジミの共進化. (a) アリオンゴマシジミの毛虫をなでているクシケアリの一種. この毛虫はサナギになるまでの 10 カ月間, アリの巣の中でアリの幼虫を食べて成長することとなる. (b) サナギから羽化したアリオンゴマシジミの成虫は, アリの巣から出てタイムの花で摂食, 交配, 産卵を行う. 卵から孵化した毛虫は, クシケアリの一種の巣に養子として迎えられなければ生き残ることができない.

共　進　化

　2種間の密接な生態的な相互作用が両種をともに進化させる過程は**共進化**（coevolution）とよばれる. ある種が他種の選択圧として働き, それぞれの種が他種の変化に適応する. 進化的な時間がたつと, その2種はもう一方の種なしには生存することができないほど相互に依存するようになることがある.

　共進化した種の間の関係はかなり複雑である. アリに寄生するアリオンゴマシジミというチョウをみてみよう. 孵化後の幼虫（毛虫）はタイムの花を食べた後に地面に落下する. アリが毛虫を見つけてそれをなでると, その毛虫は蜜を分泌する. アリはその蜜を食べながら, 蜜をもっと分泌させようと毛虫をなで続ける. この行動が何時間も続いた後, 毛虫は突然自分の体を弓なりに曲げてアリの幼虫にとてもよく似た形になる（図 13・18）. アリはそれにだまされ, 毛虫を巣に連れて戻る. 巣の中で, ほとんどの種のアリはこの毛虫を殺してしまうが, クシケアリの一種だけは違う. 毛虫はこのアリの幼虫と同じ化学物質を分泌し, 女王アリと同じ音を出すことでアリをだまし, そのためアリは毛虫を自分の幼虫

よりも大切に扱う. "養子"になった毛虫は約 10 カ月間アリの幼虫を食べ続け, 変態して成虫となり地面から外に出て交配する. 卵をこのアリの別の巣の近くのタイムに産みつけ, この生活環がまた新たに始まることとなる.

　このアリとチョウの関係は, それが極度に種特異的であるという点で, 典型的な共進化の関係といえる. 巣に入れる毛虫を見分けるアリの能力が高まると, アリをより上手にだます毛虫が選択される. そうすると毛虫を見分けるのが上手なアリが選択されることとなる. 両種が互いにそれぞれに対して方向性選択を働かせている.

13・8　系 統 発 生

進化を再構築する

　今日の生物学者は, 十分に時間をさかのぼれば, すべての生物種は互いに類縁性があるという前提で研究を行っている. 進化の全体を詳細に明らかにするために, 進化的な関係によって種をグループ分けしている. それには, 種や種のグループの進化の歴史である**系統発生**（phylogeny）の再構築が最も重要である. 系統発生学は, 進化的な関係を追う系譜学の一種である.

　誰も種の進化を目撃したことはないが, さまざまな証拠から過去に起こった進化の出来事を理解することができる. それぞれの種は, 独自の進化の歴史の証拠を形質のなかにもっている. 進化生物学者は, **派生形質**（derived trait）を見いだすことにより祖先を共有していることを示す. 派生形質とは, あるグループがもっていてそのグループの祖先はもっていない形質のことである.

分岐分類学とクレード

　系統発生の仮説を立てる一つの手法である**分岐分類学**（cladistics）は, 派生形質に焦点を当てて進化的関係を明らかにする. リンネが打ち立てた分類学（§1・5）も分岐分類学も, どちらも共有する形質に基づいているのだが, 両者には異なる点がある. リンネの分類学は, 種を命名し分類する体系の構築であり, 類似性に基づいて種をそれぞれの分類群に分類していく. それに対し, 分岐分類学は, そもそもこの類似性をもたらした祖先間の関係に着目する. 分岐分類学では, 種を派生形質に基づいたクレードとしてグループ分けする. **クレード**（clade）とは, ある派生形質を進化させた種と, その子孫すべてを含むグループのことである.

　クレードは派生形質で定義される. ワニ類は鳥類よりもトカゲ類に外観上はよく似ている. しかし, 実際にはワニ類とトカゲ類との間の近縁性はワニ類と鳥類との間よりも低い. ワニ類と鳥類のほうがワニ類とトカゲ類よ

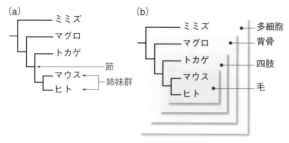

図 13・19　分岐図. (a) 線は系統を示す. 共通祖先を意味する節から姉妹群が出現する. (b) 分岐図は派生形質の入れ子状の図としてみることもできる. それぞれの入れ子は, ある共通祖先とそのすべての子孫からなり, クレードである.

りも, より新しい共通祖先を共有しており, この共通祖先で砂嚢 (胃の前方部分) および4室の心臓という独自の派生形質が進化したが, トカゲ類にはこれらがない.

多くの分類群はクレードに相当するが, そうではない分類群もある. 被子植物は一つの門であり, 一つのクレードでもある. 一方, たとえばリンネの分類による伝統的な爬虫綱は, ワニ類, ムカシトカゲ類, ヘビ類, トカゲ類, カメ類を含んでいる. これらの動物を同じ爬虫綱という分類群に分類するのはとてもわかりやすいが, これらに鳥類も含めない限りは一つのクレードとはならない. 一つの共通祖先の子孫をすべて含んでいない分類群は, クレードではない.

分岐図 (cladogram) は, 一群のクレードの類縁性についての仮説を図示する系統樹の一種である (図13・19). 分岐図のそれぞれの線は系統を示しており, 枝分

かれして二つの系統に分岐している. 枝分かれの点である節は二つの系統の共通祖先を示し, そこから出る二つの系統は姉妹群とよばれている. 分岐図を, そこから先の枝をすべて含むように一つの枝から切り落とすとクレードとなり, 種も一つのクレードである.

系統発生学の応用

系統発生の研究によって, 現生の種の互いの類縁関係や, 絶滅した種に対しての類縁関係を明らかにすることができる. このような進化的な結びつきを読み解くことが, 絶滅危惧種の保護活動や, ウイルスや細菌の現在進行中の進化過程を追跡するのに役立っている.

前節で紹介したハワイのミツスイの仲間は, きわめて多様であり, 最近になってDNAが比較されるようになるまで, それらの系統発生にはさまざまな説があった. ハワイ諸島にはかつて50種以上のハワイミツスイが生息していたが, 18世紀にヨーロッパ人が新たな家畜や作物などを持ち込んで生態系を変化させた. また, 偶然に移入されたカが, 持ち込まれたニワトリから在来の鳥類へと病気をまん延させた. これらのことにより, ミツスイの種数は激減した.

現在, ハワイミツスイは18種しか残っておらず, そのうち16種は絶滅の危機に瀕している (図13・20). 外来種の捕食者や競争相手に加えて, 世界的な気温上昇も継続的な大きな脅威である. ハワイの平均気温が上昇するにつれて, 移入したカは, 以前は寒すぎてすめなかった高地にも生息域を広げている. カは鳥マラリア症などの病気を媒介するため, カの生息域が広がること

図 13・20　3種のハワイミツスイ. ハワイミツスイは絶滅が続いていて, 遺伝的多様性は減少の一途をたどっている. ハワイミツスイの系統発生を解明することは, 残った種を保護する上で有効である. (a) *Loxioides bailleui* は, 他のハワイミツスイは食べない毒のある植物の種が食べられる. 生存している唯一の個体群も, この植物が家畜に踏みあらされたりかじられたりしているため, 減少しつつある. 1997年から2018年の間に, この種の数は4396から1051へと減少している. (b) *Loxops caeruleirostris* の下の嘴はずれているため, 中に虫が入っている芽をこじ開けることができる. 鳥マラリア症が本種の最後の個体群を衰退させつつある. 2007年から2012年の間に, この種の数は3536羽から945羽に激減した. (c) 老いて片眼も失ってしまっているこの *Melamprosops phacosoma* は2004年に鳥マラリア症で死んだ. このときはまだ他に2個体が生存していたが, それ以来一度も見つかっていない.

で，これまで病気にならずにすんでいた高地のハワイミツスイの個体数も減少するようになった．

絶滅種が増えるにつれ，ハワイミツスイの仲間の遺伝的多様性が減少していく．遺伝的多様性が低くなると，そのグループが全体として変化に対して弾力性がなくなり，壊滅的な絶滅をこうむりやすくなる．この後の章（§18・7）で説明するように，自然界の安定性は，それを構成する生物の多様性に左右される．ある一種の生物が絶滅すると，その生物群集に属する他の生物にも影響を及ぼし，生物群集全体が消滅してしまうこともある．系統発生を理解すれば，絶滅してしまうと生物多様性に最も大きな影響を与える種に焦点を当てることができる．

感染性微生物の系統発生

ウイルスなどの感染性の病原体の進化も，生化学的特徴に基づいてクレードに分けることにより研究されている．ウイルスは真の生物ではないが，宿主に感染するたびに突然変異を起こすことができるので，ウイルスの遺伝物質は時間とともにどんどん変わっていく．鳥類や哺乳類などの動物に感染するインフルエンザウイルスのH5N1株をみてみると，H5N1に感染したヒトは非常に高い死亡率を示すものの，現在までヒトからヒトへの感染はごくまれにしか起こっていない．しかし，このウイルスは何も症状をひき起こすことなくブタの体内で複製される．ブタはこのウイルスを他のブタだけではなくヒトにも感染させる．ブタから単離したH5N1の系統発生の解析によって，このウイルスは2005年以降少なくとも3回トリからブタへと感染したことと，単離した株のうちの一つはヒトからヒトへと感染する能力を獲得していることがわかった．このウイルスの系統発生を理解することが，ヒトへのウイルスの拡散を防ぐための戦略を立てるのに役立っている．

1998年，スペインのバレンシアにある私立病院で，軽い手術を受けた人々が相次いでC型肝炎ウイルスに感染する事件が発生した．大規模な公衆衛生調査の結果，全員が一人の麻酔科医の患者であり，その麻酔科医もまたC型肝炎であることが判明した．麻酔科医は，自分が患者からC型肝炎に感染したと主張していた．疫学的な証拠は状況証拠にすぎないため，進化生物学者がこの事件の解明を依頼された．

進化生物学者らは，感染した人からウイルスを単離し，ゲノム配列を決定し，ゲノム中で最も頻繁に変異する領域が，どう変化していったかに基づいて，感染者をクレードに分類した．さらに，それぞれの感染時期を正確に特定した．ウイルスの分岐図と手術が行われた日付

との関連性から，この医師が275人のC型肝炎の感染に関与していることを突き止めた．医師は医療過誤で有罪となり，1933年の禁固刑を言い渡された．

本章の冒頭で述べた抗生物質耐性菌がどのように進化したかの研究は，抗生物質の使用に関する医療政策の重要な基礎となる．大腸菌の一つの株でST131とよばれるスーパーバグは，地球規模で公衆衛生を脅かしている病原体である．ST131株は大腸菌のなかの主要な病原体で，毎年，血液，肺，尿路，腹腔，皮膚に数百万件の感染症をひき起こしている．ペットや家畜，海や湖の水中や堆積物中，猛禽類，カモメ，ペンギンの体内など，その菌はあらゆるところに存在する．

研究者は，ヒトや動物，環境から採取された数千のST131サンプルのゲノム配列を決定した．これらの配列中の一塩基多型（§11・1）に基づく系統解析により，この細菌の系統が抗生物質に対する耐性を獲得しながら段階的に進化してきたことが明らかになった（図13・21）．フルオロキノロン系抗生物質に耐性をもつST131株のサブグループの一つであるH30は，この抗生物質が臨床医学に導入された1980年代に出現した．1990年

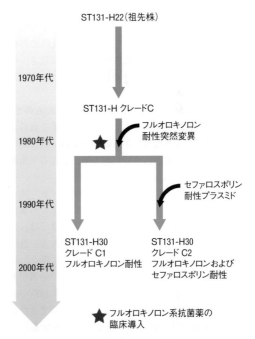

図 13・21　スーパーバグの進化．ST131は，フルオロキノロン系およびセファロスポリン系抗生物質に対する耐性を獲得した後，2000年代初頭に世界中に急速に広がった大腸菌の病原性株である．今でもヒトの主要な病原菌として，年間数百万人の抗生物質耐性感染症をひき起こしている．現在，H30はST131の主要な変異株であるが，H22がH30の祖先株にあたる．

代には，H30 はセファロスポリン系抗生物質に対する耐性も獲得し，2000 年代初頭に世界中に爆発的に広がった．

H30 は，世界中の家禽類に定着している H22 とよばれる別の ST131 サブグループの子孫である．スーパーマーケットで売られている鶏肉や七面鳥はしばしば H22 に汚染されており，これがヒトに感染すると，重篤な侵襲性の尿路感染症をひき起こす．

ま と め

13・1 個体群はそれに働く選択圧によって変化する傾向がある．抗生物質の使用によって，細菌の個体群に方向性選択が働き，抗生物質耐性菌が環境中に広まり，抗生物質としての効果がなくなってしまう．

13・2 突然変異によって新しい対立遺伝子が生じる．それらには，中立的，有害または致死的，適応的な場合がある．対立遺伝子は，それぞれの種がもつ形質の変異を生み出す源となる．個体群のすべての遺伝子のすべての対立遺伝子を合わせた遺伝資源の集合を遺伝子プールとよぶ．対立遺伝子頻度とは，特定の遺伝子について，遺伝子プールの全遺伝子中のある対立遺伝子の割合（すなわち，その対立遺伝子をもつ染色体の割合）のことである．小進化，すなわち対立遺伝子頻度の変化は，その変化をひき起こすようなさまざまな過程が常に起こっている自然の個体群において，常に生じている．

13・3 自然選択は進化をひき起こす一つのメカニズムであり，環境からの圧力に応じて，異なるパターンで起こる．方向性選択は形質の変異の一方の端の表現型に有利に働く．安定化選択は，形質の両極端の表現型を取除き，中間的な表現型に有利に働く．分断性選択は，中間的な表現型には不利で，両極端の表現型に有利に働く．

13・4 性的二型は性選択の結果として生じたものである．性選択は自然選択の一つのタイプで，交配相手を獲得するのがより有利になるような形質が適応的となる．個体群中に複数の対立遺伝子が相対的に高い頻度で維持される平衡多型とよばれる自然選択もある．

13・5 自然選択を含まない進化の過程もある．対立遺伝子頻度の偶然による変化である遺伝的浮動によって個体群の遺伝的多様性が失われる．特に，小さな個体群では，遺伝的浮動によって対立遺伝子が固定されることがある．遺伝子拡散は個体群を遺伝的に均質な状態に保つように働く．対立遺伝子を安定化するので，遺伝的浮動とは反対の効果がある．ボトルネック効果によって個体群の遺伝的多様性が大きく減少することがある．少数個体によって新しくできた個体群の対立遺伝子頻度は，他の個体群と大きく異なることがあり，これを創始者効果という．同系交配を行っている個体群では遺伝性疾患が顕著にみられる傾向がある．

13・6 種分化によって一つの系統が二つに分かれる．有性生殖のさまざまな段階で生じる生殖隔離によって，個体群間の遺伝子拡散が妨げられ，種分化につながる．異所的種分化では，地理的な障壁が生じ個体群間の遺伝子拡散を遮る．遺伝子拡散がなくなると，それぞれの個体群で独立に遺伝的変化が生じ，結果として別べつの種となる．種分化は遺伝子拡散の障壁がなくても生じることがあり，同所的種分化とよばれる．多くの植物にみられる倍数体の種は，同所的種分化によって生じた．

13・7 大進化とは種よりも高次の分類群に起こる進化的過程である．進化的な時間にわたって，ほとんど変化していない系統がある．体のある構造が，進化によってこれまでとは異なる目的で使われるようになることもある．重要な進化的革新によって適応放散，すなわちある一つの系統がいくつかの新しい種へと急激に多様化することが生じることがある．共進化は，2 種が互いにもう一方の種の選択の要因として働くときに起こる．ある系統に生き残っている個体がいなくなったとき，絶滅したという．大量絶滅では，多くの系統が同時に絶滅する．

13・8 進化生物学者は，すべての種が祖先を共有することで互いに類縁であるということを前提として，進化の歴史（系統発生）を再構築する．種は派生形質によってグループ分けされる．クレードは，派生形質を進化させた共通祖先と，その共通祖先のすべての子孫からなる．

分岐分類学は，クレード間の進化の歴史についての仮説を立てるために行われる．この仮説はクレード間の進化的類縁性を示す図である分岐図によって示される．分岐図では，それぞれの線は系統を表す．系統は共通祖先を示す節で二つの姉妹群に分岐する．

系統発生の研究は，クレードの多様性を明らかにすることにより，絶滅危惧種の保護活動に寄与することができる．絶滅すると最も損失が大きい種を優先して保護する．群集から 1 種がいなくなるだけで，生態系全体の安定性が保てなくなることがある．

系統発生の研究はまた，ウイルスや他の感染性病原体の広がりを研究するためにも用いられる．

試してみよう （解答は巻末）

1. 新しい対立遺伝子の源は ＿＿＿ である.
   a. 突然変異　　b. 自然選択
   c. 遺伝的浮動　d. 遺伝子拡散
   e. 種分化　　　f. 大進化

2. 個体群に進化が起こるうえで必要なものはどれか.
   a. 遺伝的多様性　　b. 選択圧
   c. 遺伝子拡散　　　d. a〜c のいずれも必要ではない

3. 左側の自然選択の様式の説明として適当なものをaとbから選び，記号で答えよ.

____ 安定化選択　　a. 形質の両極端の表現型が不利なため除かれる

____ 分断性選択　　b. 形質の中間的な表現型が不利なため除かれる

4. 性選択はしばしば形態に影響を与え，____ を生じることがある.

a. 性的二型　　　　b. 雄どうしの攻撃

c. 誇張された形質　d. a〜cのすべて

5. 個体群中に鎌状赤血球の対立遺伝子が高い頻度で維持されているのは ____ の例である.

a. ボトルネック効果　b. 平衡多型

c. 創始者効果　　　　d. 同系交配

6. ____ は，同一種内の別べつの個体群を互いに似ている状態に保つ傾向がある.

a. 遺伝の浮動　　b. 遺伝子拡散

c. 突然変異　　　d. 自然選択

7. 次のうち正しい文章はどれか.

a. 遺伝的浮動は小さな個体群にしか起こらない

b. 同系交配は遺伝的多様性を高める

c. 遺伝子拡散によって個体群に対立遺伝子が再導入されることがある

8. 野火によって森の樹木が幅広い帯状に焼き払われることがある. 樹木で生活しているカエルの個体群は，焼き払われた部分の両側で別べつの種に分岐していく. これは ____ の例である.

a. 異所的種分化　　b. 適応放散

c. ボトルネック効果　d. 遺伝的浮動

9. 多くの鳥類では交配の前に求愛行動が行われる. 雄の行動が雌によって認められないと，雌は雄とは交配しない. これは ____ の例である.

a. 性的二型　　b. 分断性選択　　c. 性選択　　d. 共進化

10. ____ は派生形質に基づいて進化の歴史を再構築する.

a. 自然選択

b. リンネ式分類学

c. 適応放散

d. 分岐分類学

11. 翅を進化させたことにより，有翅昆虫類は繁栄することとなった. これは ____ の例である.

a. 派生形質　　　b. 適応的形質

c. 進化的革新　　d. a〜cのすべて

12. 左側の進化に関する概念の説明として最も適当なものをa〜iから選び，記号で答えよ.

____ 遺伝子拡散　　a. 相互依存し合う種を生じる

____ 性選択　　　　b. 偶然のみで個体群中の対立遺伝子頻度が変化する

____ 派生形質

____ 絶滅　　　　　c. 対立遺伝子が個体群に出入りする

____ 遺伝的浮動　　d. 進化の歴史

____ 共進化　　　　e. 適応的な形質をもつ個体が繁殖相手を獲得するうえで有利となること

____ 分岐図

____ 適応放散　　　f. 一つの系統が一気に多数に分岐すること

____ 系統発生　　　g. もはや生存する個体がいないこと

h. 入れ子状の図ともみなせる

i. あるグループにあるが，その祖先にはない

14 原核生物, 原生生物, ウイルス

14・1 ヒトの微生物相

ヒトの体内や体表には, 非常にたくさんの微生物がいる. 健康的な成人の体には, 30〜50兆もの細菌が生活している. その数は, ヒトの体細胞数に匹敵する数である. 細菌に加え, アーキアや原生生物, ウイルスや真菌類といった多様な生物がヒトの体で生活しており, このような微生物は, 体重の3%を占めるともいわれている. ヒトの体で生活している微生物のことをまとめて, ヒトの**微生物相**（microbiota, 微生物叢ともいう）とよぶ. 微生物相は, 特定の環境で生活を共にしているすべての微生物のことであり, この場合は, ヒトの体自体が, 個々の微生物が暮らすことのできる特殊な環境, ということになる.

1860年代に, さまざまな微生物がヒトの病気をひき起こすことがわかった. このような微生物を, **病原体**（pathogen）とよぶ. 病原体は, 20世紀の微生物学の主要な研究対象となった. 細菌や真菌, ウイルスや原生生物を含め, 約1400種類のヒトの病原体が知られている.

病原体は最も研究の進んでいる微生物相の一員であるが, 微生物相のなかでも, ごくごく一部の住人にすぎない. 微生物相のほとんどは, 悪さをしないものか, ヒトにとって有益なものである.

微生物相を構成している生き物の種類や数は, 人種によっても異なるし, 個人差も大きい. 最も多様な微生物相をもつのは, アマゾンの熱帯雨林で狩猟採集生活を営むヤノマミ族である. 一方, 先進国の人々の微生物相は, 単純であることがわかっている. 先進国の人々は, 抗生物質の利用や, 野外での生活時間が短いこと, 食物繊維の摂取量が少ないことや, 衛生的な生活を営んでいることなどにより, 微生物相の多様性が低下していると考えられている.

先進国の人々のように, 微生物相の多様性が低下すると, 健康に悪影響が出る可能性がある. ある仮説では, ヒトの免疫系は, 微生物相の多様性によって進化したとされているので, 微生物相の多様性が低下すると, 免疫系も正しく機能しなくなる可能性がある. この免疫系の機能低下により, ぜんそくや食物アレルギー, 炎症性腸疾患などがひき起こされている可能性がある. このような免疫機能の低下は, 発展途上国よりも, 先進国でよくみられる.

食べ物によって腸内細菌がどのように変化するかを調べた実験がある. 6日間, 動物性のみの食事（肉, 卵, チーズのみ）を続けると, 胆汁抵抗性の腸内細菌の割合が増えた（図14・1）. 胆汁は, 肝臓で生産され, 脂肪を分解する機能をもつ. 一方, 植物の多糖類を発酵させるような細菌の割合は減少した. ヒトの酵素では, 植物の多糖類は分解できないので, このような腸内細菌が減ると, 植物の栄養が十分に摂取できなくなってしまう.

胆汁抵抗性の腸内細菌は, 肝臓がんや炎症性腸疾患を誘発するような二次代謝物を放出したりする. もし, 動物性のみの食事を続けると, 一部の腸内細菌のみが増え

図 14・1 ヒトの腸内細菌. 動物性脂肪を多く摂取するヒトによくみられる嫌気性グラム陰性桿菌 *Bilophila wadsworthia*.

てしまって，健康を害する事になる.

　一方，6日間，植物性のみの食事（穀物，マメ類，果実，野菜のみ）を続けた場合，逆の結果となる.胆汁抵抗性の腸内細菌の割合は減少し，植物の多糖類を発酵させるような細菌の割合は増加した.多糖類を発酵させるような細菌が放出する物質は，病原体の成長や炎症を抑制したりすることにより，健康の増進に役立つ.

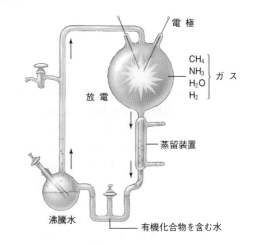

図 14・2　ミラーの実験.原始地球環境を再現し，混合ガスをガラス器具に封入し，稲妻の代わりに放電を行い，有機化合物の合成に成功した.

14・2　細胞の起原

原始地球の環境

　地球は，約46億年前に誕生した.原始地球の大気は，水蒸気，二酸化炭素，水素，および窒素から構成されており，酸素はほとんど含まれていなかった.岩石に含まれる鉄成分は酸素にふれると酸化して錆びるが，錆びが見つかった最も古い岩石は23億年前のものである.原始地球の大気中の酸素濃度が低かったことが，生命の誕生に深くかかわっている可能性がある.もし，反応性の高い酸素が大気中に存在したなら，生物を構成する分子はつくられず，つくられても，すぐに酸素により分解されたであろう.

生命の構成成分

　すべての生物は同じ有機化合物（アミノ酸，脂肪酸，ヌクレオチド，糖）で構成されている.原始の地球上で生物の有機物が誕生した過程に関して，三つの仮説が提唱されており，その三つのすべてが実際に起こったと考えられている.

　1953年にミラー（Stanley Miller）とユーリー（Harold Urey）は，稲妻によるエネルギーが原始地球の大気中で有機分子の合成を促進した，という仮説を初めて検証した.この過程を再現するために，閉鎖系のガラス器具内に，メタン（CH_4），アンモニア（NH_3），水素ガス（H_2），水蒸気（H_2O）を充満させ，放電させた（図14・2）.1週間以内に，生物の営みに不可欠なアミノ酸などのさまざまな有機分子が形成された.この結果は，生命の誕生に向けた第一歩を再現した重要な成果として注目を集めた.現在では，ミラーらの実験に使われた混合ガスは原始の地球大気を必ずしも再現しているものではないと考えられている.しかし，現在考えられている原始の地球大気を再現して，より正確な模擬実験を行っても，アミノ酸が生成した.

　一方，アミノ酸や糖，核酸の塩基などが隕石に含まれることから，生体物質の起原について別の説も提唱されている.これらの有機物は，氷やちりやガスなどの星間雲で合成され，原始の地球では現在とは比べものになら

ないくらい頻繁に降ってきた隕石により，地球にもたらされたという考えである.さらに，火星など他の惑星に誕生した生命が隕石によって地球に飛来したという考えもある.

　また，**熱水噴出孔**（hydrothermal vent）で生物の構成要素が生成されたという説も存在する.熱水噴出孔は水中の間欠泉のようなもので，そこから地熱で熱せられた無機物を豊富に含む水が，海底近くの岩の割れ目から噴出している（図14・3）.この熱水噴出孔を再現した実験により，無機物からアミノ酸が生成されうることも示されている.

図 14・3　海底の熱水噴出孔.熱水噴出孔から噴出する熱水には，鉱物が含まれており，熱水は冷たい海水中に噴出する.

代謝の起原

　現在の細胞は，小さな有機分子を取込み，濃縮し，再構成することでより大きな有機分子の重合体をつくり上

げる．細胞が誕生する前は，非細胞的な過程によって有機物が濃縮され，重合体の形成の機会が多くなったと考えられる．

　ある仮説では，重合体の形成は粘土質の浅い潮だまりで起こったといわれている．粘土は負に荷電しているので，海水中の正の電荷をもつ有機物が粘土粒子に結合した．引き潮のときには，構成単位が蒸発により濃縮され，太陽エネルギーによって有機物どうしが反応し，重合体をつくるようになった．この過程の模擬実験を行うと，実際，アミノ酸が結合して，アミノ酸鎖ができることがわかっている．

　熱水噴出孔付近の岩の表面で，初期の代謝過程が起こったとする仮説も提唱されている．その岩の表面には，細胞ほどの大きさの小さな穴が無数に空いており，そこが代謝反応の場になった．岩の表面の硫化鉄は，溶解している一酸化炭素に電子を供給し，より大きな有機物を生み出し，それが小さな穴に集積した．現在の生物で，鉄-硫黄補因子が利用されているのは，鉄や硫黄が生命の誕生に貢献したことを示唆しているのかもしれない．

遺伝物質の起原

　現在の細胞は，DNAを遺伝物質として利用している．細胞は，分裂後の娘細胞にDNAのコピーを渡し，娘細胞はDNAに書かれている遺伝暗号を利用して，タンパク質を合成する．このタンパク質のいくつかは，DNA複製など，次の細胞分裂のために利用される．タンパク質の合成はDNAに依存し，DNAはタンパク質を利用して複製・合成される．この循環はどのように始まったのだろうか．

　RNAワールド仮説（RNA world hypothesis）によれば，かつてRNAが遺伝情報の保存と酵素のような働きの両方をもっていた．たとえば，いくつかの**リボザイム**（ribozyme）とよばれるRNAは細胞中で酵素として働いている．あるリボザイムはRNAの不要部分（イントロン）を切断し，mRNAの成熟を担っている（§8・3）．また，rRNAは，リボソーム内でペプチド結合の形成を促進している（§8・4）．

　もし，初期の自己複製遺伝システムがRNAによるものであったら，なぜ生物は遺伝情報をもつゲノムをDNAに置き換えたのだろうか．DNAの構造にその鍵が隠されている．二重らせん構造をとるDNA分子に比べ，一本鎖RNAは切断されやすく，複製時の誤りを生じやすいという特徴もある．そのため，より大きなゲノムを維持し，遺伝情報を安定的に保持するために，生物はRNAからDNAへとゲノム分子を移行させたのだろう．

細胞膜の起原

　初期の自己複製分子や，合成反応によりつくられた有機物などは，それらを閉じ込めておく容器がなければ，拡散してしまったと考えられる．現在の細胞は，細胞膜がその容器の機能を果たしている．細胞が出現する以前には，小胞構造がその機能を担っていたかもしれない．小胞は極性をもった脂質が水と混ざって生じる．小胞の膜に囲まれた**原始細胞**（protocell）は，さまざまな物質を取込み，複製もできた．この原始細胞こそが，細胞の祖先であると考えられている．

　人工的な原始細胞をつくり出す実験は，細胞の起原についての洞察を与えてくれる．たとえば，脂肪酸の二重層がRNAを内包する脂質小胞（図14・4）がつくられた．

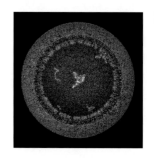

図 14・4　**原始細胞**．研究室でつくられた，RNAを内包する脂質二重層で覆われた原始細胞．

生命・細胞の誕生に関する推論

　模擬実験だけでは，生命・細胞がどのようにして誕生したのかを証明することはできない．しかし，人工的

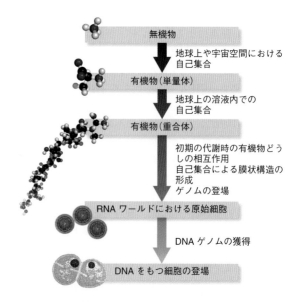

図 14・5　**推測されている細胞の進化過程**．それぞれの過程は，実験に基づいて推測されている．

に，物理化学的な実験によって，単純な有機化合物を合成し，濃縮し，原始細胞に内包できることが明らかとなった（図14・5）．数十億年前にも，このような過程を経て，最初の生命が誕生したと考えられる．

14・3 初期の生命

生命の共通祖先

§14・2で解説した生命の誕生の過程は，独立に2回以上起こったかもしれない．しかし，生命の誕生にまで結びついた進化過程は，1回であったと考えられる．現在の生物ゲノムの類似性は，すべての生物種が，約40億年前の単細胞の共通祖先から進化したことを示唆する．

太古の地球には酸素がほとんどなかったので，最初の生物は嫌気性（酸素なしで生きることができる）生物であったと考えられる．化石や，現存する生物の研究は，この共通祖先が，核をもたない**原核生物**（prokaryote）であったことを示している．

初期の生物の進化

歴史的に，原核生物はすべて，"細菌"として分類されていた．1970年代後半に，ウーズ（Carl Woese）は，原核生物の系統樹の作成に取りかかった．原核生物の関係性を調べるために，ウーズは，リボソームRNAをコードする遺伝子のDNA塩基配列を比較した．驚いたことに，一部の原核生物は，細菌より真核生物に類似したRNA遺伝子をもっていた．ウーズは，新たに発見した原核生物の系統を**アーキア**と名付け，**細菌**（bacterium, *pl.* bacteria），**アーキア**（archea），**真核生物**（eukaryote）の三つの**ドメイン**（domain）をもつ分類体系を提案した（図14・6）．

現在は，生命の進化過程の初期に，アーキアと真核生物につながる系統から分岐した原核生物の系統のことを，細菌とよぶ．アーキアは，細菌よりも真核生物に近い原核生物である．

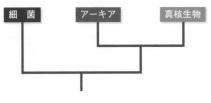

図 14・6　3ドメイン説

原核生物の化石

原核生物は，何十億年もの間，地球上で唯一の生命であった．原核生物はきわめて小さく，化石になりやすい

ような"堅い部分"がないので，これらの化石を見つけて同定するのは困難である．

約37億7000万年前に海底で形成されたカナダの岩石から，現代の深海の熱水噴出孔近くの原核生物によって形成されたチューブとフィラメントに類似した構造物が発見された．これが，現時点で，最も古いとされる化石細胞とされている．約34億年前のオーストラリアの砂岩からは，球状の化石が見つかっている（図14・7）．

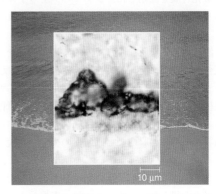

図 14・7　**古代の細胞化石**．現代の干潟に生息する細菌に類似した約34億年前の微小な細胞化石．

初期の細胞の化石として最もよく知られているのは，**ストロマトライト**（stromatolite）である．ある原核細胞が細胞成長と堆積を繰返し，バイオフィルムを形成しながら，長い年月をかけて成長し，ドーム状の層構造ができあがった．現存するストロマトライトは，オーストラリアのシャーク湾などで見ることができる（図14・8）．約28億年前のストロマトライトの化石が知られているが，34億年前のものといわれている化石も見つかっている．

図 14・8　**オーストラリアのシャーク湾でみられる現代の**
ストロマトライト

このように，化石により，初期の生物は約30億年前には，海岸から大洋底まで地球の海に広く生息していたことがわかっている．

酸素の大量発生

細菌やアーキアは酸素がほとんどない太古の地球で生じたので嫌気性であった．約27億年前，**シアノバクテリア**（cyanobacteria）が誕生し，副産物として酸素を発生する光合成を開始した．シアノバクテリアが増えるに従って，大気中や水中の酸素濃度が高くなっていった．

酸素濃度が高くなるにつれて，酸素に抵抗性をもたない嫌気性の生物は衰退していった．酸素による反応は，さまざまな分子にダメージを与え，修復酵素をもたない嫌気性生物には負の選択圧がかかり，限られた低酸素環境に追いやられた．現在，嫌気性細菌やアーキアは，水生堆積物中や動物の腸内など，酸素の少ない環境でのみみられる．

酸素が蓄積するにつれて，好気呼吸が進化した．この酸素呼吸から得られるエネルギーは，有機分子からエネルギーを得るよりも効率がよく，広くさまざまな生物で利用されるようになった．

一方，大気中に酸素が蓄積してくると，オゾンガスO_3が生じ，大気の上層に**オゾン層**（ozone layer）が形成された．オゾン層は太陽から降り注ぐ紫外線を遮断し，紫外線により傷つきやすいDNAや他の生体分子を守ることになった．水も紫外線をある程度遮断するが，オゾン層による保護がなければ，生物が陸に上がることはできなかった．

14・4　細菌とアーキア

原核生物の構造

図14・9に，典型的な細菌の細胞を図示した．細菌やアーキアは無核で，真核細胞よりもはるかに小さい．また，真核生物がもつ核やその他の膜構造に包まれた細胞小器官はない．また，原核生物のゲノムDNAは環状で，リボソームとともに細胞質内に存在する．

ほとんどすべての細菌やアーキアは，細胞膜の外側に細胞壁をもつ．ほとんどの細菌の細胞壁にはペプチドグリカンとよばれる高分子が存在するが，アーキアにはない．その堅い細胞壁のおかげで，細菌は，球状，らせん状，桿状などの形をとり，それぞれの細菌は，球菌，らせん菌，桿菌とよばれる．

多くの細菌は，1本，または複数のプロペラのように回る**鞭毛**（flagellum, *pl.* flagella）をもっているので，移動ができる．また，**線毛**（pilus, *pl.* pili）とよばれるタンパク質の繊維を用いて，フックを引っかけるようにして滑っていくものもある．線毛を何かの表面に向けて伸ばして粘着させ，その線毛を縮めて目的の場所に移動する．線毛は細胞をその場にとどめたいときにも使われる．また，遺伝物質の交換前に，細胞が引き合うのにも使われる．

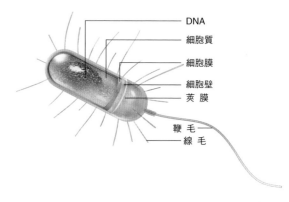

DNA
細胞質
細胞膜
細胞壁
莢膜
鞭毛
線毛

図 14・9　典型的な細菌の構造

細胞増殖

細菌やアーキアは，一般的に**二分裂**（binary fission）により，無性的に，遺伝的に同一で同じ大きさの二つの細胞に分裂・増殖する（図14・10）．

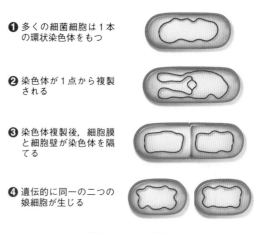

❶ 多くの細菌細胞は1本の環状染色体をもつ

❷ 染色体が1点から複製される

❸ 染色体複製後，細胞膜と細胞壁が染色体を隔てる

❹ 遺伝的に同一の二つの娘細胞が生じる

図 14・10　原核生物の二分裂による無性生殖

遺伝子交換

原核生物は有性生殖をしないが，3種類のしくみにより，個体間で遺伝物質を交換する（図14・11）．

1. **形質転換**（transformation）により，原核生物は細胞外に存在する死細胞の残骸などの DNA を取込むことができる（図 14・11a）.
2. **形質導入**（transduction）により，ウイルスが細胞内から DNA を取込み，他の細胞に導入することができる（図 14・11b）.
3. **接合**（conjugation）により，**プラスミド**（plasmid）とよばれる小さな環状 DNA を，他の細胞に移すことができる（図 14・11c）. プラスミドは，大きな染色体とは独立して存在していて，通常 2～3 遺伝子しかもたない.

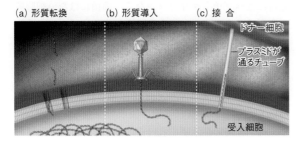

(a) 形質転換　　(b) 形質導入　　(c) 接合

ドナー細胞

プラスミドが通るチューブ

受入細胞

図 14・11　原核生物間の遺伝子交換のしくみ

細菌の生態と多様性

　地球には，500 万の 1 兆倍の 1 兆倍もの細菌がいて，あらゆる場所に生息し，生態系で重要な役割をもっている.

　生態系のエネルギーの流れは，**独立栄養生物**（autotroph）が環境中のエネルギーを捕捉することから始まる. 独立栄養生物には 2 種類ある. 光合成をする光合成独立栄養生物と，硫化水素やメタンなどの無機分子から電子を奪ってエネルギーを得る化学合成独立栄養生物である.

　光合成は多くの細菌系統で進化した. 太陽光が届くような水生環境では，光合成独立栄養細菌は重要な生産者

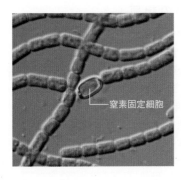

図 14・12　水生シアノバクテリア. 細胞が繋がって長い鎖のように成長する. 窒素固定を行う特殊な細胞もある.

窒素固定細胞

である（図 14・12）. ほとんどの細菌は酸素を生じない光合成を行う. 酸素発生を伴う光合成を行う進化は，一度だけ起こった. それが，シアノバクテリアである. シアノバクテリアは，光合成の副産物として酸素を放出する.

　§14・5 で紹介するように，葉緑体はシアノバクテリアの子孫である. ほぼすべての地球の大気中の酸素はシアノバクテリアと，葉緑体によって生産されている.

　海底などの暗い場所では，化学合成独立栄養細菌とアーキアがおもな生産者となる. それらは，熱水噴出孔の近くでよくみられ，岩石や熱水中に溶けている鉱物から電子を引き出し，エネルギーを得ている.

　従属栄養生物（heterotroph）は，有機化合物を分解することによって炭素とエネルギーを獲得する. 従属栄養細菌は陸上および水中における主要な分解者である. **分解者**（decomposer）は，有機性廃棄物を無機物に分解する. その栄養の一部は環境中に放出され，生産者はそれを自分の栄養として利用する.

　大気中には窒素が豊富に存在しているが，真核生物は気体の窒素を利用することができない. すべての生物のなかで細菌のみが**窒素固定**（nitrogen fixation）を行うことができる. シアノバクテリアも，植物や光合成原生生物が利用できる形で窒素固定を行う細菌である. 窒素固定では，水素と窒素ガス N_2 から得た窒素原子を結合させることによりアンモニア NH_3 をつくる. 植物やその他の光合成原生生物はアンモニアを取入れ，それを使ってアミノ酸のような重要な分子を合成する.

　Rhizobium 属の窒素固定細菌は農業にとって重要である. この窒素固定細菌は，エンドウやインゲンなどのマメ科植物の根の根粒中で繁殖し，植物に窒素源としてアンモニアを供給する代わりに，根の中に住み着き，植物から糖質をもらう，という共生関係を築いている.

　細菌は，科学研究や産業利用の目的でしばしば利用される. 最もよく研究され，広く使用されている原核生物は，通常哺乳類の腸に生息する大腸菌 *Escherichia coli* である. 大腸菌を利用した研究に対して，12 以上のノーベル賞が授与されている. 大腸菌は，産業目的でも広く利用されている. 組換え大腸菌は，現在，医療用のホルモンや，その他のタンパク質の製造にも利用されている. ザワークラウトやヨーグルトなどの食品には，発酵反応を起こす細菌が使われている（図 14・13）.

図 14・13　乳酸発酵を行う乳酸菌

細菌とヒトの健康

　病気をひき起こさずにヒトの体で生活する微生物をまとめて，常在微生物相とよぶ．皮膚や体内にいる常在微生物相は，病原体からわれわれを守っている．たとえば，乳酸生産菌は，病原体が生育できないような低いpHに保つことで，膣内を守っている．

　腸内では，有益な細菌が体内で合成できないビタミンを合成し，食物に含まれる有毒な化合物を分解する．また，腸の常在微生物相は，植物の炭水化物を分解し，短鎖脂肪酸を生成して腸細胞に栄養を供給し，結腸がんの成長を抑制し，免疫機能を促進するなど，体中の代謝によい影響を与えている．

　一方，細菌は多くの病気の原因となる（表14・1）．病原性の細菌はヒトにとって有害な化合物を生成する．このような化合物は，細菌から体外に放出されるものか，細菌の細胞壁成分である．

　細菌による病気のいくつかは感染症である．百日咳，結核，性感染症などがその例である．細菌による病気には動物によって拡散するものもある．たとえば，ライム病の病原菌はダニによって広がる．病原菌は汚染した食物や水（コレラ菌など）や，傷口（破傷風菌など）からも体内に侵入する．

　破傷風や炭疽などをもたらす土壌細菌は，**内生胞子**（endospore）という，きわめて耐久性の高い構造を形成する．芽胞は厚い保護膜に守られた脱水状態の細菌細胞であり，熱や凍結，乾燥に耐えることができる．芽胞が体内に入って再活性化すると，病気をひき起こす．

表 14・1　細菌病

病　気	説　明
百日咳	子供の呼吸系の病気
結　核	呼吸系の病気
膿痂疹（とびひ）	発疹，皮膚の痛み
連鎖球菌性咽頭炎	咽頭の痛み，心臓病をもたらすこともある
コレラ	下痢を伴う病気
梅　毒	性感染症
淋　病	性感染症
クラミジア	性感染症
ライム病	発疹，インフルエンザのような症状，ダニによる感染
ボツリヌス中毒症	細菌毒素による筋麻痺

抗 生 物 質

　1940年代以前は，細菌性疾患の効果的な治療法はなかったが，現在，多くの細菌感染は**抗生物質**（antibiot-ic）で抑えることができる．抗生物質の一つであるペニシリンは，土壌に生息する真菌，ペニシリウム属*Penicillium*から発見された．ペニシリンは，細胞壁の合成を阻害する．また，テトラサイクリンやストレプトマイシンなどの抗生物質は，細菌のリボソーム活性を阻害することで細菌を死滅させるが，リボソームの構造が異なる真核生物には影響がない．§13・1で述べたように，抗生物質の乱用により，遺伝子の変異によって，抗生物質耐性株が生まれてくることも知られている．

アーキア

　アーキアと細菌は，多くの点で異なる．アーキアの細胞壁にはペプチドグリカンがなく，細菌にはない細胞膜の脂質成分をもつ．アーキアは真核生物同様にヒストンタンパク質をもち，DNAがその周囲に存在するが，細菌はヒストンをもっていない．

　アーキアは原始地球と同様の厳しい環境下でも生きることができる．あるアーキアは極端な**好熱性**（thermophile）を示し，非常に高温の場所で生息している．たとえば，深海の熱水噴出孔付近の熱水中や，ある熱水の池の中などで見つかっている．

　また，あるアーキアは極端な**好塩性**（halophile）を示し，高塩濃度の水中で生活している．

　さらに，メタンを生産する**メタン細菌**（methanogen）もいる．この化学合成独立栄養生物は，代謝反応の副産物としてメタンガスを放出する．メタン細菌は酸素に対して抵抗性がなく，沼地の堆積物中や，シロアリやヒト，ウシを含めた多くの動物の消化器中で生息している．

　アーキアの多様性について調査が進んでくると，アーキアは極端な環境だけでなく，細菌と一緒に，ほぼどこにでも生息していることがわかってきた．いまのところ，ヒトの健康に重大な脅威をもたらすようなアーキアは見つかっていないが，アーキアのなかには，口の中にすみ，歯周病を促進する恐れのあるものがいる．

14・5　真核生物の起原

真核生物と原核生物の共通点

　約18億年前の真核生物の化石が見つかっている．この年代は，遺伝学的な研究により真核生物が誕生したとされる17〜19億年前と一致するので，真核生物の共通祖先は，およそ18億年前に誕生したと考えられる．

　真核生物のDNA複製，転写，翻訳に関する遺伝子は，あるアーキアのものと類似している．一方，エネルギー代謝や膜形成にかかわる遺伝子は，細菌のものと類

似している．DNA 塩基配列の比較などにより，真核生物は，アーキアと細菌の両方を祖先とすると考えられている．

核 の 起 原

真核生物の特徴は，なんといっても，核をもつことである．おそらく，アーキアの祖先が，細胞膜を取込み（図 14・14），さらに，この内膜に DNA が取込まれることで，核膜へと進化したと考えられる ❶．DNA を取込まなかった内膜は，細胞内膜系へと進化していった ❷．

細 胞 内 共 生 説

真核生物のいくつかの細胞小器官は，細菌由来であると考えられている．ミトコンドリアや葉緑体の構造と遺伝物質は細菌のものとの類似性が高く，これらの細胞小器官は **細胞内共生**（endosymbiosis）によって進化したと考えられている．つまり，ある細胞が他の細胞に入り込み，その中で増殖したということである ❸．内部共生体は，細胞が分裂するときに娘細胞に分配される．

ミトコンドリアは，現在の好気性従属栄養細菌との類

似性が高いので，このような細菌と共通の祖先をもつと考えられる．おそらく，この細菌が真核生物の細胞に侵入したか，取込まれて，その細胞内で生活を始めた．しだいに細菌は宿主の真核細胞からいろいろな生体物質をもらうようになり，真核生物は，細菌が生み出す ATP を利用するようになった ❹．

同様に，葉緑体の遺伝子は，現在の酸素発生型光合成細菌の遺伝子に類似しており，葉緑体はその細菌の近縁種の細胞内共生により進化したと考えられている ❺．細菌は宿主に糖質を供給し，宿主から住環境と二酸化炭素の供給を受けている．ミトコンドリアと葉緑体は，図 14・14 に示すように，順番に，細胞に取込まれたと考えられる．

14・6　原 生 生 物

真核生物の中で，真菌類でも植物でも動物でもないものを **原生生物**（protist）という．原生生物はそれを定義する形質をもたないので，しっかりしたグループ（クレード）というよりは，種々の系統の集合体である．いくつかの原生生物群は，他の原生生物よりむしろ真菌類，植物，あるいは動物に近縁である（図 14・15）．

大部分の原生生物は，単細胞生物である．しかしコロニーを形成する原生生物も存在し，多細胞性は異なるい

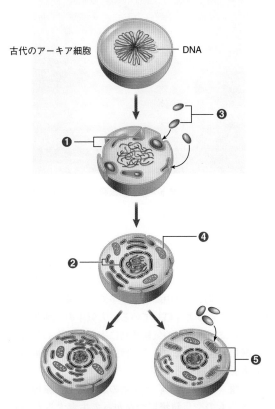

図 14・14　**真核生物の細胞小器官の進化**．核膜と内膜系の要素は細胞膜の陥入によって生じた．ミトコンドリアと葉緑体は細菌の細胞内共生から進化した．

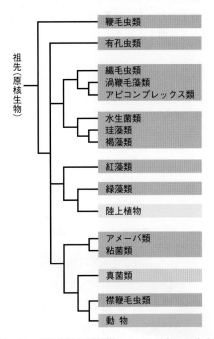

図 14・15　**真核生物の系統樹**．オレンジ色は原生生物を示す．

くつかの系統で独立に進化した．コロニー原生生物の細胞はひと塊で生活し，統一のとれた行動を示すが，独自性も維持している．これとは対照的に，**多細胞生物**（multicellular organism）の細胞は，役割分担をしていて，生存のために相互依存している．多細胞生物では，配偶子は特殊化した細胞からのみつくられる．原生生物も真核生物であるから，配偶子は減数分裂によって形成される．

細 胞 の 構 造

すべての原生生物は核をもつ．また，ほとんどの原生生物は，小胞体（ER）やゴルジ体などの標準的な真核生物の細胞小器官をもっている．ほとんどすべての原生生物は，少なくとも一つのミトコンドリア，または嫌気性エネルギー生産を行う改変型ミトコンドリアをもつ．

淡水性の単細胞原生生物であるユーグレナ（ミドリムシともいう）*Euglena* の細胞構造を図 14・16 に示す．ユーグレナの細胞質は淡水よりも塩分が多いため，浸透圧によって水が細胞内に侵入しやすいので，細胞の破裂を防ぐために**収縮胞**（contractile vacuole）をもつ．過剰な水は収縮胞内に集められ，その後，収縮胞が収縮し，細い穴を通じて，体外に排出される．光合成を行うユーグレナは，緑藻から進化した葉緑体をもつ．ユーグレナは眼点で光を検出し，鞭毛を使って明るい場所に移動する．原生動物のなかで，鞭毛で移動する原生生物を総称して鞭毛虫という．繊毛や仮足とよばれる細胞質の薄膜によって移動する原生生物もいる．

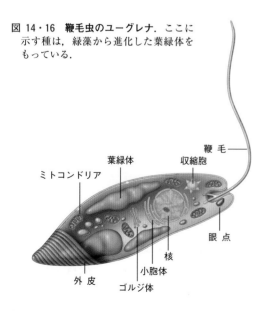

図 14・16　**鞭毛虫のユーグレナ**．ここに示す種は，緑藻から進化した葉緑体をもっている．

葉緑体　鞭 毛　収縮胞　ミトコンドリア　眼 点　核　小胞体　外 皮　ゴルジ体

自由生活性水生生物

ほとんどの原生生物は，水生生物である．原生生物は，代表的な**プランクトン**（plankton）であり，植物性プランクトン（光合成による生産者）と，動物性プランクトン（消費者）との両方が知られている．原生生物は湖底や海底の堆積物中でも，多数生活しており，捕食者としても，分解者としても，湖底の生態系維持にかかわっている．

有孔虫類（foraminiferan）は炭酸カルシウムを含む殻を形成する単細胞の捕食者である．糸状の構造体が細胞から細長く突き出している．ほとんどの有孔虫類は海底で生息しており，水中や沈殿物から餌を見つける．また，あるものは，海生プランクトンであり，ほとんどは顕微鏡サイズの微小生物で，海中を漂ったり泳いだりしている．プランクトンの有孔虫類のなかには細胞質内に光合成をする原生生物を細胞内共生させているものもいる（図 14・17）．カルシウムに富んだ有孔虫類の死骸や，他の炭酸カルシウムの殻をもつ原生生物の死骸が，長い間海底に堆積して，石灰岩やチョークになった．

200 μm

図 14・17　**プランクトンの有孔虫類**．金の粒子は細胞質突起に共生する藻類．

現代の有孔虫は，地球規模の炭素循環においても，重要な役割を果たしている．有孔虫は海水から二酸化炭素を吸収し殻に取込むことで，海洋の二酸化炭素濃度を下げ，その結果，大気中からより多くの二酸化炭素を海水中に吸収できるようにしている．大気中の二酸化炭素濃度の上昇は地球規模の気候変動に寄与するため，大気から二酸化炭素を除去することは，地球温暖化対策のためにも重要な課題である．

珪藻類（diatom）は，ケイ素の殻をもち，単細胞として生きるものや，鎖状につながって生育するものもいる，運動性のない光合成原生生物である．多くの珪藻類は海や湖沼の表面近くに浮いているが，湿った土壌中な

どで生育するものもいる．ケイ素でできた二つの殻をもち，箱と蓋のように，その二つはピッタリとはまる（図14・18）．珪藻は，近縁の多細胞褐藻と同様に，葉緑体に，茶色がかった補助色素をもつ．

図 14・18　珪藻類．葉緑体が殻を通して見えている．

珪藻細胞には，大量の油分が含まれており，エネルギーの貯蔵庫としても機能する．油が水に浮くように，この油分のおかげで，水面に浮くことができ，太陽光を十分に浴びることができる．海生の珪藻類は何百万年もの間，海の中で生きてきたので，その死骸は海底に堆積し続けてきた．珪藻油の堆積物の一部は石油になり，われわれは，そこからガソリンを生産している．また，ケイ素が豊富に含まれる珪藻土は，フィルターやクリーナー，脊椎動物に無害な殺虫剤としても利用されている．

渦鞭毛藻類（dinoflagellate）という名前は，"回転する鞭毛"をもつ藻類という意味である．これらの単細胞原生生物は一般に2本の鞭毛をもっており，1本は細胞の先端にあり，もう1本は中央部の溝のまわりにベルトのように巻きついている（図14・19）．2本の鞭毛が協調して運動することで回転しながら前進する．大部分の渦鞭毛藻類は海産プランクトンで，とくに温帯に多い．熱帯の海では，渦鞭毛藻類のあるものはATPのエネルギーを光に変換して**生物発光**（bioluminescence）するものもいる．

光合成を行う渦鞭毛藻類には，無脊椎動物である造礁サンゴのなかで生育するものもいる．このような渦鞭毛

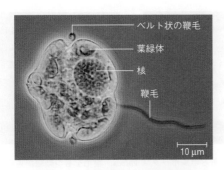

ベルト状の鞭毛
葉緑体
核
鞭毛
10 μm

図 14・19　光合成を行う渦鞭毛藻類

藻は，光合成により得られた糖質と，サンゴの好気性呼吸に必要な酸素を，サンゴに供給している．一方，サンゴは，原生生物に，光合成に必要な栄養素，生育場所および二酸化炭素を供給する．この二者のバランスは，造礁サンゴの生育に必須である．

繊毛虫類（ciliate）は細胞壁をもたない単細胞原生生物で，繊毛を使って移動し，摂食する．海水中，淡水中のどちらにおいても捕食者である．細菌や藻類を食べたり，互いを餌とするものもいる．ゾウリムシ*Paramecium*は，池でよくみられる淡水繊毛虫である（図14・20）．ゾウリムシは，表面全体を覆う繊毛によって細菌や藻類などの食べ物を細胞口に運び酵素を含む食胞で消化する．

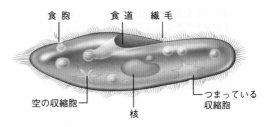

食胞　　食道　繊毛

空の収縮胞　　核　　つまっている収縮胞

図 14・20　淡水性の繊毛虫類，ゾウリムシ *Paramecium*

アメーバ類（amoeba）は，細胞壁をもたず，絶えず形を変える細胞である．仮足（§3・6）とよばれる細胞質の突起を伸ばして移動する．アメーバは淡水の湖底でも海底でも，一般的な水生底生生物である．*Amoeba proteus*（図14・21）は，酸素濃度が高い池や小川の底で，細菌や小さな原生生物を餌として生活している．アメーバには，動物の体内で生活するものもいる．

図 14・21　淡水性のアメーバ類 *Amoeba proteus*

藻　類

湖や海に生息する，おもに多細胞の光合成原生生物の系統のことを**藻類**（algae）とよぶ．ここでは，褐藻，紅藻，緑藻の三つの分類群を紹介する．

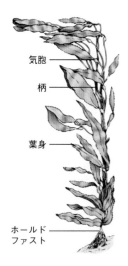

気胞

柄

葉身

ホールド
ファスト

図 14・22　褐藻類の
ジャイアントケルプ

褐藻類（brown algae）は多細胞生物の光合成原生生物で，温帯や寒冷帯の海中で生活している．前述のように，褐藻は珪藻の近縁種である．顕微鏡サイズのような小さなものから，30 m にもなるジャイアントケルプ（巨大昆布）までそのサイズもさまざまである（図 14・22）．珪藻のように，葉緑体には補助色素があり，茶色に見える．

太平洋の北西部では，ジャイアントケルプの森ができるほど繁栄している．森の木のように，ケルプは種々の生物の隠れ家としても利用されている．

褐藻類は商業的にも利用されている．褐藻類の細胞壁に含まれるアルギン酸からはアルギンが生成される．アルギンはアイスクリームやプリン，歯磨き粉などの増粘剤，乳化剤，懸濁剤の材料になる．

紅藻類（red algae），**緑藻類**（green algae），および陸上植物は，さまざまな共通の特徴をもつことから，お互いに，密接にかかわりあいながら進化してきたと考えられる．紅藻類と緑藻類は，シアノバクテリアの子孫である葉緑体をもつ，共通の原生生物から進化したと考えられている．紅藻類と緑藻類が分岐した後，緑藻類から陸上植物が進化した．

紅藻類には，単細胞のものもいるが，ほとんどは多細胞であり，熱帯の海で生活している．一般に枝分かれが多いのが特徴であるが，薄い層構造をとるものもいる（図 14・23）．サンゴモは炭酸カルシウムからなる細胞壁をもち，熱帯サンゴ礁の一部を形成している．紅藻類はフィコビリン（phycobilin）とよばれる色素をもつた

め，赤や黒っぽい色をしている．この色素は青から緑の波長を吸収することができ，赤色系の波長の届きにくい深海で生育するのに適応しているので，紅藻類は，他の藻類よりもより深海で生育できる．

図 14・23　紅藻類

紅藻類は，多くの産業で利用されている．お寿司にかかせない海苔は，商業的に栽培されている代表的な紅藻である．寒天は紅藻の細胞壁から抽出される製品で，焼き菓子や化粧品の保湿など幅広い用途に使われている．

緑藻類は単細胞のもの，コロニーを形成するもの，多細胞性のものなどさまざまである（図 14・24）．ほとんどの緑藻類は淡水中で生活しているが，海水性のもの，土壌や木などの表面に生えるもの，さらに真菌類と一緒に地衣を形成するものもある．

単細胞藻類のクロレラ *Chlorella*（図 14・24 a）は，世界中の池や湖でよくみられる．また，商業的にも栽培されており，乾燥品は，栄養補助食品として販売されている．クロレラは，油分が多く，栽培も容易なため，バイオ燃料生産の有望な候補でもある．1960 年代，カルビン（Melvin Calvin）は，クロレラを用いた，カルビン-ベンソン回路に関する研究により，ノーベル賞を受賞した．

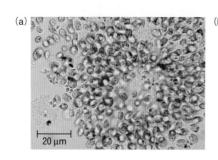

(a)

20 μm

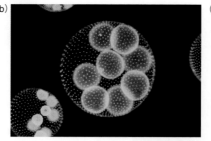

(b)

(c)

図 14・24　**緑藻類**．（a）単細胞クロレラ *Chlorella*．（b）淡水性の緑藻であるボルボックス *Volvox*．鞭毛をもつ細胞が集合して一つの球体状コロニーを形成する．（c）アオサ属 *Ulva* の緑藻．多細胞性の海生緑藻類．

　ボルボックス *Volvox* はコロニーをつくる淡水性の緑藻である．数百から数千の鞭毛細胞が細長い細胞質でお互い結合し，球状のコロニーを形成する（図 14・24b）．娘細胞のコロニーは親の球の内部で成長し，最終的には親の球が破裂して娘細胞のコロニーは放出される．

　また，世界中の沿岸の岩には，緑藻のアオサ *Ulva* が，シート状に付着している（図 14・24c）．そのシートの厚さは 40µm 未満であるが，ときには，ヒトの腕より長くなるほど大きく成長する．

人体中の原生生物

　人体の微生物相のなかで，種数，および細胞数，ともに最大のものは，細菌である．一方で，多様な原生生物もヒトに感染する．厚い保護壁に包まれた休眠細胞である原生生物のシスト（cyst）は，排泄物にも含まれており，飲料水を介して，感染が拡大する．

　人体中で最も一般的な原生生物は，珪藻と褐藻に近い，単細胞性非光合成生物であるブラストシスチス *Blastocystis* である．ブラストシスチスが病原性であるかどうかは，いまだによくわかっていないが，人間の腸に感染することが知られている．ほとんどの感染者は症状を示さないが，けいれんや，痛み，血性下痢症状をひき起こす場合がある．しかし，このような症状がブラストシスチスの特定の菌株に起因するのか，それとも他の原因に起因するのかはまだよくわかっていない．繊毛虫の大腸バランチジウム *Balantidium coli* または赤痢アメーバ *Entamoeba histolytica* がヒトの腸に感染した場合にも，同様の症状がみられる．

　鞭毛のある原生動物は，単細胞であり，1本または複数の鞭毛をもつ．鞭毛をもつさまざまな原生動物がヒトに病気をひき起こす．ランブル鞭毛虫 *Giardia lamblia* は，ヒトや，他の哺乳類の腸内膜に付着し，栄養素を吸い取る（図 14・25a）．腸に感染する，他の原生生物の病原体と同様に，けいれん，吐き気，および下痢をひき起こす．下痢により，感染者はランブル鞭毛虫のシストを排泄する．

　トリコモナス *Trichomonas* とよばれる鞭毛虫類は，性感染症であるトリコモナス症をひき起こす．現在，米国で推定 370 万人がトリコモナス症に罹患している．適切な治療を行わないと，尿路が損傷し，不妊症をひき起こし，HIV（ヒト免疫不全ウイルス）感染症のリスクを高めることとなる．

　トリパノソーマ *Trypanosoma* は，ヒレのような膜で囲まれた鞭毛をもつ，鞭毛虫類である（図 14・25b）．トリパノソーマは，虫によって媒介され，シャーガス病をひき起こす．適切な治療を行わないと，心臓や他の臓

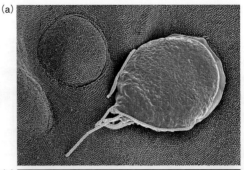

ヒレのような膜で囲まれた鞭毛

赤血球細胞

図 14・25　**ヒトにも寄生する鞭毛をもつ原生動物.**（a）腸壁に付着しているランブル鞭毛虫 *Giardia lamblia.*（b）ヒトの赤血球に付着するトリパノソーマ *Trypanosoma*

器に影響が出る場合がある．世界で約 800 万人が感染しているが，そのほとんどは，中南米である．また，あるトリパノソーマは脳に悪影響を及ぼし，アフリカ睡眠病をひき起こす．適切な治療を行わないと，命を落とすことになる．

アピコンプレックス類とマラリア

　アピコンプレックス類（apicomplexa）は寄生性原生生物で，その生活環の中で宿主の細胞内に寄生するという特徴をもつ．アピコンプレックスという名前は，宿主細胞に侵入する際に必要な細胞頂端内の複雑な微小管構造に由来する．ほとんどの種で，生活環は複雑で複数の宿主をもち，形態を変えることもしばしばである．

　最もよく研究されているのは，マラリアをひき起こすマラリア原虫 *Plasmodium* である（図 14・26）．すべての原生生物による病気の中で，マラリアの死者数が最も多い．ハマダラカ *Anopheles* の雌がヒトを刺すと，唾液中の感染型原虫であるスポロゾイトがヒトに感染する❶．その後スポロゾイトは肝臓に移動し，無性増殖し，メロゾイトになる❷．メロゾイトは，赤血球に感染し，赤血球内で無性増殖する❸．赤血球に感染した一部の

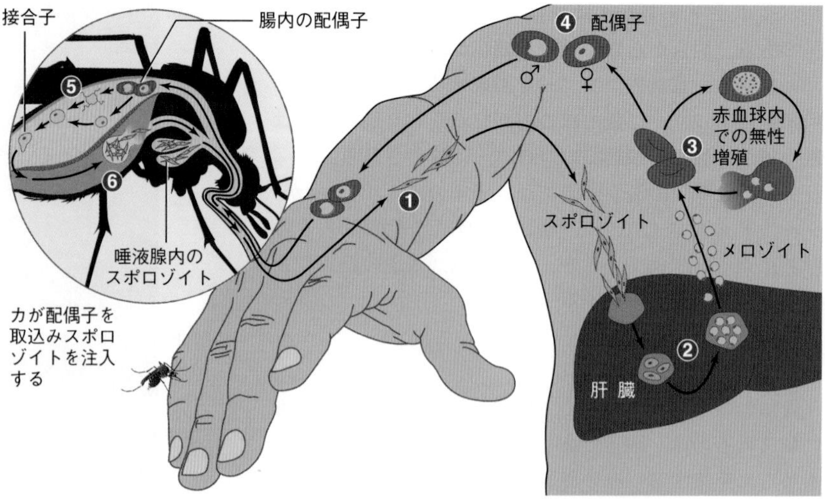

メロゾイトは未成熟な配偶子へと分化する ❹.

　マラリア原虫に感染したヒトが，ハマダラカに刺されると，配偶子を含む赤血球はハマダラカの腸内へと移動し，そこで配偶子が成熟し，接合して接合子になる ❺. 接合子は新しいスポロゾイトへと分化し，ハマダラカの唾液腺へと移動し，次の宿主感染に備える ❻.

　ヒトがハマダラカに刺された場合，1〜2週間後にその肝細胞が破裂し，メロゾイト細胞の破片が血中に放出され，マラリアを発症する．震え，悪寒，灼熱感，発汗が起こる．初期症状の後，症状は数週間または数カ月で治まることがある．発症中は，肝臓，ひ臓，腎臓，および脳に悪影響が出る．適切な治療を行わないと，ほとんどの場合，死に至る．毎年，約50万人がマラリアで亡くなるが，そのほとんどの症例はアフリカで報告されている．

粘菌類

　粘菌類（slime mold）は，すべて陸地に生息しているという点で，原生生物の中では特別である．粘菌は，温帯林の林床でよくみられる．粘菌はアメーバに近縁なグループで，"社会性アメーバ"とよばれることもあり，細胞性粘菌と変形体粘菌の2種類が存在する．

　細胞性粘菌類（cellular slime mold）はそれぞれ単独のアメーバ細胞として生活環の大半を過ごす（図14・27）．よく研究されているキイロタマホコリカビ *Dictyostelium discoideum* は，細菌を餌とし，体細胞分裂により増殖する ❶. 餌がなくなると数千もの細胞が集合する ❷. しばしば"ナメクジ体"を形成する．このナメクジ体は，光や熱に反応して移動することもできる ❸. ナメクジ体からは子実体が形成される ❹. 柄が伸び，柄の先端に胞子が形成される．胞子の発芽により，二倍体のアメーバ細胞が生まれ，新たな生活環を開始する ❺.

　変形菌類（plasmodial slime mold）はその生活環のほとんどを，プラスモジウムという多核体として過ごす（図14・28）．通常，数センチメートルほどの大きさで，十分肉眼で観察できる．しかし，それは，数百もの核を

もつ巨大な一つの細胞である．二倍体の細胞が，有糸分裂による核分裂を繰返し起こすにもかかわらず，細胞質分裂が起きないために，多核のプラスモジウムが形成される．そのプラスモジウムは，林床をはうように移動しながら，細菌を餌として摂取し，大きくなる．場合によっては，大きめのお皿程度の大きさにまで広がる．餌が少なくなると胞子をもつ構造体や子実体を形成する．その後，胞子が形成され，まわりに飛散し，胞子が発芽して，増殖を繰返す．

図 14・26　マラリアをひき起こすマラリア原虫の生活環

接合子／腸内の配偶子／❺／❻／唾液腺内のスポロゾイト／カが配偶子を取込みスポロゾイトを注入する／❹ 配偶子／❶／❷／❸／赤血球内での無性増殖／スポロゾイト／メロゾイト／肝臓

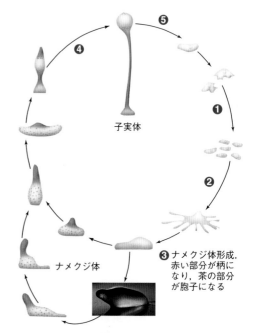

❺／子実体／❹／❶／❷／❸ ナメクジ体形成. 赤い部分が柄になり，茶の部分が胞子になる／ナメクジ体

図 14・27　**細胞性粘菌類** *Dictyostelium discoideum* の生活環

図 14・28　樹皮の上を移動している変形菌類．この多核体のプラスモジウムは時速 1 mm で移動しながら，食物を取込んでいる．プラスモジウムは移動時に粘液を残し，後刻同じ場所に遭遇すると方向を変える．つまりプラスモジウムは自分の足跡を"記憶"している．

動物に近縁な原生生物

　襟鞭毛虫類（choanoflagellate）は，原生生物のなかで最も動物に近い水生従属栄養生物である．このことから，襟鞭毛虫類と動物は，共通の単細胞の祖先を共有していると推論されている．

　襟鞭毛虫類は，その名のとおり，鞭毛の周囲にアクチンタンパク質で強化されたフィラメント状の襟をもっている（図 14・29a）．鞭毛を動かすと，フィラメント状の襟にそった水の流れが起こる．小さな餌が襟の中に捕

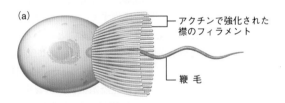

図 14・29　動物に最も近縁の原生生物，襟鞭毛虫類．（a）単独生活の襟鞭毛虫．（b）コロニーを形成する襟鞭毛虫．

択されると，仮足を延ばして餌を捕獲し，体内で消化する．§15・3 で紹介するように，海綿動物も襟鞭毛虫類と似た摂食行動をとる．

　襟鞭毛虫類は，多くの場合単細胞で生活しているが，コロニーをつくることもある（図 14・29b）．襟鞭毛虫類は，動物の細胞接着分子と類似した分子をもっていて，細胞分裂後に娘細胞同士がこれらの分子により結合し，動物の多細胞体のようなコロニーを形成する．

14・7　ウイルス

　ウイルス（virus）は細胞ではないが，ヒトの微生物相の一部と見なされている．ウイルスは，生細胞内でのみ増殖できる，非細胞の感染性粒子である．このことから，ウイルスが細胞から進化した可能性が示唆されている．また，ウイルスは細胞の誕生以前から存在したものの生き残りである可能性も考えられている．

　ウイルスはすべての生物の細胞に感染しうる．ウイルスは，宿主の健康や繁殖能力に影響を与えることが多いため，生物圏全体の種間の生態学的相互作用に影響を及ぼしている．

ウイルスの構造と複製

　細胞に感染していないウイルス粒子はタンパク質外被（キャプシド capsid）で覆われたゲノムをもち，そのゲノムは一本鎖か二本鎖の RNA あるいは DNA である．ウイルスの外被は多くのタンパク質サブユニットが整然とつながった繰返し構造をつくり，らせん状の鞘状構造（図 14・30a），あるいは多くの側鎖をもつ多面体構造をとる（図 14・30b）．外被は，ウイルスの遺伝物質を保護し，固有の宿主細胞に侵入するために利用されている．すべてのウイルスは外被特異的な宿主細胞の膜タンパク質を認識し結合する．また，外被には，宿主細胞内で機能するような酵素が含まれる場合もある．

　動物に感染する多くのウイルスの外被タンパク質は，感染した細胞の細胞膜でできた**ウイルスエンベロープ**（viral envelope）の中に収納されている（図 14・30c）．そのエンベロープはウイルス粒子が形成される宿主細胞由来のものである．

　ウイルスは，宿主特異的に感染し，宿主細胞内で複製するために，特徴的な構造をとる．ウイルスの複製方式の詳細は，その種類によりそれぞれ異なっているが，おおまかにいって，次のような段階からなる．ウイルスは，まず最初に宿主の細胞膜に存在する特定のタンパク質を認識し，結合する．ついで，遺伝情報物質が細胞内に侵入する．

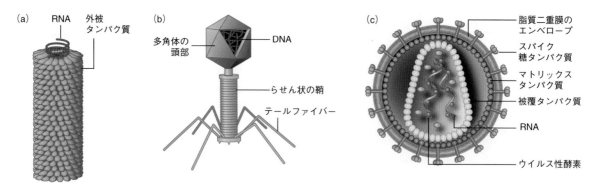

図 14・30　ウイルスの構造. (a) タバコモザイクウイルス．らせん状のウイルスで，タバコやその近縁種に感染する．(b) バクテリオファージ．細菌に感染するウイルスで多面体の頭部に DNA ゲノムを収納している．(c) HIV（ヒト免疫不全ウイルス）．エンベロープ型の RNA ウイルス．エンベロープは宿主細胞由来である．

　ウイルスは，宿主細胞にウイルスの DNA や RNA を複製させたり，ウイルスの構造タンパク質を合成させる．これらのウイルス本体の部品が合成されると，自己集合により，新しいウイルス粒子ができる．宿主細胞内で増殖した新しいウイルスは，宿主細胞から出芽したり，あるいは宿主細胞を破壊して，外に飛び出す．

HIV，エイズウイルス

　HIV（ヒト免疫不全ウイルス human immunodeficiency virus）は RNA ウイルスであり，ヒトの白血球細胞の内部で増殖する（図 14・31）．HIV の感染は，最初に，エンベロープから突出している糖タンパク質が白血球細胞表面のタンパク質に結合することで始まる **❶**．次に，ウイルスエンベロープが細胞膜に融合し，ウイルスの酵素と RNA を細胞内に注入する **❷**．

　注入された逆転写酵素は，やはり注入されたウイルスのゲノム RNA をもとに，二本鎖 DNA を合成する **❸**．ウイルス DNA は宿主細胞核に入り，宿主の染色体に挿入される．ウイルスの酵素はこの過程も制御している **❹**．宿主ゲノムに挿入されたウイルス DNA は宿主ゲノムとともに複製・転写される **❺**．その結果生じる RNA の一部からは HIV の構造タンパク質が翻訳され **❻**，また，別の一部の RNA は，HIV ゲノムとして新しいウイルス粒子に組込まれる **❼**．これらのウイルス粒子は細胞膜で自己集合し **❽**，その細胞膜をエンベロープとして取込み，細胞外へと出芽する **❾**．出芽したそれぞれのウイルスは，他の白血球細胞に感染する．感染細胞が分裂するたびに，新たに感染細胞が増加することになる．エイズ（後天性免疫不全症候群 acquired immunodeficiency syndrome: AIDS）は，HIV が免疫系細胞に影響を与えた結果発症する病気である．この影響については 20 章で詳しく説明する．

　HIV に対する薬は，ウイルスの複製を阻害するものである．HIV が宿主細胞に結合するのを防ぐ薬が知られている．また，逆転写酵素の阻害剤として機能する薬や自己集合を阻害する薬もある．これらの抗ウイルス薬は HIV の数を減少させ，保因者の健康を保つとともに，感染のリスクを低下させる．

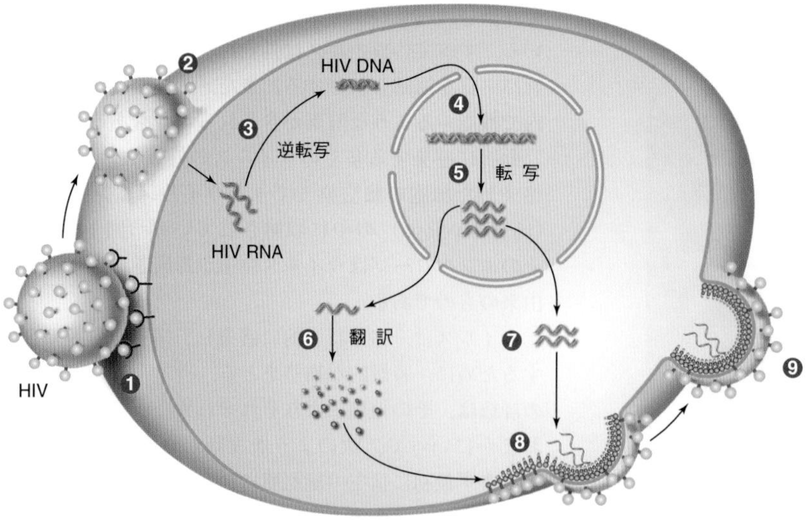

図 14・31　エイズをひき起こす HIV の増殖過程

バクテリオファージ

バクテリオファージ（bacteriophage）はファージともよばれ，最も古いウイルスの系統である．エンベロープはもたず，細菌に感染する．遺伝物質がDNAであることを証明したハーシーとチェイスの実験材料は，ラムダファージとよばれるバクテリオファージであった（§7・2）．ラムダファージは複雑な構造をしている．頭部は多角形の外被タンパク質をもち，そのなかにDNAが収納されている．中空のらせん形の"尾"が頭部からのびている．

バクテリオファージには，2種類の増殖過程がある．どちらもバクテリオファージが細菌に結合してDNAを注入することから始まる（図14・32）．**溶菌生活環**（lytic pathway）では，ウイルス遺伝子が直ちに発現する．宿主細胞はウイルスの構成要素を産生し，それらが自己集合してウイルス粒子が複製される．ついで，ウイルス粒子が細胞外へ拡散するために必要な，宿主細胞壁を溶解（lysis）させるための酵素も合成される．

溶原生活環（lysogenic pathway）では，ウイルスDNAが宿主のゲノムDNAに組込まれ，ウイルス遺伝子はすぐには発現しないので，細胞は健康である．細胞分裂時にはウイルスDNAが宿主ゲノムと一緒に複製され，宿主細胞のすべての子孫に分配される．ウイルスDNAは溶菌生活環に入るべき環境変化が起こるまで，時限爆弾のように潜んでいる．

溶菌生活環のみでしか増殖できないファージもいるが，そのようなファージでは，増殖の際，必ず宿主細胞を殺してしまうので，細菌の世代を超えて生き残ることはない．溶菌生活環と溶原生活環の両方を利用して増殖するファージは，宿主細胞の状態に応じて，増殖サイクルを変更している．

ウイルスとヒトの健康

ある種のウイルスはヒトの健康に有益である．たとえば，われわれの気道や消化管の上皮を覆う粘液中にいるバクテリオファージは，細菌性の病原体が感染することを阻止してくれる．他のウイルスはそれ自体が病原体である．それによる病気のほとんどは，症状が弱く，まもなく治癒する．たとえば，ライノウイルスは上部気道の粘膜に感染して普通のかぜをひき起こす．感染は，免疫系がウイルスに感染した細胞を除去すると収束する．いくつかのウイルス性の病気はもう少し長期に及ぶ．たとえば，単純ヘルペスウイルスに最初に感染すると，長期にわたって体に潜み，周期的に症状をひき起こす．このウイルスは，子供に水痘をひき起こし，大人には帯状疱疹をひき起こす．別の単純ヘルペスウイルスは，外性器ヘルペスや口唇ヘルペスを繰返しもたらす．

いくつかのウイルスはがんの原因となる．ヒトパピローマウイルス（human papillomavirus: HPV）のいくつかの株は，子宮頸部，ペニス，肛門，あるいは口にがんをつくらせる．肝炎ウイルスの感染は，肝臓がんの危険性を高める．

新興感染症

新興感染症は，近年発見された病気，または，現在広がりつつあるような病気のことである．

エイズは，HIVによってひき起こされる新たなウイルス性疾患である．このウイルスは1981年に特定されたが，おそらくは，1900年代初頭には，ヒトに感染し，発症するようになっていたと考えられる．HIVは，アフリカの霊長類に感染するウイルスであるSIVから進化した．SIVがヒト宿主に侵入した後，変異してHIVになった．現在ではHIV感染の主要な経路は性交渉であ

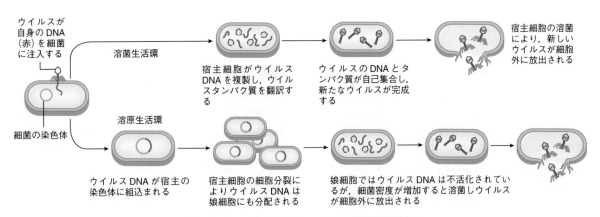

図 14・32　バクテリオファージの2種類の増殖形態

る．

エボラ出血熱は，1976 年にアフリカで最初に発見された．この病気は，エンベロープ型 RNA ウイルスによってひき起こされる．最初に，インフルエンザのような症状が現れ，その後，発疹，嘔吐や下痢に加え，体中から出血する．体液に触れると感染し，感染者の約半数が死亡する．最近まで，エボラ出血熱はアフリカの限られた地域でのみ発生し，500 人未満程度が感染する病気であった．しかし，2013 年にギニアで発生したエボラ出血熱は，2016 年に終息するまでに 11,000 人以上が死亡した．その後も，散発的にアフリカで発生している．

ジカウイルスはカ媒介性の RNA ウイルスであり，性感染することもある．1950 年代にアフリカで発見されて以来，おもに熱帯または亜熱帯の 90 か国で報告されている．多くの場合，ジカ熱は，軽度のインフルエンザのような症状をひき起こすが，一時的または永続的に麻痺を起こすこともある．妊娠中に感染時すると，流産や神経系の先天性欠損症のリスクを高める．2016 年には，フロリダとテキサスで，小規模ではあるが，ジカ熱の感染拡大が起こった．カの駆除により，これらの州でウイルスが排除できたため，米国でのジカ熱感染は終息した．

2019 年 12 月に中国・武漢で最初の報告がなされた新型コロナウイルス（SARS-CoV-2）による感染症（COVID-19）は，世界的なパンデミックをもたらした．2023 年 3 月における世界の感染者数は 6 億人以上，死者は 680 万人以上に上った．日本ではそれぞれ 3300 万人以上，7 万人以上であった．症状は主として呼吸器に現れ，ウイルスのタイプによっては重篤の肺炎をひき起こす．この新型コロナによる感染症は，世界経済にも大きな影響を及ぼした．一方，感染予防法として，世界で初めて mRNA ワクチンが開発・接種されたことは，免疫学や予防医学の分野ではきわめて重要なできごとであった．mRNA ワクチン開発に貢献したカリコ（Katalin Karikó）とワイスマン（Drew Weissman）は 2023 年のノーベル賞を受賞した．

ウイルスの突然変異と組換え

生物と同様に，ウイルスには変異によって変化するゲノムがある．特に，HIV やインフルエンザウイルスなどの RNA ウイルスの変異速度は速い．また，複数の種類のウイルスが同時に同じ宿主に感染すると，さまざまなウイルス遺伝子が混ぜられ，混合ゲノムができあがり，新種のウイルスが容易に誕生する（図 14・33）．これをウイルスの遺伝子再構成という．

季節性インフルエンザをひき起こすエンベロープ型

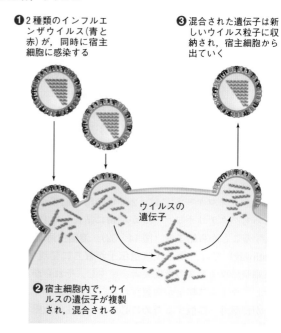

❶ 2 種類のインフルエンザウイルス（青と赤）が，同時に宿主細胞に感染する

❸ 混合された遺伝子は新しいウイルス粒子に収納され，宿主細胞から出ていく

ウイルスの遺伝子

❷ 宿主細胞内で，ウイルスの遺伝子が複製され，混合される

図 14・33 ウイルスの遺伝子再構成．宿主細胞に，インフルエンザのように類似した 2 種類のウイルスが感染した場合，ウイルスゲノムは宿主細胞内で混合，再構成され，新型ウイルスが誕生する．

RNA ウイルスであるインフルエンザウイルスについて考えてみよう．インフルエンザウイルスの進化に対応するために，毎年，新しいインフルエンザのワクチンが製造されている．インフルエンザワクチンは，次のインフルエンザシーズン中に感染拡大すると予想されるインフルエンザ株に対応できるように設計されている．しかし，インフルエンザウイルスのゲノムは刻々と変化するので，残念ながら，次の流行をひき起こすインフルエンザの型を正確に予測し，ワクチンを製造することはできない．インフルエンザの予防接種を受けていても，ワクチンがそのウイルスに対応していない場合は役に立たないのである．

14・8 真菌類の生活と多様性

酵母，カビ，キノコ

真菌類（菌類ともいう，fungus, *pl.* fungi）は，従属栄養の真核生物であり，消化酵素を食物にかけて，分解産物を吸収する．よく知られているキノコは植物のようにみえるが，真菌類はむしろ動物に近縁である．

真菌類の生活は複雑である．あるものは単細胞性であり，**酵母**（yeast）とよばれる（§6・4，図 6・7b 参照）．しかし**カビ**（mold）や**キノコ**（mushroom）は多

細胞性である．多細胞性真菌類の体は，極めて細い**菌糸**（hypha, *pl.* hyphae）から構成され，菌糸は1個または2個の核をもつ細胞からなっている．真菌類は植物の維管束系のような通道組織をもたず，栄養分は細胞間を移動する．菌糸は土中や有機物中では**菌糸体**（mycelium, *pl.* mycelia）という複雑に枝分かれした構造体を形成し，ある種のナラタケの菌糸体は世界最大の生物といわれるほど，発達している．

　真菌類（菌界）には，主要な五つの門がある．**ツボカビ類**（chytrid，鞭毛をもつ胞子を形成する，ツボカビなど），**接合菌類**（zygotes，トリモチカビなど），**グロムス類**（glomeromycetes，陸上植物の菌根を形成する），**子嚢菌類**（ascomycetes，酵母やカビ，一部のキノコ），**担子菌類**（basidiomycetes，いわゆるキノコ）である．

真菌類の生活環

　真菌類の生活環を，キノコを例として見てみよう（図14・34）．キノコはその生活環のほとんどを二核性菌糸

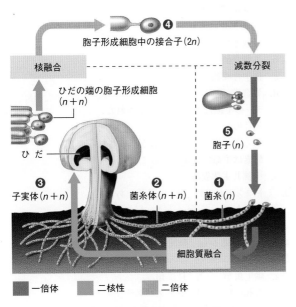

胞子形成細胞中の接合子（2n）

核融合　　　　　　　　減数分裂

ひだの端の胞子形成細胞（n+n）

ひだ

❸ 子実体（n+n）　❷ 菌糸体（n+n）　❶ 菌糸（n）

❺ 胞子（n）

細胞質融合

■ 一倍体　　■ 二核性　　■ 二倍体

図 14・34　ホウキタケの生活環．菌糸中の色のついた点は核を示す．

体（n+n）ですごす．いわゆるキノコは，生殖器官である**子実体**（fruiting body）である．一倍体（一核性）の異なる菌糸（図では核の色で区別されている）が土中で出会い，細胞融合して二核性菌糸体ができる❶．体細胞分裂により，二核性菌糸体が成長する❷．生殖を行うための環境が整うと，子実体が生成される．典型的な子実体は，柄と，裏にひだ（gill）とよばれる組織をもつ傘を分化させる❸．ひだの端で核融合が起こり，二倍体の接合子が形成される❹．二倍体世代は短く，すぐに減数分裂により胞子が形成される❺．胞子は発芽し，体細胞分裂により一倍体の菌糸が形成される．

真菌類と人間生活

　ヒトへの真菌類の感染はほとんどが体表である．多くの場合，真菌類は皮膚の表面に接着してケラチンを溶解する酵素を分泌し，ヒトはそれによってかゆみを覚える．ある種の真菌類は，常に口内や膣内に生息しているが，何らかの状況によって大増殖を起こすと，口内炎や膣炎の原因となる．また，キノコのなかには，毒を合成して，誤って食べると食中毒を起こすものもある．幻覚をひき起こすキノコもあり，麻薬のLSDはこのようなキノコから単離された化学物質である．

　一方，真菌類はヒトの食品の生産にも重要である．キノコのようにそのまま食品として利用されることもあるが，発酵食品には種々の真菌類が用いられる．パン酵母には出芽酵母 *Saccharomyces cerevisiae* の胞子が含まれている．パン生地を暖かいところに置くと，胞子が発芽し，酵母細胞になる．発酵により二酸化炭素が生成され，パン生地が膨らむ．酵母発酵は，ビール，ワイン，醤油などさまざまな飲料，調味料を作るのにも利用される．麹菌や種々のカビも，味噌，酒，漬物など多様な食品の生産に不可欠である．

　いくつかの医薬品や向神経薬は真菌類から発見された．最も有名なのはペニシリンで，アオカビ *Penicillium notatum* からフレミング（Alexander Fleming）によって発見，精製された．低血圧に効く薬や，臓器移植の拒絶反応を抑制する薬なども，真菌類から発見されている．

まとめ

14・1　非常にたくさんの微生物が，ヒトの体内や体表で生活している．このような，ヒトの体で生活している微生物

のことをまとめて，ヒトの微生物相とよぶ．微生物相のほとんどの生き物は，悪さをしないものか，ヒトにとって有益な

ものである．

14・2　模擬実験によって，原始地球における複雑な有機化合物や原始細胞の誕生過程が示唆された．また，このような過程が熱水噴出孔付近で起こったとする仮説や，生物最初のゲノムがRNAであったというRNAワールド仮説も提唱されている．

14・3　初期の生命は，嫌気性原核生物であった．ストロマトライトは最も初期の細菌の堆積物である．初期にアーキアと細菌が分岐した．シアノバクテリアのような光合成細菌の登場により，酸素が地球の大気に放出され，オゾン層が形成された．

14・4　細菌やアーキアは，無核の原核生物である．真核細胞よりもはるかに小さい．二分裂により，無性的に，同じ大きさで遺伝的に同一の二つの細胞に分裂・増殖する．有性生殖をしないが，形質転換，形質導入，および接合（プラスミドの直接移動）により，遺伝物質の交換を行う．

多くの細菌は生産者である．光合成をする光合成独立栄養細菌と，硫化水素やメタンなどの無機分子から電子を奪ってエネルギーを得る化学合成独立栄養細菌が知られている．細菌は分解者でもある．窒素固定を行うことなどにより，他の生物の栄養源をつくり出すことができる．

多くの細菌がヒトの体内で生活しており，微生物相の一部となっている．病気をひき起こさない常在微生物相や，病気をひき起こすような細菌性病原体もいる．

アーキアは好熱性や好塩性を示し，原始地球に似た，厳しい環境下で生活している．一方，ヒトの腸など，それほど極端ではない環境にすんでいるアーキアにはメタンを生産するメタン細菌もいる．

14・5　約18億年前の真核生物の化石が見つかっている．真核生物のDNA複製，転写，翻訳に関する遺伝子はあるアーキアのものと類似しているが，エネルギー代謝や膜形成にかかわる遺伝子は細菌のものと類似しており，真核生物はアーキアと細菌の両方を祖先とすると考えられる．

14・6　ほとんどの原生生物は単細胞であるが，多細胞の種も存在する．その多くは，宿主の組織内や水中など湿った環境で生息している．

鞭毛虫類のほとんどは単細胞の従属栄養生物であるが，ユーグレナは葉緑体をもっている．淡水生のものは過剰な水を排出する収縮胞をもつ．

有孔虫類は単細胞の従属栄養生物で炭酸カルシウムの殻をもつ．有孔虫類の死骸は石灰岩やチョークになる．珪藻類は単細胞で，二酸化ケイ素の殻をもつ水生の生産者である．繊毛虫類，渦鞭毛藻類，アピコンプレックス類は近縁である．繊毛虫類は単細胞の従属栄養生物であり，繊毛を使って移動したり捕食したりする．アメーバ類は餌を食べたり移動したりするために仮足を利用する．渦鞭毛藻類は単細胞で回転しながら動く従属栄養生物であるが，光合成を行う場合もある．褐藻類はジャイアントケルプを含む，最も大きな原生生物である．紅藻類はフィコビリンとよばれる特殊な色素をもつことにより，他の藻類よりもはるかに深い場所で生育する

ことができる．紅藻類は緑藻類と共通の祖先をもつ近縁種である．陸上植物は緑藻類から進化した．トリコモナスなどの鞭毛虫類は，ヒトの体内にいる．トリパノソーマには，ヒトの病気をひき起こすものもいる．マラリアをひき起こす種類も含むアピコンプレックス類は，その生活環の一部を宿主の細胞内で過ごす．変形菌類は，数百もの核をもつ巨大な一つの細胞である．細胞性粘菌類は，単細胞生物だが，集合し，多細胞のナメクジ体や子実体を形成することもある．襟鞭毛虫類は動物との関係の深い原生生物である．

14・7　ウイルスはタンパク質外被をもち，RNAかDNAゲノムをもつ．エンベロープをもつウイルスもいる．ウイルスは生きた細胞の中でのみ増殖する．ウイルスは，突然変異や，複数のウイルスの再構成で，新型ウイルスになる．HIV（ヒト免疫不全ウイルス）は，ヒト細胞に感染し，エイズ（後天性免疫不全症候群，AIDS）をひき起こすエンベロープ型RNAウイルスである．HIV，エボラウイルス，およびジカウイルスは新興感染症をひき起こす．

14・8　ほとんどの真菌類は分解者である．キノコの生活環においては，菌糸体から生殖器官である子実体が形成され，その中に胞子がつくられる．真菌類は，食品や医薬品の生産において重要である．

試してみよう（解答は巻末）

1. ＿＿＿ の進化により，大気中の酸素量が増大した．
   a. 好気呼吸
   b. 乳酸発酵
   c. 化学合成独立栄養生物
   d. 光合成

2. ミラーの実験により ＿＿＿ が示された．
   a. 地球の長寿
   b. ある条件下ではアミノ酸が形成されること
   c. 酸素は生命に必要であること
   d. 内部共生体仮説

3. ミトコンドリアは ＿＿＿ の子孫である．
   a. アーキア　　　　　　b. 好気性細菌
   c. シアノバクテリア　　d. 緑藻類

4. ＿＿＿ は海水から二酸化炭素を吸収し，炭酸カルシウムの殻をつくる．
   a. 繊毛虫類　　b. 珪藻類
   c. 有孔虫類　　d. シアノバクテリア

5. ＿＿＿ は他の細胞に寄生する真核生物である．
   a. バクテリオファージ　　　b. アーキア
   c. アピコンプレックス類　　d. 珪藻類

6. 最も動物に近縁な原生生物は ＿＿＿ である．
   a. アメーバ類　　b. 襟鞭毛虫類
   c. 繊毛虫類　　　d. 有孔虫類

7. 一部の ＿＿＿ は，多くの生物が窒素を利用できるように窒素固定する．
   a. 緑藻類　　b. 珪藻類
   c. 細菌　　　d. ウイルス

8. ＿＿ の遺伝物質は，DNA または RNA のいずれかである.

   a. 細菌

   b. 渦鞭毛藻類

   c. 繊毛虫類

   d. ウイルス

9. 細菌間のウイルスによる遺伝子移行は ＿＿ とよばれる.

   a. 接合

   b. ウイルスの再構成

   c. 形質導入

   d. 形質転換

10. アーキアは ＿＿

   a. 細菌よりも真核生物に近縁である

   b. 最初の原核生物である

   c. 一般的にヒトの病気をひき起こす

   d. 高熱・高塩環境下のみで生育できる

11. 左側の用語の説明として最も適当なものを a〜i から選び，記号で答えよ.

＿＿ 緑藻類	a. 酸素を産生する原核生物
＿＿ ウイルス	b. 社会的アメーバ
＿＿ メタン菌	c. 渦状の細胞
＿＿ 褐藻類	d. 非細胞性病原体
＿＿ ユーグレナ	e. 巨大な原生生物を含む
＿＿ シアノバクテリア	f. 葉緑体をもつ鞭毛虫
＿＿ 渦鞭毛藻類	g. 植物に最も近縁
＿＿ 粘菌類	h. 層状の原核生物と堆積物
＿＿ ストロマトライト	i. メタン生産者

12. すべての真菌類は ＿＿

   a. 多細胞である

   b. 鞭毛をもつ胞子を形成する

   c. 従属栄養である

   d. 多細胞性の子実体を形成する

15 動物の進化

15・1　海からの薬

　動物（animal）の起原は海にあり，海洋には陸上より多くの動物門が存在する．海でも陸上と同じように，動物の大半は背骨をもたない**無脊椎動物**（invertebrate）である．背骨をもつ**脊椎動物**（vertebrate）は全動物のうち5%程度にすぎない．

　海洋無脊椎動物の多くは，他の生物に対して毒性をもつ化合物を生成する．これらの毒は，動物を捕食者から守ったり，病原体を撃退したり，獲物を捕獲するのに役立つ．また，無脊椎動物の毒のなかには，ヒトに作用するものがあり，医薬品として用いられている．

　魚を食べるイモガイは，獲物を仕留めるために毒を使う（図15・1）．イモガイの毒は魚を麻痺させ，魚が暴れるのを防ぐ．ヒトの神経と魚の神経は同じ化学伝達信号を使っている．そのため，魚の神経に作用する毒は，ヒトの神経系の機能にも影響を与える．ヒトが魚食性のイモガイに刺されると，毒を注入された部位がしびれ，一時的に体が麻痺することや，時に死亡することもある．

　鎮痛薬のジコノチドは，イモガイの毒に含まれるペプチドを合成したものである．ジコノチドを脊髄に注射することにより，他の手段では抑えられない痛みを抑制することができる．他にも，てんかん，糖尿病，がんの治療薬として，イモガイの毒から単離されたペプチドの臨床試験が行われている．

　他の海産無脊椎動物由来の化合物も利用されている．エイズ治療薬として初めて有効性が示されたアジドチミジン（AZT）は，海綿動物から発見された分子を合成したものである．海綿動物から発見された他の化合物は，ヘルペスウイルスによる感染症の治療に使用されている．

　薬効がありそうな化合物の発見は，新薬開発の第一歩にすぎない．その化合物を臨床試験に用いるには，十分な量を確保しなければならない．対象となる化合物の多くは，動物の体内で非常に低い濃度でしか存在しないため，量の確保はむずかしい．たとえば，一部の進行性乳がんの治療に使われているエリブリンという薬の場合，そのモデルとなった化合物は海綿動物が合成するが，その量はごくわずかである．抗がん作用を調べるのに必要な300 mgの化合物を海綿動物から得るには，1トン以上の海綿動物の組織を処理しなければならない．

　もし有用な化合物の化学構造がわかれば，通常，その化合物や類似の性質をもつ化合物を製造することができる．抗がん剤のエリブリンは，最初に海綿動物から抽出された分子と似ている合成された分子である．合成された化合物を使用することで，その化合物が発見された生物種の乱獲を防ぐことができる．

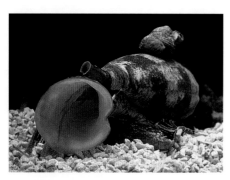

図15・1　**イモガイと餌の魚**．魚に毒を投与し，麻痺させた後で飲み込み食べてしまう．

15・2　動物の特性と進化の傾向

　動物は食物を体内に取込んで消化し，それによって分解された栄養分を吸収する多細胞の従属栄養生物であ

る．動物は数種類から数百種類の，細胞壁がない細胞を
もっている．ほとんどすべての動物は，生活環のすべ
て，あるいは一部の時期に，運動性をもつ（いろいろな
場所へ移動できる）．大半の動物は有性生殖を行うが，
一部は無性生殖も行う．

動物の起原

動物の起原の**群体説**（colonial theory）によると，動物
は群体をつくる従属栄養の原生生物から進化した．最初
は群体のすべての細胞が類似していた．それぞれの細胞
が独立して生きることができ繁殖もできた．やがて特定
の機能に特殊化して他の機能をもたない細胞が生じた．
ある細胞は食物を効率よく捕らえるが，配偶子はつくら
なかった．一方，別の細胞は配偶子はつくるが食物を捕
らえることはしなかった．相互依存しながら分業するこ
とにより，細胞の機能がより効率的になり，できあがっ
た群体はより多くの食物を得て，より多くの子孫を産み
出すことができた．長い時間の間に，細胞はますます分
業するようになり，より特殊な能力をもった細胞が進化
した．このような進化の結果，最初の動物が生じた．

動物の系統と体制

本書で扱っている主要な動物門の間の系統関係を図
15・2に示した．この図を使って，動物の進化の傾向と
動物の体制の多様性を説明しよう．

遺伝的解析によって，すべての動物はある1種の原生
生物の共通祖先の子孫であり，その共通祖先が多細胞化
することによって生じたことが示されている❶．最も
初期の動物は細胞の集合体で，海綿動物はまだこの段階

の体制を示している．海綿動物より複雑な動物では細胞
が集まり組織をつくっている❷．**組織**（tissue）とは特
定のパターンで配置され特定の役割を担った細胞が1種
類以上集まったものである．

動物の胚で形成される最初の組織は**胚葉**（germ layer）
とよばれる．クラゲやイソギンチャクなどの刺胞動物の
胚は外側にある外胚葉と内側にある内胚葉の二つの組織
の層をもっている．より複雑な動物は，胚は三胚葉から
なる．内胚葉と外胚葉の間に中胚葉とよばれる中間の層
が形成される．

海綿動物のように最も単純な構造をもつ動物の体は非
相称である．その体を互いに鏡像となる半分に分けるこ
とはできない．クラゲなどの刺胞動物は**放射相称**（radi-
al symmetry）である❸．体は，車輪のスポークのよう
に中心軸のまわりに同一の部分が繰返される．放射相称
の動物の体には前後がない．水中の何かに付着するか水
中を漂っていて，どんな方向から来るものも食べられる．
三胚葉の動物の大半は**左右相称**（bilateral symmetry）
である．体には右半分と左半分があり，それら体の両側
に同じような部位がある❹．左右相称の動物には明瞭
な"頭部"があり，そこには神経細胞や感覚器官が集中
している．

左右相称の動物には胚発生などが異なる二つの系統が
ある．**旧口動物**（protostome，protoは最初の，stoma
は口を意味する）では，原口という胚にできる最初の開
口部が口になる❺．旧口動物はすべて無脊椎動物であ
る．**新口動物**（deuterostome，deuteroは2番目の，を
意味する）では，胚に後からできる開口部が口とな
る❻．新口動物には無脊椎動物の一部（棘皮動物およ

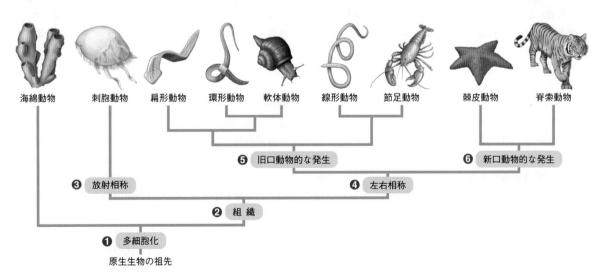

図 15・2　**体制と遺伝的な比較に基づく主要な動物門の系統樹**．背骨をもつ脊椎動物は脊索動物に含まれる．

(a) 無体腔動物の体制（扁形動物）

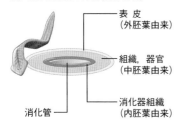

表皮
（外胚葉由来）

組織, 器官
（中胚葉由来）

消化管

消化器組織
（内胚葉由来）

(b) 体腔動物の体制（環形動物）

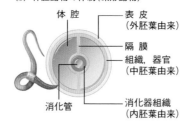

体腔

表皮
（外胚葉由来）

隔膜

組織, 器官
（中胚葉由来）

消化管

消化器組織
（内胚葉由来）

(c) 偽体腔動物の体制（線形動物）

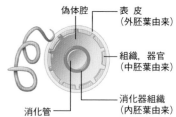

偽体腔

表皮
（外胚葉由来）

組織, 器官
（中胚葉由来）

消化管

消化器組織
（内胚葉由来）

図 15・3　**左右相称動物にみられる体制の多様性**. 体の横断面を示す. 組織層の幅は必ずしも正しく描かれていない. （a）扁形動物. 消化管以外の腔所はない.（b）環形動物. 体液に満たされた体腔をもつ.（c）線形動物. 偽体腔をもつ.

び無脊椎の脊索動物）と脊椎動物が含まれる.

　ヒラムシなどの扁形動物の消化管は組織や器官によって囲まれている（図15・3a）. しかし, 大部分の動物では, "管の中にある管"の体制を示し, 消化管が**体腔**（coelom）の中を通っている. 体腔とは, 中胚葉に由来する組織で完全に裏打ちされた, 液体でみたされた体の中の腔所である. ミミズなどの環形動物はこのような体制を示す（図15・3b）. 消化管は膜状の組織（隔膜あるいは腸間膜とよばれる）で体腔の中心につり下げられている. 線形動物などの無脊椎動物の一部は, 腔所が中胚葉性の組織によって部分的に覆われているだけの**偽体腔**（pseudocoelom）をもっている（図15・3c）.

最古の動物とカンブリア紀の適応放散

　遺伝子の比較によって, 動物の系統は早ければ8億5000万年前には発生していたと考えられる. しかし, そのころの最古の動物の化石は見つかっていない. おそらく, 祖先となった原生生物と同じように, 化石になるような硬い部分をもたない微細な生物だったと思われる.

　動物の最古の化石はディッキンソニア（*Dickinsonia*）で, 5億7000万年前の海に住んでいた楕円形の平たい底生生物である（図15・4）. ディッキンソニアはエディアカラ生物群とよばれる, オーストラリアのエディアカラ丘陵から発見された柔らかい体をもつ水生生物の一群の一つである. 地質年代表では, **エディアカラ紀**（Ediacaran period）は6億3500万年前から5億4000万年前までとされる. エディアカラ生物群の系統と現生動物との関係は不明であるが, 現生動物の系統の初期のものと考えられるものもあり, ディッキンソニアは刺胞動物か環形動物であった可能性がある.

　地質年代表で, エディアカラ紀に続くのが**カンブリア紀**（Cambrian period, 5億4100万年前〜4億8500万年前）である. カンブリア紀には, 動物の大規模な適応放散が起こった. この時代の終わりには, 現生の動物の主

図 15・4　**エディアカラの初期の動物化石**. ディッキンソニアは5億7000万年前の海に暮らしていた.

要な系統がすべて海に生息するようになった. この多様化を促したのは, 環境と生物学的要因である. カンブリア紀には, 地球の気候が温暖化し, 海中の酸素量が増えて, 酸素を必要とする動物が生息しやすい環境になった. また, このころ, ゴンドワナ超大陸が大きく移動した. この地塊の移動により, 個体群間の遺伝子拡散が阻害され, 異所的種分化が起こりやすくなった. 生物学的な要因もまた多様化を促した. 捕食動物が出現すると, 被食者に防御の形質が進化した. そして, その防御を克服できる捕食者が選択された.

15・3　海綿動物, 刺胞動物

海綿動物

　海綿動物（sponge, 海綿動物門 Porifera）は水生動物で, 組織も器官ももたない. 成体は固着生活を送り移動しない. 海綿動物の体には無数の小孔があいている（図15・5）. 扁平な細胞が体の外側の表面を覆い, 内部の腔所は鞭毛がある襟細胞が覆っている. 鞭毛の根元で襟のように微絨毛が囲んでいるため襟細胞とよばれる. 内外の二つの細胞層の間は, ゼリー状の細胞外基質でみたされている. 多くの種で, 細胞外基質の中にある細胞は, 繊維状のタンパク質やガラス質の骨片も分泌する.

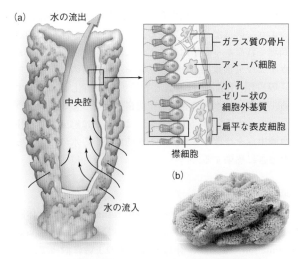

図 15・5 海綿動物. 体に対称性はなく，組織ももたない. (a) ガラス海綿類の体制. 矢印は水の流れの方向を示す. (b) 天然の浴用海綿(スポンジ).

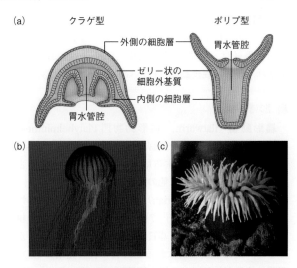

図 15・6 刺胞動物の体制. (a) クラゲ型とポリプ型の二つの体制. (b) クラゲ(クラゲ型). (c) イソギンチャク(ポリプ型).

海綿動物は細胞内で消化を行う唯一の動物である. 海綿動物の大半は沪過摂食者で，周囲の水から食物を沪しとる. 水が襟細胞の前を流れるとき，細胞は微絨毛で食物を捕らえて細胞に取込む. 食物は，細胞内の小胞で消化される.

海綿動物は一般的に**雌雄同体**(hermaphrodite)で，同じ個体が卵も精子もつくる. 通常，精子は海水中に放出され，卵は親の体内に保持される. 受精後，接合子が発生して繊毛の生えた幼生となる. **幼生**(larva, *pl.* larvae)とは，動物の生活環において成体と異なる形態をもった未成熟な段階のことである. 海綿動物の幼生は親の体から出ると短期間遊泳してから着底して成体へと成長する.

刺 胞 動 物

刺胞動物(cnidarian，刺胞動物門 Cnidaria) は放射相称の体をもつ水生動物である. クラゲ型とポリプ型の二つの体制があり，どちらも2層の細胞層（内胚葉と外胚葉）からなる体をもち，細胞層の間はゼリー状の細胞外基質でみたされている（図15・6a）. **クラゲ型**(medusa, *pl.* medusae)はつり鐘形をしていて，泳いだり漂ったりする. クラゲはこの型である（図15・6b）. イソギンチャクなどは**ポリプ型**(polyp)で，管状の体で通常はその一方の端で基質の表面に付着している（図15・6c）.

ポリプ型でもクラゲ型でも，胃水管腔の開口部を触手が取囲んでいる. **胃水管腔**(gastrovascular cavity)は食物を取込んで消化し老廃物を吐き出すほかに，ガス交換の機能ももっている.

刺胞動物という学名はギリシャ語の *cnidos*，つまりイラクサという棘のある植物に由来する. これは，触手表面にある刺胞動物独自の棘で刺す細胞（刺細胞）のことを示している. 刺細胞は**刺胞**(nematocyst)というカプセルのような細胞小器官をもち，刺胞の中にはらせん状になった刺糸が入っている. 何かが触手に触れると，刺胞の蓋が開き，刺糸が外へと飛び出す. 刺糸は餌となる動物に絡みついたり突き刺さったりし，毒液を注入する. 触手が捕らえた餌は口から胃水管腔へと引込まれ，胃水管腔において腺細胞が分泌する酵素で消化される.

造礁サンゴの仲間はポリプ型で，触手を使って餌を捕らえるが，組織内に共生する光合成をする原生生物（渦鞭毛藻類）によってつくられる糖質にも依存している. ポリプは硬いカルシウムに富む骨格を基部のほうに分泌する. 長い年月をかけ，何世代ものポリプが分泌した骨格が蓄積して**サンゴ礁**(coral reef)が形成されるが，その表面には生きているポリプの層がある. サンゴ礁は，生態学的に非常に重要な役割をもっており，多くの動物に食物や隠れ家を与えている.

15・4 扁形動物，環形動物，軟体動物

左右相称動物について，その二つの系統のうちの一つである旧口動物からみていこう. すべての旧口動物は三つの胚葉をもつ胚から発生し，器官や器官系をもつ. 進化の初期に旧口動物はさらに二つの系統に分岐した. 一つは，扁形動物，環形動物，軟体動物などの系統でこの節で取上げる. もう一つの線形動物，節足動物などの系

統は次節で取上げる.

分子系統解析によって認められるようになったこれら二つの系統は，前者は**冠輪動物**（Lophotrochozoa）とよばれ，後者は**脱皮動物**（Ecdysozoa）とよばれる.

扁形動物

扁形動物（flatworm，扁形動物門 Platyhelminthes）は平たい体にさまざまな器官をもつが，胃水管腔以外の体腔はない. 自由生活する扁形動物の多くは水生であり，寄生性の扁形動物は他の動物の体内で生活する.

プラナリア類（planarian）は池などでよく見かけ，自由生活性である（図15・7）. 3層の筋肉層と体表の繊毛によって，泳いだり，基質表面を這ったりすることができる. 口は咽頭とよばれる筋肉質の管の先端にあり，咽頭は枝分かれしている胃水管腔につながっている. 消化された栄養分は，細かい枝から体の細胞へと拡散する. 体の前端に，餌を感知する化学受容体，光を感知する眼点，単純な脳の役割を果たす神経細胞の一群などがある.

条虫類（tapeworm）は脊椎動物の消化管に寄生する. 頭部には宿主に付着するための鉤があるが，口はなく，

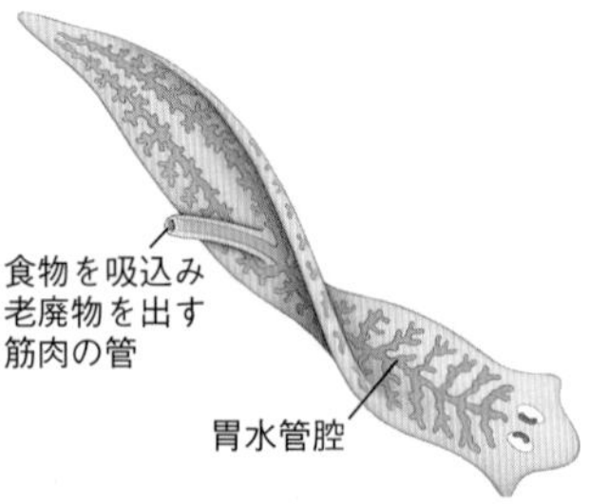

図 15・7　淡水に生息するプラナリア類の体制

食物を吸込み老廃物を出す筋肉の管

胃水管腔

体壁から栄養分を吸収する. 体には片節とよばれる体節のような構造が連なっている. 図15・8は，十分に加熱調理されなかった牛肉を食べた人が感染するムコウジョウチュウ（無鉤条虫）の生活環を示したものである.

吸虫類（fluke）は巻貝と脊椎動物の消化管に寄生する. 熱帯の淡水産の巻貝が中間宿主となっているジュウケツキュウチュウ（住血吸虫）は，ヒトに感染すると住血吸虫症をひき起こす. ヒトが幼虫がいる水の中に入ったときに感染する.

環形動物

環形動物（annelid，環形動物門 Annelida）は，体腔をもつ左右相称動物で，体内外ともに顕著な**体節**（segmentation）をもつ. 体節とは，体の主軸に沿って，同じような単位が次つぎに繰返される構造のことである. 環形動物の分類は複雑であるが，ここでは伝統的な分類に従って，貧毛類，多毛類，ヒル類について解説する.

最も身近な環形動物であるミミズは，土の中で生活する**貧毛類**（oligochaete）である. ミミズの体表に見える輪は，体内の体節に対応している（図15・9a）. 各体節には体液で満たされた体腔がある. その中には1対の排出器官があり，体液から老廃物を取除く. 体の前端には単純な脳があり，体の下側に沿って伸びる神経索につながっている. 脳は運動機能を調整し，感覚情報を受取る. ミミズは光を感じてそれを避け，触覚があり振動を感じ，食物が出す特定のにおいを認識することができる.

ミミズは土の中の有機物を食べて消化する. 体腔中を完全な消化管が体の全長にわたって伸びている. **完全な消化管**（complete digestive tract）とは，両端が体外に

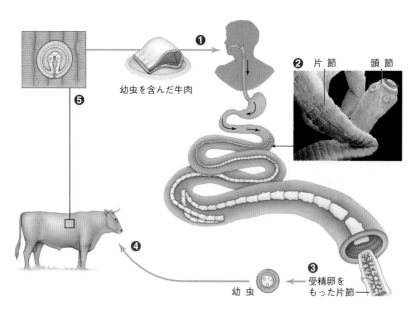

幼虫を含んだ牛肉

❷ 片節　頭節

受精卵をもった片節

幼虫

図 15・8　ムコウジョウチュウ（無鉤条虫）の生活環
❶ 条虫のシスト（休眠状態の幼虫）を含んでいる牛肉を十分に加熱調理せずに食べるとヒトに感染する.
❷ 条虫はヒトの腸内で成体となり，逆棘が生えた頭節で腸壁に付着し，片節とよばれる体の単位を新たに加えていくことによって成長していく. 成長すると，何メートルもの長さになることもある.
❸ それぞれの片節は卵と精子をつくり，それらが受精する. 受精卵をもった片節は便とともにヒトの体から外へ出る.
❹ ウシが片節または初期の幼虫がついた草を食べる.
❺ 幼虫はウシの筋肉に入りこみシストを形成する.

開口した管状の消化管である．消化管には食物を取込む，消化する，栄養を吸収する，老廃物を圧縮するなどの役割をもつ特殊化した部位がある．

ガス交換は体表で行われ，酸素や栄養分は循環系によって体中に運ばれる．環形動物は**閉鎖循環系**（closed circulatory system）をもち，血液は常に心臓か血管の中にとどまる．このタイプの循環系では，血液と体内の組織との間の物質の交換は，すべて血管の壁を通して行われる．

貧毛類は雌雄同体で，2個体が密着し，互いに精子を交換する．その後，卵胞に入れられた受精卵を土中に産みつける．

多毛類（polychaete）はほとんどが海生で，ふつうは各体節にたくさんの剛毛がある（図15・9b）．また，水中の餌を沪しとるのに適した羽のような触手をもつ固着性の種もいる．

ヒル類（leech）はふつうは淡水に生息しているが，陸上の湿った場所で見つかるものもある．ほとんどは無脊椎動物を食べる腐食者か捕食者である．少数の種は脊椎動物の血液を吸う（図15・9c）．血液を吸っているヒルの唾液に含まれるタンパク質が，血液の凝固を防ぐことができる．そのため，切断された指や耳を再接着する手術をする際，医師はヒルを使うことがある．ヒルによって，再接続された血管の中で血栓がつくられるのを防ぐことができる．

軟体動物

軟体動物（mollusc, mollusk，軟体動物門 Mollusca）は，体節に分かれていない柔らかい体，完全な消化管，小さな体腔をもつ．学名はラテン語で"柔らかい"という意味である．**外套膜**（mantle）というスカートのように伸びた体の上部の体壁が，体内の器官を包んでいる（図15・10a）．ほとんどの軟体動物では，外套膜の最外層が炭酸カルシウムに富む硬い貝殻を分泌する．

これまでの動物群とは異なり，軟体動物は呼吸器官をもつ．水生の軟体動物には一つまたは複数の鰓があり，水中とのガス交換を行っている．陸上に生息する軟体動物の中には，袋状の呼吸器官である肺をもち，空気とのガス交換を行うものがいる．

動物のなかでは軟体動物は節足動物についで2番目に多様性が高い．腹足類，二枚貝類，頭足類が主要な三つのグループである．

腹足類（gastropod）は軟体動物のなかで最大のグループで，巻貝やナメクジなど，およそ60,000種を含む．その名のとおり，体の腹側のほとんどを占める幅の広い筋肉質の足をもっており，この足を使って滑るように移動する．腹足類の貝殻は1枚で，通常はらせん状に巻いている．大半の腹足類は**歯舌**（radula）という硬いキチン質を含む舌のような器官を使って，藻類をかじりとる．

陸上で生活する軟体動物は腹足類のみに含まれる．カタツムリやナメクジの足にある腺からは絶えず粘液が分泌され，乾燥して摩擦がある面を移動するときに足を保護する．ほとんどの軟体動物は雌雄異体であるが，陸上生活の種は通常雌雄同体である．

腹足類と二枚貝類は**開放循環系**（open circulatory system）をもち，体液が血管を出て組織の間にしみ込み，再び心臓に戻る．開放循環系は閉鎖循環系と比較して，循環に必要なエネルギーは少ないが，物質の移動は遅い．

二枚貝類（bivalve）の特徴は，蝶番でつながれた2枚の貝殻である（図15・10b）．二枚貝類は淡水と海水の両方に生息している．イガイのように何かの表面に付着したり，アサリのように堆積物に潜っている．二枚貝類には頭部がなく歯舌もない．外套腔に水を吸込み沪過

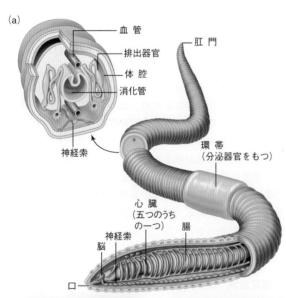

(a)

血管
排出器官
体腔
消化管
肛門
神経索
環帯
（分泌器官をもつ）
心臓
（五つのうち
の一つ）
腸
神経索
脳
口

(b)

(c)

図 15・9　環形動物．(a) ミミズ（貧毛類）の体制．(b) ジャムシ（海生の多毛類）．(c) チスイビル（ヒル類）．人の手から血液を吸っている．

図 15・10　軟体動物の主要な 3 グループ. (a) 水生の巻貝(腹足類)の体制. (b) ホタテガイ(二枚貝類). 蝶番でつながった 2 枚の殻をもつ. (c) タコ(頭足類).

することによって食物をとるものが多い.

　頭足類(cephalopod)はツツイカ, コウイカ, オウムガイ, タコなどを含む(図 15・10c). その名のとおり, 触手または腕のように変形した足が頭から伸びている. ほとんどが捕食者で, 歯舌に加えて噛みつくことができる嘴形の口器をもっている.

　閉鎖循環系をもち, 活発に動き回る. 閉鎖循環系は開放循環系よりも, 速く血液を循環させることができる.

15・5　線形動物, 節足動物

　旧口動物の二つの系統のうち, 線形動物や節足動物を含む系統に特徴的な現象が脱皮(molting)である. 脱皮とは, 体を覆うように分泌された外被が成長の妨げになるため, それを定期的に脱ぎ捨てることである. 線形動物も節足動物も, 完全な消化管, 排出器官, 神経系をもっている.

線 形 動 物

　センチュウ(線虫)とよばれる線形動物(roundworm, 線形動物門 Nematoda)は体節がなく偽体腔をもった円筒形の蠕虫である(図 15・11). 循環器官や呼吸器官はない. 線形動物は柔軟でタンパク質に富むクチクラを分泌して体を覆う. クチクラを脱皮により捨てて取替えることによって, 体を成長させる.

　線形動物は, 海水, 淡水, 湿った土壌に生息している. およそ 2 万種いるうちの大半は, 体長 1 mm 未満の

自由生活をする分解者である. 土壌中に生息するシー・エレガンス *Caenorhabditis elegans* は, 実験室で容易に飼育することができ, より複雑な動物と同じタイプの組織をもつが, 体は小さく透明で, 1000 個未満の体細胞しかない. そのため, 発生過程の各細胞の運命を容易に追うことができる. シー・エレガンスを使った研究で得られた発見がノーベル賞につながり, また, 多細胞生物として初めてゲノムの配列が決定されたのもシー・エレガンスである.

　一方, 寄生性の線形動物も多く, あるものはヒトにも寄生する. 熱帯地方では, ヒトのリンパ管に侵入する寄生性線形動物をカが媒介している. この線形動物はリンパ管の中の弁を損傷するため, 足の下部にリンパが滞留してしまう. このような症状は象皮病とよばれ, むくんでゾウの脚のようになってしまう. 寄生虫を駆除した後もリンパ管の損傷が残るため, この腫れはずっと続く.

　寄生性の線形動物はまた, 家畜やペット, 農作物にも感染する. ブタに寄生している線形動物は, ヒトにも感染する可能性がある. この寄生虫に汚染された加熱不十分な豚肉を食べると, 旋毛虫症をひき起こす.

節 足 動 物

　節足動物(arthropod, 節足動物門 Arthropoda)は関節がある足(脚)をもった無脊椎動物である. 線形動物とは異なり, 体腔, 開放循環系, 呼吸器官をもつ. 節足動物の種数は 500 万〜1000 万と推定されており, 動物門のなかで最も多様性が高い. 節足動物の進化的な成功には, さまざまな特徴が寄与している.

　節足動物はクチクラを分泌し, 体の外側にある骨格, すなわち外骨格(exoskeleton)の役割を果たす. 外骨格は捕食者から身を守るのに役立ち, 筋肉が付着する部分ともなる. 陸生の節足動物では, 外骨格は水分を保持したり, 体重を支える働きもある. 線形動物と同様に, 節足動物は成長するごとにクチクラの脱皮をする. 新し

図 15・11　自由生活性の線形動物の体制

いクチクラは古いクチクラの下に形成され，古いクチクラは捨てられる．

初期の節足動物では体節ははっきり分かれており，すべての付属肢は似たものであった．のちに進化した動物群では，いくつかの体節は融合して，頭部，胸部，腹部といった構造上の単位になった（図15・12）．ある動物群では，特定の体節の付属肢が翅などに特殊化していった．

図 15・12　バッタ(昆虫類)の体制．体は三つの部分からなる．頭部にある複眼と1対の触角により，感覚情報が得られる．

通常，節足動物は対になった眼をもっている．昆虫類と甲殻類では多数の個眼からなる**複眼**（compound eye）をもち，それぞれにレンズがついている．複眼は動きの感知に優れている．また大半の節足動物は頭部に1または2対の**触角**（antenna, *pl.* antennae）をもつ．触角は接触やにおいや振動を検知する感覚器官である．

大半の節足動物は生活環の間に体制が変化する．幼生から成体になる過程で，体の形が劇的に変化する**変態**（metamorphosis）を行うのである．たとえば，カニの幼生は海面近くを泳ぎ，水を沪過して餌をとるが，成体は海底で餌をとる（図15・13）．このように，成体と幼生が異なる体制や生活様式をもつことで，同じ資源を巡って競争するのを防ぐことができる．

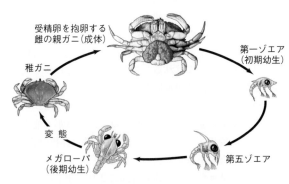

図 15・13　アメリカイチョウガニ(甲殻類)の発生．受精卵は浮遊幼生になり，脱皮を繰返し成長する．後期幼生は変態して成体と同じ体形の稚ガニになり，さらに成長し脱皮すると成熟した成体となる．

節足動物の系統

節足動物の系統は，おもに付属肢の種類や数といった特徴で定義される．

カブトガニ類（horseshoe crab）はクモ類と近縁で，鋏角類に含まれる．化石記録から，カブトガニは少なくとも4億7000万年前から海に生息していることがわかっている．現生種4種はみな浅い沿岸域の海底に生息している（図15・14）．頭部と胸部が融合した頭胸部が馬蹄形をしているため，英名では馬蹄形のカニとよばれる．腹部の最終体節から突き出る長い尾剣は海底を掘ったり，波で体がひっくり返ったときに体を元に戻すときに役立つ．

図 15・14　アメリカカブトガニ *Limulus polyphemus*

クモ類（arachnid）は4対の歩脚と触覚を有する1対の触肢をもつが触角はない．クモ類のほかに，サソリ類，ダニ類が含まれる．クモ類とサソリ類は毒液をもつ捕食者である．クモ類は牙状の口器から毒液を出す．体は二つの部分に分かれ，頭と胸が融合した頭胸部と腹部が，細くくびれた腰でつながっている（図15・15a）．腹部には糸をつくる腺がある．サソリ類は爪状の触肢で獲物を捕らえ，腹部の最後の体節にある毒液を出す毒針で獲物をしとめる（図15・15b）．

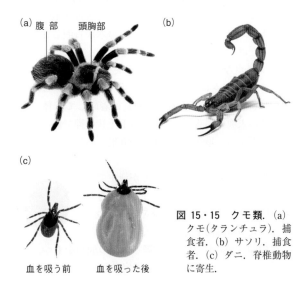

図 15・15　クモ類．(a) クモ(タランチュラ)．捕食者．(b) サソリ．捕食者．(c) ダニ．脊椎動物に寄生．

大型のダニ類には，脊椎動物の血液を吸うものがいる（図15・15c）．そのためライム病のような細菌病を媒介するものもいる．他のダニ類は体長1mm以下で，クモ類のなかで最も小さい．腐食者が多いが，寄生性の種もいる．皮膚の下に潜る種はヒトやイヌに疥癬（かいせん）をひき起こす．ツツガムシとよばれるダニ類の幼虫はヒトの毛囊（もうのう）に侵入し，かゆみを伴う発疹をひき起こす．

ムカデやヤスデを含む**多足類**（myriapod）は夜行性（夜間に活動する）の地上生活者で，ほぼ同じ体節が多数連なった長く伸びた体をもっている（図15・16）．頭部には1対の触角がある．ムカデは毒をもった捕食者で，体は平らで低く，各体節には1対の脚がある．それに対して，ほとんどのヤスデは植物を食べる．体は円筒形で炭酸カルシウムで硬くなったクチクラに覆われ，体節は2節ずつ融合していて，それぞれの融合した体節には2対の歩脚がある．

図 15・16　多足類．（a）ムカデ．すばしっこい捕食者．（b）ヤスデ．朽ちた植物を食べる腐食者．

甲殻類（crustacean）のほとんどは海生で，2対の触角と少なくとも5対の脚をもつ．エビ，カニ，ロブスターなどの**十脚類**（decapod）は食用として捕獲されている（図15・17a）．ヒト以外にも，甲殻類を餌とする動物は多い．エビに似た体をもつオキアミは冷たい海域にたくさんいる（図15・17b）．体長2〜3cmほどだがきわめて大量にいて栄養価も高いため，体重が100トンを超えるシロナガスクジラでさえ，海水から沪しとるオキアミだけで生きていくことができる．

フジツボなどの**蔓脚類**（まんきゃく）（barnacle）は海生の甲殻類で，カルシウムに富む外殻を分泌する（図15・17c）．幼生は海中を泳いでいるが，基質に着底して成体になり，その表面に固着する．成体は羽毛状の脚で海水から餌を沪過する．雄性生殖器を体の8倍もの長さに伸ばせるフジツボ類もいる．

等脚類（isopod）はほとんどが海生であるが，陸上の湿った場所に生息するものもいる．ダンゴムシは，身を守るために体を丸める行動をとる（右）．

昆虫類（insect）は3対の脚と1対の触角をもつ．節足動物の90%は昆虫であると推定されており，節足動

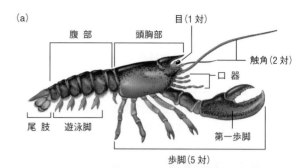

（a）　　腹部　　頭胸部　　目（1対）／触角（2対）／口器／第一歩脚　　尾肢　遊泳脚　歩脚（5対）

（b）

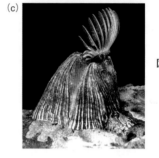

（c）

図 15・17　海生の甲殻類．（a）アメリカンロブスターの体制．（b）南極海を泳ぐナンキョクオキアミ．（c）フジツボ．羽のような脚を使って水中から食物をこしとる．

物のなかで最も種数が多い．

遺伝子のデータから，昆虫類は淡水性の甲殻類を祖先としていることがわかっている．初期の昆虫類は翅がなく，変態せずに地上に生息する腐肉食者であった．現代のシミの仲間はこのような体制や成体を保持しているが，ほとんどの昆虫類は翅をもち，変態をする．無脊椎動物で空を飛べるのは昆虫類だけである．

不完全変態をする昆虫類では，卵から孵化した幼虫はニンフ（若虫）とよばれる．ニンフは成虫とは少し異なる姿をしており，数回脱皮を繰返して成虫となる．ゴキブリやバッタ，トンボなどはこのように成長する．

一方，完全変態をする昆虫類では，幼虫は形を変えずに成長し，脱皮をした後，蛹化（ようか）する．蛹（さなぎ）は非摂食性で，その間に幼虫の組織が成虫の形へと変化する．ハエやカブトムシ，チョウはいずれも胸部に2対の翅をもち，完全変態を行う（図15・18）．

昆虫類は重要な生態学的な役割を担っている．昆虫類は多くの被子植物の花粉媒介者である（図15・19a）．

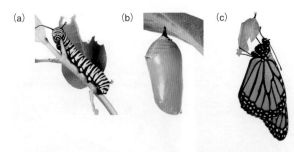

図 15・18　チョウ類の完全変態．（a）幼虫．翅はなく，葉を食べる．（b）蛹．組織が再配置される段階で，餌はとらない．（c）成体．羽をもち，蜜を吸う．

ほかにも昆虫類は排出物や死骸の分解もする．ハエと甲虫は動物の死体や糞の塊をすばやく発見する（図 15・19b）．有機物を含むこれらの中や上に卵を産み，孵化した幼虫がこれらを摂食する．このような行動によって，昆虫類は生態系における栄養の循環に大きな役割を果たしている．

一方，人間に悪影響を与える昆虫類もいる．農作物を巡る人間のおもな競争相手は昆虫である．たとえば，チチュウカイミバエは柑橘類に大きな被害を与える（図 15・19c）．昆虫類はまた危険な病気も媒介する．カはヒトからヒトへとマラリア原虫（§14・6）を運んで，マラリアを広める．ノミは腺ペストを媒介し，ヒトジラミは発疹チフスを媒介する．トコジラミは病気

は媒介しないものの，嚙まれるととてもかゆく，大発生すると大きな心理的，経済的影響を及ぼす（図 15・19d）．

15・6　棘皮動物，脊索動物

本節は，左右相称動物のもう一つの系統である新口動物について解説する．新口動物には棘皮動物や脊索動物が含まれる．

棘 皮 動 物

棘皮動物（echinoderm，棘皮動物門 Echinodermata）は海生の無脊椎動物であり，成体は五放射相称の体をもちヒトデ，ウニ，ナマコなど約 6000 種が含まれる（図 15・20）．学名はギリシャ語で棘のある皮という意味で，互いにつながっている炭酸カルシウムでできた棘や板が中に埋込まれている皮膚のことをさしている．その骨板が体内で骨格を形成しており**内骨格**（endoskeleton）とよばれる．成体の体制は，放射相称である．

ヒトデ類は最もなじみがある棘皮動物である（図 15・20a）．ヒトデ類には脳がなく，散在神経系がある．腕の先端にある眼点は光とその動きを検知する．一般的にヒトデ類は小さな管足を使って動き回る．管足は**水管系**（water-vascular system）という棘皮動物に特有な体液を満たした管系の一部である．

ヒトデ類は軟体動物の二枚貝などを食べる．胃を口から外へ出し，二枚貝の貝殻に滑り込ませる．胃は酸や酵素を分泌し，貝を殺して消化を始める．部分的に消化された食物を胃に取込み，腕の中にある消化腺の助けを借りて消化を完了させる．ヒトデ類の生殖器官も腕の中にある．

ヒトデ類の幼生は左右相称で繊毛が生えている．しばらく遊泳生活を送った後，発生が進み成体となる．幼生の左右相称性は，遺伝学的な研究からの証拠とともに，棘皮動物が左右相称動物に属することを示している．

脊 索 動 物

脊索動物（chordate，脊索動物門 Chordata）は，胚にみられる四つの形質によって定義される．1）**脊索**（notochord）をもつ．脊索は硬いが柔軟性がある棒状の結合組織で，体の全長にわたって存在し，体を支持している．2）脊索の背側に脊索と平行に伸びる中空の神経索がある．3）鰓裂が咽頭（喉のある場所）の壁に開く．4）筋肉質の尾部が肛門より後方に伸びる．動物群によっては，これらの形質のすべてまたはいくつかは，成体まで残らない．

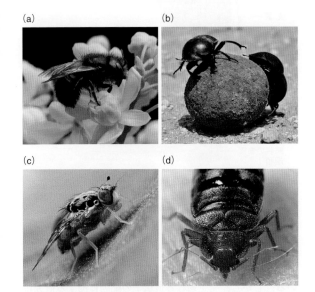

図 15・19　昆虫類の生態学的役割．（a）ミツバチは受粉を媒介する．（b）フンコロガシは糞を集める．（c）チチュウカイミバエは柑橘類を脅かす．（d）トコジラミはヒトに寄生する．

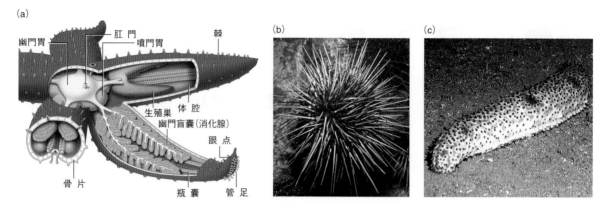

図 15・20　**棘皮動物**.（a）ヒトデの体制.（b）ウニ類.（c）ナマコ類.

無脊椎の脊索動物

　無脊椎の脊索動物には頭索動物と尾索動物の二つの動物群がある. 両者とも海生で, 咽頭にある鰓裂を通る水流から食物を沪しとって食べる.

　頭索動物（lancelet, 頭索動物亜門 Cephalochordata）のナメクジウオは, 長さ 3～7 cm の魚形の脊索動物である（図 15・21）. ナメクジウオは脊索動物のすべての形質を成体になっても保持している. 背側神経索は頭部に達しており, その先端には 1 個の眼点があり光をとらえる. しかし, 頭部には魚類のような脳も対になった感覚器官ももたない.

　尾索動物（urochordate, 尾索動物亜門 Urochordata）は, **被嚢類**（tunicate）ともよばれ, 糖質の豊富な被嚢が分泌され成体の体を包んでいる（図 15・22a）.

幼生は典型的な脊索動物の形質をもっている（図 15・22b）. 幼生は短期間泳ぎ, その後変態して成体となる. 四つの脊索動物の形質のうち, 成体は鰓裂がある咽頭を保持しているだけである. ホヤなど大部分の尾索動物の成体は海中の基質に固着して, 水中から食物を沪しとる.

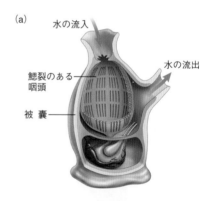

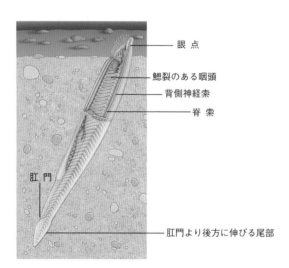

図 15・21　**頭索動物**. ナメクジウオは成体になっても脊索動物の四つの形質を保持している. ナメクジウオは海底の砂の中にもぐっており, 咽頭を通過する水から, 餌を沪過している.

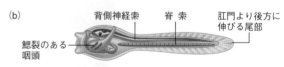

図 15・22　**尾索動物の体制**. ホヤの幼生は自由遊泳し, 脊索動物の四つの形質をもっている. 変態後の成体は固着し, 鰓裂のある咽頭のみ保持する.（a）ホヤの成体.（b）ホヤの幼生.

　ナメクジウオの成体はホヤの成体より魚類に類似している. しかし, 発生過程と遺伝子の配列に関する研究によって, 尾索動物が脊椎動物に最も近縁な無脊椎動物であることが示された. ただし, ホヤもナメクジウオも脊椎動物の祖先というわけではない. これらは脊椎動物と

共通の祖先をもつが，それぞれの系統は独自の形質を獲得し系統樹の異なる枝として分かれていった.

脊椎動物の形質と進化

脊索動物の第三の大きな動物群が**脊椎動物**（vertebrate，脊椎動物亜門 Vertebrata）である. あらゆる脊椎動物は脳のある頭部をもち，ほとんどが1対の眼をもつ. 閉鎖循環系で1個の心臓がある. 完全な消化管をもつ. 1対の**腎臓**（kidney）は血液を沪過し，血液の量や成分を調整し，不要な老廃物を取除く.

図15・23は脊索動物の系統樹で，それぞれの系統を定義する進化で生じた新形質を示している. 脊椎動物は**脊柱**（vertebral column）をもつことから名づけられた❶. 胚発生が進むと，脊索は脊柱に置き換わる. 脊柱は柔軟性を備えた丈夫な構造であり，胚の神経管から発生する脊髄を囲んで保護している. 脊柱は内骨格の一部となる.

顎は骨が関節でつながった構造で，摂食に用いられる❷. 初期の顎のない魚類で鰓裂の構造を支持していた骨が発達することによって顎が進化した. 顎によって新しい摂食法を獲得し，魚類に適応放散が生じた. 現生の魚類の大多数は顎をもっている.

顎を獲得した魚類のうちのある系統は，体内に気体の入る袋状の鰾を進化させた❸. 一部の種では，単純な

構造の**肺**（lung）となり血液と空気との間でガス交換を行う呼吸器官としての機能をもった. 肺をもった魚類の系統の一つが，体の左右に対をなす鰭（対鰭）に骨をもつようになった❹. それらの子孫が，骨のある対鰭から肢を進化させ，4本の肢で歩く最初の**四肢動物**（tetrapod，四足動物）が出現した❺. 四肢動物の一つの系統は，羊膜卵とよばれる特別な種類の防水性の卵を陸上に産むことができるようになった❻. その系統が羊膜類（爬虫類，鳥類，哺乳類）で，種数においては陸上で最も繁栄した四肢動物となった.

15・7 魚類と両生類

顎のない魚類

最初に出現した脊椎動物は顎（jaw）のない**魚類**（fish）である. 現生の**無顎類**（jawless fish）は滑らかな細長い体をもち，対鰭はない. ナメクジウオと同じように，体をくねらせて移動する. 骨格はわれわれの鼻や耳介を支えている結合組織と同じ軟骨である.

図15・24は無顎類のヤツメウナギに特有の口を示している. ヤツメウナギはタンパク質のケラチンでできた角質歯がある吸盤状の口で他の魚に吸いつく. 吸着するとヤツメウナギは酵素を分泌し，歯で覆われた舌を使って魚の肉をこすりとる.

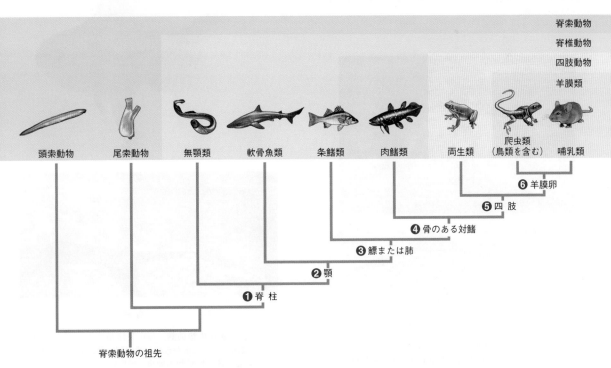

図15・23 **脊索動物の系統樹**. 脊索動物の大半は脊椎動物である.

図 15・24　無顎類. ヤツメウナギには対鰭がなく, 鰓裂が体の外から見える. 吸盤状の口で他の魚に付着しその肉をこすりとる.

顎のある魚類

顎は, 魚の鰓を支える骨格である鰓弓から進化した (図15・25). 顎がある魚類の大半は, 対鰭と鱗 (scale) をもつ. 硬くて平らな鱗は, 皮膚からつくられしばしば皮膚を覆っている. 顎がある魚類には軟骨魚類と硬骨魚

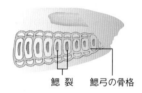

鰓裂　鰓弓の骨格　　　　　　鰓弓の骨格に由来する顎

図 15・25　顎の進化. (a) 祖先的な顎のない魚類. (b) 顎のある魚類.

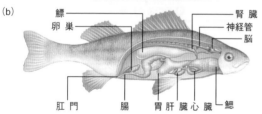

鰾　　　　　　　　　　腎臓
卵巣　　　　　　　　　神経管
　　　　　　　　　　　脳

肛門　　腸　　胃肝臓心臓　　鰓

図 15・26　顎のある魚類. (a) 軟骨魚類. サメは顎と対鰭をもつ. この種は敏捷な捕食者である. (b) 硬骨魚類の体制.

類の二つの動物群がある (図15・26).

軟骨魚類 (cartilaginous fish) は, その名のとおり軟骨でできた骨格をもつ. 軟骨魚類はよく知られているサメやエイなどで, 850種が含まれる. サメの一部はホオジロザメのような捕食者で, 海の表層を泳いでいる. 他のサメは水中のプランクトンを沪しとるか, 海底から食べ物をとる.

硬骨魚類 (bony fish) では, 軟骨でできた胚の骨格が成体では硬い骨の骨格に変わる. 軟骨魚類も硬骨魚類も対鰭をもつが, 硬骨魚類だけが対鰭を動かすことができる. 硬骨魚類は, 鰓裂が鰓蓋に覆われている点でも他の魚類と異なる. 無顎類や軟骨魚類では鰓裂は体の表面に露出している.

硬骨魚類は条鰭類と肉鰭類の二つの系統に分けられる. 条鰭類は皮膚に由来する細い鰭条で支えられた柔軟な鰭をもっている. 気体が満たされた鰾によって浮力を調整することができる. 条鰭類はおよそ30,000種で, 脊椎動物全体のほぼ半分の種を占めている. 最もよく知られている淡水魚であるキンギョ (図15・27a) や, マグロ, オヒョウ, タラなどの海生魚類を含む.

(a)

(b)

腹鰭　　　　　胸鰭

図 15・27　硬骨魚類の鰭. (a) 条鰭類のキンギョ(コイ科). 皮膚でできた水かき状の鰭が細い棘によって支えられている. (b) 肉鰭類の肺魚. 筋肉質の厚い鰭がその内側にある丈夫な骨に支えられている.

肉鰭類は厚く筋肉質の胸鰭と腹鰭をもち，これらの鰭は中の骨によって支えられている．現生の肉鰭類にはシーラカンス（§13・7）やハイギョ（肺魚）が含まれる（図15・27b）．その名前が示すように，ハイギョは鰓（gill）に加えて1ないし2個の肺をもつ．空気を吸込むことによって肺を膨らませ，肺の空気と血液の間でガス交換を行う．鰓に加えて肺をもつことにより，ハイギョは低酸素の水中でも生き抜くことができる．ゲノムの比較から，ハイギョは以下の四肢動物に最も近縁であるといわれている．

両生類と陸上生活への適応

両生類（amphibian）には鱗がなく，陸上で生活するものの繁殖するためには水が必要である．一般に体外受精である．卵と精子は総排出腔（cloaca）を通じて開口部から水中へと放出され，この開口部は消化排出物や尿の出口としても使われる．総排出腔は，サメ類，爬虫類，鳥類，卵を産む哺乳類ももっている．両生類の幼生は水生で鰓をもつ．幼生から成体へと変態する間に大部分の種では鰓を失って肺を発達させる．

両生類は最初の四肢動物である．泳ぐのに適した魚類が四肢で歩く動物に進化した際に，骨格がどのように形を変えたかは化石によって示されている（図15・28）．肉鰭類の胸鰭と腹鰭の中にある骨は両生類の肢の骨と相同（§12・6）である．陸上生活への移行期に，これらの骨はより大きくなり，体重を支えることができるようになった．肋骨も大きくなった．さらに，首もしっかりしてきたことで，頭部を独立して動かせるようになった．

陸上生活への移行は骨格の変化の問題だけではない．肺はより大きく複雑になった．魚の心臓は2室構造であったが，それが3室に分割されたことによって，血液を二つの循環経路に流すことが可能となった．一つは体全体への経路で，もう一つが重要性が増した肺への経路である．

陸上生活をすることの利点は何だったのだろうか．水なしで生存できる能力は季節的に乾燥する場所では大いに役立つ．また陸上なら水中の捕食者からは安全に逃れられたし，進化したばかりの昆虫を新しい食物源として利用することができた．

現生の両生類にはサンショウウオやカエルなどが含まれる．成体になると，ほとんどの種が肉食で，おもに昆虫やミミズを食べる．

両生類のなかで体の形が初期の四肢動物に最もよく似ているのが，前肢と後肢は同じくらいの大きさで長い尾をもつサンショウウオやイモリで，530種ほどが知られている（図15・29a）．サンショウウオの幼生は鰓があることを除けば小さな成体のように見える．

カエルは最も多様な両生類の系統で5000種を超える．筋肉の発達した長い後肢によって泳ぐことができ，みごとな跳躍をする（図15・29b）．前肢はとても小さく着陸のときの衝撃を吸収するのに役立つ．カエルの幼生は成体と著しく異なる．一般にオタマジャクシ（tadpole）とよばれている幼生には鰓と尾はあるが四肢はない（図15・29c）．

両生類は世界中で減少しており，現在では推定で30〜50%の種が絶滅の危機に瀕している．その原因のほとんどが人間活動によるものである．人間による繁殖地の破壊や水質汚染，さらにカエルツボカビによるツボカビ症のまん延などである．

❶ 肉鰭類のユーステノプテロン *Eusthenopteron* には鰭はあるが肋骨はない

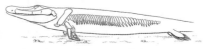

❷ 肉鰭類のティクターリク *Tiktaalik* には四肢のように変形した鰭と肋骨がある

❸ 初期の両生類であるイクチオステガ *Ichthyostega* には四肢と肋骨がある

図 15・28　脊椎動物の陸上生活への移行．後期デボン紀の化石．

図 15・29　両生類．体には鱗がない．(a) サンショウウ
オ．ほぼ同じ大きさの四肢をもつ．(b) カエル．前肢は
短いが，後肢は長く筋肉が発達している．(c) オタマ
ジャクシ．カエルの幼生で，鰓と尾をもち水中を泳ぐ．

15・8　水からの解放：羊膜類

　石炭紀には陸上脊椎動物の主流は両生類であった．石
炭紀後期に，両生類を祖先として，最初の羊膜類が進化
した．爬虫類（鳥類を含む）と哺乳類が羊膜類である．
　羊膜類（amniote）の特徴は，陸上での繁殖を可能に
する卵である．卵の中では，胚が保護膜に包まれ，体液
の中で成長する．ほとんどの系統で，雌は硬い殻または
革のような殻をもつ卵を産むが（図 15・30a），哺乳類
の一部では，胚が母親の体内で発育するものもある．羊
膜類を水から離れた生活に適応させた特徴は他にもあ
る．羊膜類の皮膚はタンパク質のケラチンを豊富に含み
水を通しにくくなっている．また，よく発達した1対の
腎臓によって水を節約することができ，受精は雌の体内
で行われる．
　鳥類の祖先や哺乳類の祖先を含む初期の羊膜類は体温
を調整する能力を進化させた．両生類，カメ類，トカゲ
類，ヘビ類などの**外温動物**（ectotherm）は外界から得

る熱で体温を維持している．それに対して鳥類や哺乳類
などの**内温動物**（endotherm）は，代謝による発熱量を
変えることで一定の体温を保つ．内温動物は，体を温か
く保つためにより多くのエネルギーを使うので，外温動

図 15・30　鳥類を除く"爬虫類"の多様性．(a) 卵から孵
化するニシキヘビ．(b) コモドオオトカゲ．世界最大の
トカゲ類．(c) 防御姿勢をとるカメ．(d) 餌の魚を捕ら
えたワニ．

物よりもたくさんの食物を必要とする.

爬虫類

羊膜類の初期の分岐で，爬虫類の祖先から哺乳類の祖先が分かれた．

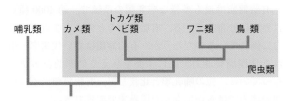

"爬虫類"という言葉の使い方には注意が必要である．系統の観点からみると，**爬虫類**（reptile）のクレードには，トカゲ類，ヘビ類，カメ類，ワニ類，絶滅した恐竜に加えて，鳥類も含まれる．

トカゲ類（lizard）や**ヘビ類**（snake）は皮膚が鱗で覆われており，成長に伴い周期的に脱皮する．すべての種が歯をもち，そのほとんどが活発に狩りをする．世界最大のトカゲ類であるコモドオオトカゲ（図15・30b）は，体長3mにもなる捕食動物である．その唾液には遅効性の毒が含まれている．獲物に噛みつき，毒で獲物が倒れるまで何時間も何日も追い続ける．

ヘビ類は白亜紀にトカゲ類から進化し，ニシキヘビなどヘビ類の一部は祖先の後肢の骨の名残を維持している．ヘビ類はすべて肉食動物であるが，毒牙をもつものは限られている．ガラガラヘビなどの毒牙をもつ種は獲物に噛みつき，毒腺へと変形した唾液腺でつくられる毒で獲物を制圧する．また，獲物に巻き付いて窒息死させる大型で無毒の種もいる．

カメ類（turtle, tortoise）には背骨の上に骨でできた体を保護する甲羅がある（図15・30c）．現生のカメ類には歯がない．その代わりにケラチン質の厚い層が顎を覆い，硬い"嘴"のようになっている．カメ類のほとんどは海中か淡水中で生活するが，完全に陸生のカメ類もいる．

ワニ類（crocodilian）は水中や水の近くに生息している．ワニ類は強力な顎に長い鼻と鋭い歯をもった捕食者である（図15・30d）．鳥類と同じような非常に効率のよい4室の心臓をもち，現生の"爬虫類"のなかでは最も鳥類に近縁である．

恐竜類（dinosaur）は独自の特徴的な骨盤によって他の爬虫類と識別される．ジュラ紀から白亜紀（約2億100万年前から6600万年前）にかけて，恐竜類は大きな適応放散をとげ，陸上で優占的となった．恐竜類の一系統である獣脚類の多くの種は羽毛をもっていた．約1億6000万年前，獣脚類から最初の鳥類が誕生した．恐竜類は白亜紀末（6500万年前）に絶滅したが，これは小惑星の衝突によるものと考えられている（§12・1）．

鳥類

鳥類（bird）は，現生動物のなかでは羽毛をもつ唯一の動物である．**羽毛**（feather）は鱗が変化したものである．鳥類は，翼をはばたかせる強力な胸筋をもつこと，効率的な呼吸系をもっていて，酸素を安定して供給できること，トカゲ類などと比較するとはるかに大きな眼と大きな脳をもっていて，視力と体各部の協調がはかられていること，骨格に気嚢という袋が入り込んで体重を減少させていること，膀胱をもたないこと，など，飛翔に適応した形質をもっている（図15・31）．

鳥類は他の爬虫類と同様に体内受精を行い，卵には羊膜類の卵に特徴的な四つの膜がある（図15・32a）．卵

図15・31 飛翔する鳥類．翼を下向きに打つことで浮揚力を得る．

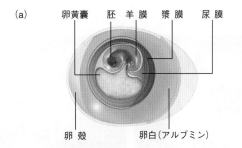

(a) 卵黄嚢　胚　羊膜　漿膜　尿膜　卵殻　卵白（アルブミン）

(b)

図15・32 鳥類の発生．(a) 卵の中で発生が進む胚．卵は卵黄嚢，羊膜，漿膜，尿膜の四つの膜をもつ．(b) 孵化したばかりのオウム．

黄の栄養分と卵白（アルブミン）の水分が，胚の発生を
支えている．鳥類の卵は，カメ類の一部やワニ類と同様
に，炭酸カルシウムで固められた卵殻で覆われている．

　ほぼすべての鳥類が，卵の孵化の準備が整うまで，片
親または両親が抱卵する．多くの鳥類では比較的未発達
な状態で孵化し，自力で生活できるようになるまで親の
手厚い世話が必要である（図15・32b）．

哺 乳 類

　哺乳類（mammal）は雌が乳腺（mammary gland）か
ら分泌される乳で自分の子を育てる羊膜類である．哺乳
類は毛（hair）をもつ唯一の動物でもある．毛は羽毛と
同様に鱗が変形したものである．鳥類と同じく哺乳類は
内温動物である．全身や頭が毛で覆われていることは体
温を維持するのに役立っている．

　哺乳類は特徴的な骨格や歯をもつ．他の脊椎動物に比
べて体の大きさの割に頭蓋骨や脳が大きく，脊椎動物の
中で唯一，中耳に三つの骨がある．他の顎のある脊椎動
物の歯はすべて似た形状をしているのに対し，哺乳類は
いろいろな種類の歯をもっている．それによって，哺乳
類は多くの種類の餌を食べることができる．

　哺乳類はジュラ紀前期に進化し，ネズミに似た初期の
種は恐竜と共存していた．1億3000万年前，単孔類
（monotreme，卵を産む哺乳類），有袋類（marsupial，袋
をもつ哺乳類）と有胎盤類（placental mammal，発生中
の子に栄養を供給することができる胎盤とよばれる器官
をもつ哺乳類）の3系統が進化した．図15・33はそれ
ぞれの系統の例である．

　単孔類は，4種のハリモグラと1種のカモノハシの計
5種だけが生き残っている．いずれもオーストラリアか
その周辺の島々に生息している．有袋類はより多様で，
カンガルーやオポッサムなど約300種がオーストラリア
とその周辺に，約100種（ほとんどがオポッサム）が南
米に生息している．

　有胎盤類は最も多様な哺乳類の系統で，約4000種が
世界中に分布している．有胎盤類のどのような点が競争
力に優れているのだろうか．有胎盤類は高い代謝率，優
れた体温調整能力，胚に栄養を与える効率的な方法を
もっている．他の哺乳類と比較して，有胎盤類の子は母
親の体内ではるかに進んだ段階まで成長できる．

　ネズミとコウモリが最も多様な哺乳類である．有胎盤
類の4000種のおよそ半分は齧歯類で，そのうちおよそ
半分がネズミである．次に多様なのがコウモリでおよそ
375種いる．コウモリは唯一の飛ぶことができる哺乳類
である．

　ヒトは霊長類である．次節では霊長類の独自の適応
と，ヒトの系統の歴史について学ぶ．

15・9　霊長類と人類の進化

　霊長類（primate）は有胎盤類の一つの目で，ヒト，
類人猿，サルの仲間やそれらに近縁な動物を含む．霊長
類は熱帯多雨林で進化し，霊長類の特徴的な形質の多く
は木の枝で生活することへの適応として生じた．霊長類
の肩は動かせる範囲が広く，木に登ることを容易にした
（図15・34）．大半の哺乳類と異なり，霊長類は腕を横
に伸ばし，頭より上にあげ，肘で前腕を回すことがで
きる．手でも足でもものをつかむことができる．哺乳

(a)　　　　　　　　　　　(b)　　　　　　　　　　(c)

図 15・33　哺乳類の親子.（a）単孔類（カモノハシ）．子は母親が体外に産んだ卵から孵化し，母親の皮膚からしみ出
る乳をなめる．（b）有袋類（カンガルーの一種）．初期の発生段階まで母親の体内で成長し，その後母親の腹にある袋
へ登って入り，そこで発生段階を完了するまで成長する．（c）有胎盤類（クマの一種）．子は後期の発生段階まで母親
の体内で成長する．生まれた後は母親の胸や腹にある乳首から乳を吸う．

図 15・34　樹上生活への適応. 雌のオランウータン. 肩が大きく動き, 手足で物をつかむことができる. 両眼は顔の前方につくため, 立体視で距離感が得られる.

類の多くはかぎ爪をもつが, 霊長類は手足の指の先端には平たい爪をもち, 爪はその下にある触覚器を保護している.

霊長類は他の哺乳類よりも体の大きさに比べて大きな脳をもつ. 脳の多くの部位を視覚や情報処理に使い, 嗅覚に使われる部分は少なくなった. 大半の哺乳類の眼は広く離れて頭の両側面にあるが, 霊長類では, 両眼が前側にある傾向がある. そのためそれぞれの眼が, わずかにずれた位置から同じ範囲をみることになる. 脳が, 両眼から受取る信号の違いを統合し, 三次元の像をつくる. 霊長類の優れた距離感覚は木の枝から枝へと跳び回

る生活に適している.

大半の霊長類は社会性があり, 雌雄両方の成体を含む群れをつくって生活する. 雌は通常は一度に1または2個体の子を産み, 産んだ後も子の面倒をみる.

霊長類の起原と多様化

図 15・35 は現生の霊長類の系統樹である. 霊長類は恐竜が滅びる前, 8500 万年前から 6600 万年前の間に出現した可能性が高い.

現生の霊長類のなかで最も古い系統はキツネザルである (図 15・36a). メガネザル (図 15・36b) と他のすべての**真猿類** (anthropoid) では, 上唇が歯茎から分離して動かせるように進化した. この進化の革新によって, さまざまな顔の表情がつくれるようになり, 言語を使うことが可能となった. 真猿類には, サルの仲間, 類人猿, ヒトが含まれる. ほぼすべての真猿類が昼行性で, 優れた視覚をもち, 色覚もある.

新世界ザル (図 15・36c) は中米や南米の森林に生息し果実を食べている. 平たい顔で鼻孔が広く離れた鼻をもつ. 長い尾がバランスをとるのに役立っている. 多くの種は尾でものをつかむことができる.

旧世界ザルはアフリカ, 中東, アジアに生息する. 新世界ザルよりも大きめで, 鼻孔が近くによった長い鼻をもっている. 樹上生活をする種や, ヒヒ (図 15・36d) のように, 草原や砂漠の地上でほとんどの時間を過ごす種がある. 旧世界ザルには尾をもたないものもいる. 尾があっても短く, 決して尾で何かをつかむことはできない.

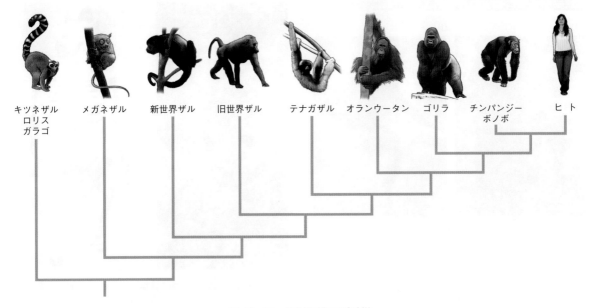

図 15・35　現生霊長類の系統樹

尾のない霊長類は**類人猿**（ape）とよばれる．テナガザルとよばれる約15種の体の小さな類人猿は，東南アジアの森林に生息している．スマトラ島やボルネオ島の森で木の上で生活するオランウータンは，アジアで唯一現存している大型類人猿である．他の大型類人猿（ゴリラ，チンパンジー，ボノボ）はすべて中央アフリカ原産で，大半の時間を地上で過ごす．アフリカの類人猿は歩くときに前傾姿勢となり，握り拳でその体重を支えている（図15・36e）．現存する最大の霊長類であるゴリラは，森で生活し，おもに葉を食べている．チンパンジー（図15・36f）とボノボがヒトに最も近縁な動物である．チンパンジーとボノボを含む系統は，ヒトへとつながる系統と600万年から1300万年前に分岐した．

初期のヒト族

ヒトとヒトに近縁な絶滅種は**ヒト族**（hominin，Tribe Homini）としてまとめられる．ヒト族を定義づける形質は**二足歩行**（bipedalism）すなわち常に直立して歩くことである．そのため，ヒトの起源を探る研究者は直立して歩いていた証拠となるような化石を探している．

初期ヒト族として最もよく知られているのは，約400万年前から120万年前までアフリカに生息していた**アウストラロピテクス属**（*Australopithecus*）である．アウストラロピテクス属には，ヒトの祖先と思われる種がいくつか含まれている．アウストラロピテクス属の化石をみると，歯が小さくなり，直立歩行の能力が向上する傾向がみられるが，脳の大きさはほとんど増加していない．

タンザニアで見つかった足跡化石は，360万年前に二足歩行する種がいたことを示している（図15・37a）．この足跡をみると，足に土踏まずがありアーチ状になっ

図 15・36　現生霊長類の多様性．(a) キツネザル．湿った鼻をもち，上唇は割れている．(b) メガネザル．乾いた鼻をもち，上唇は割れていない．(c) リスザル（新世界ザル）．顔が平たく，長い尾はものをつかむことができる．(d) ヒヒ（旧世界ザル）．鼻が長く，尾が短い．(e) ゴリラ．現存する最大の大型類人猿．(f) チンパンジー．ヒトに最も近縁な2種のうちの一つ．

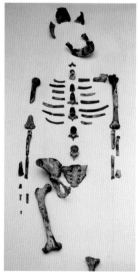

図 15・37　初期のヒト族の証拠．(a) 360万年前の二足歩行をしていた種の足跡．(b) 350万年前のアウストラロピテクス・アファレンシスの化石（ルーシー）．

ていること，足の親指が他の指と並列していることがわかる．この足跡の主はおそらく 390 万年前から 300 万年前までタンザニアやアフリカ東部にいたアウストラロピテクス・アファレンシス *Australopithecus afarensis* と思われる．ルーシーと名づけられた骨格（図 15・37b）は，この種の最もよく知られた代表的な化石である．アウストラロピテクス・アファレンシスはヒトの祖先である可能性があると考えられている．

初期のヒト属

　現生人類（ヒト human）はヒト属（ホモ *Homo*）の一員である．

　ヒト属の最も古い種は**ホモ・ハビリス** *Homo habilis* で，その化石は 230 万年前から 140 万年前のものである．ホモ・ハビリスとは“器用なヒト”という意味である．最初に発見されたこの種の化石の近くに石器が見つかったため，この名がつけられた．ホモ・ハビリスの分類については，現在も議論が続いている．この種は，体形や脳の大きさがアウストラロピス属に似ているため，アウストラロピテクス属に含めるべきだと考える研究者もいる．また，手や腕が現生人類と似ていることから，ヒト属に含めるべきだと主張する研究者もいる．

　ホモ・エレクトス *Homo erectus* は 200 万年前にアフリカで誕生した．現生人類と同じような体形をもつ最初のヒト族である．この名前は，“直立するヒト”を意味しており，現生人類と同様に腕よりも長い足で直立していた．これまでに発見されたホモ・エレクトスの化石の中で最も完全なものは，約 150 万年前のケニアに住んでいた若い雄の骨格である（図 15・38a）．

　ホモ・エレクトスは，アフリカ以外の地域で確認された最初のヒト族である．ホモ・エレクトスの化石は中国（図 15・38b）とユーラシア大陸のジョージアで発見されている．ホモ・エレクトスの一部がアフリカ以外の新しい場所に定着してからも，アフリカのホモ・エレクトスの個体群は繁栄し続けていた．ホモ・エレクトスのアフリカの個体群が，現生人類やネアンデルタール人の祖先である可能性が最も高いと考えられている．

現 生 人 類

　ホモ・サピエンス *Homo sapiens* は，私たち現代人に対して分類学的に与えられた種名である．ホモ・エレクトスと比較して，ホモ・サピエンスはより高くて丸い頭蓋，より大きな脳，歯や顎骨が小さく平たい顔をもっている．ヒト族の中で唯一，下顎の真ん中におとがいとよばれる突出した部分がある．

　ホモ・サピエンスがいつ誕生したのかについては，まだ研究が続いている．エチオピアで発見された 19 万5000 年前の二つの頭蓋骨が，長い間，ホモ・サピエンスの最古の化石とみなされてきた．しかし，最近になって，モロッコで発掘された顎の化石を分析したところ，30 万年前のものであることが判明した．

　最古のホモ・サピエンスの化石はどれもアフリカで発見されており，このことは人類がアフリカで誕生したことを示している．遺伝的解析もこのことを支持している．現代のアフリカ人は，他のどの地域の人々よりも遺伝的に多様である．アフリカの集団が他の地域の集団に比べてとても長い間存続したため，多くの突然変異が蓄積された．さらに，アフリカ以外の地域に住む人々にみられる遺伝的変異のほとんどは，アフリカでみられる変異の一部分であることがわかってきた．アフリカから離れた小集団で創始者効果が生じて，アフリカでみられる変異の一部がこの集団で引き継がれた．

　ギリシャで最近発見されたホモ・サピエンスの化石は，21 万年前にはすでに，アフリカから出た集団があることを示している．また，中国で見つかった別の 10 万年前の化石も，ホモ・サピエンスである可能性がある．しかし，現代人の DNA 解析から，アフリカ以外のほとんどの集団は，7 万年から 6 万年前にアフリカを離れた集団の子孫であることがわかっている．ホモ・サピエンスは，何世代にもわたって，小さな集団で生まれた地から外に出ていくことで，その生息範囲を広げてきたのである．先駆者たちは，アフリカの海岸沿いに移動し，次にユーラシアとオーストラリアに渡った．約 4 万年前には，ヨーロッパとインドネシアで岩に壁画を描いているし，1 万 3000 年前には，北米西海岸のブリティッシュコロンビアの海岸に足跡を残した．

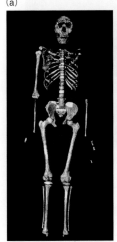
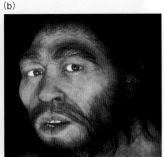

(a)　　　　　　(b)

図 15・38　**ホモ・エレクトス**．初めてアフリカから出たヒト族．(a) ケニアで発掘された 150 万年前の雄の化石骨格．(b) 中国で見つかった 70 万年前の頭蓋骨からの復元像．

ネアンデルタール人とデニソワ人

　ネアンデルタール人（Neanderthal，*Homo neander-thalensis*）は，長い間，われわれヒトに最も近縁な絶滅種であると考えられてきた．複数の化石から得られた骨からネアンデルタール人の雄を復元したところ，身長はおよそ 164 cm であった（図 15・39）．

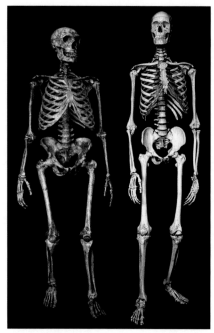

ネアンデルタール人　　　　　　ヒト

図 15・39　ネアンデルタール人の雄とヒトの男性の骨格．ネアンデルタール人の骨格は複数の化石に基づいて再構成された．色の違いは異なる化石であることを示している．

　ネアンデルタール人は約 23 万年前に初めて出現し，中東，ヨーロッパ，中央アジアに広範囲な化石記録を残している．最近の研究では，ネアンデルタール人は現代人よりも背が低かったものの，直立していたことが明らかになっている．冬の寒さが厳しい地域に住んでおり，背が低くずんぐりした体によって，熱を逃がす表面積を最小にしていた．現代の北極圏の人々も同じような体型をしている．

　ネアンデルタール人の頭蓋はわれわれヒトのものと比べて横に長くて低いが，脳の大きさは同じかより大きかった．その顔面は，眉の隆起が著しく，鼻孔が離れた大きな鼻があり，おとがいはなかった．ネアンデルタール人が話すことができたことを示唆するいくつかの証拠もある．

　最も新しいネアンデルタール人の証拠は，約 4 万年前のものである．なぜ彼らは絶滅したのだろうか．新たにやってきたヒトとの争いで負けた，またはヒトがもたらした病気によって死亡したのかもしれない．もしくは，気候の変化によって，狩猟していた動物の数が減少し，減亡へと向かったのかもしれない．

　シベリアのデニソワ洞窟で発見された小指の骨の化石から抽出された DNA の塩基配列の解析によって，**デニソワ人**（Denisovan）の存在が発見された．同じ地域から出土した別の指の骨を分析した結果，小指の骨はネアンデルタール人の母親とデニソワ人の父親をもつ少女のものであることが判明した．現時点では，デニソワ人に正式な種名は与えられていない．

　初期の現生人類は，アフリカを離れユーラシア大陸に生息域を拡大したときに，ネアンデルタール人やデニソワ人と出会い交雑した（図 15・40）．これら三つのヒト族は，同じ共通祖先から，70 万年前から 50 万年前の間に分岐した ❶．そして，約 6 万年前，一部の現生人類が中東に進出した際，ネアンデルタール人と出会い交雑した ❷．その結果，アフリカ以外の地域に住む現生人類は，アフリカに住む現生人類にはまれなネアンデルタール人特有の対立遺伝子をもつようになった．

　2 回目の交雑は，約 4 万年前にアジアのどこかで起

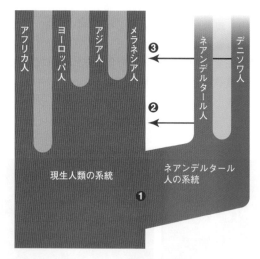

図 15・40　ホモ・サピエンスの進化に関する現在考えられている一つのモデル．現生人類の一部の個体群は，ネアンデルタール人やデニソワ人由来の DNA 塩基配列をもっている．
❶ 70 万年前に，現生人類の祖先とネアンデルタール人やデニソワ人の系統とが分岐したと考えられている．
❷ 約 6 万年前，アフリカから進出した現生人類の祖先が，中東に住んでいたネアンデルタール人と交雑した．
❸ 約 4 万年前，後にニューギニアやオーストラリアに移住する現生人類の祖先がデニソワ人と交雑した．

こった．このときには現生人類とデニソワ人が交雑した❸．一部のアジア人にデニソワ人特有の対立遺伝子が見つかっているのはこの交雑によるものと考えられる．パプアニューギニアなどのメラネシア人は，特に高い割合でデニソワ人のDNAをもっている．ネアンデルタール人やデニソワ人のゲノム解析に大きな業績をあげたペーボ（Svante Pääbo）は，2022年にノーベル賞を受賞した．

ま と め

15・1　無脊椎動物（背骨のない動物）の多様性は，脊椎動物をはるかにしのぐ．無脊椎動物がつくり出す化合物のなかには薬として利用できるものも多い．

15・2　動物は食物を摂取する多細胞の従属栄養生物であり，生活史の少なくとも一部に運動性をもつ．動物の起原に関する群体説によれば，動物はおそらく群体性の原生生物から進化した．ほとんどの動物には組織があり，体は放射相称または左右相称である．左右相称動物には，旧口動物と新口動物の系統があるが，いずれも三胚葉をもつ胚から発生する．それ以外の発生過程は異なっているが，ほとんどの動物が消化管の周りに体腔をもつ．

15・3　海綿動物は固着性の沪過食者で体に相称性がなく組織もない．雌雄同体で，それぞれの個体が卵と精子をつくる．放射相称の刺胞動物は，二胚葉をもつ．クラゲのようなクラゲ型とイソギンチャクのようなポリプ型の二つの体制がある．刺細胞は餌を捕えるのに役立つ．

15・4　扁形動物，環形動物，軟体動物は，旧口動物の系統に属している．扁形動物は単純な器官をもち，胃水管腔はあるが体腔はない．プラナリア類は自由生活をする扁形動物で，吸虫類や条虫類は寄生性である．

環形動物は体節がある蠕虫で体腔をもつ．土壌中に生息する貧毛類は完全な消化管と閉鎖循環系をもつ．環形動物には，多毛類やヒル類が含まれる．

軟体動物には体壁がスカートのように伸びた外套膜がある．外套膜は殻を分泌する．腹足類（巻貝，ナメクジ）や頭足類（タコなど）は頭部にある歯舌を摂食に用いる．二枚貝類は沪過摂食をする．ほとんどの軟体動物は開放循環系だが，頭足類は閉鎖循環系である．

15・5　線形動物と節足動物は脱皮する旧口動物である．線形動物は体節のない蠕虫で，完全な消化管と偽体腔をもつ．自由生活性または寄生性である．

節足動物は動物門の中で最も多様性が高い．カブトガニ類は海生の底生動物である．クモ類には，クモ，ダニ，サソリなどが含まれる．イセエビ，オキアミ，フジツボなどほとんどの甲殻類は水生である．ムカデやヤスデの多足類は細長い体をもち，陸生である．昆虫類は最も多様性の高い動物群で，触角と複眼をもつ．翅をもつ唯一の無脊椎動物で，ほとんどの昆虫類は変態をする．

15・6　新口動物には，棘皮動物や脊索動物が含まれる．ヒトデ類などの棘皮動物は，棘や骨片などの炭酸カルシウムの内骨格をもっている．成体がもつ管足を備えた水管系は運動などに使われる．成体の体は放射相称だが幼生は左右相称である．

脊索動物は胚の四つの形質で定義される．それらは，脊索，背側の中空の神経索もしくは神経管，鰓裂のある咽頭，肛門より後方に伸びた尾である．動物群に応じてこれらの形質の一部またはすべてが成体になっても残る．

頭索動物や尾索動物は無脊椎の脊索動物である．大部分の脊索動物は脊椎動物であり，軟骨または硬骨の脊柱をもっている．顎，肺，四肢，さらに防水性の卵が脊椎動物の適応放散を可能にした重要な進化的革新であった．四本の手足をもつようになった脊椎動物は四肢動物とよばれる．すべての脊椎動物は完全な消化管，閉鎖血管系，腎臓をもっている．

15・7　最も初期の魚類は無顎類である．軟骨魚類と硬骨魚類には顎，鱗，対鰭がある．硬骨魚類は最も多様でよく知られた魚類を含む条鰭類と肉鰭類との二つの系統からなる．

両生類は，肉鰭類から分岐し，繁殖には水を必要とする．現生の両生類にはサンショウウオやカエルが含まれる．体外受精で，総排出腔の開口部から卵と精子が放出される．この開口部は消化排出物や尿の出口としても使われる．

15・8　羊膜類は繁殖のために外部の水を必要としない脊椎動物である．皮膚や腎臓を用いて体内の水分を保持し，胚が膜や体液に包まれた卵をつくる．哺乳類は羊膜類の系統の一つで，鳥類を含む爬虫類がもう一つの系統である．ほとんどの爬虫類は外温動物であるが，鳥類は哺乳類と同様に内温動物である．内温動物は代謝による発熱で体温を維持することができる．哺乳類には卵を産む単孔類，袋をもつ有袋類，胎盤をもつ有胎盤類の三つの系統がある．有胎盤類は最も多様な系統である．

15・9　霊長類は樹上生活に適応した系統であり，ものをつかむことができる手をもっている．真猿類（サルの仲間，類人猿，ヒトの仲間）は動かせる上唇をもつ．類人猿は尾をもたない．現生の動物でヒトに最も近縁なのはチンパンジーとボノボである．

二足歩行をするヒト族はヒトとヒトに近縁な絶滅種を含む．アウストラロピテクス属は初期のヒト族で，その一部がヒトの祖先であると考えられている．ヒト属の最初の種はホモ・ハビリスであり，アウストラロピテクス属に似ていた．ホモ・エレクトスはより大きな脳をもち，一部はアフリカから外へと進出した．現生人類のホモ・サピエンスはアフリカ

で生じた. ホモ・サピエンスは分布を広げ, その一部はネアンデルタール人やデニソワ人と交配した. その結果, ヒトの一部のゲノムには, これらの種の対立遺伝子が残っている.

試してみよう (解答は巻末)

1. 最初の動物は ____
   a. カンブリア紀に出現した
   b. 三つの細胞層からなる胚をもっていた
   c. 海にすんでいた
   d. 開放循環系をもっていた

2. 動物の起原の群体説によれば, ____
   a. 動物はカンブリア紀に陸上へ進出した
   b. 動物は群体性の原生生物から進化した
   c. 最初の動物は群体をつくっていた
   d. 多くの動物は社会性をもつ集団で生活する

3. 大半の動物の体は ____ である.
   a. 放射相称   b. 左右相称   c. 非相称

4. 翅がある無脊椎動物は ____ 動物門のみに含まれる
   a. 扁形   b. 環形   c. 節足   d. 刺胞

5. 脊索動物がもつ四つの顕著な形質を列挙し, そのうち, ホヤ類の成体が保持している形質は何かを答えよ.

6. すべての脊椎動物は ____ であり, ____ は脊椎動物の一部である.
   a. 四肢動物, 哺乳類
   b. 脊索動物, 羊膜類
   c. 羊膜類, ヒト族
   d. ヒト族, アウストラロピテクス属

7. 羊膜卵は ____
   a. 複数の膜で胚を包んでいる
   b. 通常, 水中に産み落とされる
   c. 旧口動物の系統を定義する形質である
   d. 四肢動物が陸上へ進出することを可能にした

8. 鳥類と有胎盤類は ____
   a. 内温動物である   b. 恐竜類の子孫である
   c. 乳腺をもっている   d. 開放循環系をもっている

9. 直立二足歩行は霊長類を定義する形質である. 正しいか誤りか.

10. ホモ・エレクトスはホモ・サピエンスと ____ の祖先であると考えられている
    a. ホモ・ハビリス   b. アウストラロピテクス属
    c. 大型類人猿   d. ネアンデルタール人

11. 左側の動物の説明として最も適当なものを a〜m から選び, 記号で答えよ.

    ____ 海綿動物   a. 最も多様な脊椎動物である
    ____ 刺胞動物   b. 組織も器官もない
    ____ 扁形動物   c. 関節でつながれた外骨格をもつ
    ____ 線形動物   d. 体を覆う外套膜をもつ
    ____ 環形動物   e. 体節がある蠕虫である
    ____ 節足動物   f. 管足をもつ
    ____ 軟体動物   g. 刺細胞をもつ
    ____ 棘皮動物   h. 羊膜卵を産む
    ____ 魚類   i. 乳を分泌して子に飲ませる
    ____ 両生類   j. 体節がない蠕虫で脱皮する
    ____ 鳥類   k. 最初の陸生の四肢動物である
    ____ 哺乳類   l. 尾のない霊長類である
    ____ 類人猿   m. 袋状の消化管をもつ左右相称動物である

12. 次の出来事を起こった順に並べよ.
    a. カンブリア紀の多様性の大爆発が起こった
    b. 動物の祖先が生じた
    c. 四肢動物が陸上へと進出した
    d. 恐竜が絶滅した
    e. ホモ・エレクトスがアフリカから外に出た
    f. 最初の顎をもった脊椎動物が進化した

16 個体群生態学

16・1 カナダガンの管理

米国では草地が広がる公園やゴルフコースを訪れる時，足元に注意しないといけない．水辺の近くの広い草地は，多くのカナダガン *Branta canadensis*（図16・1）をひきつける．草食のカナダガンは，毎日約1.4 kgのベトベトした緑色の糞を陸上に落とす．多量の糞は人に不快感を与えるだけでなく，湖や池に溶け込んだ糞がもたらす栄養塩は細菌や藻類の異常な増殖をひき起こす．さらに，糞に含まれている住血吸虫の卵が水に溶け込み，人間の皮膚に入って住血吸虫性皮膚炎の原因となることがある．

米国の連邦法と国際条約によって渡り鳥は保護されている．しかし，個体数増加によりひき起こされる問題のため，米国魚類野生生物局はカナダガンを保護の一部から除外した．それでも，カナダガンの個体数の管理は依然として困難な問題である．なぜなら，カナダガンの異なる個体群が米国内に存在するからである．**個体群**（population）とは，ある特定の場所に生息する同種の生物の集団であり，同じ個体群内の繁殖は，他の個体群の個体との繁殖よりも多い．

カナダガンの多くは今でも繁殖のためカナダ北部に渡る．しかし，渡りをやめた個体群もいくつかある．ガンは生まれ育った場所で繁殖する．渡りをやめたガンは，公園や狩場に人為的に導入されたガンの子孫である．

渡りをしない留鳥は，渡りをする鳥より多くのエネルギーを繁殖に費やせる．しかも留鳥が生息する郊外や都市には，餌（草）がたっぷりあり，しかも捕食者がいない．したがって，カナダガンの個体群が最も増えているのは，こうした人口が多い場所である．

野生生物管理者は，カナダガンの留鳥の個体数を，渡りをする個体に過度の害を及ぼさずに減らそうとしている．そのためには，カナダガンのそれぞれの個体群の特性や，これらの個体群が互いに，あるいは他の種とどのように相互作用しているかを知らなければならない．

このような疑問を対象とするのが，**生態学**（ecology）である．生態学は，生物間や生物と物理的な環境との相互作用を研究する．生態学は，自然環境の保護を主張する**環境保護主義**（environmentalism）とは異なる．しかし，環境保護主義者は，生態学の研究結果をよく引用し，環境問題への関心をひこうとする．

16・2 個体群の特徴

ある一つの種のすべての個体群が広がる地理的な地域をその種の**分布域**（range）という．各個体群が存在するのは，その種の分布域の一部の地域で，その地域に特有の条件の影響を受け，それに適応している．その結果，同じ種の複数の個体群は，通常，サイズ，密度，分布，齢構造などの特性において異なっている．生態学の研究では，これらの特性について定量的に測定できるデータを収集することが多い．

図 16・1 米国のカリフォルニアの公園にたくさんみられるカナダガン

個体群サイズ，個体群密度，および個体群の分布

個体群サイズ（population size）は，ある個体群に存在する個体の数である．**個体群密度**（population density）とは，生息場所の面積や容積当たりの個体数のことである．たとえば，1ヘクタールの多雨林に存在するカエルの数や，池の水1リットル当たりのアメーバの数などである．

個体群の分布（population distribution）とは他個体との関係から個体が分布する様式を表す．ある個体群の構成者は，集中して分布するか，ほぼ一様に分布するか，あるいはランダムに分布するかである．

大半の個体群では，その構成個体は**集中分布**（clumped distribution）を示す．これは，確率的に予想されるよりも密に個体どうしが互いに接近していることを意味す

る．しばしば，必須な資源が島状に分布していると，そこには個体が引き寄せられる．たとえば，カバは川底が泥で浅いところに集まる（図16・2a）．同様に，涼しく湿った北向きの斜面にはシダが多いが，すぐ隣の乾いた南向きの斜面には全くみられない．

無性生殖によっても集中分布が生じる．雌のアブラムシは，夏には無性的に繁殖し，生まれた多くの雌の子供は母親のすぐ傍で生息する．同様に，ポプラの仲間などでは，無性繁殖により大きな林分が生じることがある．

社会的な行動のため動物が同所的に存在し，そのため集中分布が生じることもある．社会的な集団で生息することの利点として，捕食者を発見しやすくなったり，協調して防衛したり，餌資源の場所を見つけ利用する能力を高めることもある．

資源を巡る競争によって，確率的に予想されるよりも均等に個体が空間的に分布し，**一様分布**（uniform distribution）が生じる．米国南西部の砂漠のメキシコハマビシは，この分布様式で生育する．この植物の根系の間では水を巡る争いがあるために，植物どうしが密接して生育できない．同様に，繁殖地の海鳥は一様分布を示す．それぞれの鳥は巣に座ったままで嘴が届く範囲に入った他の鳥を激しく攻撃する（図16・2b）．

個体群が野外で**ランダム分布**（random distribution）するのはまれである．個体のランダム分布が生じるのは，資源がどこでも同じように利用でき，他個体へ近づいても利益も害ももたらされないときのみである．たとえば，タンポポの種子が風で散布され郊外の草地に落ちると，成長したタンポポはランダム分布になる（図16・2c）．

個体群の**齢構成**（age structure）は，それぞれの齢のカテゴリーに属する個体数と雄と雌の個体数によって決まる．個体群の齢構成は将来の個体群サイズを予測するために有用な情報である．まだ繁殖を開始していない若い個体の割合が大きい個体群は，おもに老齢の個体で構成される個体群よりも個体数が増える可能性が大きい．人口増加に対する齢構成の影響については，§16・5で扱う．

個体群に関するデータの収集

科学者はさまざまな方法を用いて，個体群サイズと個体群構成員の特徴を明らかにする．

湖の水鳥のように，少数の個体で構成される明確な個体群では，すべての個体を計数する．草原のレイヨウや湾内のクジラの計数には，航空写真が使われる．ドローンから撮影すれば調査の費用は安くなり，動物に危害を及ぼす可能性も低くなる．

(a) カバの集中分布

(b) 海鳥の巣の一様分布

(c) タンポポのランダム分布

図 16・2　個体群の分布様式

多くの個体群は大きすぎるか個体が分散し過ぎているため，すべての個体を計数することはできない．このような環境下では，科学者は個体群の一部をサンプル（標本）として取出し，そこから得られたデータを用いて，個体群全体の特徴を推定する．

ある地域のどこかに一定面積の方形区を設け，その中の個体数を数える抽出法により，その地域に存在する個体の総数を推定できる．たとえば，生態学者はプレーリーに生育するヒナギクの数や干潟に生息する二枚貝の数を求めるために，1メートル四方の方形区をいくつか設け，その中に存在する個体数を調査する．調査した方形区内の個体数の平均値を求め，その値を個体群が成育する地域の面積当たりに換算し，個体群全体のサイズを求める．方形区当たりの個体数から個体群サイズを推定する方法の精度は，成育場所の環境条件が均質で，移動しない生物を対象とするときに最も高い．

移動性の高い動物の個体数は直接に計数できないので，間接的に個体群の大きさを推定する．そのために **標識再捕獲法**（mark-recapture sampling）がよく使われる．研究者は，動物を捕らえて標識して放し，しばらくしてから，再び捕まえる．2回目に捕まえた動物のうちの標識がある動物の割合が，個体群全体に対する標識した動物の割合に等しいと考えられる．この関係を表す式は，

$$\frac{2回目の採集で得られた標識個体数}{2回目の採集で得られた個体数} = \frac{1回目の採集で標識した個体数}{個体群の全個体数}$$

たとえば，研究者が100個体のシカを捕まえ標識し放したとしよう．しばらくして，また100個体のシカを捕まえたところ，50個体が標識されていた．2回目に捕獲した際の標識された個体の割合（50%）が示しているのは，そのシカ個体群全体の半数が標識されたということである．つまり，最初に標識された100個体のシカは200個体からなるシカの個体群の成員であったことになる．

調査をした方形区内に存在する個体や捕獲した個体の齢構成や性比などの特性の情報は，個体群全体の属性を推測するのに使われる．たとえば，標識再捕獲法を用いた研究で捕まえたシカの1/3が繁殖齢であれば，個体群の1/3はこの特徴を共有すると仮定される．

16・3　個体群成長のモデル

個体が死亡する速度より個体が生まれる速度が大きければ，個体群は成長する．生態学者はふつう，出生と死亡を個体当たり，あるいは，頭数当たり，として測定する．たとえば，2000個体からなるハッカネズミの個体群で，月当たりに1000個体の子ネズミが生まれると，月当たりの出生率は，1個体のネズミ当たりで，1000/2000つまり0.5である．ある個体群で，個体当たりの出生率から個体当たりの死亡率を引くと，**個体当たりの成長（増殖）率**（per capita growth rate）を求めることができる．2000個体からなるハッカネズミの個体群での死亡が月当たりで200個体（1個体当たり0.1）とすると，1個体当たりの成長率は月当たりで，0.5 − 0.1 = 0.4となる．

指数成長

個体群の指数成長モデル（exponential model of population growth）を使うと，1個体当たりの成長率が一定で，資源が無限にあるときの経時的な個体群サイズの変化を記述できる．このような理論的な条件のもとで，期間の長さにかかわらず，個体群成長Gは次式で計算できる．

$$N \times r = G$$

ここで，Nは個体数，rは個体当たりの成長率，Gは単位時間当たりの個体群成長である．

この式を，2000個体のハッカネズミで構成され，1個体当たり月当たりの成長率が0.4の個体群にあてはめてみよう．最初の1カ月で，2000 × 0.4，つまり800個体増えて，個体群サイズは2800個体となる．その次の月には，2800 × 0.4，つまり1120個体のハッカネズミが加わり，それが続いていく．この成長率のもとでは，2000個体から始まった個体数は，2年もたたないうちに100万個体を超える．個体群サイズを縦軸に，時間を横軸としてグラフにすると，J字形の曲線になり，これは，指数成長の特徴である（図16・3）．

個体群の指数成長モデルでは，資源が無限に存在すると仮定しているため，通常個体群成長の長期間に及ぶ正確な予想はできない．しかし，十分な量の資源が存在する場合に予測される短期間の個体群成長は，このモデルによって推測できる．たとえば，ある種の少数の個体が新たな生息場所に移入すると，その個体群は一定期間は指数関数的に成長する．

密度依存限定要因

指数関数的に永遠に成長する個体群は存在しない．個体群サイズが増加するにつれて，**密度依存限定要因**（density-dependent limiting factor，密度依存的要因ともいう）によって出生率は低下し，死亡率は増加する．

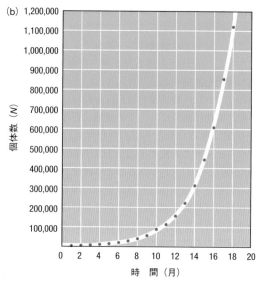

(a)		最初の個体群サイズ		月当たりの増加個体数		1カ月後の個体群サイズ
G =	r ×	2,000	=	800		2,800
	r ×	2,800	=	1,120		3,920
	r ×	3,920	=	1,568		5,488
	r ×	5,488	=	2,195		7,683
	r ×	7,683	=	3,073		10,756
	r ×	10,756	=	4,302		15,058
	r ×	15,058	=	6,023		21,081
	r ×	21,081	=	8,432		29,513
	r ×	29,513	=	11,805		41,318
	r ×	41,318	=	16,527		57,845
	r ×	57,845	=	23,138		80,983
	r ×	80,983	=	32,393		113,376
	r ×	113,376	=	45,350		158,726
	r ×	158,726	=	63,490		222,216
	r ×	222,216	=	88,887		311,103
	r ×	311,103	=	124,441		435,544
	r ×	435,544	=	174,218		609,762
	r ×	609,762	=	243,905		853,667
	r ×	853,667	=	341,467		1,195,134

図 16・3　ハツカネズミ個体群の指数成長モデル. この個体群では，1個体当たり月当たりの成長率 r は 0.4 であり，最初のサイズは 2000 個体である.（a）時間による個体数の増加. 増加数が世代ごとに増えることに注意.（b）時間に対して個体数を図示すると J 字型の曲線となる.

種内競争（intraspecific competition），つまり同一の種に属する個体間の競争は，重要な密度依存限定要因である. ある個体群に属する動物たちが求めて競争する必須の資源には，餌や水，隠れる場所や営巣場所がある. 植物は，栄養塩と水，太陽の光を巡って競争する.

寄生や接触伝染性感染症，捕食もまた密度依存限定要因である. 個体が密接すればするほど，寄生虫や病原菌は広がりやすい. 捕食者は最も多い獲物の種を集中して捕食するので，密度が高いほど捕食されやすい.

環 境 収 容 力

環境収容力（carrying capacity）とは，ある環境が長期的に維持できる一つの種の最大の個体数をいう. "長期的に維持"とは，その環境で注目している種の生存を脅かす環境の劣化が将来も生じないことを意味する. 環境収容力は環境と種の両方に特異的なことに注意すべきである. 定期的な降水を期待できる場所は，単位面積当たりにイネ科の草本を砂漠よりも多く維持できる. ある生物種の環境収容力は，時間の経過につれて変化する. たとえば，ある植物種の環境収容力は，土壌中の栄養塩が枯渇すると低下する.

ロジスティック成長

個体群のロジスティック成長モデル（logistic model of population growth）は，個体群サイズが環境収容力に近づくにつれて個体群成長がどのように変化するかを記述する. また，指数成長モデルとは違い，密度依存限定要因の影響を取入れている. ロジスティック成長では，個体群成長速度は一定ではなく，個体群密度の増加とともに減少する.

資源の量に比べて個体数が少ないときには，個体群は指数関数的に成長する（図 16・4 ❶）. 個体数が増加するにつれて，密度依存限定要因のために，成長にはブレーキがかかる. 密度依存限定要因の結果として，個体群成長率は低下し始める ❷. 個体群の成長は，環境収容力に達するまで続く ❸.

密度独立限定要因

自然災害や人為的な要因が個体群サイズに影響することがある. 個体群サイズを低下させる要因には，火山の噴火やハリケーンや洪水，石油流出がある. これらは**密度独立限定要因**（density-independent limiting factor，密度非依存的要因ともいう）といわれ，その発生の頻度や影響の強さに個体群の混み合いの程度は影響しない.

限定要因の複合的な影響

自然界では，密度依存限定要因と密度独立限定要因が相互作用して，個体群の運命を決定する. アラスカ沖の無人島セントマシュー島に，1944 年に 29 頭のトナカイが導入された. 1957 年に，生物学者のクライン（David Klein）がこの島を訪れたとき，地衣類を食む栄養状態のよいトナカイが 1350 頭いた（図 16・5）. 1963 年に彼

図 16・4　**ロジスティック成長の例**. 資源量が限られている生息地に, 数頭のシカが導入されると何が起こるか.
❶ 個体群が小さいときは, 個体はすべての必要な資源にアクセスでき, 個体群は指数関数的に成長する.
❷ 個体群サイズが成長するにつれて, 密度依存限定要因が影響し始めるので, 成長率の低下が始まる.
❸ 最終的には, 個体群サイズは, 安定する. 個体群サイズを時間軸に対してグラフにすると, S字形の曲線となる.

が再びこの島を訪れると, トナカイは6000頭に達していて, その島の収容力をはるかに超えていた.

　1966年には, わずか42頭のトナカイしか生き残っていなかった. 残った雄は1頭だけだった. 1齢にみたない幼獣はみられなかった. 1963年から1964年の冬に, 数千頭のトナカイが餓死したと結論づけられた. その冬は, 気温が低く, 積雪も3m以上に達した. 餌を巡る競争が厳しかったため, すでに栄養状態が悪化していたトナカイの多くは餓死した.

　個体群の衰退は以前から予測されていたが, 悪天候が崩壊の速度を加速した. 1980年代までに, その島にはトナカイはみられなくなった.

環境収容力に対する人為的影響

　人為的活動のため, 特定の種の環境収容力が低下することがある. デラウェア湾地域のカブトガニとコオバシギという渡り鳥に起こったことを考えてみよう. 人間は, 釣りの餌として, また薬の安全性を調べるためにも, カブトガニの血を利用する. 過去15年間で, デラウェア湾のカブトガニの個体数は, 乱獲と環境悪化の結果, 劇的に減少した. 一方, 何千年もの間, 渡りの途中でカブトガニの卵を餌にしてきたコオバシギは, カブトガニの減少とともに, 個体数が減った.

16・4　生活史のパターン

内的自然増加率

　理想的な条件下で, ある種が示す最大の増殖速度を**内的自然増加率**（intrinsic rate of natural increase, biotic potential）という. 安全な場所や餌やその他の必要な資源が無限にあり, 捕食者や病原体がいない場合の理論値である. 限定要因のため, 個体群の成長速度が内的自然増加率に達することはまれである.

　内的自然増加率は, 平均成長速度や初回繁殖齢, 繁殖

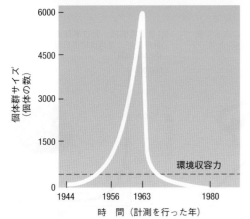

図 16・5　**トナカイの個体群サイズの変化**. トナカイは1944年にアラスカ沖の島に導入された.

回数，寿命などの一連の遺伝形質である**生活史形質**（life history traits）によって決定される．本節では，このような生活史形質がどのように異なるか，そして，この変異の進化的な基盤について注目する．

生活史の記述

　個体群の生活史形質に関する情報を集める方法の一つに，ほぼ同時に生まれた個体の集まりである**コホート**（cohort，同齢集団ともいう）に注目することがある．表16・1が示すのは，一年草の一種であるキキョウナデシコのコホート調査のデータである（一年草は，種子から成長し，花を咲かせ，種子をつくり，1成育シーズンのうちに枯死する）．

　年齢別の死亡率に関する情報は，**生存曲線**（survivorship curve）としても示すことができる．生存曲線とは，あるコホートを構成する個体のうち何個体が生き残っているのかを齢に対して表すグラフである．生態学者は，生存曲線を三つに類型化している．

　凸状のⅠ型の曲線は，生存率が寿命の後半まで高いことを示している（図16・6a）．このパターンは，1〜2子を産み，その世話をするヒトや大型の哺乳類に特徴的である．

　対角線のようなⅡ型の曲線は，齢によって死亡率が大きく変わらないことを示している（図16・6b）．Ⅱ型の曲線は，トカゲや小型哺乳類，大型の鳥類に特徴的である．これらの動物では，病死や捕食の確率は，齢の高い個体と低い個体で変わらない．

　凹状のⅢ型の曲線は，個体群当たりの死亡率が，生まれて間もないころに高いことを示している（図16・6c）．この曲線は，卵を水中に放出する海生動物や非常に多くの小さな種子を散布する植物にみられる．

表 16・1　一年生植物の生命表[†]

齢の期間（日）	生残数	死亡数	死亡率	その齢での"出生"率
0〜63	996	328	0.329	0
63〜124	668	373	0.558	0
124〜184	295	105	0.356	0
184〜215	190	14	0.074	0
215〜264	176	4	0.023	0
264〜278	172	5	0.029	0
278〜292	167	8	0.048	0
292〜306	159	5	0.031	0.33
306〜320	154	7	0.045	3.13
320〜334	147	42	0.286	5.42
334〜348	105	83	0.790	9.26
348〜362	22	22	1.000	4.31
362〜	0	0	0	0

[†]　キキョウナデシコ *Phlox drummondii* の例．W. J. Leverich, and D. A. Levin. "Age-Specific Survivorship and Reproduction in *Phlox drummondii*." *American Naturalist* 113（1979）：881−903 による．生残数はその齢の一番最初に生存していた個体数，死亡数はその齢で死亡した個体数，死亡率は死亡数/生残数，その齢での"出生"率は植物1個体当たりの生産種子数．

生活史形質の適応値

　子を残すことで，生物の個体は，成長や自己の維持に使える資源を消費することになる．このような資源を親としての投資という．子の世話をしない種でも親としての投資は必要であることに注意すべきである．親としての投資に含まれるのは，配偶子の生産に使われる資源と，発育中の子を親の体内や親の近くで養育するために使われる資源が含まれる．生涯のどの時期に繁殖し，子への投資を子の間でどのように分配するかは，種によっ

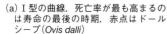

（a）Ⅰ型の曲線．死亡率が最も高まるのは寿命の最後の時期．赤点はドールシープ（*Ovis dalli*）

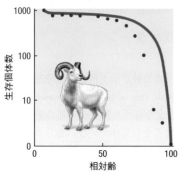

（b）Ⅱ型の曲線．死亡率は齢によって変化しない．赤点は小型のトカゲ（*Eumeces fasciatus*）

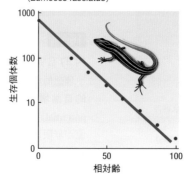

（c）Ⅲ型の曲線．死亡率は寿命の初期に最も高い．赤点は砂漠の灌木（*Cleome droserifolia*）

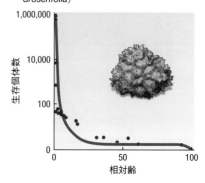

図 16・6　**生存曲線の三つのタイプ**．青線は理論的な関係を示し，赤点は野外調査のデータを示す．

て異なる．多数の子それぞれにごく少量を投資するもの
もいれば，ごく少数の子に多くを投資するものもいる．
一度だけ繁殖するものもいれば，何度も繁殖するものも
いる．このような違いの研究によって，生態学者は，生
活史戦略の二つの類型を見いだした（図 16・7）．どち
らの戦略も，繁殖できるまで生き残る子の数を最大化す
るが，最大化が実現化される環境条件は，それぞれの戦
略で異なる．

日和見生活史

　環境が予測できない仕方で変化する場所に成育する種
の個体群が，環境収容力に到達することはまずない．そ
の結果，資源を巡る同じ種の個体間の競争は生じない．
このような条件で有利となるのは，**日和見生活史**（op-
portunistic life history）で，ここで個体は，できる限り
多くの子を可能な限り早く生産する．親からの繁殖投資
は多くの子に分配されるので，それぞれの子の取り分は
比較的少ない．

　日和見種（r 選択種ともよばれる）は，個体の大きさ
は小さく，短期間で繁殖齢に達する傾向がある．日和見
種は，Ⅲ型の生存曲線を示すことが多く，生活史の初期
に死亡率が非常に高い．タンポポ（図 16・7a）は，日
和見種の一つである．数週間で成熟し，非常に多数の小
型の種子を産生する．ハエも日和見種である．雌のハエ
は数百の小型の卵を（図 16・7b），腐ったトマトや糞の
山など短期間だけ利用できる餌資源に産みつける．

均衡生活史

　安定した環境に生息する種の個体群は，環境の収容力
に到達することがよくある．このような環境下では，資
源を巡る競争が非常に厳しくなりうる．そこでは，親が
質の高い子を少数産む，**均衡生活史**（equilibrial life
history）が一般的である．

　均衡種（K 選択種ともよばれる）は，体が大きく，世
代時間も長い．ヤシは数年かけて成長し，初めて少数の
ヤシの実をつける（図 16・7c）．大型の哺乳類，たとえ
ばゾウやクジラはこの生活史をもつ．これらの動物は成
体の大きさになり繁殖を始めるまでに数年かかる．雌の
クジラは大きい子を一度に 1 頭だけ生み，生まれた後も
授乳し世話を続ける（図 16・7d）．ヤシもクジラも成熟
した個体は何年にも渡って子を産み続ける．

捕食と生活史の進化

　同じ種でもそれぞれの個体群は，少しずつ異なる環境
下で生活しており，環境の違いを反映した特有の生活史
形質をもつことが多い．小型の淡水魚であるグッピーの
生活史形質に対する捕食の進化的な影響に関する長期的
実験が行われた．カリブ海にあるトリニダード島の山地
での野外実験も含まれ，そこではグッピーは小川に生息
する（図 16・8）．この小川では，グッピーの移動は滝
によって妨げられる．その結果，流れに沿って，多くの
独立したグッピーの個体群が存在する．

　グッピーの捕食者には 2 種類いる．キリフィッシュ

日和見生活史		均衡生活史
短い	成長期間	長い
早い	繁殖開始	遅い
少ない	繁殖機会	多い
多い	1 回の繁殖の産生数	少ない
少ない	1 子当たりの投資量	多い
高い	初期死亡率	低い
短い	寿命	長い

図 16・7　日和見生活史と均衡生活史．(a), (b) タンポポとハエは，
　日和見種である．タンポポは，数百の小さな種子を散布し，ハエは多
　数の小さな卵を産む．(c), (d) ヤシとクジラは，均衡種である．一
　度に産む子の数は少数で，それぞれの子に多くを投資する．

図 16・8　グッピーの生活史に対する捕食の影響に関する実験. 生物学者レズニック（David Reznick）は，トリニダードのグッピーとその捕食者について研究した.

（killifish）は比較的小型で，小さく若いグッピーを捕食するが，大きいグッピーには興味を示さない. パイクシクリッド（pike-cichlid）は大型で，成熟したグッピーを好み，小さなグッピーには興味を示さない. 滝が捕食者の魚の移動を妨げるので，グッピーの個体群によって，捕食者は異なる.

　自然選択を通じて，グッピーの生活史のパターンに捕食が影響するという仮説が実験で確かめられた. まず，グッピーを，パイクシクリッドが生息しキリフィッシュは分布しない流域から，キリフィッシュだけが捕食者として生息する流域に移し，実験個体群とした. もとの場所に残されたグッピーは，対照個体群とされた.

　11 年後には，グッピーの二つの個体群の生活史形質は異なっていた. 実験個体群のグッピーは，対照個体群よりも早く成長し，大きいサイズで繁殖しており，大型の子を産出した. 小さい魚を食べる新しい捕食者による選択圧の結果，大きすぎて食べられなくなるまでは，繁殖よりも成長に資源を投資する個体が有利となったのである.

捕食者としての人間の影響

　グッピーと同様に，大西洋タラ *Gadus morhua* も人の漁獲圧に反応して進化した. 1980 年代の中ごろから1990 年代にかけて，北大西洋でタラの漁獲が増加した結果，若く体が小さいうちに繁殖をする魚が個体群のなかで多くを占めるようになった. 漁師は少しでも大きな魚を獲るので小さいときから繁殖するタラは有利になる.

　漁獲圧は 1992 年まで上昇し続け，カナダ政府は，い

くつかの海域でタラ漁を禁止した. 禁漁やのちに行われた漁獲制限は，大西洋タラの激減を防ぐには遅すぎた. いくつかの海域では，個体群の 97％ が失われ，未だに回復していない.

　過去の記録から，観察されたタラの繁殖の若齢化は，タラ漁が大西洋の個体群への強い選択圧となっていることの兆候だったと研究者は判断した. 経済的に重要な他の魚で生活史データを経時的に測定することで，将来，同様の乱獲による個体数の激減を防げることを漁業管理者は期待している.

16・5　ヒトの個体群

個体群サイズと成長率

　ヒトの歴史の大部分では，人口は非常にゆっくりとしか増えなかった（図 16・9）. 人口の増加速度が加速し始めたのは，およそ 1 万年前であり，過去 2 世紀の間に急上昇した. 世界的に死亡率が低下し，出生率が同じ程度，低下しなかったことが，ヒトの人口を爆発的に増加させている原因である. ヒトが 10 億人に達するまでに10 万年以上かかった. その後，増加速度は着実に上がっている. 現在，人口は約 80 億人で，2050 年には 90 億人に達すると予想されている.

　この大きな増加をもたらした理由は三つある. 第一に，ヒトはこれまで住んでいなかった場所へと移動し，新たな気候帯へと生息場所を広げることができた. 2 番目に，ヒトが開発した技術により，生息している場所の環境収容力を向上させた. 3 番目に，ヒトは，個体群成長を妨げる限定要因を回避できた.

　現生人類は，アフリカで約 20 万年前までに進化し，約 6 万年前に世界の多くの地域へと広がり始めた. ヒトは大きな脳をもち，多様な技術を獲得する能力のため，幅広い生息場所で生活できる. ヒトが覚えたのは，火のおこし方，家や衣服や道具の作り方，そして狩りでの協調の仕方である. 言語の出現で，これらの技術に関する知識が，個人の死とともに消え去らなくなった.

　環境収容力の増加は，11,000 年ほど前に発明された農業により，狩猟や採集に比べて信頼性の高い食料供給が可能となったためである. コムギやコメの祖先種を含む野生のイネ科草本の栽培品種化は，きわめて重要な要因だった.

　18 世紀の中ごろから機械を動かすエネルギー源に化石燃料を使えるようになった. この技術革新によって，高い収量をもたらす農業の機械化と食料供給体制の改革への道が開かれた. 1900 年代の初めに気体の窒素から窒素肥料の合成法が発明され，穀物の収量は飛躍的に増

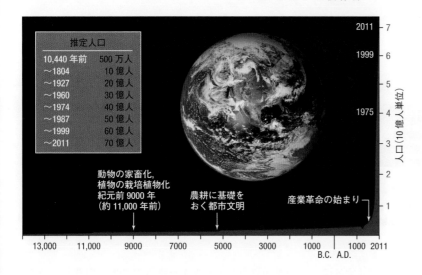

図 16・9 ヒト個体群の成長曲線(赤線). 人口が 500 万人から 70 億人に増加するのにどれくらい時間がかかったかを示している(オリーブ色のボックス).

加した. 1900 年代の中ごろの殺虫剤合成法の開発も食料生産の増加に貢献した.

人口増加の第3の理由である限定要因の除去であるが, 1800 年代の中ごろ以降に, 微生物と病気の関係に対する理解が深まり, 食品安全や公衆衛生や医療の進歩につながった. 有害な細菌の数を減らすために, 食物や飲料に熱を加え, 加熱殺菌するようになった. 医者は, 手術前や異なる患者を診察するたびに手を洗うようになった. 人々は飲料水の安全にも注意を払うようになった. 1800 年代後半には, 近代的な下水設備が, 英国ロンドンに初めて建築された. 下水の放流先と都市の水源をはっきりと区別することで, コレラや腸チフスなどの水を介して広がる感染症の発生率は低下した. 1900 年代の初頭以降には飲料水の殺菌処理によって, 多くの工業化した国々では, 水で広がる伝染病はさらに減少した. 1800 年代には, 先進国では予防接種が広く行われるようになった. 抗生物質は最近の進歩である. 広く使われるようになった最初の抗生物質であるペニシリンの大規模な生産は, 1940 年代以降である.

出生率と今後の成長

合計特殊出生率 (total fertility rate) とは, 一人の女性が出産可能な年齢の間に産む平均の子の数のことである. 1950 年には, 世界の合計特殊出生率は 6.5 人だった. 2018 年には, 2.5 人より少なかった. 2020 年における日本の合計特殊出生率は 1.34 である.

世界全体の合計特殊出生率は, 人口が維持される置換水準よりも大きい. 置換水準とは, ある一人の女性と配偶相手の二人を"置換"するために, その女性が産まなければならない生殖可能な年齢まで生残する子の数であ

る. 現在, この置換水準は, 先進国では 2.1, いくつかの発展途上国では 3 である (途上国の方が高いのは, 生殖可能な年齢に達する前に死亡する女性の子供が多いためである).

齢構成は人口成長率に影響を与える. ナイジェリア, 米国, 日本の齢構成を比較してみよう (図 16・10). 特に, 今後 15 年間に子を産む年齢の集団の大きさに注目しよう. 齢構成のグラフで裾野が広いほど, 若い人の割合がより大きく, さらに予測される成長率もより高い.

現在生きているすべての夫婦が 2 人しか子供を生まないとしても, 世界人口の 3 分の 1 以上が子を産む年齢よりも若いため, 世界の人口増加は何年も鈍化しない. 約 19 億人の人々が生殖年齢に達しようとしている.

産業と経済の発展の影響

産業や経済の発展は人口の成長率に影響する. 最も発展した国では出生率と乳幼児の死亡率はきわめて低く, 平均余命はきわめて長い. **人口転換モデル** (demographic transition model) は, 出生率と死亡率が四つの発展段階を経てどのように変化するかを説明する.

工業化以前の段階, すなわち技術や医療が普及する前には, 出生率と死亡率はともに高く, その結果, 人口の成長速度は低い.

工業化が始まると, 食料生産と医療が向上し, 死亡率は低下する. 出生率も低下するが, 低下の速度はより緩やかである. その結果, 人口の成長速度は急速に増加する. ナイジェリアはこの段階にある.

工業化が十分に進むと, 出生率は死亡率に近づき, 人口の成長速度は低下する. 現在, 米国はこの段階にある.

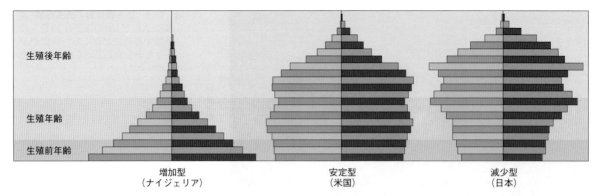

図 16・10 ３カ国の人口ピラミッド. それぞれの横棒の幅は５歳刻みの人口を表している. 0〜15 歳は生殖前年齢, 16〜45 歳は生殖年齢, 46 歳以上は生殖後年齢とされる. 図の左側は男性, 右側は女性. 2016 年のデータに基づく.

ポスト工業化の段階では, 人口成長速度はマイナスになる. 出生率が死亡率を下回り, 人口は徐々に減少する. 日本などいくつかの先進国では, 合計特殊出生率の低下と平均余命の増加により, 高齢者の割合が高くなる.

産業の発達と資源消費

資源消費の増加は, 工業化の副作用の一つである. この効果を示すのに**エコロジカルフットプリント** (ecological footprint) を用いた分析が用いられる. エコロジカルフットプリントは, 持続可能な方法で開発と消費を一定の水準に維持するために必要な面積のことである. これには, 食料の確保や製品の製造に必要な面積と, 人間活動で生じる過剰な二酸化炭素を吸収するのに必要な自然界の面積が含まれる.

表 16・2 が示すのは, いくつかの国の１人当たりのエコロジカルフットプリントである. 米国のエコロジカルフットプリントは世界平均の３倍近くであり, インドやナイジェリアの値の約８倍である.

米国の人口は, 世界の人口の 4.6% を占めるが, 世界の鉱物資源とエネルギー供給の 25% を消費している. インドや中国など, 工業化が十分に行き渡っていない国に住む何十億という人々は, 先進国の人々が享受している製品と同様のものを所有したいと思っている. しかし, 現在の技術をもってしても, それを可能にする資源は地球には存在しない. 資源が有限である地球上で, 増加しつつある人口の欲求と必要性を満たす方法を見つけることはきわめて困難な課題である.

表 16・2 エコロジカルフットプリント[†]

国	1 人当たりの面積(ha)	国	1 人当たりの面積(ha)
米 国	8.4	ブラジル	3.1
カナダ	8.0	メキシコ	2.5
ロシア連邦	5.6	ナイジェリア	1.1
ドイツ	5.1	インド	1.1
日 本	4.7	世界平均	2.8
中 国	3.7		

[†] www.footprintnetwork.org から作成

ま と め

16・1 個体群とは, ある地域に生息し, そのなかで繁殖することが多い個体の集団である. 個体群の研究は, 生物学の一分野である生態学の一つの課題である.

16・2 個体群は, 個体群サイズや個体群密度, 個体群の分布などの点で, 多様である. 大半の個体群は, 集中分布を示す. その理由は, 種子などの分散が限られること, 必要とする資源の分布が集中分布すること, さらに集団をつくって生息する利点があるためである.

16・3 出生率と死亡率が, 個体群がどのくらいの速さで成長するかを決定する. 個体当たりの成長速度が一定で正で

あれば, 指数関数的な成長がみられる. この場合, すべての連続した期間を通じて一定の割合で個体群は成長する. その結果, 個体数を時間に対して表すと J 字形の曲線になる.

ロジスティック成長モデルは, 個体群成長の様式が, 病気や資源を巡る競争といった密度依存限定要因によって, どのように影響されるかを記述する. 環境収容力とは, ある環境において利用可能な資源量のもとで, 永続的に持続されうる個体数の最大値をいう. 厳しい気象条件とその他の密度独立限定要因は, 個体群サイズにかかわらず, すべての個体群に影響する.

16・4 個体群成長率の理論的な最大値が，内的自然増加率であり，限定要因のため，この値には到達しないことが多い．成熟齢，繁殖の回数や1回の繁殖当たりの子の数，そして寿命の長さによって，生活史が決められる．生活史は，一つのコホートつまり同齢の個体の集まりを追跡して研究される．

生存曲線には，寿命の後半で死亡率が高くなるもの，どの齢でも死亡率がほぼ一定のもの，寿命の前半で死亡率が高いものの3種類がある．生活史には，遺伝的な基盤があり，自然選択の対象となる．個体群密度が低いと，日和見生活史を示す種が有利となる．個体群密度が高いと，均衡生活史を示す種が有利となる．

16・5 世界の人口は80億人を超えている．住む場所を広げ，農業の技術改革により，初期の人口増加が生じた．最近では，公衆衛生の改善や技術革新が，環境収容力を上げ，負の影響を及ぼす限定要因を抑えている．

個体群の合計特殊出生率は，女性が出産可能な年齢の間に産む平均の子の数である．世界の合計特殊出生率は減少している．世界では，出産可能な年齢に達していない人口が非常に多いので，これから何年にもわたって，人口は増え続けるだろう．

先進国の国民のエコロジカルフットプリントは，開発途上国に比べてはるかに大きい．現在の世界の人口が先進国のようなライフスタイルで生活するのに十分な資源量は，地球にはない．

試してみよう（解答は巻末）

1. 生息場所における個体群の個体の分布様式でよくみられるものは ____
- a. 集中分布　　　b. ランダム分布
- c. 一様分布　　　d. どれでもない

2. 種のすべての個体群は ____
- a. 同じ分布パターンを示す
- b. 同じ齢構成を示す
- c. 種の分布域内に生息する
- d. コホートを形成する

3. 個体群の指数成長モデルが仮定しているのは ____
- a. 死亡率は個体群密度が増加するにつれて低下する
- b. 1個体当たりの成長率は変化しない
- c. 工業化のために出生率は著しく低下する
- d. 資源は有限である

4. 資源を巡る競争や病気が，個体群の成長率を制限する様式を ____ という．
- a. 密度独立限定要因　　　b. 密度依存限定要因

5. ある種の理想条件下における個体数の指数成長速度を ____ という．
- a. 内的自然増加率　　　b. 環境収容力
- c. 環境抵抗　　　　　　d. 密度効果

6. ある環境下で被食者の個体群が成長しているとき，捕食者の環境収容力は ____ と予想される．
- a. 増加する　　　　　　b. 減少する
- c. 影響を受けない　　　d. 安定している

7. 多数の子を産生し，それぞれの子にはあまり投資をしない種が示す生活史は ____
- a. 均衡生活史　　　b. 日和見生活史

8. 個体群のロジスティック成長モデルは，____ を考慮し，____ を考慮しない．
- a. 密度依存限定要因，密度独立限定要因
- b. 密度独立限定要因，密度依存限定要因

9. 現在の世界の人口はおおよそ ____
- a. 80億人　　　b. 800万人
- c. 800億人　　　d. 8000万人

10. 開発途上国に比べて先進国では ____ が高い．
- a. 死亡率
- b. 出生率
- c. 合計特殊出生率
- d. エコロジカルフットプリント

11. 1000個体のハツカネズミの個体群が，1個体当たり月当たりの成長率が0.3で指数成長すると，1カ月後には個体群は何個体になるか．
- a. 3000個体　　　b. 3300個体
- c. 1300個体　　　d. 300個体

12. 左側の用語の説明として最も適当なものをa〜eから選び，記号で答えよ．

____ 環境収容力　　　　a. 同じ時期に生まれた個体
____ ロジスティック成長　　の集団
____ 指数関数的成長　　b. S字形曲線の個体群の成長
____ 限定要因　　　　　c. ある環境下の資源によって
____ コホート　　　　　　維持されうる最大の個体数
　　　　　　　　　　　　d. J字形曲線の個体群の成長
　　　　　　　　　　　　e. 減少すると個体群の成長を
　　　　　　　　　　　　　制限する必須資源

17 群集と生態系

17・1 ヒアリの侵入

米国では毎年，推計で約 1400 万人がヒアリ *Solenopsis invicta* に刺されている．たまたま巣を踏んだら，すぐにその過ちに気づくだろう．巣を守るヒアリに刺された毒のため，そのアリの名前の由来である灼熱感に襲われる（図 17・1a）.

ヒアリのもともとの生息地は南米で，おそらく貨物船によって，米国南東部に 1930 年代に初めて持ち込まれた．それ以降，徐々に南部に生息域を広げ，カリフォル

図 17・1 **外来ヒアリ *Solenopsis invicta*.** 人間によってもたらされた在来種への脅威．(a) ヒアリの働きアリ．一つの巣には数千匹の働きアリが生息し，そのそれぞれが毒針をもつ．(b) ヒアリはウズラのような地面に巣をつくる鳥類の卵や孵化後間もないヒナを襲って殺す．

ニア州とニューメキシコ州にも運ばれた．現在では，15 の州でヒアリの個体群が定着している．

進行中のヒアリの生息域の拡大は深刻な経済的な影響をもたらしている．ヒアリの巣が高密度で存在すると，人間やペット，家畜が住みにくくなるため，土地の価値が下がる．加えて，ヒアリの拡散防止には，ヒアリの生息域から非生息域への土壌の移動を禁止する検疫が必要である．そのため，ヒアリが侵入すると，植物の栽培業者は廃業せざるを得ない可能性がある．また，外来のアリは，北米の在来種であるアリの脅威となっている．ヒアリは，在来種のアリと競争し，在来アリの個体群を縮小させている．生態系においてさまざまな役割を担っている在来のアリの減少は，他の種の減少につながる．たとえば，テキサス州ではヒアリによってひき起こされた在来のシュウカクアリ属のアリ（収穫アリ）の減少が，テキサスツノトカゲを脅かしている．テキサスツノトカゲはシュウカクアリを主要な餌とするが，シュウカクアリと置き換わったヒアリを食べることはできない．

ヒアリは在来の鳥類にも脅威となっている．ヒアリは，スズメ亜目のヒナの餌になる昆虫を捕食する．さらに，ヒアリは鳥の卵やヒナを食べる．地表に営巣する鳥類は特に危険にさらされている（図 17・1b）．

ヒアリが在来種の南米ではヒアリは大きな問題にならない．数が多くないことがその理由の一部だろう．南米では，寄生者や捕食者によって，ヒアリが抑制されている．南米の外に進出したヒアリは，多くの天敵から逃れ利益を得た．このような天敵がいない場合，ヒアリは在来地よりも，より多く，より広く生息するようになった．

この例が示すように，ある地域に成育する種の組合わせとそれぞれの種の個体群サイズは，その地域の物理的特性だけでなく，種の相互作用によっても決定される．その結果，ある地域に新しい種が侵入すると，侵入に

よって生物種の組合わせが，複雑でしばしば予測不可能な様式で変化する．

17・2　群集構造

生物学では，**群集**（community）という用語は，ある地域に成育するすべての生物の個体群を意味する．群集の大きさはさまざまであり，しばしばある群集が他の群集の内部に含まれている．たとえば，微生物の群集がシロアリの腸内に見いだされる．そのシロアリは，倒木に生息している生物からなる大きな群集の一部である．この倒木の群集は，また，より大きな森林群集の一部分である．

同じような大きさの群集でも**種多様性**（species diversity）において違いがある．種多様性には二つの側面がある．一つは，**種の豊富さ**（species richness）であり，ある場所に存在する種の総数を意味する．もう一つは，**種の均等度**（species evenness），つまり，それぞれの種の相対的な多さである．5種類のほぼ同数の魚が生息する池は，1種の魚の数が非常に多く，残りの4種が非常に少ない池に比べ，均等度が高く，すなわち種多様性がより高い．

群集構造（community structure）とは，群集に存在する種の種類とその数，およびそれらの相互作用を意味する．群集構造は，非生物的および生物的な要因の組合わせに影響され，時間の経過とともに変化する．

非生物的な要因

群集構造は，地理的要因と気候的要因に影響される．これらの要因に含まれるのは，土壌の性質，日光の強度，降雨量，温度がある．非生物的要因は，緯度（赤道からの距離）と標高（海面からの距離）によって変化する．水界の場合は水深に伴って変化する．

赤道付近の地域である熱帯は，最も多くの太陽光エネルギーを受け，温度変化は最も少ない．大半の植物や動物の分類群では，赤道付近の熱帯で種数が最も多く，両極に向けて移動するにつれて減少する．たとえば，熱帯多雨林群集は非常に多様であり，温帯の森林群集はそれほど多様ではない．同様に，熱帯のサンゴ礁の群集は，赤道から離れた比較しうる海洋の群集よりも多様である．

生物的な要因

群集のさまざまな種の進化の歴史や適応が，群集構造にも影響する．それぞれの種は，その種がふつうにみられる特定の場所，すなわち**生息場所**（habitat，生息地ともいう）で進化し，そこに適応している．ある群集中に存在する大半の種は，同じ生息場所を共有するが，それぞれの種には固有の生態的な役割があり，その役割が各々の種を違うものにしている．この役割が，その種の**ニッチ**（niche，生態的地位ともいう）であり，生存や繁殖に必要な環境条件，資源や生存や繁殖に必要な相互作用の観点から説明される．動物のニッチは，その動物が耐えうる温度，食べられる餌，繁殖し隠れられる場所などで決まる．植物のニッチは，植物が必要とする土壌や水，光，送粉者などで決まる．

生物種間の相互作用も群集構造に影響する．ある生物が存在することで，他の種の個体群の成長が促進や阻害されることはよくある．その影響が間接的な場合もある．たとえば，いも虫を食べる小鳥は，いも虫が摂食する木本に間接的に利益をもたらしている．相互作用が直接的な場合もあり，ある種が能動的に他の種に利益あるいは害をもたらす．直接的な相互作用については次節で考える．

17・3　直接的な種間相互作用

直接的な種間相互作用は，関与する種への影響によって分類できる（表17・1）．一方の種に負の影響を及ぼす相互作用は，その種の個体数を群集の中で減少させ，正の影響を及ぼす相互作用は，その種の個体数を増加させる．

表 17・1　直接的な種間相互作用

相互作用	種1に対する効果	種2に対する効果
競争	不利益	不利益
敵対的作用 捕食 植食 寄生	利益	不利益
相利共生	利益	利益
片利共生	利益	なし

種間競争

種内競争（intraspecific competition）は，同じ種の個体間の競争であり，個体群成長を制限する密度依存的要因の一つである．**種間競争**（interspecific competition）は，異なる種の個体間の競争である．種内競争と同様に，競争する両個体に負の影響を及ぼす．

種間競争は，**干渉型競争**（interference competition）と**消費型競争**（exploitation competition）の二つに類型

図 17・2　腐食性動物間でみられる種間競争．ヘラジカの遺骸をはさんでにらみ合うイヌワシとアカギツネ(左)．イヌワシが爪を使ってキツネを攻撃し，キツネは死体をイヌワシに残して引き下がる(右)．

化される．ある種に属する個体が資源を利用するのを他の種の個体が能動的に妨げることがある．たとえば，ワシやキツネのような腐食性動物は，死骸を巡って互いに争う（図17・2）．競争相手を妨害する植物もある．たとえば，ヤマヨモギの仲間が分泌する化学物質は，近くにいる他の種の植物の成長を阻害する．

　消費型競争では，競争する両方の種が積極的に相手を妨げない．代わりに，競争にかかわるすべての生物が必要とするものを先を争って獲得し，その結果，他の個体が利用できる資源の量を減らしている．たとえば，コモリグモや食虫植物であるモウセンゴケは，いずれもハエを捕食する（図17・3）．一方の種にハエが捕まり食べられると，他の種が捕食しうるハエの数を減らすことになる．

　種間競争が最も激しいのは，両種が共に利用する資源の供給が両種にとって主要な限定要因となる場合である．1930年代の初めに，ガウゼ（Georgy Gause）が提

唱した**競争排除則**（principle of competitive exclusion）では，有限な同一の資源を必要とし，その資源の獲得方法が同じ種は長期間に渡っては共存できない，とされる．ガウゼが研究したのは，同じ細菌を餌とする2種のゾウリムシ *Paramecium* の相互作用である．彼は，2種

図 17・3　植物界と動物界の個体間での争奪戦．モウセンゴケ(左)とコモリグモ(右)のエサを巡る消費型競争．どちらもハエやその他の昆虫を捕食する．

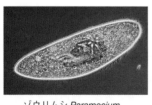

ゾウリムシ *Paramecium*

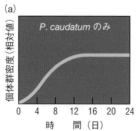

(a) 個体群密度（相対値） P. caudatum のみ
時　間（日）　0　4　8　12　16　20　24

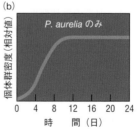

(b) 個体群密度（相対値） P. aurelia のみ
時　間（日）　0　4　8　12　16　20　24

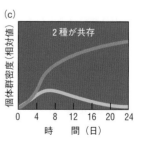

(c) 個体群密度（相対値） 2種が共存
時　間（日）　0　4　8　12　16　20　24

図 17・4　競争排除．繊毛虫のゾウリムシの2種 *Paramecium caudatum* と *P. aurelia* はともに細菌を餌にする．それぞれの種を種ごとに育てるとよく増える(a, b)．2種を一緒にすると，一種が他種を絶滅に追込む(c)．

を種別に，あるいは一緒に培養した（図17・4）．2種を一緒に培養すると，一方の種がより早く増殖し，他種を絶滅に追いやった．

同じ場所に存在する2種それぞれが必要とする資源が，ある程度重複すると，どちらか一方の種が存在することで，その場所での他方の種の環境収容力が低下する．長い時間の後，この結果は，**資源の分割**（resource partitioning）となりうる．資源の分割とは，有限の資源を競争する2種の形質が，競争の影響を最小化するように異なってくる進化的な過程である．資源の分割が生じる理由は，それぞれの種において，競争相手の種と最も異なる個体で，競争の影響が最も小さくなり，その結果，多くの子孫を残せるためである．

捕　　食

敵対的相互作用では，一方の種が他の種から資源を引き出すことで利益を得，その結果，他の種には不利益になる．**捕食**（predation）は，ある種が他種を捕らえ，殺し，食べるという敵対的相互作用である（図17・5）．捕食者は被食者に対する選択圧として機能し，捕食から最もうまく逃れる被食者が有利になる．一方で，被食者の防御を克服できる最も優れた捕食者が選択される．その結果，捕食者と被食者は，何世代にも渡って続く進化的な軍拡競争を繰広げることになる．たとえば，チータは陸上で最も脚が速い動物で，短距離を時速114 kmで走る．チータが獲物にするトムソンガゼルは時速80 kmで走ることができるので，チータはそれを上回る速度で走らなければならない．

いくつかの防御に関する被食者の適応についてはすでに説明した．被食者の体の一部が，硬かったり尖ったりすることで，食べられにくくなっていることが多い．巻貝の殻やヤマアラシの針がその例である．まずかったり，捕食者の吐き気を催すような化学物質を体内に含む被食者もいる．たとえば，オオカバマダラの幼虫はトウワタ属の植物を食べ，そこから化学物質を体内に取込む．オオカバマダラの幼虫や成虫を食べた鳥が，それらを吐き出すのは植物由来の化学物質のためである．オオカバマダラの幼虫には，その化学物質に対する耐性が進化している．

警告色（warning coloration）とは，目立つ色や模様のことで，これを捕食者が学習し，避けるようになる．たとえば，スズメバチやアシナガバチの仲間やミツバチ類などの刺すハチは，黒と黄色の縞模様である（図17・6a）．それらの似通った外見は，**擬態**（mimicry），つまりある種が別の種に似てくる進化的な様式の一つである．これらの刺すハチは互いに似ていることで利益を得ている．なぜなら，これらのハチのどれかに刺された捕食者は似たような色のハチを避ける可能性が高いからである．別の擬態の型として，自分にはない防御能力をもつ種になりすますことがある．たとえば，ハエは刺すことができないが，刺すことのできるミツバチやスズメバチやアシナガバチに似ているものがいる（図17・6b）．捕食者がハチに刺されて，それ以後ハチとともにこれらのハエも避けるようになり，それでハエは利益を得る．

図 17・6　警告色と擬態．（a）アシナガバチの黄色と黒の配色は，捕食者に対して刺すことを警告している．（b）このハエは刺さないが，アシナガバチの配色に擬態することで利益を得ている．

図 17・5　捕食．オオヤマネコのような捕食者は，カンジキウサギのような被食者を捕らえ，殺し，食べる．

攻撃してきた捕食者を驚かす究極の手段を備えた被食者もいる．§1・6では，派手な模様やカチカチという音で捕食者から身を守るチョウを紹介した．トカゲは尻尾を体から切離し，それがくねくねと動いて注意をひきつけている間に逃げることができる．スカンクや一部の甲虫は，吐き気を催すほど臭いにおいをまき散らし，捕食者になるかもしれない動物を近づけない．

カムフラージュ（camouflage）とは，体の形や色のパターンや行動によって，まわりの風景に溶け込み，見つかりにくくなることである．カムフラージュのおかげで，被食者は捕食者から見つかりにくくなり，捕食者も被食者から気づかれにくくなっている（図17・7）．

図 17・7　カムフラージュ．コヨシゴイは怯えたとき，嘴を上に向け，風に乗って揺れ，湿地の植物と一体化する．

植　食

　植食（herbivory）とは，動物が植物を捕食する敵対的相互作用であり，食べられた植物は，その結果として，生き残ることも死ぬこともある．植物には，体の一部が失われることに耐性が高く，食べられた部分をすばやい成長によって補うものもいる．たとえば，イネ科の草本が，植食によって枯れることはまずない．イネ科の草本は，短期間に成長でき，植食者のために失われた地上茎の代わりをつくるのに十分な資源を地下部にたくわえている．

　植食者を寄せつけない特徴を示す植物もある．物理的な抑止力となるものに，針やとげ，繊維質でかみにくい葉がある．植物が，植食者にとってまずいか吐き気を催すような化学物質を生産することもある．トウガラシを辛くする化学物質であるカプサイシンは，種子食の哺乳類から種子を保護する．カプサイシンに富むトウガラシの実が食べられないとわかった齧歯類の動物は，それに手を出さない．その実を食べるのはカプサイシンの味を感じない鳥類である．齧歯類の種子食者を防ぐことでトウガラシは利益を得ている．なぜなら，齧歯類の動物はかみくだいて種子を殺してしまうが，鳥類は種子を無傷の生きている状態で排泄するからである．

寄　生

　長期間あるいは生存期間を通じて二つの種が物理的に密接して存在する種間相互作用を**共生**（symbiosis）という．共生には，**寄生**（parasitism），**片利共生**（commensalism），**相利共生**（mutualism）がある．

　寄生では，**寄生者**（parasite）は，生きている他種の**宿主**（host）から栄養を獲得する．細菌，原生生物や真菌類にも寄生者がいる．寄生性の無脊椎動物には，サナダムシや吸虫，ノミ，マダニなどがいる（図17・8a）．いくつかの植物も寄生者である（図17・8b）．

　病原体は，宿主の病気をひき起こす寄生者である．寄生者が明瞭な症状をひき起こさないときでも，感染した宿主は弱くなり，捕食されやすくなったり，繁殖相手にとって魅力的ではなくなったりする．寄生者の感染によって，不妊になったり，宿主の子孫の性比が変化することもある．このように感染した宿主の適応度は低下する．

　寄生という生活様式への適応に求められる形質には，寄生者が宿主を探し出してすみつき，気がつかれないように資源を獲得するなどがある．たとえば，哺乳類や鳥類に寄生するマダニは，熱や二酸化炭素の発生源に近づいていく．マダニの唾液中には，局所麻酔として働く化学物質が含まれるので，宿主は吸血しているマダニに気

図 17・8　寄生者．（a）フィンチから吸血するマダニ．（b）ネナシカズラ *Cuscuta*．葉がない金色の茎から伸びた根が，別の植物から水や養分を吸い上げる．

づかない．他の生物の体内に生息している寄生者が，宿主の免疫防御を回避するように適応していることも多い．

托卵（brood parasitism）とは，宿主に親として世話をさせ，宿主の資源を消耗させる行為をいう．托卵を行う動物は，他の動物の巣に卵を産み，その動物をだまして子を育てさせる．たとえば，北米のコウウチョウは他種の鳥の巣に卵を産みつける（図17・9）．卵が孵化すると，宿主の親はコウウチョウのヒナを自分のヒナのように世話をする．親として世話をする制約がないので，雌のコウウチョウは，1回の繁殖期に30個もの卵を産むことができる．他の鳥類や魚類，昆虫にも托卵がみられる．

図 17・9　**托卵**．コウウチョウのヒナとその里親．メスのコウウチョウは，他種の鳥類の巣に卵を生むことで子育てのコストを最低限にしている．

捕食寄生者（parasitoid）も，他者に自分の子の面倒をみさせるが，その方法はさらに踏み込んだものである．これらの昆虫の成虫は，寄生ではなく自由生活をするが，他の昆虫の体表や体内に卵を産みつける．卵から孵化した幼虫は，宿主を体内からむさぼり食べ，最終的には宿主を殺してしまう．

害虫の捕食者，寄生者，捕食寄生者は，**生物的防除**（biological control）に利用される．害虫の天敵の利用は，標的ではない多様な種に有害で殺虫の可能性のある化学農薬の代替となる．生物的防除資材として選ばれた種は，特定の種類の宿主や被食者だけを標的にする．たとえば，ブラジルから捕食寄生者のハエがヒアリの生物

図 17・10　**捕食寄生者**．ヒアリに産卵しようとするタイコバエ．産卵に成功すると幼虫は体内で成長し，ヒアリを殺す．

的防除資材として輸入されている（図17・10）．このハエはヒアリに卵を産みつけ，ウジのような幼虫がアリの内部組織を捕食する．やがて幼虫はアリの頭部に移動し，切落とし，アリを殺す．空洞になったアリの頭部中で幼虫は変態する．

片利共生と相利共生

片利共生は，一方の種に利益をもたらし，他方には何の影響もない共生をいう．例としては，木の幹や枝に着生するランがある．ランは，日当たりのよい生育地という利益を受け（図17・11），木は特に影響されない．他の例としては，片利共生する細菌を腸内にもつ動物が多い．細菌は，暖かく，栄養分に富む生息場所を得るが，細菌の存在は動物には助けにも害にもならない．

図 17・11　**片利共生**．陽がよく当たる木の高いところにランが着生し生育する．ランが生育しても木は影響を受けない．

種間相互作用で，双方の種が利益を得るものを相利共生という．ほとんどの動物の消化管には，片利共生する細菌のほかに，相利共生する細菌が存在する．そのような腸内細菌は，消化を助け，ビタミンを合成し宿主を助ける．被子植物と訪花者は相利共生のもう一つの例である．植物と訪花者の共進化により，相互依存的な場合もある．たとえば，数種のユッカという植物は，それぞれ単一種のユッカガによって受粉され，そのガの幼虫が成長できるのは，その種のユッカだけである（図17・12a）．相利的な関係は，より多くの場合はそれほど排他的ではない．ほとんどの被子植物は，複数種に訪花され，大部分の訪花者も複数の種の植物を訪れる．

相利共生の多くは，それにかかわる一方の種または両者に栄養摂取の利益をもたらす．光合成を行う生物は，しばしば，相互作用の相手に糖を提供する．たとえば，植物は訪花者を蜜で，種子を散布する動物を糖に富む果実で誘引する．また藻類は地衣類の真菌類に糖を供給す

(a)

(b)

(c)

図 17・12　相利共生. (a) ユッカの花にとまるユッカガ. 植物のユッカは, 受粉をしてもらい利益を得る. ユッカガはユッカに産卵し, 果実の中で発生するので, ユッカガも利益を得る. (b) 地衣類. 真菌類と緑藻からなる. 真菌類は藻類を支え, 保護し, 藻類が同化した糖を真菌類と共有する. (c) イソギンチャクの触手の中に身を置くクマノミ. この相利関係において, 両種は互いを守っている.

る (図 17・12b).

　相利共生には, 防衛も含まれる. ハナビラクマノミは, イソギンチャクの中に身を隠さなければ, 捕食者に食べられてしまうだろう (図 17・12c). イソギンチャクの触手を覆う刺胞は, クマノミには影響しないが, クマノミやその卵を食べる捕食者を追い払うのに役に立つ. イソギンチャクは単独でも生残できるが, クマノミと一緒にいると, 触手を食べる動物を追い払ってくれるという利点がある.

　進化的な観点からは, 相利共生は相互搾取と考えるのが最も適切である. もし相利共生にかかわることにコストが生じるのであれば, そのコストを最小化する個体は自然選択において有利になる. たとえば少量の蜜を訪花者の誘引のために生産する植物は, より気前よく提供する植物よりも, エネルギー消費が少なく, より多くの種子を生産できるだろう.

17・4　群集はどのように変化するか

生態遷移

　群集構造は常に変化する. **生態遷移** (ecological succession) とは, 自らの生息環境を生物が変化させるにつれて, 種の組合わせが, 時間を経て徐々に変化する過程をいう. ある生物群が, 他の生物群と置き換わり, 置き換わった生物群も, また別の生物に取って代わられ, これが続いていく.

　一次遷移 (primary succession) とは, 土壌がなく, 生物がいないかほとんどいない場所での遷移である. たとえば, 氷河の後退により露出した岩の多い地域は一次遷移の過程にある (図 17・13). 最初は, 多細胞生物は

存在しない ❶. **先駆種** (pioneer species) が足掛かりを得ると, 群集は変化し始める ❷. 先駆種とは, 新規に生じた, あるいはそれまでの生物がいなくなった場所に移入する種をいう. 先駆種には, 地衣類や蘚類, 風により散布される種子をつくる強壮な一年生植物が含まれる. 先駆種が生育したり死んだりして, 世代を重ねるにつれて, 土壌の形成と発達が促される. そうなると, 低木種の種子が, 先駆種が形成したマット状の土壌に潜んで根を張る ❸. 時間がたつと, 有機物のゴミや残渣がたまり, 土壌の厚みと栄養塩の量が増して, 高木が生育できるようになる ❹.

　二次遷移 (secondary succession) が生じるのは, 自然のあるいは人為的な**撹乱** (disturbance) により, 生物種の組合わせが取除かれた後の土壌においてである. この遷移は, 野火に見舞われた森林の跡地や耕作放棄地でみられ, 以前に存在したものとは異なる組合わせの種が侵入し, その場所を占めていく.

図 17・13　一次遷移. 氷河の跡地に森林群集が成立する様子.

現在では，生態学者は3種類の要因が遷移に影響すると認識している．つまり，1) 気候のような物理的要因，2) 先駆種がその場に到達した順番などの偶然の要因，3) 撹乱の頻度と強度である．種が到達する順序や撹乱の頻度と強度は，予測できないような様式でばらつくので，ある特定の群集の構成がどのように遷移するかを正確に予測することは困難である．

米国ワシントン州セントヘレンズ火山の1980年の噴火により，進行中の遷移を観察する機会が得られた（図17・14）．この噴火は火山岩や火山灰を山域に積もらせ，生育していた植物を全滅させ，成熟した土壌も覆ってしまった．それ以降，植物は侵入を続けており，遷移が進行している．

(a)

(b)

図 17・14　火山噴火後の生態遷移. (a) セントヘレンズ火山は1980年に噴火した．火山灰によって，山麓に広がっていた群集が完全に埋まってしまった．(b) 10年以内に，多くの先駆種が定着した．

撹 乱 の 役 割

特定の種類の撹乱に繰返しさらされる群集では，その撹乱に抵抗性を示し，撹乱から利益を得る個体は，自然選択で有利になる．たとえば，定期的に野火が発生する地域の植物には，野火によって競争相手の植物がなくなった後で初めて発芽する種子を生産するものがある．野火の直後に地下部から芽を出す能力を有する植物もある．野火の影響の現れ方は種によって異なるので，野火の頻度は競争関係に影響する．たとえば，野火の自然発

生が抑えられると，定期的な焼失に適応した植物は，競争における優位性を失う．野火に適応した植物よりも，むしろ成長や繁殖にすべてのエネルギーを投資している植物が，より大きく成長することになる．

失われる種と新たに付け加わる種

キーストーン種（keystone species）は，その種の個体数に比べて，不釣合いなほど重要な影響を群集に及ぼす種である．ペイン（Robert Paine）が，磯でふつうにみられるヒトデ *Pisaster ochraceus* の研究結果を記述する用語として提案した（図17・15）．捕食者であるこのヒトデが群集の構造にどのように影響するかを明確にするために，すべてのヒトデを取除いた実験区と，ヒトデをそのままにしておいた対照区で種数が比較された．ヒトデが捕食するのはおもにイガイなので，実験区からヒトデが取除かれると，イガイが優占した．

図 17・15　キーストーン種. ヒトデ *Pisaster* は磯に生息する．このヒトデを駆除すると，種多様性は減少する．

米国には4500種を超える**外来種**（exotic species）が定着している．外来種とは，新しい生息場所に導入され，そこに定着した種である．多くの外来種は無害だが，侵略的なものもいる．**侵略的外来種**（invasive species）とは，その種の移入によって，新たな生育地でその群集構造を撹乱する外来種のことである．ヒアリやク

(a)　　　　　　　　　(b)

図 17・16　米国で有害生物になっている外来種. (a) アジア原産のクズは，米国南東部で繁茂している．(b) 南米原産のヌートリアは，湾岸諸州の淡水の沼地や河川に多数生息している．

ズ（図17・6a）がその例である．クズは，アジアが原産地で，米国南東部に植食者の餌や土壌浸食の抑止策として導入された．しかし，クズは最も悪名高い雑草となり，他の植物を覆い隠すように成長している．ヌートリアは，大型の半水生の齧歯類で，もう一つの侵略的外来種である（図17・16b）．毛皮をとるために南米から1940年代に導入され湿地に生息するヌートリアの子孫は，在来の植生を脅かし，浸食を助長し，堤防を損ない，洪水の危険を高めている．

17・5　生態系の本質

　群集の生物は，**生態系**（ecosystem）の一員として環境と相互作用する．すべての生態系には，一方向なエネルギーの流れと，欠かせない物質の循環が存在する（図

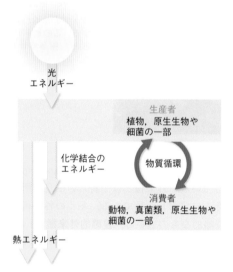

図 17・17　生態系において，一方通行に流れるエネルギー（黄矢印）と循環する物質（青矢印）の概念図

17・17）．生態系の**生産者**（producer）はエネルギーを獲得し，それを使って自らの食物を環境中の無機物からつくり出す．大半の生態系で，生産者は光合成生物であり，太陽光のエネルギーを利用する．生態系の**消費者**（consumer）は，生産者や消費者の組織や排泄物や遺骸を食べることによって，エネルギーや有機物（炭素）を獲得する．植食者（草食動物）や捕食者や寄生者は生きている生物を食べる消費者である．カニやミミズなどの**腐食性生物**（detritivore）は，有機物の小片つまりデトリタス（有機堆積物）を食べる．最終的に，排泄物や生物の遺骸は，細菌や原生生物や真菌類などの**分解者**（decomposer）によって，生体の構成単位である無機物まで分解される．

　生産者によって捕獲された光のエネルギーは，有機分子の結合エネルギーに転換される．この結合エネルギーは代謝反応で使われ，副産物として熱を放出する．生物は，熱を有機分子の結合エネルギーに再度転換することはできないので，これは一方通行の過程である．

　一方通行のエネルギーの流れとは違って，栄養分は生態系の中で循環する．この循環回路の出発点は，生産者が水素，酸素，炭素を空気や水などの無機物から吸収するときである．生産者は，水に溶けている窒素やリンやそのほかの栄養塩も吸収する．栄養分は生産者から，それを食べる消費者へと移動する．分解によって栄養分は環境に戻され，そこから生産者が再び栄養分を吸収する．

食物連鎖と食物網

　ある生態系のすべての生物は，食うものと食われるもの関係で構成される階層制の一部である．ある生物がその階層制の中で占める地位は**栄養段階**（trophic level，trophは栄養の意味）とよばれる．ある生物が他の生物を食べるとき，化学結合として含まれるエネルギーと栄養分は，食われるものから食うものに移行する．

　食物連鎖（food chain）とは，一次生産者によって獲

一次栄養段階	二次栄養段階	三次栄養段階	四次栄養段階
生産者 イネ科の草本	一次消費者 バッタ	二次消費者 スズメ	三次消費者 タカ

図 17・18　長草型プレーリーの食物連鎖の一例．一次栄養段階にある種によって光エネルギーが固定される．矢印は，ある栄養段階から次の栄養段階への栄養分とエネルギーの移動を表す．

図 17・19 北極の食物網. 矢印は食われるものから食うものへ向かう.

得られたエネルギーがより高次の栄養段階へと移行する一連の段階である. たとえば, イネ科の草本や他の植物は, 長草型プレーリーの主要な生産者である (図17・18). これらの植物が, この生態系の一次栄養段階である. エネルギーはイネ科草本からバッタへと流れ, つづいてスズメに, さらにタカへ移行する. バッタは一次消費者で, 二次栄養段階, バッタを食べるスズメは二次消費者で, 三次栄養段階, スズメを食べるタカは, 三次消費者で, 四次栄養段階にあたる.

多くの食物連鎖は, 互いに他の連鎖と交差したりつながったりして食物網 (food web) となる. 図17・19は, 北極の食物網の一部をなす種の例である. ほぼすべての食物網は, 2系統の食物連鎖を含んでいる. 生きている植物が食べられる食物連鎖 (生食連鎖) では, 生産者の組織にたくわえられたエネルギーは, 比較的大型であることが多い植食者へと移行する. 植物の枯死体などが食べられる食物連鎖 (腐食連鎖) では, 生産者に含まれたエネルギーが移行するのは, 小型の生物であることが多

い腐食性生物や分解者である．多くの陸上生態系では，腐食連鎖が支配的である．たとえば，北極の生態系では，ハタネズミ，ホッキョクウサギ，レミングなどの植食者が植物の一部を食べる．しかし，はるかに多くの植物体は植物遺骸となり，土壌中の昆虫や細菌や真菌類などの分解者を支える．腐食連鎖と生食連鎖は，互いにつながりながら総体的な食物網を形成している．

エネルギーの獲得と移行

　生態系を通じたエネルギーの流れは**一次生産**（primary production），つまり生産者によるエネルギーの獲得と蓄積から始まる．単位面積当たりに取込まれた炭素の量として測定される一次生産は，環境によってさまざまであり，同じ生息場所でも季節によって異なる．平均では，単位面積当たりの一次生産は，海洋よりも陸上で大きい（図 17・20）．しかし，地球の表面の約 70% は海洋なので，海洋の貢献は地球上の一次生産総量の約半分である．

図 17・20　陸上と海洋の純一次生産を示す衛星画像．最も高い赤から橙，黄，緑，青の順で一次生産は低下し，紫が最も低い．

　エネルギーピラミッド（energy pyramid）は，生産者が獲得したエネルギーに対して，高次の栄養段階に到達したエネルギーの割合を図示したものである．図 17・21 は，米国フロリダ州の淡水生態系のエネルギーピラミッドである．エネルギーピラミッドは，生産者のエネルギーを表している底辺が必ず大きく，先細りになって

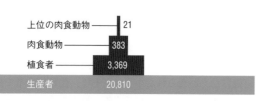

上位の肉食動物　21
肉食動物　383
植食者　3,369
生産者　20,810

図 17・21　淡水の水界生態系におけるエネルギーピラミッド．数字はエネルギーを表し，単位は kcal/m²・年である．

いく．通常は，ある栄養段階の生物の組織に含まれるエネルギーのおよそ 10% だけが次の栄養段階に属する生物の組織に達する．移行の効率を制限する要因にはいくつかある．すべての生物は代謝熱としてエネルギーを失い，上位の栄養段階に属する生物は，この失われたエネルギーを利用できない．また，大半の消費者が分解できない分子にたくわえられているエネルギーもある．たとえば，多くの肉食動物は，骨や鱗，毛や羽毛や毛皮に固定されているエネルギーを利用することはできない．エネルギーの移行効率の低さによって，多くの場合食物連鎖のつながりが数段階以上に達しないことが説明できる．

毒物の蓄積と生物濃縮

　栄養素やエネルギーと同様に，一部の毒物も食物網を通じて移行する．動物では，摂食や皮膚から吸収のされた脂溶性の毒物は，脂肪組織に蓄積する．動物の体内の脂溶性毒物の濃度は時間とともに上昇するので，短命の種よりも長寿命の種で高濃度に蓄積される傾向がある．また，同じ種であっても，老齢の個体は若い個体よりも毒物の蓄積量が多い．

　捕食者は生涯を通じて，自分が捕食した獲物が摂取し蓄積した毒物をすべて摂食することになる．つまり，この**生物濃縮**（biological magnification）とよばれる過程によって，食物連鎖の上位にいる動物ほど，体内に蓄積する毒物の量は多くなる．

　水銀の生物濃縮は依然として世界的な問題である．水銀は神経系に被害を及ぼす毒物で，石炭火力発電所などから排出される．環境中では，無機水銀は反応して有機のメチル水銀として存在する．この毒性化合物は水草やプランクトンに吸収され，食物連鎖の上位へ移動していく．メカジキ，サメ，ビンナガマグロなどの大型の肉食魚は，メチル水銀を最も多く含み，他のすべての海産魚介類にもいくらかは含まれる．

17・6　水，窒素，リンの循環

　生物地球化学的循環（biogeochemical cycle）において，生命に必須の元素は，環境中のいくつかの**貯蔵所**（reservoir，リザーバーともいう）から，生態系の生物を通じて移動し，貯蔵所に戻る（図 17・22）．元素によって異なるが，環境中の貯蔵所には地球の岩石や堆積物，水，大気などがある．

　ここでは，重要な元素を移動させる四つの生物地球化学的循環，すなわち水，リン，窒素，および炭素の循環に着目する．

図 17・22　生物地球化学的循環の概念図

水循環

　水循環（water cycle）とは，水が海洋から大気を経て陸域に達し，淡水の生態系に入り，そして海洋に戻る循環である（図 17・23）．太陽光エネルギーは，海洋や淡水の湖や池などからの水の蒸発を促す．大気圏の下層に移動した水は，水蒸気や雲や氷晶として一定の時間空中にとどまる．降水の過程で，大気中の水分は凝結して，雨や雪として大気圏から落下する．地球表面の約 70% を占めるのは海洋なので，ほとんどの水は海洋から蒸発し，ほとんどの降水は海洋に降る．地上に落ちた降雨の大部分は，川に向かって流れこむか，土壌に浸透する．

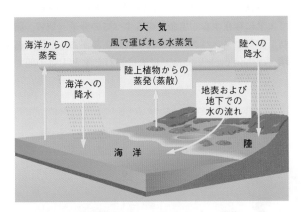

図 17・23　水循環．水は，海洋から大気へ移動し，陸に降り注ぎ，海に戻る．下表：さまざまな環境における貯蔵所に存在する水の体積．

貯蔵所	体積(10^3 km^3)
海洋	1,370,000
両極の氷床と海氷，氷河	29,000
地下水	4000
湖沼や河川	230
大気（水蒸気）	14

植物の根は土壌水（土壌粒子の間隙の水）を吸収する．吸収された水のほとんどは，植物の地上部から水分が蒸発する**蒸散**（transpiration）により，大気中に戻る．

　地球上にはたくさんの水があり，その 97% は海水である（図 17・23 下表）．3% の淡水のうち，大部分は氷河や南極の氷床や北極の海氷として存在する．**地下水**（groundwater）はもう一つの淡水の貯蔵所であり，土壌中の水と**帯水層**（aquifer）とよばれる多孔質の岩からなる地層にたくわえられた水からなる．小川や川や湖や淡水の沼などに存在する地表水は，地球上の淡水の1% 以下である．

リン循環

　リンの原子は反応性が高いので，リンは元素としては自然界に存在しない．地球上にあるリンの大部分は，酸素と結合しているリン酸塩であり，イオン PO_4^{3-} として岩石や堆積物中に豊富に存在する．リンは，気体にならないので，大気圏はリンの主要な貯蔵所にはならない．**リン循環**（phosphorus cycle）において，リンは，地球上の岩石と土壌と水の間を移動し，食物網に入ったり出たりする（図 17・24）．リン循環で生物がかかわらない部分では，風化や浸食によってリン酸イオンは岩石から土壌や湖や川へと移動する ❶．河川の流れは，リン酸イオンを海洋へと運び ❷，そこでは大部分のリン酸が析出し，海底に堆積物として沈殿する ❸．何百万年もの年月を経て，これらの堆積物は岩石となり，地殻の移動によってリン酸塩に富む岩石が陸上に隆起し ❹，そこでリン循環が再び環境とかかわる．

　すべての生物は，ATP，核酸，リン脂質を構成するためリンを必要とする．陸上植物の根は，土壌水に溶け込んでいるリン酸を吸収する ❺．陸生の動物は，植物や動物を食べることでリン酸を獲得する．排泄物や遺骸に含まれるリン酸は土壌へと返る ❻．生産者が海水中に溶け込んだリン酸を吸収すると，リン酸が食物網に取込まれる ❼．陸上と同様に，排泄物や遺骸から，再びリン酸が供給される ❽．

　土壌中のリン酸塩が不足すると，植物の成長が制限されるので，多くの肥料にはリン酸塩が含まれる．海鳥やコウモリの集団営巣地から得られる糞は，リンを豊富に含み，天然の肥料として採掘される．しかし，市販されている肥料の大半は，鉱山で掘られた鉱石から化学的処理によって取出されたリンを含んでいる．

窒素循環

　地球の大気の 80% は窒素ガス N_2 で，大気は窒素の最大の貯蔵所である．**窒素循環**（nitrogen cycle）では，

図 17・24　リン循環.
リンの大部分はリン酸
イオンとして移動す
る．リンの主要な貯蔵
所は岩石や堆積物であ
る．

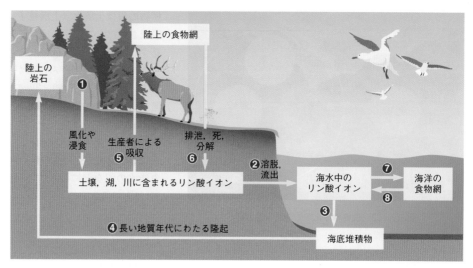

窒素は大気と土壌中および水中の貯蔵所，食物網の間を移動する（図17・25）．

　植物は気体の窒素を利用できない．その理由は，植物には二つの窒素原子を結びつけている三重の共有結合を切断する酵素がないためである．そのような酵素をもち，**窒素固定**（nitrogen fixation）を行う細菌もいる ❶．この細菌は，窒素分子の結合を切離し，窒素原子を用いてアンモニアを形成する．アンモニアは水に溶けてアンモニウム塩を形成し，植物はそれを窒素源として土壌から吸収する ❷．消費者は，窒素を植物や他の消費者を食べることで獲得する．細菌や真菌類などの分解者も，窒素を豊富に含む排泄物や遺骸を分解し，アンモニウム塩を土壌に放出する ❸．

　細菌は，窒素循環において別の役割も担っている．ア

ンモニウム塩を硝酸イオン NO_3^- へと転換する土壌や水中に生息する細菌もいる．この過程は，**硝化**（nitrification）とよばれる ❹．アンモニウム塩と同じように硝酸も，土壌中から生産者によって吸収され使われる ❺．硝酸を気体の窒素に転換し大気中に放出する脱窒菌によって，窒素は生態系から失われる ❻．

17・7　炭素循環と気候変動

炭 素 循 環

　炭素は大気中に酸素と結合した二酸化炭素 CO_2 として大量に存在する．生命を司るすべての分子（糖質，脂肪，脂質やタンパク質）には炭素の主鎖がある．**炭素循環**（carbon cycle）では，炭素は岩石と水と大気の間で

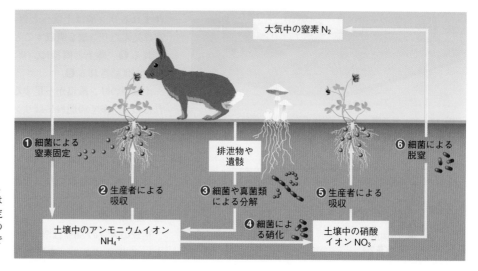

図 17・25　窒素循環.
窒素の主要な貯蔵所は
大気である．窒素固定
細菌によって，気体の
窒素は生産者が利用で
きる形態に変化する．

移動し，食物網へ入ったり出たりする（図17・26）.

陸上では，植物が光合成でCO_2を取込み利用する❶. 植物や植物以外の大半の陸上生物は，好気呼吸をするときに，CO_2を大気に放出する❷. CO_2が水に溶け込むと，炭酸水素イオンHCO_3^-を生成する❸. 水界の生産者は，HCO_3^-を吸収し，CO_2へと変換することで光合成を行う❹. 陸上と同様に，ほとんどすべての水界の生物も好気呼吸を行い，CO_2を放出する.

土壌には，大気の2倍以上の量の炭素が含まれている. 土壌の炭素を構成するのは，生物の排泄物や遺骸，さらに生きている土壌生物である. 時間が経つと，土壌中の細菌と真菌類は，有機物を分解し，CO_2を大気に放出する. 分解速度と土壌中の炭素含有量は，地域の気候によって異なる. 熱帯では，分解が速く進行するので，大半の炭素は土壌ではなく生きている植物にたくわえられている. それに対して，温帯の森林や草原では，生きている植物よりも土壌に多くの炭素がたくわえられている. 北極圏では低温のために炭素の分解が進まないために土壌に大半の炭素が蓄積されている.

地球上で最大の炭素の貯蔵所が，石灰岩などの堆積岩である. これらの岩石は，何百万年もの時を経て，炭素に富む海生生物の殻が圧縮されることで形成された❺. 植物は，土壌中から水に溶け込んだ炭素を吸収することはできない. そのため，陸域生態系に成育する生物は堆積岩に含まれる炭素を直接利用することはできない.

堆積した化石燃料は，炭素を多く含む遺骸から何億年もかけて形成された❻. 高圧と高温により，太古の陸上植物の遺骸は石炭に変成した. 同様の過程で，海洋に分布する珪藻の遺骸は，石油や天然ガスに変成した. 人間が化石燃料を燃やし始めるまで，化石燃料中の炭素は，岩石中の炭素と同様に，生態系にほとんど影響しなかった. 現在では，化石燃料の燃焼によって，毎年何十億トンものCO_2が大気中に放出されている.

増加し続ける大気中の二酸化炭素

1960年，ハワイのマウナロア天文台で大気サンプルの採取が始まった. これらのサンプルによって明らかになったのは，1960年から現在まででの，約315 ppmから415 ppm以上へのCO_2濃度の上昇である. また，北極の氷に閉じ込められた空気の分析や，古代の海洋生物の殻の組成から，さらに古い時代の情報が得られる. これらのデータが示しているのは，地球の大気中のCO_2

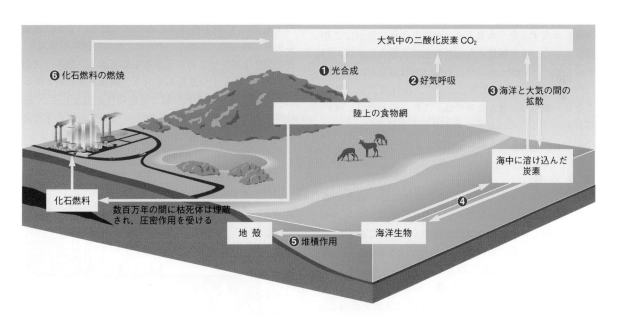

図 17・26 炭素循環. 地殻が最大の炭素の貯蔵所である.
❶ 植物が空気中のCO_2を取込み，光合成を行うことで，炭素は陸上の食物網に取込まれる.
❷ 植物や陸上生物が好気呼吸すると，炭素はCO_2として大気中に戻る.
❸ 大気と海洋の間で炭素が拡散する. CO_2は海水に溶けて炭酸水素イオンを生成する.
❹ 海洋の生産者は炭酸水素イオンを取込んで光合成を行い，海洋生物は好気呼吸で発生したCO_2を放出する.
❺ 海洋生物の多くは，その殻に炭素を取込んでおり，その死後，殻は堆積物の一部となる. 長い年月をかけて，この堆積物は，石灰石やチョークなど炭素を多く含む地殻の岩石となる.
❻ 太古の植物遺骸に由来する化石燃料を燃やすと，大気中にCO_2が過剰に追加される.

濃度が，少なくとも 300 万年間で最も高いということである．

自然現象によって大気中の CO_2 濃度が上昇する可能性はあるが，現在の上昇が自然現象の結果であるという証拠はない．たとえば，火山は CO_2 を排出するが，過去 100 年間で火山噴火の回数は増えていない．

大気組成の二つの変化から，CO_2 の増加は，化石燃料の使用がおもな原因であることがわかる．一つ目の変化は，大気中の酸素 O_2 の減少である．化石燃料を燃焼させると，化石燃料の炭素が空気中の酸素と結合して CO_2 になるので，大気中の酸素濃度は低下する．二つ目の変化は，大気中の炭素同位体比の変化である．§2・2で説明したように，同位体の元素は中性子数が異なるため，質量数も異なる．炭素の同位体の一つ（^{12}C）は安定で，もう一つ（^{14}C）は放射性同位体で時間の経過とともに崩壊する．化石燃料に含まれる炭素は，数百万年前に光合成生物によって取込まれた炭素なので，おもに ^{12}C である．化石燃料の燃焼が大気における ^{12}C に対する ^{14}C の比を減少させることが，1990 年代から科学者により報告されている．

海洋酸性化

大気中の CO_2 の濃度が高くなると，より多くの CO_2 が海に溶け込む．溶解した CO_2 が水と反応して炭酸水素塩を形成すると，水素イオンが放出され，海水はより酸性になる．より酸性となった海水は炭酸カルシウムの形成を妨げ，炭酸カルシウムの殻（二枚貝など）や骨格（サンゴなど）をもつ動物にとって，海洋酸性化は脅威となる．酸性化が進んだ海では，これらの動物は，硬い部分をつくるために余分なエネルギーを消費し，つくった部分も通常より薄く弱くなってしまう．

温室効果

CO_2，メタン（天然ガス），窒素酸化物は，**温室効果ガス**（greenhouse gas）であり，これらのガスは大気中で熱を吸収し再び放射し地球を暖かく保つ．この温暖化の機構は**温室効果**（greenhouse effect）とよばれる（図 17・27）．地球の大気圏に到達した太陽のエネルギーの一部は宇宙空間に反射される ❶．しかし，反射されるエネルギーよりも多くのエネルギーは大気圏を透過し，地表を暖める ❷．暖められた地表は熱エネルギーを放射し，その熱の一部を温室効果ガスが吸収する．吸収された熱エネルギーの一部は地表に向かって放射される ❸．もし，温室効果ガスが存在しないとすれば，地表から放射される熱エネルギーは宇宙空間に散逸し，地球は寒冷化し，生命は全く存在しないだろう．

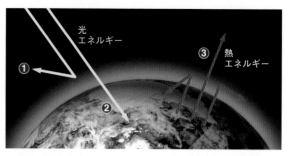

図 17・27 温室効果
❶ 太陽からの光エネルギーの一部は，地球の大気や地表で反射する．
❷ 反射するよりも多くの光エネルギーが，地表に到達し，地表を暖める．
❸ 暖められた地表から熱エネルギーが放射される．放射されたエネルギーの一部は，大気を通り抜けて宇宙空間へ逃げていく．しかし，このエネルギーの一部が温室効果ガスによって吸収され，あらゆる方向に放射される．温室効果ガスから放射されたエネルギーが，地表面や地表付近の大気を暖める．

地球規模の気候変動

温室効果ガスの濃度と地球の平均気温の両方が上昇し続けていることを，科学者たちは記録してきた（図 17・28）．過去 100 年間で，大気中の CO_2 濃度は 30% 以上増加し，地球の平均気温は約 0.74 ℃ 上昇した．平均気温で 1 ℃ か 2 ℃ の上昇は大したことではないように思えるかもしれない．しかし，それは，氷河の融解を加速し，海水面を上昇させるのに十分な上昇である．現在，海面は年間 3.2 mm ずつ上昇しており，標高がきわめて低い地域では壊滅的な洪水が起こる危険性が高まっている．科学者たちの予測によれば，2100 年までに世界の平均海面が少なくとも 0.2 m，おそらく 2.0 m 程度上昇する．

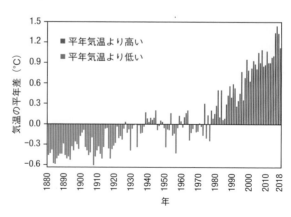

図 17・28 地球温暖化．陸域の年平均気温の変化．縦軸は 1901 年から 2000 年までの平均気温との差を表す．青棒グラフは，この平均気温より低い年，赤棒グラフは，この平均気温より高い年を示す．

陸と海の温度は，蒸発，風，海流に影響し，それが気象に影響する．したがって，地球の気温が上昇すると，多くの気象パターンに変化が生じる．たとえば，気温の上昇は極端な降雨パターンをもたらし，干期と異常な豪雨が繰返される．また，海水温の上昇は，台風やハリケーンをより強くする．科学者たちは，地球の平均気温の変化による多くの気候関連の影響を，**全球気候変動**（global climate change）とよぶ．これらの変化の生態系への影響については，18 章で再度，取扱う．

気候とは，ある地域の長期に渡る平均的な気象条件を

いう．地球の気候は，その歴史の過程で大きく変化してきた．歴史上の大規模な気温変化と 10 万年以上周期で変化する地球の公転軌道面の傾きや 4 万年以上かけて変化する地軸の傾きの間には相関があることが知られている．また，太陽の放射エネルギーの変化，陸塊の配置，火山噴火の頻度も地球の気温に影響する．しかし，これらの要因では現在の気候変動を説明できないことに，圧倒的多数の科学者が同意している．現在の気候変動は，進行中の温室効果ガスの増加の結果であるというのが，科学的なコンセンサスである．

ま と め

17・1　ある地域にいるすべての種が群集である．群集の構成員間での相互作用によって個体群は抑制される．群集に新たに導入され，天敵が存在しない種は，個体数を増やし，害虫や雑草となる．

17・2　すべての種には，ある特定の生息場所を占め，それぞれのニッチ（生態的地位）がある．群集の種多様性は，どのように種が相互作用するかといった生物的要因とともに，気候のような非生物的要因によっても決まる．

17・3　種間相互作用は群集構造に影響を与える．種間競争は，関係する双方にとって不利益をもたらす．競争排除が起こるのは，同じ資源を必要とする種が生息場所を共有するときである．資源の分割によって，似通っている 2 種でも共存できる．

捕食は，被食者を殺し食べることである．擬態の一形態として，防御能力に優れる種が似たような警告色を示すことがある．防御能力がそれほど優れていない種も防御能力に優れる種に似ることがある．カムフラージュによって捕食者も被食者も隠れることができる．植食によって植物は死ぬことも生き残ることもある．

二つの種が物理的に密接して存在する長期間に渡る種間相互作用を共生という．寄生者は宿主から栄養分を吸収するが，通常は宿主を殺すことはない．托卵は他種の巣に卵を産むことである．捕食寄生者は，その幼虫が宿主の体内で宿主を食べながら成長し，最終的には宿主を殺してしまう．片利共生では，一方の種は利益を得るが，他方の種は利益も損害も被らない．相利共生では，双方の種が互いを利用し，相互に利益を得る．

17・4　生態遷移は，群集において一連の種が経時的に置き換わっていく現象をいう．一次遷移は新たに生じた生息場所でみられる．二次遷移は撹乱を受けた場所で生じる．ある場所に最初に現れる種が先駆種である．先駆種が定着すると，他の種が定着する助けになる．

キーストーン種の存在は，群集構造に大きく影響する．侵略的外来種の侵入は，群集を劇的に変えてしまう．

17・5　生産者は，大部分の生態系において，太陽光のエ

ネルギーを化学結合のエネルギーに転換する．消費者は，他の生物を捕食し，エネルギーと栄養分を獲得する．食物連鎖は，ある栄養段階から次の栄養段階へエネルギーが移動する経路である．生物濃縮の過程で，食物連鎖の上位に進むにつれて，毒性のある化学物質の濃度が増加する．いくつかの食物連鎖は，食物網として互いに交差する．典型的な陸上生態系では，生産者に含まれるエネルギーの大半は，腐食性生物や分解者に消費者を介さず移動する．

一次生産の速度，すなわち生産者によるエネルギーの獲得とその蓄積は，気候や季節やその他の要因の影響を受けて変化する．エネルギーピラミッドは，ある栄養段階から 1 段階上位に移動するにつれて，利用可能なエネルギーが減少する様子を示す．

17・6　生物地球化学的循環においては，水や栄養塩は，環境から生物を通じて移動し，最後に環境中の貯蔵所に戻る．

水循環において，水は海洋から大気を経て，地上に雨として降り注ぎ，主要な貯蔵所である海洋に流れ戻る．帯水層と土壌は地下水をたくわえるが，地球の淡水の大半は，氷河や氷床として存在している．

リン循環では，生物は地表の岩石や堆積物から溶出し水中に溶け出したリンを吸収している．気体のリンは，この循環では何の役割も果たしていない．

窒素循環では，大気が主要な貯蔵所となっている．一部の細菌は，気体の窒素を植物が吸収できるアンモニウム塩に転換する窒素固定を行う．分解者として働く細菌と真菌類もアンモニウム塩を放出する．

17・7　炭素循環では，炭素は貯蔵所である岩石や海水から，大気中の CO_2 や生物の間を移動する．化石燃料の燃焼により，地球の大気中や水中の過剰な CO_2 が増加する．海水に溶けた CO_2 は海をより酸性にし，炭酸カルシウムの殻や骨格をもつ生物を脅かす．

CO_2 は，温室効果ガスの一つである．温室効果ガスは，温室効果により地球の大気中に熱を引き止めて，生命の存在を可能にしている．化石燃料の燃焼により大気中で CO_2 が増加することが，全球気候変動をひき起こしている．

試してみよう (解答は巻末)

1. 群集を構成する種は ____
   a. 生息場所を共有する
   b. 競争しない
   c. 遺伝子プールを共有する
   d. 同じニッチを有する

2. 下の種間相互作用の用語の例として最も適当なものを a～d から選び, 記号で答えよ.
   ____ 相利共生   a. ヘビがネズミを殺して食べる
   ____ 競争   b. ミツバチは花を受粉させ, 花は蜜を
   ____ 捕食   吸わせる
   ____ 植食   c. フクロウとアメリカオシドリは, と
               もに木の洞を巣として利用する
              d. ヤギが草を食べる

3. 種間競争のもとでは, 自然選択により選ばれるのは, 競争しているどちらの種においても, 競争相手の種と最も ____ 個体である.
   a. 似ている   b. 異なっている

4. 捕食寄生者は ____ であり, 宿主に産卵する.
   a. 鳥類   b. 爬虫類   c. 昆虫   d. 魚類

5. できたばかりの火山島に群集が成立する過程を ____ という.
   a. 一次遷移   b. 二次遷移
   c. 競争的排除   d. 資源の分割

6. 下の用語の説明として最も適当なものを a～d から選び, 記号で答えよ.
   ____ 生産者   a. 親の世話を盗む
   ____ 托卵   b. 有機物の小片を捕食する
   ____ 分解者   c. 排泄物や遺骸を無機物まで分解す
   ____ 腐食性生物   る
               d. 太陽光のエネルギーを固定する

7. それぞれの物質の貯蔵所としての役割が大きいのはどれか. 選択肢は, 複数回使ってもよい.
   ____ 炭素   a. 海水
   ____ 水   b. 岩石や堆積物
   ____ リン   c. 大気
   ____ 窒素

8. 地球上で, 淡水の最大の貯蔵所は ____
   a. 湖
   b. 地下水
   c. 氷河の氷や氷床
   d. 生体内の水分

9. 気体の窒素を生産者が吸収できる形態に転換するのは ____ である.
   a. 真菌類   b. 細菌
   c. 哺乳類   d. 蘚類

10. 生物的防除資材は, 病害虫や有害な雑草の ____ である.
   a. 被食者
   b. 子孫
   c. 相利共生の相手
   d. 天敵

11. 遷移の初期に現れる種は ____ である.
   a. キーストーン種
   b. 先駆種
   c. 片利共生にある種
   d. 外来種

12. 温室効果ガスの説明としてあてはまるものは ____
   a. 大気中に熱をたくわえる
   b. 化石燃料の燃焼によって放出される
   c. 大気中の濃度が高まると, 全球気候変動をひき起こす可能性がある
   d. a～c のすべて

18 生物圏と人間の影響

18・1　オオカバマダラの減少

メキシコ中央部のある針葉樹林は，世界遺産に指定されている．北米のオオカバマダラ *Danaus plexippus*（モナークともよばれる）という大型のチョウが集団で越冬する場所である（図18・1）．

このオオカバマダラは，長距離を移動するチョウとして有名である．オオカバマダラは春になると花の蜜を吸いながら北上し，数千 km を移動する．移動の途中で，トウワタの群生地を見つけて繁殖し，そこで死ぬ．次世代がさらに北方に移動し，繁殖して死ぬ．最終的に，繁殖を停止した世代が誕生するまで，この移動が続き，この世代が冬に備えてメキシコに戻る．

数世代にわたって長距離を移動するために，オオカバマダラの生存はさまざまな生態系の変化によって脅かされている．メキシコの針葉樹林の伐採，北米のプレーリーの農地や宅地への転用によるトウワタや蜜を生産する草花の減少などである．

北米のオオカバマダラの個体数は，ある計測では，2005 年から 2017 年の間に 80％ も減少した．メキシコでは，2018～2019 年の冬の成虫の個体数が 10 年前の 3 分の 1 以下であると推計された．

図 18・1　メキシコのオオカバマダラ生物圏保護区に生息するオオカバマダラ．挿入写真は，トウワタに止まるオオカバマダラ．

本章では，地球のすべての生態系で，生物が複雑に絡み合った相互作用のネットワークに組込まれていること，人間がこのネットワークを改変したり破壊したりして，地球の環境収容力を低下させていることを学ぶ．

18・2　気候とバイオームの分布

生物圏（biosphere）とは，地球上で生命が存在するすべての場所である．生物圏のどこに何が生息しているかは，地域の気候の違いに大きく左右される．**気候**（climate）とは，ある地域の長期にわたる平均的な気象条件のことを意味する．**気候変動**（climate change）は，数十年間の気象パターンの変化をさす用語である．

太陽光エネルギーと緯度

太陽光エネルギーは，地球の表面全体に均等に降り注いでいるのではない．1 年のどんな日であっても，赤道付近は緯度が高い場所よりも常に多くの太陽光を受ける．それには二つ理由がある．第一に，太陽光が通過す

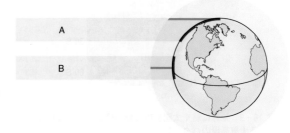

図 18・2　春分・秋分の日に太陽光が地表に到達する様子．緑の線は太陽光が大気圏（青）を通過する距離を，赤の線は同じ量のエネルギーをもつ太陽光が地表に到達したときの広がりを示す．A: 高緯度，B: 赤道付近．

る大気の量である．大気の構成要素の一部は太陽のエネルギーを反射したり吸収したりするので，大気中を通過する距離が長いほど地表に到達する量は少なくなる．図18・2の緑の線が示すように，極地では赤道よりも長い距離の大気を通過して太陽光が地表に到達する．第二に，入射した太陽光の光束が分散する地表の面積である．図18・2の赤線が示すように，赤道では太陽光が拡散する地表の面積が高緯度より小さい．これらの要因の結果として，平均気温は赤道で最も高く，両極に向かうにつれて低くなる．

標高も気温に影響する．どの緯度でも，標高が高くなるにつれて平均気温は下がる．この温度の低下が起こるのは，標高が高いところでは，上空の空気の層は薄く，熱を保持する能力が，標高が低いところよりも低いためである．

大気循環と降水量

地表面の暖まりやすさが緯度によって異なり，この温度差が大気と海洋に影響し，大気循環と降雨の全球的なパターンが生じる（図18・3）．赤道では，強烈な太陽光が大気を暖め，海洋からの水の蒸発を促す．熱せられた空気は膨張し，上昇する❶．赤道付近で大気の塊が上昇し冷え始める．温度の下がった大気は，温度の高い

空気ほどは水分を保持できず，水分は雨となって地表に降る．赤道付近の豊富な降水が，熱帯多雨林を育む．上昇した大気の塊は，北か南に押し流される．

大気の塊が北緯あるいは南緯30度付近に達するころまでに，大気の塊は冷えて乾燥しきっている．冷えたために，大気は下方へと吹き降りる❷．この大気が地表に降りると，土壌から水分を奪い，その結果，北緯あるいは南緯30度付近には砂漠が形成される．

地球表面に沿って両極に向かって流れ続ける大気は，再び熱と水分を吸収する．緯度60度付近で大気は再び暖まり，湿度も高くなる．そして，水分を雨として失いながら上昇する❸．極域では，ほとんど水分を含まない冷たい大気が降りてくる❹．降雨量は限られ，極地砂漠ができる．

海洋循環

地球の海水は全球を通じて循環している．赤道付近では，海水が温められて膨張し，両極よりも海面が約8cm高くなる．この海面の高さの差が，海洋循環のパターンをひき起こす．また，風や地球の自転，陸塊の形や位置も海水の動きに影響する．これらの要因によって，表層海流のパターンが形成される（図18・4）．表層海流は，北半球では時計回りに，南半球では反時計回りに循環する．

海流は，熱エネルギーを分配し気候に影響する．赤道から両極に向かって流れる海水から放散される熱で，大陸の東岸は温められる．たとえば，北米大陸の東海岸は，北に向かって流れるメキシコ湾流によって温められる．逆に，西海岸は，極域から赤道へ流れる冷たい海流のため熱を失い，冷やされる．水は温まりにくく冷めにくいので（§2・4），沿岸地域では，内陸部でみられるような急激な気温の変化が起こりにくい．

バイオームの分布

気候，特に降水量と気温は，**バイオーム**（biome）の分布を決定する主要な要因である．バイオームは生態系の区分で，それぞれのバイオームは，特定の物理的条件のもとで，その条件に適応した特徴的な生物群集が成育する大規模な地域である．多くのバイオームは，地理的に不連続で，異なる大陸にある大きく離れた地域から構成されている．"バイオーム"という用語は，もともと陸上の地域を表すための造語で，陸上のバイオームは，樹木やイネ科の草本などの，主要な植物の種類によって特徴づけられる．

あるバイオーム内の大きく離れた場所に生育する系統的に無関係な種が，同じような条件に直面するため，し

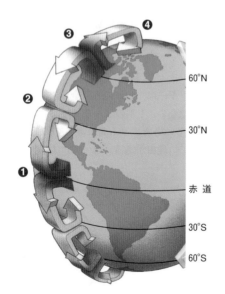

図 18・3　地球に届く太陽放射の量の緯度による差から生じる大気循環のパターン.
❶赤道. 暖かく湿った空気は上昇し，雨として水分を失い，南北に移動する.
❷北緯30度. 冷涼で乾燥した空気が降下する.
❸北緯60度. 暖かく湿った空気は上昇し，雨となる.
❹北極. 寒冷で乾燥した空気が降下する.

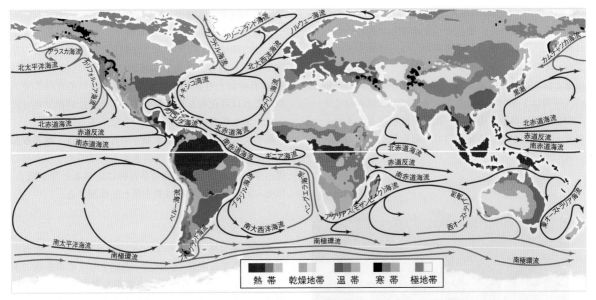

図 18・4 全球の海洋循環. 温かい表層海流は,赤道から両極に向かって流れ始めるが,卓越風,地球の自転,重力,海盆の形状,地形などによって流れの方向が変化する.緯度や水深で異なる海水温は,気温や降水量の地域による違いの一因となっている.陸域の区分は色(四角参照)で表わされている.

凡例: 熱帯　乾燥地帯　温帯　寒帯　極地帯

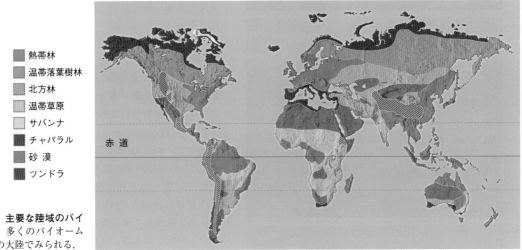

凡例:
- 熱帯林
- 温帯落葉樹林
- 北方林
- 温帯草原
- サバンナ
- チャパラル
- 砂漠
- ツンドラ

赤道

図 18・5 主要な陸域のバイオーム. 多くのバイオームが複数の大陸でみられる.

ばしば似たような形質をもつことがある.たとえば,水をたくわえる茎と棘のある外皮をもつ植物は,北米とアフリカの砂漠によくみられる.しかし,地理的に離れて分布するこれらの植物には,これらの特徴をもつ共通の祖先がいるわけではない.むしろ,それらの棘や茎は相似の形質であり,よく似た選択圧の結果,二つのグループで独自に進化した形質である(§12・6).

図 18・5 に主要な陸域バイオームの分布を示す.§18・3 と§18・4 では,それぞれのバイオームの特徴をより詳しくみていこう.

18・3 森林のバイオーム

木本が優占するのが森林のバイオームで,砂漠や草原よりも降水量が多い.森林によって,優占する木本が,広葉樹(被子植物)あるいは針葉樹(裸子植物)となる.合計では,森林のバイオームが,地球の陸域の約3分の1を占める.

熱　帯　林

常緑広葉樹が優占する**熱帯多雨林**(tropical rain forest)は赤道付近のアジア,アフリカ,南米にみられる

（図18・6a）．これらの木本では，同時にすべての葉が落葉するのではなく，数枚ずつが落葉し，新しい葉と入れ代わる．森林の構造は重層的で，つる植物が高木に絡まり，その枝にはランやシダ植物が着生する．豊富な降雨量と温暖な気温に加え，日長の変化がほとんどないため，植物は1年中成長できる．すべての陸域のバイオームのなかで，熱帯多雨林の一次生産量が最も大きい．つまり，光合成が最も活発なので，最も多くの量の二酸化炭素を大気中から除去している．

　熱帯多雨林に成育する生物種は，きわめて多様である．他の陸域のバイオームと比較して，熱帯多雨林の植物や昆虫，鳥類，サル目の種数は多い．熱帯多雨林は，5000万年以上存在し続けている最古のバイオームであり，これは進化的な種分化が生じる十分な時間であったので，最も種数の多いバイオームでもある．

　熱帯でも雨が降らない季節がある地域には，**熱帯季節林**（tropical dry forest）が存在する．このような森林に優占する広葉樹では，熱帯多雨林に比べると背が低く，ほとんどの種が乾季には葉を落とし休眠する．

温帯落葉樹林

　温帯落葉樹林（temperate deciduous forest）に優占するのは，落葉広葉樹で，秋に一斉にすべての葉を落とす（図18・6b）．冬は寒冷で，水が雪や氷となっている期間には，木本は休眠する．春になると，落葉広葉樹は花を咲かせ，新葉を展開する．同じころ，前年の秋に落ちて積もった落葉は分解され，栄養分に富む土壌を形成する．樹木の生育期間であっても，林冠の隙間を通じて太陽光が地面に届くので，林床には背の低い林床植物が繁茂する．

針葉樹林

　針葉樹林（coniferous forest）で優占する針葉樹は，広葉樹に比べ，乾燥や寒さ，栄養の乏しい土壌に耐性を有している．針葉樹林はおもに北半球に分布している．

　北方林（boreal forest）は，高緯度地域にみられる針葉樹林で，最も広大な陸域バイオームである（図18・6c）．北方林は，アジアやヨーロッパや北米の北部を横断している．北方林は**タイガ**（taiga）ともよばれ，冷涼な夏には降った雨で土壌が水浸しになる．北方林では，冬は乾燥して気温が低くなる．主要な樹種はトウヒやモミやマツである．これらの針葉樹の樹形は円すい形で，木には雪が積もりにくい．また，針のような形状の葉は，凍結した土壌から水を吸収できない冬に，蒸散による水の喪失を最小限にするのに役立っている．

森林破壊

　森林の面積は，北米やヨーロッパ，中国では，安定または増加しているが，熱帯林は危機的な速さで消滅し続けている．大部分の熱帯林は，急速に人口が増加している開発途上国にあり，森林は木材や燃料の供給源や潜在的な農地とみられている．

　森林破壊（deforestation）とは，森林からすべての樹木を取除くことで，森林に成育するさまざま生物の滅亡

(a)

(b)

(c)

図18・6　森林のバイオーム. (a) 熱帯多雨林. (b) 温帯落葉樹林. (c) 北方林.

という直接的な影響に留まらず，種々の有害な影響を及ぼす．たとえば，木の根に吸収されるはずだった水が河川に流れ込むために洪水が誘発される．流れ出る水によって，土壌から栄養塩のイオンは除去され，土壌は貧栄養な状態になる．丘陵地では，森林破壊で地滑りの危険性が高まる．

　木がなくなると，気象も変化する．森林が伐採されると，日陰がなくなり蒸散量も低下するので，日中の気温が上昇する．蒸散の低下により大気中に放出される水分量が減少し，雨になる水量も減るので，降水量が減少する．熱帯林の場合，栄養分の損失と乾燥や高温のため，木本の種子は発芽できず，実生も生残できない．そのため，熱帯林の破壊は，特に回復が困難である．

　森林破壊は地球規模の気候変動にも影響する．第一に，森林だった土地を利用するために伐採が行われると，切られた木材はしばしば燃やされ，大気中に炭素が放出される．第二に，森林の農地や牧草地への転換は，植物による炭素の吸収速度を低下させる．

　熱帯多雨林のバイオームで最も広大な面積が現存するのは，南米アマゾン川流域である．この森林の約60%はブラジルにある．そのため，ブラジルの政治的，経済的要因がこの森林に大きく影響する．広大な面積の熱帯雨林が，肉牛牧場や大豆農園のために違法に伐採された．この森林の喪失は，国際的な激しい非難をよんだのでブラジル政府は森林保護をより重視した*．

18・4　草原，砂漠，ツンドラ

草原の種類

　地球の陸域の約25%は**草原**（grassland）で，このバイオームでは，多年生草本や木本以外の植物が優占する．典型的な草原は大陸の中央にみられ，灌木帯や砂漠に隣接する．

　北米の温帯草原は**プレーリー**（prairie）とよばれ，かつては北米大陸の内陸部の大半を覆っていた．内陸部では，夏は暑く，冬は寒く雪も多い．プレーリーには，オオカミの被食者であるヘラジカやプロングホーンやバイソンの群れ（図18・7a）が多くみられた．今日では，これらの捕食者と被食者は，かつての分布域の大半で，ほとんどみられなくなった．

　プレーリーの土壌は非常に肥沃で表土層が厚いので，プレーリーの農地への転用は魅力的で，かつてプレーリーだった米国のほとんどの地域は，現在，小麦や他の穀物などの栽培に利用されている．

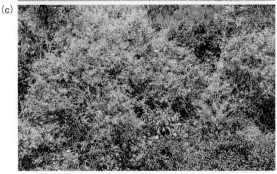

図 18・7　ときどき生じる野火に適応した植物が優占するバイオーム．（a）北米のプレーリー．温帯草原であり，バイソンは在来の植食者である．（b）アフリカのサバンナ．灌木が点在する熱帯の草原．サバンナには，草食動物の大群が存在する．（c）米国カリフォルニア州のチャパラル．小型で堅い葉をもち，耐乾性がある灌木が優占する．

　サバンナ（savanna）は，灌木（かんぼく）や高木が点在する熱帯の草原である．アフリカやインド，オーストラリアの熱帯多雨林と気温が高くなる砂漠の間にある．気温は年間を通じて高く，明瞭な雨季がある．アフリカのサバンナは，野生動物の豊富さで有名である．植食者として，キリンやシマウマやゾウ，アンテロープのさまざまな種，そして非常に多くのヌーの群れ（図18・7b）がいる．ライオンやハイエナが，これらの植食者を捕食する．

　チャパラル（chaparral）には，小型で堅い葉をもち，

---
　*　訳注：しかしその後も，政権の交代によって，開発と保護の状況が左右されている．

耐乾性があり野火に適応した灌木が優占する．チャパラルは，北半球と南半球の両方で，大陸の西岸に緯度30度から40度の範囲でみられる．比較的温暖な冬にはある程度の量の雨が降る．夏は暑く乾燥している（図18・7c）．

　草原やチャパラルの維持には，落雷による野火と在来の草食動物が重要な役割を果たす．これらのバイオームに自生する植物は，非常に発達した根系にエネルギーと栄養塩をたくわえているので，焼失や植食を受けても再生できる．そのような在来種が，火災が起きなくなったり在来の草食動物がいなくなると，焼失や被食に耐性がなく成長速度の速い植物種の進出で駆逐される可能性がある．

砂　漠

　年間降雨量の少なさが特徴の**砂漠**（desert）は，地球上の陸地の1/5を占めるバイオームである．砂漠の多くは，北緯あるいは南緯30度付近にある．そこでは，全球の大気循環のために乾いた空気が上空から吹き降りてくる．雨がほとんど降らないために，砂漠では湿度が低く保たれている．太陽光の妨げとなる水蒸気がほとんどないので，強い日射と熱が地表まで届いている．夜には断熱効果がある水蒸気が大気中にほとんどないので，気温は急速に低下する．そのため，砂漠では1日の温度変化がほかのバイオームに比べて大きい．

　過酷な環境条件にもかかわらず，多くの砂漠には植物が生育する（図18・8）．これらの植物は，非常にまれな降雨で得られるごくわずかな水を利用できるように適応している．砂漠の一年草は，雨が降ると芽を出し，土壌が乾燥する前にすばやくその生活史を完遂する．サボテンのような砂漠の多年草には，降った雨を取込み，その水を海綿状組織にたくわえ，のちに使用するものもい

る．棘状に変形した葉は，水を得ようとする動物をサボテンから遠ざける．灌木の多くは，水が十分に得られないと，葉の一部あるいはすべてを落とし，蒸散による水の喪失を減らす，"干ばつ落葉性"を示す．

　砂漠は，気候の変動の結果として長期的には拡大・縮小するものである．無計画な農業の実践により，土壌浸食が進み，草原や森林から砂漠への変化が短期間で生じる過程を**砂漠化**（desertification）とよぶ．1930年代半ば，米国グレートプレーンズ南部のプレーリーの広い範囲が耕起され，その土壌はこの地域の恒常的な風にさらされていた．干ばつの影響が加わり，経済的かつ生態的な災害が生じた．イネ科草本は発達した根でプレーリーの土壌を移動しないように保持していた．ひとたびイネ科草本が失われると，10億トン以上の表土を風が巻き上げて巨大な土砂嵐となり，この地域は黄塵地帯として知られるようになった．

ツンドラ

　北半球では，**ツンドラ**（tundra）は極域の氷床と帯状に連なる北方林の間に形成され，ほとんどはロシア北部やカナダにみられる．ツンドラは地球上で一番新しいバイオームであり，最終氷期が終わって氷河が後退した約1万年前に現れた．氷河に覆われていた地表が出現したので，現存の群集が形成される一次遷移の過程が始まった．

　極地ツンドラは，1年のうち最長で9カ月も積雪に覆われる．季節による日長の差は高緯度地域で最も大きいので，冬は寒く，暗い．短い夏の間に，ほとんど沈まない太陽の下で，地衣類と地表面近くに根を広げる背の低い植物が短期間で成長する（図18・9）．これらの生産者は食物網の基盤となり，そこにはハタネズミ，ホッキョクウサギ，カリブー，ホッキョクギツネ，オオカミ，ヒグマなどが含まれる．無数の昆虫が飛び交う夏には，移動性の多数の夏鳥がツンドラで営巣する．

　真夏でも，ツンドラの土壌は，表層しか溶けない．表

図 18・8　雨の後のソノラ砂漠．多年生のサボテンや乾燥に強い灌木が生育する隣で，一年生の草本が開花している．

図 18・9　北極圏のツンドラ．背の低い植物を支える融解した表層の土壌の下方には永久凍土がある．

層の下にある，**永久凍土**（permafrost）の厚さは，500 m に達する．永久凍土層が水の浸透を妨げるため，表層土壌はずっと水浸しである．冷涼で嫌気的な条件が分解の妨げとなって，枯れた植物などが堆積し続け，永久凍土は地球上で最も大きい炭素の貯蔵所の一つである．地球の気温が上昇するにつれて，毎年の夏に溶ける凍土の量が増加している．その結果，これまで永久凍土の中で凍っていた有機物が急速に解凍されている．解凍された有機物を土壌微生物が分解すると，二酸化炭素やメタンが大気中に放出される．これらの物質は温室効果ガスなので，その放出がさらなる温暖化と永久凍土の融解を助長する．

18・5　水 界 生 態 系

"バイオーム"は陸域を表すために作られた用語である．しかし，水界についても物理的特性と水界の生態系が支えている生物種の群集に基づいて生態系を類型化し区別することができる．温度や塩分，水の移動速度，水深が水界群集の構成に影響を及ぼす．

小 川 や 川

小川（stream）は雨水や雪や氷が溶けた水から始まることが多く，流れ下るにつれて大きくなり，合流し大きな川（river）となる．小川や川の特性は，その長さによって異なる．川床の岩の種類は，小川に溶ける物質の濃度に影響する．たとえば，石灰岩はカルシウムを水に加える．浅い流れが岩の上を速い速度で流れると，空気が溶け込み，深くゆっくりした流れよりも多くの酸素が水に含まれる．また，冷たい水は温かい水よりも多くの酸素を含む．その結果，小川や川の異なる場所では異なる酸素要求性をもつ生物種をみることができる．ダムなどで人間が水の流速を変化させると，川に成育する生物種の組合わせも変化する．

湖

湖（lake）とは，移動しない淡水が一定量集まったものである．非常に浅いものを除いて，すべての湖には，物理的な特性やそこに生育する生物種の構成が異なる水域が存在する．岸の近くでは日光が湖底にまで届き，根をもつ水生植物や湖底にみられる藻類が一次生産者となる．湖の開放水面には，上部のよく光が届く層と，湖が深いかあるいは濁っていれば光が届かない層がある．光が届く場所では，生産者は光合成を行う原生生物やシアノバクテリアである．水深が深く暗い場所では，表層から沈んできた有機物を餌にする消費者が存在する．

湖の生態系も遷移する．形成されて間もない湖は深く，その透明度は高く，栄養塩の濃度は低く，一次生産力は小さい（図18・10）．その後，堆積物によって，湖は浅くなっていく．栄養塩も蓄積するので，水の透明度を低下させるシアノバクテリアや珪藻類やその他の生産者の成長が促進される．これらの生産者は非常に小型の消費者である甲殻類などの餌になり，それらはより大型の消費者である魚に食べられる．

図 18・10　貧栄養な湖. 火山が崩壊し形成された米国オレゴン州の火口湖は，約7700年前に雪解け水が溜まり始めた．地質学的に若い湖であり，その透明な水は一次生産力の低さを表す．

河 口

河口（estuary）では，海水と河川からの栄養塩に富む淡水が混じり合い継続的に栄養塩が補給されるため，高い生産性が維持される．また，流入する淡水はシルト（沈泥）をもたらす．流速が遅いところでは，シルトは河口の底に沈み，干潟を形成する．

高い塩分濃度や水位変化に耐えるように適応した植物も生産者としての役割を果たす．たとえば，イネ科の草本，コードグラス *Spartina* は，大西洋沿岸の河口域の塩性湿地の多くで，優占する（図18・11a）．熱帯や亜熱帯域の河口や干潟には，肥沃なマングローブ林がしばしばみられる（図18・11b）．"マングローブ"とは，特定の耐塩性木本植物の一般的な呼称である．

磯 や 砂 浜

海岸（shore）の生物は，波の打ち寄せる物理的な力や潮位の変化に適応している．満潮時には海中に潜り，干潮時には水の外に出る生物の種は多い．**磯**（rocky shore）では，波のために有機物が堆積しにくいので，岩の表面に密着した藻類が生産者である．対照的に砂浜では，砂地は波で常にかき回されているので，藻類の定着は困難で，潮位が高い時に海水中からプランクトンを吸い込んで摂食する二枚貝などの動物がいる．

(a)

(b)

図 18・11　沿岸の生態系．(a) イネ科の多年生植物であるコードグラスが優占する米国サウスカロライナ州の河口域．(b) マングローブの一種オオバヒルギが優占する米国フロリダ州の干潟．

サ ン ゴ 礁

　温かくて浅い，光がよく届く熱帯の海では，**サンゴ礁**（coral reef）が育まれる．サンゴ礁は，無脊椎動物であるサンゴが何世代にもわたって分泌した炭酸カルシウムによってつくられる構造である（§15・3）．熱帯多雨林と同様に，熱帯のサンゴ礁はきわめて多様な種の生息場所になっている（図18・12）．サンゴ礁群集の主要な生産者は，造礁サンゴの組織内に共生して光合成をする渦鞭毛藻類（§14・6）である．この相利的関係では，原生生物は，生息場所と栄養塩を供給され，宿主であるサンゴに糖を提供する．

　海水温変化などの環境変化によるストレスにさらされると，サンゴは共生している原生生物である渦鞭毛藻類を排出する反応を示すことがある．この反応は**白化**（coral bleaching）とよばれる．もし，環境条件が直ちに改善すれば，共生者である渦鞭毛藻類の個体群がサンゴ内で回復する．しかし悪条件が続くと，渦鞭毛藻類の個体群は回復することなく，サンゴは飢えて死ぬ．サンゴ礁の白化は増加しており，海水温が上昇した結果である可能性が高い．

外 洋 と 海 底

　光が差込む明るい**外洋**（open ocean）では，藻類や細菌など光合成を行う微生物が一次生産者であり，**生食連鎖**（grazing food chain）が優占している．多くの環境条件下では，光は水深200mぐらいまでしか透過しない．それよりも深い所では，暗黒のなかで生物は生きており，水深の浅い所から沈降してくる有機物に依存している．

　海底（seafloor）で，最も多くの種数が生息するのは，大陸の周縁部である．また，**熱水噴出孔**（hydrothermal vent）や**海山**（seamount）には，ほとんど未知の群集が存在する．構造プレートが分岐しているところでは，高温で無機物に富む水が，海底の熱水噴出孔から噴出している．この無機物を多く含む熱水が冷たい海水と混じると，無機物が析出し多量に堆積する．この堆積物からエネルギーを獲得できる細菌とアーキアが一次生産者となっている食物網には，ハオリムシやカニなどの無脊椎動物も含まれる（図18・13）．

図 18・13　熱水噴出孔の群集．ここでは無機物からエネルギーを獲得する細菌やアーキアが生産者である．消費者にはカニやハオリムシ(拡大写真)がいる．ハオリムシは何も食べずに1mにも成長する．ハオリムシは，その組織内に生息する細菌から食物を得ている．

図 18・12　フィジーのサンゴ礁

18・6　地球に対する汚染の影響

人口の増加と工業化の発展が，広範囲な生物圏に影響を及ぼしている．この章では，すでに砂漠化と森林伐採について述べた．ここでは，汚染の広範な影響について考える．**汚染物質**（pollutant）は，天然あるいは人為的な物質で，土壌や大気や水中に通常存在する量よりも多く放出されたものである．汚染物質は生物の生理的機能を撹乱する．生物は，汚染物質がない状況で進化してきたか，あるいははるかに低い濃度に適応してきた．農地から流出した農薬，除草剤，肥料は水を汚染し，都市からの下水やタンカーから流出した石油も汚染する．大気汚染の多くは，燃料の燃焼や工業用化学物質の流出によってひき起こされる．

プラスチック

昔から，人間は不要なものを地中に埋め，海に捨ててきた．米国ではゴミの海洋投棄は，もはや行われていないが，プラスチックなどのゴミは今でも世界中の沿岸海域に流入している．

海に流入した廃プラスチックは，海洋生物に脅威を及ぼす．多くの海洋生物がプラスチックの破片を餌とまちがえ，致命的な結果を招くこともある．水中からプランクトンを沪過摂食する海洋生物は，ごく微細なプラスチック片を餌と共に取込む．この**マイクロプラスチック**（microplastic）は，食物連鎖で上位消費者に移行する．われわれがアサリ，カキ，ムール貝などの貝類を食べれば，ほぼ確実にプラスチックも食べているだろう．

酸 性 雨

石炭やその他の化石燃料を燃やすことで発生した大気汚染物質が水蒸気と結びついて地表に降ると，**酸性雨**（acid rain）となる．酸性雨は，通常の雨よりも酸性度が10倍も高くなることがある．汚染物質は風で拡散されるので，酸性雨は汚染源から何百キロメートルも離れた地域に影響する可能性がある．

水路や池や湖に降ったり流れ込んだ酸性雨は，珪藻から魚まで水界の生物に害を及ぼす．酸性雨が森林に降れ

| 1989〜1991 | 2014〜2016 |

図 18・14　**米国における酸性雨の抑制**．緑は正常な pH，黄，赤と酸性度が増す．

ば，葉を枯らし，土壌からは栄養塩のイオンの溶出をもたらす．その結果，樹木は栄養不足となり，病気にかかりやすくなる．

米国では，酸性雨の発生は1970年代にピークを迎えた．その後，石炭使用の減少や連邦政府の規制による二酸化硫黄の排出量削減のため，降水の酸性度は大幅に減少した（図18・14）．しかし，依然として酸性雨の原因物質を排出している国もある．

オゾン層の破壊

海抜17〜27 km上空は，オゾン O_3 の濃度が非常に高く，**オゾン層**（ozone layer）とよばれている．オゾン層は地球に届く太陽光の紫外線の大半を吸収する．紫外線は，DNAに損傷を与え，突然変異をひき起こす．

1970年代の中ごろ，オゾン層の厚さが減少していることに科学者は気づいた．オゾン層の厚さは季節によって少し変わるが，現在までは毎年確実に減少してきた．1980年代の中ごろまでに，南極の上空に広がるオゾン層が春先に非常に薄くなっており，このオゾンの少ない地域は**オゾンホール**（ozone hole）とよばれる（図18・15）．

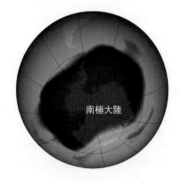

南極大陸

図 18・15　**オゾンホール**．図は，これまでに最大だった2006年9月のオゾンホールを示す．紫が最もオゾンの濃度が低いことを示し，青，緑，黄と次第に濃度が高くなる．オゾンホールの現状は，NASAのホームページ，（http://ozonewatch.gsfc.nasa.gov）で見られる．

オゾン層減少の脅威に対応するため，1987年，世界各国はクロロフルオロカーボン（chlorofluorocarbon：CFC）使用の全廃に合意した．当時は，このオゾンを破壊するガスは，スプレー用の高圧ガスや冷媒，クリーニング用溶剤，発泡スチロールなどに広く使われていた．このモントリオール議定書の結果，CFCの大気中の濃度の上昇は緩やかになった．しかし，オゾン層はまだ回復していない．さらに，CFCは非常に安定なので，ひとたび大気中に放出されたCFCの分解には非常に時間がかかる．現在のCFCの違法使用を止められれば，2060年頃までにはオゾン層が回復する可能性がある．

温室効果ガスと気候変動

§17・7で述べたように，温室効果ガスが地球を温暖に保っている．化石燃料の燃焼は，これらのガスの大気

図 18・16　**解けつつあるミューア氷河**．気候変動の証拠である．（左）1941 年，（右）2004 年．

中の濃度を高めている．その結果が地球規模の気候変動である．

　年平均気温の上昇は，二つの機構で海面を上昇させる．第一に，年平均気温の上昇は直接的に海洋の体積を増加させる．水は熱を吸収すると膨張するためである．第二に，気温の上昇で氷河が融け（図 18・16），陸上で氷として留まっていた水が海に流れ込む．これらの効果により，過去 1 世紀の間に海面が 20 cm 上昇した．その結果，すでに海面下に消失した沿岸湿地もある．

　最近まで年間を通じて北極海を覆っていた海氷が，縮小している．同時に，北極圏の陸塊の氷床も消えつつある．氷の消失は温暖化を加速する．それは，氷が太陽光を反射するのに対して，水や土は太陽光を吸収し，熱として放出するためである．そのため，海上や陸上で氷が融けると温暖化が促進され，さらに氷を融かす．その結果，北極の気温は緯度が低い地域よりも速く上昇している．

　陸と海の温度は，蒸発，風，海流に影響する．したがって，気温が上昇すると気象パターンは変化する．たとえば，渇水期が異常な大雨で中断されるなど極端な降雨パターンと，気温の上昇には関係がある．また，海水温の上昇は，ハリケーンや台風の強度を増す．

18・7　保 全 生 物 学

　生物多様性（biodiversity）とは，生物の階層におけるあるレベルでの変異の程度をさす．ある地理的な範囲の生物多様性には，種内での遺伝的多様性，ある群集における異なる種あるいは生態系の数が含まれる．人間の活動は，あらゆるレベルで生物多様性を減少させている．**保全生物学**（conservation biology）はこれらの減少に取組む学問である．この比較的新しい生物学の分野

の目標は，生物多様性の範囲を調査し，それを維持する方法を見つけることである．さらに，人々が生物多様性に価値を見いだし，それを損なわない利用を促すことで，できるだけ高く生物多様性を保全することを目指している．

絶 滅 の 危 機

　種分化と同様に，**絶滅**（extinct）も自然の経過である．種は継続的に生じ，絶滅する．**大量絶滅**（mass extinction）の期間には，絶滅の速度が劇的に速くなる．われわれが今いる大量絶滅期は，これまでの大量絶滅と異なり，人間の行動によってひき起こされている．

　国際自然保護連合（IUCN）がまとめたリストによれば，1500 年以降に 800 種以上が絶滅している．リョコウバトもそのうちの 1 種である．ヨーロッパからの入植者が初めて北米に到着したとき，彼らが目にしたのは 30 〜 50 億羽のリョコウバトだった．1900 年に最後の野生のリョコウバトが射殺され，1914 年には飼育下で最後の 1 羽が死んだ．

絶滅種，絶滅危惧種，絶滅危機種

　ある種が絶滅したとみなされるのは，その種の分布域を何度も徹底的に調査しても，1 個体の痕跡も発見できないことが続く場合である．ある種が“野生絶滅”したとみなされるのは，その種の個体の生存が飼育下でしか知られていない場合である．

　絶滅危惧種（endangered species）とは，現在，野生で絶滅する危険性が高い種である．**絶滅危機種**（threatened species）とは，近い将来，絶滅の危機に瀕する可能性が高い種である[*1]．ただし，すべての希少な種が絶滅危機種や絶滅危惧種ではない．ずっとまれだった種もいる．米国では，魚類野生生物局（USFWS）が，絶滅

図 18・17　絶滅危惧種.（a）竹林の破壊でパンダの絶滅が危惧される.（b）アワビの1種は食用として絶滅寸前まで漁獲されている.

危機種または絶滅危惧種の種を記載している.

　国際自然保護連合（IUCN）は，世界中で種の絶滅のおそれを監視している. IUCN は約 49,000 種の絶滅への脆弱性を評価し，その3分の1以上が絶滅危惧あるいは絶滅危機とされる. その他にも約 180 万種の生物が知られているが，それらの脆弱性についてはまだ判定されていない*2.

　他の種よりも人間活動の影響を受けやすい種がいる. **指標生物**（indicator species）は特に環境変化に敏感で，環境の健全性の指標として観察対象とされる. たとえば，地衣類の減少から，空気の質が悪化している可能性を知ることができる. ある小川からカゲロウがいなくなると，その水質が低下している可能性が高いことがわかる.

　固有種（endemic species）とは，分布がある地域に限られる種で，その種はそこで進化してきた. 固有種は，より広範な地域に分布する種よりも絶滅しやすい. また，非常に特殊な要求性を示す種は，より幅広い条件下で成育する種よりも絶滅する可能性が高い. ジャイア

ントパンダ（図 18・17a）について考えてみよう. ジャイアントパンダは，中国の竹林に固有で，ほぼ竹だけを餌に生存している. 人間が竹林を伐採したので，ジャイアントパンダは数を減らした. かつて 10 万頭ほどいたジャイアントパンダは，現在，野生で約 1600 頭に減少している.

　パンダの苦境が示すように，人間はしばしば，生息地に影響を及ぼすことで絶滅のリスクを高める. それぞれの種には特定の環境が必要で，その生息地の損失，劣化，断片化は脅威となりうる. 森林は伐採によって，草原は砂漠化によって破壊される. 海水温の上昇はサンゴを死滅させ，サンゴ礁に生息する非常に多くの種の生残を脅かす. また，意図的または偶発的な外来種の導入も脅威となる. たとえば，米国へのヒアリの移入が，多様な在来種の生息環境を悪化させた. 建物やフェンス，壁，道路も問題となることがある. これらの構造物は広い範囲を分断化し，多数の小さな島状の生息地に分割してしまう.

　狩猟や漁獲は，対象種の個体数をより直接的に減らす. アワビの1種でみられたことに注目しよう（図 18・17b）. この拳ほどの大きさの軟体動物門腹足綱の貝は，カリフォルニア州沿岸のケルプの海中森に生息している. 1970 年代にレストランでこの貝は大人気となり，その数は約 99% 減少した. 2001 年に，このアワビは無脊椎動物として初めて，米国魚類野生生物局から絶滅危惧種として記載された. 自然界に残っているアワビもわずかにいるが，有効な繁殖に十分な数ではない. アワビは卵や精子を海中に放出するが，多くの個体がお互いに近接して生息する場合にのみ機能する生殖戦略である. アワビの絶滅を回避するため，飼育下で繁殖が行われている.

生物多様性の価値

　なぜ，野生の種がいなくなることが問題なのか. 非常に利己的な観点からは，生物多様性の保全は未来への投資であるといえる. 健全な生態系はヒトという種が生き残るために必須である. ヒトが必要とする酸素や食物は，ヒト以外の生物によってつくり出されている. ヒト以外の生物によって空気中から余分な二酸化炭素が除去され，他の排泄物も分解や無毒化が行われている. 植物は雨を吸収し，土壌をその場に保持し，流出を防ぎ，洪水の危険を減らしている.

＊1　訳注: WWF では threatened species を絶滅危機種，endangered species を絶滅危惧種，わが国の環境省はそれぞれ絶滅危惧，絶滅危惧ⅠB類としている.
＊2　訳注: IUCN は，https://www.iucnredlist.org でレッドリストを公開している.

野生生物に含まれる化学物質が, 医薬品となることは多い. たとえば, 抗がん剤のビンクリスチン (vincristine) とビンブラスチン (vinblastine) は, マダガスカルの熱帯多雨林に自生する低木, ニチニチソウから抽出された. 多くの抗生物質は真菌類で発見された化学物質であり (§14・8), 動物が生産する毒物からも, 多様な医薬品が作られた (15章).

栽培植物の野生の近縁種は, 遺伝的多様性の供給源としての役割を果たしている. その多様性を, 栽培植物を守り改良するために育種家が利用する. 野生植物は, 栽培品種よりも病気や悪条件に抵抗性を示す遺伝子をもっていることが多い. 植物の育種家は, 伝統的な交雑法やバイオテクノロジーを用いて, 野生種の遺伝子を栽培品種に導入し, 改良品種をつくり出す.

生物多様性の保全には, 倫理的な理由もある. 現存の生物種は, 数十億年前から現在に至るまで進行している進化の過程の結果である. すべての種が, それぞれ唯一無二の形質の組合わせをもっている. 一つの種の絶滅とは, その種に固有な形質の組合わせが, 生物の世界から永遠に失われることである.

優先順位の決定

生物多様性の保全は非常に困難な課題である. 人々がしばしば環境保護に反対するのは, その対策が経済的不利益をもたらすことを恐れるためである. 最も効率的な生物多様性の保全という困難な選択をする際に, 保全生

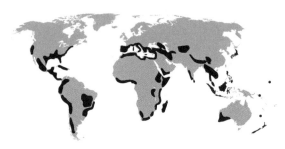

図 18・18 **生物多様性ホットスポット**. これらの地域は, 多くの固有種が生息し, 在来植生の多くが失われているので, 生物多様性ホットスポットに指定されている. 選定は, クリティカル・エコシステム・パートナーシップ基金 (www.cepf.net) によって行われた.

物学者は助けになる. 生物多様性の**ホットスポット** (hot spot), つまり生物多様性が高く, 最も脅威にさらされている地域を保全生物学者は特定できる.

容易に想像される通り, ホットスポットの多くは, 開発途上国の熱帯地域である. しかし, 米国には, 西海岸のカリフォルニア植物相地域と, 北米の海岸平野ホットスポット, という二つのホットスポットがある.

図 18・18 は, 世界の生物多様性ホットスポット 36 箇所の位置を示している. これらの地域のそれぞれには, その地域にのみ存在する 1500 種以上の固有の維管束植物が生育し, 人間活動の結果, その植生の 70% 以上が失われている. これらの生物多様性ホットスポットの合計面積は世界の陸地の約 2% だが, 世界の固有種のうち植物の半数以上, 脊椎動物の 40% がそこに成育している.

保全と回復

世界中で, 地球上の土地面積の約 15% が現在では, 生物多様性の保全を目的に管理され保護されている. メキシコのオオカバマダラ生物圏保護区もその一つである. この保護区では伐採の禁止により, オオカバマダラの生存に欠かせないモミの木が保護されている. 海洋の保護区は, 外洋よりむしろ沿岸域に多い. たとえば, フロリダ州のキーズ周辺の沿岸水域には海洋保護区がある.

生態系が損なわれ, それどころか, ほとんど残ってすらいないために, 保全だけでは生物多様性を維持できないことがある. **生態系回復** (ecological restoration) とは, 完全あるいは部分的に劣化や破壊された自然の生態系を再生させる作業をいう. 生態系回復の多くのプロジェクトは, 専門知識を有する生物学者の指導下にあるが, ボランティアが主体となって担われている.

地球の健全な環境を保全できるか否かは, 生物の生存を支配する, エネルギーの流れと資源の制約という不変の原理を, 人間が理解するかどうかにかかっている. 人口は増え続けるので, われわれが直面する制約のもとで生きる方法を見いだす必要がある. 認識すべきなのは, 何十億もの人間の無思慮な行動が生物多様性を脅かしているいうことである. 一人ひとりの影響は小さくとも, その集まりが, よくも悪くも, この地球上の生命の未来を決定する.

ま と め

18・1 北米に在来のオオカバマダラは食草のトウワタや蜜源となる在来植物と越冬場所の森林の消失に脅かされて減少しつつある. 現在, 残っている越冬場所は保護区に指定さ

れている.

18・2 生物圏とは, 地球上で生命が存在するすべての場所である. 生物圏における生物の分布は, 気候の影響を受け

る．気候の違いは地球上の場所の違いによって到達する太陽光の量が異なることによる．赤道に近い地域ほど，より多くの太陽光エネルギーが到達している．赤道付近で大気や海水が暖められることが始まりとなって，地球全体でみられる大気の流れと海流のパターンが形づくられる．空気と海水の循環が，熱と水分を分配する．

バイオームは，陸上の主要な生態系の種類であり，おもに気候の違いによって現在のような状態に保たれ，優占する植生によって名前をつけられている．

18・3 赤道付近では，降水量の多さと温暖な気温により熱帯多雨林が育まれる．熱帯多雨林は，常緑の高木が優占し，年間を通して光合成が行われる．熱帯多雨林は，地球で最も生産性が高く歴史が古いバイオームであるが，その多くは現在，森林破壊に脅かされている．温帯落葉樹林では，木本は温暖な夏に成長し，冬には葉を落とし休眠する．北方林は，針葉樹が優占する最も面積が広いバイオームである．北方林がみられるのは北半球のみで，冬は寒冷で乾燥し，夏は冷涼で雨が多い．

18・4 中緯度の大陸の内陸部には草原が形成され，植食者による被食に適応した植物が優占する．プレーリーは，北米の草原バイオームであり，サバンナは，アフリカの草原バイオームであり，灌木も散在する．チャパラルは，冬は冷涼かつ湿潤で，夏は暑く乾燥した地域に生じるバイオームで堅い葉をもつ灌木状の植物が優占する．

砂漠は，北緯あるいは南緯30度付近にあり，乾燥し，年間の降雨量は少ない．砂漠の植物は，乾燥に耐えられるように適応している．

ツンドラは，北半球の高緯度地域に形成される．ツンドラは，最も歴史が新しいバイオームであり，永久凍土の上に成立している．

18・5 水界の生態系の分布を決めるのは，太陽光，水温，塩分濃度，溶存している気体などの差異である．湖は流れのないまとまった水で形成される．水深と岸からの距離の違いによって，異なる群集が成育している．

小川や川の流域によって異なる物理的な特性は，そこに成育する生物の種類に影響する．川からの栄養塩に富む水が海水と混じる閉鎖的な場所を河口といい，生産性が非常に高い．海岸は岩や砂からなる．藻類に基づく生食連鎖は磯でみられる．腐食連鎖は砂浜で優占する．

サンゴ礁は種数が多い生態系であり，暖かく日がよく射し込む熱帯でみられる．主要な生産者は光合成を行う原生生物であり，サンゴの組織内に生息している．

外洋の水層の上部には，光合成生物が存在し，生食連鎖の基盤となっている．水深がより深い群集は，浅いところから沈降してくる物質を栄養源としている．熱水噴出孔の生態系では，無機物からエネルギーをひき出すことができる細菌やアーキアが生産者となる．海山は，海面下の山であり，生息する種の数が非常に多い．

18・6 人間による汚染物質は，生物圏全体の生物に影響を与えている．プラスチックのゴミは海面に漂い，深海に沈

む．化石燃料の燃焼により大気中に放出された汚染物質は，酸性雨の原因となる．CFCはオゾン層を減衰させ，地表面に届く紫外線の量を増加させる．全球の気候変動により，氷河や海氷が溶け，海面を上昇させる．また，気候変動は生態系にも影響を与え，サンゴの白化現象の頻度が高まり，種の成育域が変化することもある．

18・7 生物多様性には，遺伝的多様性，種の多様性，そして生態系の多様性が含まれる．これらの三つすべてのレベルで生物多様性が減少している．人間は，生物種を過剰に収穫，狩猟，漁獲し，成育地を劣化させ破壊し，外来種を導入している．絶滅危惧種は，現時点で絶滅の危機にさらされている種であり，絶滅危惧種は，絶滅危惧種になる可能性の高い種である．固有種は，広範囲に分布する種よりも絶滅しやすい．

保全生物学の研究者は，生物多様性の程度を記録し，人間の利益を維持しながら，生物多様性を保全する方法を探っている．生物多様性が減少すると，人間にも害が及ぶ可能性がある．

生物多様性のホットスポットは生物多様性が高く，絶滅の危機が最も差し迫っている場所である．生態系回復は，被害を受け破壊された生態系を再生する作業である．

試してみよう（解答は巻末）

1. 空気が熱せられると ____
   a. 下降して，より少ない量の水を含むことができる
   b. 下降して，より多くの量の水を含むことができる
   c. 上昇して，より少ない量の水を含むことができる
   d. 上昇して，より多くの量の水を含むことができる

2. 植物が野火に適応しているバイオームは ____
   a. 砂漠
   b. 北方林
   c. 熱帯多雨林
   d. チャパラル

3. 永久凍土層の上に成立しているバイオームは ____
   a. サバンナ
   b. ツンドラ
   c. 砂漠
   d. プレーリー

4. 最も古くて，最も生産性の高いバイオームは ____
   a. 北方林
   b. ツンドラ
   c. 熱帯多雨林
   d. 砂漠

5. 細菌とアーキアが，無機物からエネルギーを獲得し，主要な生産者となっている生態系は ____
   a. 熱水噴出孔
   b. 河口
   c. サンゴ礁
   d. 海山

6. 酸素をより多く含むのは ____
   a. 流れが速く，水温の低い小川
   b. 温かい池

7. 左側のバイオームの説明として最も適当なものを a〜h から選び, 記号で答えよ.

____ ツンドラ

____ チャパラル

____ 砂漠

____ プレーリー

____ 河口

____ 北方林

____ サンゴ礁

____ 熱帯多雨林

　　a. 淡水と海水が混ざる

　　b. 湿度が低く降雨量が少ない

　　c. 北米の草原

　　d. 野火に適応した堅い葉をもつ灌木

　　e. 永久凍土の上に成立する背が低い植生

　　f. 最も面積が広いバイオーム

　　g. 主要な生産者は原生生物

　　h. 広葉樹で1年を通じて活動

8. 個体数が非常に少なく, 近い将来に絶滅する可能性が高い種を ____ とよぶ.

　　a. 固有種　　　　b. 絶滅危惧種

　　c. 指標生物　　　d. 外来種

9. 環境の健全性のめやすになりうる種を ____ とよぶ.

　　a. 固有種　　　　b. 絶滅危惧種

　　c. 指標生物　　　d. 外来種

10. オゾン層の特徴として, 正しいものはどれか.

　　a. 厚みを増しつつある

　　b. 地球の温度を保つ役に立っている

　　c. 地表の近くにある

　　d. 紫外線の放射を遮っている

11. 酸性雨をひき起こすのは ____

　　a. CFC の使用　　　b. 生息場所の分割

　　c. 化石燃料の燃焼　　d. プラスチック製品の廃棄

12. 分布域の拡大が予想されるカが数種類いるが, その要因として, 正しいものはどれか.

　　a. 酸性雨　　　　　　b. 地球規模の気候変動

　　c. オゾン層の破壊　　d. プラスチックによる汚染

19 動物の組織と器官

19・1　再生と幹細胞

すべての動物はけがなどによって失われた組織をある程度回復（再生）することができるが，特に大きな再生能力をもつのは無脊椎動物である．プラナリア（淡水産の扁形動物の一種）を 50 もの部分に切断しても，それぞれの断片が新しい個体へと再生できる．脊椎動物は手足から体を再生できない．しかしある種の魚類は鰭を再生できるし，サンショウウオは足を，多くのサンショウウオやトカゲは尾を再生できる．哺乳類は手足や尾を再生しないが，日常的に皮膚の細胞や血球を再生している．

すべての動物において，新しい，あるいは再生する組織をつくり出すのは，幹細胞である．**幹細胞**（stem cell，図 19・1）は分化していない細胞で，分裂してより多くの幹細胞を生じることができ，一方，体の個々の部分をつくる特殊化した細胞に分化することもできる．

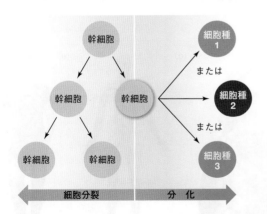

図 19・1　幹細胞の性質．幹細胞は分裂して新しい幹細胞を生じることも，特殊化した細胞に分化することもできる．

要するに，体のすべての細胞は幹細胞に由来する．

胚性幹細胞（embryonic stem cell：**ES 細胞**）は受精直後の体細胞分裂によって生じる針の先ほどの小さい細胞集団として形成される．この集団中の細胞は**多分化能性**（pluripotent）である．つまり，ヒト ES 細胞はヒトの体のどの細胞にもなりうる．発生が進むと，幹細胞もしだいに特殊化する．たとえば，骨髄中の血球幹細胞は血球に分化できるが，筋細胞やニューロンなどの神経細胞になることはできない*．

常に新しい細胞を供給している細胞のタイプ，たとえば血球や皮膚の細胞は成体幹細胞から生じる．しかし成体では心筋細胞や神経細胞に分化できる幹細胞はまれである．それゆえ脊髄神経の損傷は永久的な麻痺をもたらす．傷ついた神経細胞と置き換わる新しい神経は成長しない．また，心筋梗塞は，再生不能な心筋細胞を破壊して，心臓を弱らせる．

このように再生不能な細胞を復活させるために，科学者は ES 細胞に注目した．1990 年代後半に ES 細胞を研究室で培養する技術を開発し，細胞分化の方向を定めるにはどうしたらいいかということの研究を始めた．2011 年には，ES 細胞由来の分化した細胞を患者に移植することの安全性と効率を検討し始めた．現在は，視力低下，脊髄損傷，糖尿病などの病気に対する ES 細胞由来細胞の利用の臨床研究が続いている．

ヒト ES 細胞は提供されたヒト胚に由来する．しかし，成体の細胞をバイオテクノロジーによって改変すると，組織を再生させることができる．このように操作された成体の細胞は胚性幹細胞と同様にふるまい，**人工多能性幹細胞**（induced pluripotent stem cell，**iPS 細胞**）とよばれる．

---

*　訳注: 骨髄幹細胞のあるものは神経系の細胞にも分化できると考えられている．

最初のiPS細胞は2006年に山中伸弥によって作製され，iPS細胞由来の細胞を用いた臨床研究が始まっている．もしiPS細胞が胚細胞同様の分化能をもっていることが示されれば，個別化された組織再生への道が開かれるかもしれない．たとえば，心臓発作によって心筋を失った患者の皮膚細胞からiPS細胞を誘導できるかもしれないし，そのiPS細胞を用いて心筋細胞を分化させられるかもしれない．その細胞は，別人に由来する細胞ほど，不都合な免疫応答をひき起こさないだろう．

19・2 動物の構造と機能

組織化の段階

動物の体は，構造的にも機能的にもいくつかの階層に組織化されている．すべての動物は多細胞で，ほとんどすべての動物では細胞は組織にまとめられる．**組織**（tissue）は1種類または複数種類の細胞と，しばしば**細胞外基質**（extracellular matrix，細胞外マトリックスともいう）からなり，全体として特定の作業を実行する．すべての脊椎動物で，4種類の組織がみられる．

1. 体の外表面を覆い，内部を裏打ちする上皮組織
2. 体の各部を維持し，構造的な支持をする結合組織
3. 体とその各部を動かす筋組織
4. 刺激を感知し情報を伝える神経組織

すべての組織は他の組織には存在しない固有の細胞を含んでいる．たとえば筋組織には収縮性の細胞が存在するが，神経組織や上皮組織にはない．

多くの場合，動物の組織は集まって器官を構成する．**器官**（organ）は2種類またはそれ以上の組織が固有の様式で集まり，固有の仕事をする構造上の単位である．たとえばヒトの心臓（図19・2）の壁はほとんどが心筋組織からできている．心臓の外表面と内表面は上皮組織で裏打ちされている．心臓の弁はほとんどが結合組織からなり，神経組織が心臓にシグナルを伝え，心臓からも情報をもたらす．これら4種類の組織の，調和の取れた活動が心臓の収縮と適切な速度での体部の血流を可能にしている．

器官系（organ system）では，二つ以上の器官やその他の要素が，日常的な仕事をするために物理的にも化学的にも相互作用をする．たとえば，拍動する心臓による力が，体中に張り巡らされた血管系を通る血液を動かす．すべての器官系は，体内の環境を細胞が必要とするある範囲内に保つ**ホメオスタシス**（homeostasis，恒常性維持ともいう）に寄与する（§1・3）．

19・3 上皮組織

鏡で自分の顔を見るときに見えるほとんどのものは上皮組織である．**上皮組織**（epithelial tissue）は単に**上皮**（epithelium, *pl.* epithelia）ともよばれ，細胞間に細胞外基質をもたないシート状の組織である．皮膚，毛，爪などは上皮組織とそれに由来する構造物である．眼球の外表面も上皮で覆われている．体の内部では，多くの管や腔を上皮が覆っている．

細胞どうしは結合構造によってつながれ，上皮細胞が分泌した物質が下の結合組織と上皮を接着させる非細胞性の**基底膜**（basement membrane）を形成する．血管は上皮中に進入しないので，栄養分は隣接する結合組織中の血管から拡散によって上皮細胞に到達する．

(a)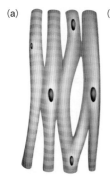

細 胞
（心筋細胞）

(b)

組 織
（心筋）

(c)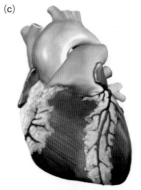

器 官
（心臓）

(d)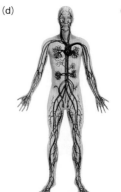

器 官 系
（循環系）

(e)

個 体
（ヒト）

図 19・2 典型的な動物体の組織化の段階

上皮組織の種類

　上皮組織は細胞の形態と細胞層の数で分類される．単層上皮は細胞が1層で，多層上皮は細胞層が複数である．細胞の形態の面では，扁平上皮，円柱上皮，立方上皮に分けられる．

　扁平上皮の細胞は扁平または板状である．単層扁平上皮は最も薄い上皮で，血管や肺の内表面を覆っている（図19・3a）．この上皮は薄いので，物質をすばやく拡散，輸送することができる．対照的に，多層扁平上皮（図19・3b）の厚さは保護の機能に適している．多層扁平上皮は皮膚や食道（のどから胃につながる管）の表面に存在する．

　円柱上皮の細胞は幅より高さが大きいので柱のように見える（図19・3c）．立方上皮細胞は断面で見ると立方体に見える（図19・3d）．扁平上皮細胞と比較すると，立方上皮や円柱上皮の細胞は体積が大きく，吸収や分泌の機能をもっている．

　体の内部の腔を覆う円柱上皮や立方上皮のあるものでは，**繊毛**（cilium, *pl.* cilia）あるいは**微絨毛**（microvillus, *pl.* microvilli）とよばれる指状の突起が上皮細胞の自由表面から突出している．この突起は物質を吸収する表面積を増大させている．上部気道の上皮細胞の繊毛は肺からの粘液を運び出す．微絨毛は不動性の突起で，表面積を増大させている．たとえば，小腸上皮細胞の微絨毛は，栄養分を吸収する面積を広げている．

腺 上 皮

　立方上皮や円柱上皮の細胞のあるものは細胞外で作用する物質を産生して分泌する．ほとんどの動物で，これらの分泌細胞は**腺**（gland）とよばれる構造の内部にある．腺は多細胞の構造で，物質を皮膚の外部，体腔の内部，あるいは体液中に放出する．

　外分泌腺（exocrine gland）は分泌物を内表面または外表面に運ぶ管をもっている．外分泌には，粘液，唾液，涙，乳，消化酵素，耳あかなどがある．**内分泌腺**（endocrine gland）は管をもたない．内分泌腺の産物はホルモンとよばれるシグナル分子であり，体液中に放出される．一般的にはホルモンは血流に入って体中に送られる．頸部にある甲状腺は内分泌腺の一例である．

上 皮 細 胞 が ん

　多くの上皮細胞は常に更新している．皮膚や腸の上皮の幹細胞は特に活発に分裂する．そのための細胞分裂によって，がんにも結びつくDNA複製の誤りの機会が生じる．上皮組織はがん化する可能性の大きい組織である．

　一般に体内で無秩序な細胞増殖によって生じる細胞塊は**腫瘍**（tumor）とよばれる．腫瘍のうち，上皮性の悪

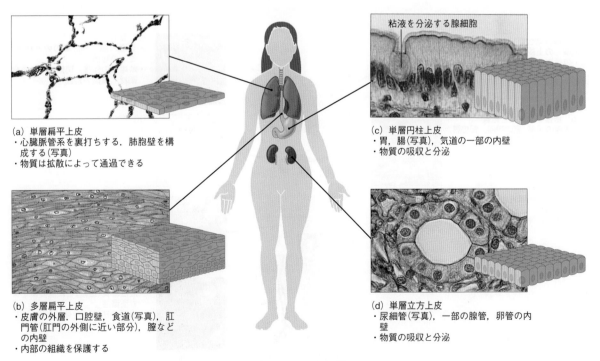

（a）単層扁平上皮
・心臓脈管系を裏打ちする．肺胞壁を構成する(写真)
・物質は拡散によって通過できる

（b）多層扁平上皮
・皮膚の外層．口腔壁，食道(写真)，肛門管(肛門の外側に近い部分)，腟などの内壁
・内部の組織を保護する

粘液を分泌する腺細胞

（c）単層円柱上皮
・胃，腸(写真)，気道の一部の内壁
・物質の吸収と分泌

（d）単層立方上皮
・尿細管(写真)，一部の腺管，卵管の内壁
・物質の吸収と分泌

図 19・3　上皮組織

性腫瘍は**がん**（cancer）または**がん腫**（carcinoma）という．基底細胞がん，扁平上皮がん，黒色腫（メラノーマ）などの皮膚がんはどれもがん腫である．乳がんは乳腺の上皮細胞に，また肺がん，胃がん，直腸がんなどはそれぞれの器官の上皮に生じるがんである．

19・4 結 合 組 織

結合組織（connective tissue）の細胞は互いに接着していないで，その周囲には分泌した細胞外基質が存在する．大部分の結合組織で，細胞外基質は**繊維芽細胞**（fibroblast）あるいは類似の細胞が分泌するもので，多糖とコラーゲンやエラスチンの繊維を含んでいる．コラーゲンやエラスチンは繊維性のタンパク質で，集合して大きな糸状の繊維を形成する．コラーゲンは脊椎動物の体に最も多量に存在するタンパク質で結合組織を柔軟ではあるが強靭にしている．エラスチンはコラーゲンより弾性があり，伸長したりもとの形に戻ったりする組織に多く含まれる．

疎性結合組織（loose connective tissue）は最も普遍的な結合組織で，上皮を裏打ちし，神経，筋肉，内臓を取巻いている．疎性結合組織のゲル状の細胞外基質に繊維芽細胞とコラーゲン繊維が散在している（図19・4a）．この組織は構造上の支持体となり，ゲル状の基質は体液の貯蔵に役立つ．

2種類の**密性結合組織**（dense connective tissue）は，疎性結合組織より細胞外基質が少なく，繊維芽細胞とコラーゲン繊維が密に詰まっているので，より強靭である．密性不規則結合組織と密性規則結合組織がある．密性不規則結合組織では細胞外基質の繊維があらゆる方向に走行している（図19・4b）．この組織は皮膚の深部を構成して，腸の筋肉を支持し，腎臓の皮膜をつくっている．密性規則結合組織は平行に密集した繊維束の中に繊維芽細胞が規則正しく並んでいる（図19・4c）．この構造は引き伸ばされたときに組織が裂けないようにしている．腱と靱帯は密性規則結合組織である．腱は骨格筋を骨に結合している．かかとのアキレス腱はその例である．靱帯は骨と骨を結びつけている．膝の半月板がその例である．

すべての脊椎動物の骨格系は**軟骨**（cartilage）を含んでいる．軟骨はしっかりしているが柔軟性のある結合組織で，生きた細胞がタンパク質性の繊維と糖タンパク質からなるゴムのような細胞外基質に囲まれている．軟骨細胞が基質を分泌し，基質はやがて細胞を閉じ込める（図19・4d）．ヒト胎児では軟骨が発達しつつある骨格の鋳型をつくり，しだいに骨がそれに置き換わっていく．軟骨は成人になっても外耳，鼻，気管などを支えている．また骨と骨の間の軟骨片は，緩衝材として働く．

多くの細胞はいくらか脂肪を蓄積するが，**脂肪組織**（adipose tissue）の細胞だけが多量の脂肪をたくわえ

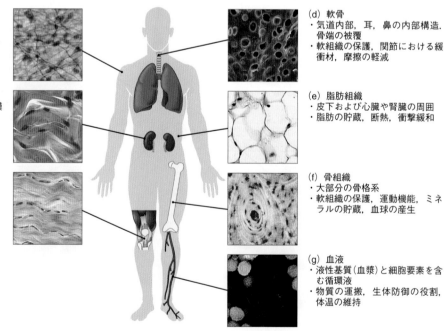

（a）疎性結合組織
・多くの上皮の下に存在
・弾性の支持組織，液体の貯蔵

（b）密性不規則結合組織
・皮膚の深部，腸の周囲，腎皮膜
・組織の結合，支持，保護

（c）密性規則結合組織
・腱と靱帯
・組織間の伸縮性のある結合

（d）軟骨
・気道内部，耳，鼻の内部構造，骨端の被覆
・軟組織の保護，関節における緩衝材，摩擦の軽減

（e）脂肪組織
・皮下および心臓や腎臓の周囲
・脂肪の貯蔵，断熱，衝撃緩和

（f）骨組織
・大部分の骨格系
・軟組織の保護，運動機能，ミネラルの貯蔵，血球の産生

（g）血液
・液性基質（血漿）と細胞要素を含む循環液
・物質の運搬，生体防御の役割，体温の維持

図 19・4　結合組織

る．そのために核などの細胞要素が一方に押しやられている（図19・4e）．脂肪組織はエネルギー貯蔵機能のほかに，体部のクッションとして働く．また皮下脂肪層は断熱材としても役立つ．

骨組織（bone tissue）は，細胞がカルシウムとリンで固化された基質によって囲まれている結合組織である（図19・4f）．骨組織は骨の主要な要素で，骨格筋と相互作用して体を動かす．骨は体内部の器官を支持し保護し，またいくつかの骨は血球を産生する．

血液（blood）はその細胞（赤血球，白血球，血小板）が骨の内部の細胞に由来するので，結合組織と考えられる（図19・4g）．赤血球は酸素を運搬し，白血球は病原体から体を防御する．血小板は細胞の断片であって，血液凝固を助ける．血漿は血液の液体成分で，ほとんどは水分であり，ガス，タンパク質，栄養分，ホルモン，その他の物質を運搬する．

19・5　筋組織と神経組織

筋 組 織

すべての**筋組織**（muscle tissue）の細胞は刺激に反応して収縮し，ついで弛緩時には受動的に伸長する．収縮のエネルギーはATPによって供給される．筋組織には3種類がある．

骨格筋組織（skeletal muscle tissue）は最も多量に存在する筋組織で，骨を引っ張る．骨格筋は**筋繊維**（muscle fiber）とよばれる多核の長い筒状の細胞からなる．筋繊維は互いに平行しており，顕微鏡では縞模様が見えるので，この筋肉は**横紋筋**（striated muscle）とよばれる（図19・5a）．筋繊維には多くの収縮単位が含まれており，これらの単位には収縮に関与するタンパク質性の

繊維が規則正しく配列している．

骨格筋は反射的に収縮する不随意運動に関わることもあるが，われわれは体を動かそうと思うときは意志で収縮させることもできる．そのため骨格筋は**随意筋**（voluntary muscle）とよばれる．対照的に，以下の心筋や平滑筋は**不随意筋**（involuntary muscle）であり，意志で動かすことはできない．

心臓壁はほとんどが**心筋組織**（cardiac muscle tissue）である（図19・5b）．心筋細胞は，枝分かれしていて単一の核をもつ．また，心臓の絶え間ない収縮が一定のATPの供給を必要とするので，他の筋細胞よりはるかに多くのミトコンドリアを含んでいる．顕微鏡では心筋細胞にも縞模様が見える．

心臓の収縮を刺激する電気シグナルを発する特殊化した心筋細胞が，ペースメーカーとして働く．心筋細胞間のギャップ結合によって細胞間の電気シグナルの伝達が可能であり，それによって細胞は協調的に収縮できる．

胃，膀胱，子宮など多くの内部器官（内臓）の壁には**平滑筋組織**（smooth muscle tissue）層がみられる（図19・5c）．これらの器官では，ギャップ結合によって平滑筋の大きな層が協調的に収縮できる．平滑筋の収縮によって，腸の内容物が運ばれ，膀胱から尿が排出される．気道壁のある部分や血管壁は平滑筋を含み，その収縮によって内径が変化する．平滑筋細胞は枝分かれせず，両端は細くなり，核は一つである．収縮単位は繰返し構造をもたないので，平滑筋には縞模様がない．

神 経 組 織

神経組織（nervous tissue）はニューロンとニューログリアからなり，体が内部や外部の変化を検出して反応することを可能にする．

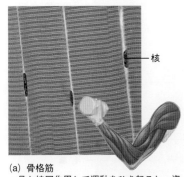

(a) 骨格筋
・骨と協同作用して運動をひき起こし，姿勢を維持する
・反射による活性化，あるいは意思による制御

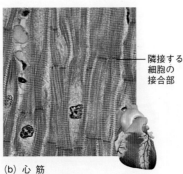

(b) 心 筋
・心臓壁のみに存在
・不随意収縮のみ

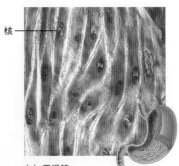

(c) 平滑筋
・消化管，生殖輸管，気道，膀胱，血管などの壁
・不随意収縮のみ

図 19・5　筋 組 織

ニューロン（neuron, 神経細胞ともいう）は電気的なシグナルを伝える細胞である．ニューロンの形態はいろいろであるが，すべてのニューロンは，核と，細胞質の大部分を含む細胞体をもっている．（図 19・6）．細胞

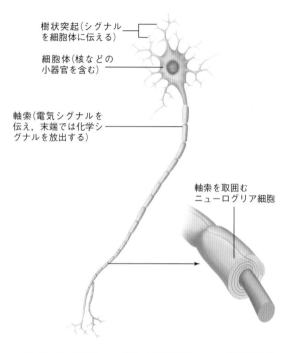

体からは長く細い細胞質の突起が伸びていて，シグナルを送ったり受容したりする．突起のうち**樹状突起**（dendrite）は，シグナルを受容して細胞体に伝える．**軸索**（axon）はシグナルを細胞体からその末端まで運ぶ．シグナルが末端まで到達すると末端から化学シグナル分子が放出される．分子は隣接するニューロンや筋繊維や腺細胞との狭い間隙中を拡散して，それらの細胞の活動を変化させる．

　ニューログリア（neuroglia, 神経膠細胞，グリア細胞ともいう）は，構造的にも機能的にもニューロンを支持する多様な細胞である．種々のニューログリアが，ニューロンをあるべき場所に維持し，ニューロンに栄養分を補給し，シグナルを送る軸索の電気的絶縁体として働く．

19・6　器官と器官系

　組織は構造的に，また機能的に集合して器官を構成する．器官もまた器官系の中で，相互作用する．

皮膚：最大の器官

　器官の一例として，皮膚を取上げよう．皮膚は体内で最大の器官であり，多くの機能をもっている．皮膚の感覚受容器は外部の気温を感知し，接触を検出する．これらの受容器からのシグナルは脳に外部の状況を知らせる．皮膚は病原体に対する防壁となり，また体温の維持にも役立つ．陸生脊椎動物では水を通さない皮膚が，水の保持を助けている．ヒトでは，ビタミンDを産生す

図 19・6　**運動ニューロンと付随するニューログリア細胞**．運動神経の細胞体と樹状突起はすべて脳または脊髄にある．軸索は骨格筋まで伸びている．ニューログリア細胞が運動神経の軸索を取囲み，電線の被覆と同じ働きをする．

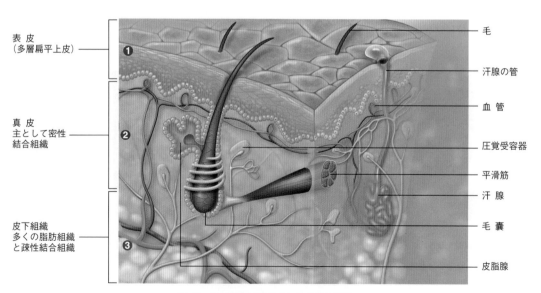

図 19・7　**最大の器官である皮膚の構造**

る化学反応は皮膚で起こる.

皮膚の外側の**表皮**（epidermis）は多層扁平上皮である（図 19・7 ❶）. 表皮の大部分の細胞はケラチノサイト（角質細胞）である. この細胞は耐水性の**ケラチン**（keratin）という繊維状のタンパク質をつくる. 表皮最深部の細胞が常に分裂することで, 細胞は表面へと押し出される. 表面の細胞は死んで蓄積し, 病原体の侵入を阻止し, 水の保持を助ける強靭な層を形成する.

表皮は**メラニン**（melanin）という褐色のタンパク質を産生するメラノサイトも含んでいる. ケラチノサイトはメラノサイトからメラニンを受取り, 特別な細胞小器官にたくわえる. 人種間ではメラノサイトの分布と活性, およびメラニンの種類が異なり, それが皮膚色の違いのもとである. メラニンは DNA などの生体分子に障害を与える可能性のある紫外線を吸収する遮光板として機能する. 皮膚が日光にさらされると, メラノサイトは防御のためにより多くの暗褐色のメラニンを産生して, いわゆる日焼けをもたらす.

表皮の下にある**真皮**（dermis）は大部分が密性結合組織からなる ❷. 感覚受容器と, 毛細血管が真皮中に張り巡らされている. 真皮中の**汗腺**（sweat gland）は発生の途中に真皮に移動した表皮細胞からできている. 腺は上皮性である.

真皮に陥入した上皮組織は**毛囊**（hair follicle）も形成する. 毛囊の基部は生きた**毛**（hair）の細胞を保持していて, これはヒトの体で最も速く分裂する細胞である. これらの細胞が分裂して細胞を上に押し上げ, 毛を長くする. 皮膚の表面から突出する毛の部分は, 死んだ細胞のケラチンを多く含む残存物からなる. それぞれの毛には平滑筋が付随する. 寒さや驚愕によってこの筋肉が反射的に収縮すると毛は直立する. 毛は自然状態では毛囊の近くにある皮脂腺からの分泌物によって, 柔らかくまた輝きをもっている.

ほとんどの体部で, 皮膚の下には**皮下組織**（hypodermis）とよばれる疎性結合組織と脂肪組織の層がある ❸. 皮下組織には大きな血管があって, そこから真皮に小血管が走行する. 皮下組織の深部は, 体の部位によって異なる. まぶたの皮膚は薄くて脂肪細胞がわずかしかない. 一方, 臀部の皮下組織には多くの脂肪細胞があって, 肥厚している.

器 官 系

複数の器官が協同して器官系として働き, 器官系の相互作用が生物の生存を可能にしている（図 19・8）. すべての脊椎動物は同じ器官系をもつ. 皮膚と, そこから派生した毛, 毛皮, ひづめ, かぎづめ, 爪, 羽毛などは

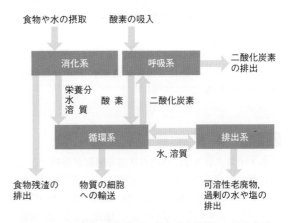

図 19・8 器官系の相互作用. 器官系が協調して体が必要なものを取込み, 不必要な老廃物を排出する経路の一部を示している. ここには示していない他の器官系もこの機能に関与している.

脊椎動物の**外皮系**（integumentary system）である（図 19・9 ❶）.

神経系（nervous system, ❷）は内部環境と外部環境を知覚し, 情報を統合し, 筋肉や腺を制御する. 脳, 脊髄および神経がこの器官系を構成し, また, 眼のような感覚器官も含まれる. **内分泌系**（endocrine system, ❸）はホルモンを分泌する内分泌腺とその細胞からなる. 内分泌系は神経系と密接に関係して働き, 他の器官系を制御する.

筋肉系（muscular system, ❹）は体や体の一部を動かす筋肉からなる. この器官系は熱を産生して体温を調節する. 骨は**骨格系**（skeletal system, ❺）の器官であり, 内部の臓器を保護し, 骨格筋の付着点として機能し, ミネラルを貯蔵し, 血球を産生する.

循環系（circulatory system, ❻）は心臓と血管からなり, 呼吸系, 消化系, 排出系と協同して酸素や栄養分を細胞に運び, 老廃物を排出する. また, 体温も調節する. **リンパ系**（lymphatic system, ❼）はリンパという液体を組織から血管へと輸送する. 免疫に関与する器官もこの器官系の一部である.

呼吸系（respiratory system, ❽）は左右の肺と, 肺に至る気道を含む. 肺は空気から血液に酸素を供給し, 血液から空気に二酸化炭素を排出する.

消化系（digestive system, ❾）は食物を取込み, 消化し, 栄養分を血液に渡し, 未消化の食物を排出する. 消化系には, 消化器官（食道, 胃, 腸）とともに, 肝臓や膵臓のような, 消化に関与する物質を供給する腺性の器官も含まれる.

排出系（excretory system, ❿）は腎臓（血液を沪過して尿を産生する器官）, 膀胱, 尿を体外に導く管から

なる．排出系は血液から老廃物を取除き，尿量と体液の溶質の組成を調節する．

生殖系（reproductive system, ⓫）は，男女ともに，配偶子を生産する器官（卵巣と精巣），および配偶子を運ぶ管からなる．

19・7 体温調節

ホメオスタシスは，体内の状態を細胞が活動できる範囲に保つしくみであると，前に述べた．脊椎動物では，ホメオスタシスは感覚受容器，脳，筋肉，腺などの間の相互作用を含んでいる（図 19・10）．感覚受容器は，特別な刺激を検出する細胞あるいは細胞の要素であり，体の変化を監視する体内の見張り役としてホメオスタシス機能に関与している．体中の感覚受容器からの情報は脳に送られる．脳は入ってくる情報を評価して，体の機能を正常に保つために筋肉や腺に必要な行動をとる指令を出す．

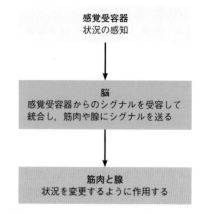

図 19・10　ホメオスタシスに含まれる要素

負のフィードバック機構

ホメオスタシスはしばしば**負のフィードバック**（negative feedback）機構を含んでいる．これはある変化が，

❶ 外皮系
体を外傷，脱水，病原体から保護する．体温の維持．老廃物の排出．外部刺激の受容．

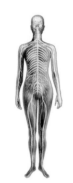

❷ 神経系
体外および体内の刺激の受容．刺激に対する反応の統御．体の活動の統合．

❸ 内分泌系
他の器官系の活動を制御するホルモンの分泌（男性の精巣も示している）

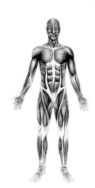

❹ 筋肉系
体とその各部の運動．姿勢の維持．熱の産生

❺ 骨格系
体の各部の支持と保護．筋肉の付着点．血球の産生．ミネラルの貯蔵

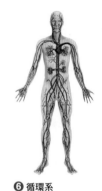

❻ 循環系
体内における物質と熱の循環．pHの維持

❼ リンパ系
組織液の回収と血液への返還．感染やがんに対する防御

❽ 呼吸系
好気呼吸に必要な酸素の取込み．好気呼吸によって生じた二酸化炭素の排出

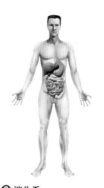

❾ 消化系
食物と水の取込み．食物の消化と栄養分の吸収．食物残渣の排出

❿ 排出系
血液の量と組成の維持．過剰な液体と老廃物の排出

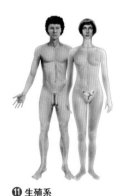

⓫ 生殖系
女性：卵の生産．発生中の胎児の栄養補給と保護
男性：精子の生産と女性への伝達

図 19・9　ヒトの器官系

それとは反対の変化をひき起こす反応をもたらすことである（図19・11）．"負の"という用語は，反応がよくないとか望ましくないとかいうことではなく，反応をひき起こした変化を打消す，という意味である．

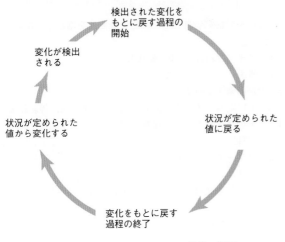

図 19・11　負のフィードバック機構の概要

負のフィードバック機構はホメオスタシスのさまざまな側面を制御している．その例は，体液のイオン濃度，血糖値，血圧，体温などである．

体 温 調 節

ヒトの深部体温は負のフィードバック機構によっておよそ37℃に維持される．脳の**視床下部**（hypothalamus）とよばれる領域が体のサーモスタットとして働く．

暑い日に運動していることを考えよう（図19・12）．筋肉の活動で熱が生じるので体内温度は上昇する❶．皮膚，脊髄，脳の感覚受容器が常に体温を監視している❷．体温が上昇すると受容器は神経を経て視床下部にシグナルを送る❸．視床下部はそれに応じて神経を経てシグナルを送る．このシグナルが皮膚に血液を供給する血管の平滑筋を弛緩させて，血管を拡張させる❹．体の内部から皮膚への血液量が増えると，より多くの熱が体外に放出される．同時に皮膚の汗腺が分泌量を増やす．汗の蒸発が体表を冷ます．熱の放出量が増加すると，体温は正常の値に戻る❺．

低体温も負のフィードバック機構をひき起こす（図19・12❶）．皮膚の受容器が温度低下を感知し❷，シグナルを視床下部に送る❸．それに反応して視床下部は皮膚に行く血管を収縮させる❹．皮膚への血流低下によって周囲への熱の損失が少なくなる．視床下部からのシグナルはまた，骨格筋を1秒間に10ないし20回収縮させ，熱の発生を増加させる．皮膚からの熱の損失の低下と骨格筋による熱産生の増加によって，体温は正常範囲に戻る❺．

フィードバック機構が破綻すると，体温が危険なほど低くなったり高くなったりする．

低体温症（hypothermia）は，深部体温が正常な機能が不可能なほど低下することである．体温が35℃まで下がると脳の機能が変化して，言葉がつまったり，動作がぎこちなくなるなどの症状が現れる．極端な低体温症は意識喪失，心臓拍動の乱れをもたらし，致死的なこともある．

高体温症（hyperthermia）では深部体温が危険なほど

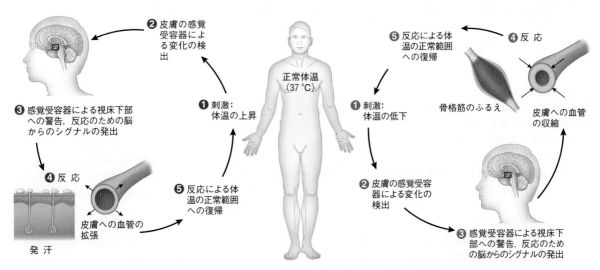

図 19・12　ヒトにおける体温調節の負のフィードバック機構

高くなる. 深部体温が 40℃ を超えると熱中病となり, 吐き気, 頭痛, 動悸, 意識混濁, 発汗減少などを含む, 時として致死的な症状を呈する. 日焼けは発汗の能力を低下させ, 熱射病の危険を増加させる.

まとめ

19・1 すべての動物は傷害によって失った細胞をある程度回復する能力をもっている. 置き換わった細胞は幹細胞に由来する. 幹細胞は分裂して多くの幹細胞をつくり出すか, あるいは分化して特殊化した細胞になる. 胚性幹細胞（ES細胞）や人工多能性幹細胞（iPS細胞）は, 再生医療に役立つと期待されている.

19・2 動物の体は構造的にも機能的にもいくつかのレベルで構成されている. 組織は共同して働く細胞と細胞外基質からなる. 組織は器官をつくり, いくつかの器官が協同して器官系として働く.

19・3 上皮組織は体の外表面を覆い, 内部の腔所や管を裏打ちしている. 上皮は一方が自由表面となり, 体液や環境と接している. 自由表面には繊毛や微絨毛が存在することがある. 内分泌腺と外分泌腺は上皮組織に由来する. 上皮組織は定常的に置き換わっており, そのためにがんを生じやすい.

19・4 結合組織は最も多量に存在する組織である. 結合組織の細胞は細胞外基質を分泌する. 疎性結合組織は器官を保持し, 皮膚を裏打ちする. 密性結合組織は腱や靱帯を形成する. 軟骨, 脂肪組織, および血液も結合組織の一種である.

19・5 筋組織は刺激によって収縮する. 骨格筋組織は体部を動かす組織で, 随意筋である. 平滑筋組織と心筋組織は不随意筋である. 平滑筋は消化管中の食物を移動させ, 血管の大きさを調節する. 心筋は心臓の筋肉である.

ニューロンは神経組織のシグナルを伝える. ニューログリアとよばれる細胞がニューロンを保護する.

19・6 皮膚は最大の器官である. 皮膚は, 深部の主として結合組織からなる真皮と, 表面の上皮組織性の表皮からなる. 表皮細胞は皮膚の主要なタンパク質であるケラチンやメラニンという色素を産生する. 皮膚は, 保護, 体温調節, 外部環境の変化の検出, ビタミン D 産生, および防御の役割を果たす.

19・7 脊椎動物のホメオスタシスには, 感覚受容器, 受容器からシグナルを受けて反応を連係させる脳, そして反応を実行する筋肉や腺が含まれる.

ホメオスタシスは多くの場合, ある変化をもとに戻す反応である負のフィードバック機構を含んでいる. たとえば, ヒトの体温調節では, 体温上昇が発汗と皮膚からの熱放散をもたらして, 体温を下げるように働く.

試してみよう （解答は巻末）

1. シート状で, 一方が自由表面になっている組織は ＿＿＿
   a. 上皮組織　b. 結合組織　c. 神経組織　d. 筋組織

2. 吸収や分泌に特殊化した細胞の表面積を増加させているのは ＿＿＿
   a. ギャップ結合　　b. 微絨毛
   c. 繊毛　　　　　　d. ケラチノサイト
3. 腺が由来するのは ＿＿＿
   a. 上皮組織　b. 結合組織　c. 筋組織　d. 神経組織
4. ヒトの体に最も多く, 繊維芽細胞によって産生されるタンパク質は ＿＿＿
   a. コラーゲン　　b. ケラチン
   c. メラニン　　　d. ヘモグロビン
5. 過剰な炭水化物やタンパク質が脂肪に変換されて蓄積されるのは ＿＿＿
   a. 繊維芽細胞　　　b. ニューロン
   c. 脂肪組織細胞　　d. メラノサイト
6. 体で最も多く, 広く分布している組織は ＿＿＿
   a. 上皮組織　b. 結合組織　c. 神経組織　d. 筋組織
7. 細胞が収縮（短縮）できる組織は ＿＿＿
   a. 上皮組織　b. 結合組織　c. 筋組織　d. 神経組織
8. 縞模様をもち随意運動できる筋組織は ＿＿＿
   a. 骨格筋　b. 平滑筋　c. 心筋
9. 環境変化の情報を検出し統合して, それに対する反応を制御するのは ＿＿＿
   a. 上皮組織　b. 結合組織　c. 筋組織　d. 神経組織
10. 細胞体からシグナルを送り, また受容する細い細胞質の突起をもつのは ＿＿＿
    a. ニューロン　　b. ニューログリア
    c. 繊維芽細胞　　d. メラノサイト
11. 皮膚の機能に含まれるものは ＿＿＿
    a. 病原体に対する防御　　b. ビタミン D の産生
    c. 体温を下げる働き　　　d. a〜c のすべて
12. 用語とその記述を正しく組合わせよ.
    ＿＿＿ 外分泌腺　　　a. 皮膚の最外層
    ＿＿＿ 内分泌腺　　　b. 管を通しての分泌
    ＿＿＿ 表皮　　　　　c. 心臓のみにある
    ＿＿＿ 真皮　　　　　d. 耳や鼻の支持組織
    ＿＿＿ 平滑筋　　　　e. 収縮する, 縞模様なし
    ＿＿＿ 心筋　　　　　f. 皮膚の深部の組織
    ＿＿＿ 骨格筋　　　　g. 血漿, 血小板, 細胞
    ＿＿＿ 脂肪組織　　　h. 管のないホルモン分泌
    ＿＿＿ 血液　　　　　i. 脂肪を蓄積する
    ＿＿＿ 軟骨　　　　　j. 1層の平らな細胞
    ＿＿＿ 単層扁平上皮　k. 随意運動を含む

20 免　疫

20・1　病原性ウイルスとの戦い

　子宮頸がん，特に進行した子宮頸がんの死亡率はかなり高い．日本では毎年 2900 人ほどがこのがんで亡くなっている．子宮頸部は子宮の最下部である．頸部の細胞ががん化しても，ふつうは病気の進行はゆっくりである．細胞はいくつかの前がん状態を経るが，それは通常のパップ検査（子宮頸部の細胞診検査）で検出することができる．しかし多くの女性は定期的に検診を受けることがむずかしい．

　がんの原因は何だろうか．少なくとも子宮頸がんについては，その答えはわかっている．頸部細胞は，**ヒトパピローマウイルス**（human papillomavirus：**HPV**）の感染によってがん細胞へと変化（形質転換）する．HPV は DNA ウイルスで，皮膚と粘膜に感染する．HPV には 200 種類ほどの異なる型があり，あるものは手足あるいは口内にいぼをつくる．このなかで，子宮頸がんの原因となるのは 16 型と 18 型であり，すべての子宮頸がんの 70% 以上にどちらかのウイルスが見いだされている．HPV は性交渉によって容易に伝染し，したがって感染者は多く，18 歳から 59 歳の米国人のほぼ半数は感染しているといわれる．

　HPV に対しては，有効なワクチンが開発，承認されている．**ワクチン**（vaccine）は特異的な病気に対する**免疫**（immunity）を獲得するために体内に導入される物質である．16 型と 18 型を含む，がんの原因となる HPV 感染から守るためのワクチンが，米国では 2006 年以来利用可能である．どのワクチンも，ウイルス粒子に類似した粒子へと自己集合するタンパク質である．これらの粒子はウイルス DNA を含まないので，感染性がないが，がんの原因となる HPV 感染を防止する免疫反応をひき起こすことができる．日本では，小学校 6 年から高校 1 年相当の女子に，HPV ワクチン接種が行われている．

20・2　脅威に対する総合的反応

免　疫

　ヒトはウイルス，細菌（図 20・1），真菌類，寄生虫，その他の膨大な病原体と出会うが，ヒトはこれらの病原体とともに進化してきたので，それらの感染に抵抗しそれと戦う免疫のしくみをもっている．

図 20・1　スマートフォンに付着している細菌．スマートフォンに付着している細菌数は，平均して，男性用トイレの取っ手の細菌数のおよそ 18 倍である．

　感染を防ぎ，感染と戦う能力である免疫の進化は，多細胞の真核生物が単細胞生物から進化する以前に始まっていた．多細胞性が進化すると，**自己**（self，自分自身の体）と**非自己**（non-self）を区別するしくみが進化した．このしくみは，特定の細胞のみに存在する分子に結合する受容体タンパク質が進化したことによる．受容体タンパク質は特異的な刺激に反応して細胞の活動を変化させることを，思い出してほしい（§3・3）．

すべての現生多細胞生物は，病原体の表面または内部に存在する，およそ1000個の異なる分子パターンを認識する受容体のセットを備えている．このパターンは，**病原体関連分子パターン**（pathogen-associated molecular pattern: **PAMP**）とよばれる．その名前からわかるように，PAMPは主として微生物やウイルスに存在する．その例としては，細菌や真菌類のそれぞれの細胞壁を構成しているペプチドグリカンやキチン，細菌の鞭毛を構成するフラジェリンタンパク質，いくつかのウイルスの遺伝物質である二本鎖RNA，などがある．

PAMPは**抗原**（antigen）の一例である．抗原は非自己とみなされる分子や粒子である．細菌はきわめて多数の分子種から構成されているが，その一部のみがPAMP受容体によって認識される．われわれの細胞は，PAMP以外のウイルス，細菌，他の生物の細胞などの構成要素，およびいくつかの化学物質や毒素などを抗原として認識することができる．

防　御　戦　線

生物的，物理的および化学的な障壁が，ほとんどの微生物の体内への侵入を阻止している．これが病原体に対する防御戦線の最前列である．

表面障壁を突破した微生物は防御の第二の戦線である先天性免疫機構を活性化する．**先天性免疫**（innate immunity，**自然免疫**ともいう）は，すべての多細胞生物を感染から防御する，即効性のある一般的な防御である．この防御は，抗原と結合したPAMP受容体，傷害を受けた細胞から放出される細胞質，その他の刺激によって活性化される．

ヒトなどの脊椎動物では，先天性免疫の活性化は第三の戦線である後天性免疫の引き金となる．**後天性免疫**（adaptive immunity，**獲得免疫**ともいう）は，動物の個体が生涯に出会うであろう何百万もの病原体に対して，特異的に戦うことができるように，特別に用意される一連の防御システムである．先天性免疫と後天性免疫は異なる性質をもつ（表20・1）が，連携して働く．

表 20・1　先天性および後天性免疫の比較		
	先天性免疫	後天性免疫
応答時間	すぐ	ほぼ1週間
引き金	多くのPAMP，組織の傷害	何億もの抗原
特異性	広範囲	抗原特異的

防御担当細胞

脊椎動物では白血球が先天性免疫応答と後天性免疫応答にかかわっている．多くのものは血液やリンパ液にのって体中を循環している．またリンパ節，脾臓，その他の組織に定住しているものもいる．白血球は化学的シグナル分子を分泌し，またそれに反応することで情報交換を行う．分泌物には**サイトカイン**（cytokine）とよばれるポリペプチドやタンパク質がある．サイトカインは免疫系の細胞が互いに連絡するときに用いるシグナル分子であり，免疫応答時に細胞が活動を協調させることに役立つ．

白血球は種類ごとに異なる機能を果たすように特殊化している（図20・2）．どの種類もある程度の食作用（§4・6）の機能をもっているが，特に食作用のために特殊化した細胞は**食細胞**（phagocyte）とよばれる．食細胞は病原体や死細胞などの粒子を飲み込んで分解する．**好中球**（neutrophil）とよばれる食細胞は血中白血球のなかで最も数が多く，したがって感染した部位や傷害部位において最初に反応する細胞であることが多い．**単球**（monocyte）も血中を循環しているが，組織中に移動してマクロファージや樹状細胞に分化することもある．**マクロファージ**（macrophage，大食細胞ともいう）は大型の食細胞で，組織や組織液中を巡回して，傷害を受けていない体細胞以外のほとんどすべての細胞を飲み込む．**樹状細胞**（dendritic cell）は抗原提示に特化した細胞で，後天性免疫に脅威を伝えるしくみを担っている（§20・5で再び取上げる）．

白血球のいくつかは顆粒をもっている．分泌顆粒は，

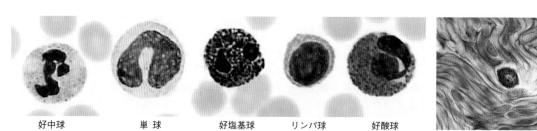

|好中球|単球|好塩基球|リンパ球|好酸球|

図 20・2　**白血球**．染色によって核の形や細胞質顆粒の詳細が明らかになる．（左）血流中の白血球（赤血球はピンクに見えている）．（右）組織中に常在している肥満細胞（紫）．

サイトカイン，酵素，あるいは病原体を攻撃する過酸化水素などの毒素などを含んでいる．これらの細胞は抗原の結合などの刺激で，脱顆粒（顆粒内容物の放出）を行う．好中球や**好酸球**（eosinophil）は食作用で攻撃するには大きすぎる寄生虫などを攻撃目標とする．**好塩基球**（basophil）と，例外的に組織に定住している**肥満細胞**（mast cell，マスト細胞ともいう）は傷害や抗原に反応して顆粒中の分泌物を放出する．肥満細胞は内分泌細胞や神経系からの化学シグナルにも反応する．

　リンパ球（lymphocyte）は白血球の一群で，後天性免疫では特別な中心的存在である．**B 細胞**（B cell，**B リンパ球** B lymphocyte ともいう）は後天性免疫において抗体を産生する．**T 細胞**（T cell，**T リンパ球** T lymphocyte ともいう）は後天性免疫のすべてにおいて中心的役割を果たす．**細胞傷害性 T 細胞**（cytotoxic T cell）は感染細胞や自己のがん細胞を標的とする．**ナチュラルキラー細胞**（natural killer cell，**NK 細胞**ともいう）は細胞傷害性 T 細胞が処理できない感染細胞やがん細胞を破壊することができる．

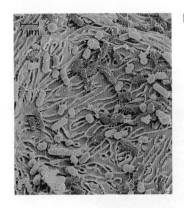

図 20・3　口腔の微生物相：味方と敵の微妙なバランス．頬の細胞に付着した常在性微生物相（青と紫）．常に表面に付着している微生物は有用な分子を産生して，より危険な微生物の定着を防いでいる．

20・3　表 面 障 壁

　病原体の侵入に対する防御の第一線は体表の障壁である（表 20・2）．この生物的，物理的，化学的障壁が普通は微生物が体内環境に侵入することを阻止する．

表 20・2　表面障壁の例	
生物的	常在性微生物相
物理的	皮膚
	管や内腔の壁
	繊毛の異物排除作用
	涙，唾液，尿，下痢による異物排除
化学的	分泌
	胃液，尿管，膣の酸性環境
	リゾチーム

生物的障壁：常在性微生物相

　ヒトの体には，体細胞と同数，あるいはそれ以上の微生物が存在する．その大部分は消化管に生息していて，普段はそこで大きくて多様な群集を形成している（§14・1）．体の内部の管や消化管や呼吸器の管の内腔を含む体表面に生息する微生物は，**常在性微生物相**（normal microbiota）とよばれる（図 20・3）．

　ヒトの体表面は微生物に安定した環境と栄養分を提供している．そのかわり，その集団はもっと攻撃的な種が

表面に侵入したり定着したりすることを防いでいる．また，有用な分子を産生している．たとえば腸の微生物は，食物の消化を助け，ビタミン K や B_{12} のようなわれわれが必要とする栄養分を産生する．皮膚の微生物相は危険な微生物種の成長を抑制する抗酸化物質や抗生物質を産生する．

　常在性微生物相は体の組織の外にいるときだけが有用である．もしそれが内部環境に侵入すると，病気の原因となったり，病気を悪化させたりする．皮膚の常在性細菌であるアクネ菌 *Propionibacterium acnes* を考えてみよう．この細菌は毛や皮膚を滑らかにする脂肪，ワックス，グリセリドの混合物である皮脂を食物としている．皮膚の腺が皮脂を毛嚢へと分泌している．思春期になると性ホルモンの増加が皮脂の産生を増やす．過剰な皮脂は死んだ皮膚細胞に付いて，毛穴を塞ぐ．アクネ菌は皮膚の表面でも生存できるが，塞がれた毛穴の内部のような嫌気的場所の方をずっと好む．そこで菌は膨大な数にまで増殖する．その大きな集団からの分泌物が毛穴の周囲に漏れ出して炎症を起こす（炎症については次節で解説する）．その結果生じる嚢胞はにきび・（acne）とよばれる．

　微生物が体内に侵入することでひき起こされる病気には重大な病気がある．肺炎，潰瘍，大腸炎，百日咳，髄膜炎，肺や脳の膿瘍，そして，大腸，胃，小腸のがんなどである．破傷風の原因菌である *Clostridium tetani* はヒトの腸に常在している．皮膚や口，鼻，喉，腸の表面に生息する黄色ブドウ球菌 *Staphylococcus aureus* も細菌性の病気の主要な原因である．

物理的および化学的障壁

　体表面とは対照的に，健康なヒトの血液と体液はほとんど無菌である．ふつうは表面の障壁が，常在性微生物が内部環境に侵入することを防止している．脊椎動物の皮膚の丈夫な外層である表皮がその例である．微生物

は, 皮膚の水分をはじく油の存在する表面で増殖するが, 厚い表皮の中にはめったに侵入しない (図20・4).

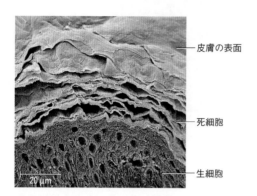

図 20・4 感染に対する物理的障壁の例. 皮膚の表面の微生物は, 死細胞の厚い, 水も通さない層を通り抜けることはむずかしい.

体の内部の管や腔を覆う薄い上皮組織も表面障壁をもっている. 上皮細胞が分泌する粘着性の粘液が微生物を捕らえる. 粘液は**リゾチーム** (lysozyme) という細菌を殺す酵素を含んでいる. 鼻腔や呼吸器の管では, 微生物がこれらの構造のもっと繊細な内壁に到達する前に, 協調した繊毛の働きで微生物を捕らえて掃き出す.

口内にいつも生息する微生物は, 唾液中のリゾチームに抵抗性をもつ. 飲込まれた微生物は, たいてい胃のプロテアーゼと酸の強力な混合物である胃液によって殺される. そこを生き延びて小腸に到達するものの多くは胆汁塩によって殺される. 大腸まで到達するしぶとい微生物は, そこに生息することに適応し, すでに大きな個体群を形成している500種類もの常在性微生物と競合しなければならない.

膣の常在菌によって産生される乳酸が, 膣のpHをほとんどの真菌類や細菌が生息できない範囲に保っている. また, 排尿時の水勢が, 尿道への病原体の感染を防いでいる.

20・4 先天性免疫応答のしくみ

ある病原体が表面障壁をすり抜けて体の内部環境に侵入したら, 何が起こるだろうか. 作用が速く広範囲の感染に対応できる先天性免疫が第二戦線として, 病原体の増殖を停止または遅延させる.

補体活性化経路

補体 (complement) は血液や組織液中を不活性な状態で循環している分子である. これらのタンパク質は活性化されると細胞外病原体に対する応答の一部となる. 活性化された補体は異物粒子やその一部分が食細胞によって摂取されるように目印を付けたり, あるいは補体自身が異物細胞を直接破壊することもできる.

補体は, このタンパク質が後天性免疫応答に際して抗体の作用を"補う"ことから命名された (§20・6). 哺乳類はおよそ30種類の補体タンパク質をもっており, そのいくつかは細胞表面にクラスターをつくっている抗体に結合すると, 活性化される. 他のタンパク質は, 直接微生物やウイルスに結合すると活性化される. さらに, 傷ついた体細胞から漏れ出した細胞質やミトコンドリアに遭遇すると活性化される. いずれの場合でも, 活性化された補体タンパク質は他の補体タンパク質を活性化し, それがまた別の補体タンパク質を活性化する, というカスケード反応が進行する. このカスケード反応は短時間のうちに作用部位の周囲に膨大な量の活性化された補体をつくり, 周囲の組織に拡散して濃度勾配を形成する. 食細胞はこの勾配をさかのぼって補体カスケードをひき起こした細胞までたどりつくことができる.

活性化された補体タンパク質は微生物, 傷害を受けた細胞, 細胞片などに結合し, 食細胞によるこれらの粒子の取込みを促進する被膜を形成する. タンパク質のいくつかは, 細胞膜に入り込み, 集合して細胞死をひき起こす小孔を形成する (図20・5a). 小孔形成補体は, 食作用にも抵抗する細菌に対する重要な防御機構である.

健康な体細胞は補体を不活化するタンパク質を絶えず産生して, 補体の活性化が健康な組織にまで広がることを阻止する負のフィードバックを行っている. 微生物はこのような阻害タンパク質を産生できないので, 破壊の対象となる.

食 作 用

好中球, マクロファージ, 樹状細胞は活性化補体の受容体をもっている. この受容体は食細胞が活性化補体の勾配をたどって目標の組織に到達することを可能にしている. 目標の組織に到達すると食細胞は補体で覆われた細胞や粒子をすぐに貪食する.

組織液中のマクロファージは微生物, 細胞の破片, その他の粒子を貪食するが, 単なる掃除屋ではない. マクロファージは抗原を貪食すると, 後天性免疫系に脅威があることを知らせるサイトカインを放出する.

樹状細胞 (図20・5b) は, ほぼすべての組織中に定住して, 外部環境と接する組織を保護するという, 重要な役割を果たしている. たとえば, 気道上皮の樹状細胞による食作用は, 病原体や粒子が肺に入ることを防いで

いる．しかし，樹状細胞の主要な機能はT細胞に抗原を提示することである（§20・5）．

最も数の多い白血球である好中球は，感染や傷害を受けた部位に，数分以内に集合する．好中球は微生物を貪食して細胞内の小胞に取込み，細胞の顆粒に含まれる分解物質を，小胞内に送り込んで，微生物を破壊する．好中球の顆粒は，受容体が抗原やシグナル分子と結合すると崩壊する．顆粒から細胞外液に放出される酵素や毒素が近くのすべての細胞（健全な体細胞も含めて）を破壊する．

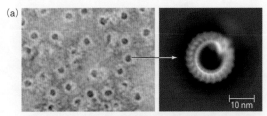

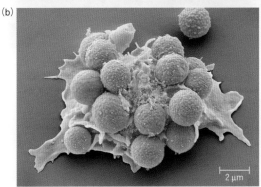

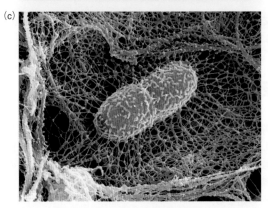

図 20・5　先天性免疫における病原体排除．（a）補体の活性化．活性化された補体タンパク質は細胞膜に進入し，集合して中空の小孔を形成する．これにより細胞は死滅する．左の写真は，小孔を形成するタンパク質をもつ赤血球の細胞膜．（b）食作用．樹状細胞がいくつかの真菌類の胞子(紫)を貪食しようとしている．（c）好中球の網．肺組織の2個の細菌(紫)が，破裂した好中球が放出した物質の網に捕らえられている．

好中球はいくつかのシグナル分子や補体の複合体に反応して，文字どおり爆発し，顆粒の内容物とともに核DNAやそれに結合しているタンパク質まで放出する．これらの混合物は固化して網状になり，その周囲に病原体を捕獲する．好中球の網は，きわめて効率よく細菌を殺す（図20・5c）．

炎　症

炎症（inflammation）は組織の傷害や感染に対する速やかな局所的反応で，影響を受けた組織を破壊するとともに，すぐに治癒過程を開始させる．補体の活性化は炎症の一部である．

炎症は，好塩基球，肥満細胞，あるいは好中球などの白血球が顆粒の内容物を放出すると起こる（図20・6）．顆粒の崩壊は，PAMP受容体が抗原に結合するなどの種々の刺激で起こりうる❶．肥満細胞も組織傷害の部位で神経系からのシグナルで顆粒崩壊を起こす．

白血球は顆粒崩壊によってサイトカインを放出する．さらに，顆粒崩壊によって放出される物質には，プロスタグランジンやヒスタミンのようなシグナル分子がある．シグナル分子は二つの局所的効果をもっている．第一に，毛細血管を拡張させ，それにより血流が増加する❷．血流の増加は，サイトカインで誘引される食細胞の到着を早める．第二にシグナル分子は毛細血管の壁にある細胞の間隔を広げる．それで組織の毛細血管は"漏れやすく"なる❸．食細胞は血管の細胞の間をすり抜けて血管を出る❹．侵入した細菌は活性化された補体で覆われていて❺，食作用の標的になりやすくなっている❻．

毛細血管壁の透過性が高まると，血漿タンパク質は組織液中に出るようになる．このタンパク質によって組織液の浸透圧が血液より高くなり，水が浸透によって組織液に出る．組織は水によって膨潤し，神経を圧迫する．このことが，白血球の顆粒崩壊によって放出されるプロスタグランジンとともに，痛みをもたらす．その他の外見的にわかる炎症の兆候は，その部位の血液流量の増加による発赤と発熱である．

炎症はその原因が存続する間は続く．侵入した細菌が組織から排除されたりして刺激がおさまると，マクロファージは炎症を抑制して組織修復を促す化合物を産生する．刺激が継続する（たとえば免疫系が病原体の排除に失敗する，あるいは毒素の影響が続く）と，炎症は慢性になる．慢性炎症は正常とはいえず，体に悪影響を与える．慢性炎症は喘息，クローン病，関節リウマチ，アテローム性動脈硬化症，糖尿病，がんなど，多くの重大な病気の要因である．

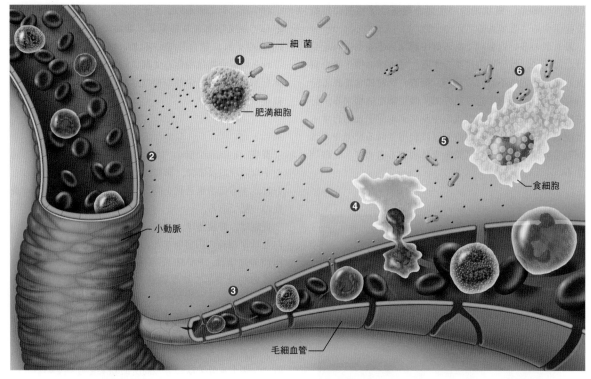

図 20・6　細菌感染に対する応答としての炎症の例
❶ 組織中の肥満細胞の PAMP 受容体が細菌の抗原を認識して結合する．それにより肥満細胞はサイトカイン（青）とプロスタグランジンやヒスタミン（赤）を放出する．
❷ プロスタグランジンとヒスタミンは小動脈を拡張させ，感染部位への血流を増大させる．
❸ プロスタグランジンとヒスタミンは毛細血管壁の細胞間の隙間を広げる．
❹ 食細胞はサイトカインの濃度に従って，隙間のできた毛細血管壁を通過して，感染場所へ移動する．
❺ 細菌の抗原が補体の活性化カスケードを開始させる．侵入した細菌は補体（紫）で覆われる．
❻ 食細胞がすぐに補体で覆われた細菌を貪食し，破壊する．

発　　熱

感染や重症の傷は **発熱**（fever）をひき起こす．発熱は，体温が平熱の 37 °C を超えることである．いくつかのサイトカインは脳の細胞に対して体温の設定温度を上げさせる．体温が設定温度より低いと，視床下部は皮膚の血管を収縮させて皮膚からの熱の放出を減少させるシグナルを出す．このシグナルは筋肉の代謝熱を増加させる"震え"という反射運動もひき起こす．両方の反応が体温を上げる．

発熱は白血球の産生を早め，一方でウイルスの増殖や細菌の分裂を抑制する．また発熱は白血球の食作用，抗原受容体の産生，白血球の感染部位への移動など，免疫応答のほとんどの過程を促進する．

発熱は体が何かと戦っていることのサインであるから，無視してはいけない．しかし，40.6 °C 以下の熱は，健康な成人では特別の処置は必要ない．ふつうは体温がそれを超えることはないが，もし超えたらすぐに入院す

ることが必要である．42 °C の熱は脳に傷害を与え，死に至ることもあるからである．

20・5　抗 原 受 容 体

もし先天性免疫機構が，侵入した病原体をすばやく排除できなかったとすると，内部組織への感染が確立してしまう．しかしそのころまでに，長続きのする後天性免疫が，その侵入者を特異的に攻撃し始めている．この攻撃は，抗原受容体を介して白血球が抗原を検出することから始まる．

抗原受容体の種類

すべての体細胞は PAMP を認識する細胞膜タンパク質である 1 種類の抗原受容体をもっている．リンパ球は別の種類の受容体を産生する．

抗体（antibody）は B 細胞のみによって産生・分泌さ

れる Y 字形のタンパク質であり，"Y" の先端で特異的な抗原と結合することができる（図20・7a）．この抗原結合部位は独自の突起，溝，および電荷をもっていて，それと相補性をもつ抗原のみに結合する（図20・7b）．

新しい B 細胞が産生する抗体は，**B 細胞受容体**（B cell receptor）として細胞表面に付着する．受容体の基部は細胞膜の脂質二重層内に埋め込まれ，Y 字型の腕は細胞外に突出する（図20・7c）．後天性免疫応答では，活性化された B 細胞は抗体を血中に分泌する．

多くの抗体が血液中を循環し，炎症時には組織液にも入ることができるが，病原体を直接殺すことはできない．病原体や毒素に結合した抗体は，補体を活性化し，食作用を促進し，これらの脅威となる物質が体細胞に結合することを阻止する．感染した体細胞に結合した抗体は，細胞傷害性のリンパ球を動員する（§20・6）．

T 細胞は，**T 細胞受容体**（T cell receptor：**TCR**）とよばれる特別な抗原受容体をもっている．TCR の一部は抗原を非自己として認識する．また別の TCR は体細胞の表面タンパク質のいくつかを自己として認識する．脊椎動物の自己タンパク質はそれらをコードする遺伝子にちなんで **MHC 分子**（MHC molecule，MHC は major histocompatibility complex 主要組織適合性複合体の略）とよばれる（図20・8a）．MHC 遺伝子は何千という対立遺伝子をもち，それゆえにごく近縁の個体もめったに同じ MHC 分子をもたない．

ヒトは何十億もの特異的な B 細胞および T 細胞抗原受容体を産生できる．この多様性は，受容体をコードする遺伝子が異なる染色体上のいくつかの断片として存在し，それぞれの断片にいくつかの異なる型があることによる．B 細胞や T 細胞の分化に伴って各断片はスプライシングされるが，それぞれの細胞における抗原受容体遺伝子の各断片でどの型が選択されるかは，ランダムである（選択的スプライシング，§8・3参照）．1個の B または T 細胞が分化すると，それは可能なおよそ25億通

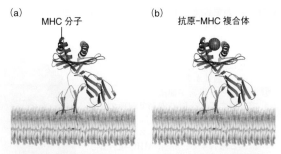

図 20・8 MHC 分子．（a）MHC 分子は，脊椎動物細胞の細胞膜上にある自己タンパク質である．（b）T 細胞は抗原(赤)を，MHC 分子とともに提示された場合のみ，認識する．

りの組合わせの一つの型をもつようになる．結果として生じる遺伝子が発現すると，細胞は何千もの受容体を産生するが，そのすべてが同一の特異的抗原を認識する．

抗原の処理と提示

新しいリンパ球は**ナイーブ**（naive）である．ナイーブというのは，抗原がその受容体に結合したことがない，という意味である．B 細胞受容体は直接抗原に結合できるが，T 細胞受容体はそうではない．T 細胞受容体は，他の体細胞の表面に抗原が MHC 分子とともに提示されるまで抗原を認識しない（図20・8b）．すべての体細胞は抗原を提示できる．抗原を提示できる白血球は抗原提示細胞とよばれ，後天性免疫において特別な役割をもっている．

白血球が提示のために抗原を準備することを**抗原処理**（antigen processing）という．ふつう抗原処理はまず，マクロファージや B 細胞や樹状細胞が病原体，病気の細胞，あるいは他の抗原をもっている粒子を貪食することから始まる（図20・9）．粒子を含む小胞が細胞質中に形成され ❶，リソソームと融合する ❷．リソソームは強力な消化酵素を含む小胞（§3・5）である．この酵

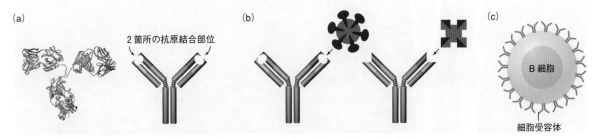

図 20・7 抗体の構造．（a）抗体分子は4本のポリペプチド鎖が Y 字型に結合した構造をもつ．鎖はたたまれて，Y の先端で抗原と結合する．（b）抗体の抗原結合サイトは，突起，溝，電荷が相補的である抗原とのみ結合する．（c）新しい B 細胞が産生する抗体は，B 細胞受容体として細胞膜に結合したまま留まる．

図 20・9　抗原処理. 図は, 食細胞が抗原を
もつ粒子を貪食した後の過程を示す.
❶ 貪食された細菌の周囲に小胞が形成さ
れる.
❷ 小胞は, 酵素と MHC 分子を含むリソ
ソームと融合する.
❸ リソソーム酵素が細菌を分子レベルま
で分解する. 小胞の内部で細菌の抗原
が MHC 分子と結合する.
❹ 小胞はエキソサイトーシスによって細
胞膜と融合する. 抗原-MHC 複合体が
白血球の表面に提示される.

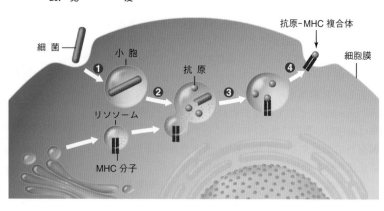

素が飲込まれた粒子を分子にまで分解する. リソソーム
は抗原をもつ分子と結合する MHC 分子も含んでいる.
その結果抗原が MHC 分子と結合して抗原-MHC の複
合体が形成される. 複合体は, 小胞膜と結合し❸, 小
胞が移動して細胞膜と融合すると, 抗原-MHC 複合体
が細胞表面に提示される❹. こうして細胞は抗原提示
細胞となる.

　他の血球と同様にリンパ球も骨髄で形成される. 新し
いリンパ球は未成熟である. それらが分化するのはリン
パ系の器官まで移動した後である (§20・6参照, 図20・
10a). B 細胞は脾臓で成熟し, 抗原に出会うまでそこに
留まる. T 細胞は胸腺で成熟して, 体中に移動していく.

　毎日何億というナイーブな T 細胞が脾臓とリンパ節
を通過し, それらの器官に定住している多くの抗原提示
細胞と接触する (図20・10b). すぐに述べるように, 抗
原-MHC 複合体と結合した受容体をもつ T 細胞は, 後天
性免疫において他の白血球の分裂と分化を刺激する.

20・6　後天性免疫応答
後天性免疫の 2 本の腕

　ボクサーがワンツーパンチを繰出すように, 後天性免
疫は独立した 2 本の腕をもっていて, 共同して種々の脅
威を排除する. なぜ 2 本の腕があるのだろうか. すべて

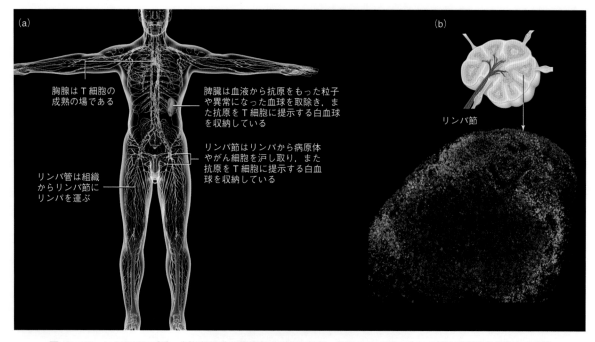

図 20・10　ヒトのリンパ系. (a) 免疫系で機能するヒトの器官. (b) リンパ節. リンパ(液)は血流と合流する前に
少なくとも 1 回は沪過される. この蛍光顕微鏡写真は, リンパ節を通過しながら B 細胞(緑)および樹状細胞(赤)
と相互作用しているナイーブ T 細胞(青)を示している.

の脅威が同じではないからである．たとえば，細菌や真菌類，あるいは毒素は血液や体液中を循環する．これらの細胞や毒素は，**抗体依存性免疫応答**（antibody-mediated immune response，**体液性免疫** humoral immunity ともいう）で相互作用する B 細胞やその他の食細胞によってすばやく排除される．この反応では B 細胞が，特異的抗原をもつ粒子と結合するタンパク質である抗体を産生する．いくつかのウイルス，細菌，真菌類，原生生物などは体細胞の内部に隠れて増殖することができる．B 細胞がそれらに対抗できるのは，それらがある細胞から出て他の細胞に感染する短い時間だけである．このような細胞内病原体は主として**細胞依存性免疫応答**（cell-mediated immune response，**細胞性免疫** cell immunity ともいう）によって攻撃される．これには抗体が関与しない．この反応では細胞傷害性 T 細胞や NK 細胞が感染した細胞やがん細胞を検出して破壊する．表20・3 に，抗体依存性免疫応答と細胞依存性免疫応答を比較した．

表 20・3 抗体依存性および細胞依存性免疫応答の比較

	抗体依存性	細胞依存性
主要な実行細胞	B 細胞	細胞傷害性 T 細胞，NK 細胞
機 構	活性化 B 細胞は抗原を認識して結合する抗体を産生する	活性化リンパ球は感染細胞やがん細胞を殺す
結 果	抗原や毒素をもつ病原体は血液や体液から排除される	病原体は感染した細胞とともに排除される がん細胞は破壊される

すべての後天性免疫応答においては実行細胞と記憶細胞が形成される．**実行細胞**（effector cell，エフェクター細胞ともいう）は形成されるとすぐに作動し，応答が終了すると速やかに死滅するリンパ球である．**記憶細胞**（memory cell）は将来同じ脅威に遭遇するかもしれないときに備えて保持されるリンパ球である．体内で同じ抗原が検出されると，記憶細胞は二次応答で活動し，二次応答は一次応答に比べてより早く，より強い（図20・11）．

リンパ球と他の白血球との相互作用によって，後天性免疫の四つの特性が決まる．

1. **自己・非自己の認識**は，T 細胞受容体が自己（MHC分子による）を認識する能力と，抗原受容体が非自己（抗原）を認識する能力による．

2. **特異性**は，後天性免疫が特異的な抗原に対してのみ戦うことを意味する．

3. **多様性**は，個体が産生することのできる抗原受容体の多様性を意味する．何億もの異なる抗原受容体を作製する能力によって，何億もの異なる脅威に立ち向かうことができる．

4. **記憶**は，記憶細胞が以前に遭遇した抗原を記憶する能力のことである．

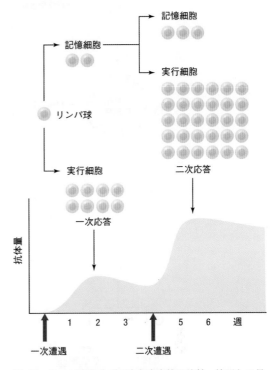

図 20・11 一次および二次免疫応答の比較．抗原との最初の遭遇では一次免疫応答が誘起され，実行細胞が感染と戦う．後に抗原が再び来ると，一次応答で生じた記憶細胞がより早く，より強い二次免疫応答で活動する．

抗体依存性応答の例

たまたま指に傷をつけてしまったとしよう．皮膚に存在する，普段は無害な黄色ブドウ球菌があっというまに傷口から内部に侵入してしまう．組織液中の補体がすばやく細菌を攻撃し，細菌は活性化された補体で覆われる．

リンパ管に入った組織液が，細菌を脾臓に運び，細菌はナイーブ B 細胞と遭遇する．B 細胞の 1 個が黄色ブドウ球菌の細胞壁にある ClfA とよばれるタンパク質を認識する抗原受容体を産生する．B 細胞上の受容体は細菌のタンパク質に結合し，細菌を覆う補体が，B 細胞による細菌の貪食を刺激する（図20・12 ❶）．B 細胞は活性化される（ナイーブではなくなる）．

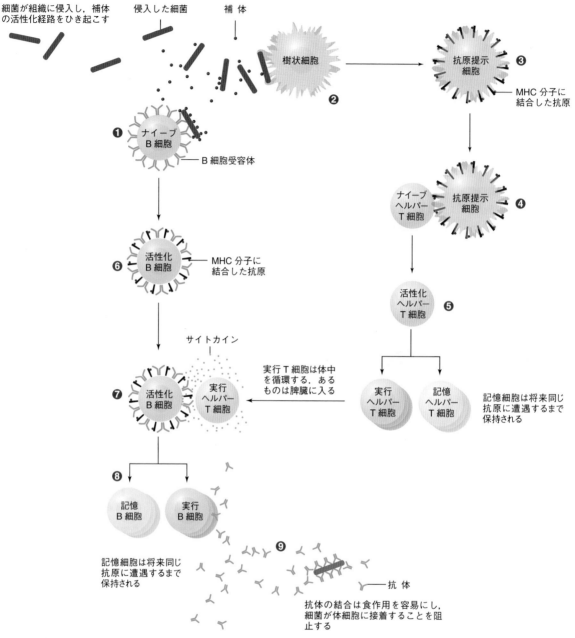

図 20・12 抗体依存性免疫応答の例.
❶ 組織液が細菌を脾臓に運び，細菌はナイーブ B 細胞と遭遇する．B 細胞上の受容体が細菌の抗原と結合する．
  細菌を覆う補体が，B 細胞による細菌の貪食を促進する．B 細胞が活性化される.
❷ 樹状細胞が細菌を貪食する．樹状細胞はリンパ節に移動しながら抗原を処理する.
❸ リンパ節では樹状細胞が抗原を提示する．細菌の破片は MHC 分子と結合している.
❹ ナイーブヘルパー T 細胞の受容体が抗原提示細胞の抗原と結合する．この相互作用が T 細胞を活性化する.
❺ 活性化した T 細胞は循環系に戻り，繰返し分裂する．その子孫細胞は実行細胞および記憶細胞へと分化する.
❻ 活性化した B 細胞は抗原を処理し，MHC 分子と結合した細菌の分子を提示する.
❼ 実行 T 細胞の受容体は B 細胞が提示する抗原を認識して結合する．結合によって T 細胞はサイトカインを分泌
  する.
❽ ヘルパー T 細胞から分泌されたサイトカインは，B 細胞の分裂をひき起こす．その多くの子孫細胞は実行細胞
  と記憶細胞へと分化する.
❾ 実行細胞はもとの B 細胞受容体と同じ抗原を認識する膨大な数の抗体を産生・分泌する．新しい抗体は体中を
  循環し，残存している細菌に結合する.

やがて，より多くの黄色ブドウ球菌が傷のまわりの組織液中に代謝産物を分泌する．分泌物は食細胞を誘引する．食細胞の一つである樹状細胞がいくつかの細菌を貪食し，頸部のリンパ節に移動する❷．リンパ節に到着するまでに細菌を消化し，その断片を MHC 分子に結合した抗原としてその表面に提示する❸．

リンパ節では抗原提示樹状細胞がリンパ節を通過する多くの T 細胞と密に接触する（図 20・13）．T 細胞の一つは樹状細胞が提示する抗原，つまり ClfA の断片を認識する受容体をもっている❹．この T 細胞は，後天性免疫において他のリンパ球を活性化するので，**ヘルパー T 細胞**（helper T cell）とよばれる．ヘルパー T 細胞は樹状細胞との接触から数分後には移動を停止する．2 個の細胞はリンパ節でおよそ 24 時間相互作用してから離れる．ヘルパー T 細胞はこの作用によって活性化され，循環系に戻って活発に分裂する❺．膨大な数のヘルパー T 細胞が生じる．このクローンが成熟して，どちらも ClfA タンパク質を認識する受容体をもった実行細胞および記憶細胞の大群となる．

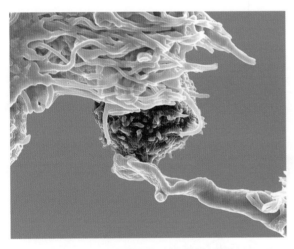

図 20・13 ヒトの T 細胞（ピンク）が抗原を提示している樹状細胞（青）の表面を検査している． T 細胞は，樹状細胞が提示する抗原を認識すると，活性化される．

脾臓に戻ろう．これまでに B 細胞は貪食した細菌を消化して，細菌の分子断片を MHC 分子とともに提示している❻．新たなヘルパー T 細胞のいくつかが脾臓に入り，その受容体が B 細胞によって提示されている ClfA 断片を認識する❼．細胞はしばらく一緒にいて，相互作用し，それによってヘルパー T 細胞はサイトカインを分泌する．サイトカインは細胞が離れた後に，B 細胞が繰返し細胞分裂を始めるように刺激する❽．細胞の膨大なクローン集団が形成され，これらの B 細胞は実行細胞と記憶細胞へと分化する．

実行 B 細胞は抗体産生を開始する❾．抗体は B 細胞受容体の分泌型であるから，抗原結合の特異性は変わらない．すなわち，すべての抗体は応答をひき起こした黄色ブドウ球菌の同じタンパク質を認識して結合する．

今や膨大な量の抗体が体中を循環し，黄色ブドウ球菌細胞に結合する．抗体の被膜が，細菌が体細胞に接着することを阻止し，食作用による処理を早める．抗体は異物の細胞をくっつけて塊にし，塊は速やかに循環系から排除される．

細胞依存性応答の例

細胞依存性応答の標的は，感染細胞，がん細胞，および傷害を受けた体細胞である．この後天性免疫には抗体が関与しないで，病気の体細胞を認識できるリンパ球によって実行される．病気の細胞は，正常な体細胞にはみられない分子を提示する．たとえば，ウイルス感染を受けた細胞は病原体のポリペプチドを，がん細胞は異常なタンパク質を提示する．

細胞依存性応答は多くの場合炎症中の組織液で始まる．そこでは樹状細胞が病気の体細胞かその残存物を認識し，貪食し，消化する（図 20・14 ❶）．樹状細胞はリンパ節に移動し病気の細胞の一部である抗原を MHC 分子とともに提示する❷．抗原を提示している樹状細胞はリンパ節を移動中のナイーブ T 細胞によって検査される．ナイーブ T 細胞❸とナイーブ細胞傷害性 T 細胞❹は樹状細胞が提示する抗原を認識する受容体をもっている．これらの T 細胞はしばらく樹状細胞と相互作用した後に分離する．T 細胞は活性化され，循環系に戻る．活性化されたヘルパー T 細胞は繰返し分裂し❺，その多数の子孫は実行 T 細胞と記憶ヘルパー T 細胞に分化する．実行 T 細胞はサイトカインを分泌する❻．活性化された細胞傷害性 T 細胞はサイトカインを認識して繰返し分裂し❼，その多数の子孫は実行細胞傷害性 T 細胞と記憶細胞傷害性 T 細胞へと分化する．

実行細胞傷害性 T 細胞は最初の病気の細胞が提示した異常な分子や異物分子を認識する受容体をもっている．この実行細胞傷害性 T 細胞が今や血管や体液中を循環し，同じ分子を提示する他の体細胞に結合する（図 20・15）．結合すると細胞傷害性 T 細胞はタンパク質分解酵素と，パーフォリンとよばれる小分子を放出する．パーフォリンは，細胞膜を攻撃する補体タンパク質複合体と同様に，複合体を形成して膜に挿入され，病気の細胞に孔を開けて細胞を死に至らしめる．この孔が酵素の細胞への侵入をもたらし，細胞は破裂するか自殺する❽．

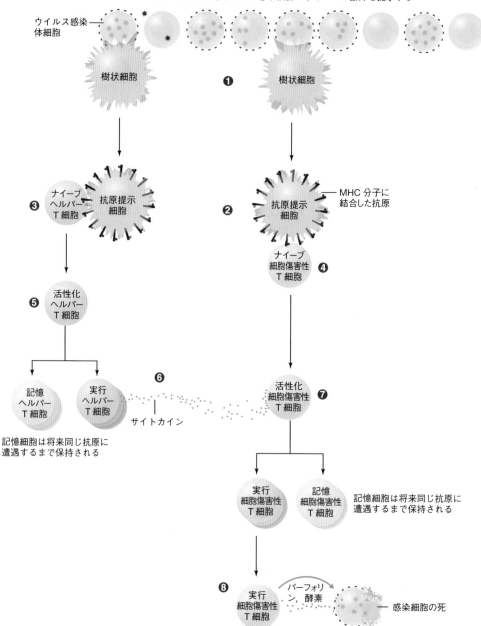

図 20・14　細胞依存性免疫応答の例.
❶ 樹状細胞がウイルス感染細胞を貪食し，リンパ節に移動しながら抗原を処理する.
❷ リンパ節で樹状細胞が抗原，つまり MHC 分子に結合したウイルスの断片を提示する.
❸ ナイーブヘルパー T 細胞の受容体が抗原提示細胞によって提示された抗原に結合する．この相互作用によって T 細胞が活性化される.
❹ ナイーブ細胞傷害性 T 細胞の受容体が抗原提示細胞によって提示された抗原に結合する．この相互作用が T 細胞を活性化し，T 細胞は循環系にもどる.
❺ 活性化したヘルパー T 細胞は循環系に戻り，繰返し分裂する．その子孫細胞は実行細胞および記憶細胞へと分化する.
❻ 実行ヘルパー T 細胞はサイトカインを分泌する.
❼ ヘルパー T 細胞が分泌したサイトカインは活性化細胞傷害性 T 細胞を分裂させ，その子孫細胞は実行細胞と記憶細胞に分化する．すべてが同じウイルス抗原を認識する受容体をもっている.
❽ 実行細胞は体中を循環し，ウイルス抗原を提示している体細胞を殺す.

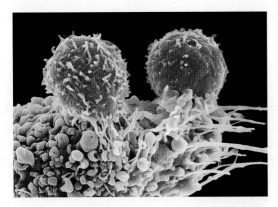

図 20・15　がん細胞(黄)を殺している細胞傷害性 T 細胞（ピンク）

ナチュラルキラー細胞の役割

　T 細胞受容体の一部は抗原を認識し，一部は体細胞の MHC 分子を"自己"として認識する，ということを述べた．細胞傷害性 T 細胞は，正常な MHC 分子をもつ細胞のみを認識して殺す．しかし，ある種の感染やがんは，細胞の MHC 分子を変化させたり失わせたりする．ナチュラルキラー細胞（NK 細胞）はそのような細胞を体から排除するのに重要である．細胞傷害性 T 細胞とは異なり，NK 細胞は MHC 分子が壊れていたり失われていたりする体細胞を殺すことができる．ヘルパー T 細胞が分泌するサイトカインが NK 細胞の分裂を促進し，生じた NK 細胞集団が病気の体細胞を攻撃する．

20・7　免 疫 不 全 症

　免疫系の機能には何重もの制御機構が組込まれているが，それでも免疫が常に完全に作用するわけではない．その複雑性が問題の一部である．なぜなら，多くの要素が含まれれば，それだけ多くの間違いが生じる可能性があるからである．免疫機能のわずかな間違いも健康には重大な影響がある．

過度の応答

　通常は無害だがある人々だけ免疫応答を誘起する物質は**アレルゲン**（allergen）とよばれる．薬物，食物，花粉，ダニ，真菌類の胞子，ハチなどの昆虫の毒，などが最も一般的なアレルゲンである．アレルゲンに感受性のあることを**アレルギー**（allergy）という．

　遺伝的にアレルギーをもっている人もいるが，感染，精神的ストレス，運動，気温の変化などがアレルギーを発症させたり悪化させたりすることがある．典型的なアレルギーでは，初めてアレルゲンにさらされると，アレルゲンを標的とした抗体依存性応答がもたらされる．抗体のあるものは肥満細胞や好塩基球に固定される．もう一度抗原にさらされると，固定された抗体がアレルゲンに結合する．結合が細胞の脱顆粒をひき起こし，放出されるプロスタグランジンやヒスタミンが炎症を起こす．もし抗原が呼吸器の管の内層にある肥満細胞によって検出されると，炎症は気道を狭くして粘液を分泌させ，くしゃみ，鼻詰まり，鼻汁分泌などの症状が出る（図 20・16）．抗ヒスタミン剤はヒスタミンの効果を打消してこれらの症状を緩和する．別の薬は肥満細胞の脱顆粒を阻害して，ヒスタミンの放出を抑制する．

図 20・16　アレルギー．花粉症は植物の花粉に対するアレルギーで起こる．くしゃみや鼻水といった症状は，呼吸器の粘膜に起こる炎症の結果である．

　脅威を取除くための免疫防御が体の組織に傷害を与えることがある．したがって，免疫応答を制限する多くのしくみが常に働いている．そのしくみがないと，急性反応が起こる．

　アレルゲンへの曝露（ばくろ）はときとして，**アナフィラキシーショック**（anaphylactic shock）とよばれる，急速で重度のアレルギー反応をもたらすことがある．全身で多量のヒスタミンやプロスタグランジンなどの炎症分子が放出される．血管から液体が組織中に漏出して血圧を低下させ（ショック），組織は膨潤して気道を圧迫する．アナフィラキシーショックは，まれではあるが生命を脅かすので，直ちに治療を要する．ショックはわずかなアレルゲンにさらされたときでさえ，いつでも起こりえる．危険因子としては，事前に何らかのアレルギー反応を起こしていることがあげられる．

　感染はときとして，白血球によるサイトカインの洪水をもたらし，それによってサイトカインストームとよばれる極端な免疫応答がひき起こされる．過剰量のサイトカインはより多くの白血球を活性化し，それがサイトカインを放出し，というように正のフィードバックが起こり，猛烈な炎症，臓器不全，そして死をもたらす．エボ

ラウイルス（§14・7参照）などはきわめて高い致死率を示すが，それは宿主にサイトカインストームをひき起こすからである．

自 己 免 疫

　ふつうは自分の健康な体細胞がもつ分子に対しては抗体ができない．胸腺や他のリンパ器官の品質管理機構が，そのような分子を認識する受容体をもつT細胞やB細胞を取除くからである．たとえば，胸腺細胞は体の多くのタンパク質からポリペプチドを切取り，MHC分子に結合する．このペプチド–MHC複合体との結合が強すぎるT細胞は，自己タンパク質を異物と認識してしまうし，結合が弱すぎるT細胞はMHC分子を認識しないので，どちらの細胞も成熟の途中で排除される．このしくみが働かなくなると，自己と非自己を区別できないリンパ球がつくられてしまう．そのようなリンパ球は，自分自身の組織を標的とする免疫応答である**自己免疫応答**（autoimmune response）をもたらす．

　自己免疫応答は，細胞依存性免疫応答ががん細胞に向けられるという利点もあるが，多くの場合はそうはならず，**自己免疫疾患**（autoimmune disease）の原因となる．自己反応性のT細胞が神経を攻撃したときに発症する多発性硬化症という神経疾患がある．症状は，軽度の衰弱や平衡感覚の喪失から，麻痺や失明まで広範囲である．MHC分子のいくつかの対立遺伝子が感受性を高めることもあり，また，細菌やウイルスの感染が病気をひき起こすこともある．

　自己反応性B細胞が産生する自己抗体（自己タンパク質を認識する抗体）は，体に障害を与えたり，その機能を混乱させたりする．バセドウ病の場合は，自己抗体が甲状腺の甲状腺刺激ホルモン受容体に結合して，過剰な甲状腺ホルモンを産生させ，ホルモンはすぐに全身の代謝率を上げる．甲状腺ホルモンの産生はフィードバックによって調節されるが，抗体はその経路には入っていないので，抗体の結合はチェックされず，甲状腺は多量のホルモンを放出し続ける．バセドウ病の症状は，体重減少，急速で不規則な心拍，不眠，不安定な気分，眼の突出，などである．

免 疫 不 全

　免疫機能が損なわれることは危険で，ときとして致死的である．免疫不全症はその個体を，健康な場合にはほとんど無害な日和見因子による感染に対して脆弱にしてしまう．出生時にすでに起こっている原発性免疫不全症は突然変異の結果である．いくつかの重症複合免疫不全症（SCIDs，§11・5）がその例である．続発性免疫不全症はウイルスのような外部の因子にさらされた後に起こる免疫機能の喪失である．

エ イ ズ

　エイズ（後天性免疫不全症候群 acquired immunodeficiency syndrome：**AIDS**）は最も多い続発性免疫不全症である．エイズは**ヒト免疫不全ウイルス**（human immunodeficiency virus：**HIV**）の感染によって起こる（§14・7）．世界的に見ると，3700万人に及ぶ人々がこのウイルスに感染している．

　HIV感染者は，最初は健康で，インフルエンザにかかった程度の症状である．しかし，しだいにエイズを予感させる徴候が現れる．発熱，多くのリンパ節の腫脹，慢性の疲労感と体重減少，そして激しい夜間の発汗などである．ついで，ふつうなら無害な微生物による感染が襲う．酵母による口，食道，膣への感染がしばしば起こり，また真菌類による肺炎も起こる．酵母やウイルスの腸管への感染によって下痢が起こる．色素をもった病斑が皮膚に突出する．これはエイズ患者によくみられるが，一般の人々の間ではまれながんの一種，カポジ肉腫の徴候である．

　HIVは多くの種類の白血球に感染するが，特にヘルパーT細胞を破壊することでエイズを発症させる．HIVが体内に入ると食細胞が貪食する．食細胞はリンパ節に移動し，HIV抗原をナイーブT細胞に提示する．HIVの中和抗体やHIV特異的細胞傷害性T細胞の一群が形成される．

　前述のように，典型的な後天性免疫応答は体から大部分のウイルスを排除するが，すべてではない．HIVは何年もの間仮眠状態で生存期間の長い細胞の中で存続できる．ウイルスは細胞の中で，いつでも再活性化されて，より多くのHIV粒子を産生し，より多くのT細胞に感染する．この段階では抗体が血中のHIV量を低く抑え，細胞傷害性T細胞が感染したヘルパーT細胞を殺すので，感染した人にはエイズの症状がない．しかしそのような人は他人にウイルスを感染させることがある．

　やがてヘルパーT細胞の産生が低下する．なぜ低下するかは，現在でも研究の主要なテーマであるが，いずれにしてもその結果は明らかである．免疫系からヘルパーT細胞がなくなり，免疫が働かなくなると，戦いは終了する．

　HIVはふつうの接触では感染しない．大部分の感染は感染者との無防備な性交渉による．ウイルスは，精液や膣分泌物に含まれ，ペニス，膣，直腸，口などの上皮を通って性交渉の相手に感染する．感染した母親は，妊娠，分娩・出産，哺乳などの段階で子にHIVを伝える

ことがある．また，麻薬常用者による注射器の使いまわしや，病院内での注射によっても感染する．輸血で感染した人も多いが，現在では輸血用の血液は使用前に検査されるので，この経路による感染はまれになっている．

エイズ検査の多くは，血液，唾液，尿の HIV 抗原に結合する抗体の有無をチェックする．抗体は，ウイルスに感染して 3 カ月以内に 99% の感染者に検出される．

体から HIV を取除くことはほとんど不可能であり，すでに感染した患者を治療する手立てはほとんどない．エイズの発症を遅らせる薬の多くはレトロウイルスの逆転写酵素を標的とするものである．また，HIV 薬として用いられるプロテアーゼ阻害薬は，酵素がウイルスタンパク質の転写後切断を実行することを阻害する．切断されないタンパク質は集合して新しいウイルスになることができない．1 種類のプロテアーゼ阻害薬と 2 種類の逆転写酵素阻害薬からなる，3 種類の薬の"カクテル"が，現在最も有効なエイズの治療薬である．

20・8 ワクチン

免疫付与

免疫付与（immunization，免疫感作ともいう）は，特定の病気に対する免疫を誘導する方法を意味する．能動的免疫付与では抗原を含む調製品，すなわちワクチンが経口的に，あるいは注射で与えられる．最初の免疫付与で，感染と同様，一次免疫応答が誘起される．二次免疫付与は，ブースターとよばれ，より強力な二次免疫応答をひき起こす．

受動的免疫付与はワクチンを用いず，他人の血液から精製した抗体が注射される．この処置は，破傷風，狂犬病，エボラウイルス，あるいはヘビ毒や毒素などの，致死的である要因にさらされた患者に直ちに効果をあげる．抗体は患者のリンパ球でつくられたものではないので，実行細胞や記憶細胞は形成されず，注射された抗体が存続する間だけ効果が現れる．

最初のワクチンは，天然痘の大流行から身を守ろうとする懸命の試みから生まれた（図 20・17）．1880 年以前

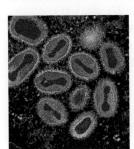

図 20・17 **天然痘ウイルス.** 天然痘に対する世界的規模のワクチンの利用によって，自然発生する天然痘は根絶された．日本では 1976 年にワクチン接種が終了した．

には，感染症が何によってひき起こされるか，それからどのように身を守るか，誰も知らなかった．しかし手掛りはあった．天然痘の場合，生存者はめったに二度目の感染にかからなかった．そのような人は免疫，つまり疫病から守られている，といわれた．

1774 年までに，乳搾りの女性が，ヒトにもウシにも感染する弱い病気である牛痘にかかると，天然痘にかからない，ということが知られていた．20 年後，英国の医師ジェンナー（Edward Jenner）が牛痘の膿（うみ）の液体を健康な少年に接種した．6 週間後，ジェンナーはその年に天然痘の膿の液体を注射した．少年は天然痘にならなかった．少年は免疫されていて，接種によっても発病しなかったのである．ジェンナーの試みは，牛痘の因子が天然痘に対する免疫をひき起こしたことを直接に証明した．ジェンナーはこの方法を，牛痘のラテン語である vaccinia にちなんでワクチン（vaccine）とよんだ．ジェンナーのワクチンの使用は，若干の議論はあったものの，急速にヨーロッパに，そして世界中に広まった．知られている最後の天然痘の報告は，1977 年である．ワクチンの利用がこの病気を根絶した．

現在では，牛痘のウイルスが天然痘のワクチンとして有効なのは二つの病気が近縁のウイルスによってもたらされるからだ，ということがわかっている．どちらかの感染によって産生される抗体は両方の抗原を認識する．多くの病気に対するワクチンは，われわれの免疫に対する理解が増進した結果である．

集団免疫

すべての先進国の健康・保健を司る政府機関は，健康な子供の成長のため一連のワクチン接種を推奨している．表 20・4 は日本における子供の標準的なワクチン接種のスケジュールである．このような世界的なワクチンプログラムは，多くの予防可能な危険な病気の罹患（りかん）や死を劇的に低下させている．

ワクチン接種が容易になっているにもかかわらず，多くの親が，ワクチンの安全性を心配して子供にワクチンを受けさせないことを選択している．もちろんワクチンにもリスクがないわけではない．麻疹（ましん）（はしか），おたふくかぜ，風疹のウイルスの感染を予防するワクチンのよくある副反応は発疹と微熱である．このわずかな副反応と，麻疹の感染と伝染の危険性を比較してみよう．麻疹の典型的な兆候は，高熱，咳，鼻汁，全身の発疹である．重篤な合併症もまれではない．麻疹ウイルスは容易に空気感染するし，空気中でも物体の表面でも何時間もの間感染可能である．感染者は，感染を示す発疹が現れるまでの 4 日間も保菌者である．ワクチン非接種者が保

表 20・4　子供に対するおもなワクチン接種のスケジュール†
（日本, 2023）

ワクチン	推奨されるスケジュール
ポリオ（小児麻痺）	2カ月～4カ月①②③ 1年後④
ジフテリア，破傷風，百日咳 （三種混合）	2カ月～4カ月①②③ 1年後④
麻疹（はしか），風疹	1歳①，5～6歳②
おたふくかぜ（流行性耳下腺炎）	1歳①，5歳②
水痘（水ぼうそう）	1歳①，6カ月後②
日本脳炎	3～4歳①②③ 9～12歳④
BCG	5カ月～6カ月

† スケジュール中の"2カ月"は，生後2カ月を表す．丸囲み数字は，何回目の接種であるかを示す．たとえば，ポリオワクチンは，生後2カ月から4カ月の間に3回接種し，最後の接種から1年後に4回目の接種を行うことが，推奨される．

菌者の近くに行けば，麻疹に感染する確率は90%である．

ワクチンを受けなかったために麻疹に感染し，一生難聴を負うことになった少女の母親は，「娘は苦しまなければなりませんでした．言葉や話し方にも影響が出て，それが彼女の人格にも影響を与えました．そして私のひとりよがりが，結局家族全体に大きな負担をかけたのです」と述懐している．

2019年に最初の報告がなされた，新型コロナウイルス（SARSコロナウイルス2，SARS-CoV-2）による感染症（COVID-19）は，世界の政治，経済，文化，人々の生活に大きな影響を与えるパンデミックとなった．2023年3月の世界保健機関（WHO）の報告では，世界での感染者数は6億人，死者数は680万人を超えた．この感染症は，初めてmRNAワクチンが用いられたことでも，人類の歴史に名を残すことになった．従来のワクチンが，上に述べたように，弱毒化あるいは死滅させた病原体を投与して抗体の産生を促したのに対して，新型コロナウイルスに対しては，ウイルスの構成タンパク質をコードするmRNAを注射して細胞内に取込ませ，タンパク質の産生をひき起こしてそれに対する抗体をつくらせるという，新しい手法が用いられた．この点でCOVID-19は，感染症に対する人類の戦いの新しい局面を開いた，ということができる．

ま と め

20・1　子宮頸がんのような病気のスクリーニング，治療，ワクチンは，ヒトの体がどのように病原体に対処するかについての理解が深まった直接的な成果である．

20・2　感染に対して体が抵抗したり戦ったりする能力を免疫とよぶ．表面障壁は大部分の微生物が体内に入ることを阻止する．表面障壁を突破した微生物のPAMPのような抗原は，先天性免疫応答をひき起こす．先天性免疫は，病原体が体内で定着することを阻止する一般的な防御である．それに続いて何十億という異なる抗原を特異的に標的とする後天性免疫がもたらされる．サイトカインのようなシグナル分子が，両方の応答を実行する樹状細胞やマクロファージのように食作用をもつ白血球の活動を協調させる．リンパ球（B細胞，T細胞，NK細胞）は免疫応答で特別な役割を果たす白血球である．

20・3　皮膚や体の管や腔の表面に常在する微生物相は，内部の組織に侵入しない限り病気の原因とはならない．物理的および化学的（リゾチームなど）障壁が微生物（たとえば口腔中の微生物）を体外にとどめる．

20・4　抗原の存在が，補体の活性化カスケード反応を開始させる．活性化された補体は細胞を覆い，食細胞による貪食を促進する．活性化された補体は細胞膜を破裂させて細胞を殺す．

20・5　脊椎動物の抗原受容体の多様性は，抗原受容体遺伝子のランダムなスプライシングによる．自己と非自己の区別の基礎になっているT細胞受容体は，抗原提示細胞の表面にMHC分子とともに提示される抗原のみを認識する．

20・6　B細胞とT細胞は後天性免疫応答を実行する．この応答の主要な四つの性質は，自己-非自己の認識，特異性（特異的な抗原のみに作用する），多様性（膨大な病原体を標的とする可能性をもつ），および記憶である．

抗体依存性および細胞依存性の免疫応答が協同して特異的な病原体を取除く．実行細胞は産生されるとすぐに活動し，まもなく死滅する．記憶細胞は将来に同じ抗原に出会うまで保持される．ヘルパーT細胞は他のリンパ球を活性化する中心的存在である．

抗体依存性免疫応答では，B細胞が特異的な抗原を認識する抗体を分泌する．細胞依存性免疫応答では，細胞傷害性T細胞が感染やがん化によって変化した細胞を殺す．

20・7　アレルゲンは，通常は無害であるが免疫応答を誘導する物質である．アレルゲンに対する過度の感受性はアレルギーとよばれる．免疫系の機能不全や免疫系の制御不全は，危険で急性の病気や慢性でときには致死的な病気をもたらす．自己免疫応答では，正常な体細胞が異物あるいは非自己として認識される．免疫不全は，正常な免疫応答の欠如による．エイズはHIVによってひき起こされる．このウイルスはT細胞に感染し，いずれは免疫系を機能不全に陥れる．

20・8　ワクチンによる免疫付与は個々の病気に対する免疫を誘導するもので，世界的な衛生プログラムとして毎年何百万人もの生命を救っている．

試してみよう（解答は巻末）

1. 免疫応答をひき起こすのは ____
   a. サイトカイン　　b. 抗体　　c. 抗原　　d. ヒスタミン
2. 感染に対する表面障壁でないのは ____
   a. 下痢　　　　　　　　　b. 酸性の胃液
   c. 唾液中のリゾチーム　　d. 皮膚
   e. 補体活性化　　　　　　f. 常在性細菌の集団
3. 活性化された補体タンパク質は ____
   a. 細胞を破裂させる
   b. 炎症を促進する
   c. 食細胞を誘引する
   d. a〜cのすべて
4. 後天性免疫の性質は ____
   a. 自己-非自己認識　　b. 速い応答
   c. 抗原記憶　　　　　　d. 多様な抗原受容体
   e. 限定された PAMP　　f. 特異抗原に特異的
5. 抗体は ____
   a. 抗原受容体
   b. B 細胞のみが産生
   c. タンパク質
   d. a〜cのすべて
6. 樹状細胞は細菌を貪食して，その一部を細胞表面に提示する．一緒に提示するのは ____
   a. MHC 分子　　b. 抗体　　c. T細胞受容体　　d. 抗原

7. 抗体依存性応答が最も効果的に標的とするのは ____
   a. 細胞内病原体　　b. 細胞外病原体
   c. がん細胞　　　　d. a と c
8. 細胞依存性応答が最も効果的に標的とするのは ____
   a. 細胞内病原体　　b. 細胞外病原体
   c. がん細胞　　　　d. a と c
9. ____ は細胞傷害性 T 細胞によって殺される．
   a. 血中の細胞ウイルス粒子
   b. ウイルスが感染した体細胞
   c. 組織液中の細菌細胞
   d. 鼻粘液中の花粉
10. アレルギーは体が ____ に応答したときに発症する．
11. 左側の免疫細胞の説明として最も適当なものをa〜dから選び，記号で答えよ．
   ____ 樹状細胞　　　　　　a. 大型食細胞
   ____ B 細胞　　　　　　　b. 抗原提示細胞
   ____ ヘルパー T 細胞　　　c. 他のリンパ球の活性化
   ____ マクロファージ　　　d. 抗体産生
12. 左側の免疫現象の説明として最も適当なものをa〜fから選び，記号で答えよ．
   ____ アナフィラキシーショック　　a. 抗原認識
   ____ 免疫記憶　　　　　　　　　　b. 不十分な免疫応答
   ____ 自己免疫　　　　　　　　　　c. 全般的防御機構
   ____ 炎症　　　　　　　　　　　　d. 自己の体に対する
   ____ 免疫不全　　　　　　　　　　　　免疫応答
   ____ 抗原受容体　　　　　　　　　e. 二次応答
   　　　　　　　　　　　　　　　　　f. 急性アレルギー
   　　　　　　　　　　　　　　　　　　反応

21 神経系と感覚器官

21・1　脳震盪の衝撃

　脳組織は驚くほど繊細である．頭への衝撃は，柔らかい脳を頭蓋の内部に押し付け，脳震盪とよばれる軽い傷害を与える．脳震盪の症状は，混乱，めまい，視覚低下，光過敏，頭痛，集中力低下，怒り，吐き気，睡眠パターンの変化，そして一時的な意識の喪失，である．

　ふつうは，脳震盪後7日から10日で，脳は正常に戻る．しかし，繰返し障害が起こると，慢性外傷性脳症（CTE）とよばれる神経変性疾患の危険が高くなる．CTE の患者の脳を死後に調べると，アルツハイマー病の患者の脳と類似している．アルツハイマー病は，記憶などの精神機能が次第に低下する病気である．アルツハイマー病でも CTE でも，脳は萎縮して，タウ（tau）とよばれるタンパク質の変性した塊が見られる．CTE の症状としては，記憶喪失，感情の異常，自殺願望，協調性の低下，認知症などがある．

　脳障害は，アメリカンフットボール選手などにとっては職業病であり，その影響が長く残る．脳障害を起こして，自殺したある選手は，自分の脳を研究施設に寄付するように遺言し，その脳は，彼が疑っていたとおり，CTE に特徴的な退行的傷害を示していた．現在では，種々のスポーツにおける脳への障害を低減する規則が定められている．

21・2　動物の神経系

　動物の体が全体として統合されて機能するためには，体の細胞は相互に連絡できなければならない．ほとんどの動物で，神経系と内分泌系という二つの器官系が，この連絡を可能にしている．ここでは，神経系に注目しよう．§19・5で述べたように，ニューロン（neuron, 神経細胞ともいう）が神経系のシグナル伝達細胞である．

無脊椎動物の神経系

　イソギンチャクなどの刺胞動物は互いに連絡したニューロンの網からなる神経網（nerve net, 図21・1a）をもつ．情報は神経網の細胞ではどの方向にも流れ，脳として働く中枢化した制御器官は存在しない．中枢のない神経系は，この放射相称で水生の動物が，あら

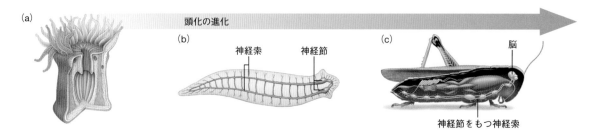

図 21・1　**無脊椎動物の神経系**．（a）イソギンチャクの神経網（紫）．シグナルを統合する中枢器官はない．（b）プラナリアの神経系．頭部の二つの神経節は統合中心として機能する．腹側に神経索が体の全長にわたって伸びている．（c）昆虫の神経系．何十万ものニューロンを含む脳が情報を統合する．脳は各体節に神経節をもつ腹側の神経索とつながっている．神経節は局所的な制御中枢として働く．

ゆる方向からやってくる食物や脅威に反応することを可能にしている.

　大部分の動物は左右相称の体制をもっている. 左右相称の動物が進化すると, 外部環境の情報を収集して処理するニューロンは体の前方端, つまり頭の方に集中した. 進化のこの傾向は頭化とよばれる.

　扁形動物であるプラナリアの神経系を考えよう (図21・1b). 頭部の1対の神経節は, 統合中枢として作用する. それぞれの**神経節** (ganglion, *pl.* ganglia) はニューロンの細胞体が集まったものである. プラナリアの神経節は眼点と頭部にある化学受容器からのシグナルを受取る. 神経節は体の腹側の全長に沿って走る1対の神経索とも連絡している. 神経索からは体を横断する神経が出ている.

　昆虫などの節足動物では, 眼や触角などの感覚器官が頭部端に集中している. 節足動物もプラナリアと同様に, 腹側を走行する1対の神経索をもつ (図21・1c). プラナリアと異なり, 節足動物は神経索につながった単一の脳をもつ. **脳** (brain) は神経系の中心的制御器官であり, 感覚情報を受取って統合し, 体内の活動を調節し, 運動をもたらす司令を出す.

脊椎動物の神経系

　背側に神経索が走行していることが, 脊椎動物を含む脊索動物の重要な特徴の一つである (§15・6). 脊椎動物では, 背側の神経索が脳と脊髄に進化し, 合わせて**中枢神経系** (central nervous system) を構成している. 中枢神経系から出発して体中に走行する神経は, **末梢神経系** (peripheral nervous system) を構成する (図21・2).

　末梢神経系のほとんどの神経は, 中枢神経系に向かうシグナルと中枢神経系からのシグナルの両方を伝達する. たとえば, 坐骨神経は脊髄から出発して臀部を通り, 足の先まで到達する. 何かが太ももに触ると, 皮膚の受容器からのシグナルを脊髄に伝え, 足を動かすときにはこの同じ神経が脊髄からの運動指令を足の筋肉に伝える.

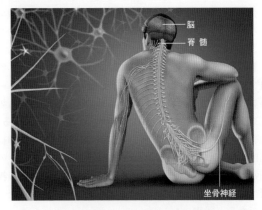

図 21・2　**ヒトの神経系**. 脳と脊髄が中枢神経系を構成する. 脳あるいは脊髄から出発して体部に伸びる神経が末梢神経系を構成する. 坐骨神経がその例で, 体の両側に1本ずつある.

21・3　ニューロンの構造と機能

　ニューロンの構造はさまざまであるが, すべてのニューロンは核を含む**細胞体** (cell body) をもっている. 細胞体からは2種類の細胞質突起が伸びている. **樹状突起** (dendrite) は短くて枝分かれした突起であり, 情報を受容する. ニューロンは数本から多数の樹状突起をもつ. **軸索** (axon) はその全長にわたって電気的なシグナルを伝える細胞質突起で, その末端 (軸索末端) からは化学シグナルを放出する. すべてのニューロンの軸索は1本のみである.

3種類のニューロン

　脊椎動物の神経系では, 機能によって3種類のニューロンが定義される. 情報はふつう, 感覚ニューロン, 介在ニューロン, 運動ニューロンの順に流れる (図21・3).

　感覚ニューロン (sensory neuron, 図21・3a) は光や接触など, 特定の環境刺激によって興奮する. その樹状突起は刺激を検出する受容終末をもっている. 軸索は刺激に関する情報を介在ニューロンに運ぶ.

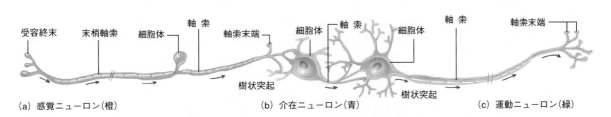

(a) 感覚ニューロン(橙)　　(b) 介在ニューロン(青)　　(c) 運動ニューロン(緑)

図 21・3　**3種類のニューロン**. 矢印はシグナルが伝わる方向を示す.

介在ニューロンと運動ニューロンは環境からの刺激ではなく，他のニューロンからのシグナルで興奮する．**介在ニューロン**（interneuron，図21・3b）は中継基地として作用する．**運動ニューロン**（motor neuron，図21・3c）は，筋肉と腺の活動を支配する．介在ニューロンと同様に，運動ニューロンも他のニューロンからのシグナルを受容するための特別な樹状突起をもっている．

脊椎動物では，介在ニューロンはほぼすべて中枢神経系内にある．一方，感覚ニューロンや運動ニューロンの軸索は体のすべての領域に広がっている．脊椎動物の**神経**（nerve）は，軸索の束が結合組織の鞘に囲まれたものである（図21・4a）.

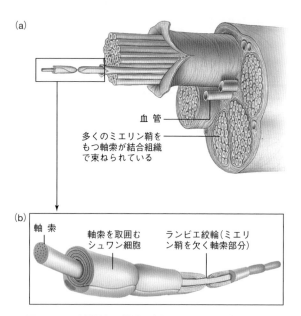

(a)

血管

多くのミエリン鞘を
もつ軸索が結合組織
で束ねられている

(b)

軸索

軸索を取囲む
シュワン細胞

ランビエ絞輪（ミエリ
ン鞘を欠く軸索部分）

図 21・4　末梢神経の構造．（a）個々の神経は多くの軸索が結合組織で束ねられたものである．（b）神経中の個々の軸索は不連続なミエリン鞘をもっている．ミエリン鞘は多くのシュワン細胞が軸索の周りを覆ったものである．

ニューログリア

神経組織にはニューロンのほかに，**ニューログリア**（neuroglia，神経膠細胞，グリア細胞ともいう）と総称される多様な細胞が含まれる．ニューログリアはシグナルの伝達には直接にかかわらないが，神経系の機能には必須である．たとえば，**シュワン細胞**（Schwann cell）は末梢神経系において，軸索に沿った電気シグナルの速度を上げることで，神経機能を高めている．シュワン細胞の細胞膜にはミエリンとよばれる脂質が多く，それが電線の被覆のような役割を果たす．シュワン細胞は軸索の周りに，ほぼ隙間なく巻きついて，**ミエリン鞘**（myelin sheath）とよばれる不連続な覆いを形成している

（図21・4b）．中枢神経系では別のニューログリアがミエリン鞘を形成している．

多発性硬化症は，免疫系が誤って中枢神経系のミエリン形成細胞を攻撃する病気である．ミエリン鞘の傷害は，介在ニューロンの軸索におけるシグナル伝導を損なわせ，次第に衰弱と疲労，平衡感覚の喪失，そして視覚の低下をひき起こす．

静 止 電 位

ニューロンが互いに，あるいは他の種類の細胞とシグナルを伝え合うことができるのは，ニューロンの細胞膜の性質による．すべての細胞と同様に，ニューロンの細胞膜もイオンや高分子を通過させない脂質二重層から構成されている．輸送タンパク質が膜を通過するイオンの移動を制御する．また，他の細胞と同様にニューロンも細胞膜を挟んで電気的勾配および物質の濃度勾配をもっている（§4・5）．その細胞質液は，負に荷電したイオンやタンパク質を細胞外の組織液より多く含んでいる．

細胞質中の負に荷電したタンパク質は，膜を隔てた電気的勾配の形成に寄与する．タンパク質分子は大きくかつ荷電しているので，膜の脂質二重層を通過できない．正に荷電しているカリウムイオン K^+ とナトリウムイオン Na^+ の分布も電気的勾配の形成に重要である．細胞外液には内部より多くの Na^+ があり，K^+ についてはその逆である．イオンの濃度は図のように示すことができる（文字の大きいほうが高い濃度を表す）.

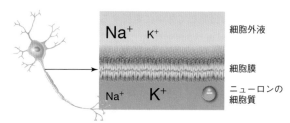

Na⁺　K⁺　細胞外液

細胞膜

Na⁺　K⁺　ニューロンの
細胞質

電池と同様に，この膜で隔てられた電荷は潜在的なエネルギーをもっている．このエネルギーは電位差として測定可能である．細胞膜の両側における電位差は**膜電位**（membrane potential）とよばれる．刺激されていないニューロンの膜電位が**静止電位**（resting potential）で，通常 −70 ミリボルトである．負の記号がついているのは，細胞質がニューロンの周囲の細胞外液に比べて負の電荷をもっていることを示している．

活 動 電 位

ニューロンは“興奮性”の細胞であり，適切に刺激されると活動電位を生じる．**活動電位**（action potential）

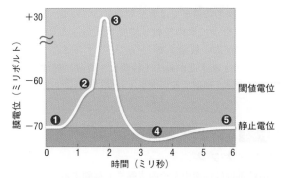

図 21・5　活動電位．上図は１本のニューロンの膜電位を時間に対してプロットしたもの．スパイクは活動電位，すなわち膜の両側での電気勾配の極性が短時間逆転すること．赤数字は，右図の数字に対応している．右図は軸索のある領域の膜に起こるできごとを示している．

刺激領域

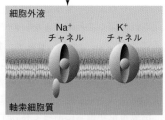

❶ 静止電位時には，電位依存性ナトリウムチャネルも電位依存性カリウムチャネルも閉じている．膜電位は負である

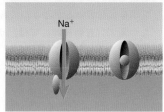

❷ 閾値電位では，電位依存性ナトリウムチャネルが開き，Na^+ が内側に流入することで膜電位は次第に正になる

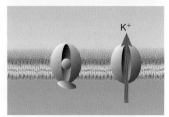

❸ 電位がピークに達すると，電位依存性ナトリウムチャネルは不活化され，内向きの Na^+ の流れは停止する

同時にカリウムチャネルが開いて K^+ が軸索から流出する

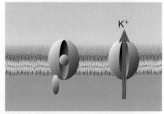

❹ K^+ が流出すると，膜電位は静止電位まで下がり，かつ，ややそれより低くなる

ナトリウムチャネルが静止状態の構造に戻る

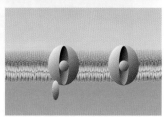

❺ 電位依存性カリウムチャネルが閉じ，静止電位に戻る．軸索は次の活動電位に対する用意ができている

は細胞膜を挟んだ電位の短時間の逆転を意味する．軸索のある１点で時間に対して膜電位を記録すると，グラフには電位のスパイクが見られる（図 21・5）．スパイクは**電位依存性**（voltage-dependence）のチャネルタンパク質を通過するイオンの流れに起因する（§4・6）．このような輸送タンパク質は特定の電位で開く出入り口（ゲート）をもっている．

　活動電位は細胞体に近接した軸索の一部である刺激領域に生じる．ニューロンが静止状態であるとこの領域の電位依存性イオンチャネルは閉じられている❶．活動電位が生じるためには，ニューロンの刺激領域が**閾値電位**（threshold potential）に達するように刺激されなければならない．閾値電位は，電位依存性ナトリウムチャネルが開く電位である．

　ナトリウムチャネルが開くと，Na^+ は濃度勾配に従ってニューロンの内部に拡散する❷．イオンの流入は細胞質をより正に荷電させ，より多くのチャネルを開かせるので，より多くの Na^+ が流入する．このような Na^+ の内向きの流れが促進されることは，正のフィードバックの例である．Na^+ の流入によって，膜電位は逆転する．１ミリ秒以内に細胞外液が内部より負に荷電する．この電位の短時間の逆転が活動電位である．

　電位依存性ナトリウムチャネルはごく短時間しか開かない．チャネルが閉じると電位依存性カリウムチャネルが開く❸．K^+ が濃度勾配を下るように，チャネルを通って流出する．正に荷電した K^+ が軸索を出るにつれて，膜電位は再び負になる．

　活動電位は全か無かのできごとである．ひとたび閾値に達すると常に活動電位が生じる．活動電位の最大値はいつも同じであり，この電位で電位依存性ナトリウムチャネルを閉じ，電位依存性カリウムチャネルを開く．

　K^+ が流出すると膜電位が下がり，短時間ではあるが静止電位より低くなる❹．これにより電位依存性カリウムチャネルが閉じ，近隣の細胞質からの急速な K^+ の拡散により細胞質の K^+ 濃度は回復する．それにより膜電位は静止電位に戻る❺．長期的に見れば，ナトリウム－カリウムポンプが細胞内部では Na^+ 濃度を低く，K^+ 濃度を高く維持している．

　活動電位は軸索のある領域から次の領域へと移動（伝導）する（図 21・6）．ある領域のナトリウムチャネル

が開くと，流入した Na^+ の一部は周辺の領域に拡散し，膜電位を閾値電位まで下げ，それによって新たな活動電位が生じる．

ナトリウムチャネルは，閉じた後にしばらくは不活性化されて開くことができないので，活動電位は後戻りすることがない．一方，軸索末端側の領域のナトリウムチャネルは閾値に達すると開くことができ，実際に開くのである．次つぎとナトリウムチャネルが開くことで，活動電位は一定速度で軸索末端に向かって進行する．

活動電位が軸索に沿って移動する速度は，軸索がミエリン鞘をもっているかどうかにも依存する．ミエリン鞘をもつ軸索（有髄神経）では，ナトリウムチャネルは，ミエリン鞘がない隙間（ランビエ絞輪）のみに存在する．絞輪で活動電位が生じると Na^+ がニューロンに流

入する．次の絞輪まではチャネルがないので，流入した Na^+ は速やかに次の絞輪まで拡散する．このように，活動電位が次の絞輪まで"ジャンプ"することで，有髄神経では伝導速度が最大1秒間に150mに達する．無髄神経では，速度は最大でも1秒間に10mである．

21・4　シナプス伝達

化学シナプス

活動電位は軸索中をその末端まで移動することができるが，細胞から細胞へジャンプすることはできない．**化学シナプス**（chemical synapse）は軸索末端が他の細胞にシグナルを送る領域である（図21・7）．シナプスでは**シナプス間隙**（synaptic cleft）とよばれる狭い空間が，シグナルを送るニューロンの軸索末端と，シグナルを受容する細胞を隔てている❶.

ニューロンは他の細胞との連絡のために，**神経伝達物質**（neurotransmitter）とよばれる化学シグナル分子を

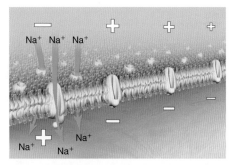
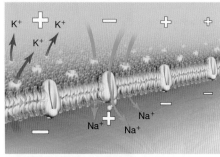
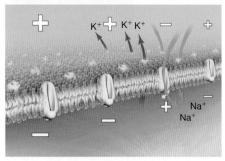

図 21・6　**活動電位の伝導**．活動電位（膜の両側での電荷の逆転）は，電位依存性イオンチャネルがある領域から次の領域へと次つぎと開いていくことで，軸索に沿って伝導する．

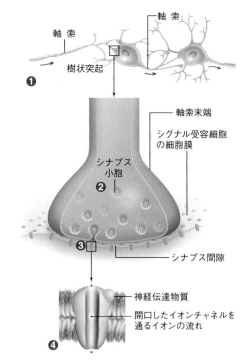

図 21・7　**化学シナプス**
❶ あるニューロンの軸索末端は化学シナプスで他のニューロンにシグナルを送る．
❷ 神経伝達物質（緑）は軸索末端の小胞にたくわえられている．
❸ 軸索末端に活動電位が到達すると，神経伝達物質が放出される．
❹ 神経伝達物質はシグナル受容細胞の膜にある受容体に結合し，受容体を介してチャネルを開かせる．イオンがチャネルを通してシグナル受容細胞に流入する．

放出する．神経伝達物質は軸索末端内部の小胞にたくわえられている ❷．活動電位が末端まで到達すると，神経伝達物質はエキソサイトーシス（§4・6参照）によって放出される．小胞が細胞膜まで移動し，膜と融合してシナプス間隙に神経伝達物質を放出する ❸．

シグナルを受ける細胞は，特異的な神経伝達物質の受容体である細胞膜タンパク質をもっている ❹．神経伝達物質は間隙中を拡散して受容体に結合する．いくつかの受容体はイオンチャネルである．神経伝達物質が結合するとチャネルが開口する．イオンはチャネルを通ってシグナルを受ける細胞に入ったり流出したりする．これらのイオンの運動はシグナル受容細胞の膜電位を変化させ，閾値電位に近づけたり遠ざけたりする．

異なるニューロンは異なる神経伝達物質を産生する．アセチルコリン（acetylcholine: ACh）は骨格筋，平滑筋，心臓，多くの腺，および脳に作用する．運動ニューロンが骨格筋とのシナプスに ACh を放出すると，筋肉は活動電位を発生し，収縮する．一方，ACh は心臓では心筋の収縮を抑制する．同じ神経伝達物質が異なる作用をもつのはなぜだろうか．骨格筋細胞と心筋細胞は異なる ACh 受容体をもっている．どちらも ACh と結合するが，結合後に異なるイオンが筋細胞に入るようにする．

神経伝達物質は作用後すぐにシナプス間隙から排除されなければならない．新しいシグナルが送られる必要があるからである．いくつかの神経伝達物質は単に拡散してなくなる．他の神経伝達物質は膜輸送タンパク質によって能動的にニューロンまたは近傍のニューログリア中に回収される．さらに別の神経伝達物質は間隙に分泌された酵素によって分解される．そのような酵素の重要性は，ACh を分解する酵素の不活化をもたらす神経ガスの影響にみることができる．神経ガスによって ACh がシナプス間隙に蓄積すると，混乱，頭痛，骨格筋の麻痺，そして死をもたらす．

シナプスの機能不全

多くの神経障害は，神経伝達物質の量が正常でないことと結びついている．たとえば，アルツハイマー病（Alzheimer's disease）は認知症の最も重要な原因であるが，これは ACh を分泌する脳のニューロンの障害による．この病気は記憶の減弱に始まり，症状が進行すると患者は混乱し，意思の疎通が困難になり，最終的には自立して生活できなくなる．ACh を分解する酵素を阻害する薬品は，精神的な衰弱を遅らせることができる．

神経伝達物質であるドーパミン（dopamine）は運動制御や報酬学習に関連している．運動制御領域のドーパミン分泌ニューロンが傷害を受けると，ドーパミン量の低下がパーキンソン病をもたらす．手の震えが最初の症状である．後には平衡感覚が損なわれ，運動が困難になり，言語が不明瞭になる．患者はドーパミンに変換される医薬品（レボドパ）によって治療される．

神経伝達物質であるセロトニン（serotonin）量が低下すると，定常的な悲しみや，喜びの喪失を伴ううつ病になることがある．抗うつ薬として最も広く処方されている選択的セロトニン再取込み阻害剤（SSRI）は，セロトニンが軸索末端に再吸収されることを阻害して，その濃度を高める．

向精神薬（psychoactive drug）は，脳に入ってシナプスに作用し，気分や知覚を変える化学物質である．抗うつ薬などいくつかのものは，正常な機能を回復するために服用される．他のものは，苦痛の緩和，ストレスの軽減，あるいは単に快楽のために摂取される．

多くの向精神薬は構造的に神経伝達物質と似ていて，それゆえその効果を模倣できる．ニコチンは脳の ACh 受容体に結合してその効果を模倣する．モルヒネ，コデイン，ヘロインのような麻薬性鎮痛薬は体内の神経伝達物質（エンドルフィン）の受容体に結合して活性化する．これらの薬は痛みを和らげ，大量に服用すると急速な幸福感をもたらす．マリファナの主たる向精神物質であるテトラヒドロカンナビノールは，食欲を増し，苦痛や不安を軽減し，また記憶にも影響を与える神経伝達物質の受容体と結合して活性化する．

向精神薬はまた，神経伝達物質の受容体を阻害したり，神経伝達物質の放出を促進したり，あるいはシナプス間隙からの神経伝達物質の除去を阻害したりして，その効果を表すことがある．カフェインは眠気をもたらす神経伝達物質であるアデノシンの受容体を阻害して，目を覚まさせる．エタノールは，中枢神経系の活動を弱める神経伝達物質であるγ−アミノ酪酸（GABA）の放出を刺激して，人々をリラックスさせる．メタンフェタミンは，脳の報酬中枢におけるドーパミンの放出を刺激して，快楽感を与える．コカインは，ドーパミンの吸収に関与して同様の感情を生み出す．

21・5 中枢神経系

脳と脊髄（spinal cord）が中枢神経系の器官である．脳と脊髄には肉眼で区別できる2種類の組織，白質と灰白質がある．白質（white matter）は白色の脂質性の物質であるミエリン鞘をもった軸索の束からなる．灰白質（gray matter）は細胞体，樹状突起，および支持細胞であるニューログリアからなる．したがって，中枢神経系のシナプスは灰白質中に局在する．

脳脊髄液と血液脳関門

　脳と脊髄は髄膜とよばれる保護膜に囲まれていて，無色の**脳脊髄液**（cerebrospinal fluid）に浸っている．脳脊髄液は血管から水と小分子が脳室とよばれる腔所に沪過されて生じる．

　血液脳関門（blood-brain barrier）とよばれる化学的沪過装置が，脳脊髄液の構成要素と濃度を制御している．脳の毛細血管の壁は密着結合（§3・6）によって結合されている上皮細胞からなる．ほとんどの毛細血管では細胞間から液体が漏れ出るが，血液脳関門ではそのようなことがない．その結果，血液中のほとんどの物質は上皮細胞を通過する以外に，脳脊髄液に入ることができない．ただ，エタノールのような向精神薬は例外で分子量が小さく，脂溶性なので，上皮細胞の細胞膜を通過して拡散できる．

ヒトの脳の各領域

　ヒトの脳の平均重量は 1240 g である．およそ 1200 億個の介在ニューロンを含み，ニューログリアがその体積の半分以上を占めている．図 21・8 はヒトの脳の構造を示している．他の脊椎動物の脳も同じ機能的領域をもっているが，各領域の相対的大きさと位置関係は異なっている．

　後脳（hindbrain）は脊髄のすぐ上に位置している．脊髄の直上にある**延髄**（medulla oblongata）は心臓の拍動の強さや呼吸のリズムを制御する．また，嚥下，咳，嘔吐，くしゃみなどの反射を制御する．**反射**（reflex）は，刺激に対する無意識の反応であり，思考を要しない運動やその他の活動である．延髄の上には**橋**（pons）があり，これも呼吸に影響する．その名のとおり，神経路が橋を通って中脳に伸びている（中枢神経系では，軸索の束は神経ではなく経路とよばれる）．

　小脳（cerebellum）は脳の背側にあってプラムぐらいの大きさである．きわめて多くのニューロンが詰まっていて，その他の領域を全部合わせたより多い．小脳は姿勢と随意運動を制御する．ヒトでは，**中脳**（midbrain）は 3 領域のなかでは最も小さい．ここは報酬学習で重要な役割を果たす．橋，延髄，中脳は合わせて**脳幹**（brain stem）とよばれる．

　前脳（forebrain）は，そのほとんどが脳の最上部に位置する**大脳**（cerebrum）からなる．大脳は感覚シグナルを受容し，統合し，骨格筋の運動をひき起こす．大脳の外側の層は**大脳皮質**（cerebral cortex）とよばれ，記憶，感情，言語，抽象的思考などを司る．

　脳溝が大脳を左右の半球に分けている．脳梁とよばれる 2 億本の軸索の束が両半球を結びつけている．どちら

の半球も体の反対側を支配し，反対側からのシグナルを受取る．たとえば，右腕を動かせ，というシグナルは左半球の皮質から出ている．人間の 90% は右利きであり，左半球は運動や言語を制御する点でより活発である．しかし，両半球の能力には可塑性がある．脳の片側に出血などがあると，しばしば反対側が新たに作業を行うことができる．片側の半球だけで生活している人もいる．

　大脳に向かう感覚シグナルのほとんどは，隣接の**視床**（thalamus）を通過する．視床はそれらのシグナルをよりわけて大脳皮質の適切な領域へと送る．**視床下部**（hypothalamus）は内部環境のホメオスタシスの中枢であり，体中の状態に関するシグナルを受け，乾き，食欲，

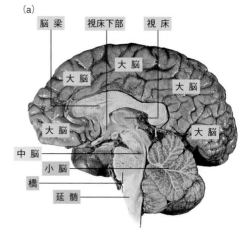

（a）

（b）

前脳		
大脳		感覚入力の場，その処理 骨格筋活動の開始と制御 記憶，感情，抽象的思考の支配
視床		大脳皮質への，および皮質からの感覚シグナルの中継 記憶への関与
視床下部		下垂体とともにホメオスタシスに関与．内部環境の体積，組成，温度の調節 ホメオスタシスを保証する行動（乾き，飢え）の支配
中脳		感覚入力の前脳への中継
後脳		
橋		大脳と中脳の橋，および脊髄と前脳の橋．延髄とともに呼吸の速度と深さの調節
小脳		四肢の運動活動の統御と姿勢の維持，空間的方向づけの維持
延髄		脊髄と橋の間のシグナルの中継 心拍，血管の直径，および呼吸速度に影響する反射における機能．嘔吐，咳などの反射機能にも関与

図 21・8　ヒトの脳.（a）脳の右半球における，主要部位の名称.（b）脳の 3 主要領域.各領域のおもな構造と機能を示す.

性欲，体温などを調節する．また，近接の下垂体と相互作用する内分泌腺でもある．

大脳皮質の詳細

大脳皮質は厚さが2mmの，灰白質の外層で，多くのしわをもっている．皮質の大きなしわによって，大脳は前頭葉，頭頂葉，側頭葉，および後頭葉に分けられる（図21・9）．

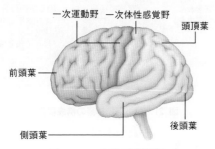

図 21・9　大脳の領域（葉）

左右の前頭葉は情報を統合し意識的活動をもたらす統合領域である．1950年代には，2万人が前頭葉切断術（ロボトミー）を受けて前頭葉に損傷を負った．この外科処置は精神疾患，パーソナリティ障害，そしてひどい頭痛の治療にさえ用いられた．前頭葉ロボトミーはときには患者を落ち着かせた．しかし術後ずっと感情を低下させ，計画を立てたり集中したり社会的状況のなかで適切にふるまう能力を損なった．

他の葉の大脳皮質には特殊な感覚入力を処理する領域がある．たとえば，頭頂葉には味覚に関するシグナルを受容する領域がある．この領域はまた，皮膚と関節からの感覚入力を受容する一次体性感覚野を含んでいる．後頭葉は一次視覚野を含み，両側の眼から入力されるシグナルを統合する．側頭葉のある領域は，音とにおいの情報を処理する．

大脳辺縁系（limbic system）は，脳幹の上部を取囲む構造の集合体である（図21・10）．このシステムは，感情を支配し，記憶を助け，食事やセックスといった自己満足的行動と器官の活動を結びつける．大脳辺縁系はしばしば，大脳皮質と対照されて，感情内臓脳と称される．

辺縁系の各構造がどのように異なる感情をもたらすかは，ほとんどわかっていない．しかし，その構成要素の機能についてはある程度わかってきている．視床下部は感情に伴う生理的変化を統合する．アーモンドのような形の**扁桃体**（amygdala）は，われわれが恐れを抱いたときに活性化される．パニック障害の人では，扁桃体がしばしば過度に活性化されている．

海馬（hippocampus）は扁桃体の近傍にある構造で，事実や印象などの記憶形成に不可欠の役割を果たす．海馬は，家に帰る道順や食物の味などを記憶することを助ける．また，海馬はアルツハイマー病で最初に影響を受ける部位の一つである．アルツハイマー病の初期の患者は，短期記憶は損なわれるがずっと以前の記憶は保持している．

脊髄

脊髄は中枢神経系の一部で，末梢神経と脳の間でシグナルを伝える（図21・11）．親指ぐらいの太さで，脊柱の中心を通っている．脊髄から枝分かれする神経は，椎骨（背骨）の開口部からのびている．頭蓋底の開口部で，脊髄は延髄とつながっている．脳と同様に脊髄も灰白質と白質からなる．灰白質は脊髄の中央のH字型の領域にあり，その周囲が白質である．

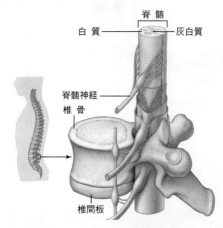

図 21・11　**脊髄**．脊髄は椎骨の腔所内を通っている．椎骨や，椎骨間の軟骨性の椎間板の損傷が起こると，脊髄やそこから出る脊髄神経を圧迫して，痛みや機能傷害が起こる．

脊髄損傷

脊髄の損傷は，生涯に及ぶ感覚の喪失と麻痺をもたらすことがある．影響が永続的であるのは，中枢神経系の

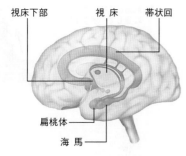

図 21・10　大脳辺縁系の構成要素

軸索は，体の他の部位とは異なり，損傷後に再成長しないからである．

　脊髄損傷の症状は，脊髄のどこが損傷を受けたか，あるいは損傷の程度による．上半身のシグナルを送受信する神経は，下半身のものに比べて脊髄の上部から出発する．脊髄の下部の損傷はしばしば下肢の麻痺を伴う．最も上部の損傷はすべての手足と呼吸に用いられる筋肉を麻痺させる．脊髄が完全に遮断されてしまうとすべての運動制御と感覚が失われる．

　脊髄損傷の研究では，脊髄神経の再成長を阻止する要因を明らかにして，それを克服する方法を開発することに焦点が当てられている．幹細胞治療や，電気的に椎骨を刺激する装置も，機能回復にある程度の希望を与えている．しかしこれらの治療はまだ実験段階である．日本では，2022年に，脊髄損傷の患者に対する，iPS細胞を用いた臨床研究が開始されている．

21・6　末梢神経系

　ヒトの末梢神経系は31対の**脊髄神経**（spinal nerve）と，12対の**脳神経**（cranial nerve）を含んでいる．脊髄

神経は脊髄と，脳神経は脳と，それぞれつながっている．末梢神経系には体性神経系と，自律神経系という二つの機能的な区分がある（図21・12）．

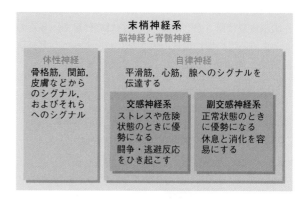

図 21・12　末梢神経の構成要素

体性神経系

　体性神経系（somatic nervous system）は，骨格筋を制御し，また中枢神経系に対して外部環境や体の位置についての情報を知らせる．このシステムが，意識的な運動を実行することや，何かが触れているというような感

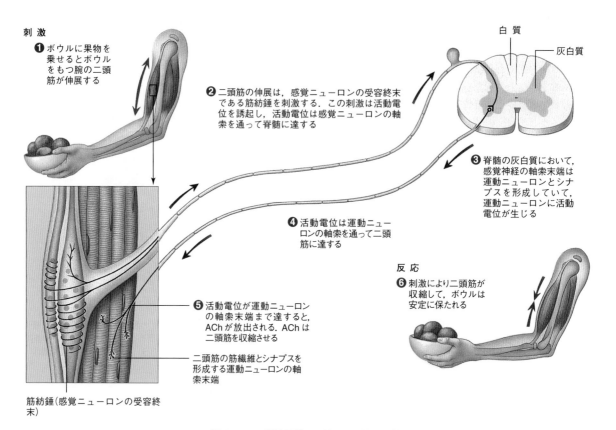

図 21・13　脊髄反射の一例である伸展反射

覚を感じることを可能にしている.

　体性神経は反射にも関連している. 図21・13に示す伸展反射はその一例である. 伸展反射は何らかの力が筋肉を伸展させると, それを収縮させる反射である. たとえば二頭筋を伸展させると, 筋紡錘とよばれる感覚受容器が興奮して, 活動電位を生じ, それが軸索を通って脊髄に至る. 脊髄で軸索は二頭筋を支配する運動ニューロンとシナプスを形成している. 運動ニューロンが反応して二頭筋を収縮させるシグナルを送り出し, 腕を安定に保つ. すべての反射は, 脊髄または脳を含んでいる.

自律神経系

　自律神経系 (autonomic nervous system) は平滑筋, 心筋, 腺を制御し, また体内の状況を中枢神経系に伝える.

　自律神経系には二つの区分, 交感神経系と副交感神経系がある. **副交感神経ニューロン** (parasympathetic neuron) はリラックスしているときに活動する. このニューロンからのシグナルは, 消化や尿の生産といった日常的に体を維持する作業を促進し, "休息と消化"反応をもたらす.

　交感神経ニューロン (sympathetic neuron) は興奮あるいは危険時に活動する. 交感神経はいわゆる"闘争・逃避"反応を促進する. 交感神経のシグナルは心拍数や血圧を高め, 発汗を促し, 呼吸を速くする. これらのシグナルは体を興奮状態にして, 戦ったりすばやく逃げたりする準備をさせる.

　大部分の器官は交感神経と副交感神経のシグナルを受取る (表21・1). シグナルを受取る器官の細胞が相反する要求を解釈して, 器官としての反応を決定する.

表 21・1　副交感神経および交感神経の刺激の効果

器　官	副交感神経の効果	交感神経の効果
眼	瞳孔収縮	瞳孔拡大
心　臓	心拍低下	心拍上昇
気　道	収　縮	拡　大
胃, 腸	分泌と筋収縮の促進	分泌と筋収縮の抑制
膀　胱	排尿刺激	排尿抑制

21・7 感　　覚

感覚受容と多様性

　脊椎動物の神経系における感覚に関する要素は, 特異的な刺激によって興奮する感覚ニューロン, 刺激に関する情報を脳に伝える神経, および情報を処理する脳の部分, に分かれている.

　感覚刺激の受容は, 感覚受容器の興奮から始まる. **感**覚受容器 (sensory receptor) は, 感覚ニューロンの樹状突起, または刺激に反応して感覚ニューロンを興奮させる特殊化した上皮細胞である. どちらの場合も, 刺激を検出すると感覚ニューロンの興奮をひき起こす.

　感覚受容器は反応する刺激の種類によって分類できる. 多くの動物には5種類の受容器がある. **温度受容器** (thermoreceptor) は熱や寒冷に反応する. **機械受容器** (mechanoreceptor) は圧力, 体の位置, 加速度の変化を検出する. 機械受容器のあるものは体の位置や加速度の変化を検出し, 他のものは触覚や筋肉の伸長に, さらに別のものは圧力波による振動に反応する. 音は圧力波の一種であるから, 聴覚受容器は機械受容器の一種である. **痛覚受容器** (pain receptor) は傷を検出する. **化学受容器** (chemoreceptor) は, 環境中の特定の分子の存在を検出する. **光受容器** (photoreceptor) は光のエネルギーに反応する.

　動物はもっている感覚受容器の種類と数によって異なる方法で環境をモニターしている. 多くの動物はヒトがもたない感覚能力を備えている. たとえば, チスイコウモリは鼻にある温度受容器で獲物の血管の位置を知る (図21・14a). 血液を含む血管は周囲の皮膚より温度が高いのである. ヒトは可視光のみを検出できるが, 昆虫や齧歯類などの動物は紫外線も見ることができる. ある種の魚類, 両生類, そしてカモノハシは, 水中で電気シグナルを検出することのできる受容器をもっていて, 獲

(a)

(b)

図 21・14　**ヒトにはない感覚をもつ動物.** (a) チスイコウモリの鼻の皮膚にある温度受容器は, 温血が流れる血管 (すなわち獲物) の方向を知るのに役立つ. (b) ハトは地磁気の変化を検出してその情報を定位に利用できる.

物となる動物の神経や心臓が発する電気シグナルを検出する. カメ, ミツバチ, ある種の鳥類は, 地球の磁場の違いを検出して, 移動方向を決定する助けとしている (図 21・14b).

脳をもつ動物では, 感覚シグナルの処理によって**感覚** (sensation) が生じる. 動物の脳は, 活動電位を, どこで生じたかによって解釈する. あなたが暗い部屋でまぶたの上から眼を押さえると, "星が見える" のは, そのためである. 圧力が活動電位をひき起こし, それが視神経を通って運ばれる. 脳は, 視神経を通ってくるすべての情報を "光" として解釈するのである.

刺激の強さが増大するにつれて, 感覚受容器が発生する活動電位の頻度も増大する. 同じ受容器が, 心地よいささやきを聞くこともあれば, 熱狂的な大声を聞くこともある. 脳はその違いを活動電位の頻度の違いで解釈する. さらに, 強い刺激は弱い刺激に比べてより多くの感覚受容器を動員する. 腕の皮膚にそっと触ると活性化される受容器の数は少なく, もっと強く押すとより多くの受容器が活性化される.

刺激の持続期間がその解釈に影響することもある. **感覚順応** (sensory adaptation) では, 刺激が続いているのに感覚ニューロンは活動電位の発生を停止したり, 活動電位の数を減らしたりする. 何かのにおいにすぐ慣れてしまうのは, そのせいである. においの強さは変わらないが, 鼻の化学受容器がそれに順応してしまうのである.

化 学 感 覚

嗅覚 (sense of smell) と**味覚** (sense of taste) は化学感覚である. 刺激は化学受容器によって検出される. 化学受容器は周囲の液体に溶解している特異的な化学物質が結合すると, シグナルを送り出す.

嗅覚受容器に化学物質が結合すると, 活動電位が脳にある二つの嗅球のどちらかに伸びている軸索を流れる. 嗅球で軸索はにおいの要素を選別する介在ニューロンとシナプスを形成する. 情報はそこから嗅索を経て大脳に運ばれ, さらに処理される (図 21・15).

多くの動物は嗅覚情報を, 食物を探し, 捕食者から逃げるために用いる. 多くの動物はまた, フェロモンを利用して連絡をはかる. **フェロモン** (pheromone) はある個体によって産生され, 同種の別の個体に作用するシグナル分子である. たとえばカイコガの雄は, 触角にある嗅覚受容器によって, 風上1km より遠くにいるフェロモンを分泌している雌の場所を知ることができる.

味覚に関する化学受容器は, 動物によって, 触角, 脚, 触手, あるいは口の内部に存在する. ヒトでは口, 喉, そして特に舌の上面に**味蕾** (taste bud) とよばれる1万個ほどの感覚器官が存在する (図 21・16). 味蕾は, 味覚受容細胞とニューロンを含んでいる. 味覚受容細胞の微絨毛には受容体が存在し, それが小孔から突出して, 唾液に混じっている食物の分子と接触する.

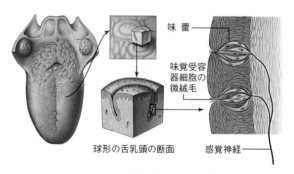

図 21・16 ヒトの舌の味覚受容器. 味蕾は乳頭突起とよばれる舌の膨らみに局在する. 味蕾は味覚受容器細胞とその支持細胞の集団である.

われわれは多くの異なる味を区別する. しかしそれらすべては五つの基本的感覚の組合わせから生じる. 甘味 (単糖), 酸味 (酸), 塩味 (NaCl などの塩), 苦味 (アルカロイド), およびうま味 (熟成したチーズや肉のうま味を与えるグルタミン酸などのアミノ酸) である. グルタミン酸ナトリウムは人工のうま味調味料で, うま味感覚に関与する受容体を刺激する.

個々の味蕾は五つの味のどれかを最もよく感じる. 舌のすべての領域の味蕾はすべての種類の受容器細胞をもっている. したがって, よく言われるように, 特定の味, たとえば苦味は, 舌のある領域で特に感じられる, というのは真実ではない.

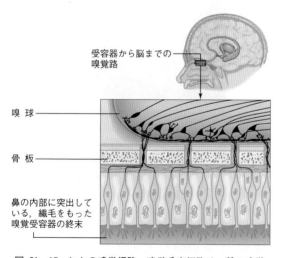

図 21・15 ヒトの嗅覚経路. 嗅覚受容細胞は一種の感覚ニューロンである. その軸索は頭蓋底部の開口部から出て, 嗅球とよばれる前脳の領域まで伸びている.

光 と 視 覚

　視覚（vision）とは，光受容器による光の検出と，その情報を処理して環境中の対象に関する像を形成することである．ミミズのようないくつかの無脊椎動物は体表面に光受容器をもっている．これらの動物は光を，体の定位と生物時計の調節に用いている．しかしこれらの動物は，眼をもつ動物のように周囲の世界の像を形成することはできない．

　眼（eye）は光受容器が密に詰まった感覚器官である．最も効果的な眼は**レンズ**（lens，水晶体ともいう）をもっている．レンズは透明な構造物で，通過する光を屈折させて，光が光受容器に集まるようにする．昆虫は，それぞれがレンズをもつ，多くの独立した光検出単位からなる**複眼**（compound eye）をもっている（図21・17）．複眼は詳細な視覚を得ることはできないが，運動する物体に対してはきわめて感受性が高い．

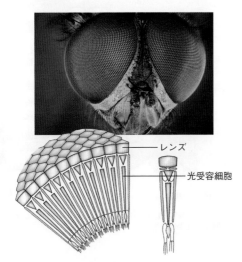

図 21・17　ハエの複眼．眼には多くの単位（個眼）があり，それぞれがレンズをもっている．

　イカやタコのような軟体動物の頭足類は，無脊椎動物で最も複雑な**カメラ眼**（camera eye）をもっていて，その眼には光を暗箱の中に導入する調節可能な開口部がある．眼の単一のレンズは，光受容器が密に集積した**網膜**（retina）に光の焦点を合わせることができる．カメラ眼の網膜は，フィルムカメラのフィルムと同等のものである．

ヒ ト の 眼

　ヒトの眼球は，眼窩（がんか）とよばれる保護の働きをする盃状の骨の空洞の中に収まっている．眼の後方から眼窩の骨に走る骨格筋が眼球を動かす．まぶた，まつげ，涙がデ

リケートな眼の組織を保護している．周期的に起こるまばたきは，眼球の表面に涙の膜を広げる反射運動である．**結膜**（conjunctiva）とよばれる保護のための粘膜がまぶたの内表面を覆い，折返して眼の外表面のほとんどを覆っている．結膜炎はウイルスや細菌がこの膜に感染して生じる．

　眼球は球体で，3層からなる（図21・18）．眼の前方には透明な**角膜**（cornea）があり，厚くて白い繊維性の**強膜**（sclera）が眼の外表面の残りの部分を覆う．

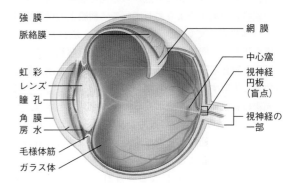

図 21・18　ヒトの眼の構造

　眼の中層は脈絡膜，虹彩，毛様体からなる．血管に富んだ**脈絡膜**（choroid）は，茶褐色のメラニン色素で黒っぽい色をしている．この黒い層は，眼球の中で光が反射することを阻止して，明瞭な画像を得ることに貢献している．脈絡膜に接して，角膜の後方には，筋肉性のドーナツ形をした**虹彩**（iris）がある．これもメラニンをもっている．眼の色が青であるか茶であるか緑であるかは，虹彩のメラニン量による．

　光は虹彩の中央に開いた穴である**瞳孔**（pupil）から眼の内部に入る．虹彩の筋肉が，光の状況に応じて瞳孔の直径を調節する．暗いところでは瞳孔が広がり，より多くの光が入る．交感神経の刺激も瞳孔を広げるが，これは危険時や興奮時によりよく見えるようにするためであろう．

　筋肉，繊維，および腺細胞からなる**毛様体**（ciliary body）が脈絡膜と接着してレンズを瞳孔の後ろに固定する．伸縮性のある透明なレンズは直径が1cmくらいで，両凸の円盤形をしている．レンズは透明なクリスタリンタンパク質からなる．

　眼は内部に二つの部屋をもっている．毛様体が分泌する液体が前眼房を満たしている．房水とよばれるこの液体は，虹彩とレンズを浸している．ゼリー状のガラス体がレンズ後方の大きな部屋に収まっている．眼の最内部の網膜はこの部屋の奥にある．網膜は光を検出する受容

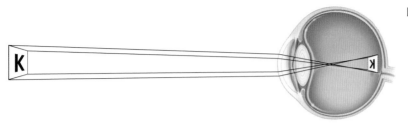

図 21・19　人の眼における**網膜像の
パターン**. 網膜に投射する光は上下
左右とも逆転した像を結ぶ.

器を含んでいる.

　角膜とレンズは, 異なる点からの光を屈折させてすべ
てが網膜に収束するようにしている. 網膜上の像は実世
界とは逆になっている (図21・19) が, 脳はあたかも
世界を正しい方向で見ているように, 像を解釈する.

　近くの物体と遠くの物体から反射する光は, 眼に異な
る角度で入射する. しかしレンズの調節によってすべて
の光線は網膜に焦点を合わせる. 遠くを見るときは, レ
ンズはより平らになる. 近くを見るときはより丸くな
る. レンズの調節は, それを取巻いて毛様体に付着させ
ている毛様体筋による. 対象が遠くにあると毛様体筋は
弛緩してレンズが平らになる (図21・20a). 近くのも
のに焦点を合わせるときは, 毛様体筋が収縮してレンズ
を外側に膨出させる (図21・20b).

　網膜は数層の細胞からなる. 光受容器である**桿体細胞**
（rod cell）と**錐体細胞**（cone cell）（図21・21a）は視覚
シグナルを処理する数層の介在ニューロンの奥にある
（図21・21b）. 桿体細胞は弱い光を検出し, 対象物が運

動したことを示す視野の光の強さの変化に反応する. 色
覚と鮮明な日中の視覚は錐体細胞が光を吸収すると始ま
る. 錐体細胞には3種類あり, 異なる色素をもつ. それ
ぞれの色素は, 主として赤い光, 青い光, 緑の光を吸収
する. 2色覚 (色覚障害, 色覚異常ともいう) は1種類
または2種類の錐体細胞を欠いているか, または異常で
ある遺伝的性質である.

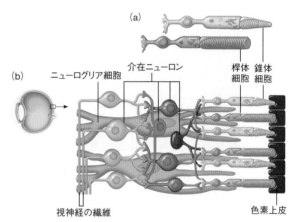

図 21・21　**網膜の構造**. (a) 網膜の2種類の光受容器.
(b) 網膜の多層構造.

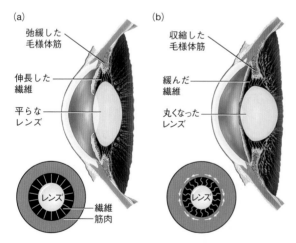

図 21・20　**眼が焦点を合わせるしくみ**. レンズは毛様体
筋によって囲まれていて, 弾性繊維が筋肉とレンズを結
合している. 繊維の張力を増減することで, レンズの形
を変える. (a) 遠くを見るとき. 毛様体筋の弛緩は弾性
繊維を引っ張り, それによってレンズは平らに伸ばされ
る. (b) 近くを見るとき. 毛様体筋の収縮は弾性繊維を
緩ませ, レンズはより丸くなる.

　シグナルの統合と処理は網膜で始まる. 桿体細胞や錐
体細胞の上に位置する細胞は, これらの光受容器からの
情報を受取ってそのシグナルを処理し, 神経節細胞に送
る. 神経節細胞の束になった軸索は, 網膜を出て視神経
となる. 視神経が網膜を出発する領域は光受容器を欠い
ている. ここは光に反応できないので, **盲点**（blind
spot）とよばれる. だれでも両方の眼に盲点をもってい
るが, ふつうはそれに気づかない. それは, 片方の眼の
盲点で失われている情報は, もう一方の眼から脳に供給
されるからである.

聴　覚

　聴覚（sense of hearing）は音を検出するものであり,
音は一種の機械的エネルギーである. 音は, 振動する物
体が空気などの媒体に圧力波を生じると発生する. 手を

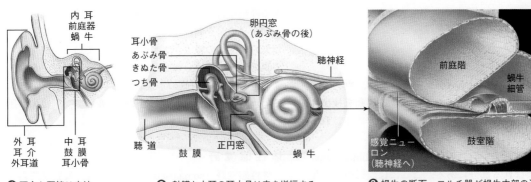

❶ 耳介と耳管は音波
を集める

❷ 鼓膜と中耳の耳小骨は音を増幅する

❸ 蝸牛の断面. コルチ器が蝸牛内部の液体で満たされた管の圧力波を検出する

図 21・22　ヒトの耳の構造と機能

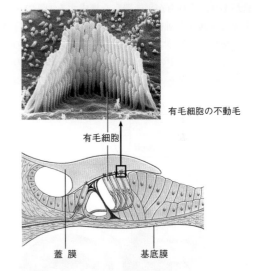

有毛細胞の不動毛

有毛細胞

❹ 圧力波はコルチ器の下の基底膜を上方に動かす. その運動が有毛細胞を上の膜に押しつける. 生じた活動電位が聴神経を脳まで伝える

蓋膜　　　　　基底膜

叫いたり叫び声を上げたりすると，空気を圧縮して波を生じ，それが空気中を伝わる. 波の振幅が音の大きさを決定し，それはデシベルで測定される. ヒトの**耳**（ear）は音の1デシベルの違いを聞き分けることができる. ふつうの会話はおよそ60デシベル，チェーンソーの出す音はおよそ100デシベルである. 1秒当たりの音波の周波数をヘルツ（Hz）といい，音の高低を決定する. 1秒当たりの音波が多いほど，高い音ということになる. ヒトは，20〜20,000 Hzの音を聞くことができる.

哺乳類の耳のいくつかの特性は音の検出の効率を上げるための進化的適応の結果である（図21・22）. たとえば，ほとんどの哺乳類は，両生類や爬虫類とは異なり，音を取込むための外耳をもっている. 皮膚に覆われた音を集めるための軟骨性の突起物である耳介は頭の両側から側方に出ている **❶**. 外耳は音を中耳に運ぶ外耳道も含む.

中耳は空気の波を拡大して内耳に伝える **❷**. 外耳道を通過した圧力波は薄い膜である**鼓膜**（eardrum）を振動させる. 鼓膜の裏側には空気で満たされた腔があり，そこにはつち骨，きぬた骨，あぶみ骨とよばれる一組の耳小骨がある. これらの骨は音波の力を鼓膜から卵円窓の小さい膜表面に伝える. この柔軟な膜が中耳と内耳の境界である.

内耳は平衡を司る前庭器（後述）と蝸牛を含む. マメほどの大きさで液体に満たされた**蝸牛**（cochlea，カタツムリ管，うずまき管ともいう）はカタツムリの殻に似ている. 内部の膜によって蝸牛は3本の液体に満たされた管に分かれる **❸**. あぶみ骨から卵円窓に伝えられた圧力はこれらの管の液体に圧力波を生じさせる. その波が蝸牛の膜性の壁を振動させる.

聴覚に関与する**コルチ器**（organ of Corti）は管の一つの膜（基底膜）上に位置する **❹**. コルチ器の内側には有毛細胞とよばれる機械受容体の列がある. 有毛細胞

から特殊な繊毛が上部の膜に向かって生えている. 圧力波が膜を動かすと，有毛細胞が傾いて活動電位を生じる. このシグナルが聴神経を経て脳まで伝わる.

脳は音の大きさと音程を，聴神経をどれだけの活動電位が流れたか，そして蝸牛のどの部分からこの活動電位が発生したかを評価して決定する. 音が大きいほど有毛細胞は大きく傾く. 音程は，蝸牛のどこで有毛細胞が最も傾くかを決定する. 高い音程の音はコルチ器の入口付近で振動を生じ，低いものはコルチ器のもっと奥で振動をひき起こす.

多くの動物は人間の聴覚外の周波数をもつ音を発する. ゾウ，キリン，何種類かのクジラはヒトには低すぎる超低周波で連絡している. 齧歯類や多くの昆虫はヒトには高すぎる超音波で連絡している. イルカやコウモリは，超音波を用いて暗闇でも餌を探し，方向を定めることができる. これらの動物は，超音波を発して，周囲の対象物からの反射を聞く. 反射のタイミングなどから動

物は，目に見えない対象物の位置，大きさ，移動速度を決定することができる．

平 衡 覚

平衡覚（sense of balance）を司る器官は，重力に対する体の相対的な位置と，空間における運動を検出する．多くの無脊椎動物は**平衡胞**（statocyst）とよばれる重力を感じる器官をもっている．

脊椎動物の平衡器官は内耳の**前庭器**（vestibular apparatus）とよばれる部分にある．ここには，三つの**半規管**（semicircular canal）と，球形嚢と卵形嚢という二つの嚢があり，それらが平衡器官を構成する（図 21・23）．

半規管は回転平衡を感じる役割をもつ．3 本の管は互いに直交しているので頭が前後，上下，左右のどの方向に動いても，管の中の液体が流動する．それぞれの管の基部には膨らみがあって，ゲルのような粘度をもつ膜の

ある隆起を含んでいる．頭を動かすと，管の内部の液体がゲル様の膜を曲げる．有毛細胞（蝸牛の機械受容体に類似の細胞）の繊毛がゲル中に突出している．繊毛が上の膜の動きで曲げられると，有毛細胞は活動電位を発生する．脳は左右両側の半規管からのシグナルを受容する．両方の活動電位の数と頻度を比較して，脳は頭の運動の角度と回転を感じる．

体 性 感 覚 野

体性感覚野（somatosensory area）は，大脳皮質のうち，体の各部の接触，温度，痛み，そして位置に関する情報を処理する領域である．これらの刺激を検出する感覚ニューロンは，体中に分布している．体性感覚野は，それぞれの部分が体の異なる部分からの入力を受取るので体の地図のような構成をもっている（図 21・24）．しかし，体性感覚地図の縮尺は正確ではない．感覚受容器の密度が大きい領域ほど，体性感覚野では不釣合いなほど大きい領域を占めている．手からの情報を受容する体性感覚野領域は，胴部からの情報を受ける領域よりはるかに大きい．

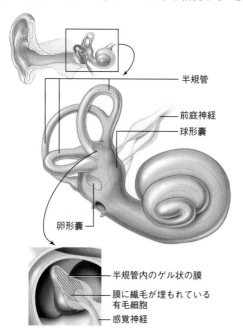

図 21・23 **前庭器**．液体で満たされた構造中の感覚器官は，平衡感覚を検出する．

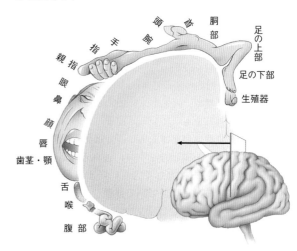

図 21・24 **体性感覚野における種々の体部の表示**．ここに示すのは，頭頂部から耳のすぐ上までの大脳皮質（黄）の薄片である．

ま と め

21・1 脳震盪は軽い脳の傷害である．多くの場合，脳震盪は短時間脳の機能を損なうだけだが，脳障害が繰返されると永続的な損傷をもたらす．

21・2 最も単純な神経系は神経網で，ニューロンが網状になっていて，中枢の制御器官を欠いている．大部分の動物は，左右相称の神経系をもっていて，頭部端には神経節の集合体，すなわち脳がある．脊椎動物の神経系は，中枢神経系（脳と脊髄）と末梢神経系（脳や脊髄と体部をつなぐ神経）からなっている．

21・3 ニューロンは電気的に興奮する細胞で，他の細胞とは化学的なシグナルで連絡する．感覚ニューロンは刺激を検出する．介在ニューロンはニューロン間のシグナルを伝える．運動ニューロンは筋肉と腺にシグナルを伝える．ニューログリアは，軸索をミエリン鞘で被覆するなど，ニューロン

を支持する．神経は多くの軸索の束である．

ニューロンの樹状突起に到達したシグナルは，細胞膜の両側のイオンの分布を変化させる．これは静止電位にあった細胞を閾値電位に変化させる一種の刺激である．その結果生じる活動電位は軸索を伝わる．活動電位は，ニューロンの細胞膜の両側における電位の急激で短時間の逆転である．逆転は隣接した膜領域に活動電位をひき起こし，それがまた次に，というようにして軸索末端に至る．ミエリン鞘の存在によって活動電位の伝導速度は速くなる．

21・4 化学シナプスはニューロン間，あるいは運動ニューロンとそれが支配する細胞との間での情報の伝達を可能にしている．活動電位がニューロンの末端に到達すると，シグナル受容細胞の受容体に結合する神経伝達物質を放出させる．

21・5 中枢神経系の器官は白質と灰白質からなる．これらの器官は保護膜に包まれ，脳脊髄液に浸されている．血液脳関門が，不要な物質がこの液体に入らないようにしている．

脊髄は体部から脳へのシグナルを中継する．延髄と橋は中脳とともに脳幹を構成する．脳幹は呼吸と，嚥下や咳などの反射を調節する．小脳は，意識的な運動を統御する．視床下部はホメオスタシス関連の機能を調節する．大脳の，灰白質の表層，つまり大脳皮質は言語や抽象的思考を支配する．辺縁系は感情と記憶を司る．

21・6 末梢神経系は体性神経と自律神経からなり，脳と脊髄にある細胞体から体中に伸びている．体性神経系は骨格筋にシグナルを送る末梢神経と関節と皮膚の受容器からのシグナルを受ける末梢神経からなる．これらは，たとえば伸展反射のような反射でも役割を担っている．自律神経系は，内部器官からのシグナルや内部器官へのシグナルを伝える末梢神経である．自律神経系には交感神経系と副交感神経系の2種類あって，それが対抗的に作用する．

21・7 感覚受容器は特定の刺激に反応する．脳は，感覚受容器からの情報を，どの神経がそれを伝えたか，活動電位の頻度，ある時間内に発火した軸索の数，などに基づいて評価する．

味覚と嗅覚の化学受容器は特異的な化学物質を検出する．ヒトの味覚受容器は舌と口の壁にある味蕾に集中している．ヒトの嗅覚受容器は鼻の通路にある．

ヒトの眼では，光が角膜を通過して瞳孔を経て内部に入る．レンズは，光を網膜の光受容器（桿体細胞と錐体細胞）に焦点を合わせる．網膜の他の細胞はシグナルを統合し，処理する．シグナルは視神経によって脳に運ばれ，最終的な処理と解釈がなされる．

聴覚では音波が鼓膜を振動させ，中耳がそれを増幅し内耳の蝸牛に伝える．蝸牛の内部にあるコルチ器には機械受容体があり，興奮するとシグナルを脳に送る．内耳の前庭器は平衡感覚を司る．

体中の皮膚の感覚受容器は接触，温度，そして痛みの情報を体性感覚野に伝える．体性感覚野は，体の地図のようになっている大脳皮質の領域である．

試してみよう（解答は巻末）

1. 脳と脊髄から筋肉にシグナルを伝えるのは ＿＿＿
   a. ニューログリア　　b. 運動ニューロン
   c. 介在ニューロン　　d. 感覚ニューロン

2. 活動電位が生じるのは ＿＿＿
   a. ニューロンの電位が閾値に達したとき
   b. ナトリウムチャネルが閉じたとき
   c. 神経伝達物質が再吸収されたとき
   d. カリウムチャネルが開いたとき

3. 化学シナプスで神経伝達物質を放出するのは ＿＿＿
   a. 軸索末端　　b. 樹状突起
   c. 細胞体　　d. シュワン細胞

4. ミエリン鞘は ＿＿＿
   a. 毒素が脳脊髄液に入るのを阻止する
   b. すべての軸索を取囲む
   c. 軸索に沿ったシグナルの伝達速度を上げる
   d. 灰白質の色を与える

5. 驚いたときには ＿＿＿ 系からの出力が増加する．
   a. 交感神経　　b. 副交感神経

6. 骨格筋を制御するのは ＿＿＿
   a. 交感神経系　　b. 副交感神経系　　c. 体性神経系

7. 動物と神経系を結べ．
   ＿＿＿ イソギンチャク　　a. 左右相称の神経索
   ＿＿＿ バッタ　　　　　　b. 神経網
   ＿＿＿ ヒト　　　　　　　c. 脳，脊髄，末梢神経

8. 脊髄は ＿＿＿
   a. ニューロンの細胞体を含むが，ミエリン鞘をもつ軸索は含まない
   b. 初期の脊索動物の脊索から進化した
   c. 脊柱の中を走行している
   d. 脳脊髄液を分泌する

9. ともに化学受容器を含むのは ＿＿＿
   a. 聴覚と嗅覚　　b. 味覚と触覚
   c. 触覚と嗅覚　　d. 嗅覚と味覚

10. 継続した刺激に対して反応が低下するのは ＿＿＿
   a. 伝導　　　　b. 知覚
   c. 感覚順応　　d. シナプス統合

11. 脊椎動物の眼で，光受容器があるのは ＿＿＿
   a. 結膜　b. 角膜　c. レンズ　d. 網膜

12. 構造名と機能を結べ．
   ＿＿＿ 桿体細胞　　　a. 脊髄に結合する
   ＿＿＿ 蝸牛　　　　　b. 圧力波を選別する
   ＿＿＿ 小脳　　　　　c. 脳や脊髄を有毒物質から保護する
   ＿＿＿ 脳幹　　　　　d. 感情の統御
   ＿＿＿ 大脳皮質　　　e. 化学受容器を含む
   ＿＿＿ 味蕾　　　　　f. シナプスで分泌される
   ＿＿＿ 大脳辺縁系　　g. 高等な思考を支配する
   ＿＿＿ 神経伝達物質　h. 随意運動を統御する
   ＿＿＿ 血液脳関門　　i. 光を検出する

22 | 生殖と発生

22・1　生殖補助医療

　ヒトの卵（卵子），精子，あるいは発生初期の個体である胚（embryo）の操作を含む医療処置は，全体として生殖補助医療とよばれる．ヒトの精子バンク（精子を後の利用のために凍結保存すること）は 1950 年代に開発された．ヒトの卵を保存する方法は，最近になって開発された．米国では卵子バンクは 2012 年に利用可能になった．

　試験管内受精（体外受精，in vitro fertilization：IVF）は生殖補助医療法の一つで，卵と精子を体外で受精させる．"in vitro"とは，"ガラス器内"という意味で，研究室のガラス器具内で受精させることである．IVF に使用する卵は，女性に一度に複数の卵を成熟させるホルモンを投与して得る．成熟した卵は卵巣から取出され，精子と受精される（図 22・1）．受精後の接合子は分裂を行い，細胞からなる微小なボール状の構造を形成し，子宮に挿入されて発生させられる．

　ルイーズ・ブラウン（Louise Brown）は IVF による妊娠で生まれた最初の子であった．1978 年に彼女が誕生

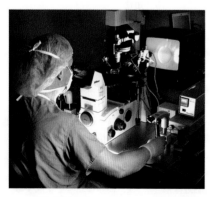

図 22・1　**試験管内受精**．専門家が，1 個の精子を卵に注入している．ビデオスクリーンに，卵の拡大画像が写っている．

すると，科学者だけでなく一般の人々にもショックを与えた．多くの人々はメディアが"試験管ベビー"とよんだ考え方に愕然とした．科学者はこの人工的な方法が心理的，遺伝的な欠陥を子にもたらすのではないかという懸念を抱いた．倫理学者や宗教界の指導者たちはヒトの胚を操作することの社会的意味について議論した．

　このように初期にはためらいがあったが，IVF はいまや広く受容され，実践されている．世界的にみるとこの方法で 600 万人以上の子が生まれている．初期の試験管ベビーはすでに成人となって，その子も生まれている．ブラウンも現在では 2 人の子の母親であり，2 人は自然な方法で生まれた．

　IVF の研究は，種々の生殖補助医療への道を開いた．もしある男性が，精子はつくれるが，それを射精することができないか，正常な方法で受精するには数が少なすぎる場合には，そのパートナーの卵細胞質内に精子を注入することができる．卵をつくることができないが子供はほしいという女性には，卵のドナーからの若い胚で妊娠させることができる．卵はつくれるがそれを妊娠できない，あるいは妊娠したくない女性については，IVF で受精して，それを代理母に着床させることができる．それによって生じる初期胚も，使用する前に何年も凍結しておくことが可能である．

22・2　動物の生殖と発生

無性生殖

　無性生殖（asexual reproduction）では 1 個の個体が遺伝的に同じ子を生じる．子どうしも遺伝的に同じである．無性生殖は安定した環境中では有利である．親を繁栄に導いた遺伝子の組合わせが子孫にも有利に作用すると思われる．しかし，環境が安定でないときには，特定の遺伝子の組合わせが固定されていると，不利になるこ

ともある.

　動物の無性生殖にはさまざまな方法がある. **出芽**（budding）では, 新しい個体は親の体から突出して生じる. たとえば, 新しいヒドラは既存の個体から出芽する（図22・2a）. 断片化では, 親の体の一部がちぎれて, 新しい動物となる. サンゴでは断片化がよく起こる. **分裂**（fission）では, たとえば扁形動物などが, 二つに分かれて, それぞれが失った体部を再生する. **単為生殖**（parthenogenesis）では, 未受精卵から新しい個体が発生する. 単為生殖は, 輪虫類, 甲殻類, 昆虫類, 魚類, 両生類, 爬虫類, 鳥類などでみられるが, 哺乳類では決して起こらない.

有 性 生 殖

　有性生殖（sexual reproduction）では, 両親が**減数分裂**（meiosis, §9・6）によって一倍体の**配偶子**（gamete）を形成する. **卵**（egg, 卵子ともいう）は雌の配偶子であり, **精子**（sperm）は雄の配偶子である. 卵と精

(a)　(b)

(c)

図 22・2　動物の生殖. (a) ヒドラの無性生殖. 新しい個体(左側)が出芽によって生じている. (b) バナナナメクジの有性生殖. それぞれのナメクジが相手に精子を渡して, 同時に相手から精子を受取る. (c) ゾウの有性生殖. 雄が雌にペニスを挿入しようとしている. 卵が受精して, 子は母の体内で血流から供給される栄養をもらって発生する.

子が受精によって合体すると, 両親からの対立遺伝子（アレル）をもち, 遺伝的に独自の**接合子**（zygote）が生じる.

　両親とも, 兄弟姉妹とも異なる子を生じることは変化する環境では進化的に有利であるとされる. 有性生殖によって子孫のあるものが繁栄する形質の組合わせをもつ可能性が高まる.

　いくつかの種は, 有性生殖と無性生殖の両方を行う. 植物の樹液を吸うアブラムシはその例である. 雌のアブラムシは夏に植物に定住して, その体内で未受精卵から発生させた無翅の雌をたくさん産む. 秋になると, 翅をもつ雄と卵を生む雌が生まれて有性生殖によって遺伝的に異なる雌が生まれる. この雌は休眠状態で冬を過ごす. 春になると新しい植物を求めて, 遺伝的に同一である雌世代を産む.

有性生殖の多様性

　有性生殖動物で卵と精子をともにつくる個体は**雌雄同体**（hermaphrodite）とよばれる. 卵と精子を同時につくる動物は同時的雌雄同体とよばれる. 条虫類や線虫類ではつくった卵と精子を受精させることができる. ミミズやカタツムリ, ナメクジも同時的雌雄同体であるが, これらの動物はパートナーと配偶子を交換する（図22・2b）. ある魚類には時間差雌雄同体のものもいる. この場合は, 生涯の間に一方の性から他方にスイッチする. しかし大部分の脊椎動物は, 生涯変わらない固定した性をもつ.

受　　精

　すべての動物の精子は鞭毛（§3・6）をもっていて, それを用いて卵まで泳いでいく. 大部分の水生無脊椎動物, 硬骨魚類, および両生類は体外受精を行う. これらの動物は配偶子を水中に放出し, そこで受精が起こる. 体内受精では, 精子は雌の生殖輸管の中に放出される（図22・2c）. 体内受精はすべての軟骨魚類, 昆虫類や羊膜類（爬虫類, 鳥類, 哺乳類）を含む大部分の陸生動物でみられる.

　体内受精後, 雌は卵を産むか, 発生の間, 卵を体内に保持する. すべての鳥類とほとんどの昆虫類は産卵する. 子の出産は, いくつかの魚類, いくつかのトカゲとヘビ, そしてすべての有胎盤哺乳類で起こる（§15・8）.

　すべての発生中の動物はエネルギーと栄養分を必要とする. 大部分の動物で, 卵黄がこの要求を満たしている. **卵黄**（yolk）は卵形成中に蓄積されたタンパク質や脂肪を多く含む濃厚な液体である. 人を含む有胎盤哺乳類は, ほとんど卵黄をもたない卵をつくる. これらの哺

乳類は母親と胚の血流間で物質交換を容易にする器官である胎盤によって，胚に栄養分を与えている．胎盤については§22・5で述べる．

動物発生の段階

ヒョウガエルの生殖と発生段階を図22・3に示す．他の動物の発生もよく似た段階を経て進行する．

有性生殖は配偶子形成に始まる．カエルでは配偶子は水中に放出される（図22・3❶）．体外受精によって卵と精子が合体して接合子を形成する．接合子が，新しい個体の最初の細胞である❷．

卵割（cleavage）では，体細胞分裂によって，接合子のもともとの体積は増えずに，細胞数が増加する．その結果，細胞はしだいに小さくなる．卵割は，**胞胚**（blastula）という，液体で満たされた中空のボール状の構造を形成して終了する❸．

卵割以後，細胞の分化の段階が始まる．胞胚の各細胞はそれぞれ少しずつ異なる卵細胞質を受取り，それらは異なる母性mRNAを含んでいる．発生が進行すると，細胞が受取った母性mRNAの量と質が，細胞のどの分化調節因子のスイッチをオンにするかを決定する．特定の分化調節因子がオンになると，細胞は特異的な発生の道筋をたどることになる（§8・7）．

胞胚が形成されると，細胞分裂の頻度は落ちて，細胞は**原腸形成**（gastrulation）とよばれる形態の再編成を行う❹．その結果生じる胚は**原腸胚**（gastrula）とよばれ，外側の**外胚葉**（ectoderm），中間の**中胚葉**（mesoderm），内側の**内胚葉**（endoderm）という基本的な3胚葉からなる．成体のすべての構成要素は3胚葉のどれかから生じる．たとえば，表皮や神経組織は外胚葉から発生する．筋肉（心臓も），血管，ほとんどの骨は中胚葉から，肝臓，胆嚢，消化管や呼吸器や尿路の上皮は内胚葉から発生する．

原腸形成以後，胚の組織や器官が形成される❺．脊索動物の特徴的な器官である脊索や神経索は，発生初期につくられる．

ほとんどの動物で，孵化や出生後も個体は成長を続ける．カエルでは孵化によって幼生，つまりオタマジャク

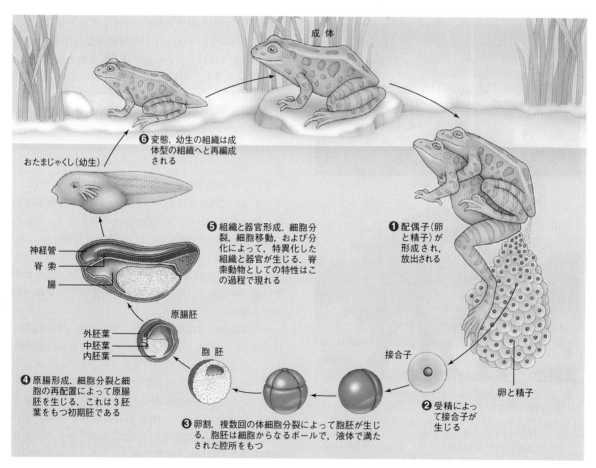

図 22・3　ヒョウガエルの生殖と発生

シが生まれる．幼生は成体とは異なる，未熟な個体である．カエルの幼生は大規模な組織の組換え過程である変態を経て，成体になる❻.

22・3 ヒトの生殖系

本節以後は，主としてヒトの生殖系の構造と機能に焦点を当てる．他の脊椎動物も同様の器官をもち，ほぼ同じホルモンが生殖器官の機能を支配している．ヒトでも，他の有性生殖動物と同様に，配偶子は生殖腺とよばれる特別な1対の器官の内部で，減数分裂によって形成される．精子は男性の生殖腺である**精巣**（testis, *pl.* testes）で，卵（ヒトでは"卵子"ともいう）は女性の生殖腺である**卵巣**（ovary）でつくられる．男性の生殖系には精子を貯蔵し，精子を男性の体から女性の生殖管に移行させる部分が，女性の生殖系には精子を受取り，子の発生を支える部分がある．

女性の生殖系

卵巣は体の奥にあり，大きさはアーモンドくらいである（図22・4）．卵巣は卵をつくるだけではなく，雌性ホルモンであるエストロゲンやプロゲステロンを分泌する．**エストロゲン**（estrogen）は女性の二次性徴の発達を促し，生殖輸管の内壁を維持する．**プロゲステロン**（progesterone）は生殖器官を妊娠に備えさせる．

卵巣についで，卵巣と子宮をつなぐ中空の**卵管**（oviduct）がある．卵巣から放出された卵は卵管に入る．卵管の繊毛が卵を運ぶ．

左右の卵管は子宮に開口する．**子宮**（uterus）は中空のナシ形の器官である．受精が起こると胚が形成され，胚は子宮内部で発生する．厚い平滑筋層が子宮壁の大部分を構成する．子宮の内壁は子宮内膜といい，腺上皮，結合組織，および血管からなる．子宮の最下部には**子宮頸部**（cervix）とよばれる細くなった部分があり，膣につながっている．

膣（vagina）は子宮から体外へと通じる筋肉質の管である．膣は女性の性交器官として，また出産時の通路として機能する．外部生殖器は，生殖器のうち，外部からみえる部分である．女性の外部生殖器は，膣と尿道の開口部を取囲む2対の皮膚のひだである．外側のひだ（大陰唇）には脂肪組織が多い．内側のひだ（小陰唇）は血管に富み，性的興奮に際して肥大する．鋭敏な生殖器官である**陰核**（clitoris，クリトリス）の先端が，小陰唇の間，尿道のすぐ上に位置する．陰核とペニスは胚の同じ器官から発生する．どちらもきわめて鋭敏な触覚受容器をもち，性的興奮に際して勃起する．

卵巣周期

女児の新生児の卵巣にはおよそ200万個の**一次卵母細胞**（primary oocyte）があり，一次卵母細胞は減数分裂Ⅰの前期で停止していて思春期まで分裂を再開しない．思春期に達すると，ホルモンの変化によって，およそ28日の卵巣周期に従って，1回に1個の一次卵母細胞が成熟を開始する．

図22・5に，卵母細胞がこの周期でどのように成熟するかを示す．一次卵母細胞と周囲の細胞が**卵胞**（ovarian follicle，卵胞ともいう）を形成する❶．周期の最初には卵母細胞が大きくなるにつれて周囲の細胞が繰返し

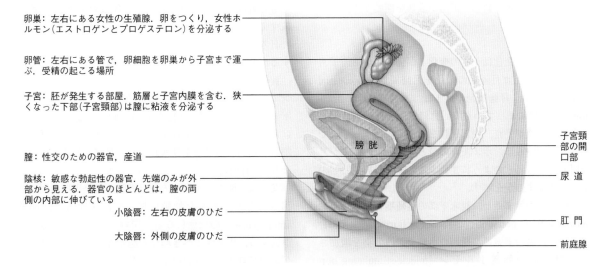

卵巣: 左右にある女性の生殖腺. 卵をつくり, 女性ホルモン（エストロゲンとプロゲステロン）を分泌する

卵管: 左右にある管で, 卵細胞を卵巣から子宮まで運ぶ. 受精の起こる場所

子宮: 胚が発生する部屋. 筋層と子宮内膜を含む. 狭くなった下部(子宮頸部)は膣に粘液を分泌する

膣: 性交のための器官, 産道

陰核: 敏感な勃起性の器官. 先端のみが外部から見える. 器官のほとんどは, 膣の両側の内部に伸びている

小陰唇: 左右の皮膚のひだ

大陰唇: 外側の皮膚のひだ

膀胱

子宮頸部の開口部

尿道

肛門

前庭腺

図 22・4　女性の生殖系とその機能

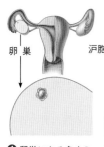
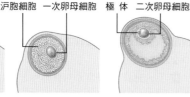

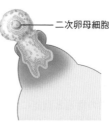
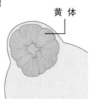

卵巣

濾胞細胞　一次卵母細胞　極体　二次卵母細胞

二次卵母細胞

黄体

❶ 卵巣にある多くの未成熟濾胞の一つ. 濾胞は一次卵母細胞と, それを取囲む濾胞細胞とからなる

❷ 濾胞細胞層の中に, 液体を含む腔が生じる

❸ 一次卵母細胞が減数分裂Ⅰを終了して不等分裂により二次卵母細胞と極体を生じる

❹ 排卵. 成熟濾胞の破裂により分泌タンパク質と濾胞細胞に覆われた二次卵母細胞が放出される

❺ 排卵後に残された濾胞細胞から, 黄体が形成される

❻ 妊娠が成立しなければ, 黄体は崩壊する

図 22・5　卵巣周期

分裂し, タンパク質の層を分泌する ❷. 濾胞が成熟すると液体で満たされた腔が卵母細胞の周囲に生じる. そのような濾胞では, 一次卵母細胞が減数分裂Ⅰを完了して不等分裂を行う ❸. その結果, 1個の**二次卵母細胞**（secondary oocyte）と, 1個の微小な**極体**（polar body）が形成される. 極体には生殖機能がなく, 後に崩壊する. 二次卵母細胞は減数分裂Ⅱに入り, 中期Ⅱで停止する.

周期が始まっておよそ2週間後に, 濾胞が破れて**排卵**（ovulation）が起こる. 二次卵母細胞と極体が近接の卵管に放出される ❹. 卵管中で卵母細胞が受精するには, 排卵後12時間から24時間の間に精子と出会わなければならない. 二次卵母細胞は精子が進入するまで, 減数分裂を完了しない. 一方卵巣では, 破れた濾胞の細胞が**黄体**（corpus luteum）とよばれるホルモン産生構造に変化する ❺. もし妊娠が成立しなければ黄体は崩壊する ❻. 黄体が消滅すると, 新しい濾胞が成熟を開始する.

月 経 周 期

卵巣の周期的変化は子宮の変化と関係している. 子宮におけるほぼ1カ月周期の変化を**月経周期**（menstrual cycle）とよぶ. 月経周期の第1日は, **月経**（menstruation）の開始によってわかる. 月経は, 子宮内膜の一部と少量の血液が子宮, 頸部, 腟を通って流出することである. 図22・6に, ホルモンの量と子宮内膜の厚さが月経周期とともにどのように変化するか, 卵巣周期とどのように関係するかを示す.

月経周期が始まると, 視床下部の**生殖腺刺激ホルモン放出ホルモン**（gonadotropin-releasing hormone: GnRH）が下垂体前葉の細胞に2種類のホルモンの分泌を増加させる ❶. **濾胞刺激ホルモン**（follicle-stimulating hormone: FSH）は濾胞の成熟を開始させる ❷. **黄体形成**

ホルモン（luteinizing hormone: LH）は排卵の機能をもつ（FSHとLHは男性の精子形成においても機能する）.

濾胞が成熟すると卵母細胞の周囲の細胞がエストロゲンを分泌し ❸, 子宮内膜の肥厚を促進する ❹. 下垂体は血中のエストロゲン濃度の上昇を検出し, その反応としてLHを放出する ❺. LHサージ（大放出）は一次卵母細胞が減数分裂Ⅰを終了して細胞分裂を開始することを促す. LHサージはまた, 濾胞の膨張と破裂もひき起こす ❻. こうして, 周期半ばのLHサージが排卵のきっかけとなる.

排卵直後にエストロゲン量は黄体形成が起こるまで下がる. 黄体は少量のエストロゲンと多量のプロゲステロンを分泌する ❼. エストロゲンとプロゲステロンは子宮内膜の肥厚をもたらし, 血管がその中に進入することを促進する ❽. 子宮はこうして妊娠の用意をする.

もし妊娠が起こらなければ, 黄体はおよそ12日間存続する. エストロゲンとプロゲステロンは下垂体がFSHを分泌することを抑制するので新しく濾胞が成熟することはない.

黄体が崩壊を始めると, エストロゲンとプロゲステロンの量が低下する ❾. 視床下部はこの低下を検出し, 下垂体に再びFSHとLHを分泌し始めるように働きかける. 子宮ではエストロゲンとプロゲステロンの低下が肥厚した内膜の崩壊をひき起こし, 月経が始まる. 月経は5～7日間続く.

女性は, 卵巣のすべての卵母細胞が月経周期の間に放出されるか, 正常な加齢に伴って消失すると, **閉経**（menopause）の状態になる. 閉経によって生殖能力は消失する. 成熟するべき卵母細胞がないので, エストロゲンやプロゲステロンの産生は劇的に低下し, 月経周期は消失する.

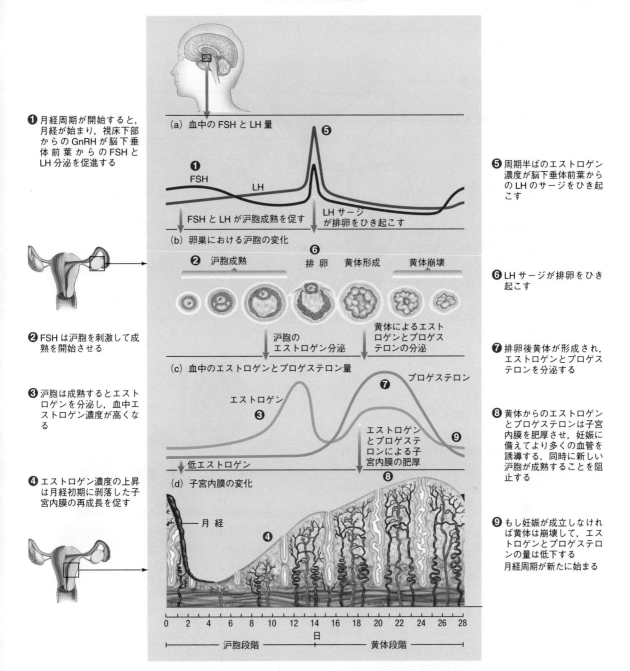

図 22・6　ホルモンと女性の生殖周期. 月経の開始を, およそ 28 日の周期の第 1 日としている.

男性の生殖系

　男児が出生する前, その精巣は下降して陰嚢に入る. 陰嚢は腰帯の骨からつり下がっている, 皮膚と平滑筋の袋である (図 22・7). これにより精巣は体温より少し低い, 精子形成に適した温度に保たれる.

　思春期以後, 精巣で形成された未成熟な精子は **精巣上体** (epididymis, *pl.* epididymides) に運ばれる. ここで精

子は成熟し, 運動性を獲得する. 精巣上体の最後の部分は成熟した精子を貯蔵し, **輸精管** (vas deferens, *pl.* vasa deferentia) の最初の部分と連続している. 輸精管は精子を精巣上体から短い射精管に運ぶ管である. 射精管は精子を, **ペニス** (penis, 陰茎ともいう) を通って体表の開口部まで伸びている尿道まで運ぶ.

　男性の性交器官であるペニスの皮膚の下には結合組織

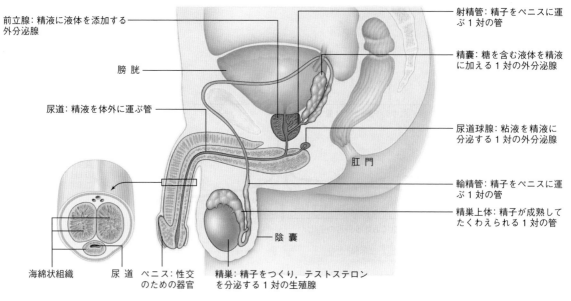

前立腺：精液に液体を添加する外分泌腺

膀胱

尿道：精液を体外に運ぶ管

海綿状組織　　尿道　　ペニス：性交のための器官　　精巣：精子をつくり，テストステロンを分泌する 1 対の生殖腺

射精管：精子をペニスに運ぶ 1 対の管

精嚢：糖を含む液体を精液に加える 1 対の外分泌腺

尿道球腺：粘液を精液に分泌する 1 対の外分泌腺

肛門

輸精管：精子をペニスに運ぶ 1 対の管

精巣上体：精子が成熟してたくわえられる 1 対の管

陰嚢

図 22・7　男性の生殖器官

が 3 本の海綿状組織の長い筒を取囲んでいる．男性が性的に興奮すると，神経系からのシグナルが海綿状組織への血液の流入を流出より速くする．液体の圧力が高まると，ふだんは柔軟なペニスが勃起する．

　精巣上体に貯蔵されている精子は，男性が性的興奮の頂点に達して**射精**（ejaculation）するときだけ，体外への旅を続ける．射精に際しては，精巣上体や輸精管の壁の平滑筋が断続的に収縮して，精子や付属腺の分泌物を**精液**（semen）とよばれる濃い白色の液体として放出させる．

　精液は精子，タンパク質，栄養分，イオン，およびシグナル分子の混合液である．精子は精液の体積の 5％しかなく，付属腺の分泌物が 95％を占める．**精嚢**（seminal vesicle）は膀胱の基部にある外分泌腺で，輸精管にフルクトース（果糖）を多く含む液体を分泌する．精子はフルクトースをエネルギー源として利用する．**前立腺**（prostate gland）は尿道を囲む外分泌腺で，尿道中に液体を分泌し，それが精液の体積のかなりの部分を占める．

精 子 形 成

　精巣はゴルフボールより小さいが，その中には引き伸ばすと 100 m 以上に達する，精子形成のための**精細管**（seminiferous tubule）というコイル状の管がある（図 22・8a）．精細管は生殖細胞と**セルトリ細胞**（Sertoli cell）という保育細胞を含んでいる．二倍体の雄性生殖細胞が精細管の内壁の内側を覆っている（図 22・8b）．

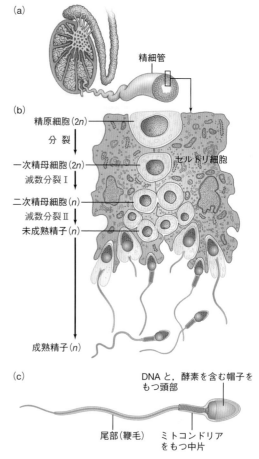

(a)

精細管

(b)

精原細胞(2n)

分　裂

一次精母細胞(2n)

減数分裂Ⅰ

二次精母細胞(n)

減数分裂Ⅱ

未成熟精子(n)

成熟精子(n)

セルトリ細胞

(c)

DNA と，酵素を含む帽子をもつ頭部

尾部（鞭毛）　　ミトコンドリアをもつ中片

図 22・8　精子の形成と構造．（a）精巣中の精細管の配置．（b）1 本の精細管の断面．（c）成熟精子の構造．

これらの細胞は体細胞分裂によって繰返し分裂し，その子孫は**一次精母細胞**（primary spermatocyte）へと分化する．一次精母細胞が減数分裂Iによって**二次精母細胞**（secondary spermatocyte）になり，減数分裂IIを経て未成熟な精子を形成する．セルトリ細胞は精子の発生を支える．

　卵形成と同様に，精子形成も下垂体ホルモンであるLHとFSHによって支配されている．LHは精細管の間に存在する細胞からのテストステロン分泌を促す．FSHはセルトリ細胞を標的とし，テストステロンと協同して精子形成を促進する物質の産生を促す．

　成熟した精子は，一倍体の細胞で，DNAが密に詰まった"頭部"と，酵素を含む帽子をもっている（図22・8c）．頭と反対側には精子が卵まで泳ぐときに利用する鞭毛がある．中片には鞭毛運動のエネルギーとなるATPを供給するミトコンドリアが多数含まれる．

22・4　受　精
精子の旅

　射精によって最大2億5000万個の精子が膣に放出される．しかし，多くの場合に受精が起こる卵管の上部までの旅を生き抜く精子は数百にすぎない．

　膣から子宮まで到達するには，子宮頸部の中央にある直径3cmのトンネルである頸管を泳いで通り抜けなければならない．頸管を通過することは容易ではなく，大部分の精子は子宮本体に到達できない．

　なんとか子宮に入った精子は子宮壁の平滑筋の収縮によって卵巣の方に進む．精子は左右両方の卵管に進入するが，排卵はどちらかの卵巣のみで起こるので，精子の半分は卵に出会う可能性がないまま進むことになる．卵は精子を誘引する物質を産生するが，それはもっと近い距離でのみ作用できる．

受　精

　多くの場合受精は卵管の上部で起こる（図22・9❶）．排卵によって放出された二次卵母細胞は依然としてそのまわりにいくつかの沪胞細胞をもっていて，細胞膜は分泌糖タンパク質の層に囲まれている❷．精子は沪胞細胞の間を通って進み，糖タンパク質の一部に結合する．結合によって頭部の帽子からタンパク質分解酵素が放出される．受精に必要な精子は1個であるが，卵の周囲の糖タンパク質層を進むには，多くの精子の十分な酵素を必要とする．それゆえ，精子が健康であっても，精子数が少ないと不妊になることがある．

　精子の細胞膜が卵細胞の細胞膜と接すると，精子は卵

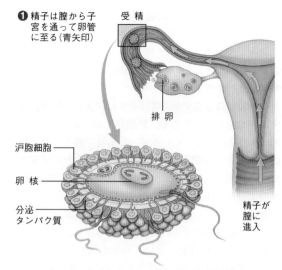

❶ 精子は膣から子宮を通って卵管に至る（青矢印）

受精

排卵

精子が膣に進入

沪胞細胞
卵核
分泌タンパク質

❷ 精子が二次卵母細胞を取囲み，卵母細胞周囲のタンパク質を分解する酵素を放出する

❸ 1個の精子が卵母細胞に進入すると，卵母細胞が変化して他の精子の進入を阻害する．精子の進入は卵母細胞核の減数分裂IIの完了を促し，成熟卵が生じる

核の融合

❹ 精子核と卵核が融合して新しい個体の遺伝物質を形成する

図 22・9　受　精

細胞中に引き込まれる．大抵は，1個の精子が進入すると他の精子の結合を阻む変化が起こる．精子の進入は，二次卵母細胞の減数分裂IIを完了させ，成熟した卵と二次極体を形成させる❸．卵核と精子核が合体して，接合子の遺伝物質を形成する❹．精子のミトコンドリアと鞭毛は卵細胞に進入するが，分解されてしまう．したがってミトコンドリアはふつう，母親からのみ伝わる．

　ときとして，2個の卵母細胞が成熟して同時に排卵されることがある．それぞれが異なる精子によって受精されると，二卵性双生児が生じ，これは遺伝的には兄弟姉妹と同じである．

22・5　ヒトの発生
卵割と着床

　卵割は受精後1日以内に始まり，接合子は卵管の繊毛によって子宮に向けて運ばれる（図22・10）．接合子は

分裂によって2, 4, 8と細胞数を増やしていく❶. ときには4あるいは8個の細胞の塊が二つに分かれて, 独立に発生し, 同一の遺伝子型をもつ一卵性双生児を生じる. しかしほとんどの場合は, 細胞はしっかり接着して卵割が進行する.

受精後ほぼ5日で細胞群は子宮に到達し, 胞胚に相当する胚盤胞を形成する❷. **胚盤胞**（blastocyst）は200〜250個の細胞からなり, 外層, 分泌液で満たされた胞胚腔, および**内部細胞塊**（inner cell mass）から構成されている. 胚は, 30個ほどの内部細胞塊から発生する. 外層の細胞は胚を包む膜を形成する.

糖タンパク質の層が, 胚盤胞の周囲を外皮として囲んでいる. 胚盤胞は子宮内膜に接着するには, この外皮から脱出しなければならない. 外皮が破れて取除かれると, 胚盤胞は子宮内膜に接着してその内部に進入する. この過程は**着床**（implantation）とよばれる❸.

着床の間に, 内部細胞塊が平らな2層の細胞層に発生し, これは胚盤とよばれる❹. 同時に, 胚膜が形成される. **羊膜**（amnion）が胚盤と胚盤胞表面の間の, 羊水で満たされた羊膜腔を囲む. 羊水は浮力のあるゆりか

ごで, 胚はその中で成長し, 自由に運動することができ, 温度変化や機械的衝撃から保護される. 羊膜が形成されるころ, 他の細胞は胚盤胞の内壁に沿って移動し, **卵黄嚢**（yolk sac）を形成する. ヒトの卵黄嚢は, 胚の栄養供給には貢献しない.

着床が進行すると, 胚盤胞周囲の子宮組織は毛細血管の裂け目から漏れ出る血液で満たされる. **漿膜**（chorion）とよばれる胚膜が, この血液を含む母親の組織中に多くの細い絨毛を形成する❺. 漿膜は母親と発生中の子（胎児）の間で物質を交換する**胎盤**（placenta）の一部となる. 卵黄嚢から突出する袋が, 第4の胚膜である**尿膜**（allantois）となる. ヒトでは尿膜は胎児と胎盤を結ぶ**臍帯**（へそのお, umbilical cord）の一部を形成する.

胚盤胞が着床すると漿膜が**ヒト絨毛性ゴナドトロピン**（human chorionic gonadotropin：HCG）を分泌して月経を妨げる. このホルモンは, 黄体を維持して, 黄体からはエストロゲンとプロゲステロンの分泌が続く. これらのホルモン量が多いと, 子宮内膜の厚い状態が維持される. 受精後3週目の初めにはHCGが母体の血液あるいは尿中に検出される. 家庭用の妊娠テストにはHCGを含む尿と接すると色が変わるスティック（テスター）が用いられる. その後の妊娠中には, 胎盤がHCGを分泌する役割を引き継ぐ.

胚 発 生

原腸形成は15日頃に起こる. 細胞が胚盤の表面に生じた溝から胚の内部に陥入する. まもなく胚盤には二つの隆起が生じ, それが背側で融合して, 脊髄と脳のもとになる神経管を形成する. 神経管の下（腹側）では, 中胚葉がもう一つの管を形成し, 脊索へと発生する. ヒト

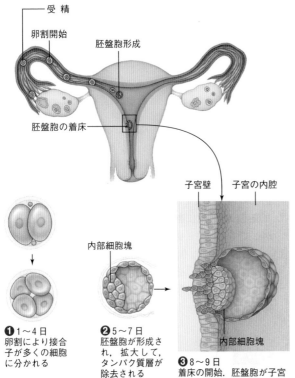

受精
卵割開始
胚盤胞形成
胚盤胞の着床

子宮壁　子宮の内腔
内部細胞塊

❶ 1〜4日
卵割により接合子が多くの細胞に分かれる

内部細胞塊

❷ 5〜7日
胚盤胞が形成され, 拡大して, タンパク質層が除去される

❸ 8〜9日
着床の開始. 胚盤胞が子宮壁への進入を開始する

内部細胞塊

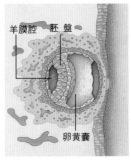

羊膜腔　胚盤
卵黄嚢

❹ 10〜11日
内部細胞塊は胚盤へと発生する. 胚膜が形成される

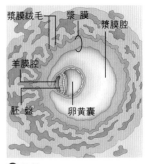

漿膜絨毛　漿膜
漿膜腔
羊膜腔
胚盤　卵黄嚢

❺ 14日
漿膜の突起（絨毛）が子宮内膜の血液で満たされた空間に進入を開始する

図 22・10　初期胚の発生

の脊索は背骨の構造的な鋳型として役立つ.

3週目の終わり頃, 心臓が拍動を始め, **体節** (somite) が神経管の両側に見えるようになる. 体節は左右の中胚葉が分節したもので, 頭部と胴部の骨や骨格筋に発生する.

咽頭弓 (pharyngeal arch) とよばれる一連の構造が4週の初めに形成される (図22・11a). これらは後に咽頭, 喉頭, 顔面, 頸部, 口, 鼻などに寄与する. 魚類では咽頭弓は鰓に分化するが, ヒトの胚では鰓は生じない. 酸素は胎盤を経て供給される.

4週の終わりには胚の大きさは出発点の500倍になっている. しかしそれでも体長は1cmに満たない. 体の1/6に相当する目立つ尾がある. 成長速度は, 胚の器官の細部ができるにつれてゆっくりになる.

発生が進行するにつれて, 手足 (上肢と下肢) が形成され始める (図22・11b). 手足は最初櫂状であるが, 発生が進むといくつかの細胞が**アポトーシス** (apoptosis) とよばれる過程で自己死する. それにより櫂状の組織の中でそれぞれの指が明瞭になり, また, 尾も短くなってやがて消失する.

8週の終わりには手足ともしっかりと形成され, 尾は短い切り株状になっている (図22・11c).

胎児の発生

9週目から, 発生中の個体は**胎児** (fetus) とよばれる. 受精後5～6カ月で母親は胎児の反射的運動を感じ始める. 胎児は柔らかい産毛で覆われる. 胎児の皮膚にはしわがより, 赤くて, 厚いチーズのような覆いで傷つかないように保護されている.

7カ月になると, まぶたが形成され, 眼が開く. 胎児は音も聞こえるようになる. 出生に備えて, 呼吸に必要な筋肉運動の訓練を開始し, 空気の代わりに羊水を吸い込む. 肺は出生後最初の呼吸で膨れる.

平均的には, 出産は推定の受精時からおよそ38週目である. 36週以前の出産は早産とされる. 26週以前に出生する子どものおよそ半分は長期間の障害をもつようになる. 22週より前の出産は, 主としてまだ肺が十分に発達していないので, 危険である.

胎盤の機能

前述のように, 胚と母親の物質交換はすべて胎盤を通して行われる. 胎盤は, 子宮の膜と胚膜からなる, 血液を多く含むパンケーキ状の器官である (図22・12).

胎盤は妊娠初期に形成が始まる. 3週までに母親の血液が子宮壁にたまり始める. 胚の漿膜から突出する微小な指状の突起である漿膜絨毛がこの血液プールの中に進入する. 胚の血管は臍帯を通って胎盤に行き, 母親の血液に浸っている絨毛の中に入る. 母親と胚の血液は決して混ざらない. 物質は絨毛中の胚の血管壁を通して, 母親の血液と胚の血液の間を, 拡散によって移動する. 酸素と栄養分が母親の血液プールから絨毛の胚血管に拡散する. 老廃物は反対方向に拡散し, 母親の体がそれらを処分する.

胎盤はホルモン器官としても働く. 3カ月以後, 胎盤は大量のHCG, プロゲステロンおよびエストロゲンを生産する. これらのホルモンは子宮内膜の維持を支える.

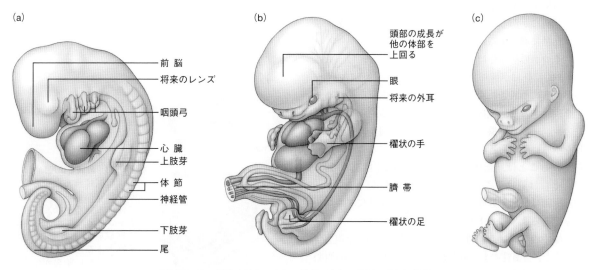

(a)
前脳
将来のレンズ
咽頭弓
心臓
上肢芽
体節
神経管
下肢芽
尾

(b)
頭部の成長が他の体部を上回る
眼
将来の外耳
櫂状の手
臍帯
櫂状の足

(c)

図 22・11 後期の発生. (a) 4週目. (b) 6週目. (c) 8週目.

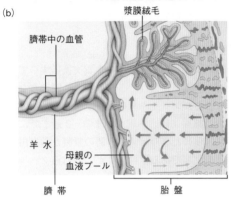

図 22・12　発生中の胎児を支えるシステム.（a）子宮内部の模式図. パンケーキ状の胎盤に臍帯で結ばれた胎児を示す.（b）胎盤は母親と胎児の両方の組織からなる. 漿膜絨毛を流れる胎児の血液は絨毛周囲の母親の血液との間で物質を交換する. しかし, 血流そのものは混じり合わない.

出産と新生児

　妊娠女性の体は, 臨月が近づくと変化する. それまで子宮頸部はしっかりしていて, 胎児が早期に子宮から滑り出さないように支えているが, 妊娠の最後の週には, 子宮頸部は薄くて柔らかく, 柔軟になる. これによって胎児が通過することができるくらい十分に伸びる準備がなされる.

　出産の過程では**陣痛**（labor）が起こる. 破水が起こると陣痛が始まる. 破水は羊膜が破れて大量の羊水が膣からあふれ出ることである.

　陣痛時には, 子宮頸部が拡張し, 平滑筋の収縮によって胎児は子宮から膣に押し出され, 最後は母体から外に出る（図 22・13）. この間, オキシトシンが平滑筋の収縮を刺激する. 出生のときが近づくと, ふつう胎児の頭が子宮頸部に接するようになる. 子宮頸部の受容器が機械的圧力を感じて, 視床下部にシグナルを送る. 視床下部は脳下垂体後葉からのオキシトシン分泌を促す. オキシトシンが子宮の平滑筋に結合すると収縮がより強化され, 機械的圧力も増す. それによりオキシトシン分泌も増加する. これは正のフィードバックである. 最終的に, オキシトシンによる収縮が胎児を送り出すと, 子宮頸部にはもはや機械的圧力がなくなる.

　強い収縮は出産後しばらく続き, 胎盤が子宮から剝離し, 後産として排出される. 収縮はまた, 胎盤が子宮に付着していた部位の血管を収縮させて, そこからの出血

出産前の発生に対する母親の影響

　妊娠している女性の健康と行動は, 子の発生に影響を与える. たとえば, 母親が十分量のヨウ素を摂取しないと, 出生する子が脳の機能や運動機能に影響を及ぼすクレチン病にかかる可能性がある. 葉酸の欠乏は, 脳, 椎骨, 脊髄に影響する.

　いくつかの病原体は胎盤を通過する. たとえば, 妊娠8週までに妊婦が風疹にかかると, 子供の器官のいくつかが正常に形成されない確率が高い. 妊娠以前にワクチンを接種すると, 風疹の危険を除外できる.

　アルコールも胎盤を通過するので, 妊婦が酒を飲むと胚や胎児はその影響を受ける. 出生前にアルコールにさらされることは, 新生児の精神疾患の原因になり得るが, それは避けることができる要因である. したがって, 医師は妊婦や妊娠しようとしている女性にアルコールを控えるようにアドバイスする.

　妊娠中の喫煙は, 胎盤を通しての酸素の供給を阻害する. また, 習慣性のある刺激剤であるニコチンの濃度は, 母親の血液中より羊水中のほうが高くなることがある.

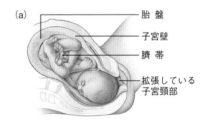

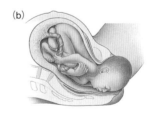

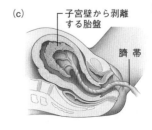

図 22・13　陣痛と出産.（a）胎児は出産に備えた姿勢をとる. 頭は拡張した子宮頸部に向いている.（b）オキシトシンによってもたらされる筋収縮によって胎児は, 子宮および膣を経て押し出される.（c）胎盤が子宮壁から剝離して排出される.

を停止させる働きもある．臍帯は切られてしばられ，数日後には縮んでへそとなる．

妊娠中は，脳下垂体前葉から分泌されるプロラクチンが乳腺の発達をひき起こす．出産後新生児が乳首に吸い付く機械的刺激がオキシトシンの分泌を促す．オキシトシンは母乳が分泌管を通って乳首から体外に流れることを刺激する．

ヒトの母乳は新生児にとって有益な多くの物質を含んでいる．ラクトース（乳糖）やタンパク質のほかに，消化しやすい脂肪，ビタミン，ミネラル，そして消化を助ける酵素などが含まれている．乳に含まれる物質が，有益な細菌の生育を促し，有害な細菌を殺す．母乳はまた，母親の抗体を含んでいて，それが新生児の喉や腸管の表層を覆い，危険な感染のリスクを軽減する．

22・6 生殖と健康

避　妊

妊娠を防ぐ方法は**避妊**（contraception）といわれる．表 22・1 にふつうに用いられる方法とその有効性を示した．最も有効なのは禁欲，つまり性交渉をもたないことで，100% 有効である．しかしこれは非常な克己心を必要とする．周期法は，女性が妊娠可能な期間は性交渉を避けるものである．女性は，月経周期の長さを記録し，毎朝体温を測定し，いつ排卵するかを計算する（図 22・14）．

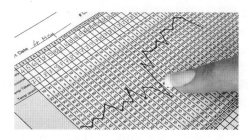

図 22・14　周期法．女性が体温を測定することによって，いつ排卵が起こるかを予測できる．

ペニスを射精以前に抜くことは，精子は射精以前の体液にも含まれることがあるので，確かな方法ではない．同様に，性交直後に膣を洗浄することも信頼がおけない．通常精子は子宮頸部を射精後数秒で通り抜けてしまう．輸精管を切断したり，卵管を切断するか結紮する外科的方法はきわめて有効であるが，その人が終生不妊になることを意味する．

物理的および化学的障壁は精子が卵に到達することを阻止できる．殺精子剤は精子を不活化する．ペッサリーは，子宮頸部を覆う，柔軟でドーム状の装置である．コンドームはペニスにかぶせるか，性交中に膣を保護する

表 22・1　避妊法のしくみと効果

方　法	説　明	妊娠率
禁　欲	性交を避ける	0%/年
周期法	妊娠可能期間は性交を避ける	25%/年
性交中断	射精以前に性交を終了する	27%/年
膣洗浄	性交後に膣の精液を洗浄する	60%/年
精管結紮	男性の輸精管を切断または結紮する	＜1%/年
卵管結紮	女性の卵管を切断または結紮する	＜1%/年
コンドーム	ペニスを覆って精子の膣への進入を阻止する	15%/年
ペッサリー	頸部を覆って精子の子宮への進入を阻止する	16%/年
殺精子剤	精子を殺す	29%/年
IUD	精子の子宮への進入あるいは胚の着床を妨げる	＜1%/年
経口避妊薬	排卵を抑制する	＜1%/年
ホルモンのパッチ，インプラント，注射	排卵を抑制する	＜1%/年
事後ピル	排卵を抑制する	15〜25%/使用

薄い袋である．子宮内避妊器具（IUD）は医師によって子宮内に装着される．いくつかの IUD は頸部の粘液を濃くするので，精子はその中を泳げなくなる．銅を放出し，初期胚が着床できなくする IUD もある．

女性がホルモンによって妊娠をコントロールする方法がいくつかある．いわゆるピルは先進国において最も普及している妊娠コントロール方法である．ピルは合成のエストロゲンとプロゲステロン様のホルモンの混合物で，卵母細胞の成熟と排卵を抑制する．これはきちんと服用すればきわめて有効である．

ホルモンの注射やインプラントは排卵を阻止する．注射は数カ月，一方インプラントは 3 年間有効である．どちらもきわめて有効であるが，ときとして大出血を起こすことがある．

女性が避妊なしに性交渉をもったり，コンドームが破れたりした場合は，緊急に避妊する必要がある．いわゆるモーニングアフターピル（事後ピル）は米国では現在 17 歳以上の女性には処方なしで利用可能である．

不　妊

米国では，1 年間妊娠を目指しても成功しないカップルが，およそ 10% に達する．不妊率は年齢とともに上

がる．女性の**不妊**（infertility）の原因で最も多いのは，多嚢胞性卵巣症候群という，ホルモンの不全である．卵巣の沪胞が成熟する以前に嚢胞化してしまう．

卵管の閉塞は精子が卵に到達できなくするので，女性の不妊の原因になる．いくつかの性感染症は卵管に瘢痕を残し，それによって卵管を閉塞させる．卵管の瘢痕形成は，子宮内膜組織が子宮以外の骨盤領域に発生してしまう病気である，子宮内膜症でも起こりうる．

卵管に瘢痕ができても，完全に閉塞されない場合は，受精は起こりうる．しかし，卵管の瘢痕は，胚が卵管に着床してしまう卵管妊娠の原因となる．卵管妊娠は出生まで至ることはなく，母親の生命を脅かす．良性腫瘍，子宮内膜症，その他の子宮の病気も胚の着床を妨げることがある．

男性の不妊は，正常の精子がつくれないとき，精子数が少なすぎるとき，あるいは射精が正常に行われないとき，などに起こる．テストステロン量が低下すると，精子の成熟が阻害される．いくつかの遺伝的障害は精子の運動性に影響を与える．女性と同様，男性でも性感染症が生殖系の管に瘢痕形成をもたらし，それにより精子が体外に出ることを阻止する．

性感染症と病原体

性感染症（sexually transmitted disease：STD）は性的接触によって広がる感染症であり，原生生物，細菌，ウイルスによってひき起こされる．女性は男性より STD に罹患しやすく，しかもより多くの合併症を発症する．また，女性は出産の過程で子に STD を感染させる可能性があり，したがって妊娠を希望する女性は STD に関する検査を受けることが望ましい．STD は，男女とも，生殖管に瘢痕を形成して不妊の危険性を増大させる可能性がある．

鞭毛をもつ原生生物である *Trichomonas vaginalis* はトリコモナス膣炎という STD の原因となる．感染は多くの場合明瞭な症状を示さないが，女性の中には黄色のおりものがあり，膣が痛かゆいといった症状を示すものがいる．男女とも，この感染を放置すると，生殖管に障害を与え，不妊の原因となりうる．抗原虫剤の1回の服用で，感染を治療することができる．

クラミジアと淋病は細菌性の STD であり，しばしば同時に発症する．どちらの病気も，ペニスや膣からの分泌物と排尿時の痛みをひき起こす．どちらも出産時に母から子に感染することがあり，新生児が罹患する．淋病を放置すると関節や心臓に悪影響を及ぼすことがある．

梅毒も細菌性の STD である．梅毒に罹患すると，最初の感染部位に，平らで痛みのない潰瘍を生じる．感染が持続すると，細菌は拡散し，体の他の部位にも潰瘍が生じる．感染が長期にわたると関節痛，精神疾患，失明，そして死をひき起こす．

細菌性 STD とは異なり，ウイルス感染は薬で治療することはできない．しかし，抗ウイルス薬は感染の影響を減弱することがある．

ヒトパピローマウイルス（HPV，§20・1）による感染は広範囲に及んでいる．性交渉で感染するウイルス株のあるものは，いぼ（疣贅）の原因となり，またあるものはがんの原因となる．女性の子宮頸がんの多くは HPV 感染による．HPV 関連のがんに対する戦いのポイントは，ワクチン接種とスクリーニングである．ワクチン接種は，ウイルス感染以前に行われれば男女を問わず HPV 感染を予防できる．血液検査によってがんの原因になりやすいウイルス株に感染しているかどうかを知ることができる．またパップテストは子宮頸がんの初期の徴候を検出することができる．HPV 関連のがんの早期発見と処置は，多くの命を救う．

ヒト単純ヘルペスウイルス2型（HSV-2）は性器ヘルペスをひき起こす．最初の感染では，感染部位が軽いびらんを生じる．びらんはなくなるが，ウイルスは休眠状態で残存する．ウイルスの再活性化によって，かゆみや痛みが生じるが，びらんは生じることも生じないこともある．

ヒト免疫不全ウイルス（HIV，§14・7，§20・7）の感染はエイズ（AIDS）をもたらす．エイズに罹患すると，免疫系が弱体化し，微生物の感染が起こりやすくなる．HIV 感染の危険があると感じたら，できるだけ急いで検査する必要がある．早期の処置は，エイズを発症する可能性を低下させることができる．

ま と め

22・1 試験管内受精は，普通には妊娠できないカップルの問題解決に広く受け入れられている解決方法である．その成功は，広範囲な生殖補助医療への道を拓いた．

22・2 動物の無性生殖は親の遺伝的なコピーをつくり出す．有性生殖は配偶子（卵と精子）の生産を必要とする．配偶子は受精によって合体する．その結果生じる子どもは，互いに，また親とも，遺伝的に異なっている．

多くの動物は有性生殖を行い，雄と雌がいるが，なかには

雌雄同体のものもいる. 水生動物はほとんどが配偶子を水中に放出して体外受精を行う. 陸生動物の多くは, 配偶子が雌の体内で出会う体内受精を行う.

受精によって卵と精子が合体し, 接合子が生じる. 接合子は卵割を行い, やがて中空で, 液体で満たされた胞胚という細胞塊となる. 原腸形成によって細胞の配置が変わり, 外胚葉, 中胚葉, 内胚葉という3層の細胞からなる原腸胚になる. 原腸形成以後, 主要なボディプランが確立し, 器官形成が始まる.

22・3 ヒトの女性の生殖腺である卵巣は, 卵と性ホルモン (エストロゲンとプロゲステロン) をつくる. 卵管は卵を子宮まで運ぶ. 子宮の下端である子宮頸部は膣につながっている.

女児は卵を, 未成熟な状態でもっている. 思春期になると卵は, ほぼ1カ月ごとに1個ずつ成熟する. 月経周期においては, FSH が濾胞の成熟を促す. 月経周期の中頃に, LH のサージが排卵を促す. 排卵後, 濾胞の残存物は, ホルモンを分泌する黄体となる. 成熟した濾胞と黄体からのホルモンは子宮内膜の肥厚を促す. 妊娠が成立しないと, 黄体は崩壊し, 子宮内膜は月経として剥がれ落ちる.

精巣は腰帯の下方の陰嚢の中にある. 精子は精巣の精細管中でつくられ, 精巣上体に入る. 精嚢や前立腺といった付属腺は, 精液の他の成分を合成する. これらの成分は精子が輸精管を通過する際に添加される. 輸精管は, 精子と他の成分を, 射精に際してペニスから送り出す.

22・4 性交の間, 血液がペニスに流入して勃起させる. 射精により精子が膣に入る. 精子は子宮頸部を通り, 子宮内を通過して卵管に入る.

受精には多数の精子を必要とする. 精子が卵に接触すると, 周囲の糖タンパク質層を消化する酵素を放出する. 酵素による消化によって1個の精子が卵の細胞膜に結合する通路ができる. その精子が卵に入り, 精子核と卵核が融合して, 接合子の核となる.

22・5 卵割によって胚盤胞を生じ, 胚盤胞は子宮に着床する. 羊膜は発生中の胚と羊水を包む. 漿膜は母体の組織とともに, 母体から胚に酸素と栄養分を送る胎盤を形成する.

原腸形成は胚の着床後に起こる. 神経管 (脳と脊髄を生じる) が形成され, ついで体節が現れる. 8週の終わり頃に胎児の尾はアポトーシスによって消滅し, すべての器官系が形成される.

出産時にはオキシトシンによる子宮の収縮が胎児と胎盤を押し出す. 乳腺から分泌される乳は栄養分と, 新生児の感染に対する抵抗性を高める抗体を供給する. プロラクチンは乳汁分泌を促進する.

22・6 避妊は, 妊娠を避けるための方法である. 妊娠は性交を行わなければ避けることができる. 妊娠の可能性は, 女性の妊娠可能期間の禁欲, 生殖管の外科的な結紮, 精子の通り道に一時的に設置する物理的あるいは化学的障壁, 排卵を防止する合成女性ホルモンの投与, などによって低くすることができる.

不妊は, 精子や卵の生産に影響を与えるホルモンの不全, 生殖管の障害, 精子の運動性の低下, 胚の着床や発生を阻害する子宮の問題, などによって起こりうる.

性感染症は原生生物, 細菌, ウイルスなどの病原体によってひき起こされる. 性感染症を放置すると, 不妊の原因となり, 場合によっては生命に関わることもある.

試してみよう (解答は巻末)

1. 同一個体が卵と精子をつくるのは ____
   a. 雌雄同体　　b. 無性生殖　　c. 卵巣　　d. 精巣
2. 原腸形成を起こすのは ____
   a. 原腸胚　　b. 胞胚　　c. 体節　　d. 神経管
3. 精子をつくる減数分裂が起こるのは ____
   a. 精嚢　　b. 前立腺　　c. ペニス　　d. 精細管
4. 通常ヒトで受精が起こるのは ____
   a. 子宮　　b. 膣　　c. 卵管　　d. 卵巣
5. 月経周期の半ばに, 下垂体から分泌されて排卵を誘発するのは ____
   a. エストロゲン　　　b. プロゲステロン
   c. LH　　　　　　　d. FSH
6. 排卵後に黄体が分泌するのは ____
   a. LH　　b. プロゲステロン
   c. FSH　　d. プロラクチン
7. 子宮壁に着床するのは ____
   a. 接合子　　b. 胚盤胞　　c. 原腸胚　　d. 胎児
8. ヒトの乳が含むのは ____
   a. 抗体　　　　　　　b. ラクトース
   c. 脂肪とタンパク質　　d. a〜c のすべて
9. 陣痛時にオキシトシン分泌が促進するのは ____
   a. 子宮平滑筋の収縮　　b. 羊膜の破裂
   c. 排卵　　　　　　　　d. 乳タンパク質の合成
10. ヒトの発生における以下のできごとの順番を記せ (1〜6)
    ____ 原腸形成　　　　____ 尾の消失
    ____ 胚盤胞形成　　　____ 神経管形成
    ____ 接合子の形成　　____ 着床
11. 細菌によってひき起こされる STD は ____
    a. クラミジア　　b. 淋病
    c. 性器疣贅　　d. トリコモナス膣炎
    e. a と b　　　f. a〜d のすべて
12. 左側のヒトの生殖器系の用語の説明として最も適当なものを a〜h から選び, 記号で答えよ.
    ____ 精巣　　　a. 母親と胎児の組織からなる
    ____ 輸精管　　b. 液体を精液に加える
    ____ 胎盤　　　c. テストステロンを産生する
    ____ 膣　　　　d. エストロゲンとプロゲステロンを産生
    ____ 卵巣　　　　する
    ____ 卵管　　　e. 卵を子宮に運ぶ
    ____ 前立腺　　f. 乳を分泌する
    ____ 乳腺　　　g. 出産の経路
    　　　　　　　h. 精子を尿道に運ぶ

23 植物の世界

23・1 植物の特徴と進化

植物の進化とは，乾燥への適応の歴史にほかならない．多細胞の緑藻類は水中で生活しているので，体表から容易に水や栄養分を吸収することができる．一方，乾燥した環境で生育する陸上植物は，水分保持のために多くの機能を進化させており，陸上植物の進化には，形態的特徴だけでなく，生活環にも大きな変化が必要だった．陸上植物の多くは，多細胞の光合成真核生物である．陸上植物は淡水緑藻（車軸藻）から進化したと考えられている．主要な植物群と，それぞれの特徴や系統関係を図23・1にまとめた．

植物の生活環

動物の場合，多細胞の二倍体から減数分裂により一倍体細胞（卵と精子）が形成され，それらが受精することで新たな二倍体の個体が誕生する（§9・5）．一方，植物は，その生活環のなかに，2種類の多細胞段階が存在する（図23・2）．植物の二倍体は胞子体（sporophyte）とよばれる．胞子体は減数分裂により配偶子ではなく胞子をつくる ❶．植物の胞子は動くことのできない細胞で，体細胞分裂し，多細胞化する．その結果，一倍体の多細胞の配偶体（gametophyte）が形成される ❷．配偶体は体細胞分裂し，配偶子である卵と精子を形成し ❸，

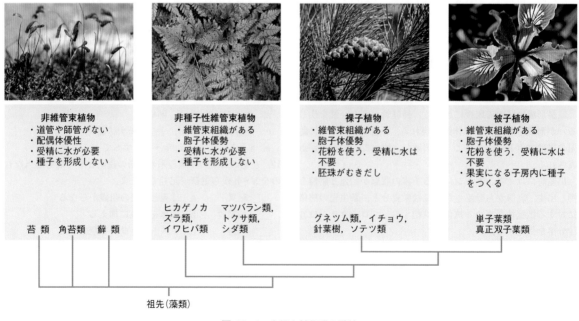

非維管束植物
・道管や師管がない
・配偶体優性
・受精に水が必要
・種子を形成しない

苔類　角苔類　蘚類

非種子性維管束植物
・維管束組織がある
・胞子体優勢
・受精に水が必要
・種子を形成しない

ヒカゲノカ　マツバラン類,
ズラ類,　トクサ類,
イワヒバ類　シダ類

裸子植物
・維管束組織がある
・胞子体優勢
・花粉を使う．受精に水は不要
・胚珠がむきだし

グネツム類, イチョウ,
針葉樹, ソテツ類

被子植物
・維管束組織がある
・胞子体優勢
・花粉を使う．受精に水は不要
・果実になる子房内に種子をつくる

単子葉類
真正双子葉類

祖先（藻類）

図 23・1　主要な植物群の系統

それらが受精して接合子をつくる❹. 接合子が成長し, 新たな胞子体が誕生する❺.

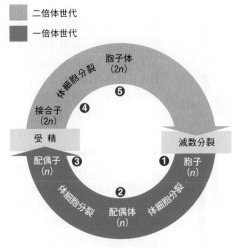

図 23・2　一般的な植物の生活環

一倍体および二倍体の相対的大きさ, 複雑さ, 期間は, 陸上植物中で異なっている. 初期の植物では配偶体世代が優勢で, 胞子世代よりも大きく, 長期にわたり, より複雑である. その後, ある系統の胞子体に新しい形質が生じ, この形質に有利に作用する環境圧が, 胞子体優勢に向けての進化傾向を生み出した. 現生植物の多くは, 胞子体世代が優勢である系統に属している.

乾燥した陸上への適応

ほとんどのコケ植物とその他すべての植物は体表面にワックス (ろう) を含む**クチクラ** (cuticle) を形成し, 乾燥を防いでいる. **気孔** (stoma, *pl.* stomata) とよばれる小さな穴は, 必要に応じて開閉することで水分バランスを均一に保ち, 光合成のための二酸化炭素の取込みを行う.

コケ植物は, 植物体を地面に固定するための構造をもっており, それらは一見根に似ているが, 根ではない. より高等な植物の根は植物体を固定するだけではなく土壌から無機物や水を吸収するのに役立っている. このような根をもつ植物は**維管束系** (vascular system) をもっており, 維管束系は, 植物体内において, 水や栄養分の輸送を司るパイプラインとして機能している. **木部** (xylem) は水と栄養分を運ぶ維管束組織であり, **師部** (phloem) は光合成によりつくられた糖質の輸送を担っている. 約 295,000 種の現生植物の 90% 以上は木部と師部をもち, **維管束植物** (vascular plant) とよばれる.

さまざまな適応戦略により維管束植物が進化した. 維管束組織は, 有機物の一種である固いリグニンを沈着することで高い強度を誇る. この強固な維管束組織の構造体により, 植物は大きく枝を広げながら 100 m の高さにまで伸びることができる. このような維管束植物は形態的にも最も多様性に富んでいる. また, 葉により, 太陽光を効率よく受容し, 効率的なガス交換を行っている.

繁殖と分布域の拡大

コケ植物や原始的な維管束植物は, 受精に水を必要とする. 鞭毛をもつ精子は, 植物に付着した水滴を頼りに, 卵に向かって泳いでいく. そして, 受精後, 胞子を形成し, その胞子を放出することで次の世代が始まる.

維管束植物である**種子植物** (seed plant) は, 花粉を利用することで乾燥地域でも生殖活動が可能である. 花粉は堅い細胞壁をもつ雄性配偶体で, 風や動物などにより運ばれる.

コケ植物やシダ類は露出した胞子嚢で胞子を形成し放出する. 種子植物はめしべの中で胚珠を形成し, 種子を放出する. 胞子は厚い外壁をもつ単細胞の一倍体である. 一方, 種子は, 胞子体である胚と, その成長に必要な栄養源からなり, 種皮で守られている.

種子植物は 2 種類に分類できる. マツに代表されるような**裸子植物** (gymnosperm) が最初に進化した. その裸子植物から進化した**被子植物** (angiosperm) は, いまや, 最も多様な植物分類群となっている. 被子植物は花を咲かせ, 果実をつけ, 果実の中に種子を形成する.

23・2　非維管束植物

24,000 種の**非維管束植物** (nonvascular plant, **コケ植物** bryophyte) は, 配偶体が胞子体より大きくて期間が長い唯一の植物であり, 蘚類, 苔類, 角苔類に分類される. 維管束組織がないために, 水分や栄養分の輸送の問題から, 非維管束植物は大きくなれない.

コケ植物の生活環

図 23・3 に, 典型的な**蘚類** (moss) としてスギゴケの生活環を示す. スギゴケも, 他のコケ植物と同様に, 一倍体の配偶体の期間のほうが長い.

配偶体は小さな葉様の構造を伴った茎様の構造体 (茎葉体) を形成する. 根のような構造体 (仮根) には水や栄養分の吸収能力はなく, おもに地面に固着するために利用される. 水や栄養分は葉様の構造から直接吸収される.

胞子体は蒴と柄からなる. 胞子体は, 基部で配偶体とつながっており, 光合成産物などは配偶体に依存する.

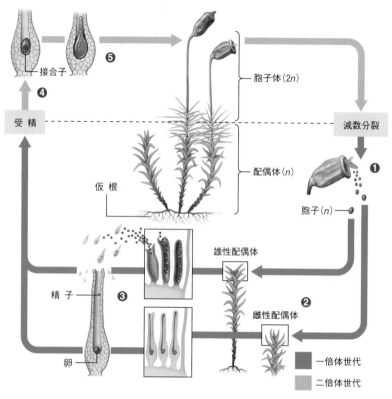

図 23・3 蘚類（スギゴケ *Polytrichum*）の生活環

7千万年前の苔類の胞子の化石が見つかっている．陸上植物の遺伝子解析の結果とあわせて，苔類が現存する最古の陸上植物系統であると考えられている．苔類のゼニゴケは世界中に分布する．地面に這うように成長する扁平な配偶体の表面に形成される杯状体内にはたくさんの無性芽が形成され，無性生殖を行う（図23・4a）．無性芽は雨粒などが当たると飛び出し，新たな配偶体に成長する．有性生殖に適した条件になると，配偶体表面に傘状の雌器托もしくは雄器托が形成され，その中で卵もしくは精子がそれぞれ形成される．ゼニゴケは雌雄異体なので，精子は雄の配偶体から雌の配偶体まで泳がなければならない．卵は受精後，光合成を行わない胞子体に成長するが，サイズは小さく，雌配偶体の傘のような部分に付着したまま胞子を形成し，散布する（図23・4b）．

胞子は，減数分裂を経て蒴内でつくられ❶，風により飛散する．胞子は雄株か雌株へと成熟し❷，その配偶体の先端にあるチャンバーで精子か卵が形成される❸．雨によってそのチャンバーが開き，鞭毛性精子が水中に泳ぎ出し，卵に到達し，雌性配偶体のチャンバーで受精が起こる❹．接合子はチャンバー内で新しい胞子体へと発生していく❺．

図23・3では雌雄異体の例を示しているが，雌雄同体の蘚類も存在する．コケ植物は無性生殖も行い，小さな組織片からでも配偶体が容易に再生される．

角苔類の配偶体はリボン状の形態をしており，それに付属する角状の胞子体は数センチメートルの高さになることもある．これらの胞子体の形態的特徴と，遺伝子解析の結果から，角苔類は維管束植物に最も近縁な非維管束植物であると考えられている．

コケ植物の多様性

蘚類はコケ植物で最も多様性に富み，約14,000種が知られている．多くのコケ植物は，他の植物が生活できない，土のない岩場の上でも定着できる．コケ植物が死んだ後は土壌になり，他の維管束植物も生きていくことができる．農業や園芸用の土として用いられるピートモス（peat moss）は，ミズゴケなどの蘚類と種々の植物体が堆積したものを，脱水・粉砕したものである．

苔類（liverwort）と角苔類（hornwort）は，じめじめして日当たりの悪い場所を好み，蘚類と同じ場所に分布することが多い．陸上植物で最古の化石として，4億

図 23・4 苔類の生殖器．ゼニゴケ *Marchantia polymorpha* は，配偶体表面に形成される無性芽器で無性芽を形成し，無性的に増殖する．一方，傘状の生殖器を用いて有性生殖を行い増殖することもできる．(a) 無性生殖および有性生殖用の両方の器官をつくっている雄性配偶体．(b) 雌性配偶体の雌器托に形成される胞子体（胞子嚢）．

23・3　非種子性維管束植物

ヒカゲノカズラ類，シダ類，トクサ類などは**非種子性維管束植物**（seedless vascular plant）として分類される．これらはコケ植物から進化し，コケ植物とさまざまな共通点をもつ．卵に向かって水中を泳ぐことができる鞭毛性精子の形成や，胞子の散布による世代交代・繁殖域の拡大様式などである．

しかし，その生活環や構造にはコケ植物と決定的な違いがある．配偶体のサイズは小さくなり，また比較的短命である．胞子体は配偶体上に形成されるが，胞子体の成長が完全に配偶体に依存しているコケ植物と異なり，配偶体が死んだ後は，胞子体が独立して生きていくことができる．リグニンが胞子体を補強し，維管束組織が水，糖質，無機物を運ぶ．このような補強と通道組織の進化により，シダ植物は大型化し，根や茎，葉のような複雑な構造体が進化した．

シ ダ 類

非種子性維管束植物のなかでも，最も大きな分類群である**シダ類**（fern）をみてみよう（図23・5）．

葉の裏側にある胞子嚢内で減数分裂が起こり，胞子が形成される❶．胞子嚢が開くと，胞子は風に乗り飛散し，着地した胞子は，発芽後，2〜3 cmの小さな配偶体へと成長する❷．配偶体の裏側で卵と精子が形成さ

れ❸．精子は卵へと泳いで受精し，二倍体の接合子ができる❹．その後，配偶体に付属した状態で新たな胞子体が成長する．それに伴って，親であった配偶体は死ぬが，胞子体はその後も独立して生育することができる❺．

トクサ類とヒカゲノカズラ類

トクサ類（horsetail）はシダ類の近縁種で，川沿いや道路沿いで繁殖する．トクサ類の胞子体は，根系と中空の茎をもち，茎の節から光合成を行う葉を形成する（図23・6a）．茎にシリカ（二酸化ケイ素）を含むため，研磨剤としても利用された．このシリカを含む堅い茎は，昆虫による食害を防ぐためだと考えられている．種によって異なるが，通常の茎や，葉緑体をもたない特殊な生殖茎の先端に胞子を形成する．

ヒカゲノカズラ類（club moss）は，林床によくみられ，その外観は小さな松の木のようでもある（図23・6b）．根と直立した茎は小さな鱗片状の葉で覆われており，葉には一本の枝分かれしない葉脈がある．

数年経つと，茎の先端に胞子を形成する．胞子はワックスでコーティングされており，空中で容易に着火できる．かつては写真のフラッシュに利用されたこともあった．今でも，爆破などのシミュレーション用に使われている．

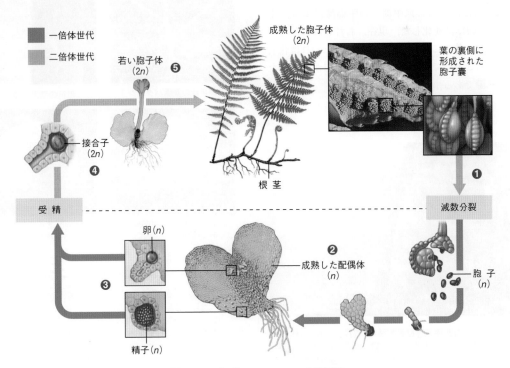

図 23・5　シダ *Woodwardia* の生活環

図 23・6　現生の非種子性維管束植物. (a) 1 m ほどまで大きくなるトクサ類. (b) 20 cm ほどの大きさになるヒカゲノカズラ類. 先端にある円錐状の器官で胞子がつくられる.

石 炭 の 森

　シダ類は, 現在では最も多様な非種子性維管束植物である. しかし, およそ3億6千万年から3億年前の石炭紀には, ヒカゲノカズラ類とトクサ類が湿地森林を支配する優占種であった (図23・7). 40 m を超えるような巨大な植物もあった. 湿地森林が出現したあと, 気候変動により海面の高さが何度も上下し, 海中に沈んだ木は, 分解されずに土砂に埋まった. しだいに, このような堆積物の層が積み重なり, その堆積層の重さにより植物は脱水された. さらに地中深くの圧縮熱により, 木は, **石炭** (coal) に変化した. 現在, われわれは, この石炭を採掘し, 急速に消費しているが, われわれは化石燃料をつくることはできないので, 化石燃料が限られたエネルギー源である事を再認識しよう.

図 23・7　古代の非種子性維管束植物. 石炭紀の湿地林の想像図. 林床で生育するシダ類❶. 現生の樹木のように大きいヒカゲノカズラ類❷やトクサ類❸が生育していた.

23・4　種 子 植 物

　約4億年前の石炭紀に, 非種子性維管束植物から種子植物が進化した. 石炭紀後期まで, 種子植物はコケ植物や非種子性維管束植物と同じような場所で生育していた

真正双子葉植物　　　　　　　単子葉植物

種子内に2枚の子葉　　　　　種子内に1枚の子葉
からなる胚が形成　　　　　　からなる胚が形成

4枚から5枚の花器官　　　　　3の倍数の花器官

網目状の葉脈パターン　　　　平行の葉脈パターン

3列の溝や三つの穴の　　　　　1列の溝や一つの穴の
ある花粉粒　　　　　　　　　ある花粉粒

茎内に環状に維管束系　　　　茎内に維管束系が散在
が配置

図 23・8　真正双子葉植物と単子葉植物の違い

が，その後，より乾燥した地域にも繁殖域を広げること
が可能となった．種子植物の有利な点は，非種子性維管
束植物よりも乾燥に強いことである．

　非種子性維管束植物の配偶体は，保護されることなく
環境にさらされ，外界で胞子から成長する．一方，種子
植物の配偶体は，胞子体に形成される特殊な器官内部で
成長することで乾燥に強くなっている．

裸 子 植 物

　裸子植物（gymnosperm）は，種子を胚珠表面に形成
する維管束植物である．種子（sperma）はむき出し
（gymnos）で，被子植物のように果実の中にあるわけで
はない．しかし，裸子植物といっても，種子が多肉質の
構造体や薄い皮に覆われていて，種子が完全にむき出し
状態ではない場合もある．裸子植物には**ソテツ類**（cy-
cad），**イチョウ**（ginkgo），**マツ類**（pine）などが含ま
れる．

被子植物（顕花植物）

　維管束植物である被子植物は，花と果実をつくる唯一
の植物分類群であり，**単子葉植物**（monocot）と**真正双
子葉植物**（eudicot）に大別される．**花**（flower）をもつ
ことから，**顕花植物**（flowering plant, phanerogram）
ともよばれる．約80,000種に及ぶ単子葉植物には，ラ
ン，ヤシ，ユリだけでなく，ライムギ，コムギ，トウモ
ロコシ，イネ，サトウキビのような有用植物を含むイネ
科植物も含まれる．真正双子葉植物には，トマト，キャ
ベツ，バラ，デイジーなどの草本性植物や，ほとんどの
木本性植物が含まれる．単子葉植物と真正双子葉植物で
は，維管束組織の形成パターンや花弁の数などの形態が
異なる．また，ある真正双子葉植物は二次成長を行い，
木質化する．単子葉植物に木本性植物は存在しない（図
23・8）．

　表23・1に，被子植物のおもな組織，その構成要素，
および機能についてまとめた．すべての被子植物が同じ
組織を形成するが，その形成パターンは異なる．単子葉
植物と真正双子葉植物の大きな違いの一つが**子葉**（coty-
ledon）である．真正双子葉植物は2枚の子葉を形成す
るが，単子葉植物は1枚の子葉しかつくらない．

23・5　植物の構造と成長

植 物 の 組 織

　被子植物は約260,000種が知られており，植物界のな
かで最も多様な植物分類群である．ほとんどの被子植物
は図23・9に示すような構造をもつ．地上部は**シュート**

表 23・1　被子植物の組織

組　織	構成要素	おもな機能
単一組織		
柔組織	柔細胞	光合成，貯蔵，分泌，組織修復
厚角組織	厚角細胞	柔軟な構造の支持
厚壁組織	繊維細胞，厚壁異形細胞	構造の支持
複合組織		
表皮組織		
表　皮	表皮細胞，分泌物と副産物	クチクラ層の形成，防御，ガス交換と水の蒸発の調節
周　皮	コルク形成層，コルク，柔組織	古い茎や根を守る層の形成
維管束組織		
木　部	仮道管，道管，柔細胞，厚壁細胞	水の輸送，構造の支持
師　部	師管，柔細胞，厚壁細胞	糖質の輸送，支持細胞

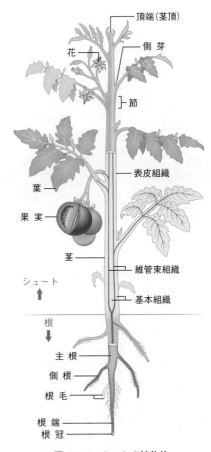

図 23・9　トマトの植物体

（shoot）とよばれ，おもに葉と茎で構成されている．茎は体の成長を支持する機能をもつだけでなく，内部には葉と根の間で水や栄養分を運ぶパイプラインとして維管束組織が形成される．根は水や無機物を吸収し，地下深くに成長するとともに，地面に固着するための構造体でもある．根には，自身で利用する栄養分を貯蔵するための特殊な細胞も存在する．

植物組織系　植物の体は大きく三つの組織系に分けられる（図23・10）．**表皮組織系**（dermal tissue system）は植物の表面を覆い，植物を保護する組織系である．**維管束組織系**（vascular tissue system）は通道組織であり，体中に配置され，水や栄養分を送り届ける機能をもつ．**基本組織系**（ground tissue system）は植物のさまざまな組織の総称であり，維管束組織系と表皮組織系以外の部分である．まとまった特徴はないが，光合成や栄養貯蔵など，さまざまな必要不可欠な機能をもつ．

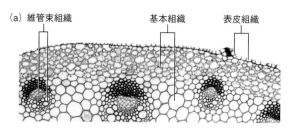

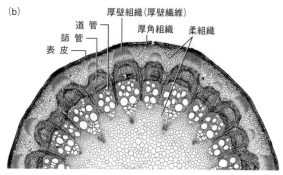

図 23・10　真正双子葉植物の茎の組織．（a）キンポウゲの基本的な組織．（b）クレマチスの茎の組織と構成要素．

茎や葉の器官内部には，このような基本組織系，維管束組織系，表皮組織系が整然と配置されている．ほとんどの被子植物の木部や師部は束化した**維管束**（vascular bundle）を形成し，それが茎や葉，根といったすべての組織系に縦横無尽に張り巡らされている．しかし，維管束の配置は，真正双子葉植物と単子葉植物では異なっている．単子葉植物の維管束は，茎全体に散らばるように配置されている（図23・11a）．一方，ほとんどの真正

双子葉植物の茎の維管束は円柱状で，長軸に平行に，表面に沿って配置されており，維管束の外側には皮層が，内側には髄が形成される（図23・11b）．

すべての植物組織系には，柔組織，厚角組織，厚壁組織のような単一細胞種からなる単純な組織や，多種類の細胞種から構成される木部，師部，表皮などのような複雑な組織も含まれる．

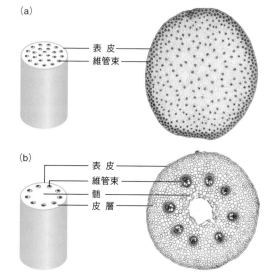

図 23・11　茎の内部構造．茎の内部で，維管束の配置は単子葉植物（a）と真正双子葉植物（b）で異なる．この図では，異なる色素で染色しているので，同じ組織，細胞でも異なる色で表されている．（a）典型的な単子葉植物であるトウモロコシの茎の断面図．維管束系が茎の基本組織系内で散在している．（b）典型的な真正双子葉植物であるキンポウゲの茎の断面図．維管束系が茎の中で，外側の皮膚と内側の髄を分けるように，環状に配置されている．（成長とともに，中央部の細胞は死に，中空になる．）

表皮組織　最初に形成される表皮組織は**表皮**（epidermis）である．通常1細胞層で脂肪酸重合体であるクチンなどを分泌している．また，ワックス（ろう）を分泌，蓄積し，クチクラを形成する．このクチクラは，水分蒸発を抑え，病原体の感染防御にも役立っている．葉や若い茎の表皮には，特殊な細胞も分化する．たとえば，唇状の1対の細胞からなる気孔は，必要に応じて開閉し，体内の水分量の調節，酸素や二酸化炭素のガス交換などを行っている．

維管束組織　木部と師部は維管束組織系に含まれる．木部と師部は，ともに長く伸長した通道組織で，維管束繊維や維管束柔細胞とともに維管束組織を形成している．

木部は水や無機物を通道する維管束組織で，**道管**（vessel）と**仮道管**（tracheid）に大別される（図23・12a, b）．どちらも成熟過程で細胞自体は死亡し，細胞内容物は消失している．細胞壁が互いにつながり合うことでチューブ状の管が生じている．さらに，その細胞壁は**リグニン**（lignin）により防水性と強度を高められており，植物体全体の構造的な補強にも寄与している．接している細胞の細胞壁には壁孔があり，水は上下方向だけでなく横方向にも移動することが可能である．

師部は，糖質や有機物を通道する維管束組織で，師管などからなる．死滅して完全な管となっている道管と異なり，師管は成熟しても生きたままの状態で機能する．師管は先端部で師板を介して接続しており，光合成産物を植物体全体に運搬するのに寄与している（図23・12c）．師管に接している**伴細胞**（companion cell）は原形質に富んだ柔細胞で，糖質を師部へ積込むなど，師管の機能を支えている．

分裂組織　植物では**分裂組織**（meristem）とよばれる特殊な組織が局所的に存在し，その細胞が継続的に分裂することで植物体全体が成長する．**一次成長**（primary growth）とは，シュートと根が垂直方向に成長することである．未分化で分裂速度の速い細胞群がシュートと根の先端にあり，それらを**頂端分裂組織**（apical meristem）とよぶ．地上部の一次成長は茎頂分裂組織の活性により支えられている（図23・13a）．この分裂組織の細胞が継続的に分裂することで地上部は上へ上へと成長する．ここで分裂した細胞は将来，表皮組織系，維管束組織系，基本組織系の細胞へとそれぞれ分化していく．

一方，根の最先端部分では，**根端分裂組織**（root apical meristem）の細胞分裂により，根の先端側に押し出されるようにして，**根冠**（root cap）が形成される（図23・13b）．根冠は，根が土の中を伸長する際，根を保護する役目をもっている．根冠以外にもさまざまな細胞系がつくられ，表皮組織系，維管束組織系，基本組織系が分化する．

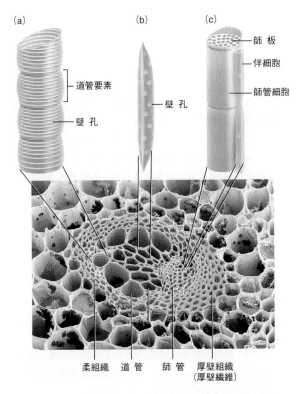

図 23・12　**維管束組織の細胞**．柔細胞や厚壁組織の繊維細胞が観察できる．（a）木部細胞．（b）仮道管細胞．成熟した道管細胞，仮道管細胞は死細胞で，細胞壁に穴をあけることで内容物を運ぶことができる．（c）師部細胞．師管細胞は生細胞で，先端に篩状の穴があることで，内容物を運ぶことができる．伴細胞は師管細胞に糖質や代謝物などを輸送し，師管細胞の機能を補助する．

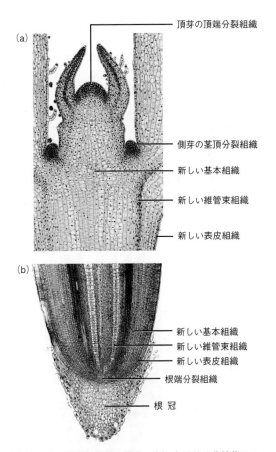

図 23・13　**茎頂と根端の構造**．（a）真正双子葉植物のシソ科植物の茎頂部，（b）単子葉植物の根端部．

植物の器官：茎，花，葉の構造

茎　茎（stem）は被子植物において，葉や花をつ
けるための棒状の基本構造である．葉は茎が伸びるに
従って，頂端分裂組織から一つひとつ順番につくられ，
順番に成熟する．葉がついている茎とのつなぎ目部分を
節（node）とよび，節と節の間は**節間**（internode）と
よばれる（図 23・14）．茎は，節を1単位として，その
節が積み重なってできており，新しいシュートは節の部
分から形成される．

図 23・14　**典型的
な茎**．単子葉類に
も真正双子葉類に
も節がある．

単子葉類　　真正双子葉類

花　花（flower）は，特殊化した生殖器官である
（図 23・15）．花の各部分は**花托**（receptacle，❶）とい
う領域に由来する，葉が変形したものである．**がく片**
（sepal，❷）は，通常，緑の葉のような器官で，花が咲
くまで，花全体を包んでいる．がく片の内側には花弁❸
が形成される．

おしべ（stamen，雄ずい❹）は，花粉をつくる器官
であり，めしべを取囲んでいる．典型的なおしべは，花
糸と，その先端にある二つの**葯**（anther）からできてい
る．**めしべ**（pistil，雌ずい❺）は**心皮**（carpel）が融合

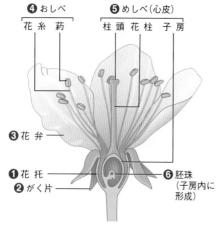

❹おしべ　　　❺めしべ（心皮）
花糸 葯　　　柱頭 花柱 子房

❸花弁
❶花托　　　　　　　❻胚珠
❷がく片　　　　　（子房内に
　　　　　　　　　　形成）

図 23・15　**花の構造**

してできた器官であり，心皮は花粉を受取るように特殊
化した組織である粘着性の**柱頭**（stigma）を先端にも
つ．柱頭は**花柱**（style）の上部に位置しており，花柱
の基部には**子房**（ovary）があり，子房内には**胚珠**
（ovule，❻）が存在する．胚珠では，卵が形成される．
受精後，胚珠は種子へ，子房は**果実**（fruit）へと分化す
る．

葉　葉（leaf）は，光合成，ガス交換，水の蒸散を
行う器官である．典型的な葉は扁平で，単子葉植物の葉
は，基部が茎を包み込むような鞘状になっている．真正
双子葉植物の場合は葉柄によって茎に接続している（図
23・16）．

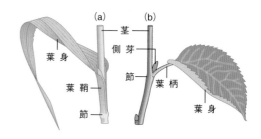

（a）　　（b）
　　茎
葉身　　　側芽
　　　　　節　　葉柄
葉鞘
　　　　　　　　　葉身
節

図 23・16　**葉の構造**．（a）単子葉類，（b）真正双子葉類．

葉の形や葉のつく角度は，効率的に太陽光を受け，効
率的にガス交換を行うようになっている．ほとんどの葉
は薄く，体積当たりの表面積が最大になるように工夫さ
れている．また，葉は自分自身で葉の角度を太陽光に対
して垂直になるように変えることで，太陽光を常に効率
よく受け止める工夫もする．

図23・17は，葉の内部構造を示している．葉の大部
分は，葉の上下（表裏）にある**表皮**（epidermis，❶）
の間の光合成を行う**葉肉**（mesophyll）からなる．葉肉
の細胞間は，空気が流通できる．

真正双子葉植物の葉肉は，明確に分かれた2層から
なる．上側の層は**柵状組織**（palisade mesophyll，❷）
とよばれる．この層の細胞は縦長で，下の**海綿状組織**
（spongy mesophyll，❸）の細胞より多くのクロロフィ
ルをもつ．海綿状組織の細胞の形は不規則で，柵状組織
の細胞ほど密集していない．典型的な単子葉植物の葉で
は，葉肉は層を形成しない．

葉の**葉脈**（leaf vein）は維管束でできている❹．双子
葉植物の葉脈は枝分かれしているが，単子葉植物の葉
は，葉の長軸に平行な，ほぼ同じ長さの葉脈をもつ．維
管束内の道管は水を運搬し，イオンなどを光合成細胞に
届ける．一方，師管は光合成細胞からの産物（糖質）を

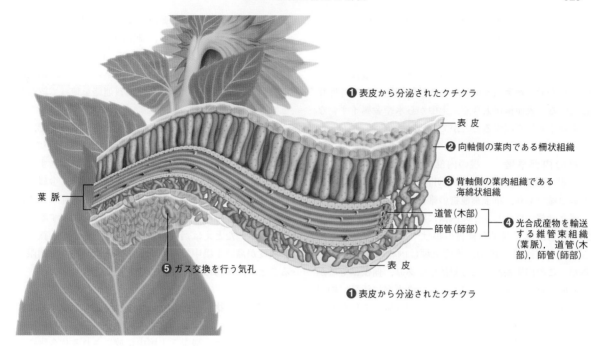

❶ 表皮から分泌されたクチクラ

表　皮

❷ 向軸側の葉肉である柵状組織

❸ 背軸側の葉肉組織である
　海綿状組織

葉　脈

道管（木部）
師管（師部）

❹ 光合成産物を輸送
　する維管束組織
　（葉脈），道管（木
　部），師管（師部）

❺ ガス交換を行う気孔

表　皮

❶ 表皮から分泌されたクチクラ

図 23・17　葉の横断面と内部構造

輸送する.

　表皮は1層で，表面は滑らかであったり，粘着性が
あったりする. また，表皮細胞が形成する毛，うろこ，
棘（とげ）などの突起をもつ. 表皮細胞は水の損失を抑制するク
チクラを分泌する. 葉の下側には一般に上側より多くの
気孔があり，気孔は水の損失を防ぐために閉じたり，気
体が表皮を通過できるように開いたりする. 光合成に必
要な二酸化炭素は，気孔を通って葉に入り，葉肉細胞の
間に拡散する. 光合成によって生じる酸素は，逆の経路
で拡散する❺.

　気孔を構成する孔辺細胞（guard cell）は，葉の表皮
細胞の中で，唯一光合成を行う細胞である. §23・9で
説明するように，植物は環境に応じて孔辺細胞の形を変
化させ，気孔を開閉することで水分調節やガス交換を行
う.

植物の器官：根の構造

　根の外部構造　　地上部のシュートと同様，地下部
の根系は，植物の成長に必要不可欠である. **根**（root）
は土中から水や無機物，栄養素などを吸収する大事な器
官で，その形状は大きく二つに分けられる.

　単子葉植物の**主根**（tap root）は茎の下端部の狭い領
域から多数発生する不定根に覆われて区別がつかなく
なっている. 不定根から発生する**側根**（lateral root）
は，太さや長さももとの不定根と区別がつかない. この

ような根系のことを，ひげ根型根系とよぶ（図23・
18a）.

　真正双子葉植物の根は，主根と側根が区別できる主根
型根系を形成する. ニンジン，ブナ，コナラ，そしてポ

(a)

(b)

根

図 23・18　**根系の比較**. 単子葉類に典型的なひげ根型根
系と，真正双子葉類に典型的な主根型根系.（a）ひげ根
型根系では，多数の，同じサイズの根が1箇所から形成
される. タマネギの下部から根が形成される.（b）主
根型根系では，太く大きな主根と主根から形成される側
根とに分かれる.

ピーにも主根と側根がある（図23・18b）．真正双子葉植物の中には，光合成によりつくった栄養分を，サツマイモのように塊茎にためるものもある．

根の表皮細胞は土に接して水などを吸収する役目をもつ．なかでも**根毛**（root hair）は吸収細胞として特殊化している．表面積が大きく，土中から水や金属イオンなどを効率的に吸収することができる．

根の内部構造　根の内部構造を詳しくみてみよう．根の**維管束環**（vascular cylinder）は中心柱にある通道組織であり，単子葉植物の維管束環では環状に一次木部と師部が整列し，その内側には髄が形成される（図23・19a）．真正双子葉植物の根は一次木部と師部でできている（図23・19b）．維管束環は内鞘に囲まれているが，この内鞘細胞には分裂活性があり，側根はそこから形成される．根の長軸に対して垂直方向に活発に細胞分裂を起こし，側根は内皮や表皮を突き破って伸長していく．また根の先端には根を保護するための根冠が形成される．

イオンの取込み　水は，細胞壁内を拡散し維管束環までたどり着くが，維管束環の内部には入れない．維管束環は1層の内皮細胞層により取囲まれている．この内皮細胞は，リグニンを細胞壁に分泌し，沈着している．リグニンは，水透過性が低く，防水効果が高い．このリグニンが沈着した内皮細胞は，維管束を取囲んでいるので，内部の維管束から外側に水分が漏れ出ないしくみになっている．逆にいうと，根の外の土壌から水分を吸収する際，水は，このリグニンが沈着した内皮細胞の内側，つまり維管束環の内側には拡散しない．

水は，拡散により脂質二重層を通過でき，細胞内に入

ることができる．一方，金属イオンは，細胞膜上にある輸送体などを通過しないと，細胞内部に取込まれることはない（§4・5）．表皮細胞や皮層，内皮細胞は，輸送体を使って金属イオンを細胞内に取込んでいる．細胞内に取込まれた金属イオンは，原形質連絡を使って細胞間を輸送される．

原形質連絡を介して金属イオンを輸送することで，リグニンが沈着している内皮細胞を通過することができ，維管束環の内側にある道管にも金属イオンを輸送することができる．このしくみにより，植物の根は，金属イオンの種類に応じて，土壌からの取込み量を調節することができ，毒性の高い金属イオンの取込みを制限することもできる．たとえば，鉄イオンは毒性をもつが，鉄イオン濃度が高い土壌中でも，鉄イオンの取込み量を制限することで，植物は生きていくことができる．

根圏微生物　**根粒**（root nodule）を形成するマメ科植物は，窒素固定細菌と共生する（§14・4）．**根粒菌**（rhizobium）は，根から土壌中に放出される化合物を認識し，根に侵入し，植物の根に，こぶのような根粒を形成させ，根粒の中で繁殖する．植物の成長には窒素源が必要不可欠だが，多量にある空気中の窒素を直接利用することは，残念ながらできない．根粒菌は，空気中の窒素を植物が窒素源として利用できるアンモニアに代謝し，植物に供給する．一方，植物は，嫌気性細菌の根粒菌に，低酸素環境の根粒をつくり生息場所を提供するだけでなく，光合成で得た炭素源を提供し，共生関係が成り立っている．

ほとんどの顕花植物は，真菌類が共生する**菌根**（mycorrhiza）をもち，菌根菌から栄養分をもらっている．真菌類の**菌糸**（hypha）は，根のまわりに絡みついたり，

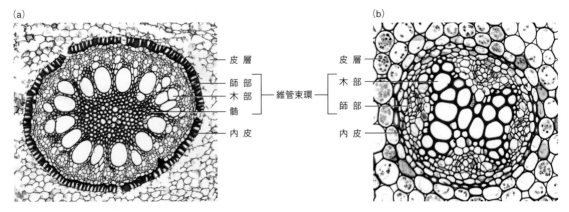

図 23・19　単子葉類と真正双子葉類の根の組織の違い．（a）単子葉類の根の横断切片，（b）真正双子葉類の根の横断切片．

根の内部に侵入したりする．根に絡みついた部分により，栄養分を吸収するための表面積は，根単独よりも広くなるので，効率的に栄養分を吸収できる．菌根菌は植物から炭素源や窒素源を供給してもらい，植物は菌根菌からリン酸などの栄養分を提供してもらい，共生関係が成り立っている．

二 次 成 長

植物の根や茎は，成長するに従って，しだいに太くなり，木質化してくる．このような現象を**二次成長**（secondary growth）という．根や茎の中で，環状層構造をとる**側方分裂組織**（lateral meristem）の細胞分裂によって二次成長が起こる．木本性植物は**維管束形成層**（vascular cambium）と**コルク形成層**（cork cambium）とよばれる2種類の側方分裂組織をもつ（図23・20a）．

維管束形成層は環状で，その内側と外側に数層からなる二次維管束組織を分化させる．二次維管束組織は，大きく二次木部と二次師部に分けられる．二次木部は分裂活性のある形成層の内側（表皮から遠い方）に，二次師部は形成層の外側（表皮に近い方）に分化する．それに伴い，一次木部，一次師部はそれぞれ形成層から遠ざかることとなる（図23・20b）．木部組織の層構造が肥厚するにつれ，形成層は相対的に茎や根のより外側に配置されることになる．このようにして，茎や根が二次成長を行い，太くなる（図23・20c）．

このような二次木部，または**木質部**（wood）は，植物の重量の90%を占めるようになる．木質部の肥厚は断続的に起こり，年を経るごとに，しだいに内側から表皮に向かって圧力をかけることになる．やがて，その圧力により皮層や二次師部に亀裂が入る．そこに，もう1種類の側方分裂組織であるコルク形成層ができ，コルク形成層は**周皮**（periderm）を生じる．周皮は，柔細胞とコルク，そしてそれらを生み出すコルク形成層からなる表皮組織である．**樹皮**（bark）とよばれるものは，維管束形成層の外側にあたる二次師部と周皮のことである．

年　　輪

温帯地方の樹木は，季節により成長速度が異なるため，冬はほとんど成長しない．春以降，成長速度が速くなると，細胞壁が薄い道管細胞などからなる**春材**（spring wood）が形成される．夏以降には，細胞壁が厚い道管細胞からなる**晩材**（late wood）が形成される．春材は晩材に比べ，多孔質で，密度が低く，色が薄いという特徴がある．このように，温帯地方の樹木の横断面を見ると，毎年成長度合の異なる春材と晩材とが一つずつ環状に形成され，毎年一つの**年輪**（tree ring）が形成される（右図）．一方，気候変動の小さい熱帯地域などでは，多くの樹木が一年中ほぼ同じ速度で成長するので，はっきりとした年輪は見られない．

年輪には，さまざまな情報が刻まれており，年輪から平均年間降雨量を推定することもできる．また，これまでの山火事や洪水，地滑りや氷河の動きなど，さまざまな歴史的現象の検証だけでなく，その樹木に対する感染性昆虫の種類の推定など，各年代における生態学的な研究にも利用可能である．

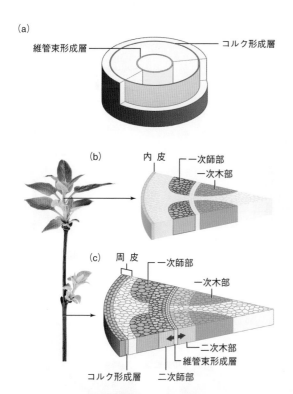

図 23・20　真正双子葉植物の二次成長.（a）真正双子葉植物では，維管束形成層とコルク形成層により，茎や根が二次肥大化する．このことを二次成長という．維管束形成層は二次木部や二次師部を形成し，コルク形成層は周皮を形成する．（b）春になると一次成長が再開し，頂芽や側芽が成長する．（c）二次成長は維管束形成層で起こり，形成層の内側に道管を形成し，形成層はより外側に相対的に移動することで，茎や根が太くなる．

23・6　被子植物の生殖と初期発生

雌性配偶体の形成

典型的な被子植物の生活環を図23・21に示す．まず最初に，子房の中に胚珠が形成される❶．減数分裂に

より，胚珠内で4個の一倍体の胞子が形成される**❷**. そのうち三つの胞子は縮退し，残った**大胞子**（megaspore）一つが3回の核分裂をすることで1細胞8核になる**❸**. 大胞子は，一倍体の卵，二核の中央細胞と，その他のいくつかの細胞からなる雌性配偶子へと分化する**❹**.

雄性配偶体の形成

　葯の中には**花粉囊**（pollen sac）が形成される**❺**. 花粉囊には二倍体の花粉母細胞が形成され，減数分裂により一つの花粉母細胞から四つの**小胞子**（microspore）が形成される**❻**. 小胞子は**花粉粒**（pollen grain，未成熟な雄性配偶体）に分化する**❼**. 花粉の細胞質中には，

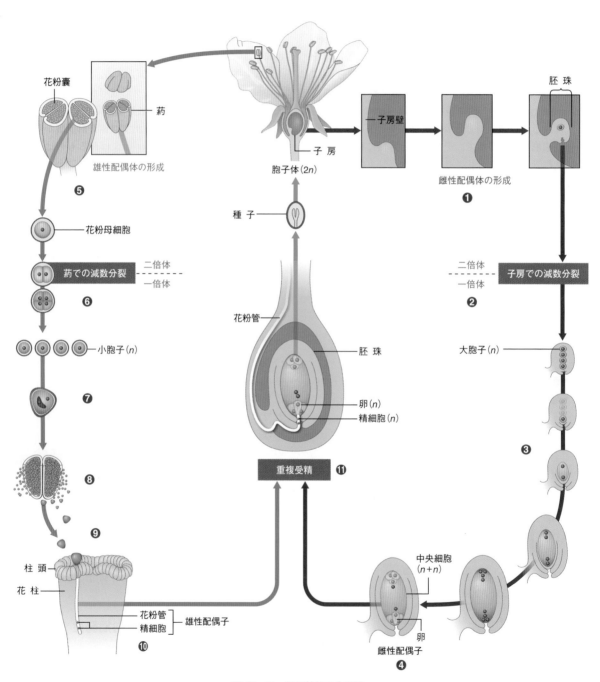

図 23・21　被子植物の生活環

入れ子状に精細胞が形成される．花粉が成熟すると，代謝が止まり，**休眠**（dormancy）状態に入る．葯の花粉嚢が割れると，その中から花粉が放出される❽．

受　精

　風や動物により花粉が運ばれ柱頭に付着し，**受粉**（pollination）する．柱頭に付着した花粉は発芽し，花粉管は花柱内を胚珠に向かって伸長する❾．花粉管の中の入れ子状の細胞が体細胞分裂を行い，二つの移動性のない精細胞が形成される．花粉管は，その先端に二つの精細胞を抱えたまま，花柱の中を伸長する❿．

重 複 受 精

　花粉管は先端成長を行い，胚珠へと向かう．花粉管の先端が胚珠に到達すると，二つの精細胞を胚珠の中に放出する⓫．精細胞の一つは卵と融合，受精し，二倍体接合体を形成し，胚が形成される．もう一つの精細胞は中央細胞と融合し，三倍体（3n）の細胞を形成し，**胚乳**（endosperm）へと分化する（**重複受精** double fertilization）．胚乳は，種子が発芽した後，光合成によって自分で栄養を合成できるようになるまでの栄養源となる．

種 子 形 成

　被子植物では，重複受精により接合子と三倍体細胞ができる．体細胞分裂により，接合子は胚へ，三倍体細胞は胚乳へと分化する．胚発生の進行中，親植物体は栄養分を胚珠に転流する．これらの栄養は，胚乳にデンプン粒，脂質，タンパク質などの形でたくわえられる．真正双子葉植物の場合，胚乳の栄養分は種子が発芽する前に子葉に移されており，種子成熟までに胚乳はほぼなくなっているが，単子葉植物の場合，発芽後に胚乳が使われる．胚発生が進むにつれ，胚珠を取囲む珠皮は，頑強な種皮へと分化する．胞子体（胚）と栄養源としての胚乳，さらに種皮が分化し，種子が完成する（図23・22）．茎頂分裂組織や根端分裂組織は胚発生の間につくられており，基本的な器官は胚発生時に完成している．しかし，胚発生完了後，種子は休眠するので，基本的な生命活動は一時停止し，細胞分裂なども停止する．種子は，堅い種皮に守られて発芽に適した環境になるまで休眠し，活動を停止する．

　胚乳や子葉の栄養は胞子体の発芽時に利用されるが，ヒトや他の動物の栄養源にもなる．コメ，コムギ，オオムギ，ライムギなど多くのイネ科植物が栽培され，栄養源として利用されている．胚は，タンパク質やビタミンが豊富で，種皮は無機物や繊維を多く含んでいる．とこ

ろが，ヒトが食用とする場合，脱穀・精米を行うので，タンパク質やビタミン，無機物や繊維質の多くは捨てられ，デンプンを多く含む胚乳だけが利用される場合も多い．

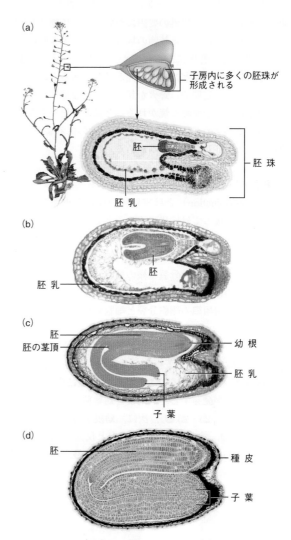

図 23・22　真正双子葉植物のナズナの胚発生.（a）重複受精後，胚と胚乳は胚珠の中で成長する．（b）2枚の子葉が形成されるのに伴って，胚はハート型になる．胚乳が発達し，栄養分を蓄積する．（c）胚発生が進むに従って，胚乳から子葉に栄養が転流される．胚はハート型から魚雷型に変化し，最後は子葉の成長に伴って，子葉は折りたたまれる．（d）堅い種皮が胚のまわりに分化する．

休 眠 打 破

　休眠（dormancy）は，植物が環境に高度に適応した成長戦略である．環境変化があまりない赤道付近で生育する植物は休眠をする必要がないので，種子成熟とともに発芽する．一方，四季があるような環境で生育する植

物で，秋に種子が放出されるような場合，即座に発芽すると冬を越せなくなってしまう．そこで，長日になり暖かくなる春まで発芽せず，休眠する必要がある．

種子はどのようにして発芽に適した環境になったことを感じとるのだろうか．発芽に必要な環境要因のうち，給水（水分の供給）以外の要因については，植物ごとに異なる．たとえば，ある植物の場合，種皮が大変堅いために，給水前に動物にある程度かみ砕かれる必要がある．また，レタスなどは発芽に光が必要である．ユーカリなどのように定期的に野火が起こるような環境で生育する種類は，種子が軽く焼かれることにより発芽が促進される．このように，実生の生存競争に勝てるように，植物の種類に応じた休眠戦略がある．

発芽と初期発生

発芽（germination）とは成熟胚の成長が再開し，根が種皮を突き破って外に出てくることである．種子は給水後，デンプンを糖質に変える酵素を活性化し（§2・7），給水し膨張することで種皮が破れ，酸素にさらされ，呼吸を開始する．分裂組織の細胞は，すばやく細胞分裂するために，糖質と酸素を必要とする．発芽後，活性化された分裂組織の細胞分裂と細胞分化により成長が促進される．

発芽が終わると，初期発生が始まる．たとえば，トウモロコシのような単子葉植物は**幼葉鞘**（coleoptile）とよばれる堅い鞘で子葉を守りながら，真上に成長する．トウモロコシが発芽すると，幼根と幼葉鞘が種皮から外に出現する（図23・23❶）．次に，幼根が冠根として伸長成長する❷．幼葉鞘は上方（重力と反対方向）に成長し，土から顔を出すと，成長が止まる❸．幼葉鞘の

図 23・24 真正双子葉植物のマメ科植物の初期発生

内側から，シュートが成長してくる❹．1枚の子葉は土中にとどまり，葉で十分な光合成ができるようになるまで，内胚乳の分解産物を胚に輸送する機能をもつ❺．

真正双子葉植物の実生は，幼葉鞘に保護されていない．典型的な真正双子葉植物の発生過程（図23・24）では，まず，種子から幼根が出てきて❶，次に胚軸がフック状に曲がった状態で現れる❷．屈曲した胚軸は子葉を地表に引っ張り上げる❸．地表に出た子葉が日光を浴びると，曲がっていたフックがまっすぐになる．また，最初の本葉は子葉の間から形成され，光合成を開始する❹．胚軸は真っすぐになり，子葉も枯れるまで光合成を行う❺．最終的に，子葉は胚軸から脱落し，すべての栄養は本葉でつくられるようになる．

無 性 生 殖

ほとんどの顕花植物は，**無性生殖**（asexual reproduction）により個体を増やすことができる．無性生殖によ

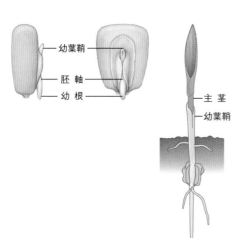

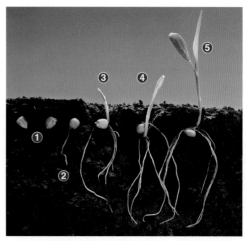

図 23・23 単子葉植物のトウモロコシの初期発生と種子構造

り生まれた新しい植物個体は，親個体のクローンである．このクローン個体は，根や茎，節や維管束環の組織から再生される．茎の節は，根やシュートの再生効率が高く，切断した茎を土に埋めるだけで，容易に個体を再生することができる．

　無性生殖は，**挿し木**（cutting）などの技術により，有用品種の個体数を容易に増殖させられるので，農業にも広く利用されている．

　接ぎ木（grafting）は，種なしブドウのような，種ができない品種の植物を増やす技術として利用されている．食用バナナは三倍体（$3n$）であり，減数分裂時に，3 対の相同染色体が均等に 2 分割できないので，配偶子形成ができず，種子ができない．バナナや単子葉類の作物は，接ぎ木による増殖が技術的にかなりむずかしいので，芽を切取って生育させたり，分裂組織を使った組織培養などを使って増殖させている．

　倍数体の作物は果実が大きくなることなどから，頻繁に有用作物品種として利用されている．倍数体植物を人工的に作出するために，コルヒチン処理を行う．**コルヒチン**（colchicine）は，減数分裂時に微小管を破壊するため，通常の配偶子形成のときのように，染色体数が半減しない．コルヒチン処理を行うことにより，二倍体（$2n$）の花粉と二倍体（$2n$）の卵を受精させ，四倍体（$4n$）の植物を作出することができる．次に，この四倍体植物を二倍体植物と交配すると，三倍体植物が得られるので，種なし作物を生み出すことができる．種なしスイカなどは，このようにして作出されたものである．

23・7　植物ホルモン

　動物の場合，器官発生は出生前に完了し，生まれた後は基本的に伸長成長のみを行う．一方，植物の場合，発芽前は限られた器官のみがつくられ，発芽後は外的環境に応じてさまざまな器官が形成される．動物とは異なり，植物は移動できないために，温度や重力，日長や栄養条件，病害菌や植食者など，多様な環境に対応して生き延びなくてはならない．植物は，形作りを柔軟に調節することで，種々の環境に適応している．植物の形態形成において，各細胞は自律分散的に行動するのではなく，個々の細胞間で高度に協調し連絡をとり合うことで，多細胞個体をつくり上げていく．発芽後，根と茎が同時に伸長するのも，高度に協調して発生を行っていることを示している．

　植物は細胞間コミュニケーションに**植物ホルモン**（plant hormone）を使っている．植物ホルモンはシグナル分子として機能し，発生過程を促進したり，抑制した

りする．植物は，温度，重力，日長，水や栄養条件など，いろいろな環境要因を感受し，それに適応するために，さまざまな植物ホルモンを合成し，利用している．植物ホルモンは，目的の細胞に到達すると遺伝子発現パターンや酵素の活性を変化させたり，他の分子の活性化を起こしたり，溶質の濃度変化をひき起こしたりと，細胞質内でさまざまな現象を誘導する．

　細胞は，植物ホルモンを受容体タンパク質が受容して認識し，シグナルを伝達する．その後，多くの場合，遺伝子発現の変化を伴う応答を起こす．細胞の応答は細胞の種類や受容体，ホルモンの濃度などによって異なり，高度に調節されている．さらに，同じ細胞内であっても，時と場合により全く逆の作用をもたらす場合もある．

オーキシン

　オーキシン（auxin）は，最初に見つかった植物ホルモンであり，細胞に直接的に作用し，他の植物ホルモンの作用にも影響を与える．ほとんどすべての組織に存在するが，均一に存在しているわけではない．オーキシンはおもに，茎頂分裂組織や若い葉でつくられ，オーキシンが必要な組織，器官へ輸送される．茎頂でつくられたオーキシンは師管を通って根までいき，根の細胞に分配される．近距離の移動にはオーキシンに特有の特殊な輸送方法が存在する．このことにより，組織や器官内でオーキシンは濃度勾配を生じ，細胞に位置情報を与えている．このような濃度勾配は他の植物ホルモンと協調して働くのにも重要である．

　オーキシンは，切った茎の断面に塗布すると発根を促進させられるので，発根促進剤として市販されている．また，オーキシンは除草剤としても利用されてきた．ベトナム戦争中に広く使用された枯れ葉剤は，2 種類の合成オーキシンを混合して作られている．その一方の 2,4-D とよばれる合成オーキシンは，単子葉植物よりも真正双子葉植物の方が感受性が高いことから，単子葉類の芝生やトウモロコシなどの畑で，除草剤として使用されている．

サイトカイニン

　サイトカイニン（cytokinin）は分裂組織の細胞分裂と分化のバランスを調節しており，側芽の発生を促進したり，側根形成を抑制したりする．オーキシンとサイトカイニンは，しばしば同じ細胞に働きかけ，拮抗的に作用する．たとえば，根端分裂組織では，オーキシンは分裂組織の未分化な状態を保ち，細胞分裂活性を維持しているが，サイトカイニンは細胞分化を促進する．このように，二つのホルモンは逆の働きをすることで，細胞の

分化状態を調節している．一方，茎頂分裂組織では，こ
れら二つの植物ホルモンは協調して細胞の未分化状態を
保ち，細胞分裂の促進と分化抑制を行う．

　茎の先端が伸長しているとき，通常，側芽の伸長は抑
制されている．このことを**頂芽優勢**（apical dominance）
という．オーキシンが茎頂分裂組織で生産され，茎を
通って側芽周辺まで移動し，サイトカイニンの合成を抑
制する結果，頂芽優勢が生じる（図23・25）．成長を続
ける茎頂では，オーキシンが合成され，茎の下の方に輸
送される．茎では，オーキシンの作用によりサイトカイ
ニン合成が抑制され，サイトカイニン濃度は低く抑えら
れている❶．茎頂が傷を受けるなどして活性がなくな
るとオーキシンの産生ができなくなるため，側芽付近で
サイトカイニンの合成が促進される．そのサイトカイニ
ンは側芽の頂端部に移動し，細胞分裂を誘導する❷．
サイトカイニンが移動してきた側芽の頂端部では，新た
にオーキシンが合成される❸．次に，側芽の頂端部か
らオーキシンが茎の根元方向に移動するようになる❹．
このようなオーキシンとサイトカイニンの働きが側枝の
発生を制御している．

ジ ベ レ リ ン

　1926年ごろ，黒澤英一は，背丈が約2倍に伸長し，
倒れやすくなるなど，コメ農家に被害を与える馬鹿イネ
病の研究を行っていた．この病気はイネにイネ馬鹿苗病
菌 *Gibberella fujikuroi* が感染することでひき起こされ
る．黒澤は，イネ馬鹿苗病菌の抽出物をイネの実生に与
えることで伸長成長が誘導されることを発見した．その
後，その原因物質が同定され，他の植物にも伸長活性が
あることが確かめられ（図23・26），**ジベレリン**（gib-
berellin）と名づけられた．

　ジベレリンは，細胞分裂を誘導したり，茎の伸長を促

進したりする．ジベレリン
が細胞に作用すると，細胞
内で，転写抑制因子が分解
され，下流の遺伝子発現が
活性化される．その結果，
細胞分裂や細胞伸長が活性
化し，茎の伸長が起きる．
ジベレリンには，葉や果実
の老化を抑制する作用もあ
る．

　ジベレリンの重要な機能
として，種子の休眠打破
（発芽促進）が知られてい
る．大麦の場合，種子の吸
水により，発芽が促進され
る．適切な温度などの環境
条件が整うと，胚でジベレ
リン合成が活発になり，胚
のまわりにジベレリンを放

図 23・26　ジベレリンに
よるキャベツの茎の伸長
成長．ジベレリン処理
（右）と未処理（左）.

出する．ジベレリンは，胚のまわりに存在する胚乳に作
用し，胚乳でアミラーゼの発現を誘導する．そのアミ
ラーゼにより，胚乳のデンプンがグルコースに分解さ
れ，発芽のエネルギーができる．胚は，胚乳でできたグ
ルコースを受取り，好気呼吸に利用し，結果として根の
伸長や幼葉鞘の伸長などが起こり，種子は発芽する．

アブシシン酸

　アブシシン酸（abscisic acid：ABA）は，**器官脱離**
（abscission）に関与することからその名がつけられた
が，現在では，乾燥やその他のストレス抵抗性に寄与す
る植物ホルモンとして知られている．

　植物はさまざまなストレスから逃げることができない

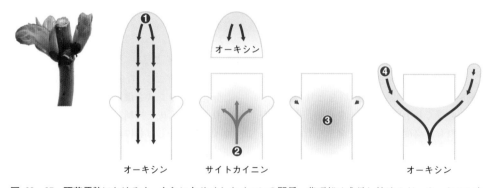

　　　　オーキシン　　　　サイトカイニン　　　　　　　　　　オーキシン

図 23・25　**頂芽優勢におけるオーキシンとサイトカイニンの関係**．茎頂部は成長し続けるが，オーキシンを
合成する茎頂部がなくなると，頂芽優勢が壊れ，側芽が成長する．

ので，過酷な温度や，水不足，その他の環境ストレスに対応するために，ABA の合成，放出とそれに続く輸送を行う．適切に体中に分配された ABA は，ストレスに対抗するための遺伝子群の発現を誘導する．たとえば，乾燥状態にさらされた場合，ABA は気孔の閉鎖を誘導し，蒸散を防ぐ（§23・9）．また，その他の機能として，胚の成熟や種子の休眠，花粉の発芽や果実の成熟，さらにはサイトカイニンのように側根形成を抑制したりする．

ABA は胚発生段階で合成，蓄積され，種子の休眠を誘導するが，このとき，おもに細胞壁の再編成を伴う細胞伸長に関する遺伝子発現の抑制を行っている．種子の休眠が起こらない変異体などでは，穂発芽が起こってしまう（図 23・27）．さらに，ABA は発芽を促進するジベレリンの合成抑制も行うことで，発芽の抑制と休眠の促進をしている．このため，ABA 濃度が下がるまで，種子は発芽できない．

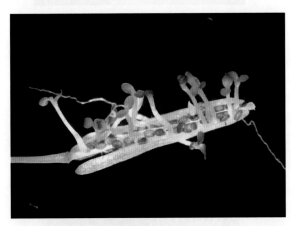

図 23・27 **ABA は発芽を阻害する**．シロイヌナズナの ABA のシグナル伝達経路を阻害すると，休眠せずに発芽してしまう．

エチレン

エチレン（ethylene）は水に溶けやすい気体状の植物ホルモンで，さまざまな植物生理を調節する機能をもつ．

エチレン合成にかかわる酵素は 2 種類のフィードバック制御によってその活性が調節されている．負のフィードバック制御によりエチレン合成を低レベルで維持し，植物の成長や細胞伸長に役立っている．正のフィードバック制御では，非常に大量のエチレンを合成し，種子の発芽や病害応答，器官脱離，果実の成熟などに役立っている．たとえば，イチゴの果実はその発達段階で正のフィードバック制御が起動し，大量のエチレンが放出され，成熟する（図 23・28）．エチレンは，そのほかにも，堅い細胞壁を分解したり，デンプンを糖に代謝したり芳香成分の放出の誘導も行う．柔らかく，おいしいイチゴは動物の餌となり，種子は動物により運ばれ拡散することで繁殖域を広げていく．

エチレンは気体であるため，ある果実が放散したら他の果実も成熟を始める．合成エチレンは人工的に果実を成熟させることにも広く使われている．堅く，熟していない果実は柔らかく熟した果実よりも傷をつけずに長距離を移動させることができる．最終目的地で，未熟な果実をエチレンにさらして正のフィードバック制御で成熟させればよい．

23・8 環 境 応 答

屈 性

動くことのできない植物は，環境変化に対応するために，根や茎の成長調節を行うことで適応している．この応答のことを**屈性**（tropism）という．通常，この屈性はホルモンの働きにより行われる．

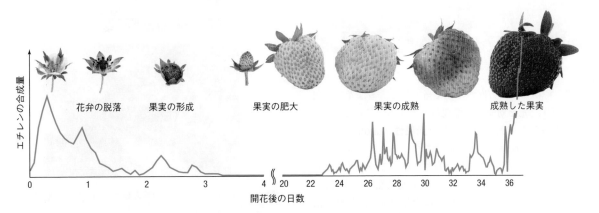

図 23・28 **イチゴの形成，成熟とエチレンの合成量**

重 力　実生は上下逆にされても，主根は下方に，茎は上方に伸びる（図23・29a）．重力に応答した成長反応のことを**重力屈性**（gravitropism）という．根や茎はオーキシンの濃度変化により屈曲する．オーキシンが茎の片側に局在的に分布し，局所的に細胞伸長を促進することで，片側に茎を屈曲させている．根では逆の効果があり，オーキシンが根の細胞伸長を抑制することで，オーキシン濃度が高い側に根が屈曲する．植物の根冠細胞の中には，平衡石としてデンプン粒が蓄積している．平衡石は，細胞内で重力方向に沈むため，重力感知に役立っている．重力方向が変わると，細胞内の平衡石は，細胞内で沈む位置が変わる（図23・29b, c）．根冠細胞がその新たな平衡石の位置を認識すると，周辺細胞のオーキシンの輸送方向を制御し，周辺細胞のオーキシン濃度に変化が生じ，根が下方に伸長できるように細胞伸長を誘導し，結果として，根の伸長方向が変わる．

(a)

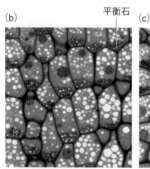

図 23・29　**重力屈性**．(a) 土の中で，トウモロコシの種子の主根は常に重力方向に成長し，茎は地上に成長する．(b) 植物の根冠細胞には平衡石としてデンプン粒が含まれており，重力方向に沈むことで重力を感知する．(c) (b)の状態から90° 根を傾けると10分で重力方向に配置を変え，重力方向の変化が認知される．

(b)　　　　　平衡石　　(c)

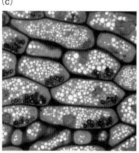

光　植物に一方向から光を当てると，茎は光の方向に曲がり，光を効率よく受取ろうとする．このような，光に応答した成長反応のことを**光屈性**（phototropism）という．光屈性は青色光で誘導され，フォトトロピンという非光合成系色素により受容される．この色素は，気孔の開口時にも使われている．茎や幼葉鞘の先端では，光によりオーキシンの極性輸送に変化が生じ，陰側の細胞でオーキシンが蓄積する（図23・30）．その結果，光の当たらない側の細胞伸長が促進され，光の方向に茎が屈曲する．

(a)

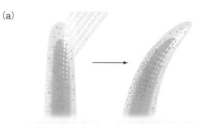

(b)

図 23・30　**光屈性**．オーキシンにより，細胞伸長に差が生じることで幼葉鞘が光の方向に屈曲する．クローバーに右側から光を当てると，オーキシン（赤点）が陰側に移動し(a)，細胞伸長を誘導し，幼葉鞘全体は光の方向に屈曲する(b)．

接 触　植物は，いろいろなものに直接接触することで，**接触屈性**（thigmotropism）を示す．たとえば，つるの巻きひげが何かに触れたとき，細胞内カルシウム

(a)

(b)

図 23・31　**ハエトリソウの葉の動き**．(a) 葉の表面に感覚毛が形成される．(b) 感覚毛に2回接触刺激を感じると，葉が閉じる．

濃度の上昇が起こる．カルシウム濃度の変化により接触応答が発動し，巻きひげの接触面と反対領域で細胞伸長が誘導され，巻きひげは，接触物質に巻きつくことができる．植物で最も速い動きをする植物はハエトリソウである．接触刺激を受けると，ハエトリソウの葉は，1秒程度で閉じる．ハエトリソウの葉の上面には接触感知毛があり，接触感知毛が連続して2回以上の接触を感知すると，すばやく葉が閉じ，昆虫などを餌としてとらえることができる（図23・31）．2回以上の連続接触が必要なので，雨などによる刺激には反応しない．

周期的な変化への応答

1日周期　概日リズム（circadian rhythm）は約24時間の間隔の周期的な植物応答である．たとえば，マメ科植物は日中は葉を水平にしているが夜になると閉じる．恒常的な明条件や暗条件に移しても，数日間は24時間のリズムを覚えており，この葉の開閉運動を続ける（図23・32）．そのほかにも，概日リズムによって決まった時間にのみ花を咲かせる植物がある．たとえば，夜行性のコウモリに花粉を媒介してもらう植物は，夜にのみ花を開いて蜜を分泌し，香気を放つ．定期的に花を閉じているのは繊細な生殖器官を守るためである．

概日リズムは，1日の中での定期的な遺伝子発現変動サイクルにより起こる．植物は，毎日変化する環境を感知し，その環境に適した遺伝子発現サイクルをとる．突然，その環境サイクルを乱し，24時間真っ暗にしたとしても，概日リズムは一定期間維持され，リズムを刻み続ける．

このような遺伝子発現の周期的な変動により，1日周期の適切な代謝調節などができるようになる．たとえば，昼間に光合成によりデンプンを合成し，夜間にデンプンを消費するような代謝調節である．昼間，光合成に必要なタンパク質が合成され，夜間に分解される．逆に，夜間に必要なタンパク質は昼間分解される．

季節変化　赤道周辺以外の地域では，季節変化がある．光周性（photoperiodism）は昼間の長さの変化を

感じて生物が応答する現象のことである．

花を咲かせる花成制御においては，多くの種が光周性を示す．このような植物では，長日や短日といった，季節に応じた日長を感じ取って花成を誘導する．しかし，なかには，暗期を感じて花成を誘導するものもある（図23・33）．アイリスなどの長日植物では，夜の長さが短くなると花成が促進される．逆に，キクなどの短日植物では，夜の長さが長くなる秋ごろに花成が促進され，秋に稲穂が実る．一方，ヒマワリ，トマト，バラのように，花成に日長非感受性を示す植物も多く知られている．

日長だけが花成調節因子ではない．多年生植物の場合は，冬の寒さが重要な花成調節因子となる．

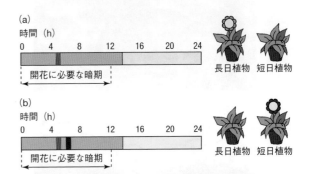

図 23・33　長日植物と短日植物の花成における暗期の影響．（a）660 nm の赤色光の短期間照射により，植物は夜が分断されたと感じ，長日植物は開花し，短日植物は開花しない．（b）730 nm の遠赤色光照射により，赤色光の効果が打消される．その結果，短日植物は開花し，長日植物は開花しない．

23・9　植物における液体輸送

水は木部中を浸透する

気孔と蒸散　陸生植物は根から水を吸い上げ，葉や茎からの蒸発によって水を失う．陸上部からの蒸発は，蒸散（transpiration）とよばれる．

植物のクチクラは蒸散を妨げるが，それは気孔が閉じているときだけである．気孔の縁には1対の特殊な表皮細胞があり，孔辺細胞とよばれる．孔辺細胞は，水分に

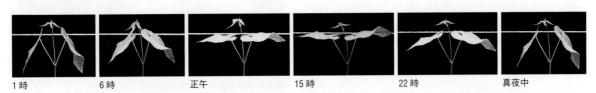

図 23・32　概日リズム． マメ科植物の葉の概日運動．光刺激がない暗所でも，6時に葉をあげて，18時に葉を閉じるという，24時間周期の運動を起こす．

よって膨潤すると少し反って細胞間に隙間（気孔）ができる（図23・34a）．細胞が水分を失うと気孔が閉じる．

気孔が開くと，かなりの水が植物から蒸発する．かなり湿度が高い状況でも葉や幹の内部は空気中より多くの水分を含んでいる．気孔の外側の空気の動きを阻害する構造物は蒸発を減少させる（図23・34b）．それでも，根から吸い上げた水分の95%は開いた気孔から失われる．

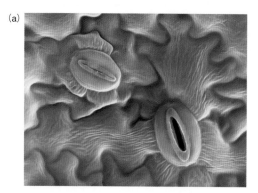

(a)

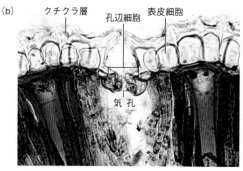

(b)　クチクラ層　孔辺細胞　表皮細胞

気孔

図 23・34　気孔. (a) 孔辺細胞内の水分量により，気孔は開閉する．(b) ピンクッションの葉では，孔辺細胞はクチクラ層の下に形成される．気孔の外側で水を保持できるように，クチクラ層には，小さな杯状の空間が形成されている．

陸生植物にとって水分は重要である．それでは，なぜほとんどすべての水分を蒸発させるのだろうか．クチクラは防水性であるが，同時にガスも通さない．気孔が閉じてしまうと，植物は光合成に必要な二酸化炭素を空気とともに取入れることができない．気孔の開閉は，水とガスのバランスをとるのに必要なのである．しかし，開いた気孔からは，ガスよりはるかに多量の水が失われる．昼間は，開いた気孔からは取込む二酸化炭素の1分子に対して，およそ400分子の水が失われる．

凝集力説　　　　根から吸収された水分は木部の道管を通って植物の他の部分に運ばれる．道管は死細胞の壁か

らなり，壁には隣接の管との間に小孔が開いていて，水は木部の管に沿って縦方向に流れると同時に，管から管へと流れることもできる．

水分はどのように根から葉まで，上れるのだろう．木部を構成する仮道管は死んでいるので，水分を重力に逆らって押し上げることはできない．実は維管束植物における水分の移動は，蒸発と凝集の結果である．**凝集力説**（cohesion-tension theory）によると，水分は空気の乾燥力が定常的な負の張力を発生することによって植物中を移動する．図23・35はこのしくみを示している．まず葉や茎から水分が蒸発する❶．蒸散効果はストローで

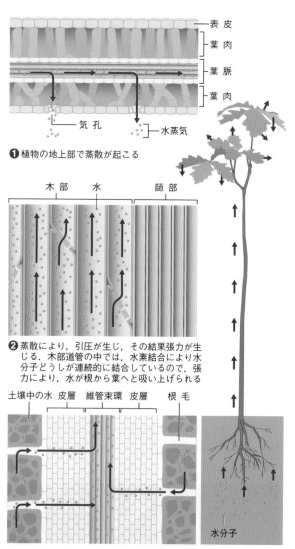

表 皮
葉 肉
葉 脈
葉 肉

気 孔　　水蒸気

❶植物の地上部で蒸散が起こる

木 部　　水　　　師 部

❷蒸散により，引圧が生じ，その結果張力が生じる．木部道管の中では，水素結合により水分子どうしが連続的に結合しているので，張力により，水が根から葉へと吸い上げられる

土壌中の水　皮層　維管束環　皮層　根 毛

水分子

❸蒸散が続く限り，根で吸収した水は地上部へと送り続けられる

図 23・35　凝集力説

水を飲むときのように，道管中の水分に引圧を及ぼして吸引する．水分子は水素結合で結合されているので，一つが引っ張られると他の分子も引っ張られる．こうして，蒸散による引圧が木部の水の柱を引き上げる❷．張力は何十メートルもの高さにある葉から，土壌から水分を吸収している若い根に至るまで，行き届いている❸．

　木部の管は細く，そこを通る水の分子は水素結合によって結合しているので，水は途切れることなく吸い上げられる．また，この現象は，水と管を構成している親水性物質（木部壁のセルロースなど）との相互作用にも依存している．

師部における糖の流れ

　師部は植物が光合成で合成した産物，すなわち糖質を植物内に輸送するための維管束組織である．師部中の集合管は師管とよばれ，それぞれの師管は師部要素という細胞の集積から構成されている．道管の細胞とは異なり，師部要素は側方に小孔をもたないので，液体は一方向のみに流れる．

　師部組織が成熟すると師部要素をつないでいる原形質連絡は拡大し，細胞壁に大きな穴を残す．こうして生じる**師板**（sieve plate）が師部要素を隔てる．次に師板の対応する孔のところで細胞膜が融合し，師管全体で細胞質が連続する．ついで師部要素が核，ゴルジ体，大部分のリボソームなどの小器官を失って，管が連続した道管となる．

　圧 流 説　植物は光合成によって糖質を産生する．糖分子のあるものは産生組織によって利用されたりそこに貯留されたりする．他の分子は師管を通って他の部分に運ばれる．これを**転流**（translocation）とよぶ．

　主としてスクロースである糖に富んだ液体が師管の中を，生産器官から貯蔵器官まで運ばれる．光合成をする部位が典型的な生産器官であり，成長中の根や果実が貯蔵器官である．

　糖質を多く含む液体はどのように生産器官から貯蔵器官まで運ばれるのだろうか．これらの部位の間における圧力勾配が原動力である（図 23・36）．葉の葉肉細胞が自分の代謝に必要とする以上の糖質を産生する．これらの細胞による光合成が葉を生産器官にする．産生された過剰な糖質は隣接する伴細胞に移動する．

　伴細胞内では糖質分子が原形質連絡を通過して師管要素へと拡散する❶．それによって師管要素の細胞質の溶質濃度が周囲の細胞に比して高くなる❷．水が浸透によって周囲の細胞から師管要素に流入する❸．

師管要素の細胞壁は硬いのであまり拡張せず，水の流入は管内部の圧力を高める．このときの圧力は自動車のタイア圧の5倍以上になる．液体が容器に及ぼす圧力は**膨圧**（turgor）とよばれる．師管要素中の高い膨圧は，圧力が低い貯蔵器官に向けて，糖質に富んだ細胞質を押す❹．貯蔵器官では糖質が管から放出されるので圧力が低下する．糖質分子は伴細胞に拡散し，周囲の細胞に移動する❺．再び浸透によって水がその後を追い，師管要素内の膨圧は低下する．このように膨圧が師管内の糖質を含んだ液体を生産器官から貯蔵器官まで運ぶという考えは，**圧流説**（pressure flow theory）とよばれる．

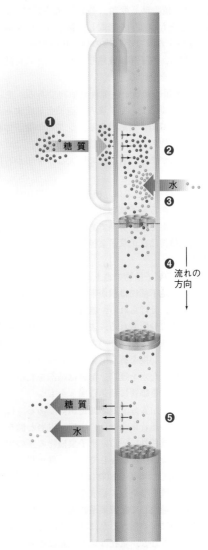

図 23・36　師管における有機物の転流．生産器官（ピンク）から貯蔵器官（黄）へと転流が起こる．水（青）は細胞膜を通って拡散し，細胞間を移動する．糖質（赤）は，細胞膜を能動輸送により通過するか，原形質連絡を通って拡散する．

ま　と　め

23・1　植物は緑藻類から進化した．植物の生活環では，一倍体の配偶体と二倍体の胞子体の両方の期間において，多細胞としての形態がある．コケ植物では，配偶体世代が優勢で，胞子体の期間が短いが，維管束植物ではその性質が逆転する．

維管束植物は，表面に気孔とクチクラを分化し，内部に木部と師部を形成し，乾燥した環境に適応している．リグニンによって強化された木部が骨組になって，維管束植物は大きく成長することができる．種子植物の種子と雄性配偶子（花粉）は水がなくても拡散できるように進化している．

23・2　コケ植物は，蘚類，苔類，角苔類に大別できる．それらは鞭毛をもつ精子を形成し，精子は水中を泳いで卵に到達し，受精する．コケ植物の胞子体は配偶体から形成され，多くの場合，胞子体は成熟しても配偶体に付随し，胞子体から栄養供給を受ける．

23・3　シダ類は非種子性維管束植物である．生活環において，胞子体が優勢で，胞子囊内に胞子を形成する．配偶体は卵と鞭毛をもつ精子を形成する．シダ類の胞子体は根茎から形成される．他の非種子性維管束植物には，ヒカゲノカズラ類，トクサ類がある．石炭紀の巨大なシダ類が石炭となった．

23・4　種子植物としては，種子がむき出しの裸子植物と，種子が果実中にある被子植物（顕花植物）がある．被子植物は陸上植物のなかでの優勢種であり，被子植物だけが花を形成する．被子植物は真正双子葉植物と単子葉植物の2種類に大別できる．

23・5　多くの被子植物の地上部（シュート）には茎と葉，花が形成され，地下部には根が形成される．植物体の組織系は大きく3種類に分けられる．維管束組織系により水や栄養分が植物体全体に分配される．表皮組織系は植物体表面を保護する．基本組織系は植物体の大部分を占める．気孔は表皮につくられ，ガス交換を行う．維管束組織では木部により無機物などが溶解した水を運び，糖質は師部を利用して運搬する．伴細胞は糖質を師管に積込む働きをもつ．

維管束系は水や栄養分を運ぶ通道組織である．ほとんどの真正双子葉植物の維管束系は茎の中で，皮層と髄を分断するように環状に配置されている．単子葉植物の茎の中では，維管束系は基本組織系中に散在している．真正双子葉植物は主根型根系を形成し，単子葉植物はひげ根型根系を形成する．根毛は根の表面積を増やし，給水を行う．給水された水や栄養分は，内皮を通過して維管束系に入り，植物体全体に輸送される．茎の節につくられる葉には，葉肉と維管束組織からなる葉脈が形成される．気孔は葉の裏側に形成される傾向がある．

すべての植物の組織，器官は，未分化で分裂し続ける分裂組織からつくられる．若い茎や根の頂端分裂組織から一次成長が起こる．二次成長は古い茎や根の側方分裂組織（維管束形成層とコルク形成層）により起こる．維管束形成層の細胞分裂により，二次木部や二次師部が形成され，コルク形成層の細胞分裂によりコルクを含む周皮がつくられる．樹皮は木化した茎の外皮と二次師部のことである．温帯地方の樹木には，季節による成長速度の違いによって，年輪が形成される．

23・6　被子植物では，おしべの先端にある葯の中で花粉が形成される．受粉後，花粉管がめしべを構成する心皮の花柱を通って胚珠へと伸長し，重複受精が起こる．子房は種子をもつ果実へと分化する．種子は胚性胞子体だけでなく，栄養組織として胚乳をもつ．

接合子は胚へと分化し，胚乳は親から栄養を得て，その栄養を蓄積する．胚珠の表面は胚を守るための種皮へと分化する．胚珠が成熟すると種子になる．種子は胚性胞子体と胚乳などの栄養源を含む．

成熟した種子は，発芽に適した環境になるまで休眠する．休眠打破には，水以外の環境要因も必要とする場合がある．発芽後，初期発生が始まる．

ほとんどの顕花植物は，無性生殖によって個体を増やすことができる．

23・7　植物の成長過程において，植物ホルモンは，成長を停止させたり，促進したりする．植物ホルモンは細胞分裂や細胞分化，細胞伸長などを制御する．また，生殖に関与するものもあればストレス応答に寄与するものもある．植物ホルモンは複数種類が同時に協調的にあるいは拮抗的に働いて，植物生理のさまざまな現象を制御している．

頂芽優勢は，茎頂部でつくられたオーキシンが茎の中を移動することで維持される．サイトカイニンはオーキシンと協調したり，拮抗したりして，頂端部で成長と分化のバランスを調節している．ジベレリンは茎の節間伸長を促進する．また，休眠打破にも用いられる．アブシシン酸は器官の脱離にも使われるが，種子の休眠やストレス応答に重要な機能を果たす．エチレンは器官の脱離や果実の成熟に機能する．

23・8　屈性は植物が環境刺激に応答して成長方向を変えるしくみである．重力屈性により，根は重力方向に伸長し，茎は上方に成長する．光屈性により，茎や葉は，光の方向に屈曲する．青色光は，光屈性を誘導する．

概日リズムは約24時間の周期をもつ応答である．

23・9　クチクラは植物の表面からの水分蒸発を防ぐ．水の蒸散は気孔を通して行われる．根から葉への木部を介した水のくみ上げ機構に関しては，蒸散による引圧と連続的に存在する水分子間の水素結合を利用しているという凝集力説が提唱されている．糖質を生産器官から貯蔵器官に輸送するために必要な駆動力として，生産器官の師管内圧が上昇し，その圧力により糖質を輸送するという圧流説が提唱されている．

試してみよう（解答は巻末）

1. 次の記述のうち，誤っているものはどれか.
   a. 被子植物は花粉と種子をつくる
   b. コケ植物は非維管束植物である
   c. シダ類と被子植物は維管束植物である
   d. 裸子植物だけが果実を形成する

2. コケ植物は個として独立した ＿＿ の上に ＿＿ をつくる.
   a. 胞子体，配偶体　　b. 配偶体，胞子体

3. シダ類と角苔類は ＿＿ 植物である.
   a. 顕花　　　　　　　　b. 種子
   c. 非種子性維管束　　d. 種子性維管束

4. シダ類と異なり針葉樹の植物は ＿＿ をもつ
   a. 維管束　　　　　　b. 種子
   c. 鞭毛性精子　　　　d. 果実

5. 種子は ＿＿ である
   a. 雌性配偶体　　　　b. 成熟した胚珠
   c. 成熟した花粉管　　d. 未成熟の大胞子

6. 次の記述のうち種子植物にあてはまらないのはどれか.
   a. 維管束組織をもつ　　b. 二倍体世代が優勢である
   c. 胞子が1種類である
   d. 泳ぐことのできる精子をつくる種類はない

7. 成熟したときに生細胞であるものはどれか.
   a. 伴細胞　　b. 仮道管　　c. 師管　　d. 道管

8. タマネギは根か茎か.

9. 花の ＿＿ の一部が子房になる.
   a. 花粉嚢　　b. 心皮　　c. 胚珠　　d. がく片

10. 次の文章で間違っているものはどれか.
    a. オーキシンとジベレリンは茎の伸長を促進する
    b. サイトカイニンは側枝の芽の細胞分裂を促進する
    c. エチレンは果実の成熟と脱離を抑制する

11. 左側の植物ホルモンに関連のある現象をa～eから選
    び，記号で答えよ.
    ＿＿ エチレン　　　　　a. ホルモン処理により茎が長く
    ＿＿ サイトカイニン　　　　伸長する
    ＿＿ オーキシン　　　　b. 窓の方に向かって（屈曲し
    ＿＿ ジベレリン　　　　　　て）植物が成長する
    ＿＿ アブシシン酸　　　c. リンゴを放置すると腐ってくる
    　　　　　　　　　　　　d. 種子がなかなか発芽しない
    　　　　　　　　　　　　e. 側芽が伸長する

12. 孔辺細胞が膨らむと ＿＿
    a. 蒸散が止まる　　b. 師管に糖が輸送される
    c. 気孔が開く　　　d. 根の細胞が死ぬ

13. 根から葉への水の輸送は ＿＿ により起こる.
    a. 師管内の圧力勾配
    b. 貯蔵器官と生産器官の溶解物の違い
    c. 道管の輸送力
    d. 水の蒸散，張力と結合力

14. 根から葉への糖の輸送は ＿＿ により起こる.
    a. 師管内の圧力勾配
    b. 貯蔵器官と生産器官の溶解物の違い
    c. 道管の輸送力
    d. 水の蒸散，張力と結合力

試してみよう（章末問題）　解答

1章　　1. a　2. c　3. c　4. d　5. c　6. c　7. a, d, e　8. a, b　9. b　10. b　11. b　12. 上から c, f, b, d, e, a, g

2章　　1. c　2. a　3. a　4. b　5. a　6. c　7. a　8. 二重結合　9. e　10. d　11. 上から c, b, d, a, e, f, i, h, g　12. 上から c, e, d, g, a, b, f

3章　　1. b　2. c　3. c　4. b　5. c　6. c　7. a　8. b　9. c, b, d, a　10. a　11. b　12. 上から c, f, e, d, a, g, b

4章　　1. c　2. b　3. c　4. c　5. 温度, pH, 塩濃度　6. d　7. b　8. c　9. a　10. b　11. d　12. 上から e, f, b, a, g, h, i, d

5章　　1. a　2. b　3. a　4. a　5. c　6. b　7. c　8. c　9. b　10. a　11. b　12. 上から c, a, d, f, g, e, b, i, h

6章　　1. b　2. d　3. c　4. d　5. b　6. c　7. d　8. d, b, c, a　9. d　10. b　11. c　12. 上から b, d, a, c, e, f, g, h

7章　　1. a　2. c　3. c　4. b　5. b　6. a　7. b　8. b　9. d　10. a　11. d　12. 上から d, c, b, a, f, e, g

8章　　1. c　2. a　3. b　4. c　5. c　6. d　7. d　8. b　9. c　10. c, a, d, b　11. c　12. 上から c, f, g, e, a, b, d

9章　　1. b　2. a　3. a　4. c　5. a　6. b　7. c　8. b　9. d　10. b　11. 上から b, e, a, c, d　12. 上から e, d, g, f, a, b, c

10章　　1. a　2. c　3. c　4. a　5. c　6. d　7. b　8. 母親から X 染色体, 父親から Y 染色体を 1 本ずつ受け継ぐ.　9. b　10. c　11. 上から b, d, a, c　12. 上から b, a, d, e, f, c

11章　　1. c　2. a　3. b　4. c　5. a　6. b　7. a　8. d　9. d, a, c, b　10. c　11. 正しい　12. 上から c, f, d, b, a, e

12章　　1. b　2. a　3. b　4. c　5. a　6. d　7. a, c, d, e, f　8. 66　9. a　10. e　11. b　12. 上から f, c, a, d, b, e

13章　　1. a　2. d　3. 上から a, b　4. d　5. b　6. b　7. c　8. a　9. c　10. d　11. d　12. 上から c, e, i, g, b, a, h, f, d

14章　　1. d　2. b　3. b　4. c　5. c　6. b　7. c　8. d　9. c　10. a　11. 上から g, d, i, e, f, a, c, b, h　12. c

15章　　1. c　2. b　3. b　4. c　5. 脊索, 背側神経索, 鰓裂のある咽頭, 肛門より後方に伸びる尾部. ホヤ類の成体は鰓裂のある咽頭のみ保持する.　6. b　7. a　8. a　9. 誤り　10. d　11. 上から b, g, m, j, e, c, d, f, a, k, h, i, l　12. 上から b, a, f, c, d, e

16章　　1. a　2. c　3. b　4. b　5. a　6. a　7. b　8. a　9. a　10. d　11. c　12. 上から c, b, d, e, a

17章　　1. a　2. 上から b, c, a, d　3. b　4. c　5. a　6. 上から d, a, c, b　7. 上から b, a, b, c　8. c　9. b　10. d　11. b　12. d

18章　　1. c　2. d　3. b　4. c　5. a　6. a　7. 上から e, d, b, c, a, f, g, h　8. b　9. c　10. d　11. c　12. b

19章　　1. a　2. b　3. a　4. a　5. c　6. b　7. a　8. a　9. d　10. a　11. d　12. 上から b, h, a, f, e, c, k, i, g, d, j

20章　　1. c　2. e　3. d　4. a, c, d, f　5. d　6. a　7. b　8. d　9. b　10. 通常は無害な物質　11. b, d, c, a　12. 上から f, e, d, c, b, a

21章　　1. b　2. a　3. a　4. c　5. a　6. c　7. 上から b, a, c　8. c　9. d　10. c　11. d　12. 上から i, b, h, a, g, e, d, f, c

22章　　1. a　2. b　3. d　4. c　5. c　6. b　7. b　8. d　9. a　10. 左段上から 4, 2, 1　右段上から 6, 5, 3　11. e　12. 上から c, h, a, g, d, e, b, f

23章　　1. d　2. a　3. c　4. b　5. b　6. c　7. c　8. 茎　9. b　10. c　11. 上から c, e, b, a, d　12. c　13. d　14. a

掲 載 図 出 典

表紙写真
写真家 井上浩輝　Hiroki INOUE

本扉　iStock.com/GomezDavid

1 章　図 1・1 Tim Laman/National Geographic Image Collection; 図 1・2 ③ Umberto Salvagnin, ④ Umberto Salvagnin, ⑤ California Poppy, ©2009, Christine M. Welter, ⑥ Lady Bird Johnson Wildflower Center, ⑦ ©Michael Szoenyi/ Science Photo Library/amanaimages, ⑧ Hayk_Shalunts/Shutterstock.com, ⑨ ©Sergei Krupnov, www.flickr.com/photos/7969319@N03, ⑩ ©Mark Koberg Photography, ⑪ Source: NASA; 図 1・5 (a) 左 Dr. Richard Frankel, 右 ©Susan Barnes, (b) 左 Dr. Terry Beveridge/Visuals Unlimited/Corbis, 右 ©Dr. Harald Huber, Dr. Michael Hohn, Prof. Dr. K.O. Stetter, University of Regensburg, Germany; 図 1・6 1 段目上 worldswildlifewonders/Shutterstock.com, 1 段目左下 Courtesy of Allen W. H. Be & David A. Caron, 1 段目右下 Carolina Biological Supply Company, 2 段目左 Jag_cz/Shutterstock.com, 2 段目 右 perfectlab/Shutterstock.com, 3 段目左 Edward S. Ross, 3 段目右 London Scientific Films/Getty Images, 4 段目左 Shironina/Shutterstock.com, 4 段目右 Martin Zimmerman, Science, 1961, 133:73–79, ©AAAS; 図 1・7 左から Joaquim Gaspar, Kym Kemp, Sylvie Bouchard/Shutterstock.com, Courtesy of Melissa S. Green, www.flickr.com/photos/henkimaa, Gordana Sarkotic; 図 1・9 ©2006 Axel Meyer, "Repeating Patterns of Mimicry," *PLoS Biology* 4, no. 10 (2006), e341 doi:10.1371/journal.pbio.0040341. Used with permission.; 図 1・10 (a) Matt Rowlings, www.eurobutterflies.com, (b) Adrian Vallin/Stockholm University, (c) Antje Schulte, (d) *Proceedings of the Royal Society of London, Series B* (2005) 272: 1203–1207

2 章　図 2・2 左 www.sandatlas.org/Shutterstock.com; 図 2・4 ©Siemens 1996–2019, https://www.siemens.com/press/en/presspicture/2013/healthcare/imaging-therapy-systems/him201310002-01.htm?content[]=HIM&content[]=HCIM; 図 2・8 Francois Gohier/Science Source; 図 2・19 Jack Nevitt/Shutterstock.com; 図 2・21 Data source: PDB ID:1BBB. Silva, M.M., Rogers, P.H., Arnone, A. (1992) "A third quaternary structure of human hemoglobin A at 1.7-A resolution." *J.Biol.Chem.* 267: 17248–17256; 図 2・22 右 Data source: PDB ID:1PGX. Achari, A., Hale, S.P., Howard, A.J., Clore, G.M., Gronenborn, A.M., Hardman, K.D., Whitlow, M. "1.67-A X-ray structure of the B2 immunoglobulin-binding domain of streptococcal protein G and comparison to the NMR structure of the B1 domain." (1992) *Biochemistry* 31: 10449–10457; 図 2・23 Data source: Castrignanò, T., De Meo, P. D., Cozzetto, D., Talamo, I.G., Tramontano, A. (2006). The PMDB Protein Model Database. *Nucleic Acids Research*, 34: D306–D309; 図 2・24 (a) Data sources: PDB ID:1QM2. Zahn, R., Liu, A., Luhrs, T., Riek, R., Von Schroetter, C., Garcia, F.L., Billeter, M., Calzolai, L., Wider, G., Wuthrich, K. "NMR Solution Structure of the Human Prion Protein." (2000). *Proc. Natl. Acad. Sci. USA* 97: 145; PDB ID:2RNM. "Amyloid fibrils of the HET-s(218–289) prion form a beta solenoid with a triangular hydrophobic core." Wasmer, C., Lange, A., Van Melckebeke, H., Siemer, A.B., Riek, R., Meier, B.H. (2008) *Science* 319: 1523–1526 (b) Sherif Zaki, MD PhD, Wun-Ju Shieh, MD PhD; MPH/CDC

3 章　図 3・3 左から CDC, Edward S. Ross, Peter F Wolf/Shutterstock.com, A Cotton Photo/Shutterstock.com, Pakhnyushchy/Shutterstock.com, photomaster/Shutterstock.com, PhotoMediaGroup/Shutterstock.com, Andrey Burmakin/Shutterstock.com, Nature Art/Shutterstock.com, ©Cengage 2019; 図 3・4 (a) iStock.com/Nancy Nehring, (b) ©Michael Abbey/Science Source/amanaimages, (c) ©Dennis Kunkel Mictoscopy/Science Photo Library/amanaimages, (d) Microworks/PhototakeUSA.com, (e) ©Steve Gschmeissner/Science Photo Library/amanaimages; 図 3・6 (a) ©Biophoto Associates/Science Source/amanaimages, (b) ©Dr. Kari Lounatmaa/Science Photo Library/amanaimages, (c) ©Biomedical Imaging Unit, Southampton General Hospital/Science Photo Library/amanaimages, (d) Cryo-EM image of Haloquadratum walsbyi, isolated from Australia. Courtesy of Zhuo Li (City of Hope, Duarte, California, USA), Mike L. Dyall-Smith (Charles Sturt University, Australia), and Grant J. Jensen (California Institute of Technology, Pasadena, California, USA), (e) ©K. O. Stetter and R. Rachel, Univ. Regensburg, (f) Archivo Angels Tapias y Fabrice Confalonieri; 図 3・9 (a) ©Kenneth Bart, (b) U.S. National Library of Medicine; 図 3・10 Keith R. Porter; 図 3・11 ©Omikron/Science Source; 図 3・14 Dylan T. Burnette and Paul Forscher; p.39 仮足 ©Astrid & Hanns-Frieder Michler / Science Photo Library/amanaimages; 図 3・16 ©Ralph C. Eagle, Jr./Science Source/amanaimages

4 章　図 4・7 Data source: PDB ID 3B8A: Kuser, P., Cupri, F., Bleicher, L., Polikarpov, I. Crystal structure ofyeast hexokinase PI in complex with glucose: A classical "induced fit" example revised. (2008) *Proteins*, 72: 731–740; 図 4・12 (b) 左 Cathy Keifer/Shutterstock.com, 右 Witsalun/Shutterstock.com; 図 4・15 (a) ©Martyn F. Chillmaid / Science Photo Library/amanaimages; 図 4・18 ©Herve Conge, ISM/Science Photo Library; 図 4・19 ©Claude Nuridsany & Marie Perennou/Science Photo Library/amanaimages

5 章　図 5・1 (a) www.photo.antarctica.ac.uk; (b) Data source: Bereiter, B., Eggleston, S., Schmitt, J., Nehrbass-Ahles, C., Stocker, T. F., Fischer, H., Kipfstuhl, S., and Chappellaz, J., 2015. Revision of the EPICA Dome C CO_2 record from 800 to 600 kyr before present. *Geophysical Research Letters*. doi:10.1002/2014GL061957; 図 5・3 (a) ©Michael Eichelberger/Visuals Unlimited, Inc./amanaimages; 図 5・4 上 canstockphoto.com, 下 D. Kucharski K. Kucharska/Shutterstock.com; 図 5・7 F. Neidl/Shutterstock.com

6 章　図 6・1 Dr. David Furness/Wellcome Images; 図 6・3 Subbotina Anna/Shutterstock.com; 図 6・7 (b) 上 London Scientific Films/Getty Images, 左下 Mtsaride/Shutterstock.com, 右下 optimarc/Shutterstock.com; 図 6・8 (b) 右 ©SCIMAT/Science Source/amanaimages, 左 iStock.com/Kaycco 図 6・9 shabaneiro/Shutterstock.com; タンパク質 PDB ID 2TRK: Katti, S., LeMaster, D., Eklund, H. Crystal structure of thioredoxin from *Escherichia coli* at 1.68 A resolution. (1990) *J. Mol. Biol.* 212: 167–184

7 章　図 7・1 (a) ©Eye of Science/Science Photo Library/amanaimages; 図 7・2 Courtesy of Cyagra, Inc., www.cyagra.com; p.76 フランクリン National Library of Medicine; X 線回折像 National Library of Medicine; ワトソンとクリック A. C.

目左から Maui Forest Bird Recovery Project, Jack Jeffrey Photography, Eric VanderWerf, James A. Hancock/Science Source, 下 Andrzej Sliwinski/Shutterstock.com; 図 13·18 (a) Natural Visions, (b) Roger Meerts/Shutterstock.com; 図 13·20 (a) Jack Jeffrey/Minden Pictures, (b) Courtesy of Lucas Behnke, (c) Bill Sparklin/Ashley Dayer

14 章 図 14·1 Dr. Fred Hossler/Visuals Unlimited, Inc.; 図 14·3 Courtesy of the University of Washington; 図 14·4 ©Janet Iwasa; 図 14·7 David Wacey; 図 14·8 lkonya/Shutterstock.com; 図 14·12 ©Michael Abbey/Visuals Unlimited, Inc./amanaimages; 図 14·13 ©SCIMAT/Science Source/amanaimages; 図 14·17 Courtesy of Allen W. H. Bé and David A. Caron; 図 14·18 Barbol/Shutterstock.com; 図 14·19 Bob Andersen and D. J. Patterson; 図 14·21 Nancy Nehring/Getty Images; 図 14·22 Dr. Fred Hossler/Visuals Unlimited, Inc.; 図 14·23 Image courtesy of FGBNMS/UNCW-NURC; 図 14·24 (a) iStock.com/Nnehring, (b) Lebendkulturen.de/Shutterstock.com, (c) SomprasongWittayanupa-korn/Shutterstock.com; 図 14·25 (a) CDC/Dr. Stan Erlandsen, (b) ©Eye of Science/Science Photo Library/amanaimages; 図 14·26 Based on Fig. 1 from "Genetic linkage and association analyses for trait mapping in Plasmodium falciparum," by Xinzhuan Su, Karen Hayton & Thomas E. Wellems, *Nature Reviews Genetics 8*, 497–506 (July 2007); 図 14·27 Carolina Biological Supply Company; 図 14·28 Edward S. Ross; 図 14·29 (b) Courtesy of Damian Zanette; 図 14·30 (a) After Stephen L. Wolfe, (b) ©Dr. Richard Feldmann/National Cancer Institute, (c) Russell Knight-ly/Science Source

15 章 図 15·1 K. S. Matz; 図 15·4 Alizada Studios/Shutterstock.com; 図 15·5 (b) ultimathule/Shutterstock.com; 図 15·6 (b) PaylessImages/©123RF, (c) Ethan Daniels/Shutterstock.com; 図 15·8 ©Power And Syred/Science Photo Library/amanaimages; 図 15·9 (b) Darlyne A. Murawski/National Geographic Image Collection/Getty Images, (c) Martin Pelanek/Shutterstock.com; 図 15·10 (b) Frank Park/ANT Photo Library, (c) NURC/UNCW and NOAA/FGBNMS; 図 15·12 From Russell/Wolfe/Hertz/Starr, Biology, 1e. ©2008 Cengage Learning®; 図 15·14 Ethan Daniels/Shutterstock.com; 図 15·15 (a) Eric Isselee/Shutterstock.com, (b) wacpan/Shutterstock.com, (c) Sarah2/Shutterstock.com; 図 15·16 (a) Eric Isselee/Shutterstock.com, (b) Eric Isselee/Shutterstock.com;

図 15·17 (b) NOAA NMFS SWFSC Antarctic; Marine Living Resources (AMLR); Program, (c) Joe Belanger/Shutterstock.com; 図 15·18 左 Jacob Hamblin/Shutterstock.com, 中央 Jacob Hamblin/Shutterstock.com, 右 Laurie Barr/Shutterstock.com; 図 15·19 (a) Photo by Jack Dykinga, USDA, ARS, (b) Michael Potter11/Shutterstock.com, (c) Scott Bauer/USDA, (d) CDC/Piotr Naskrecki; 図 15·20 (b) iStock.com/naturediver, (c) Andrew David, NOAA/NMFS/SEFSC Panama City, Lance Horn, UNCW/NURC-Phantom II ROV operator; 図 15·24 Gena Melendrez/Shutterstock.com; 図 15·26 (a) wildestanimal/Shutterstock.com; 図 15·27 (a) jittawit21/Shutterstock.com, (b) Wernher Krutein/Photovault.com; 図 15·28 ①③ P. E. Ahlberg, ② Illustration by ©Kalliopi Monoyios; 図 15·29 (a) James Bettaso, US Fish and Wildlife Service, (b) ©Stephen Dalton/Minden Pictures/amanaimages, (c) Steve Byland/Shutterstock.com; 図 15·30 (a) Heiko Kiera/Shutterstock.com, (b) OutdoorWorks/Shutterstock.com, (c) Ajay-Tvm/Shutterstock.com, (d) Johan Swanepoel/Shutterstock.com; 図 15·31 Eric Isselee/Shutterstock.com; 図 15·32 (b) ©Jane Burton/Nature Picture Library/amanaimages; 図 15·33 (a) JACANA/Science Source, (b) kjuuurs/©123RF, (c) ©Sergey Gorshkov/ Nature Picture Library/amanaimages; 図 15·34 Sergey Uryadnikov/Shutterstock.com; 図 15·36 (a) iStock.com/Toos, (b) iStock.com/Roc8jas, (c) Primates.com, (d) iStock.com/JasonRWarren, (e) ©Dallas Zoo, Robert Cabello, (f) Abeselom Zerit/Shutterstock.com; 図 15·37 (a) Louise M. Robbins, (b) ©Dr. John D. Cunningham/Visuals Unlimited, Inc./amanaimages; 図 15·38 (a) ©Science VU/NMK/Visuals Unlimited, Inc./amanaimages, (b) ©Look at Sciences/Science Source; 図 15·39 Courtesy of @ Blaine Maley, Washington University, St. Louis

16 章 図 16·1 Courtesy of Joel Peter; 図 16·2 (a) iStock.com/Rocket k, (b) JHVEPhoto/Shutterstock.com, (c) Emmoth/Shutterstock.com; 図 16·5 Pete Lambert/Shutterstock.com; 図 16·7 (a) blueeyes/Shutterstock.com, (b) Richard Baker, (c) lunamarina/Shutterstock.com, (d) Florida Fish and Wildlife Conservation Commission/NOAA; 図 16·8 背景 Helen Rodd, グッピー David Reznick/University of California-Riverside computer-enhanced by Lisa Starr; 図 16·9 Source: NASA

17 章 図 17·1 (a) Elliotte Rusty Harold/Shutterstock.com, (b) James Mueller; 図 17·2 Pekka Komi; 図 17·3 左 scan-

ers3d/Shutterstock.com, 右 Cathy Keifer/Shutterstock.com; 図 17·4 ©Michael Abbey/Science Source/amanaimages; 図 17·5 ©Ed Cesar/Science Source/amanaimages; 図 17·6 (a) Kletr/Shutterstock.com, (b) Marco Uliana/Shutterstock.com; 図 17·7 Menno Schaefer/Shutterstock.com; 図 17·8 (a) Bill Hilton, Jr., Hilton Pond Center, (b) Courtesy of Christine Evers; 図 17·9 ©E. R. Degginger/Science Source/amanaimages; 図 17·10 Sanford Porter/USDA; 図 17·11 joloei/Shutterstock.com; 図 17·12 (a) Bob and Miriam Francis/Tom Stack & Associates, (b) Sergey Uryadnikov/Shutterstock.com, (c) Thomas W. Doeppner; 図 17·14 (a) R. Barrick/USGS, (b) USGS; 図 17·15 lauraslens/Shutterstock.com; 図 17·16 (a) ©Angelina Lax/Science Source/amanaimages, (b) Greg Lasley Nature Photography; 図 17·18 左から Van Vives, ©D. A. Rintoul, ©D. A. Rintoul, Lloyd Spitalnik/lloydspitalnikphotos.com; 図 17·19 1 段目左から B. & C. Alexander/Science Source, Dave Mech, Tom & Pat Leeson, Ardea London Ltd., 2 段目左から ©Tom Wakefield/www.bciusa.com, yongsheng chen/Shutterstock.com, Stephan Morris/Shutterstock.com, 3 段目左から Rudmer Zwerver/Shutterstock.com, Dave Mech, Frank Fichtmueller/Shutterstock.com, Photo by James Gathany, Centers for Disease Control, Edward S. Ross, 4 段目左から Jim Steinborn, Jim Riley, Matt Skalitzky, Peter Firus, flagstaffotos.com.au; 図 17·20 NASA; 図 17·22 I love photo/Shutterstock.com; 図 17·27 Source: NASA; 図 17·28 Source: Data from http://www.climate.gov/news-features/understanding-climate/climate-change-global-temperature

18 章 図 18·1 背景 USGS; 図 18·1 写真 Catherine Avilez/Shutterstock.com; 図 18·4 NASA; 図 18·5 From Russell/Wolfe/Hertz/Starr. Biology, 2e. ©2011 Brooks/Cole, a part of Cengage Learning®; 図 18·6 (a) Sura Nualpradid/©123RF, (b) Dean Pennala/Shutterstock.com, (c) Serg Zastavkin/Shutterstock.com; 図 18·7 (a) U.S. Fish & Wildlife Service, (b) Jonathan Scott/Planet Earth Pictures, (c) Tim Gray/Shutterstock.com; 図 18·8 Anton Foltin/Shutterstock.com; 図 18·9 Galyna Andrushko/Shutterstock.com; 図 18·10 Lindsay Douglas/Shutterstock.com; 図 18·11 (a) Kevin M. Kerfoot/Shutterstock.com, (b) iStock.com/Amnajtandee; 図 18·12 John Easley, www.johneasley.com; 図 18·13 背景 NOAA/Photo courtesy of Cindy Van Dover, Duke University Marine Lab, 中写真 Image Quest Marine; 図 18·15 NASA Ozone Watch; 図 18·16 National Snow and Ice Data Center; 図 18·17 (a)

Hung Chung Chih/Shutterstock.com,（b）John Butler, NOAA

19 章　図 19・2（b）Ed Reschke,（e）Valua Vitaly/Shutterstock.com; 図 19・3（a）（b）©Dr. Gladden Willis/Visuals Unlimited, Inc./amanaimages,（c）Don Fawcett, A.B., M.D.,（d）©Ed Reschke/Peter Arnold, Inc.; 図 19・4（a）©Dr. John D. Cunningham/Visuals Unlimited, Inc./amanaimages;　図 19・4（b）（c）Ed Reschke,（d）©Stem Jems/Science Source,（e）©University of Cincinnati, Raymond Walters College, Biology,（f）Michael Abbey/Science Source,（g）©STEM JEMS/Science Source/amanaimages;　図 19・5（a）（b）Ed Reschke,（c）Biophoto Associates/Science Source;

20 章　図 20・1 ©Steve Gschmeissner/Science Photo Library; 図 20・2 上 ©Antonio Zamora, www.scientificpsychic.com, 下 Jose Luis Calvo/Shutterstock.com; 図 20・3 Masterfile; 図 20・4 ©Eye of Science/Science Photo Library/amanaimages; 図 20・5（a）左 Fig. 1. a, B. P. Morgan et al. Seminars in Cell & Developmental Biology 72（2017）Page-126, https://doi.org/10.1016/j.semcdb.2017.06.009, Source: Elsevier, 右 Fig. 1. e, B. P. Morgan et al. Seminars in Cell & Developmental Biology 72（2017）Page-126, https://doi.org/10.1016/j.semcdb.2017.06.009, Source: Elsevier,（b）©Prof. Matthias Gunzer/Science Photo Library/amanaimages;（c）©2010, Papayan-nopoulos et al. Originally published in *J. Cell Biol.* 191:677–691.doi: 10.1083/jcb.201006052 (Image by Volker Brinkman and Abdul Hakkim); 図 20・7 Source data: PDB ID: 1IGY. Harris, L.J., Skaletsky, E., McPherson, A. Crystallographic; structure of an intact IgG1 monoclonal antibody.（1998）*J. Mol. Biol.* 275: 861–872; 図 20・8 Data source: PDB ID: 1MI5. Kjer-Nielsen, L., Clements, C.S., Purcell, A.W., Brooks, A.G., Whisstock, J.C., Burrows, S.R., McCluskey, J., Rossjohn, J. A Structural Basis for the Selection of Dominant alphabeta T Cell Receptors in Antiviral Immunity.

（2003）*Immunity* 18: 53–64; 図 20・10（a）リンパ系 Somkiat Fakmee/Colourbox, 骨格 Maya 2008/Shutterstock.com,（b）courtesy of Dr. Fabien Garcon, The Babraham Institute.; 図 20・13 ©Dr. Olivier Schwartz, Institute Pasteur/Science Photo Library/amanaimages; 図 20・15 ©Steve Gschmeissner/Science Photo Library/amanaimages;　図 20・16 tawanroong/Shutterstock.com;図 20・17 ©Eye of Science/Science Photo Library/amanaimages

21 章　図 21・8（a）©C. Yokochi and J. Rohen, Photographic Anatomy of the Human Body, 2nd Ed., Igaku-Shoin, Ltd., 1979;　図 21・14（a）belizar/Shutterstock.com,（b）iStock.com/Andyworks; 図 21・17 Wildwater.tv/Shutterstock.com; 図 21・20 Bo Veisland/Science Source; 図 21・21 Based on www.occipita.cfa.cmu.edu.; 図 21・22 ③ Medtronic Xomed, ④ University of Miami Ear Institute; 図 21・24 Source: After Penfield and Rasmussen, *The Cerebral Cortex of Man*, ©1950 Macmillan Library Reference. Renewed 1978 by Theodore Rasmussen.

22 章　図 22・1 Heidi Speckt, West Virginia University; 図 22・2（a）©Biophoto Associates/Science Source/amanaimages,（b）Courtesy of Christine Evers,（c）IndustryAndTravel/Shutterstock.com;　図 22・14 iStock.com/Ever

23 章　図 23・1 Courtesy of Christine Evers;　図 23・4（a）©Todd Boland/Shutterstock;（b）©Dr. Annkatrin Rose, Appalachian State University; 図 23・5 A. & E. Courtesy of Christine Evers; 図 23・6（a）Matteo Gabrieli/Shutterstock.com;（b）©Martin LaBar, www.flickr.com/photos/martinlabar; 図 23・8 1 段目左 Catalin Petolea/Shutterstock.com, 右 Dr. Morley Read/Shutterstock.com, 2 段目左 gresei/Shutterstock.com, 右 Imageman/Shutterstock.com, 3 段目左 Courtesy of Dr. Thomas L. Rost, 右 Gary Head, 4 段目左 ©Frans Holthuysen, Making the invisible visible, Electron Microscopist, Phillips Re-

search, 4 段目右 Courtesy of Janet Wilmhurst, Landcare Research, New Zeeland; 図 23・10（a）Donald L. Rubbelke/Lakeland Community College,（b）©Dr. Keith Wheeler/Science Photo Library/amanaimages; 図 23・11 ISM/Hervé CONGE/Medical Images.com; 図 23・12 ©Power And Syred /Science Photo Library/amanaimages; 図 23・13（a）©Dale M. Benham, Ph.D., Nebraska Wesleyan University,（b）©Biodisc/Visuals Unlimited, Inc./amanaimages;　図 23・18（a）Dja65/Shutterstock.com,（b）Madlen/Shutterstock.com; 図 23・19（a）©Dr. Keith Wheeler/Science Photo Library/amanaimages,（b）©Dr. John D. Cunningham/Visuals Unlimited, Inc./amanaimages; 図 23・10 SeDmi/Shutterstock.com;　図 23・22（a）（c）（d）Michael Clayton, University of Wisconsin,（b）©David T. Webb; 図 23・23 Design Pics Inc/Alamy; 図 23・24 Bogdan Wankowicz/Shutterstock.com; 図 23・25 Lisa Starr; 図 23・26 Sylvan Wittwer/Visuals Unlimited, Inc.; 図 23・27 Image courtesy Kazuo NAKASHIMA, Ph.D. Taishi Umezawa, Kazuo Nakashima, Takuya Miyakawa, Takashi Kuromori, Masaru Tanokura, Kazuo Shinozaki, and Kazuko Yamaguchi-Shinozaki. Molecular Basis of the Core Regulatory Network in ABA Responses: Sensing, Signaling and Transport. *Plant Cell Physiol* (2010) 51(11): 18211839 first published online October 26, 2010. doi:10.1093/pcp/pcq156;　図 23・28 左から Madlen/Shutterstock.com, Westend61/Superstock, Alena Brozova/Shutterstock.com, Anest/Shutterstock.com, Alena Brozova/Shutterstock.com, Source data: Graph data courtesy of Dr. Frans J. M. Harren and Dr. Simona M. Cristescu, Radboud University Nijmegen, The Netherlands; 図 23・29（a）Michael Clayton, University of Wisconsin,（b）（c）BioPhot; 図 23・30（b）Cathlyn Melloan/Stone/Getty Images; 図 23・31 Linas T/Shutterstock.com; 図 23・32 Frank B. Salisbury; 図 23・34（a）©Power And Syred/Science Photo Library/amanaimages,（b）©Dr. Keith Wheeler/Science Photo Library/amanaimages

索　　引

監 訳 者

八 杉 貞 雄
やすぎさだお

　1943 年 東京に生まれる
　1966 年 東京大学理学部 卒
　東京都立大学教授, 帝京平成大学教授,
　　京都産業大学教授を歴任.
　東京都立大学名誉教授
　専門 発生生物学
　理学博士

訳 者

佐 藤 賢 一
さとうけんいち

　1965 年 北海道に生まれる
　1988 年 神戸大学理学部 卒
　1991 年 神戸大学大学院自然科学研究科 中退
　現 京都産業大学生命科学部 教授
　専門 発生生物学, 腫瘍生物学
　博士(理学)

浜 　 千 　 尋
はまちひろ

　1957 年 横浜に生まれる
　1980 年 東京大学理学部 卒
　1985 年 東京大学大学院理学系研究科 修了
　元 京都産業大学生命科学部 教授
　専門 分子神経科学
　理学博士

澤 　 進 一 郎
さわしんいちろう

　1971 年 高知県に生まれる
　1994 年 名古屋大学理学部 卒
　1999 年 京都大学大学院理学研究科 修了
　現 熊本大学大学院先端科学研究部 教授
　専門 植物分子発生遺伝学
　博士(理学)

藤 田 敏 彦
ふじたとしひこ

　1961 年 東京に生まれる
　1984 年 東京大学理学部 卒
　1989 年 東京大学大学院理学系研究科 修了
　現 国立科学博物館動物研究部 部長
　専門 動物系統分類学, 海洋生物学, 棘皮動物学
　理学博士

鈴 木 準 一 郎
すずきじゅんいちろう

　1963 年 神奈川県に生まれる
　1994 年 東京都立大学大学院理学研究科 修了
　現 東京都立大学大学院理学研究科 教授
　専門 植物生態学
　博士(理学)

第1版 第1刷　2013 年 10 月 30 日　発行
第6版 第1刷　2023 年 12 月 5 日　発行

スター 生 物 学 (第6版)

ⓒ 2 0 2 3

　監 訳 者　　八 杉 貞 雄
　発 行 者　　石 田 勝 彦
　発 　 行　　株式会社 東京化学同人
　　　　　　東京都文京区千石3丁目36-7(〒112-0011)
　　　　　　電話 (03)3946-5311・FAX (03)3946-5317
　　　　　　URL: https://www.tkd-pbl.com/

　印刷・製本　　株式会社 木元省美堂

ISBN 978-4-8079-2055-6
Printed in Japan
無断転載および複製物 (コピー, 電子デー
タなど)の無断配布, 配信を禁じます.